装备科技译著出版基金

燃气涡轮发动机性能建模

Propulsion and Power
An Exploration of Gas Turbine Performance Modeling

［德］Joachim Kurzke　著
［美］Ian Halliwell

黄维娜　译
甘晓华　审校

国防工业出版社
·北京·

著作权合同登记　图字：01-2022-4094 号

图书在版编目（CIP）数据

燃气涡轮发动机性能建模 /（德）约阿希姆·库兹克
(Joachim Kurzke)，（美）伊恩·哈里维尔
(Ian Halliwell) 著；黄维娜译.—北京：国防工业
出版社，2024.5

书名原文：Propulsion and Power：An Exploration
of Gas Turbine Performance Modeling
ISBN 978-7-118-13019-5

Ⅰ.①燃… Ⅱ.①约… ②伊… ③黄… Ⅲ.①航空
发动机-燃气轮机-性能-系统建模　Ⅳ.①V235.1

中国国家版本馆 CIP 数据核字（2024）第 014634 号

Propulsion and Power：An Exploration of Gas Turbine Performance Modeling by Joachim Kurzke
and Ian Halliwell
Copyright © Springer International Publishing AG, part of Springer Nature 2018
This edition has been translated and published under licence from Springer Nature Switzerland AG.
All Rights Reserved.
本书中文版由 Springer 授权国防工业出版社独家出版发行。
版权所有，侵权必究。

※

国防工业出版社出版发行
（北京市海淀区紫竹院南路 23 号　邮政编码 100048）
雅迪云印（天津）科技有限公司印刷
新华书店经售

＊

开本 710×1000　1/16　印张 42½　字数 783 千字
2024 年 5 月第 1 版第 1 次印刷　印数 1—1000 册　定价 369.00 元

（本书如有印装错误，我社负责调换）

国防书店：(010) 88540777　　书店传真：(010) 88540776
发行业务：(010) 88540717　　发行传真：(010) 88540762

关 于 作 者

目前市场上关于发动机的教材，大多数是在大学任教的教授编写的，主要读者是学生。但本书是由两名工程师撰写的，他们的大部分工作时间是在燃气轮机行业度过的。他们从行业经验中认识到，挑战不在于根据基本原则推导出复杂的方程，而在于应用人们熟知的知识。

约阿希姆·库兹克（Joachim Kurzke）在从事燃气轮机性能研究的工程生涯中，首先是在慕尼黑技术大学飞行推进研究所。他从 H. G. 蒙茨伯格教授那里学到很多东西。H. G. 蒙茨伯格教授在没有计算机的年代就获得了燃气轮机方面的专业知识。作为一名年轻的工程师，库兹克用计算机打印出来的数据与教授确认，他认为这些计算出来的数据一定是正确的，因为计算机不可能出错。但是每次数值检验的结果都需要根据物理定律进行解释。

1976 年，在完成博士论文后，库兹克任职于一家航空发动机公司的性能部门，该公司为现 MTU 航空发动机公司的前身，并在那里工作了 28 年。他参与了许多发动机项目，为 MTU 公司设计了发动机性能程序 MOPS，并将其应用于性能部门的日常工作。

MOPS 的模块化设计非常灵活，可以轻松适应新的要求，但其使用者需要在燃气轮机性能方面进行大量培训。这一缺点促使库兹克在 MTU 公司工作的同时开发了 GasTurb™ 性能程序。该程序专注于用户界面，但不忽视专业燃气轮机性能工作所需的任何细节。Gasturb™ 在公共领域已有 20 多年的历史，在全球范围内享有盛誉。

库兹克发表了许多关于燃气涡轮性能的论文，并且是多个技术研究组织（RTO，前 AGARD）工作组的成员，也是 SAEE33 委员会"飞行推力"的成员。他还是 ASME/IGTI 飞机发动机和教育委员会的成员。

伊恩·哈里维尔（Ian Halliwell）在伦敦帝国理工学院获得了航空工程学士学位和空气动力学硕士学位，随后是在南安普敦大学获得了实验气体动力学博士学位。他的职业生涯始于 1975 年在罗尔斯-罗伊斯公司的德比总部从事涡轮空气动力学研究。之后，他跨越大西洋，在米西索加为普惠加拿大公司工作，随后又在辛辛那提为通用电气公司（GE）工作。在那里他开始了完整发动机系统的初步设计，并在高速民用运输项目上花费了数年时间。在此期间，他还开始在 GE 课后教育中教学。

在继续模拟完整发动机系统的同时，他增加了小型企业的教学活动，作为 NASA 格伦研究中心的承包商，更多地参与了美国航空航天学会（AIAA）和 ASME/IGTI 的活动。哈里维尔博士是 AIAA 的副研究员、AIAA 吸气推进技术委员会前任主席和 AIAA 燃气轮机发动机技术委员会前任主席。2012 年，他获得了 AIAA 持续服务奖。他目前是 AIAA 燃气轮机发动机和进气道、喷管和推进系统集成技术委员会以及 ASME/IGTI 飞机发动机和教育委员会的成员。14 年来，他为本科生团队组织了 AIAA 国际发动机设计竞赛，加强了与学生和大学教师的联系。2001 年，他第一次见到约阿希姆·库兹克，几年后他们就决定写这本书了。

除了工业基地的教学外，他目前的特殊兴趣包括开发燃气涡轮发动机的新设计工具和研究新的发动机结构。轴向和径向无导叶对转外骨骼发动机概念研究占用了他的一些时间。

致 谢

感谢我们的朋友罗伯特·希尔，他在本书的创作中发挥了至关重要的作用。鲍勃在项目的后期介入，并审阅了整个书稿。他承担了一项艰巨的任务，利用他的工程知识、才智和幽默来改进书的内容、结构和准确性。他在多次网络电话会议中提供了很多帮助。

罗伯特·希尔（编辑）毕业于剑桥大学皇后学院，获得了数学学士学位，并在曼彻斯特大学科技学院（UMIST）获得了博士学位。之后，他在飞机发动机行业担任了近40年的工程师，1978年开始在德比罗尔斯-罗伊斯公司的技术设计部门工作。此后，他在慕尼黑MTU的性能部门工作了10年，在那里第一次见到了约阿希姆·库兹克。在此期间，他与普惠公司（位于哈特福德和加拿大）以及通用电气公司开展了一系列从小型到大型的发动机项目合作。在2017年退休之前，他在德国罗尔斯-罗伊斯公司工作了26年。在过去20年的大部分时间里，他参与了未来计划，研究了公司和地区飞机市场先进发动机的概念循环设计。这通常涉及在飞机制造商的要求下共同提升发动机的性能。

前 言

在燃气涡轮发动机的初步设计中,需要从不同来源整合大量信息。许多年轻工程师面临的一个问题是,为了应用所学知识,他们需要记住所学内容。如果要你说出你一年级老师的名字,大多数人都能说出。为什么?这是因为在我们的一生中,每个人都建立了一个个人矩阵,在这个矩阵中,所有的事件、经历甚至是最详细的遭遇都被简单而牢固地储存并链接起来。因此,当我们被问及一些关于个人的问题时,可以立即进入矩阵,跟踪链接,并提取相关信息。

作为年轻的工程师,我们没有相应的技术矩阵,而且通常只对如何将一个技术与另一个技术联系起来有一个模糊的概念。这主要是由于技术科目必须作为单独的课程进行教授,因为实在是太多了!知识之间的关联程度往往不明显,在第一次接触时也没有建立联系,通常是因为当时缺乏理解。

但是知识的理解只能建立在经验或熟悉的基础上,这是没有捷径的!通常情况下,通过阅读各种教科书、参加更高级的课程,或者通过与有兴趣讲述故事的资深同事进行非正式但频繁的讨论,通过不同观点的人对同一材料的介绍,才会对一个技术主题融会贯通。

在大学里,我们对这些东西都感到不适应,但经过多年的学习,知识拼图的碎片逐渐回到正确的位置,这使得我们对拼图全貌看得更清楚。毕竟,这并不那么困难,但每当发生这种情况时,我们的反应都是"为什么没人告诉我这一点?"我们的方法是根据自己职业生涯中遇到的许多例子来解决问题。对一些读者来说,某些主题可能过于简单,但对另一些读者来说,它们是经常被忽视的因素。它们的加入使人们能够采取关键的技术步骤,并加速人们对燃气轮机的了解。一个重要的例子是对速度图的理解、解释以及如何利用它们。

这本书是为对燃气涡轮发动机的初步设计、运行和性能感兴趣的人撰写的。但还远远不止于此。对于工程师,我们提供了一些新的、独特的方法来进行性能分析,解释测试数据以及快速回答假设问题。对师生来说,我们提供了一些新的发动机技术视角,使学习和教学体验更加愉快,并鼓励进一步的探索。我们介绍了工业系统建模和性能预测,但我们将它们与热力学和涡轮机知识紧密地联系起来,这些知识通常由大学提供的推进和发电课程提供。本书可作为教师的课堂材料或学生练习的资料来源。用真实发动机循环中的实例和数据对其进行了广泛的说明,并可以用 GasTurb™ 或其他同等软件进行复现。

本书讨论了热力学、气动力和机械原理的实际应用,描述了模拟要素的理论背景和这些要素之间的关系,但我们不做详细的推导,而是试图简单地解释。我们希望读者能够自己理解这些内容,而不是对我们的知识印象深刻,所以我们不担心被指责写科普。

在压力下工作,谁还记得住所有复杂的数学推导?大多数情况下,除非开发一种新的产品或设计工具,你并不需要它们——这些活动不应该基于对现有想法的推断,而应该基于对工程基础的自信扩展。因此,你应该知道基本的物理定律以及如何应用它们。我们想教会你如何充分利用现有的软件。我们想阻止你做太多的尝试和犯太多的错误。我们希望你能避免一些我们犯过的错误!话虽如此,错误有时无法避免,但可以将它们的影响最小化,而且通过经常检查结果的合理性,可以学到很多东西。

希望本书能给读者带来许多关于燃气轮机设计和性能的有用信息。它借鉴了两位具有多年工业经验的工程师的观点。想象你正在和我们交谈并交换意见。这本书是一场对话,希望能反映在它的风格和标题上。

约阿希姆·库兹克　　　　　　　　　　　伊恩·哈里维尔
　德国达豪　　　　　　　　　　　　　美国俄亥俄州希思

目 录 CONTENTS

引言 ··· 1
第1篇 模拟任务 ·· 3
  第1章 新发动机设计 ··· 5
    1.1 符号命名 ·· 5
    1.2 轴功的产生 ··· 7
      1.2.1 理想热力学循环 ··· 7
      1.2.2 轴功产生的效率 ··· 13
      1.2.3 联合循环 ·· 19
    1.3 飞机推进 ··· 22
      1.3.1 涡喷发动机 ··· 22
      1.3.2 更多的效率定义 ··· 25
      1.3.3 涡扇发动机 ··· 32
    1.4 基本设计决策 ··· 40
      1.4.1 混合排气或分开排气的涡扇发动机 ··································· 40
      1.4.2 带加力涡扇发动机或不带加力涡扇发动机 ························· 44
      1.4.3 收敛喷管或收敛-扩张喷管 ··· 49
      1.4.4 单级高压涡轮或两级高压涡轮 ·· 52
    1.5 涡扇发动机概念设计 ·· 60
      1.5.1 流动环面 ·· 60
      1.5.2 直接驱动或带齿轮箱 ·· 64
      1.5.3 涵道比介于 6~14 之间的常规涡扇发动机 ·························· 66
      1.5.4 风扇发动机 ··· 74
      1.5.5 比较 ·· 76
      1.5.6 基本区别 ·· 80
    1.6 任务分析 ··· 82

1.6.1　通用需求 …………………………………………… 83
　　　1.6.2　单点设计 …………………………………………… 84
　　　1.6.3　多点设计 …………………………………………… 85
　　　1.6.4　高速推进 …………………………………………… 91
　　参考文献 ……………………………………………………… 103

第2章　发动机家族 ……………………………………………… 105
2.1　原型发动机 ……………………………………………… 106
2.2　派生发动机 ……………………………………………… 108
　　2.2.1　风扇和增压级 ……………………………………… 109
　　2.2.2　核心机压气机 ……………………………………… 109
　　2.2.3　燃烧室 ……………………………………………… 111
　　2.2.4　高压涡轮 …………………………………………… 111
　　2.2.5　低压涡轮 …………………………………………… 111
2.3　发动机改型优化 ………………………………………… 112
　　2.3.1　设计变量 …………………………………………… 112
　　2.3.2　设计约束条件 ……………………………………… 112
　　2.3.3　品质指标 …………………………………………… 113
　　2.3.4　设计变量范围 ……………………………………… 113
　　2.3.5　优化起始点 ………………………………………… 114
　　2.3.6　GasTurb中对应的图形化界面 …………………… 114
2.4　设计空间探索 …………………………………………… 117
　　参考文献 ……………………………………………………… 119

第3章　发动机建模 ……………………………………………… 120
3.1　数据来源 ………………………………………………… 121
　　3.1.1　杂志与营销手册 …………………………………… 121
　　3.1.2　官方发动机数据 …………………………………… 121
　　3.1.3　发动机循环参数的计算 …………………………… 122
　　3.1.4　燃气涡轮发动机用户测量数据 …………………… 122
　　3.1.5　发动机维修车间测量数据 ………………………… 122
3.2　数据修正 ………………………………………………… 123
　　3.2.1　修正到标准日大气条件 …………………………… 124
　　3.2.2　数据丰富 …………………………………………… 127

3.3 循环参考点 ··· 129
   3.3.1 试错法 ··· 129
   3.3.2 多点分析 ·· 130
   3.3.3 优化数据匹配 ··· 130
   3.3.4 无法创建合理的模型 ·· 130
3.4 非设计点 ··· 131
   3.4.1 压气机特性图 ··· 131
   3.4.2 涡轮特性图 ·· 133
   3.4.3 更多模拟细节 ··· 133
参考文献 ·· 133

第4章 发动机模型示例 ··· 134

4.1 J57-19W ··· 134
   4.1.1 循环参考点 ·· 135
   4.1.2 非设计模拟 ·· 139
4.2 CFM56-3 ·· 152
   4.2.1 检查数据 ·· 153
   4.2.2 循环参考点 ·· 163
   4.2.3 非设计 ··· 167
   4.2.4 初步模型校准 ··· 173
   4.2.5 细化模型 ·· 179
   4.2.6 最终结论 ·· 182
4.3 F107-WR-400 ·· 183
   4.3.1 国际标准大气、海平面静止状态（ISA SLS）最大连续循环参考点 ··· 183
   4.3.2 非设计点模型 ··· 188
参考文献 ·· 193

第5章 基于模型的性能分析 ··· 194

5.1 综合分析方法 ··· 195
   5.1.1 模型 ·· 195
   5.1.2 数据预处理 ·· 196
   5.1.3 综合分析因子的定义 ·· 197
   5.1.4 一个简单的分析案例 ·· 200

5.1.5 缺少测量值和增加测量值的处理 ……………………………… 202
　　　5.1.6 综合分析与优化 ……………………………………………… 203
　　　5.1.7 综合分析因子的应用 ………………………………………… 204
　5.2 **综合分析因子在发动机研发中的应用** ……………………………… 205
　　　5.2.1 传感器检查 …………………………………………………… 206
　　　5.2.2 试验分析 ……………………………………………………… 208
　　　5.2.3 模型提升潜力 ………………………………………………… 208
　5.3 **综合分析因子在发动机维修厂的应用** ……………………………… 210
　　　5.3.1 用于诊断的基准机模型 ……………………………………… 211
　　　5.3.2 发动机诊断 …………………………………………………… 212
　5.4 **综合分析方法在发动机性能监控中的应用** ………………………… 213
　　　5.4.1 用于监控的基准机模型 ……………………………………… 213
　　　5.4.2 趋势监控 ……………………………………………………… 214
　5.5 **综合分析因子的判读** ………………………………………………… 215
　　　5.5.1 部件退化 ……………………………………………………… 216
　　　5.5.2 模型错误 ……………………………………………………… 218
　　　5.5.3 传感器故障 …………………………………………………… 218
　　　5.5.4 测量误差 ……………………………………………………… 220
　5.6 **小结** …………………………………………………………………… 223
　　　参考文献 ………………………………………………………………… 224

第6章 进气畸变 …………………………………………………………… 225
　6.1 **畸变的分类** …………………………………………………………… 226
　　　6.1.1 压力畸变 ……………………………………………………… 226
　　　6.1.2 温度畸变 ……………………………………………………… 228
　6.2 **平行压气机理论** ……………………………………………………… 229
　　　6.2.1 理论和试验 …………………………………………………… 232
　　　6.2.2 压气机耦合 …………………………………………………… 236
　6.3 **畸变的热力学影响** …………………………………………………… 238
　6.4 **控制系统的影响** ……………………………………………………… 240
　　　6.4.1 不可预见影响 ………………………………………………… 240
　　　6.4.2 预先措施 ……………………………………………………… 241
　6.5 **小结** …………………………………………………………………… 241
　　　参考文献 ………………………………………………………………… 242

第7章 瞬态性能模拟 ⋯⋯ 243
7.1 瞬态基础知识 ⋯⋯ 244
7.1.1 克服转动惯量 ⋯⋯ 244
7.1.2 瞬态控制策略 ⋯⋯ 245
7.2 发动机结构 ⋯⋯ 247
7.2.1 稳态几何 ⋯⋯ 247
7.2.2 涡扇发动机示例 ⋯⋯ 247
7.3 一种改进方法 ⋯⋯ 251
7.3.1 叶尖间隙 ⋯⋯ 251
7.3.2 热传导 ⋯⋯ 251
7.3.3 燃烧室 ⋯⋯ 254
7.3.4 其他瞬态现象 ⋯⋯ 254
7.4 涡扇发动机的瞬态行为 ⋯⋯ 254
7.4.1 冷态发动机加速 ⋯⋯ 255
7.4.2 热态发动机减速与再加速 ⋯⋯ 259
7.5 小结 ⋯⋯ 262
参考文献 ⋯⋯ 263

第2篇 初步设计 ⋯⋯ 265

第1章 发动机 ⋯⋯ 267
1.1 初步设计在系统研究中的作用 ⋯⋯ 267
1.2 方法与实现 ⋯⋯ 270
1.2.1 构建发动机模型 ⋯⋯ 271
1.2.2 部件模型 ⋯⋯ 271
1.2.3 设计约束 ⋯⋯ 272
1.2.4 趋势分析 ⋯⋯ 273
1.2.5 部件层次结构 ⋯⋯ 274
1.2.6 循环设计点 ⋯⋯ 276
1.2.7 单部件设计要点 ⋯⋯ 277
1.3 发动机开发——性能分析的作用 ⋯⋯ 279

第2章 压气机 ⋯⋯ 282
2.1 能、环境和基本效率 ⋯⋯ 282

                2.1.1　概述 ·· 282
                2.1.2　等熵效率的局限性 ·································· 286
                2.1.3　多变效率 ·· 287
                2.1.4　附加操作功能 ······································ 289
        2.2　速度图 ·· 290
                2.2.1　概述 ·· 290
                2.2.2　角度与周向速度的符号约定 ······················ 292
                2.2.3　说明 ·· 294
                2.2.4　速度图的使用 ······································ 294
                2.2.5　级特征 ·· 296
        2.3　压气机初步设计 ·· 299
                2.3.1　叶片通道的流动 ···································· 300
                2.3.2　中线分析 ·· 301
                2.3.3　三维流动和径向平衡 ······························· 301
                2.3.4　扩压、转向和堵塞 ································· 302
                2.3.5　中线损失模型 ······································ 306
                2.3.6　中线设计程序 CSPAN 的结构 ···················· 308
                2.3.7　GasTurb 的中线分析结构 ························ 310
        2.4　压气机设计包线 ·· 311
                2.4.1　概述 ·· 311
                2.4.2　设计空间规范 ······································ 312
                2.4.3　主要设计变量 ······································ 314
                2.4.4　一个 11 级核心机压气机例子 ···················· 314
                2.4.5　核心驱动风扇——一个更复杂的例子 ·········· 317
    参考文献 ·· 319
第 3 章　涡轮 ·· 320
    3.1　功能、环境和基本效率 ·· 320
        3.1.1　等熵效率的局限性 ···································· 324
        3.1.2　多变效率 ·· 326
    3.2　速度图 ·· 328
        3.2.1　概述 ·· 328
        3.2.2　角度和周向速度的符号约定 ························ 330
        3.2.3　说明 ·· 330

3.2.4 速度图的使用 …… 331
   3.2.5 级特征 …… 332
  3.3 涡轮初步设计 …… 337
   3.3.1 高压涡轮 …… 337
   3.3.2 低压涡轮 …… 338
   3.3.3 中线（一维）分析 …… 339
   3.3.4 中线（一维）程序的发展 …… 341
   3.3.5 中线程序的结构 …… 342
   3.3.6 中线损失模型 …… 345
   3.3.7 损失类型 …… 346
   3.3.8 冷却气的影响 …… 347
  3.4 涡轮设计包线 …… 349
   3.4.1 概述 …… 349
   3.4.2 详细说明 …… 349
   3.4.3 主要设计参数 …… 351
   3.4.4 求解过程和说明 …… 351
  3.5 对转涡轮 …… 355
  参考文献 …… 361

第4章 机械设计 …… 363

 4.1 概述 …… 363
 4.2 流道 …… 364
  4.2.1 压气机 …… 365
  4.2.2 小涵道比风扇或低压压气机 …… 365
  4.2.3 大涵道比风扇 …… 366
  4.2.4 分流环 …… 366
  4.2.5 增压级 …… 367
  4.2.6 高压压气机 …… 367
  4.2.7 燃烧室 …… 368
  4.2.8 高压涡轮 …… 370
  4.2.9 低压涡轮 …… 371
  4.2.10 加力燃烧室 …… 371
  4.2.11 喷管 …… 371
 4.3 支承结构和流道 …… 372

- 4.3.1 前支承结构 ………………………………………… 372
- 4.3.2 中介支承结构 ………………………………………… 373
- 4.3.3 涡轮中心支承结构 ………………………………………… 373
- 4.3.4 后支承结构 ………………………………………… 373
- 4.4 轴 ………………………………………… 374
- 4.5 盘 ………………………………………… 375
  - 4.5.1 盘的设计方法 ………………………………………… 376
  - 4.5.2 轮缘载荷 ………………………………………… 377
  - 4.5.3 轮盘温度 ………………………………………… 378
  - 4.5.4 轮盘应力 ………………………………………… 378
  - 4.5.5 材料特性 ………………………………………… 379
  - 4.5.6 设计裕度 ………………………………………… 381
  - 4.5.7 应力分布 ………………………………………… 381
- 4.6 发动机重量 ………………………………………… 382
- 参考文献 ………………………………………… 384

第3篇 非设计点性能 ………………………………………… 385

第1章 部件性能 ………………………………………… 387

1.1 进气道 ………………………………………… 387
- 1.1.1 航空发动机进气 ………………………………………… 387
- 1.1.2 发电燃机进气 ………………………………………… 395

1.2 压气机非设计点特性 ………………………………………… 398
- 1.2.1 压气机特性图 ………………………………………… 399
- 1.2.2 压气机特性图坐标 ………………………………………… 406
- 1.2.3 可变导叶压气机 ………………………………………… 412
- 1.2.4 风扇特性图 ………………………………………… 417
- 1.2.5 二次流影响 ………………………………………… 425
- 1.2.6 缩放压气机特性图 ………………………………………… 429
- 1.2.7 压气机特性图生成程序 Smooth C ………………………………………… 437
- 1.2.8 简单的特性图缩放方法 ………………………………………… 438
- 1.2.9 高级的特性图缩放方法 ………………………………………… 439
- 1.2.10 非设计点的特性图缩放 ………………………………………… 440

1.3 涡轮性能 ………………………………………… 442

         1.3.1 工作特性 ·· 443
         1.3.2 Smooth T 中特性图准备程序 ·························· 451
         1.3.3 涡轮特性图格式 ······································· 454
         1.3.4 叶尖间隙 ·· 456
         1.3.5 可变几何涡轮 ··· 458
         1.3.6 无导叶对转涡轮 ·· 458
    1.4 燃烧室 ·· 459
         1.4.1 效率 ··· 460
         1.4.2 压力损失 ··· 464
         1.4.3 燃烧室出口温度分布 ··································· 465
    1.5 混合器 ·· 466
         1.5.1 如何通过掺混提高推力 ································ 466
         1.5.2 混合器几何结构 ··· 468
         1.5.3 混合排气推力 ·· 468
         1.5.4 分开排气推力 ·· 469
         1.5.5 掺混效率和掺混速度系数 ····························· 469
         1.5.6 推力增益潜力 ·· 470
         1.5.7 实际掺混 ·· 471
         1.5.8 混合器设计案例 ··· 472
         1.5.9 混合器非设计点工况 ··································· 475
    1.6 加力燃烧室 ·· 477
         1.6.1 加力燃烧室精确模拟需求 ····························· 478
         1.6.2 几何构型与截面编号 ··································· 478
         1.6.3 加力工作情况 ·· 479
         1.6.4 加力效率 ·· 481
         1.6.5 示例 EJ200 发动机 ······································ 485
    1.7 喷管 ·· 492
         1.7.1 收敛喷管 ·· 492
         1.7.2 收敛-扩张喷管 ··· 495
    参考文献 ··· 505

第 2 章 理解非设计点行为 ·· 508
    2.1 涡喷发动机 ·· 509
         2.1.1 部件的非设计点特性 ··································· 509

2.1.2　部件间的共同工作 ································ 513
　　　2.1.3　增压级工作线 ···································· 522
　2.2　涡扇发动机 ·· 522
　　　2.2.1　风扇工作线 ······································ 524
　　　2.2.2　涡扇增压级工作线 ································ 525
　　　2.2.3　低压涡轮 ·· 533
　2.3　多转子涡轴发动机 ······································ 534
　2.4　单轴涡轴发动机 ·· 535
　　　参考文献 ·· 537

第4篇　基础 ·· 539

第1章　气体性质与标准大气 ···································· 541

　1.1　半理想气体 ·· 541
　　　1.1.1　焓 ·· 542
　　　1.1.2　熵函数 ·· 542
　1.2　数值 ·· 543
　　　1.2.1　比热容、焓、熵函数 ······························ 543
　　　1.2.2　燃烧引起的温升 ·································· 543
　　　1.2.3　燃料 ·· 543
　1.3　标准大气 ·· 544
　　　参考文献 ·· 545

第2章　电子表格计算 ·· 546

　2.1　常用方程 ·· 546
　　　2.1.1　一些简单计算公式 ································ 546
　　　2.1.2　压气机 ·· 547
　　　2.1.3　涡轮 ·· 550
　　　2.1.4　等熵效率和多变效率 ······························ 551
　　　2.1.5　燃烧室 ·· 551
　　　2.1.6　喷管 ·· 552
　2.2　涡喷发动机的热力循环计算 ······························ 552
　　　2.2.1　要求 ·· 552
　　　2.2.2　求解 ·· 553
　　　2.2.3　小结 ·· 561

第3章 无量纲性能 ·················· 562
3.1 无量纲压气机性能 ·················· 562
3.2 无量纲发动机性能 ·················· 566
3.2.1 实际使用条件换算至标准日 ·················· 569
3.2.2 如何确定指数 ·················· 570
3.2.3 带加力燃烧室的发动机 ·················· 570
3.2.4 带换热器的燃气轮机 ·················· 571
参考文献 ·················· 571

第4章 雷诺数修正 ·················· 573
4.1 雷诺数指数 ·················· 574
4.2 叶轮机械损失与雷诺数的关系 ·················· 575
4.2.1 压气机 ·················· 576
4.2.2 涡轮 ·················· 576
4.2.3 一些附加说明 ·················· 578
4.3 管流相似理论在性能程序中的应用 ·················· 578
4.4 管流模拟的变化 ·················· 579
4.5 流量修正 ·················· 581
参考文献 ·················· 581

第5章 冷却涡轮效率 ·················· 582
5.1 单级涡轮 ·················· 584
5.1.1 模拟原则 ·················· 584
5.1.2 关于NGV冷却气 ·················· 587
5.1.3 转换率 ·················· 588
5.2 两级涡轮 ·················· 589
5.3 等效的单级涡轮 ·················· 590
5.3.1 虚拟转子进口温度方法 ·················· 592
5.3.2 虚拟T_4的方法 ·················· 593
5.3.3 敏感性分析 ·················· 594
5.3.4 应用 ·················· 596
5.4 热力学效率 ·················· 596
5.4.1 涡轮效率评估的对比 ·················· 597
5.4.2 效率定义对循环研究结果的影响 ·················· 598

5.5 由冷却引起的效率损失 ·············· 600
   5.5.1 一些示例 ··················· 600
   5.5.2 一个真实的示例 ············· 601
参考文献 ····························· 603

第6章 二次空气系统 ················· 604

6.1 性能模型中的二次空气系统 ········ 604
6.2 二次空气系统的计算 ·············· 607
6.3 涡轮冷却气 ······················ 608
参考文献 ····························· 612

第7章 数学方法 ····················· 613

7.1 非设计点模拟任务 ················ 613
7.2 基本算法 ························ 616
   7.2.1 牛顿法 ··················· 616
   7.2.2 试位法 ··················· 616
   7.2.3 牛顿-拉普森法 ············· 618
7.3 在性能计算中的应用 ·············· 619
7.4 更多的分析方法介绍 ·············· 621
   7.4.1 分层迭代 ················· 621
   7.4.2 稳态性能 ················· 622
   7.4.3 限制条件 ················· 623
   7.4.4 动态发动机模拟 ··········· 624
7.5 收敛问题 ························ 625
   7.5.1 解存在但无法计算得到 ······ 625
   7.5.2 无解 ····················· 627
参考文献 ····························· 628

第8章 优化 ························· 629

8.1 参数研究 ························ 629
8.2 数值优化 ························ 630
   8.2.1 梯度法 ··················· 630
   8.2.2 自适应随机搜索策略 ········ 632
   8.2.3 约束条件 ················· 633
   8.2.4 应用 ····················· 634

参考文献 ·· 636

第9章　蒙特卡洛模拟 ·· 637

9.1　统计学背景 ··· 637
　　9.1.1　正态分布和标准偏差 ································· 637
　　9.1.2　概率分布和置信度 ··································· 639

9.2　测量不确定度 ··· 640
　　9.2.1　系统误差 ··· 640
　　9.2.2　传统试验分析步骤 ··································· 641
　　9.2.3　核心机流量分析 ····································· 641

9.3　发动机设计不确定性 ······································· 644

9.4　发动机制造公差 ··· 648
　　9.4.1　随机偏差 ··· 649
　　9.4.2　相关性 ··· 649
　　9.4.3　控制系统容差 ······································· 649
　　9.4.4　一个涡轴发动机的示例 ······························· 649

　　参考文献 ·· 651

附录 ·· 652

引 言

本书介绍如何利用简单的工具和有限的数据准确地模拟燃气涡轮发动机系统。它描述并讨论了发动机模拟的工业方法，但以一种独特的方式将模型和结果与推进或发电方面学术课程中的基本工程原理联系起来。虽然燃气轮机用于飞机推进和地面发电，书中讨论了这两种应用的共同要素，但本书主要侧重于推进。

第1篇讨论新发动机的设计，描述一些解决总体系统建模要求的典型示例，其中提出并回答了相关问题；讨论涉及的一些思维过程，以及对用于确定模型性能的各种数据源的解释和校准；介绍真实发动机的3个详细实例，其中概述了具体的特点和难点，并介绍了从设计点向非设计点模拟的转变，通过基于模型的性能分析在发动机研制中的应用及其在发动机维修车间中的意义，对基于模型的性能分析进行了评估；介绍并量化进气畸变的重要影响；最后，以一种简单的方式介绍高保真瞬态发动机行为，传热效应与发动机的冷加速和热减速相耦合。读者可以探索本书的第1篇，找出与自己的疑问类似的问题，也可以获得解决这些问题的建议。

第2篇讨论发动机初步设计中的建模。在此，定义初步设计环境，概述系统建模，并说明设计约束的类型和作用，还描述了性能在发动机研制中的关键作用。对于部件，重点关注轴流式压气机和涡轮的气动设计。我们将全面解析速度图如何提升压气机或涡轮机的质量，包括改变流场或叶片组几何形状引起的趋势。这导致对平均线模型的描述以及压气机和涡轮机损失的初步细分。本篇还考虑了压气机中的引气和涡轮机中的冷却空气的影响。在一个位置获取多个设计参数并确保任何细节不被忽视的一个简单方法是构造设计包线，在轴流式压气机和涡轮机的一般性讨论中介绍了参数的生成。在任何新的发动机项目中，通常会首先提出两个问题："它看起来像什么"和"它有多重"。由于答案对许多人来说都非常重要，所以我们第2篇的第4章专门介绍发动机几何模型的创建。

第3篇向读者介绍最重要的燃气涡轮部件的非设计模型。任何新发动机概念对客户的吸引力并不取决于其在选定设计点的性能,而取决于其在整个飞行任务中的表现,或者实际上,在其整个生命周期中的表现。因此,预测部件的非设计性能,特别是在整个发动机装配中的非设计性能的能力至关重要。本篇,详细地讨论了压气机和涡轮图的定标和确认原则,还介绍了加力燃烧室和收敛-扩张喷管模型的新信息和原始信息。本篇第 2 章介绍了对发动机总体非设计行为的理解,并解释了各部件之间的相互关系以及如何集成以形成完整的燃气轮机系统。本章还以简单的涡轮喷气发动机和涡轮风扇发动机为例,进行了关于单转子和多转子涡轮轴发动机的简短讨论。

第 4 篇将建模技术与常规燃气轮机课程材料结合起来,涵盖气体性质和标准大气,并进一步讨论了可用于人工计算或建立电子表格的基本方程式和关联式(建议学生在手动计算完成简单的涡轮喷气发动机和涡轮风扇循环并精通计算效率和工作平衡之前,不要使用燃气轮机性能软件)。根据起点的不同,介绍了各种方法。以涡轮喷气发动机循环计算为例,以一种不寻常的方式解释无量纲性能,而无需参考高等数学。对部件性能的雷诺数修正是必不可少的,并以非常明确的方式进行了讨论。进一步的重点是关于冷却涡轮和二次空气系统建模章节。最后概述了有用的数学工具、收敛问题和优化。

所有带有数值结果的图形都包含真实的计算结果,它们不是虚构的卡通画。许多图形都可以由读者使用 GusTurb™ 准确地再现。使用其他类似商用燃气涡轮发动机性能程序的结果与本书中的结果非常接近。如果 GasTurb™ 输出与其他商用软件结果之间存在显著差异,那么在没有错误的情况下,很可能是使用了不同的输入数据或边界条件。

第1篇 模拟任务

第 1 章 新发动机设计

任何燃气涡轮发动机设计的第一步都是选择热力学循环。热力学循环包括一系列热力学过程，涉及热量和功的传递。最简单的燃气涡轮发动机的理想循环包括等熵压缩、恒压加热和等熵膨胀。在欧洲，这种循环以 James Prescott Joule 的名字命名。James Prescott Joule 是 1818—1889 年生活在英国的酿酒师，他认识到热量和功的等价性。在美国，这种循环以 1830—1892 年生活在波士顿的机械工程师 George Brayton 的名字命名，他发明了一种恒压燃烧机器。

1.1 符号命名

当涉及符号命名时，作者和读者之间的冲突几乎是不可避免的，因为整个系统的模拟涉及各个学科，其从业者都习惯于他们自己的标准。

燃气涡轮发动机性能是本书的主题，因此采用了该工程学科中最受欢迎的术语和缩写。本书所采用的单位为国际标准单位。

SAE 航空航天标准 AS755 中描述的热力学截面命名法通常在飞机发动机工业中被广泛接受。截面号用作参数名称的下标。

大多数参数名称都为人们熟知。通常是使用 W 表示质量流量（而不是 $\dot{m}$）；T 表示总温、P 表示总压，两者都没有下标"t"。

为了计算燃气涡轮发动机的性能，知道每个截面的 P 和 T 就足够了。但这些总参数分别是多少？它们与实际的压力和温度有何关联呢？

想象一下，气体以一定的速度通过管道流动。随气体同步运动的测量装置将测量出静压 P_s 和静温 T_s。如果没有热量或功传入气体或从气体中传出，那么根据热力学第一定律，静态焓 $h(T_s)$ 和动能之和是恒定的，即

第1篇　模拟任务

$$h(T) = h(T_s) + \frac{V^2}{2} \tag{1.1-1}$$

焓和温度之间的关系仅取决于比定压热容 C_P。对于具有恒定比定压热容的气体，可以规定

$$C_P T = C_P T_s + \frac{V^2}{2} \tag{1.1-2}$$

因此，在管道中的任意横截面上，总温 T 保持不变。对于沿着管道壁的摩擦边界层行为、湍流、局部流动分离等现象，只要没有通过管道壁的热传递，就不会改变气体的总温。

对于不可压缩流动，总压 P 定义为静压 P_s 和动压头之和，动压头为密度 ρ 和动能的乘积，有

$$P = P_s + \rho \frac{V^2}{2} \tag{1.1-3}$$

管道中的压力损失降低了总压。可以将总压损失描述为管道进口处动压头的一部分。

在可压缩流动中，气体密度 ρ 是静压、静温和气体常数 R 的函数，即

$$\rho = \frac{P_s}{RT_s} \tag{1.1-4}$$

马赫数[①] $M = V/V_{sonic}$ 是可压缩流动最重要的描述符号。理想气体中的声速由下式给出，即

$$V_{sonic} = \sqrt{\gamma R T_s} \tag{1.1-5}$$

将马赫数和等熵指数 $\gamma = C_P/(C_P - R)$ 引入式（1.1-2），可得出总温和静温之间存在以下关系，即

$$\frac{T}{T_s} = 1 + \frac{\gamma-1}{2} M^2 \tag{1.1-6}$$

总压是当压缩气体从对应于马赫数 M 的速度等熵地滞止到静止状态的静压，有

$$\frac{P}{P_s} = \left(1 + \frac{\gamma-1}{2} M^2\right)^{\frac{\gamma}{\gamma-1}} \tag{1.1-7}$$

通过总压损失 ΔP 量化可压缩流动中的管道损失，表示为管道进口处总压的一部分。

在燃气涡轮发动机性能计算中，总温和总压占主导地位。它们是我们工作中所要处理的基本量，使用总参数进行讨论，从而避免分别计算静参数和动参

[①] 本书马赫数 Ma 均用 M 表示。

数。在本书中，T 和 P（没有像许多其他书籍中的下标 t）代表总参数。为了引用静压或温度，使用下标 s。

附录中给出了完整的符号命名表。

1.2 轴功的产生

1.2.1 理想热力学循环

任何关于燃气涡轮发动机性能的书都应该有关于热力学循环的部分。在这里仅限于燃气涡轮发动机循环，这些循环已经投入实践或是最近研究工作的热点。理想循环由压缩和膨胀过程组成，这些过程以 100% 的效率运行，其他连接过程的总压损失为零。在目前的情况下，为方便起见，还假设排气出口处的动能可忽略不计。

下面开始讨论理想（即无损失）循环涡轴发动机。首先介绍基本系统，然后讨论各种可以增加单位质量流量功率输出的可选项。图 1.2-1 显示了由压气机、燃烧室、高压涡轮（HPT）和动力涡轮（PT）组成的燃气涡轮发动机。HPT 驱动压气机；PT 提供用于驱动发电机的有用功率。

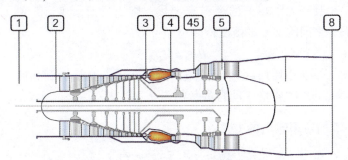

图 1.2-1　涡轴发动机截面命名

图 1.2-2 显示了理想焦耳（布雷顿（Brayton））循环的温-熵图。也许你认为温差 2→3 和 4→45 是相同的，因为通过 HPT 传送的功率 PW_{HPT} 必须等于压气机所需的功率 PW_C。显然，情况并非如此，因为严格来说，功率的平衡不仅涉及温度差异，还与气体比定压热容的显著变化有关，即

$$PW_C = W_2 C_{P,C}(T_3 - T_2) = W_4 C_{P,HPT}(T_4 - T_{45}) = PW_{HPT} \quad (1.2\text{-}1)$$

式中：W 为质量流量。空气和燃烧产物的比定压热容随温度和油气比而增加。在压气机进口处，C_P 为 1004.5J/(kg·K)，但在发动机的高温部分，其大于 1200J/(kg·K)。为了更好地考虑 C_P 的可变性，通常使用总焓的差值。

· 7 ·

第1篇 模拟任务

$$PW_C = W_2(H_3 - H_2) = W_4(H_4 - H_{45}) = PW_{HPT} \tag{1.2-2}$$

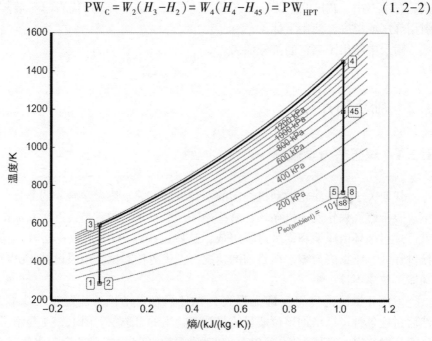

图1.2-2 理想焦耳循环的温-熵图

如果使用具有无限热值的燃料来加热，则质量流量 W_2 和 W_4 是相等的。压气机和涡轮之间的功率平衡变得简单

$$H_{2-3} = H_{4-45} \tag{1.2-3}$$

当在图1.2-3中使用焓-熵代替温-熵时，可以直接看到和测量各个部件的单位功率（即单位质量流量的功率）。

1.2.1.1 增加功率输出的方法

增加单位质量流量的功率输出是令人感兴趣的，特别是对于飞机发动机而言。因为发动机尺寸和重量都与质量流量 W_2 成比例。图1.2-4显示了燃烧室出口温度 T_4 对动力涡轮上焓差 ΔH_{PT} 的影响。显然，增加 T_4，可以使动力涡轮进口压力 P_{45} 和温度 T_{45} 增加，进而增加可用于做功的焓差。当增加 T_4 时，可以得到更多的单位功（单位质量流量功 ΔH_{PT}）。

我们可以从图1.2-4得出结论并将其应用于任何焦耳循环的推导：提高燃烧室出口温度总是能产生更多的单位质量流量功，因为焓-熵图中的等压力线从左向右是逐渐扩张的（间距越来越大）。

除了提高 T_4 以增加燃气涡轮发动机的功率输出外，还有更多方法。例如，可以通过将此压缩过程分成两个相等的部分，并将来自 T_{24} 的压缩空气在恒定压

力下冷却回 T_2（图 1.2-5），以此来减少气体压缩所需的功率。现在，两个压气机工作过程 $H_{2\to 24}+H_{25\to 3}$ 的总和小于从截面 2 到 3_{Joule} 的一次压缩过程所需的功。单位质量流量功率输出增加 ΔH_{C}。这个循环的实际应用是 GE 的 LMS-100 燃气轮机。

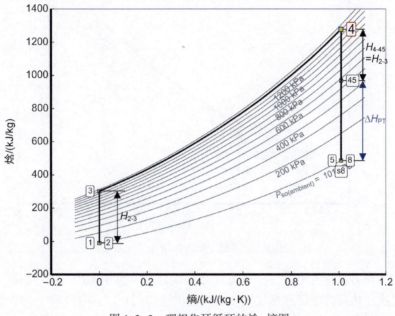

图 1.2-3　理想焦耳循环的焓-熵图

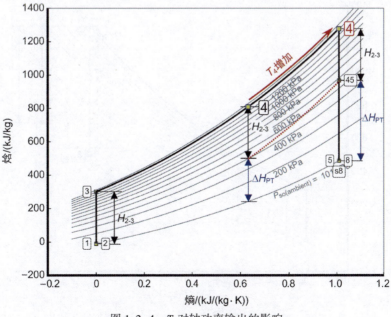

图 1.2-4　T_4 对轴功率输出的影响

第 1 篇 模拟任务

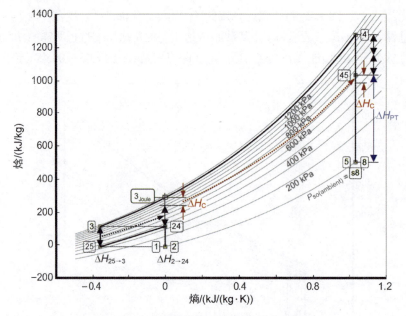

图 1.2-5 压气机中间冷却增加了功率输出

增加动力涡轮输出的另一种方式是二次燃烧,其中 HPT 排气在第二燃烧室中二次加热后温度回到燃气发生器涡轮的进口温度(图 1.2-6)。HPT 下游的焓 H_{42} 与压气机的功率平衡,因此可知第二燃烧室的进口温度 T_{42}。由于有更

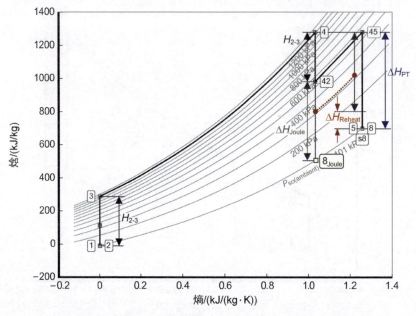

图 1.2-6 加力燃气发生器废气(二次燃烧)增加功率输出

高的涡轮进口温度 T_{45}，所以单位质量流量（ΔH_{PT}）的功比理想的焦耳功高。二次燃烧的实践应用是 GE（以前的 Alstom）的 GT24/26 燃气轮机。

现在已经考虑通过改变压缩和膨胀过程来增加功率输出了。下面讨论改变循环加热部分的情况。

我们可以通过定容燃烧代替定压燃烧，这是汉弗莱（Humphrey）循环。脉冲爆震发动机和波转子燃烧室试图使定容燃烧成为现实。

图 1.2-7 显示功率输出潜力明显高于理想焦耳循环。尽管大家正在对此展开研究，但目前定容燃烧距离实用还很远，因此不会对这种循环做深入探讨。

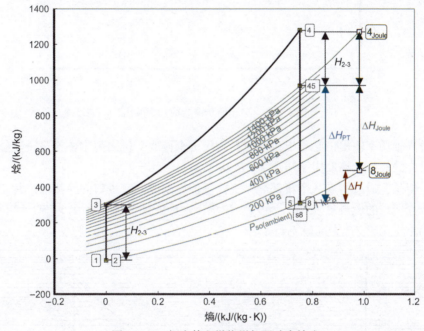

图 1.2-7　恒定体积燃烧增加了功率输出

中间冷却和二次燃烧增加理想焦耳循环单位功率的效率取决于压比（图 1.2-8）。应注意，通过增加或减小燃烧室出口温度 T_4，曲线可以向上或向下移动。

1.2.1.2　降低燃料消耗的方法

由于二氧化碳和其他排放物对环境的影响，燃料的燃烧在今天显得尤为重要。与噪声的产生一样，在全世界受到严格的监管和监测，管理排放的相关国际规则和规定是新发动机的外部强制设计标准的一部分。燃烧室中燃烧的燃料量取决于总温差 T_4-T_3。采用压气机中间冷却可以产生更多的轴功率，但也需要更多的燃料，因为 T_4-T_3 的值比焦耳循环更大。同样，具有二次燃烧的机器

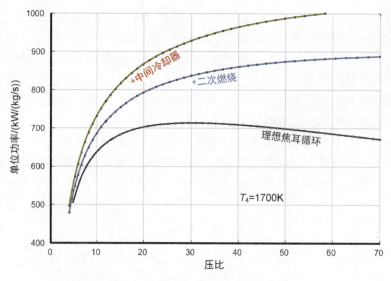

图 1.2-8　单位质量流量的功率输出

其更高轴功率输出也必须以更多燃料为代价来换取。付出更多燃料是否能够换取对应的额外功率取决于压比 P_3/P_2 和 T_4。

但是，通过引入一个将部分排气能量传递到燃烧室进口的换热器，肯定可以减少所需的燃料量（图 1.2-9）。注意，这种能量传递仅在 $T_6>T_3$ 时才可行，但如果压比 P_3/P_2 太高就不行了。

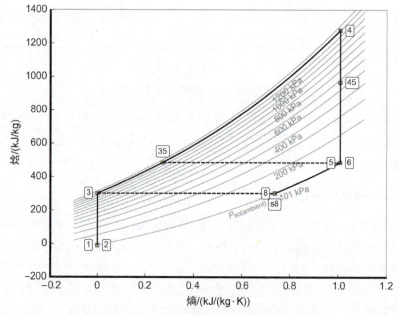

图 1.2-9　带换热器的理想焦耳循环

1.2.2 轴功产生的效率

1.2.2.1 理想循环

循环效率通常定义为功率输出与功率输入的比值。在许多基础教科书中都可以找到以下关于理想焦耳循环热效率的简单公式，即

$$\eta_{\text{therm}} = 1 - \left(\frac{P_2}{P_3}\right)^{\frac{\gamma-1}{\gamma}} \qquad (1.2\text{-}4)$$

等熵指数 γ 的大小影响效率见图 1.2-10。如果 $\gamma = 1.4$，则产生最高值。但这是一个过于简单化的观点，因为 γ 随燃气涡轮发动机内的温度和气体成分显著变化（发动机进口处 $\gamma = 1.4$，燃烧室出口处 $\gamma = 1.3$）。图 1.2-10 显示，由于 γ 的变化，理想循环效率的差异可能超过 5%。

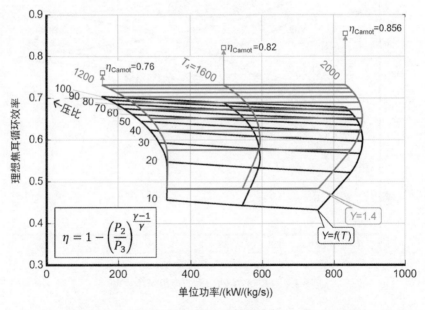

图 1.2-10　理想焦耳循环和卡诺循环效率（$T_2 = 288.15\text{K}$）

需注意，当燃烧室出口温度升高时，理想焦耳循环的效率会略微降低。焦耳循环与最高效的热力学循环（卡诺循环）之间的效率差异随着 T_4 变大。

在瞄准高效功率产出时，提高燃烧温度似乎不是正确的方法。然而，下这样的结论还为时过早：记住在这里只讨论理想的循环。稍后就会发现，较高的 T_4 在实际发动机循环中会产生更高的热效率，其中，部件效率当然小于 100%。

根据式（1.2-4），理想焦耳过程的效率与燃烧室出口温度 T_4 无关。在下

文中，将燃烧室出口温度恒定在 1700K，并重点研究总压比对循环效率的影响。以下所有计算均采用气体特性的实际值。循环热效率定义为有效功率 PW_{SD} 与燃料提供的功率 Q_{Fuel} 之比，即

$$\eta_{therm,Q} = \frac{PW_{SD}}{Q_{Fuel}} \tag{1.2-5}$$

通过考虑燃烧室的能量平衡，来确定通过燃烧燃料为系统所增加的功率，即

$$Q_{Fuel} = W_4 H_4 - W_3 H_3 \tag{1.2-6}$$

理想焦耳循环的效率随压比持续上升，见图 1.2-11，该图仅对 T_4 = 1700K 有效。如上所述，可以通过增加一个换热器来提高该循环的效率。然而，这仅在压比低于约 31 时有利，此时涡轮出口温度高于压气机出口温度。

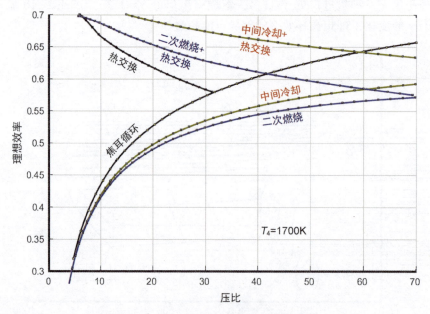

图 1.2-11　产生轴功率的理想循环效率

通过将压缩过程重新分配给两台串联的压气机来完成，再加上在第一台压气机后用中间冷却器将工质空气冷却回环境温度，这样的方法降低了整体热效率。这是由于在燃烧室中较高的温差所需的额外能量大于这样做带来的轴功率增益。中间冷却（间冷）的优势并不体现在提高热效率上，而是体现在提高单位质量流量的功率输出上（请记住图 1.2-8）。

然而，中间冷却确实增加了涡轮出口和压气机出口之间的温差（$T_6 - T_3$）。因此，将换热器添加到间冷发动机中非常有效，并且在很宽的压比范围内显著提高热效率。

第1章 新发动机设计

引入二次燃烧降低了热效率,因为第二燃烧室中的压力低于第一燃烧室中的压力。为什么说在低压下加热比在高压下加热效果更差呢?

下面用理想气体的温-熵图来解释这一点。对于该图中的等压线,高压等压线比低压等压线斜率更为陡峭。现在考虑给定从 T_A 到 T_B 的温升。高压等压线的熵增量不如低压等压线的熵增量多。$T \cdot ds$ 的积分,即等压线下方的面积,表示 T_A 到 T_B 温度变化所需的热量。因此,对于从 T_A 到 T_B 的给定温度变化,低压过程比高压过程需要更多的热量。对于相同的温度变化使用更多的热量显然效率低得多。

将换热器添加到具有二次燃烧的发动机中可以提高热效率,但不会比用在间冷发动机上提升的多。

1.2.2.2 实际循环

下面为循环研究引入更多现实因素。表 1.2-1 总结并量化了后面循环研究的损失假设。注意,带冷却的涡轮的多变效率取决于 T_4。更高的 T_4 需要更多的冷却空气,使涡轮效率变得更糟。图 1.2-12 显示了实际焦耳循环的热效率,它是压气机压比和燃烧室出口温度的函数。

表 1.2-1 效率和其他损失假设

压气机多变效率	$\eta_{pol} = 0.9$
带冷却涡轮多变效率	$\eta_{pol} = 1.0625 - 0.000125 T_4$
无冷却涡轮多变效率	$\eta_{pol} = 0.9$
排气膨胀比(低动能)	$P_8/P_{amb} = 1.03$
燃烧室总压恢复系数	$P_4/P_3 = 0.95$
燃烧室效率	$\eta_{3-4} = 1$
第二燃烧室总压恢复系数	$P_{45}/P_{43} = 0.95$
间冷器压比	$P_{25}/P_{24} = 0.95$
间冷器出口温度	$T_{25} = T_2 = 288.15 K$
换热器效率	$\eta_{eff} = 0.8$
换热器冷端总压恢复系数	$P_{35}/P_3 = 0.975$
换热器热端总压恢复系数	$P_8/P_6 = 0.95$
核心机机械效率(附件传动)	$\eta_{mech} = 0.99$
动力涡轮机械效率(发电机损失)	$\eta_{mech} = 0.98$

图 1.2-13 给出了 $T_4 = 1700K$ 时的实际循环效率,该效率使用表 1.2-1 中的损失假设计算得出。通过比较图 1.2-11 和图 1.2-13 可以看出,所有实际循环的效率都比无损失的理想循环更差。

第1篇　模拟任务

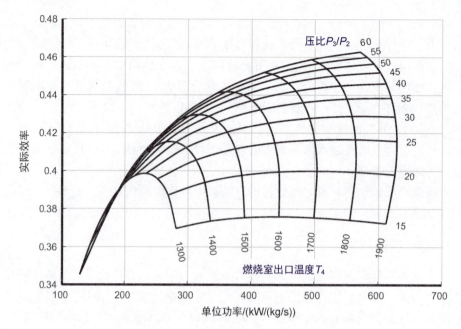

图1.2-12　实际焦耳循环的热效率（损失见表1.2-1）

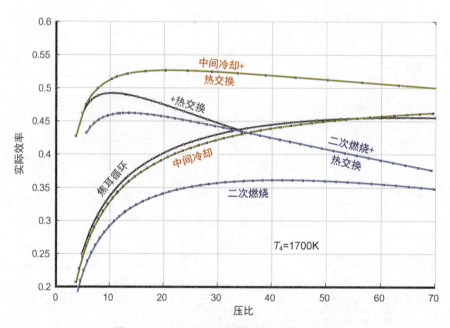

图1.2-13　$T_4 = 1700K$ 时实际循环的热效率

二次燃烧的循环效率最低。其主要原因是第二燃烧室中的压力低。这种低压力是因为高压涡轮效率低于1造成的，并且由于压气机的损失，高压涡轮输送给压气机的轴功要超过理想循环中的轴功。

在实际循环中具有间冷的压气机的出口温度要高于理想循环中的出口温度。温度差 T_4-T_3 不会因中间冷却而增加太多，因此实际间冷循环的效率更接近于焦耳循环的效率。

关于二次燃烧需要进一步说明，这种燃气涡轮发动机的热效率并不具有吸引力。那么这种发动机究竟有什么优势呢？从图 1.2-8 中可以看出，二次燃烧显著提高了单位功率，排气温度远高于焦耳循环（图 1.2-14）。如果将热回收蒸汽发生器（HRSG）添加到发电站，那么可以将部分燃气涡轮发动机排气能量转换为有用功率。联合循环的热效率远高于单独的燃气涡轮发动机的热效率，并且可以超过60%。在联合循环应用中正是利用了采用二次燃烧的发动机比简单焦耳循环布局高得多的排气温度。

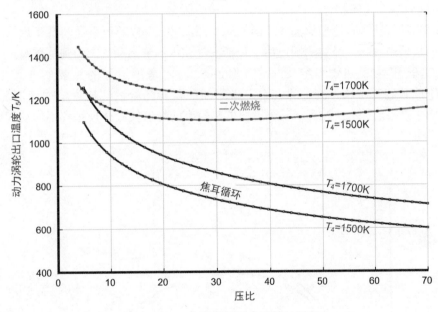

图 1.2-14　实际循环的典型排气温度

1.2.2.3　回到效率的定义

到目前为止，已经用热力学的方式定义了热效率，即轴功率与提供的热能之比。热量的来源并不重要，如它可能来自沙漠中太阳能热电站的太阳。然而，通常必须燃烧燃料以在循环中增加热量。热量的成本取决于燃烧的燃料量 W_F。修订后的热效率定义考虑到了这一点，即

$$\eta_{\text{therm}} = \frac{\text{PW}_{\text{SD}}}{W_F \text{FHV}} \tag{1.2-7}$$

式中：FHV 为 25℃时燃料低热值。

燃烧液体或气体燃料可获得的最大热量取决于燃料的化学成分和进入的气体，如干燥或潮湿的空气。当燃料与气体完全混合并且有足够的时间进行所有相关的化学反应时，便发生理想的燃烧，也即实现化学平衡。达到最高温度的油气比是理论配比值。注入较多燃料（富油）或较少燃料（贫油）会导致燃烧室出口温度低于最高值。导数 $\partial T_4/\partial W_F$ 在理论配比的油气比下为零。

理论配比值下的燃烧能产生最高的 T_4 温度，但理论配比值下的热效率却不是最高的，意识到这一点很重要。使用比理想配比状态下稍微小一点的燃油流量值，不会对 T_4 和轴功率 PW_{SD} 产生影响，但会减少 $W_F \cdot FHV$ 的值。因此相比理论配比的情况，更低的油气比 $far = far_{stoich} - \varepsilon$ 会导致更高的热效率。在发动机与燃气轮机的研发中，没有理由将实现理论配比值作为一个终极目标。

当油气比为理论配比油气比的 60%~70% 时，可以获得最佳的基于燃料流量的热效率。这一经验法则适用于包括氢气在内的液态和气态的碳氢燃料。

基于能量的热效率定义（式（1.2-5））不考虑增加的热量来自何处。基于能量和基于燃料流量的效率定义之间的差异随着油气比的增加而增加，如图 1.2-15 所示。注意，基于燃料的热效率的峰值较低并且在较小的油气比下发生。

在本书的其余部分只讨论基于燃料的热效率。

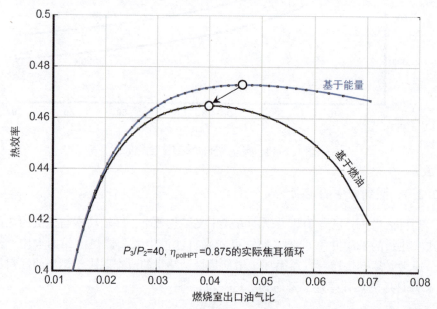

图 1.2-15　基于能量和燃料流量的热效率（通用碳氢燃料）

1.2.3 联合循环

燃气涡轮发动机的排气含有大量热量,可用于在热回收蒸汽发生器中产生蒸汽。该蒸汽可用于工业过程中加热或驱动一个或多个涡轮。一些蒸汽也可以注入燃气涡轮发动机的燃烧室中以减少 NO_x 和提高功率。此外,蒸汽可用于冷却燃气涡轮的动叶和导叶。

如果蒸汽用于发电厂,通过蒸汽轮机驱动额外的发电机,则总电力输出和设备的总效率增加。燃气涡轮发动机与废热回收和汽轮机的这种组合称为联合循环。如果蒸汽不用于驱动涡轮,而是用于化学工业中的生产过程,那就是常说的热电联产。

下面考虑一个简单的联合循环。数字取自参考文献 [1] 中的附录 C-16。燃气涡轮发动机的热效率为 0.33,可提供 12.2MW 的电力以及流量为 57.2kg/s、温度为 704K 的排气。该参考文献未给出燃气涡轮发动机循环的更多细节,但至少很容易大致估算出主要设计数据。我们可以估算出压气机压比和燃烧室出口温度分别为 14.6 和 1233K。图 1.2-16 的左上部分显示了燃气涡轮发动机的焦耳循环,其中包括空气和燃气的温-熵图。这种高温循环通常称为顶循环。

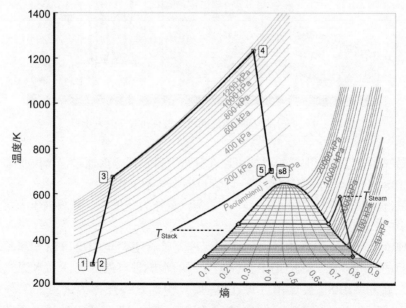

图 1.2-16 温-熵图中的焦耳循环和朗肯循环

第1篇 模拟任务

图1.2-16的右下部分为以温-熵图的形式表示的蒸汽的朗肯循环,即底循环。图中两个循环的温度轴的比例一致,但熵轴的比例不同。因此,图1.2-16的 x 轴上没有数字。

底循环装置包括热回收蒸汽发生器、蒸汽轮机和冷凝器。

1.2.3.1 热回收蒸汽发生器(HRSG)

热回收蒸汽发生器是非常复杂的装置,尤其是要从燃气涡轮发动机排气中回收大量热量的情形。最简单的HRSG仅在一个压力下输送蒸汽。如果采用两个甚至3个蒸汽压力水平,则可以提取更多的热量。

单压力的热回收蒸汽发生器(图1.2-17)安装在给水侧,包括用于加热水的节热器、使蒸发水的蒸发器和将蒸汽加热到所需温度的过热器。

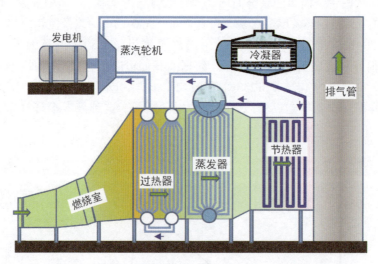

图1.2-17 用于联合循环的单压力热回收蒸汽发生器

燃气涡轮发动机排气的温度可以在其进入过热器之前通过一个燃烧器来增加。HRSG应设计为非点燃模式,即管道燃烧器不工作。

蒸汽温度和压力是输入值,产生的蒸汽量作为结果。选择蒸汽压力定义蒸发器中的温度。

理论上可用于传热的最大气体侧温度差是管道燃烧器出口温度和蒸发温度之间的差值。在实际应用中,在蒸发器的水侧进口处的气体和水温之间必须存在温差。HRSG温度图(图1.2-18)中的这一点称为夹点。实际装置的夹点 $\Delta T = T_{\text{Pinch Point}} - T_{\text{Evap}}$,至少为5~15℃。夹点 ΔT 越小,换热所需的表面积越大。

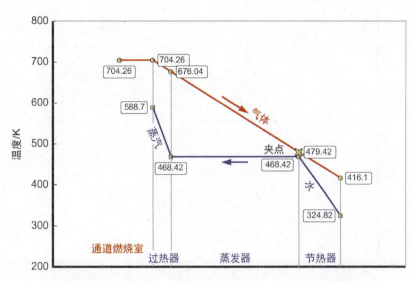

图 1.2-18 夹点图 - 参考文献 1 附录 C-16 中的数值示例

离开蒸发器的气体进入节热器。如果节热器中的气体和水之间的温差与蒸发器中的相同，沸腾会趋于发生在节热器出口处。应避免在节热器中沸腾，特别是在非设计工况下，因为蒸汽可能阻塞流动。由于存在水锤和管与管之间的差动膨胀问题，因此节热器的出口水温必须保持在饱和值以下几度。节热器出口和蒸发器之间的 5~10℃ 温差就是夹点。

1.2.3.2 汽轮机

用于发电的大多数蒸汽涡轮是冷凝涡轮，直接排气到冷凝器。冷凝器饱和压力远低于大气压，并且是冷却介质温度的函数。

1.2.3.3 联合循环输出

这里的数值示例的燃气涡轮发动机提供 12.2MW 的电力，热效率为 0.33。从底循环的汽轮机中再额外获得 3.8MW。图 1.2-19 中的蓝色箭头表示由于这部分额外电力，效率增加到了 0.43。

图 1.2-19 还示出了提高燃气涡轮发动机循环的压比和燃烧室出口温度（顶循环）的效率和电力潜力。当在底循环中达到两个或 3 个蒸汽压力级别时，进一步的改进是可行的。大型现代电站已经证明联合循环效率可超过 0.6。

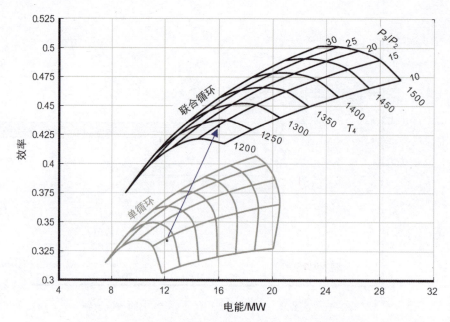

图 1.2-19　单循环燃气涡轮发动机和联合循环性能

1.3　飞机推进

1.3.1　涡喷发动机

图 1.3-1 显示了一台由压气机、燃烧室、高压涡轮 HPT 和收敛-扩张尾喷管组成的涡喷发动机。涡轮提供用于驱动压气机的动力,排气中的剩余能量被转换成喷射速度。

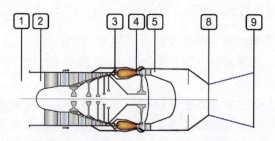

图 1.3-1　涡喷发动机的截面命名法

可以将涡喷发动机视为涡轴发动机的变型,其中喷管取代了动力涡轮。发动机产生动能而不是轴功率。因此,静止的涡喷发动机的热效率为

$$\eta_{\text{therm}} = \frac{W_9 \dfrac{V_9^2}{2}}{W_F \text{FHV}} \tag{1.3-1}$$

1.3.1.1 理想涡喷发动机循环

理想涡喷发动机的压气机和涡轮效率高达100%。燃烧室中没有压力损失。达到理想的排气射流速度 $V_{9\text{id}}$ 需要一个无损耗的收敛-扩张喷管，它将排气射流膨胀到环境压力。理想匹配的喷管面积比 A_9/A_8 取决于压比 P_8/P_{amb}。

图1.3-2显示了两个燃烧室出口温度为 T_4 的理想涡喷发动机循环的焓-熵图。由于焓-熵图中的等压线是扩散的，喷气的动能随着 T_4 的增加而增加。只要涡喷发动机不动，单位流量的推力就与理想的喷气速度成比例。

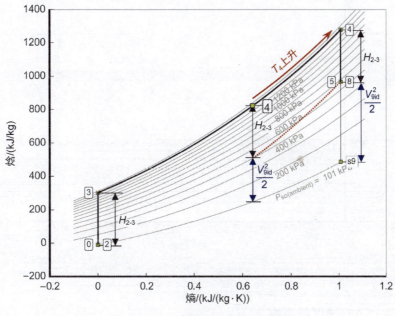

图1.3-2 涡喷发动机的理想循环

1.3.1.2 增加涡喷发动机推力的方法

材料允许的最高工作温度，或更准确地说是涡轮转子中的离心应力决定了通过增加 T_4 可增加推力的极限。然而，在涡轮的下游，没有旋转部件。因此，可以将加力燃烧室中的涡轮排气再加热到比压气机和涡轮之间的燃烧室高得多的温度（图1.3-3和图1.3-4）。当燃烧在第一次燃烧后剩余的所有氧气时，得到所能达到的最高排气温度 $T_{8\text{stoich}}$。在实际中，是无法达到这个温度的，因为加力燃烧室硬件和喷管需要冷却。虽然如此，仍可以再加热涡轮排气到一个极高的温度，这会增加排气射流速度从而增加推力。

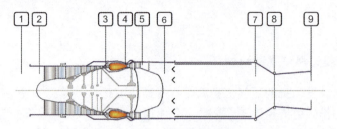

图 1.3-3　带加力燃烧室的涡喷发动机

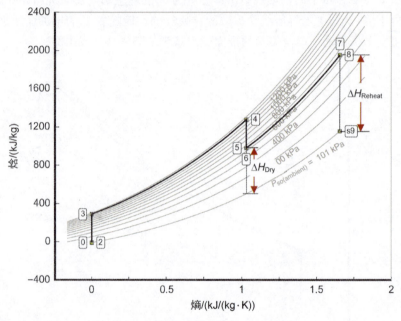

图 1.3-4　理想加力涡喷发动机的焓-熵图

1.3.1.3　飞行速度的影响

如果涡喷发动机不动，即在静止条件下，可以将涡喷发动机的热效率直接与理想涡轴发动机的热效率进行对比。喷气的动能等效于涡轮轴的单位功率。

如果涡喷发动机推动飞行速度为 V_0 的飞机，那么必须考虑来流空气的动能。涡喷发动机的热效率是相对于所提供能量的动能增量，即

$$\eta_{\text{therm}} = \frac{W_9 \dfrac{V_9^2}{2} - W_2 \dfrac{V_0^2}{2}}{W_F \text{FHV}} \quad (1.3\text{-}2)$$

在固定的 T_4/T_2 和压气机压比 P_3/P_2 的前提下，提高理想涡喷发动机的飞

行速度（飞行马赫数）可提高热效率，见图1.3-5。

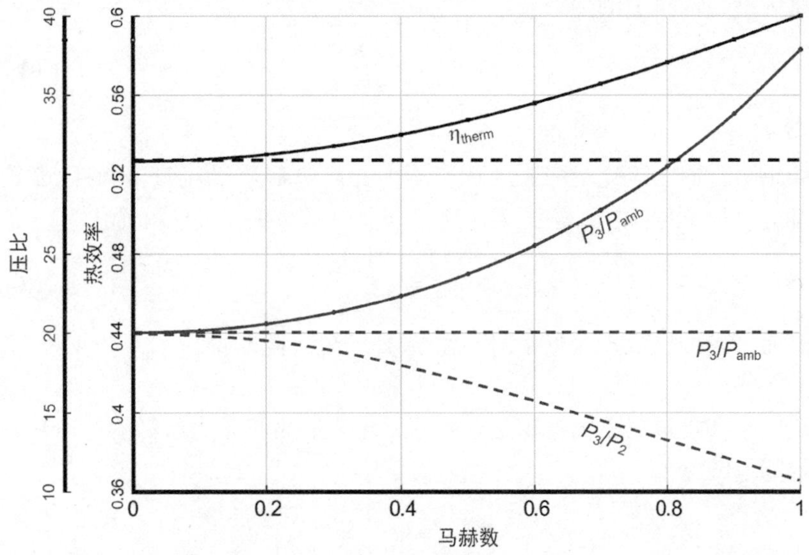

图1.3-5 理想涡喷发动机的热效率（$T_4 = 1700K$，$T_2 = 288.15K$）

这是因为热力学循环压比 P_3/P_{amb} 由于发动机上游的空气压缩-冲压效应而增加。如果在更高的飞行速度下保持 P_3/P_{amb} 恒定，降低涡喷发动机的压气机压比，可以获得恒定的热效率，如图1.3-5中的虚线所示。

1.3.2 更多的效率定义

热效率是热力学循环的效率。它描述了加入循环的热量（这里由燃料流量和燃料低热值的乘积描述）转换为动能的比例。

可以将涡扇发动机的热效率分为核心机效率和传输效率。核心机效率是在满足核心机压缩过程的所有功率要求之后可用的能量（这里指核心机出口）和燃料的可用能量之比，即

$$\eta_{therm} = \frac{W_{core}(\Delta H_{is} - V_0^2/2)}{W_F FHV} \quad (1.3-3)$$

假设从核心机出口处的气体等熵膨胀到发动机出口处的环境压力，焓差 ΔH_{is} 是可计算的。

传输效率描述了从核心流到涵道流的能量传递的质量。它被定义为喷管出口处的能量与核心机出口处的能量的比率。传输效率主要由风扇和低压涡轮的效率决定，两者同样重要。

飞机发动机的任务是产生推力。有用推进能量（推力和飞行速度的乘积）

第1篇 模拟任务

与发动机增加的动能之比为推进效率；喷管喷气相对于环境的动能部分是将动能转化为推力过程中的损失。

$$\eta_{\text{Prop}} = \frac{F_N V_0}{W_9 \dfrac{V_9^2 - V_0^2}{2}} \tag{1.3-4}$$

如果喷管内气流完全膨胀到环境压力并且进口质量流量 W_0 等于喷管质量流量 W_9，那么净推力 F_N 等于 $W(V_9 - V_0)$，则式 (1.3-4) 就简化为

$$\eta_{\text{Prop}} = \frac{2V_0}{V_0 + V_9} \tag{1.3-5}$$

然而，当推进效率接近 1 时，需要 $V_9 \approx V_0$，此时推力 $F_N = W(V_9 - V_0)$ 接近于零。

热效率和推进效率的乘积是总效率，为克服飞机阻力所做的有用功和燃料提供的能量的比值，即

$$\eta_{\text{overall}} = \frac{W_9 \dfrac{V_9^2}{2} - W_2 \dfrac{V_0^2}{2}}{W_F \text{FHV}} \frac{F_N V_0}{W_9 \dfrac{V_9^2 - V_0^2}{2}} \tag{1.3-6}$$

假设 $W_9 = W_2$，则有

$$\eta_{\text{overall}} = \frac{F_N V_0}{W_F \text{FHV}} \tag{1.3-7}$$

总效率很少被使用，因为如果飞机不运动则值为零。但是，通过引入耗油率 $\text{SFC} = W_F / F_N$，可以很容易地将方程式转换为有用的形式，即

$$\eta_{\text{overall}} = \frac{V_0}{\text{SFC} \cdot \text{FHV}} \tag{1.3-8}$$

$$\text{SFC} = \frac{V_0}{\eta_{\text{overall}} \text{FHV}} = \frac{V_0}{\eta_{\text{therm}} \eta_{\text{Prop}} \text{FHV}} \tag{1.3-9}$$

对于 $V_0 = 0$，该方程式不会导致 $\text{SFC} = 0$，因为对于 $V_0 = 0$，η_{Prop} 也为零。然而，SFC 与飞行速度密不可分。

图 1.3-6 是式 (1.3-9) 的图形表示。对于现代客机的典型巡航工况，35000ft[①]、$M = 0.8$，即飞行速度 $V_0 = 273\text{m/s}$ 和 $\text{FHV} = 34.1\text{MJ/kg}$。注意，这种地毯图不是热力学循环计算的结果。它仅显示了 SFC 与热效率和推进效率的相互关系。

---

① 1ft = 0.3048m。

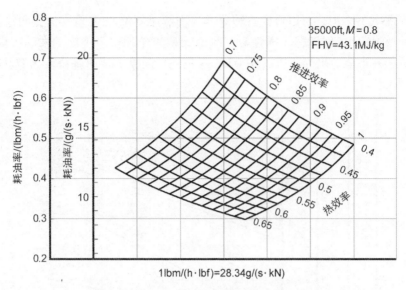

图 1.3-6　SFC 与热效率和推进效率的相关性

1.3.2.1　实际的涡喷循环

现在考虑一个实际的涡喷发动机。表 1.3-1 给出了各种损失。间接地考虑了冷却空气和其他相关流量：在本研究中，涡轮效率是燃烧室出口温度的函数。

需注意，对于理想的涡喷发动机循环，假设了一个收敛-扩张喷管，它将喷气精准地膨胀到环境压力。在下文中，计算带收敛喷管的发动机的性能，其中出口静压 P_{s8} 高于环境压力。收敛喷管的总推力为

$$F_G = W_8 V_8 C_{FG} + A_8 (P_{s8} - P_{amb}) \quad (1.3-10)$$

表 1.3-1　不加力涡喷发动机的损失假设

压气机多变效率	$\eta_{pol} = 0.9$
涡轮多变效率	$\eta_{pol} = 1.0625 - 0.000125 \cdot T_4$
燃烧室总压恢复系数	$P_4/P_3 = 0.95$
燃烧效率	$\eta_{3-4} = 0.999$
喷管总压恢复系数	$P_6/P_5 = 0.98$
核心机机械效率（附件传动）	$\eta_{mech} = 0.99$
收敛喷管推力系数	$C_{FG} = 0.995$

在效率评估中，使用 V_{9eq} 作为等效喷气速度，其中

$$V_{9eq} = \frac{F_G}{W_8} \quad (1.3-11)$$

在图 1.3-7 中，可以看到各种效率与飞行速度 V_0 的关系（分别对应两个不同的燃烧室出口温度）。需注意，每个计算的循环代表不同的发动机设计，这些数字并不能给出当飞机以 0~330m/s 的飞行速度加速时某特定涡喷发动机是如何工作的。

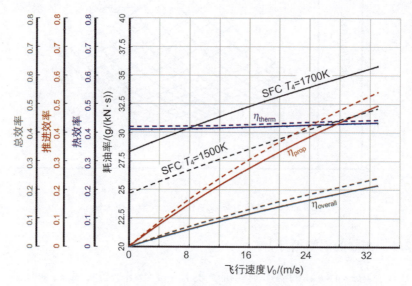

图 1.3-7　不加力涡喷发动机的效率（$T_4 = 1700K$，$T_4 = 1500K$）

总效率随着飞行速度的增加而增加，主要是因为推进效率提高。在所考虑的飞行速度范围内，热效率仅略微提高。需注意，较高的总效率不会导致较低的 SFC，因为式（1.3-9）中的飞行速度占主导地位。

在该示例中，燃烧室出口温度对热效率的影响不是很大。$T_4 = 1500K$ 的热效率值 η_{therm} 略高，主要是涡轮效率更有优势：对于较低的涡轮进口温度，需要较少的冷却空气，对应的涡轮效率更高。当发动机设计 T_4 较低时，推进效率变得更好，因为喷气速度 V_{9eq} 降低。

在图 1.3-7 中没有看到发动机的尺寸大小。对于相同的推力，温度较高的涡喷发动机所需要的质量流量大约减少 14%，这些发动机的重量也将减轻相应的量。

图 1.3-8 展示了恒定燃烧室出口温度 $T_4 = 1700K$ 时压气机压比从 20 降低到 10 的影响。由于 $P_3/P_2 = 10$ 太低了，无法与这么高的 T_4 值匹配，所以热效率降低，这一点反映在图 1.3-9 中。恒定飞行速度下的推进效率实际上与压比的变化无关，因为单位推力 F_N/W_2 不会改变。需注意，等效喷气速度 V_{9eq} 与单位推力直接相关，即

$$V_{9eq} = \frac{W_2}{W_9}\left(\frac{F_N}{W_2} + V_0\right) \tag{1.3-12}$$

第1章 新发动机设计

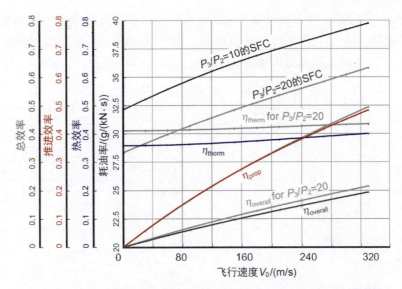

图 1.3-8 压气机压比 $P_3/P_2=10$ 和 $P_3/P_2=20$ 时涡喷发动机的效率
（燃烧室出口温度 $T_4=1700K$，国际标准大气（ISA）海平面）

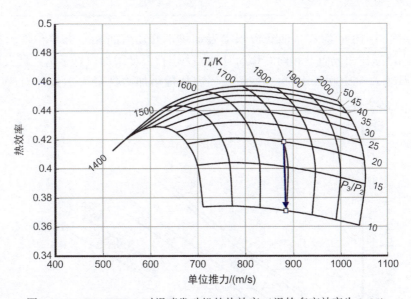

图 1.3-9 $V_0=160m/s$ 时涡喷发动机的热效率（涡轮多变效率为 0.85）

因此，由于热效率下降，总效率降低并且 SFC 增加。

1.3.2.2 带加力涡喷发动机的效率

通过添加加力燃烧室（也称推力增强器或再加热系统），可以显著增加涡

第1篇 模拟任务

喷发动机的推力。"再加热"这个术语更好地描述了热力学循环中的情况。当加力燃烧室点燃时，通常将发动机称为"湿"发动机——与加力燃烧室关闭时的"干"发动机形成对比（表1.3-2）。

表1.3-2 加力涡喷发动机的损失假设

压气机多变效率	$\eta_{pol} = 0.9$
涡轮多变效率	$\eta_{pol} = 1.0625 - 0.000125 T_4$
燃烧室总压恢复系数	$P_4/P_3 = 0.95$
燃烧效率	$\eta_{3-4} = 0.999$
加力火焰稳定器总压恢复系数	$P_6/P_5 = 0.98$
加力燃烧室进口马赫数	$M_6 = 0.25$
加力燃烧效率	$\eta_{6-7} = 0.95$
加力出口温度	$T_7 = 2100K$
核心机机械效率（附件驱动）	$\eta_{mech} = 0.99$
收敛喷管推力系数	$C_{FG} = 0.995$

图1.3-10中的6条曲线以涡喷发动机不开加力的SFC和单位推力值开始。当沿压比曲线向上和向右移动时，加力出口温度增加，直至达到最大加力出口温度 $T_7 = 2100K$。因此，每条线代表从最小加力到最大加力的对应工作范围。

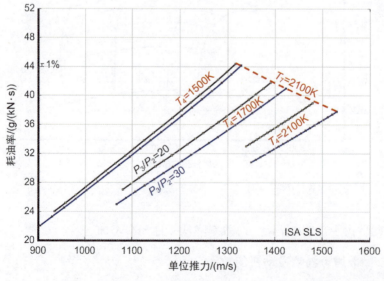

图1.3-10 带加力的涡喷发动机SFC从"干状态"增加到全加力（$T_7 = 2100K$）

第1章 新发动机设计

低 T_4 和高 P_3/P_2 导致适度的加力进口温度 T_6。推力提升潜力(最小加力和最大加力之间的推力差异)取决于 T_6。

更高的推力不是白来的,与不带加力的发动机相比,相同单位推力下需要更多的燃料。为什么 SFC 会增加这么多?虽然加力燃烧室中的燃烧效率比主燃烧室中的燃烧效率差很多,但这不是燃料消耗非常高的主要原因。让我们看一下海平面静止条件下,理想的无损失带加力涡喷发动机的温-熵图(图 1.3-11)。在该图中,T-s 曲线下方的区域表示传递的热量。

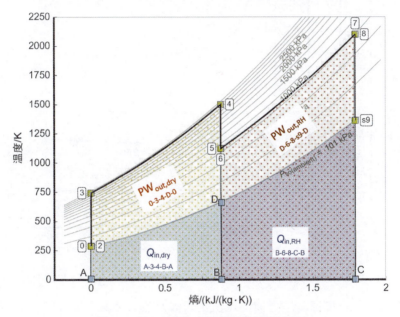

图 1.3-11 理想加力涡喷循环的温-熵图

首先看一下"干"发动机。区域 A-3-4-B-A 表示在主燃烧室中添加的热量。当加力燃烧室未点燃时得到的有用功(喷管射流的动能)与面积 0-3-4-D-0 成正比。T-s 图中这两个区域的关系是式 (1.2-5) 中定义的基于热量的热效率。

可以对加力系统的 T-s 图中的区域进行类似比较。加入的热量与面积 B-6-8-C-B 成比例,动能射流能量的增益等于面积 D-6-8-s9-D。这两个区域的比值是加力系统的热效率。

不用任何计算,很明显加力系统的热效率远远低于"干"发动机的热效率。原因是 P_6 远低于 P_3。

接下来考察一下压比在 10~60 之间的加力涡喷发动机的海平面静态性能。所有发动机燃烧室出口温度都是 T_4 = 1500K。这里不使用基于热量的热效率作为评价指标,而是使用 3 种 SFC 的定义,即

$$\text{SFC}_{dry} = W_{FB}/F_{dry}$$

$$\text{SFC}_{RHsystem} = W_{FRH}/(F_{RH}-F_{dry})$$

$$\text{SFC}_{overall} = (W_{FB}+W_{FRH})/F_{RH}$$

图 1.3-12 给出了 3 种类型的 SFC 和压比 P_6/P_{amb} 与压气机总压比 P_3/P_2 的值。在总压比为 30 时，P_6/P_{amb} 达到最大值。加力系统最低 SFC 和最低总 SFC 都出现在几乎相同的 P_3/P_2 值位置。

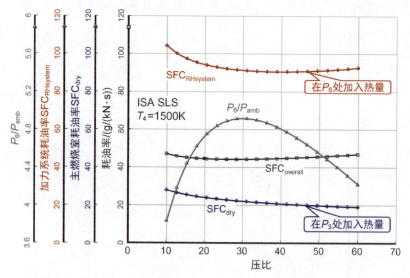

图 1.3-12　加力涡喷发动机的 SFC（ISA 静态海平面，$T_7=2100\text{K}$）

这项参数研究证实了之前的说法：当涉及热效率和 SFC 时，在低于主燃烧室进口 P_3 的压力下加入热量不是一个好办法。

那么如果压气机压比达到最佳时，加力 SFC 仍过高，还能做些什么呢？如果加力燃烧室效率很差，可以通过延长喷管长度来改善它。这为化学反应提供了更长的停留时间。当加力燃烧室效率为可接受且压气机压比接近其最佳值时，剩下的唯一选择是减少 T_7（图 1.3-10）或增加主燃烧室出口温度 T_4（图 1.3-13）。注意，沿着每一条等 T_4 线，最低的 SFC 出现在 P_6/P_{amb} 最高的地方。

1.3.3　涡扇发动机

涡喷发动机的喷气速度通常非常高，导致亚声速飞行的推进效率差。那么如何改进这个缺陷呢？解决方案很简单：使用位于高压涡轮（HPT）和喷管之间的低压涡轮（LPT）从热气流中提取能量。由于额外的功率提取，喷气速度变得更小，所以主流排气的推进效率增加。

第1章 新发动机设计

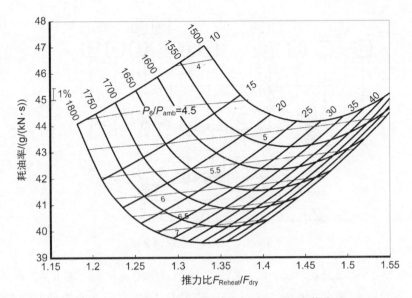

图 1.3-13　$T_7 = 2100K$ 时的涡喷发动机 SFC 和推力比

低压涡轮提供的轴功率量是一定的,可以用它来驱动小流量-高压比的压气机或者大流量-低压比的压气机。在后一种情况下,过量的压缩空气在外涵喷管中膨胀并提供额外的推力。

可以根据需要调整主喷管出口速度和外涵喷管出口速度。如果从主流中提取大量能量,就会得到较低的主流速度。如果使用这种能量来提供具有近似喷气速度的第二股喷气,那么与原来的涡喷发动机相比,推进效率就得到了非常显著的提高。

图 1.3-14 显示了具有更强推进效率的发动机构型。在中间,有原始的涡喷发动机,其次是低压涡轮和主喷管。额外的压气机,通常称为风扇,位于"涡喷发动机"的前面。没有人将涡扇发动机的中间这部分称为"涡喷发动机",一般称之为核心机或燃气发生器。

下面将进行一些参数研究,研究中使用表 1.3-3 中的损失假设。这些损失是目前民用航空中使用的大涵道比(BPR)发动机的典型值。涡轮冷却引起的损失可用高压涡轮效率随燃烧室出口温度 T_4 而降低的函数关系来展示。例如,当 $T_4 = 1500K$ 时,由表 1.3-3 中的关系可得 $\eta_{pol} = 0.875$、$T_4 = 1700K$ 时则得到 0.85。

外涵道总压损失(P_{16}/P_{13})主要是由于壁面摩擦。当涵道比高时,壁面积与流动横截面积的比值低。这证明了 P_{16}/P_{13} 随涵道比增大略有增加,如表 1.3-3 中的相应方程式所述。

根据所有这些假设,当我们分析一个涵道比为 6 且 $T_4 = 1600K$ 的涡扇发动

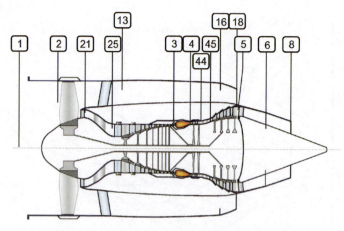

图 1.3-14　涡扇发动机命名法

机的巡航工况（海拔 35000ft，飞行马赫数 $M = 0.8$）时，我们得到 SFC = 16.0g/(kN·s) 或 0.566lbm/(lbf·h)，这是自 1995 年以来在役的发动机的典型值。

表 1.3-3　35000ft、$M = 0.8$ 巡航状态下涡扇发动机的损失假设

风扇多变效率	$\eta_{pol} = 0.91$
中介机匣总压恢复系数	$P_4/P_3 = 0.95$
压气机多变效率	$\eta_{pol} = 0.9$
燃烧室总压恢复系数	$P_4/P_3 = 0.95$
高压涡轮多变效率	$\eta_{pol} = (1.0625 - 0.000125)T_4$
涡轮间总压恢复系数	$P_{45}/P_{44} = 0.98$
低压涡轮效率	$\eta_{pol} = 0.91$
涡轮后总压恢复系数	$P_6/P_5 = 0.98$
外涵道总压恢复系数	$\dfrac{P_{16}}{P_{13}} = 1 - \dfrac{0.05}{(BPR+1)^{0.4}}$
核心机机械效率（附件传动）	$\eta_{mech} = 0.98$
泄漏到外涵的高压气	W_{25} 的 0.5%
泄漏到涡轮后的高压气	W_{25} 的 1%
引到短舱的高压气	W_{25} 的 1%

1.3.3.1　喷气速度比

涡喷发动机的参数研究很容易处理，因为只有两个主要的设计变量，即压

气机压比 P_3/P_2 和燃烧室出口温度 T_4。对于涡扇发动机，还有两个变量，即涵道比（流量比 W_{13}/W_{21}）和风扇压比或风扇外压比 P_{13}/P_2。幸运的是，可以通过引入与内涵和外涵喷气速度最佳匹配的条件来消除其中一个附加变量。从理论上说，要达到最佳的燃油消耗率，理想的喷气速度比 V_{18id}/V_{8id} 应该等于风扇和低压涡轮效率的乘积。在这种情况下，理想意味着两个喷管都完全膨胀到环境压力。

根据经验，可以使用 $V_{18id}/V_{8id}=0.8$ 进行通用循环计算，因为现代风扇和低压涡轮的效率大约为 0.9。图 1.3-15 显示，对于 $V_{18id}/V_{8id}=0.8$ 范围内的所有风扇压比，SFC 基本上是最小的。当偏离最优值时，SFC 增加很少。燃烧室出口温度 T_4 恒定时，选择稍低的喷气速度比值简化了风扇和 LPT 的空气动力学设计。

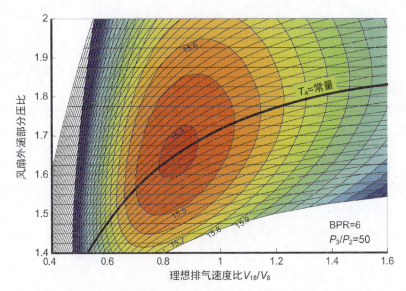

图 1.3-15　等 SFC 的轮廓线（35000ft，$M=0.8$）

1.3.3.2　参数研究

在这个冗长的序言之后，来讨论一个参数研究，其中涵道比和燃烧室出口温度是变量。在每个循环计算中，总压比 P_3/P_2 恒定为 50，并且调节风扇压比，使得维持 $V_{18id}/V_{8id}=0.8$。

首先看看当我们从涡喷发动机（涵道比为 0）研究到涵道比为 15 的涡扇发动机时，推进效率会发生什么变化。更高的涵道比意味着更高的推进效率，这是普遍的观点。但是，如图 1.3-16 所示，这仅适用于 T_4 恒定的情况，如在 $P_3/P_2=2$ 的压比线上涵道比从 4.5 到 11 时推进效率都为 0.72。

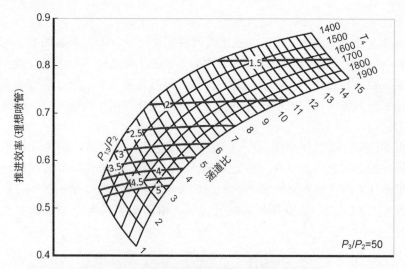

图 1.3-16 理想收敛-扩张喷管的推进效率（35000ft，$M=0.8$，ISA）

毫无疑问，风扇等压比线基本上就是等推进效率，因为确定外涵喷气速度 V_{18} 的外涵喷管压比 P_{18}/P_{amb} 与 P_{13}/P_2 直接相关。

顺便说一下带两个喷管的涵道发动机的推进效率怎么定义。可以使用前面提到的式（1.3-4）来计算它，该式使用定义的等效排气喷射速度 V_{9eq}，即

$$V_{9eq} = \frac{F_{G8}+F_{G18}}{W_8+W_{18}} \qquad (1.3\text{-}13)$$

下面将重点放在单级风扇发动机上。这种风扇的压比低于 2，推进效率高于 0.725（图 1.3-16）。

SFC 的表达式中包括飞行速度、燃料热值以及热效率和推进效率的乘积（式（1.3-9））。两个效率应该分别讨论。让我们固定推进效率并计算各种热效率值下的 SFC。热效率的主要影响参数是压气机压比 P_3/P_2 和燃烧室出口温度 T_4。通过调整涵道比来获得所需的推进效率值。但是，为了方便地生成图 1.3-17 中的地毯图，可以设定推进效率值并求解涵道比。在这种情况下，涵道比不再是输入变量，而是结果。

图 1.3-17 显示了推进效率为 0.75、0.8 和 0.825 的燃料消耗率值。将 T_4 增加到 1700K 以上只会在 SFC 中产生很小的增益。总压比高于 60 时也是如此。3 个地毯图间接地显示热效率如何变化，因为 3 个地毯图中的每一个都对应恒定的推进效率。需注意，涵道比的范围随着推进效率的提高而变大。

那么单位推力呢？答案非常简单：它与推进效率和飞行速度直接相关，重新排列式（1.3-5），则有

$$\frac{F_N}{W} \approx 2V_0\frac{(1-\eta_{Prop})}{\eta_{Prop}} \qquad (1.3\text{-}14)$$

第1章 新发动机设计

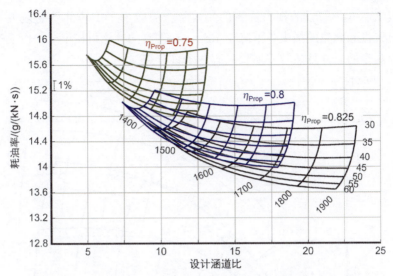

图 1.3-17 35000ft、$M=0.8$、ISA 条件下的涡扇发动机耗油率

在给定的推力下,具有 80% 推进效率的涡扇发动机进口直径是涡喷发动机进口直径的 282%(即接近 3 倍)(图 1.3-18)。

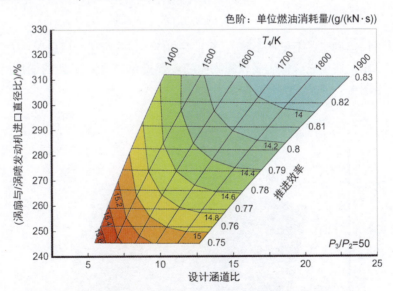

图 1.3-18 涡扇发动机进口直径与相同推力的涡喷发动机的比较

当给定风扇直径和推力时,推进效率基本上是定值。在这种情况下,提高 SFC 的唯一方法是提高热效率。这可以通过提高压气机压比(P_3/P_2)和/或燃烧室出口温度 T_4 来完成。

当然,减少燃气发生器和风扇的损失也能提高热效率。图 1.3-19 显示了使用表 1.3-3 中假设的损失计算的热效率,但减少了旋转部件的损失,即风扇、压气机和涡轮的损失各下降了 10%。在现有的叶轮机械上寻求以上这种改善是很困难的,并且热效率增长只有两个百分点。

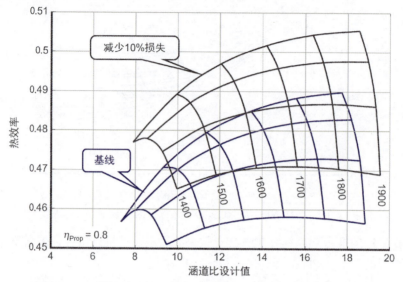

图 1.3-19　巡航时涡扇发动机的热效率（35000ft,$M=0.8$,ISA）

最后快速浏览一下低压系统（图 1.3-20）。如前所述,风扇压比 P_{13}/P_2 与推进效率相关性很强。低压涡轮膨胀比随着燃烧室出口温度 T_4 的增加而增加。回想一下图 1.2-4,这就不足为奇了。

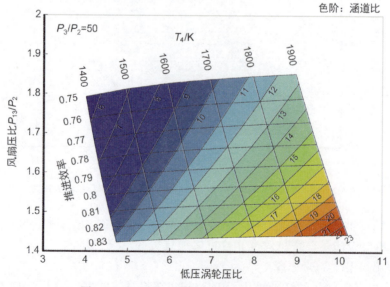

图 1.3-20　风扇和低压涡轮压比（OPR=50）

1.3.3.3 一些最后的结论

涡扇发动机（表1.3-3）和发电用燃气轮机（表1.2-1）的损失假设非常相似。然而，飞机发动机的热效率却高出约3个百分点（比较图1.2-12与图1.3-19）。这是什么原因呢？

同样，可以简单地解释：在标准日条件下（$T_2 = 288.15K$），飞机发动机在巡航时的进气温度T_2比地面发动机的进口温度低41K。飞机发动机的温度比T_4/T_2更高，使其具有优势。与陆基燃气轮机相比，飞机发动机巡航时的热效率更高，并不意味着有先进技术，而是由于基本的热力学原理。

最早的大涵道比涡扇发动机（JT9D，CF6-6，RB211）在20世纪70年代初获得了认证。巡航条件下的SFC在0.62~0.66lbm/(h·lbf)（1lb≈0.45kg）之间。在接下来的20年内，直到1995年，涵道比没有太大变化（保持在5左右），但热效率的显著提升将SFC降低到0.58。紧接着20年的发展再次提高了热效率，但低于之前20年所取得的进步。到2015年，巡航SFC下降到0.5lbm/(h·lbf)，5%推进效率的提升（涵道比率从5增加到12）是这一成功的主要原因。

在未来，我们将看到热效率和推进效率的进一步提高。然而，显著的SFC减少需要对发动机构型进行重大改变。开式转子发动机的目标是推进效率高于90%，先进的热力学循环力求更高的热效率。燃气涡轮发动机是否会达到低于0.4lbm/(h·lbf)的巡航SFC仍然是一个悬而未决的问题（图1.3-21）。

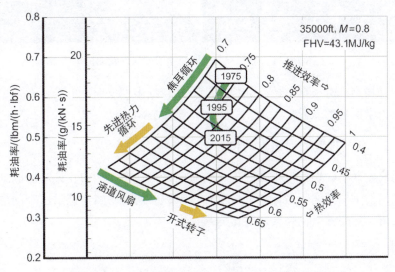

图1.3-21 涡扇发动机SFC随着时间的变化趋势

1.4 基本设计决策

战斗机的发动机看起来与客机的发动机非常不同。原因是：任务定义了热力学循环。超声速飞机的发动机必须有一个小的迎风面积；否则飞机阻力会过大。商用客机需要低油耗的发动机，这导致涡扇发动机具有大涵道比，其具有固有的低单位迎风面积推力。

虽然任务定义了发动机的基本类型，但它并没有确定所有设计细节。部件的选择和总体布局是复杂的多学科优化任务。下面将讨论在任何项目的早期阶段要做出的一些基本设计决策。

1.4.1 混合排气或分开排气的涡扇发动机

用于亚声速运输机的涡扇发动机有两种构型，即带有混合器（单喷管）和不带混合器（两个喷管），见图1.4-1。

图1.4-1 带有一个或两个喷管的涡扇发动机

两种构型都有很多争论，如成本、重量、噪声、反向推力等。在这里主要研究热力学循环的差异。

1.4.1.1 分开排气的涡扇发动机

涡扇发动机的燃气发生器产生一定量的燃气功率。如何在核心流的动能和驱动风扇的轴功率之间最佳地分配这种功率呢？前面已经讨论过这个问题：从理论上讲，理想的最佳喷气速度比为

$$\left(\frac{V_{18}}{V_8}\right)_{id} = \eta_{2-18}\eta_{45-8} \tag{1.4-1}$$

式中：η_{2-18}为外涵流动的效率，外涵流动的损失发生在风扇和外涵道中；η_{45-8}为低压涡轮及其下游流道的损失。这两个理想的速度是喷管使气流无损失地膨

胀到环境压力达到的理想速度。这其中，如果总静压比大于临界压力值，则需要采用收敛-扩张喷管。

在实践中，不需要关心 η_{2-18} 与风扇效率以及 η_{45-8} 与低压涡轮效率之间的细微差别，因为偏离最优数值不会显著影响 SFC。在巡航条件下选择 $V_{18id}/V_{8id}=0.8$ 是一个很好的经验法则，可以最佳地匹配大涵道比涡扇发动机的两个喷气速度。

1.4.1.2 混合排气涡扇发动机

在混合排气涡扇发动机模拟中，显然不能应用喷气速度比规则，因为只有一个喷管。对于核心流和外涵流的最佳匹配，这里存在另一种条件：只有当总压比 P_{16}/P_6 接近 1.0 时混合器才能令人满意地工作。总压比在 1.0 附近的小偏差是可以接受的，但一般来说，在巡航条件下，总压比 P_{16}/P_6 应在 0.9~1.05 的范围内。

1.4.1.3 恒定推进效率的比较

推进效率在循环研究中很少用作输入变量。这是因为推进效率通常不包含在循环计算代码的输入量中，它是一个结果，一个输出。然而，当我们研究实际发动机设计问题时，所需的推进效率通常隐含在飞机的要求中。

想象一下新型商用客机的发动机设计任务。飞机设计师要求在爬升阶段顶部（35000ft，$M=0.8$，ISA）有一定的推力，这是他从飞机的阻力和升力特性得出的。另外，他给定了短舱尺寸，要么发动机必须装入现有短舱中，要么飞机的起落架不允许安装更大的短舱。

短舱的尺寸大小限定了风扇直径的上限，因此发动机的换算流量上限也被限定了，而恰好是位于爬升阶段顶部。可以按这个换算流量精确地设计我们的发动机，或者如果想要一些余量用于以后的推力增长，则可将其设计换算流量稍微调小些。在任何情况下，我们都预先知道最大换算流量。

现在请记住以下基础知识：单位面积换算流量仅取决于当地马赫数、总压和总温。可以从飞行条件知道压力和温度。可是当地马赫数怎么办？短舱专家当然知道短舱喉部可吸入的最大换算流量对应的马赫数。利用这个马赫数，可以根据已知数据计算爬升顶部的最大实际空气质量流量。

或者，可以考虑风扇进气面的流动条件，当地马赫数不能超过 0.7。利用该马赫数和已知的换算流量和风扇轮毂比（机械设计约束），可以计算出风扇直径。最好这个风扇直径能够适合给定的短舱；否则相关参数就会出现问题。

现在我们知道爬升顶部的飞行速度 V_0、净推力 F_N 和发动机质量流量 W_2，可以从式（1.4-2）计算推进效率。这是式（1.3-14）的另一种形式，即

$$\eta_{\text{Prop}} \approx \frac{2V_0}{\dfrac{F_N}{W_2} + 2V_0} \tag{1.4-2}$$

最终，我们对低油耗的发动机感兴趣。SFC 的公式是由热效率、推进效率以及恒定的飞行速度 V_0 和燃料热值 FHV 的值组成的。如果针对给定的推进效率进行参数研究，那么 SFC 的任何变化都是热效率更好或更差的结果。由于发动机制造商只能影响其发动机的热效率，因此以恒定的推进效率进行参数研究已经足够了。这就是我们现在要做的事情。

在我们的研究中，所有分排涡扇发动机都具有最佳的喷气速度比，所有混排涡扇发动机在内、外涵出口处具有相等的总压。此两种发动机构型的部件损失假设均在表 1.3-3 中列出。图 1.4-2 给出了分排和混排涡扇发动机的热效率。注意，内、外涵气流混合导致的损失并不计算在内。因此，黑色和蓝色地毯图之间的差异为理想情况；实际上，混排涡扇发动机的热效率优势没有这么大。

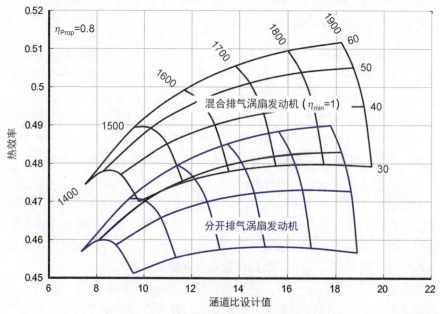

图 1.4-2 风扇压比最佳时的热效率

对于图 1.4-3 所示的 100% 混合对应的推力变化到底代表什么？它由完全混合排气的总推力（$\eta_{\text{mix}}=1$）与两股分排气流总推力之间的差值占净推力的百分比计算得到，以上比较是在相同的核心机和外涵道出口条件下进行的。由于净推力远低于总推力，因此百分比看起来很大。

图 1.4-3 中的热-冷流温度比 T_6/T_{16} 的等值线表明，推力增益主要来自两股气流之间的温差。温度比越大，推力增益越大。

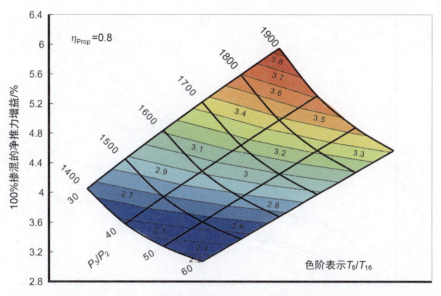

图 1.4-3 内、外涵气流混合引起的净推力增益（$\eta_{mix}=1$）

两个发动机构型之间的性能差异并不大，但低压转子上的部件却截然不同。分排涡扇发动机的最优风扇压比明显高于混排涡扇发动机压比，参见图 1.4-4。因此，混排涡扇发动机 LPT 的压比要低得多（图 1.4-5）。可通过减少低压涡轮级数和降低低压转速来补偿引入混合器所带来的额外重量。

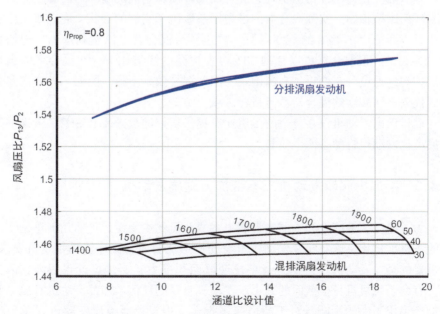

图 1.4-4 推进效率 $\eta_{Prop}=0.8$ 下的最佳风扇压比（35000ft，$M=0.8$，ISA）

第1篇　模拟任务

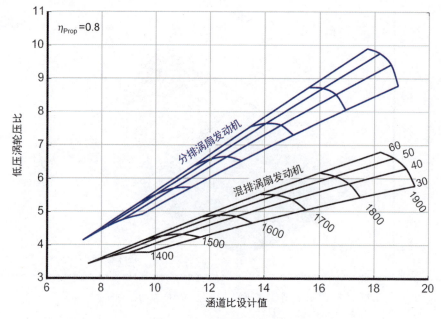

图 1.4-5　低压涡轮的压比

需注意，在图 1.4-4 中，两种发动机构型的风扇压比基本上与设计涵道比无关，这是在参数研究中保持推进效率不变的结果。

到目前为止，已经讨论了理想混合器的性能，它们产生均匀的温度分布而没有任何摩擦损失。实际混合器的推力增益取决于它们的形状、混合室长度和直径。当涵道比在 4~6 的范围内时，裙边环形混合器可以达到理论推力增益的 75%，纯环形混合器可以达到 30%。在更高的涵道比下，在混合室的出口实现均匀的温度分布变得越来越困难，因此混合效率下降。图 1.4-6 中的灰色区域代表不切实际的混合器性能目标区域。

混排涡扇发动机仅在合适的涵道比下提供更好的热效率和 SFC。未来的超大涵道比发动机将配备两个喷管。

1.4.2　带加力涡扇发动机或不带加力涡扇发动机

为了速度、敏捷性和武器携带能力，战斗机的主要设计目标几乎总是实现高的飞机推重比。这意味着发动机本身的推重比要非常高才能满足飞机要求。更重要的是，发动机单位推力（单位迎风面积推力）必须设计得很高，因为这会有助于飞机机身横截面的减小。发动机直径的任何增加都会对机身尺寸和重量产生相当大的影响。对于超声速飞行器，中、大涵道比发动机（单位推力低）的尺寸带来的损失超过了任何 SFC 带来的收益。

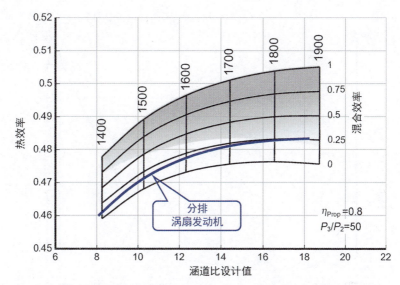

图 1.4-6　$P_3/P_2=50$（35000ft，$M=0.8$，ISA）时发动机混合效率的影响

尽管发动机迎风面积很重要，但也不能忽视燃料消耗。对于带有加力燃烧室的发动机，SFC 会非常高。使用燃料来加热低压空气是一个非常低效的过程，其唯一的吸引力在于非常简单，并且在不增加发动机直径的情况下可大大提升推力。

由于高油耗，加力燃烧的使用一般不会超过几分钟，以实现短时间内的起飞、快速爬升、加速和高攻角机动。

图 1.4-7 显示了涵道比 0.5 的混排涡扇发动机的不带加力和带加力运行的 SFC，其说明了不带加力和带加力涡扇发动机在燃料消耗上的巨大差异。还要注意，在不增加发动机迎风面积的情况下，加力使推力增加了 53%。但是，由于加力带来的发动机重量和复杂性的不利因素（图 1.4-7 和图 1.4-8）是不能被低估的。

1.4.2.1　超声速飞行的加力涡扇发动机

在下面的循环研究中，分析一系列涡扇发动机，它们在马赫数为 2 和 11km 高空的超声速飞行时都提供相同的推力。燃烧室和加力出口温度，以及所有部件效率都是一致的。所有的发动机都具有收敛-扩张喷管，面积比 $A_9/A_8=1.5$。通过调节风扇压比，使外涵道出口与核心机出口压力 P_{16}/P_6 的值等于 1.0。风扇进口马赫数为 0.5；在各种情况下通过调节总质量流量 W_2，可使每台发动机达到所需推力。

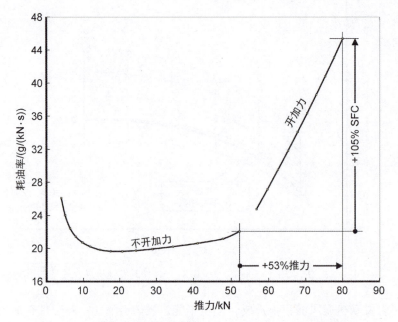

图 1.4-7 涡扇发动机的推力和 SFC（BPR=0.5，ISA 海平面）

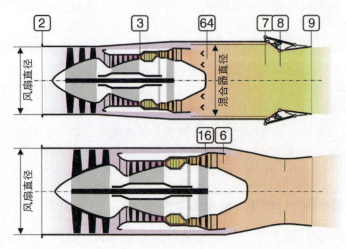

图 1.4-8 用于超声速飞行的不带加力和带加力涡扇发动机

在核心气流和外涵道流混合后，以及在加力燃烧开始之前（计算过程中），马赫数 M_{64} 不仅决定了加力燃烧室总压损失，而且还限制了加力燃烧室温升。

瑞利流（在等截面无摩擦管流中加热）导致基本压力损失（加热损失）。

图1.4-9不仅给出了这种压力损失，而且还给出了假设 $T_{64}=1000K$ 时加力出口温度 T_7 的限制值。在这个例子中，当加力进口马赫数是0.4时，加力出口温度不可能达到1800K以上。

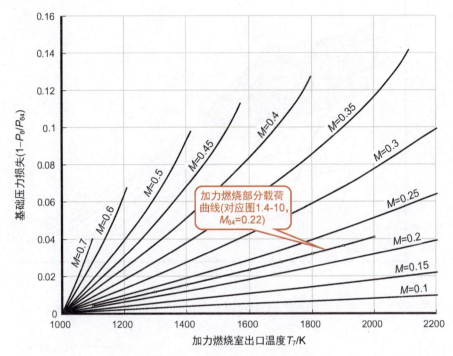

图1.4-9　由于加热导致的总压损失

如果我们的参数研究选择进口马赫数为0.22，得到的结果如图1.4-10所示。因为加力进口温度 T_{64} 取决于总压比 P_3/P_2 和涵道比，所以基本压力损失不同。大涵道比具有固有的低加力进口温度 T_{64}，需要更多的燃料将气体加力到给定的加力燃烧室出口温度 $T_7=1950K$。

从SFC和发动机尺寸的角度来看，取最小的涵道比是最好的。在压比大约为12的位置SFC最低，但是更高的压比有助于最小化发动机尺寸，并且还将在不加力工作状态改善SFC。

图1.4-10中的所有循环都是可行的，但在红色区域，加力压力损失超过4%。小涵道比的循环具有较小的压力损失。为避免较大的压力损失，增加大涵道比发动机的喷管直径是必要的，这意味着 M_{64} 必须低于0.22。相比之下，具有小涵道比的发动机可以承载更高的加力进口马赫数而不会遭受过大的压力损失。

现在让我们修改参数研究的边界条件：通过调整加力进口马赫数，使所有

第1篇 模拟任务

发动机具有相同的基本压力损失4%。图1.4-11中的颜色轮廓表示所需的加力进口马赫数。蓝线是等直径比 D_{Fan}/D_{Mixer} 的线。

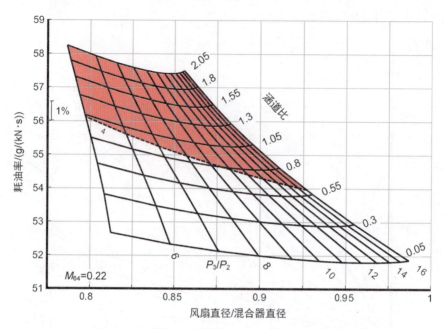

图1.4-10 混合器马赫数 $M_{64}=0.22$、$A_9/A_8=1.5$

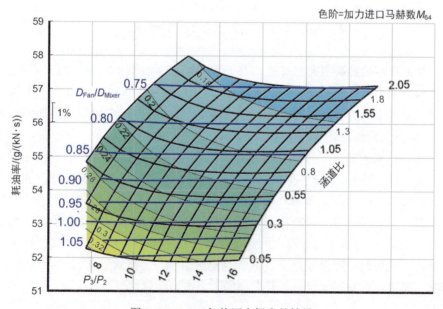

图1.4-11 4%加热压力损失的结果

除了第二个参数研究中极小涵道比的情况外,带加力燃烧室的发动机的风扇直径通常小于加力燃烧室的直径。

1.4.2.2　用于超声速飞行的不加力涡扇发动机

对于不加力超声速巡航,对循环进行与以前相同的假设。混合器出口马赫数 M_{64} 是例外,没有必要将它设定到比较低的数值,因此将该值设置为 0.5。

通过与图 1.4-10 进行比较,从图 1.4-12 可以看出不加力涡扇发动机的风扇直径远大于混合器截面直径,这是由于风扇迎风面尺寸决定了发动机直径。将风扇进口面积作为发动机尺寸的量度得出结论:不加力涡扇发动机的质量流量比具有相同推力的带加力发动机大了约 50%。

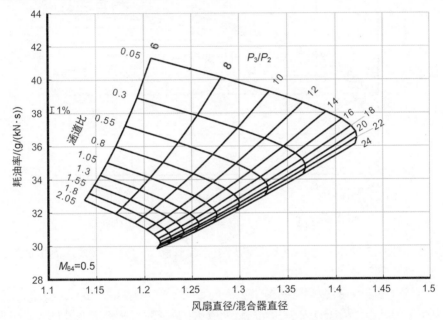

图 1.4-12　超声速飞行时的恒定推力下不加力涡扇发动机的
SFC 和直径比(36089ft,$M=2$)

不加力发动机的推重比将显著低于加力发动机的推重比。单位面积推力较低,导致飞机机身横截面积增加、机身尺寸和重量增加。对于超声速飞行器,中大涵道比所带来的尺寸代价远大于任何 SFC 收益。

1.4.3　收敛喷管或收敛-扩张喷管

大多数发动机具有固定几何形状的简单锥形喷管;喉部面积是不可调的。当发动机循环需要喉道面积在较大范围内可变时,就需要可变面积喷管,这通常是因为加力燃烧的原因。收敛喷管设计更简单,长度较收敛-扩张喷管更短,重量也更轻。那么为什么还要用更长、更重、更复杂的收敛-扩张喷管呢?

当总压与静压的压比 P/P_s 足够大且面积比 A_9/A_8 足够时,收敛-扩张喷管产生的推力大于收敛喷管,见图1.4-13。在大涵道比涡扇发动机上使用收敛-扩张喷管显然没有意义,因为即使在高空最大爬升状态,喷管膨胀比也不会大于2。

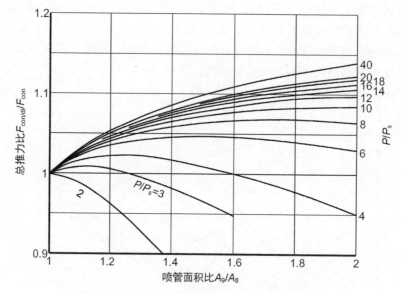

图1.4-13 收敛-扩张喷管与收敛喷管的推力比

在战斗机上使用的小涵道比发动机上,喷管膨胀比要大得多:海平面起飞状态发动机喷管膨胀比大约为4。

虽然采用收敛-扩张喷管能提供更大的推力,但在起飞状态下,收敛-扩张喷管带来的推力优势还是太小,无法证明收敛-扩张喷管所带来额外的重量是值得的。但在整个飞行包线内,情况发生了重大变化,在小涵道比涡扇发动机示例中,喷管膨胀比随着马赫数增加而增加,可以达到15以上,见图1.4-14。

让我们暂时回到图1.4-13:为什么等压比线上在某个面积比 A_9/A_8 下达到最大总推力比?先看一下喷管扩张部分的流动。在那里,马赫数增加到超声速;静压降低到喉道压力以下。喷管出口面积 A_9 越大静压 P_{s9} 越低。而 P_{s9} 是大于、等于还是小于环境压力,取决于喷管压比 P/P_{s9} 和面积比 A_9/A_8 的组合。如果膨胀导致 $P_{s9}=P_{amb}$,得到最大的推力——这是理想的情况。

喷管膨胀比越低,最佳面积比越低。因此,发动机经济的节流状态工作要求 A_9/A_8 在1.03~1.06的范围内尽可能低。在非加力(干)状态,喉道面积 A_8 相对较小。

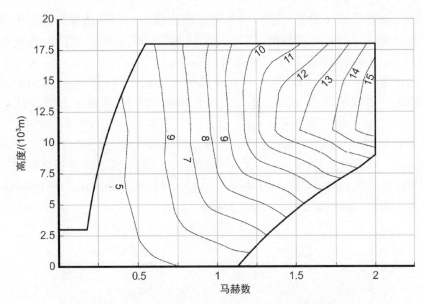

图 1.4-14　带加力燃烧室的小涵道比涡扇发动机喷管膨胀比

更高的 A_9/A_8 面积比只有在膨胀比大于 5 时才有意义，在高速飞行期间就是这种情况。只有接通加力燃烧室才能实现具有高马赫数的超声速飞行。此时，喉道面积 A_8 比不开加力时大得多。如果以这样的方式设计喷管，使得面积比 A_9/A_8 随着喉道面积增加，就可以同时满足不开加力节流状态和最大加力状态工作的要求。

在图 1.4-15 中，主作动器 P 控制喉道面积 A_8。喷管出口面积 A_9 随 A_8 的变化而变化，如果将铰链 H 连接到发动机机匣，A_9/A_8 就可以随 A_8 的增加而增加。

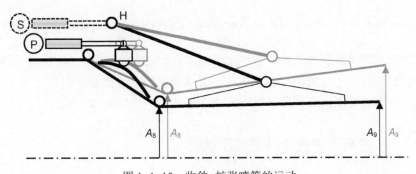

图 1.4-15　收敛-扩张喷管的运动

但是，喉道和出口面积之间的直接连接并不是所有飞行情况的最佳解决方案。想想"超声速巡航"——在不点燃加力燃烧室的情况下进行超声速飞行。

第1篇 模拟任务

不开加力最大状态（中间状态）喷管喉道面积很小，但压比非常高，在10~12之间（图1.4-14）。这种情况下，如果只能控制喉道面积，导致A_9/A_8非常接近1，那么喷管的扩张部分仅略微增加推力。

通过两个作动器，可以独立于A_8来控制A_9。这不仅可以在没有加力燃烧室的情况下更快地飞行，而且还可以在超声速飞行时改善加力节流状态耗油率。

图1.4-16中对加力涡扇发动机带收敛喷管和收敛-扩张喷管的两种情况进行比较，后者的面积比$A_9/A_8=1.6$。虚线是以%表示的等净推力增量线。你可能会惊讶于这些数字明显大于图1.4-13中的数字。原因在于图1.4-13比较的是总推力，而图1.4-16比较的是净推力。

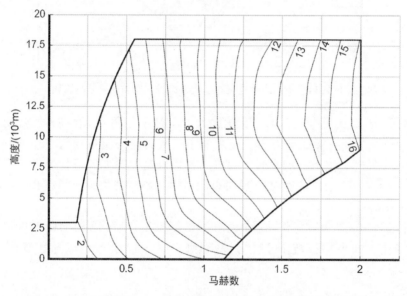

图1.4-16 面积比$A_9/A_8=1.6$的收敛-扩张喷管的净推力增量百分比

如何在简单收敛喷管和带有一个或两个作动器的更复杂的收敛-扩张喷管之间做取舍取决于飞机的任务。还应考虑发动机的安装性能，因为外喷管几何形状显著影响飞机机身尾阻并且可变喷管系统的重量是相当大的。

1.4.4 单级高压涡轮或两级高压涡轮

在1000kW级别的发动机中，有两个用于直升机推进的现代燃气涡轮发动机，即MTR390（图1.4-17）和T800（图1.4-18）。这两款发动机的主要区别之一是MTR390具有单级高压涡轮，而T800具有两个高压涡轮级。

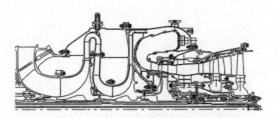

图 1.4-17　MTR 390 横截面[2]

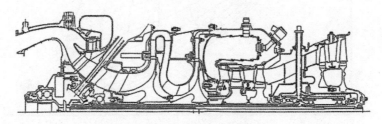

图 1.4-18　T800-802 横截面[3]

下面展示了从概念循环设计的角度来看，两种发动机的高压涡轮级数都是它们各自的最佳方案。我们使用一个通用参考循环开始设计研究（表 1.4-1），该参考循环既不是 MTR390 也不是 T800，但与两者接近。

表 1.4-1　参考循环设计参数

起飞功率	960kW
单位耗油率	289g/(kW·h)
空气流量	3.5kg/s
压比	13

选择最佳循环并非易事。首先，应该定义"最佳"是什么。这在很大程度上取决于应用场景，但通常涉及成本。发动机运行的成本主要在于燃料和维护。采购成本是另一个问题。当然，即使是最低成本的发动机也必须满足功率要求，且不超过给定的重量和体积限制。

最佳发动机具有低油耗、低重量和小体积。它由尽可能少的部件组成，并考虑到较长的使用寿命。材料和制造技术的选择在很大程度上取决于预期的生产价格。

1.4.4.1　简单循环研究

这种发动机的热力学循环很简单：它是焦耳过程。要优化的参数主要是压气机的压比和涡轮进口温度。图 1.4-19 显示了恒定等熵效率时的参数变化研究结果（$\eta_C = 0.8$，$\eta_{HPT} = 0.85$，$\eta_{LPT} = 0.89$）。

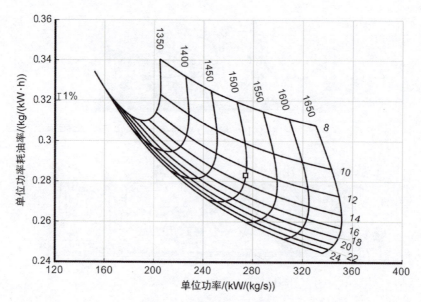

图 1.4-19　简单的参数研究

图 1.4-19 对应恒定 5% 涡轮冷却空气，与燃烧室出口温度无关，但这显然是不现实的。图 1.4-20 显示了不同冷却空气量在恒定压气机压比 $P_3/P_2 = 13$ 下的做功潜力。图中采用了两种涡轮效率定义，它们的区别在于冷却空气是否参与做功。我们使用哪种效率定义对结果有显著影响：与具有恒定逐级效率的情况相比，保持热力学效率恒定导致 SFC 对冷却空气的敏感性降低。

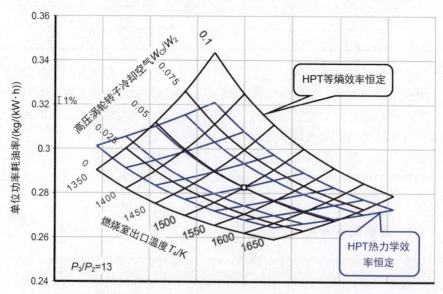

图 1.4-20　冷却空气对两种涡轮效率定义的影响

第 1 章 新发动机设计

给定燃烧室出口温度所需的冷却空气量取决于所应用的冷却技术、所用材料和涡轮级数。我们将在下一小节进一步讨论这个问题。

从图 1.4-19 可以看出，对于高单位功率（对应发动机重量轻且体积小）的情况，需要高燃烧室出口温度 T_4。此外，高 T_4 也会使 SFC 变低。

现在假设出于制造成本或耐久性原因，最大可允许燃烧室出口温度为 1500K。牢记这一限制，从图 1.4-19 中可以看出，对应最小 SFC 的压比约为 23。

这类发动机的燃烧室出口温度在 1450~1550K 范围内，但压比远低于 23，是否有可能设计循环不是最佳的？事实上，它们是经过最优化的发动机。只是目前采用的循环参数研究过于简单，无法找到真正的最优。

1.4.4.2 考虑现实因素的优化

假设恒定的等熵部件效率用于计算图 1.4-19 中的数字。这是标准做法，但不完全正确。以恒定的多变效率重新进行参数研究，可得到仅略低于 23 的最佳压比。转向使用多变效率并不是获得正确答案的关键；有必要深入研究。

另一个需要考虑的问题是涡轮级的数量是一个或是两个。没有 1½ 级涡轮这样的东西。参数研究需要进行两次，第一次用单级涡轮，第二次用两级涡轮。

1.4.4.3 单级涡轮的发动机

涡轮的效率在很大程度上取决于气动载荷和一些几何参数。现在进行涡轮速度图分析。有了校准因子，可以帮助调整所得出的效率，这样对于参考循环（$P_3/P_2=13$，$T_4=1500K$），得到 HPT 效率值为 0.85。在所有图中，该参考点用一个小方块标记。

所有发动机的质量流量相同，压气机进口尺寸也一样。燃气发生器转速遵循压气机进口的马赫数和叶尖速度的常规假设。

涡轮平均直径和半径比也是固定的。因此，对于每个循环，可得到相同的涡轮出口面积 A_{44} 和叶片根部应力水平，表示为 $A_{44}N^2$。热力学循环计算结果表明，绝对轴功率 PW_{SD} 随单位功率而变化。

图 1.4-21 与图 1.4-19 有很大不同。燃烧室出口温度为 1500K 时，沿等值线的最低燃料消耗压比现在仅为 15。该值更接近 MTR390 压气机的压比 13，与之前发现的最佳值（压比 23）差异很大。

图 1.4-22 显示了单级涡轮的一些特征。由于高马赫数和旋流会造成高压涡轮下游的通道产生较大损失，对低压涡轮也同样如此。因此，应避免涡轮出口马赫数大于 0.5、绝对旋流角超过 30°（相对于轴向）。

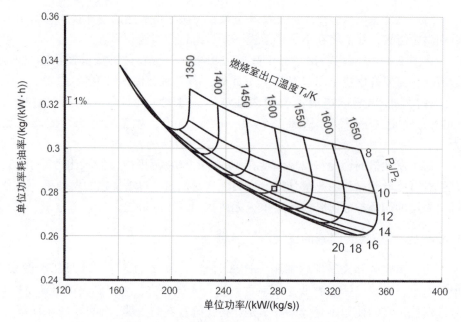

图 1.4-21 单级 HPT、η_{HPT} 的速度图分析

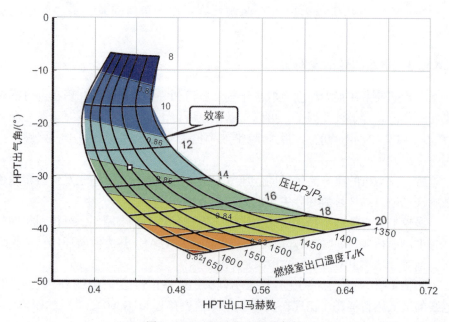

图 1.4-22 HPT 出口流动条件

接下来看看另一个重要结果,该结果仅在涡轮速度三角分析是作为参数研究中的一部分时才可得到:我们可以计算平均转子叶片金属温度的值。除速度三角形外,唯一需要知道的是叶片冷却效率,定义为

第 1 章 新发动机设计

$$\eta_{cl} = \frac{T_{41rel} - T_{metal}}{T_{41rel} - T_3} \qquad (1.4-3)$$

假设可以获得 0.555 的转子叶片冷却效率，以及 5% 的压气机质量流量作为冷却空气。这样可以得到图 1.4-23 所示的 x 轴上显示的叶片金属温度。

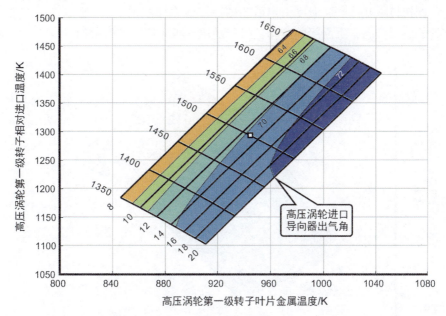

图 1.4-23　$W_{cl}/W_2 = 0.05$ 时的转子叶片金属温度

注意，对于恒定的燃烧室出口温度，该金属温度不是恒定的。一方面，是由于冷却空气温度随压气机压比的增加而升高；另一方面，高压涡轮转子绝对进口温度 T_{41} 和相对系统中转子进口温度 T_{41rel} 之间的差异随着涡轮的空气动力负载 $\Delta H/U^2$ 的增加而增加。压气机压比与涡轮的单位功率 ΔH 直接相关，周向速度 U 在当前讨论的情况下是不变的。因此，相对系统中转子的总温 T_{41rel} 随着恒定 T_{41} 条件下压比的增加而减小。

1.4.4.4　采用规定的转子叶片金属温度设计

涡轮叶片的价格在很大程度上取决于所使用的材料。单晶叶片允许更高的金属温度；但是，它们非常昂贵。对于任何材料，叶片金属温度限制取决于应力水平和叶片寿命要求。

如上所述，在该研究中，表示为 AN^2 的叶片应力水平是恒定的。因此，在这种特殊情况下，没有必要考虑叶片寿命、应力水平和温度之间的关系。

所有先前的参数研究均使用 5% 的冷却空气。因为燃气温度和冷却空气温度在变化，为了在一系列循环中实现恒定的金属温度，需要改变冷却空气量。

第1篇 模拟任务

冷却效能取决于预期的冷却技术和冷却空气量。以下经验公式给出了多通道对流冷却需要的冷却空气量，即

$$\frac{W_{cl}}{W_2} = 0.04 \frac{\eta_{cl}}{1-\eta_{cl}} \tag{1.4-4}$$

保持转子叶片金属温度恒定需要的冷却效率如图 1.4-24 所示。由于冷却空气的温度升高，所需要的冷却空气量随压气机压比增加而增加。

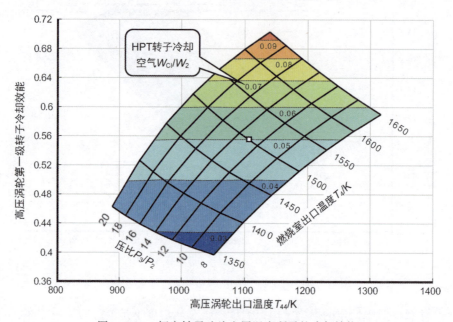

图 1.4-24　恒定转子叶片金属温度所需的冷却效能

在图 1.4-25 中，最小燃料消耗和燃烧室出口温度为 1500K 的压比再次为 15。该图中呈现出的一个重点是，当燃烧室出口温度升高时，尽管冷却空气流量显著增加，SFC 仍持续下降。但是，在此项参数研究中，不能轻易推断出最低燃料消耗量对应的最佳燃烧室出口温度。必须考虑其他论点。

一种方法是给低压涡轮的进口温度一个限制值。出于成本原因，首选非冷却涡轮设计。在图 1.4-25 中，如果关注图中虚线（所代表的动力涡轮进口温度为 1150K），就会得到燃料消耗方面的最佳发动机压比为 14 和燃烧室出口温度为 1575K。

然而，在我们的示例中，T_4 限制在 1500K。选择略小于 15 的压比更容易实现压气机效率目标而不会过多地增加 SFC。此外，获得了更多的单位功率，并为未来的发动机功率增长留出裕度。对于 MTR390 这样具有单级高压涡轮的发动机而言，选择压比 13 就很合理了。

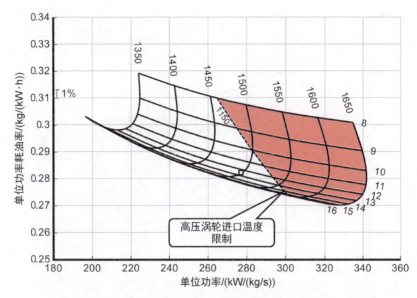

图 1.4-25　使用单级高压涡轮和恒定叶片金属温度进行参数研究

1.4.4.5　带两级涡轮的发动机

选择涡轮级数是另一项非常重要的任务。单级设计的优点在于它具有较少的冷却空气要求，发动机更轻并且体积更小。制造和维护成本较低。但从另一方面来看，两级设计提供了更好的效率、更低的高压涡轮出口马赫数和涡轮下游更小的旋流。

两级涡轮需要更多的冷却，不仅是因为多了一级。主要原因是第一级转子的旋转坐标系中的进口温度明显更高。这就需要结合采用更高的叶片金属允许温度、改进的冷却技术和更多的冷却空气。注意，通常的做法是假设第一级转子的冷却空气在第二级中能够做功。

如果看一下图 1.4-26 中的燃料消耗率和单位功率并将其与前面的数字进行比较，可以发现采用两级高压涡轮的方案得益于选择高于 13 的压比。这在减少燃料消耗方面的优势是显著的。

1.4.4.6　结论

简单的传统循环研究显然不会产生与实际相符的结果。只有当考虑到部件施加的约束条件时，才能得到符合实际的压气机压比和燃烧室出口温度。

给出的示例只是众多替代方案中的一种。对于不同部件效率水平的示例，计算机可以轻松地重复练习。还可以考虑动力涡轮设计的细节。在选择最佳循环时需要检查许多参数，但永远记住：计算机并不会思考，这留给了用户去做。

第 1 篇　模拟任务

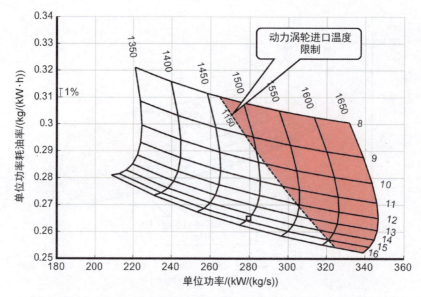

图 1.4-26　第一级转子叶片金属温度恒定的两级高压涡轮的参数研究

1.5　涡扇发动机概念设计

1.5.1　流动环面

循环设计点计算得到质量流量、总温和总压。但是，除了排气面积外，这些数字不能直接表征发动机尺寸。这就是性能计算程序有时被称为 0D（零维）程序的原因。这种表征容易让人觉得这些 0D 程序是粗糙的，并且比任何 3D CFD 程序都低等。然而，当部件特性图已经用测量数据校准过时，0D 性能程序可以非常准确地预测推力、燃料消耗以及任何工况下的温度、压力和转速，所有这些都不需要详细了解发动机几何结构。

如上所述，热力学循环计算仅涉及总压和温度。除了喷管下游的环境压力外，静压和静温无关紧要。当想要了解有关流动环面的更多信息时，需要对所有热力学截面中的马赫数进行假设。

1.5.1.1　当地马赫数

截面 2 定义了发动机进口直径，该直径尽可能地越小越好，因此优选高马赫数。恰好相反的是，在燃烧室（截面 3）进口处，高马赫数会危及燃烧室的稳定性。因为声速很高（由于 T_3 相对高）并且绝对速度低，所以当地马赫数是适中的。

核心机的压气机进口温度高于风扇进口温度,当地声速也是如此。因此,该位置的马赫数低于截面 2 的马赫数。涡轮出口马赫数是适中的,这也是由于当地声速高的缘故。

1.5.1.2 轮毂比

马赫数、质量流量、总温和压力决定了流道面积。如果还估算了轮毂比 r_h/r_t,就可以计算每个热力学截面的轮毂和叶尖半径。图 1.5-1 显示了涡扇发动机各截面当地马赫数的典型值。

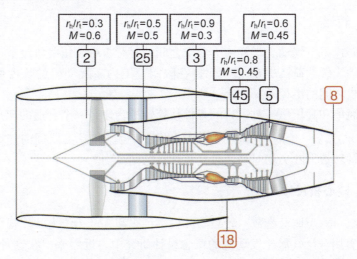

图 1.5-1 涡扇发动机的轮毂与叶尖半径比和当地马赫数典型值

在发动机进口处需要尽可能低的轮毂与叶尖半径比,以使发动机总直径最小,从而使短舱阻力和重量最小,并增加发动机吊舱离地间隙。轮毂与叶尖半径比的下限通常由内流道尺寸对风扇叶片根部的容纳能力决定。

1.5.1.3 部件之间的关系

高周向速度对于级压比是有利的。然而,随着温度的升高,沿着多级压气机的无量纲速度降低。因此,前部的速度往往过高而后部的速度过低。为了补偿这一点,通过选择高轮毂与叶尖半径来提高出口半径。这可以通过保持恒定的叶尖半径来实现,而这又导致叶片高度 r_t-r_h 过小,并且叶尖间隙可能成为问题:如果叶片高度变得太小,则效率和失速裕度的损失将会导致相对叶尖间隙(以叶片高度的百分比表示)不可接受。

压气机出口半径并不限制高压涡轮半径。在涡轮进口,因为燃气的密度低于压气机出口的密度,所以需要更大的流通环面积。因此,可以使涡轮直径大于压气机出口直径,而不会使叶片太短。这样做对涡轮的一个好处在于更高的周向速度降低了涡轮的气动载荷。涡轮的平均直径通常比压气机出口直径大10%。

风扇决定了低压涡轮(LPT)的转速。出于将气动载荷限制在可接受范围和最小化级数的考虑,需要尽可能高的周向速度。因此,在大涵道比发动机中,低压涡轮进口直径比高压涡轮出口直径大60%。

短舱内的可用空间限制了低压涡轮的出口直径。它通常不能超过核心机进口外径的20%。设置LPT出口直径的另一种方法是选择0.6的轮毂与叶尖半径比。

1.5.1.4 转速

选择转速是空气动力学和应力要求之间的复杂折中。压气机级数取决于周向速度,因为级载荷 $\Delta H/U^2$ 必须保持在限制范围内。发动机的长度取决于级数和叶轮机之间的半径差异大小。

根据风扇和高压压气机进口的条件估算转子转速是一个合适的起点。给定换算流量 $W\sqrt{T}/P$、绝对马赫数、轮毂与叶尖半径比和叶尖圆周向速度,可以计算每分钟转数。叶尖相对马赫数是该计算的副产物。

1.5.1.5 核心机尺寸

涡轮出口的当地马赫数、轮毂与叶尖半径比和 AN^2(作为叶片根部应力的度量)一直用于燃气涡轮发动机的概念设计研究中。近年来,在这种背景下,被称为"核心机尺寸"的这个新术语变得流行起来,它定义为

$$cs = \frac{W_{25}\sqrt{\theta_3}}{\delta_3} \quad (1.5-1)$$

式中:W_{25} 为核心机的压气机进口质量流量;θ_3 为压气机出口换算温度 $T_3/288.15K$;δ_3 为压气机出口换算压力 $P_3/101.325kPa$。

根据这个定义,可以立即发现只考虑了高压压气机的特性。很明显,这种核心机尺寸的定义无法描述燃烧室的体积效应或者是否有一个或两个高压涡轮级。

如果核心机尺寸总体上不代表核心机的大小,那么问题就来了:它是否可以用来描述至少核心机中压气机的大小。为了检查这一点,将上述公式扩展为

$$cs = k\frac{W_{25}\sqrt{T_3}}{P_3} = k\frac{W_{25}}{W_3}\frac{A_3}{R}\frac{W_3R\sqrt{T_3}}{A_3P_3} = k\frac{W_{25}}{W_3}\frac{A_3}{R}f(M_3) \quad (1.5-2)$$

质量流量比 W_{25}/W_3 反映了级间引气量。如果压气机存在引气,那么引气口上游的压气机尺寸增加,这反映在 cs 的增加上。

第1章　新发动机设计

为了进一步检查 cs，假设对于给定的压气机应用，W_{25}/W_3 是恒定的。在任何情况下，对马赫数 M_3 的选择将依照：在燃烧室的稳定工作范围内尽可能高。因为高速度有利于最后一级压气机级的设计。因此，可以认为马赫数 M_3 也是常数。

因此，这里定义的术语核心机尺寸与压气机出口面积成正比，因为在任何概念设计研究中 W_{25}/W_3 和 M_3 都是恒定的（除了微小的变化）。由于压气机出口处的轮毂与叶尖半径比也在很窄的范围内，所以可以说：核心机尺寸与最后一级压气机级的叶片高度成正比。

随着叶片高度的降低，制造小型高质量叶片并在工作期间保持紧密的叶尖间隙的难度会加大。在复杂的发动机概念设计研究中，引入效率损失并针对小核心机尺寸的压气机增加喘振裕度要求可能就足够了。然而，对于可将发动机设计空间限制到某个最小核心机尺寸的最小叶片高度没有硬性限制。

如果将该术语理解为燃气发生器的几何尺寸、体积或重量的量度，则不加批判地将核心机尺寸用作发动机质量标准可能会产生误导。考虑以下两种情况。

（1）如果发生以下情况，即使核心机尺寸恒定，燃气发生器的几何形状也会发生变化。

① 两级涡轮取代单级高压涡轮。

② 在具有恒定总压比的循环研究中，增压级压比降低并且高压压气机压比增加，因此需要更多的高压压气机级。

③ 燃气发生器转速增加，高压压气机级数因此减少。

④ 增加进口质量流量（以及进口面积），同时降低压比（和所需的级数），使核心机尺寸恒定。

（2）如果发生以下情况，即使燃气发生器的几何形状不变，核心机尺寸在非设计点工作时也会发生变化。

① 从燃烧室中放气。

② 从燃气发生器转子提取功率。

③ 因退化而致压气机和涡轮的效率降低。

④ 通过修改导向叶片角度来改善高压涡轮流通能力。

⑤ 改善了低压涡轮流通能力。

⑥ 发动机处于瞬态运转。

总结：术语核心机尺寸仅用作描述影响压气机效率的尺寸效应的相关参数，并最终用于关联喘振裕度要求。如果压气机的几何形状给定，那么使用核心机尺寸作为标准是没有意义的。

1.5.2 直接驱动或带齿轮箱

涡扇发动机的巡航燃料消耗率取决于核心机效率、传动效率和推进效率。核心机效率取决于核心部件效率、总压比和燃烧室出口温度。

叶轮机的空气动力学品质已经达到很高水平，进一步改进的空间很小。增加燃烧室出口温度确实有助于提高核心机循环效率，但进一步增加燃烧室出口温度提升的热力学效率越来越小，因为当前的 T_4 值已经接近理论最佳值。将循环压比提高到 50 以上也只能使核心机效率小幅提升。

因此，只有提高推进效率并且使用更高的涵道比（即更低的单位推力）才是显著降低涡扇发动机燃料消耗率的关键。

下面通过简单的循环研究来检验理论上 SFC 的降低潜力。除涵道比和风扇压比外，所有循环输入数据都是恒定的。如果按两个参数协调变化来开展此项研究，那么它们的许多组合就没有意义。因此，对于每个涵道比，调节风扇压比使风扇喷气速度 V_{18} 与核心机喷气速度 V_8 的比率恒定。通过参数研究说服自己，喷气速度比 $V_{18}/V_8 = \eta_{Fan} \times \eta_{LPT} \approx 0.8$ 时在任何涵道比下产生的 SFC 最低。

表 1.5-1 总结了这个简单循环研究中最重要的恒定输入参数；只缺少二次空气系统的一些小细节（很难描述）。需注意，该表既不包含推力值，也不包含质量流量的推力值——发动机的尺寸对热力学循环没有影响。图 1.5-2 给出了结果：涵道比从 6 增加到 12，SFC 降低 12%；将涵道比再从 12 增加到 18，SFC 会进一步减少 4.1%。

表 1.5-1 简单循环研究的主要假设

飞行条件	高度 35000ft	$M = 0.8$
风扇外涵效率	多变效率	0.91
风扇内涵效率	多变效率	0.91
增压级效率	多变效率	0.91
高压压气机效率	多变效率	0.91
燃烧室燃烧效率		0.9995
高压涡轮效率	多变效率	0.89
高压涡轮导向器冷气量	在 W_{25} 中的占比	8%
第一级高压涡轮转子冷气量	在 W_{25} 中的占比	5%
低压涡轮效率	多变效率	0.91
压气机过渡段总压损失		2%
燃烧室总压损失		5%

续表

飞行条件	高度 35000ft	$M=0.8$
涡轮过渡段总压损失		2%
低压涡轮出口段总压损失		1%
外涵道总压损失		1%
附件消耗功率	在 PW_{HPT} 中的占比	1%
燃烧室出口温度 T_4	K	1700
风扇内涵和增压级增压比 P_{24}/P_2	—	2.551
高压压气机压比	—	18
总增压比 P_3/P_2	—	45
喷流速度比 V_{18}/V_8	—	0.8

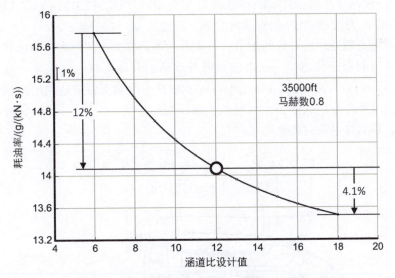

图 1.5-2 通过简单的热力学循环研究得出燃料消耗率

问题是实现此 SFC 级别的发动机是什么样的？下面将展示流道如何随涵道比的变化而变化。所有发动机具有相同的核心机、相同的总压比和相同的燃烧室出口温度 T_4，换句话说，考虑具有共同核心机的系列发动机。该核心机的热力学参数列于表 1.5-1 中，为了确定其尺寸，将压气机的标准日换算流量 $W_{25}\sqrt{\Theta_{25}}/\delta_{25}$ 设置为 25kg/s。

涵道比的任何变化都需要新的风扇、重新设计的增压级和新的低压涡轮。对于常规的直接驱动双轴涡扇发动机而言，在涵道比 6~14 之间进行设计，对于带齿轮箱的涡扇发动机，考虑的涵道比范围在 10~18 之间。为了比较常规涡扇发动机和带齿轮箱涡扇发动机的差异，选取涵道比 12 进行讨论，这是涵道比范围内的中间值。

循环设计点：飞行条件为马赫数 0.8、35000ft 的最大爬升状态，这是商用客机的典型值。

常规设计的涡扇发动机和有齿轮箱的涡扇发动机的优化规则不同，需要考虑各种标准来优化两类发动机及其部件。首先从常规的直接驱动涡扇发动机开始。

1.5.3 涵道比介于 6~14 之间的常规涡扇发动机

燃气发生器进口换算流量 $W_{25}\sqrt{\theta_{25}}/\delta_{25}$ 为 25kg/s。对于系列发动机的所有成员而言，因为压比 P_{25}/P_2 是不变的，而由于增压级效率的微小变化，温度比 T_{25}/T_2 仅略微变化，真实的空气流量几乎相同（$W_2 \approx 20.9$kg/s）。以涵道比为 6、净推力为 29.8kN 的发动机为例，其流量 $W_2 = 146.4$kg/s。

现在来看看发动机设计的细节，首先看看不同发动机的外观。简单热力学循环计算得到总压和总温，如果想知道发动机的几何形状，还需要知道静态（温度、压力）条件。通过在图 1.5-3 所示的热力学截面设置适当的当地马赫数来得到这些参数。这些当地马赫数，除了截面 8 和 18 号外，我们都可以自由选择，热力学循环直接决定了它们。

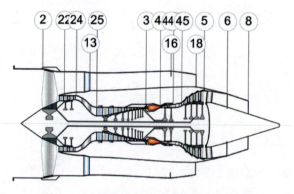

图 1.5-3　涵道比为 6 的常规涡扇发动机

马赫数、质量流量、总温和总压决定了所需的流动面积。风扇进口（截面 2）的马赫数及轮毂与叶尖半径比决定了风扇叶尖直径。在最大爬升（max climb）状态，选择 $M_2 = 0.6$，这在发动机短舱尺寸不变的情况下为后续更大的质量流量留下了一些空间。选定的 0.28 的轮毂与叶尖半径比处于下限，因为必须为叶片连接保留一些空间。

从截面 25 到截面 44 的所有马赫数和轮毂与叶尖半径比保持不变，因为我

第1章 新发动机设计

们分析的是具有相同核心机的系列发动机。为其他截面选择合理的马赫数,如表 1.5-2 所列。

表 1.5-2 图 1.5-3 中不同截面所选取的马赫数

截面编号	马 赫 数
22	0.5
24	0.5
45	0.4
5	低压涡轮设计结果
6	同截面 5
13	0.45
16	0.478

压气机和涡轮的长度取决于级数和叶片展弦比。小展弦比有利于压气机的稳定性;大展弦比使压气机和涡轮都更短。没有严格的规则说叶片展弦比必须有多大。我们采用的是现代涡扇发动机的典型值。

如前所述,我们的系列涡扇发动机的燃气发生器对于直接驱动和齿轮驱动的所有涵道比都是相同的。因此,现在可以将我们对发动机几何形状的探索限制在风扇、增压级和低压涡轮上。

1.5.3.1 风扇和增压级

核心流压力在风扇的轮毂区域和增压级中从 P_2 增加到 P_{24}。给定 P_{24}/P_2 为 2.551 和压气机中介机匣的压力损失为 2%,得到 $P_{25}/P_2=2.5$。将其与 HPC 压比 18 相乘,得出总压比 $P_3/P_2=45$。燃烧室出口温度(T_4)、低压涡轮进口温度(T_{45})和低压涡轮进口压力(P_{45})在我们的系列发动机中都是相同的。

低压涡轮进口能量可用于 3 个过程。首先,提取风扇和增压级中压缩核心流所需的功率;其次,提取将外涵气流压缩到 P_{18} 所需的轴功率;再次,在内涵喷管中产生推力。

在第一个过程中提取的功率始终是相同的。在另外两个过程中,要选择在内涵喷管中还是在外涵道喷管中产生推力。从核心流中提取的高轴功在外涵喷管中提供了很大的推力,而在内涵喷管中提供的推力很小,提取的轴功低会造成相反的结果。从理论上讲,当喷气速度比 V_{18}/V_8 等于风扇效率和低压涡轮效率的乘积时,内涵和外涵推力之间为最佳分配。

对于所有涵道比,可以使用 $V_{18}/V_8=0.8$ 的恒定值,因为内涵和外涵推力的总和仅是接近最佳值的喷气速度比的弱函数。假设恒定 V_{18}/V_8 使风扇压比成为涵道比的函数。增加涵道比导致风扇压比降低、外涵喷气速度降低、内涵喷气速度降低、而推进效率提高。

风扇压比越低，所需的风扇周向速度 U 变得越低。在第一个参数研究中，调整风扇叶尖速度，使平均半径载荷 $\Delta H/U^2 = 0.4$。这种选择导致相对高的转速，对增压级和低压涡轮效率有利，因此有助于降低燃料消耗率。可以通过选定的气动载荷实现91%的多变效率[4]。这样做的缺点是高风扇叶尖速度带来了噪声。

风扇叶尖和轮毂直径都随涵道比增加，因为它们的半径比是恒定的。随着涵道比增大而增大的核心流入口半径有益于增压级的气动载荷。然而，风扇叶尖速度降低的效果占主导地位，如果不增加级数，则增压级平均半径载荷将显著增加。

如果保持增压级的气动载荷完全恒定，那么需要比实际更多的增压级级数。在我们的示例中，涵道比6的发动机有两级增压级。大涵道比发动机额外增加的增压级防止气动级载荷的过度增加。如图1.5-4所示，载荷的有限增加仅导致增压级效率略有下降（根据文献［4］中的相关性）。这种下降只会非常轻微地影响燃料消耗率，如1%的增压级效率下降使SFC仅增加0.12%。

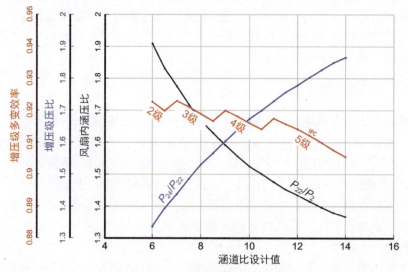

图1.5-4 增压级压比和效率

在我们的研究中，假设风扇根部压比低于外涵道流中的风扇压比，因为轮毂区域的周向速度要低得多，有

$$\frac{P_{22}}{P_2} = 1 + 0.8\left(\frac{P_{13}}{P_2} - 1\right) \tag{1.5-3}$$

增压级压比 P_{24}/P_{22} 必须随涵道比略有增加，因为 P_{22}/P_2 随风扇压比 P_{13}/P_2 降低。

1.5.3.2 外涵道

外涵道中的压力损失对燃料消耗率具有显著影响。如果 BPR = 6, P_{16}/P_{13} 减少1%会使SFC增加0.6%,如果涵道比为12,则SFC增量增加到1.4%。在积极的循环研究中,使用恒定压比 P_{16}/P_{13} 是不够的。因此,将外涵道压力损失设置为涵道长度与管道水力直径之比的函数。假设涵道比为6的发动机中的压力损失为1.8%。在涵道比12的发动机中,该值降低至0.9%。

1.5.3.3 低压涡轮

借助简单的速度图分析确定低压涡轮的效率。假设速度三角形是对称的,所有低压涡轮级具有相同的载荷 $\Delta H/U^2$,并且与流量因子 V_{ax}/U 形成最佳匹配,如史密斯图中的虚线所示(图1.5-5)。

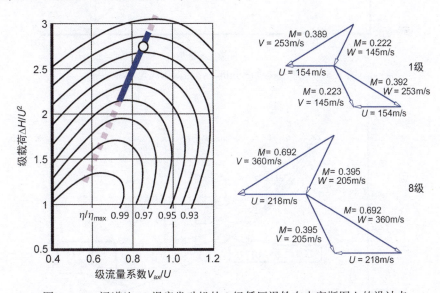

图 1.5-5 涵道比12涡扇发动机的8级低压涡轮在史密斯图上的设计点

如果在所有发动机中都只使用四级LPT,那么随着涵道比的增加,将得到过大的级气动载荷并因此导致低压涡轮效率变差,因为涵道比增加使低压转子的转速从7603r/min(BPR=6)降低到4110r/min(BPR=12)。虽然增加低压涡轮直径有一点帮助,但仍然必须通过增加低压涡轮级数,降低每级的级载荷,来达到可接受的低压涡轮效率。图1.5-6显示了效率随涵道比和低压涡轮级数的变化情况。蓝线表示级数与涵道比之间一种比较合理的设定。

通过增加涡轮级,总能获得更高的效率。然而,这意味着更多的重量、长度和制造成本。我们的涡轮级数选择是性能和其他要求之间的折中。图1.5-7

第1篇 模拟任务

显示我们的发动机的 SFC 几乎与我们简单的热力学循环预测一样好（即带圆圈的黑线）。

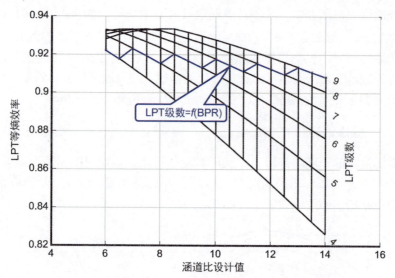

图 1.5-6 通过速度图分析得到的低压涡轮效率结果

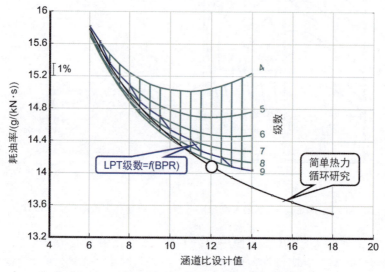

图 1.5-7 低压涡轮（LPT）级数对 SFC 的影响

接下来的两个图显示了低压涡轮设计的一些细节。我们的模型描述了一种"橡皮发动机"，它随着设计涵道比变化改变其形状。低压涡轮进口和出口内半径都随着涵道比增加。涡轮进口的轮毂斜率也增加，这是由从高压涡轮到低压涡轮的过渡段更短造成的。

用图 1.5-8 所示的几何边界条件进行速度图分析。从速度图分析中得到的许多其他细节，包括轮毂与叶尖半径比以及低压涡轮出口马赫数（图1.5-9）。这两个值影响排气系统的形状和尺寸。

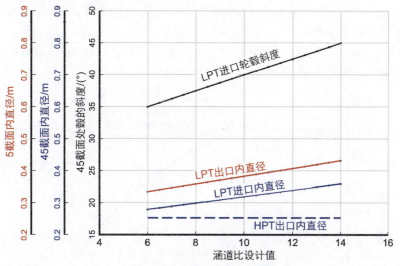

图1.5-8 低压涡轮的边界条件

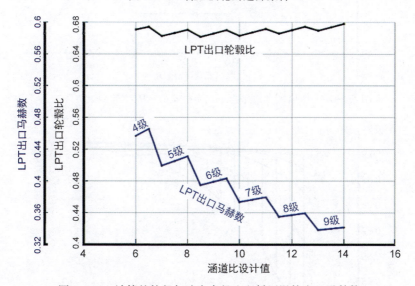

图1.5-9 计算的轮毂与叶尖半径比和低压涡轮出口马赫数

通过所有这些假设，可以合理地了解"橡皮发动机"模型的表现。

1.5.3.4 转速的影响

接下来在参数研究中比较有齿轮箱和没有齿轮箱的涡扇发动机，其中风扇叶尖速度是主要决定因素。它在400~650m/s之间变化，并且导致在最大爬升状态时相对叶尖马赫数从1.53（BPR=14）上升到2.18（BPR=6）。

一旦偏离 $\Delta H/U^2=0.4$ 的最佳气动载荷，风扇多变效率就会下降，这可以在图1.5-10中看到。图1.5-11显示，由于风扇压比下降，可以实现的最佳等熵效率随涵道比略有增加。低压涡轮等熵效率也以不同方式受到低周向速度 U 的影响。这一点从图1.5-12中可见，图中随着涵道比增加，风扇叶尖速度的效率差异范围趋于恒定。

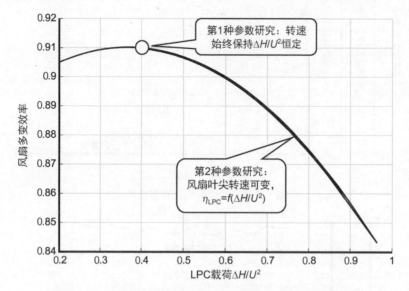

图 1.5-10　风扇多变效率与平均半径载荷 $\Delta H/U^2$ 的函数关系[4]

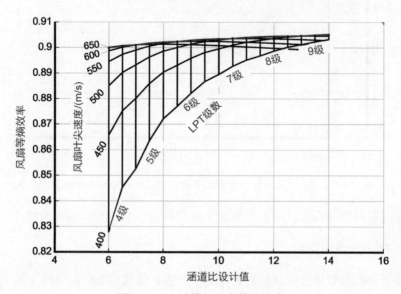

图 1.5-11　计算的风扇等熵效率

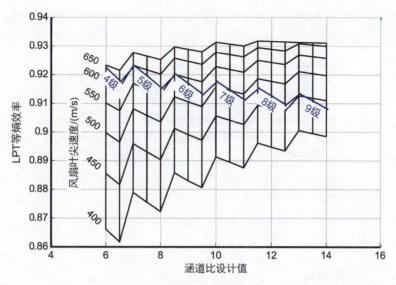

图 1.5-12 LPT 等熵效率

图 1.5-13 显示了 SFC 如何随风扇叶尖速度变化。出于噪声原因,当然需要低的风扇叶尖速度;然而,它增加了燃料消耗率,特别是对于小涵道比发动机而言。

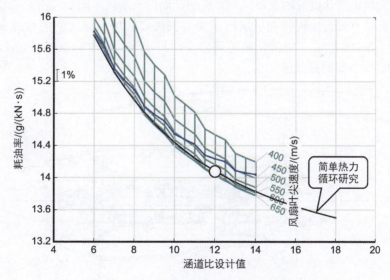

图 1.5-13 风扇叶尖转速对 SFC 的影响

针对 SFC 优化过的涵道比 6 和 12 的发动机,横截面积差异很大。需注意,在图 1.5-14 中,不仅环面不同,而且增压级和低压涡轮的轮盘形状也不同。每个盘的应力都应计算,它们的形状针对重量进行了优化。由于低转速、大涵道比发动机的轮盘孔中心直径可以大得多。因此，例如8级低压涡轮的额外增重没有预计的大。

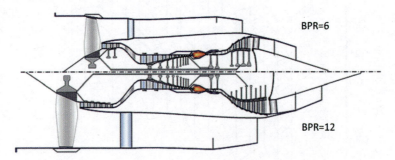

图 1.5-14　BPR=6、BPR=12 的常规涡扇发动机模型比较

1.5.4　风扇发动机

当涵道比超过12时，常规的涡扇发动机需要具有太多的低压涡轮级数。引入齿轮箱使风扇的转速独立于增压级和低压涡轮的转速。我们需要更少的增压级和低压涡轮级数，同时保持良好效率所需的低气动载荷水平。

齿轮风扇发动机的轴承布局与直接驱动涡扇发动机不同，其前支点位于压气机内机匣。安装齿轮箱和风扇转子需要在风扇和增压级之间的额外支撑结构。图 1.5-15 给出了带齿轮箱的涡扇发动机示例，即 PW1000G PurePower® GearedTurbofan™ 的横截面。

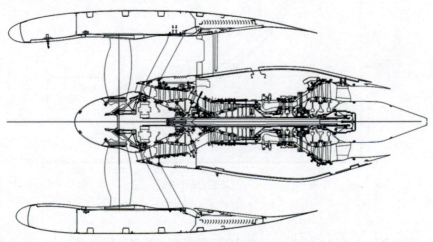

图 1.5-15　PW1000G PurePower® GearedTurbofan™
（经联合技术公司、普惠公司许可转载）

第 1 章　新发动机设计

图 1.5-16 中研究的涵道比 12 发动机其布局与 PW1000G 非常接近。在下面的分析中研究了具有三级增压级和三级低压涡轮的涡扇发动机，其涵道比范围为 12~18。核心流的流道变化不大。在发动机剖面图中看不出随涵道比变化的一个重要特性是齿轮传动比。

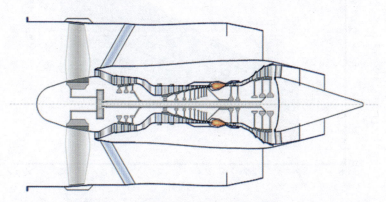

图 1.5-16　齿轮风扇发动机截面图（涵道比 12）

对于常规的涡扇发动机，我们以风扇平均半径载荷为 0.4 得出了低压轴转速。增压级和 LPT 级的数量随着涵道比的增加而增加，以使各自的级负载保持在合理的限制内。这种方法不仅提供了最佳的风扇效率，而且还提供了最高的增压级和低压涡轮效率。

齿轮风扇发动机的风扇和低压涡轮转速是优化齿轮传动比的结果。风扇效率随着平均半径负载而变化，如图 1.5-10 所示，低压涡轮效率是速度三角形分析的结果。

图 1.5-17 显示了齿轮传动比为 2~3 的发动机低压涡轮出口的 AN^2（表征叶片根部应力）。彩色轮廓带表示涵道比 12 的发动机的燃料消耗率。上述循环的所有损失假设与计算直接驱动涡扇发动机的案例相同。假设齿轮箱损失是传递轴功率的 0.8%。

齿轮传动比为 2.5 且 $AN^2=40$ 的点，是叶片根部应力、SFC 和风扇叶尖速度三者之间的折中。选择具有更低齿轮传动比和更高风扇叶尖速度的点所带来的 SFC 改善是非常小的，但风扇产生的噪声将明显更高。

对涵道比 18 的涡扇发动机重复进行参数研究就得到图 1.5-18 中的数据。选择齿轮传动比 3 作为实际设计点是合理的，因为在 LPT 最后级上获得了较低的风扇叶尖速度和较小的叶片根部应力。在以下的参数研究中，将齿轮传动比作为设计涵道比的线性函数。

第1篇　模拟任务

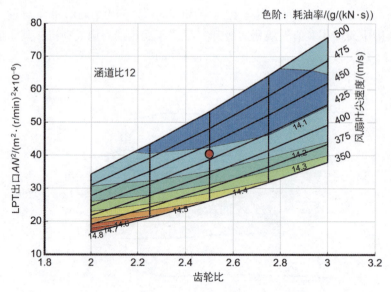

图 1.5-17　优化涵道比 12 发动机的齿轮传动比

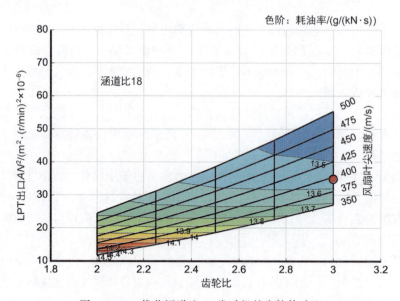

图 1.5-18　优化涵道比 18 发动机的齿轮传动比

1.5.5　比较

现在更直接地比较带齿轮箱和不带齿轮箱的发动机。图 1.5-19 比较了最高效的直接驱动涡扇发动机和带齿轮箱的优化涡扇发动机的各个部分，每个发动机的涵道比都为 12。对于推力（图 1.5-20）和 SFC 而言（比较图 1.5-13 中的数字与图 1.5-17 中的数字），两个发动机基本相同，但是还有许多其他显著的差异值得讨论。

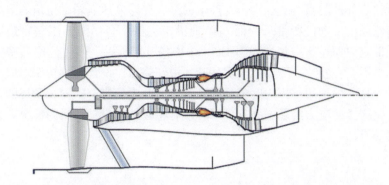

图 1.5-19 具有相同核心机且涵道比均为 12 的带齿轮箱或不带齿轮箱的涡扇发动机

在图 1.5-20 中，实际的涵道比 12 发动机设计用蓝色实心圆表示。白色空心圆表示常规的涵道比 6 涡扇发动机和涵道比 18 齿轮风扇发动机的设计点。

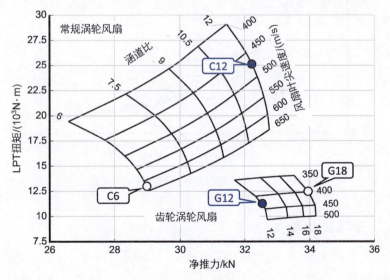

图 1.5-20 低压涡轮扭矩

1.5.5.1 机械结构

从发动机剖面图可以立即看到齿轮风扇发动机的增压级和低压涡轮盘与对应传统部件相比，孔径更小、孔的宽度更大。另外，更少的级数足以实现相同的 SFC。由于较低的转速，风扇将更轻，但也必须考虑齿轮箱和附加油冷却器带来的额外重量。总之，很难说两个发动机哪个会更轻。

对于两个涵道比 12 发动机，传递到风扇和增压级的功率是相同的。但是应记住，低压涡轮轴的扭矩与转速成反比。常规涡扇发动机的涵道比的上限可能受到核心部件的盘心直径和由此产生的最大允许低压涡轮轴扭矩的限制。

齿轮风扇发动机所带来的低 LPT 轴扭矩优势，会伴随低压涡轮最后一级叶片根部应力而显著增加，如图 1.5-21 中的 AN^2 所示。通过使用低密度材料制成的锥形空心叶片，可以减小实际叶片根部应力。设计高效功率提取的锥形涡轮叶片是一项挑战，因为叶根处的展弦比与叶尖处完全不同。常规的低压涡轮不存在这样的应力问题，并且可以在没有特殊结构设计约束的情况下优化它们的气动设计。

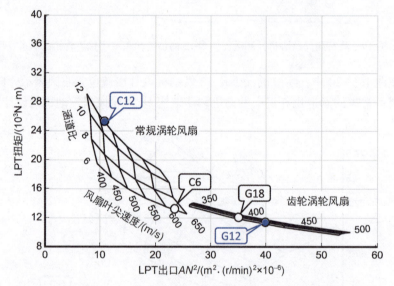

图 1.5-21 低压涡轮扭矩和低压涡轮出口处的 AN^2

1.5.5.2 空气动力学

增压级和低压涡轮的空气动力学差异源于不同的转速。正如从图 1.5-22 中看到的那样，因为周向速度非常低，直接驱动涡扇发动机的增压级仅产生非常适中的压比。

然而，借助齿轮箱可以实现相当高的级压比，因此这种涡扇发动机的增压级数可以比直接驱动涡扇发动机少。类似地，适中的低压涡轮气动载荷使该部件的级数减少。

图 1.5-23 显示了风扇的叶尖速度（可以将其视为风扇噪声的粗略度量）和低压涡轮效率。两个涵道比 12 发动机具有相似的风扇叶尖速度，因此在风

扇噪声方面没有明显差异。

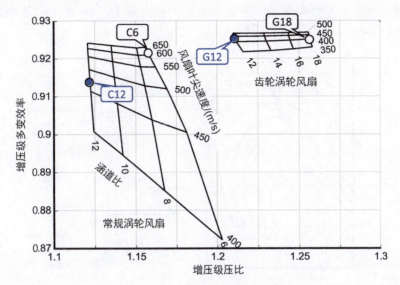

图 1.5-22 增压级压比和效率

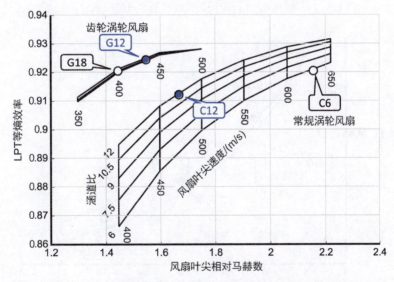

图 1.5-23 低压压气机（风扇）叶尖速度和低压涡轮效率

由于气动载荷较低，齿轮风扇发动机 3 级低压涡轮的效率优于常规的 8 级低压涡轮，见图 1.5-24。需注意，在这个初步的发动机设计研究中，并没有对高速低压涡轮施加任何由于叶片结构设计难度所带来的效率降低。

图 1.5-25 显示了未装机发动机在最大爬升状态下，不同涵道比所对应的燃料消耗率。当涵道比增加时，SFC 持续降低，不存在最小值。但是，如果将

第1篇 模拟任务

发动机与短舱一起考虑,则会得到相应安装条件下的 SFC 最小值,因为短舱阻力随着涵道比增加而增加。该最小值位于涵道比 13~16 之间的某个区域。精确的数值取决于飞机设计及其任务。

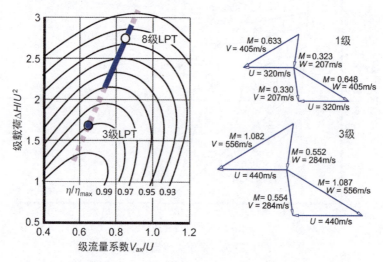

图 1.5-24 涵道比 12 齿轮风扇发动机的 3 级低压涡轮设计点

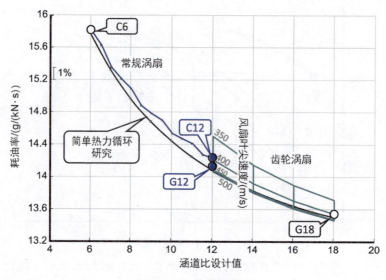

图 1.5-25 燃油消耗率

1.5.6 基本区别

在前面的图中标出了选定发动机的 4 个设计点。让我们比较图 1.5-3、

图 1.5-14、图 1.5-19 和图 1.5-26 的剖面图,看看流道的主要差异。表 1.5-3 列出了带齿轮箱和不带齿轮箱的涡扇发动机之间进行比较最相关的设计参数。

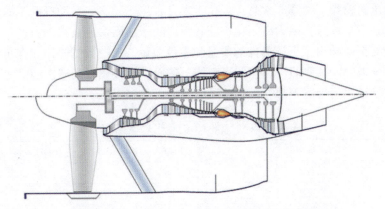

图 1.5-26　涵道比为 12 和 18 的齿轮风扇发动机

表 1.5-3　重要的设计参数

发动机构型	C6	C12	G12	G18
涵道比	6	12	12	18
齿轮比	n/a	n/a	2.5	3
风扇叶尖直径/m	1.60	2.19	2.19	2.64
风扇压比	2.136	1.543	1.548	1.358
风扇叶尖相对马赫数	2.18	**1.66**	**1.54**	1.44
增压级压比	1.34	1.78	1.77	1.98
增压级级数	2	5	3	3
低压涡轮压比	7.23	8.96	8.96	9.75
低压涡轮扭矩/(kN·m)	12.8	**25.2**	**11.2**	12.5
低压涡轮应力 $AN^2/(m^2(r/min)^2 \times 10^{-6})$	24.8	**10.8**	**40**	35
低压涡轮级载荷 $\Delta H/U^2$	2.10	**2.71**	**1.69**	2.08
低压涡轮等熵效率	0.922	0.913	0.925	0.920
低压涡轮级数	4	**8**	**3**	3
最大爬升(35000ft、马赫数 0.8)时的耗油率	15.8	14.2	14.1	13.6

两种发动机构型之间的根本区别在第 2 列和第 3 列中用粗体字母突出显示的部分。如果在涵道比 12 的情况下将齿轮风扇发动机与常规涡扇发动机进行比较,则会发现齿轮风扇发动机没有显著的 SFC 优势。

在高空飞行期间,噪声当然无关紧要。尽管如此,可以使用最大爬升状态的风扇叶尖相对马赫数作为起飞噪声的指标。由于我们的转速选择,直接驱动涡扇发动机比齿轮风扇发动机发出更大噪声。

风扇不是唯一的噪声源，因为低压涡轮也会产生噪声。齿轮风扇发动机的高速低压涡轮噪声频率非常高，远高于来自直接驱动涡扇发动机低压涡轮的噪声。这是一个优点，因为高频噪声随着距离的增加而快速衰减。

表 1.5-4 给出了低压部件的质量和零件数量。这些数据是用相当粗略的假设计算出来的，这些假设当然值得商榷。然而，直接驱动涡扇发动机的叶片和导叶数量在任何情况下都会比齿轮风扇发动机的多得多。

表 1.5-4 部件质量和数量数据

发动机构型	C6	C12	G12	G18
涵道比	6	12	12	18
齿轮比	n/a	n/a	2.5	3
风扇质量/kg	333	826	736	1370
转子叶片数	30	30	30	30
外涵出口导向叶片数	19	19	25	25
内涵出口导向叶片数	74	111	52	69
增压级质量/kg	45.4	128	100	109
叶片和导向器数量	568	2072	890	1106
低压涡轮质量/kg	252	500	244	221
叶片和导向器数量	1207	3599	733	736

尽管具有较低的级数和较小的直径，但齿轮风扇发动机的增压级质量与直接驱动发动机的增压级质量大致相同。这是因为轮盘转速太高，所以轮盘要重得多。齿轮风扇发动机的 3 级低压涡轮比直接驱动的发动机 8 级低压涡轮轻，但它比后者低压涡轮重量的 3/8 要重，同样，这又是由于高转速带来的重轮盘造成的。

如果考虑齿轮箱和必不可少的滑油冷却器的重量，很难断定哪种发动机整体更轻。要做出可靠的重量声明，需要进行更详细的设计研究。

1.6 任务分析

市场需求推动新的燃气涡轮发动机设计项目。这些需求源于发动机的应用：飞机必须能够经济地执行其任务。任务性能的优劣是客户最关心的事。任务决定了发动机的循环，而发动机尺寸通常基于不同的使用需求。

1.6.1 通用需求

不言而喻，在任何特定情况下，发动机整体效率应尽可能高。然而，通常需要在热效率和推进效率方面做出相当严苛的折中。为了减少燃料燃烧，经常选择低 SFC 作为成功方案的评判准则，但是如果低 SFC 只能通过高发动机重量来实现，那么可能会导致使用更多的燃料。在这种情况下，必须从更宽广的视角对任务进行分析和广泛的观察，以评估需要多少燃料。除了燃料成本外，近年来国际排放法规也对我们做出了首要限制。这些与所有发动机公司所认可的内部设计限制是相互独立的，并且就像噪声限制一样，在考虑环境利益面前是不可避免的。

图 1.6-1 显示了涡喷发动机的 3 种不同案例的性能和其他设计考虑因素。对于商务喷气发动机而言，燃料消耗并不是首要任务，因为低成本和长寿命更为重要。结果是采用具有有限的总压比和燃烧室出口温度的简单设计。升力发动机需要具有单位重量和体积的高功率；SFC 不太重要。如果飞机任务包含长巡航阶段，则低燃料消耗是重要的。燃料重量的减轻很容易补偿发动机相对较高的重量。

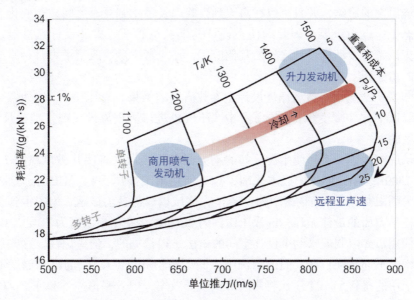

图 1.6-1 涡喷发动机的性能和设计考虑因素

如前所述，如果热效率和推进效率高，则发动机几乎总是具有竞争力。这意味着燃料消耗率 $SFC = W_F/F_N$ 必须低。重量也很重要，它通过推力/重量、推力/体积和推力/质量流量（单位推力）的比率来衡量。单位（进气）面积推力是超声速飞机推进的重要指标。

环保法规要求低噪声（由于较低的喷射速度而更青睐较大的涵道比）和低排放，如果燃烧室压力低，则更容易实现低排放。在瞬态过程中，发动机工作不能出现喘振或熄火的情况，并且必须能够容忍进口气流畸变、雨水和冰雹的吸入。换句话说：必须保证可操作性。此外，制造成本应该尽可能低，发动机应该可靠且易于维护，并且所有部件都应该易于拆装。

要实现这一切，新发动机必须接近空气动力学、热力学、结构设计和材料技术的极限。风险很高，因为涉及所有学科的相互作用，不可能绝对可靠地预测系统的性能。因此，为了实现这一目标，需要对系统进行全面分析。

1.6.2 单点设计

对于如发电之类的一些应用来说，性能是最重要的，其中燃气涡轮发动机通常在狭窄的环境条件下以全功率运行，单次运行时间很长。可以为这样的应用选择循环，使性能在额定工作条件下最佳。然而，几乎所有的燃气涡轮发动机都需要在一定的环境压力、温度和转速范围内运行。需注意，用于发电的工业燃气涡轮发动机在起动后以恒定的物理速度运行，但决定工作点的换算转速受环境温度的影响，并且可以在白天到夜晚以及冬季到夏季之间显著变化。节流状态工作也很重要，因此即使在设计初期，也必须考虑非设计点性能。此外，应该考虑发动机设计之外的其他应用，还应考虑后续改型潜力——原型发动机的增强版。

图 1.6-2 显示了典型循环设计点参数研究的结果。总压比 P_3/P_2 和燃烧室出口温度 T_4 是主要变量；在本练习中，压气机进口质量流量（或发动机尺寸）是不变的。

从成本考虑，希望使用无冷却的动力涡轮。假设这将使其进口温度 T_{45} 限制在 1300K。出于同样的成本原因，打算使用单级高压涡轮（HPT），这将其压比大约限制在 4。地毯图中的"禁止"区域以彩色突出显示。为了得到在燃料消耗率方面的最佳循环，选取压比约为 20 和燃烧室出口温度为 $T_4 = 1710$K。

使用边界限制值来约束设计空间的做法是很常见的，但应记住，这些边界值通常并不那么强！在我们的示例中，低压涡轮进口温度 T_{45} 的限制温度取决于所采用的材料。HPT 压比将影响可实现的效率，但效率值并不会在 $P_4/P_{45} = 4$ 的位置处突然停止变化。

在过去几年中，核心机尺寸这一术语已成为初步设计中需要考虑的品质标准。除非客户坚持使用现有硬件；否则对于核心机尺寸完全没有任何明确限制。因此，一条恒定的核心机尺寸线绝不能作为发动机设计空间的严格技术边界。

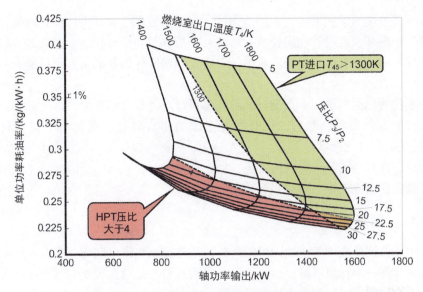

图 1.6-2 双轴涡轴发动机循环参数研究

1.6.3 多点设计

"多点设计"一词可能会产生误导。人们可能认为多个循环设计计算的结果（每个循环设计计算满足不同工况的要求）以某种方式组合成单个循环，同时满足所有要求。然而，这是不可能的。只能有一个循环设计点，因为这隐含地确定了各个热力学截面的流动面积。

查看循环设计计算的输出使其显而易见，因为它包含喷管喉道和出口面积以及所有其他热力学截面的换算流量 $W\sqrt{T}/P$ 的计算值。现在应记住，单位面积的换算流量 $W\sqrt{T}/(P\times A)$ 主要取决于当地的马赫数。如果对循环设计点热力学截面的马赫数进行合理假设，则可以从 $W\sqrt{T}/P$ 的值得到所有截面的流道面积。

热力学截面（除了截面 8、9）的马赫数都是亚声速的。在理论上的多点设计研究中，可以调整当地马赫数，使得从多个循环设计计算中获得的每个热力学截面的流通面积相同。但是，仍然存在一个问题。即使可以通过合理的马赫数使所有热力学截面获得相同的流通面积，但每个循环设计点的涡轮喉道面积仍然不同。这是因为任何涡轮的进口导叶的喉道马赫数总是声速或接近声速。因此，对于所有涡轮，$W\sqrt{T}/(P\times A)$ 是相同的，并且可以从 $W\sqrt{T}/P$ 明确地计算涡轮喉道面积。

通常每个循环设计计算产生不同的流通面积值，不仅对于喷管喉道而且对于所有其他热力学截面的面积都是如此。将两个或多个循环设计计算的结果组合成一个循环仅在喷管和涡轮具有可变几何形状时才是可行的。如果想要设计一个具有固定喷管面积并且涡轮中没有可变导向叶片的发动机，则只能有一个循环设计点。

根据我们的理解，多点设计练习从单循环设计点计算开始，该计算定义了发动机的几何形状。然后，针对需要考虑的所有其他工况进行非设计计算（即使用给定几何形状计算）。正是在这里，"折中以优化"这一短语才生效！成功的设计必须满足最苛刻的工况，但在这样做时，它可能会因为过于强调用于其他工作条件而被"过度设计"。

1.6.3.1 商用飞机

用于客运的商用亚声速飞机的任务包括滑行至跑道—起飞—爬升—巡航—下降—降落—滑行至机位。这些阶段的发动机状态是地面慢车—起飞—爬升—巡航—空中慢车—反推力—地面慢车。

其中两个工况与涡扇发动机的设计最为相关，即海平面的热天起飞和巡航高度的最大爬升。当环境温度比 ISA 温度高 15℃（定义的炎热天气）时，在起飞时会出现最高的燃烧室出口温度和转速。在爬升结束时空气更冷，对燃气涡轮发动机来说更重要的是发动机进口的总温 T_2 远低于起飞时的总温 T_2。由于最大爬升的绝对转速仍然相对较高，因此转子的换算速度 $N_L/\sqrt{T_2}$ 和 $N_H/\sqrt{T_{25}}$ 远高于起飞状态。

图 1.6-3 显示了低压转子相对换算转速变化时，在最大爬升、巡航和热天起飞状态下某些相关参数的典型变化。循环设计点是高度为 11km、马赫数为 0.8 的最大爬升状态。最重要的非设计点是巡航，以及海平面热天起飞状态对应的机械结构设计点（马赫数 0.2，ISA+15K）。需注意，巡航时的风扇效率明显高于最大爬升，这通常是风扇的设计点。这种效率差异是燃料消耗率在巡航期间能达到最小值的主要原因。

从循环设计的角度来看，任务的其他部分并不苛刻。然而，它们对于燃烧室、引气系统、滑油系统的设计以及发动机的可操作性来说是重要的。

通常，商用客机的循环选择导致两点设计：

① 循环设计点是巡航高度的最大爬升状态。该循环决定了所有热力学截面的流通面积大小；

② 机械结构和冷却系统设计点是热天起飞状态，遭遇最高温度和转速。从气动热力学的角度来看，这其实是一个非设计点。

因此，在所有热力学截面设置最大爬升状态对应的循环设计马赫数，对于压气机、流道和涡轮尽可能选取设计约束允许的最高值。风扇进口的马赫数决

第1章 新发动机设计

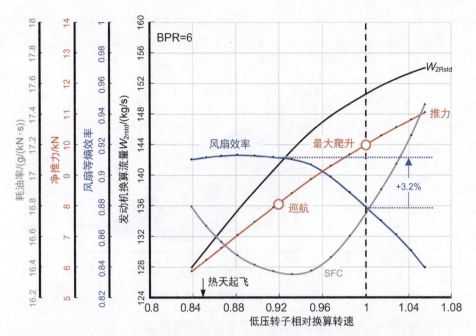

图1.6-3 最大爬升、巡航和热天起飞状态的典型参数变化关系

定了风扇进口直径（连同换算流量和轮毂与叶尖半径比的假设）。应记住，循环设计点计算中的风扇效率必须保持低于在巡航条件下的预期效率。

可以在地毯图中呈现最重要的参数，就像单点设计一样。图1.6-4中的地毯图表示涵道比为6的涡扇发动机循环设计点数据，其在11km高度、马赫数0.8和ISA下提供10kN的最大爬升推力。这些颜色条代表了非设计点数字：在海平面马赫数0.2、ISA+15K下，达到热天起飞推力32kN所需的相对高压转速。当然，可以在循环设计地毯图中展示热天起飞的循环特性的等值线，但无论如何，通过标识相应的低压转子相对转速，可以在同一张图片中评估和比较两个最重要工况的数据。

1.6.3.2 战斗机

战斗机的发动机选择是一个更复杂的迭代过程，考虑到多个任务的组合，寻求最轻的飞机/发动机组合。许多军事任务比商用客机要求更高。然而，也存在纯粹的长航程亚声速巡航军事任务（转场飞行）和延长滞空飞行。

与商业航班形成鲜明对比的是，"最小时间拦截"等任务需要高加速度和爬升率才能在高海拔地区快速达到超声速。飞机不仅必须经济地执行这些任务，还必须有足够的推力来完成特定的操纵，例如需要最低定常盘旋角速率或某个特定的单位剩余功率。

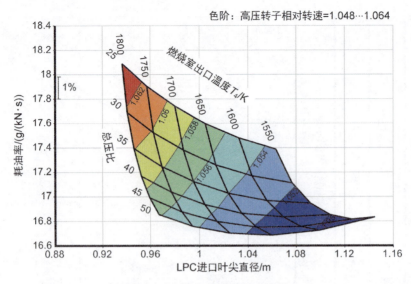

图 1.6-4 最大爬升和起飞结果

让我们在飞行包线的背景下考虑小涵道比涡扇发动机。最大可实现推力的限制参数取决于高度和马赫数组合。在这种情况下,也必须避免 N_L 和 N_H 超转,风扇换算转速 $N_L/\sqrt{T_2}$、压气机出口温度 T_3、燃烧室中的压力 P_3 和低压涡轮进口温度 T_{45} 超过限制值。

① 过高的转速对于压气机盘和涡轮盘来说是个问题。

② 风扇颤振决定了 $N_L/\sqrt{T_2}$ 的最大允许值。

③ 压气机出口温度 T_3 是最后一个压气机盘的温度,压气机盘的材料决定了可以承受多高的 T_3。而且,T_3 就是涡轮冷却空气的温度,反过来影响高压涡轮的 AN^2 极限值。

④ 燃烧室是一个压力容器,只能承受一定的 P_3 压力值。

⑤ 低压涡轮进口温度 T_{45} 是燃烧室出口温度 T_4 的替代值,因为 T_4 无法测量。

图 1.6-5 显示了哪些限制条件限制了最大可实现推力。在飞行包线的左上角区域,这恰好是风扇换算转速 $N_L/\sqrt{T_2}$ 在起作用。右上角区域是最大允许 T_3 和 T_{45} 起限制作用,该处飞机处于超声速飞行。P_3 限制条件在低空高速飞行期间发挥作用。转子转速和 T_{45} 是飞行包线中间区域的主要限制条件。

在图 1.6-6 中,确定了飞行包线中战斗机的一些典型任务。虚线表示最大推力对应的风扇换算转速,并且图 1.6-5 中列出的所有限制条件都起了作用。相对换算转速 $N_L/\sqrt{T_2}=1$ 的线,将飞行包线分成两个大致相等的部分。选择海平面静态条件(图的原点)作为循环设计点是一个很好的折中方案。

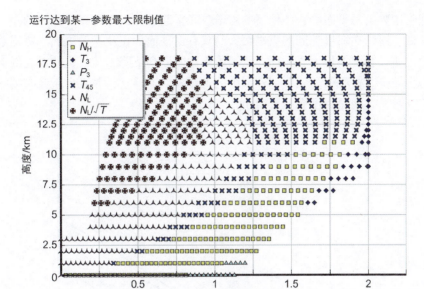

图 1.6-5　飞行包线中的限制条件

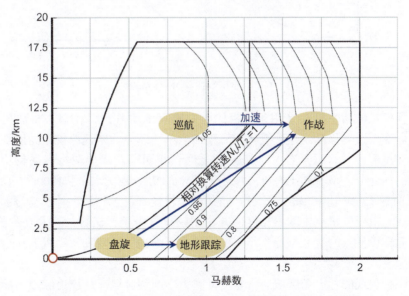

图 1.6-6　标有等相对换算转速线 $N_L/\sqrt{T_2}$ 的战斗机飞行包线

当然，仅考虑循环设计点是不够的，还必须仔细审视飞行包线边角的情况。应特别注意左上角，在那里遇到最低的雷诺数，并且任何功率提取对循环的影响都是最大的。

图 1.6-7 显示了雷诺数指数（RNI）在飞行包线内的变化情况。该指数将

第 1 篇 模拟任务

当地雷诺数与海平面静止条件下的雷诺数联系起来。RNI 在飞行包线的左上角非常低,因为在那里遇到的雷诺数大约只有海平面静止状态的 10%。雷诺数的减少之所以会削弱热力学循环,是因为部件效率会下降,压气机和涡轮的流通能力会减少。核心机压气机部件图中的工作线向上移动,并且由于此时喘振线也向下移动,喘振裕度会显著减小。

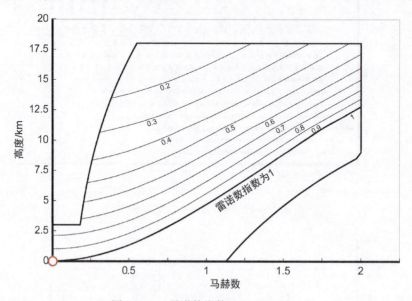

图 1.6-7 雷诺数指数 $RNI = Re/Re_{SLS}$

任何机械功率提取(用于飞机的电力或液压动力)将使核心机压气机工作线向喘振边界移动。这种变化在海平面上小,因为功率提取仅是高压涡轮功率的一小部分。然而,当入口总压 P_2 低时,相同的功率提取将占涡轮功率非常大的一部分。请看图 1.6-8,海平面 1kW 的功率提取等效于 1800m、马赫数 0.55 时的 12kW 功率提取。由此产生的核心机压气机工作线上移是显著的。

核心机压气机空中喘振裕度的减少不仅仅是由于雷诺数效应和功率提取。如果循环设计点的喘振裕度不足,即使是中等的进气畸变和发动机退化也会导致喘振。

飞行包线的左上角区域通常是气动热力学问题区域。从应力和冷却的角度来看,最恶劣的工况恰好位于飞行包线的偏右下角,对应于中等高度的最大马赫数状态,那里动压头最大。

如果不审视飞机性能,就无法设计发动机。使用燃料量大的任务部分应列为飞机和发动机设计中折中优化的目标。任何单一飞行操作,由于与整个任务阶段相比使用少量燃料,都不太可能对循环产生很大影响。但是,个别具体操作会决定发动机的尺寸。

第 1 章 新发动机设计

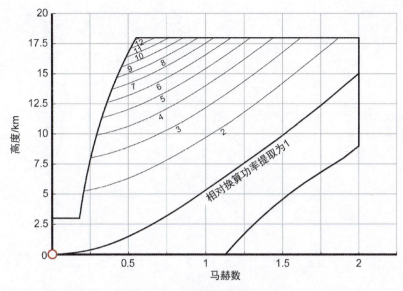

图 1.6-8 相对换算功率提取

1.6.4 高速推进

燃气涡轮发动机有哪些限制？用涡扇发动机或涡喷发动机能飞多快？我们将证明，可达到的最高飞行速度介于马赫数 3~4 之间。如果想飞得更快，就需要一个冲压发动机，并可能与一个只在起飞段、加速段和返回段工作的燃气涡轮发动机组合。首先，研究涡喷发动机和涡扇发动机的热力学循环，并计算在飞行包线中最常飞行的高度-马赫数线上对应的单点性能。

该飞行包线的左右边界是等效空速（EAS）值相等的线。下部 EAS 边界表示空气动力学极限（最大升力系数），上部 EAS 边界是飞行器的结构极限，此处发动机壳体上的压差最大。图 1.6-9 中的 EAS 边界值对应典型的现代战斗机包线，其最大速度约为马赫数 2。专为马赫数 3 设计的飞机（如著名的黑鸟 SR-71）具有更窄的飞行包线，EAS 下限通常为 310 节（1 节 = 1kn = 1n mile），EAS 上限通常为 420 节。

等滞止温度 T_2 的线也是图 1.6-9 中飞行包线的特征。在右上角，温度接近现代压气机轮盘的材料温度限制。如果有意义，则留给压气机压缩空气的温升空间很小。

1.6.4.1 单点性能

单点性能是针对高度和马赫数的某种组合的热力学循环设计计算的结果。

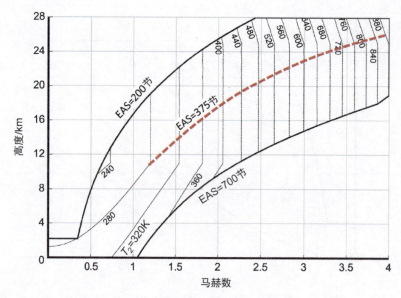

图 1.6-9 带有等 T_2 线的飞行包络线

在循环设计计算模型中给定不同的输入会得到不同的发动机几何尺寸。

考虑在 SR-71 飞行包线中间的飞行轨迹上的点，EAS 为 375 节。燃料消耗率和单位推力（单位质量流量的推力，表示为 N/(kg/s)= m/s）是两个最重要的特征参数。对于给定的推力，具有最高单位推力的发动机是否尺寸最小？

1.6.4.2 涡喷发动机

下面研究最简单的燃气涡轮发动机，没有加力燃烧室的涡喷发动机。图 1.6-10 给出了热力学截面定义。

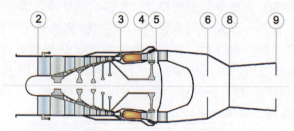

图 1.6-10 涡喷发动机截面命名

在循环研究中使用以下假设，从飞机进气道开始。

(1) 进气道总压恢复是马赫数的函数（在 MIL-E-5007 中定义）。

(2) 压气机和涡轮的多变效率为 0.9，燃烧室总压恢复系数 $P_4/P_3 = 0.97$。

(3) 涡轮冷却空气量取决于燃烧室出口温度如下：如果 $T_4 = 1500K$，则需要 2%的压气机空气流量冷却涡轮进口导叶，需要 1%冷却剩下的涡轮零件。冷却空气量随温度线性增加，$T_4=2000K$ 时，冷气量分别达到 10%和 6%。

（4）涡轮出口流道压比 $P_6/P_5=0.98$。

（5）收敛-扩张喷管具有理想匹配的面积比 A_9/A_8，这意味着喷管出口面积使静压 P_{s9} 与环境压力 P_{amb} 相等。

图 1.6-11 给出了 375 节飞行路径上 3 个高度/马赫数组合点的一系列单位推力和燃料消耗率 SFC。最高的燃烧室出口温度总能得到最高的单位推力。对于 1.2 和 1.8 的两个较低的马赫数，压气机压比大于 30 使燃料消耗率最小。在马赫数为 2.4 时，可以看到压比约为 21 的时候 SFC 最小。

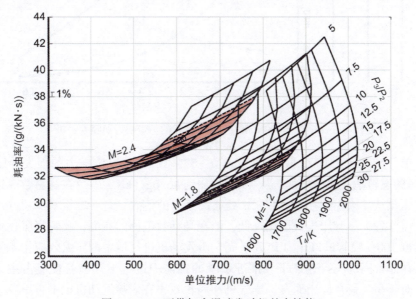

图 1.6-11　不带加力涡喷发动机的点性能

然而，这种热力学上最佳的压比是不可行的，因为压气机出口温度 T_3 将超过 900K。该温度已经超过了压气机轮盘材料最大允许温度。冷却涡轮盘需要具有足够压力的空气，并且除非引入额外的特殊冷却装置；否则压气机将是这类高压冷却空气的唯一来源。因此，在马赫数为 1.8 时压比被限制在 21 左右，在马赫数为 2.4 时压比可能被限制低至 9。在图 1.6-11 中，两个相应的限制区域在地毯图中以彩色区域标示出。

我们进行下一个循环研究，燃烧室出口温度 $T_4=1900K$，并调整飞行路径上每个点的压比，使压气机出口温度 $T_3=900K$。循环研究涵盖了沿着 375 节飞行路径的整个马赫数范围。图 1.6-12 显示了当马赫数增加时 4 个重要的循环参数（喷管膨胀比、SFC、总压比和单位推力）如何沿飞行路径变化。可达到的最高马赫数略低于 4。

第1篇 模拟任务

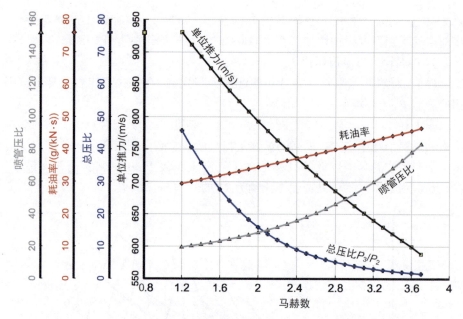

图 1.6-12 $T_3=900K$ 和 $T_4=1900K$ 时的不带加力涡喷发动机

单位推力从 931m/s 降至 588m/s（−37%）。这种单位推力的损失伴随着 +58% 的燃料消耗率的增加，从 29.4 增加到 46.6g/(kN·s)。在马赫数 3 以上时，压比从 4 减小到在马赫数 3.7 处略高于 1 的值。

需注意，尽管压气机压比降低，但在马赫数范围的右端，喷管膨胀比增加到接近 100。喷管进口压力 P_8 几乎完全由发动机进气道中的压缩效应主宰。因此，在非常高的飞行速度下，推进系统的性能中进气道和喷管性能占主导地位。对于高马赫数应用而言，压气机和涡轮效率在涡喷发动机中不再重要。在马赫数 3.7 时，涡喷发动机的温-熵图表明了这一点（图 1.6-13）。叶轮机械在这种情况下是无用的重量！

1.6.4.3 带加力（加力燃烧室）的涡喷发动机

可以通过增加一个再加热系统（一个加力燃烧室）来增加涡喷发动机的推力，该系统利用气流中的剩余氧气并将气体温度从 T_5（涡轮出口温度）增加到加力出口温度 T_7（2000K）。需注意，加力燃烧室由于没有旋转部件会大大提高所能承受的温度限制值。这是增强现有发动机的低成本替代方案，但需要额外的燃料，使"干"涡喷发动机成为"湿"涡喷发动机（图 1.6-14）。

由于加力筒体中的气体速度较高，因此加力燃烧室效率明显低于主燃烧室的效率。在我们的循环计算中，加力燃烧室使用 0.9 的效率，而主燃烧室则为 0.995。冷却加力燃烧室机匣和喷管需要发动机总质量流量的约 10%。冷却空气与热燃气在喷管喉道上游掺混。

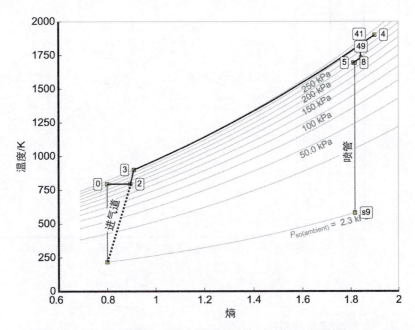

图 1.6-13 温-熵图（不加力涡喷发动机，25360m，马赫数 3.7）

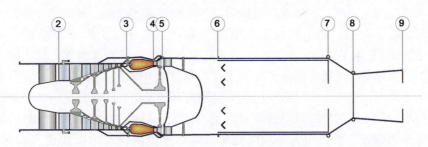

图 1.6-14 加力涡喷发动机截面命名

图 1.6-15 比较了不加力涡喷发动机与加力型的单位推力和燃料消耗率。加力燃烧室在低马赫数区域显著增加了单位推力（+38%），同时燃料消耗率增加了 40%。在飞行路径的高马赫数区域，推力增加减少到+29%，但燃料消耗率（+10%）的增加不多。

加力发动机的 SFC 比不加力发动机的 SFC 更差，但不仅仅是因为加力效率低。当飞行马赫数低时，在涡轮出口加入很多热量，该处压力 P_5 显著低于主燃烧室中 P_3 的压力。在热力学上，这不是想要的，因为同等温差对应的熵随着压力的降低而增加。在飞行轨迹的高马赫数末端，压力 P_3 和 P_5 接近。较高的燃料消耗率主要是加力效率低造成的。

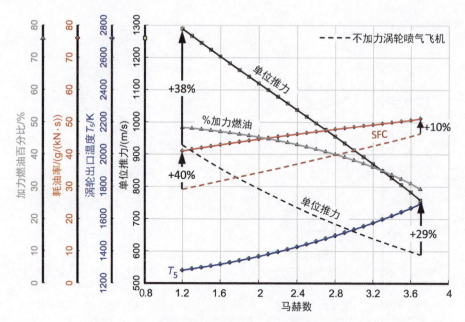

图 1.6-15　加力涡喷发动机（$T_3 = 900K$，$T_4 = 1900K$）

1.6.4.4　加力涡扇发动机

当关闭加力时，涡扇发动机比涡喷发动机提供更低的燃料消耗。带加力的情况却恰恰相反，加力涡扇发动机的燃烧室 SFC 比加力涡喷发动机的差。图 1.6-16 显示了当前示例的 375 节飞行路径上的循环设计数据，其中涵道比为 1 的涡扇发动机具有最大允许压比（在保持 $T_3 = 900K$ 的条件下）。在马赫数为 1.2 附近，涡扇发动机的单位推力较加力涡喷发动机而言存在一个相对较小的损失，但此损失在高马赫数条件下基本消失。涡扇发动机的加力燃料消耗率高于涡喷发动机，因为必须向相对低效的加力燃烧室中添加更多的热量。注意，涡扇发动机的加力进口温度要低得多，因此加力燃烧室中燃烧的燃料量远远多于涡喷发动机。SFC 差异的另一个原因是涡扇发动机加力燃烧室中的压力低于涡喷发动机的压力。图 1.6-16 中最上面的线（标有三角形）突出了涡扇发动机加力燃烧室对高速推进的重要性：总燃料的 65%～75% 在它里面燃烧。在涡喷发动机加力燃烧室中，超过 50% 的总燃料在主燃烧室中燃烧，见图 1.6-15。

小涵道比涡扇发动机可能是一个很有吸引力的选择，特别是在飞行路径的高马赫数末端，因为如果在低飞行马赫数下不开加力运行，在起飞和着陆中，它将提供 SFC 和噪声优势。与加力涡喷发动机相比，加力涡扇发动机较高的 SFC 所带来的弊端是可接受的。

第 1 章 新发动机设计

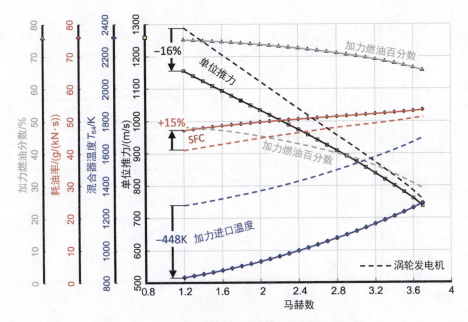

图 1.6-16 加力涡轮风扇（涵道比 1）（$T_3 = 900K$）

1.6.4.5 冲压发动机

可以将冲压式发动机视为简化的加力涡喷发动机，即压气机压比为 1。图 1.6-17 比较了冲压发动机循环与上述加力涡喷发动机循环。在加力涡喷发动机的最高马赫数（马赫数为 3.7）下，两种构型发动机的单位推力是相同的。冲压发动机在马赫数为 3.7 时较高的燃料消耗率主要是由燃烧室效率差异引起的，这是在前面练习中已经假设的：在涡喷发动机中，加热的主要部分发生在主燃烧室中，其具有接近 100% 的燃烧室效率。冲压发动机中的燃烧相当于加力燃烧室的燃烧，因此其效率仅约 90%。两种构型发动机的燃烧效率之间的这种差异在某种程度上是学术性的。在我们的循环研究的精度限制范围内，加力涡喷发动机和冲压发动机循环的点性能在马赫数 3.6 左右基本相同。

1.6.4.6 加速到高马赫数

之前的例子比较了许多不同的发动机循环。所有这些都是针对 375 节 EAS 飞行路径上的高度/马赫数组合而设计的。现在选择这些发动机中的一个，即带有加力的涡喷发动机，并研究其非设计性能。循环设计点的飞行条件是在海拔 22700m、马赫数 3。效率和损失假设与之前相同，压气机压比对应于 900K 的最大 T_3 限制。

第1篇 模拟任务

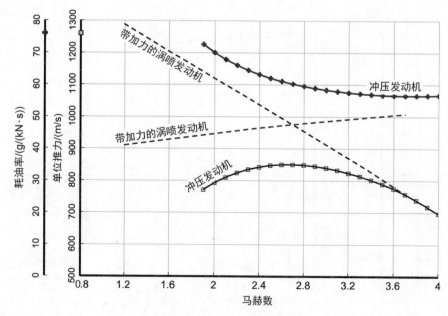

图 1.6-17 冲压发动机性能

发动机必须不仅能够在循环设计点的飞行条件下工作,而且还能在整个 375 节的飞行路径中表现出可接受的性能。发动机进口温度急剧变化:从马赫数 1.2/11000m,加速到马赫数 3,开始时发动机进口 T_2 的总温仅为 279K,但在加速度结束时 T_2 超过 600K,这一变化带来了戏剧性后果。

我们打算在整个飞行路径上以最大允许转速 N 运行发动机。这便产生了一个问题,因为当马赫数小于 3 时,T_2 低于 600K。但是此时气动转速 $N/\sqrt{T_2}$ 更大,并且实际上高于循环设计点值。在加速开始时,气动转速通过将设计值乘以温度的平方根的比值给出,即如果真实的转速 N 保持不变,则气动转速为循环设计点值的 $\sqrt{(601.4/279)} = 1.47$ 倍。对于压气机,这意味着如果要实现沿着飞行路径不受限制地工作,则循环设计点的气动转速裕度必须为 47%。

如果设计压气机循环设计点的质量流量、压比和效率,情况会怎样?如果这样做,那么在加速到马赫数为 3 期间的所有工作点将在压气机特性图中的设计点转速线上。只有当进一步加速到马赫数 3.1 或马赫数 3.2 时,转子的换算速度才会下降,如图 1.6-18 所示。

图 1.6-19 显示了转子转速 N、换算转速 $N/\sqrt{T_2}$、压气机出口温度 T_3 和涡轮转子进口温度 T_{41} 如何随飞行包线变化。发动机仅在马赫数为 3(循环设计点)时使用最大允许涡轮进口温度限制。当马赫数大于 3 时,900K 的最大

允许 T_3 可防止使用设计点涡轮温度和转速限制。当马赫数小于 3 时,保持 $N/\sqrt{T_2}$ 恒定会迫使转速 N 和涡轮进口温度下降。

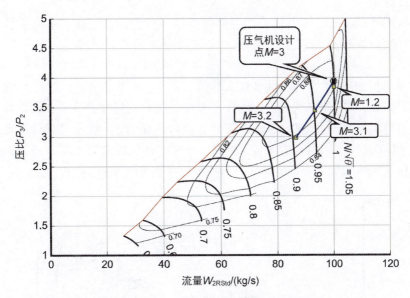

图 1.6-18　压气机 A 设计压比为 3.94

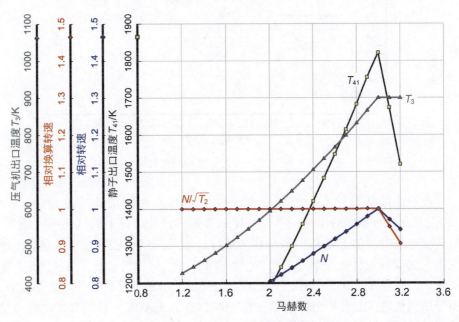

图 1.6-19　压气机 A 的发动机控制参数

第1篇　模拟任务

仍然存在许多问题。在加速开始时（马赫数为1.2），转速和涡轮进口温度的情况如何？发动机是否能为飞机提供足够的推力？如果需要更大推力，我们能做什么？

我们可以将压气机设计成比当前循环设计点更高的压比和更高的换算流量。让我们检查另外两个压气机B和C，一个设计压比为7，另一个压比为10。

图1.6-20显示了压气机B的工作线，图1.6-21显示了压气机C的工作线。需注意，3个压气机A、B和C之间存在显著的尺寸差异。在设计点，标准日换算质量流量为100kg/s。压气机B设计压比为7，在压气机设计转速下 $W_{2Rstd} = 150$kg/s，比设计点大25%，见图1.6-20。压气机C甚至更大（200kg/s），并且在其较高的压比下，被设计为循环设计点换算转速的143%。

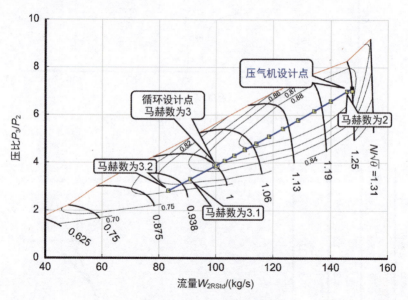

图1.6-20　压气机B设计压比为7

在原始循环设计点，所有3台压气机都具有相同的换算流量 $W_{2Rstd} = 100$kg/s 和几乎相同的压比。那么为什么新循环设计条件下的压比不一样呢？这些变化是由图中压气机B和C在循环设计点的压气机效率差异引起的。压气机A的循环设计点效率为0.8811，见表1.6-1，而压气机B在马赫数为3下工作，效率略低于0.87（图1.6-20），压气机C的效率要低得多，仅为0.81。由于压气机进口温度和出口温度（$T_2 = 601.4$，$T_3 = 900$K）在所有发动机中是相同的，所以呈现出压比随效率降低的趋势。

第 1 章 新发动机设计

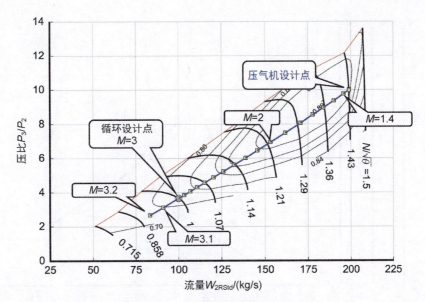

图 1.6-21 压气机 C 设计压比为 10

表 1.6-1 高度为 22700m、马赫数为 3 的涡喷发动机循环设计点

```
             W        T        P       WRstd       Reheat on
Station     kg/s      K       kPa      kg/s         FN      =    66.62 kN
 amb                216.65   3.571                  TSFC    =    48.53 g/(kN*s)
  1        72.979   601.44  132.084                 FN/W2   =    912.88 m/s
  2        72.979   601.44  106.832   100.000
  3        72.979   900.00  420.672    31.066       Prop Eff =    0.6792
 31        63.200   900.00  420.672                 eta core =    0.6495
  4        65.197  1900.00  408.052    41.571
 41        71.327  1821.81  408.052    44.535       WF      =    1.99774 kg/s
 49        71.327  1565.58  190.849    91.899       WFRH    =    1.23562 kg/s
  5        74.976  1535.83  190.849    91.899       WF total =    3.23336 kg/s
  6        74.976  1535.83  187.032                 A8      =    0.4900 m²
 61        67.479  1535.83  187.032
  7        68.714  2000.00  185.648                 XM8     =
  8        76.212  1956.35  185.648   108.382       P8/Pamb =    51.9885
 Bleed      0.000   900.00  420.672                 WBld/w2 =    0.00000
                                                    Ang8    =    25.88 °
 ---------------------------------------------
 P2/P1 = 0.8088   P4/P3 = 0.9700  P6/P5 0.9800      CD8     =    0.9482
 Efficiencies:   isentr  polytr   RNI    P/P        WClN/W2 =    0.08400
  Compressor     0.8811  0.9000  0.439  3.938       WClR/W2 =    0.05000
  Burner         0.9999          0.970              Loading =    100.00 %
  Turbine        0.9074  0.9000  0.467  2.138       e45 th  =    0.88689
  Reheat         0.9000                  0.993      XM61    =    0.18000
                                                    XM7     =    0.21434
                                                    far7    =    0.04619
 ---------------------------------------------
 Spool mech Eff  0.9999  Nom Spd    8055 rpm        PWX     =    0.00 kw

 Con-Di Nozzle:                                     A9/A8   =    6.12564
  A9*(Ps9-Pamb)           4.62E-4                   CFGid   =    1.00000
```

图 1.6-22 给出了控制变量在飞行路径中的变化情况。涡轮转子进口温度 T_{41} 限制在 1822K,这对应于设计燃烧室出口温度 $T_4=1900$K。最大允许相对转速 N 为 1.0,压气机出口温度 T_3 不得超过 900K。另外两个压气机 B 和 C 之间的巨大差异处于转子换算转速裕度内,分别为 1.25(压气机 B)和 1.43(压气机 C)。

· 101 ·

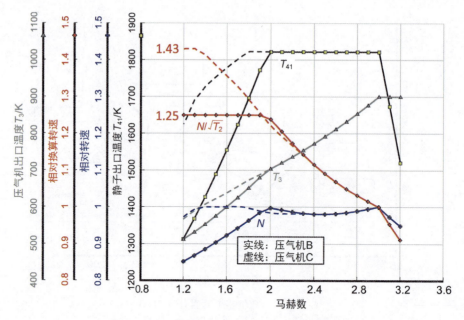

图 1.6-22　带压气机 B 和 C 的发动机控制参数

在马赫数为 3 以上的高速飞行末端，T_3 值保持不变，但在所有 3 种发动机设计选项中，其他控制参数均降低。带压气机 B 的发动机（设计质量流量 $W_{2Rstd}=150\text{kg/s}$，设计压比为 7）在马赫数 2~3 之间的受 T_{41} 限制，在较低马赫数下工作在 $N/\sqrt{T_2}$ 限制下。配有压气机 C（$W_{2Rstd}=200\text{kg/s}$、设计压比 10）的涡喷发动机较大，仅在马赫数小于 1.3 时才在 $N/\sqrt{T_2}$ 限制下运行。1.0 的相对转速限制仅在马赫数 1.3~1.7 范围内有效。

可以通过变几何的形式来改善这种相当简单的发动机控制系统，这在发动机实际使用中经常需要。可以通过压气机中的可变导向叶片来影响质量流量和转速之间的关系。例如，这可以改善带压气机 C 的涡喷发动机在马赫数 1.3~1.7 之间的性能。发动机控制系统中的另一个精细调整可能是喷管喉道面积的复杂控制计划。

在从马赫数 1.2 加速到马赫数 3（图 1.6-23 和图 1.6-24）期间，我们的 3 个涡喷发动机的推力和 SFC 非常不同。所有发动机在加速结束时（马赫数为 3）提供相同的推力和 SFC。带有压气机 C 的发动机，设计压比为 10，可提供最佳性能。然而，这是最重的发动机，因为它需要更多的压气机级，其设计换算流量是压气机 A 方案的 2 倍。当然它也将是最昂贵的。

压气机 A 或 B（或类似的）是否是最佳选择取决于飞机任务。推进系统的推力、燃料消耗和重量（包括飞机进气道）将决定最佳压气机的设计质量流量和压比。对于黑鸟 SR-71，压比为 7.5 的压气机是最佳选择。

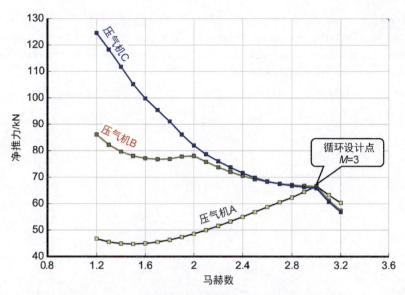

图 1.6-23　3 种不同压气机方案对应的发动机推力

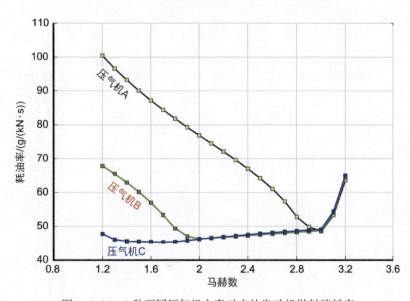

图 1.6-24　3 种不同压气机方案对应的发动机燃料消耗率

参 考 文 献

[1] Giampaolo T.: Gas Turbine Handbook Principles and Practice, 5th edn. The Fairmont Press, Inc, USA (2014)

第1篇 模拟任务

[2] Abdullahi, H., Kurpjuhn, B., Reiser, M., Spirkl, A.: Sand Ingestion Tests on the MTR390 Turboshaft Engine Reference EP03, 24th European Rotorcraft Forum. Marseille, France (1998)

[3] Cosner, A., Rutledge, G.: Successful Performance Development Program for the T800-LHT-800 Turboshaft Engine SAE Technical Paper 891048, (1989)

[4] Walsh, P. P., Fletcher, P.: Gas Turbine Performance, 2nd edn, Blackwell Science Ltd (2004)

第 2 章　发动机家族

众所周知，燃气涡轮发动机一般都是按结构来进行分类的，如单轴涡喷发动机、小涵道比涡扇发动机等。但在任意一家发动机制造商，我们都会碰到不同的发动机家族。什么是发动机家族？通常发动机家族是指这些发动机的一系列部件都以通用核心机或燃气发生器为基础。在原型发动机（基准发动机）设计之前，销售部门和工程部门会做大量的考虑和计划，这样才能较大程度地提高总体销售额。一个发动机家族的兄弟姐妹称为派生发动机，它们的不同之处在于需要设计不同的中间增压级和低压压缩系统，而通用核心机则尽量保证不变。相比于原型发动机，派生发动机会产生更大或更小的推力，但基准推力是严格按目标值设定的。这通常意味着为了允许推力的增减，基准性能要做出一定程度的妥协，这可能会带来原型产品的销售额下降的风险，以期提高派生品的销售额。一个新的中间增压级或低压压缩系统要与固定的燃气发生器共同工作必须遵循一些涵盖气动相似方面既重要但也很简单的规则。

比较著名的发动机家族有普惠的 PW4000（推力范围为 232~436kN）、罗罗的 Trent（推力范围为 236~512kN）、CFM56 家族（推力范围为 107~151kN）及 GE 的 CF6（推力范围为 178~311kN）。CF6 的核心机也是 LM2500 家族的前身，LM2500（轴功率为 16~35MW）现用于为船舶、发电机和输油管压气机提供动力。罗罗公司也为船舶动力和发电机动力提供了 36MW 的 MT30，它是波音 777 飞机发动机 Trent 800 的派生发动机，其他公司也都有同样的做法。

在理想环境下，发动机家族的核心机应该由完全相同的部分组成。而实际上，这些发动机的核心机只是相似的，并不完全相同。核心机的最大许可转速由共同的轮盘容限应力值限制，而气动限制和燃烧室出口温度的限制则不一样。由于转子叶片和导叶进行了重新排列或重新设计，压气机和涡轮在同一环面的流量是可以变化的。新材料和更加复杂精妙的冷却设计能提高涡轮的耐温能力。

第1篇　模拟任务

　　改变已有发动机去适应新的使用环境就会产生一个新的成员或派生发动机。这是非常常见的设计任务，比设计一个全新的发动机要频繁得多，因为全新设计大约10年才出现一次。研发派生发动机最主要的动机就是其经济性，因其可将研发成本和技术风险维持在尽可能低的水平。但这也会给现有的核心机带来一定约束条件和边界条件，并且使派生发动机循环参数的选择成为了挑战。

　　按惯例，资深的项目工程师会根据广泛的参数化研究来探索新型发动机的设计范围。他们会用包含大量重要参数等值线的 $x–y$ 图来描述研究结果。如果只有2个设计参数，在一张图里显示设计范围的边界就很简单。但是，如果有2个以上的设计参数，完全描述设计范围就需要更多图表。如果设计变量超过3个或4个，寻找发动机最佳循环就变得困难，而且需要耗费大量时间。

　　为替代在参数规则变化下筛选设计变量范围的办法，也可以在数值优化程序的帮助下自动寻找发动机最佳设计点。下面两个部分讨论的就是这个方法，我们会将一个涡扇发动机派生发动机的推力增加25%。

2.1　原型发动机

　　为举例说明，我们从一个现有的公务机小型发动机开始，这类发动机总压比相对较低，燃烧室出口温度相比于商用客机的大涡扇发动机来说处在中等水平。燃油费用相比于发动机的购买费用并不突出，因为公务机每年只飞几百小时，但作为航程的保证，耗油率仍然很重要。

　　原型发动机的气动设计点是它的最大爬升点，一般认为是标准日大气条件的高度1100m、飞行马赫数0.8的飞行状态点。表2.1-1列出了该工况的循环参数，代表相关截面的数值，如图2.1-1所示。

　　原型发动机的结构力学设计点为热天起飞工况，该工况点高度为海平面高度，飞行马赫数为0.2，温度比标准日大气温度高15K。该工况点从循环计算参考点的视角来说是一个非设计点工况。因此，需要部件特性图来完成发动机性能模型。如果既没有试验特性，又没有计算特性，则可以使用类似发动机特性图的缩放版本。我们缩放发动机通用特性图，读取气动设计点工况，得到的数据列于表2.1-1中。

　　首先来区分气动设计点和结构力学设计点之间的差异。气动设计点由性能和燃油消耗最优的工况点来定义；相反，结构力学设计点由应力最大的工况点来定义。最大爬升工况点并不是发动机的结构力学设计点，因为热天起飞时所有的温度、压力和转速都更高。在本书的例子中，起飞工况下的转速

第 2 章 发动机家族

要比最大爬升的高 5%，因此才有了表 2.1-2 中的 12kN 的起飞推力和更高的温度。

表 2.1-1 原型发动机循环参数（最大爬升点，高度 1100m，马赫数 0.8，标准日）

```
         W        T         P        WRstd
Station  kg/s     K         kPa      kg/s        FN         =     3.41 kN
amb               216.65    22.632
1        22.186   244.44    34.509               TSFC       =     20.1043 g/(kN*s)
2        22.186   244.44    34.509   60.000      WF         =     0.06853 kg/s
13       18.153   294.47    60.818   30.573      BPR        =     4.5000
21        4.034   297.90    63.842    6.510      s NOX      =     0.2590
25        4.034   297.90    63.203    6.575      Core Eff   =     0.4472
3         4.034   646.64   758.439    0.807      Prop Eff   =     0.7496
31        3.452   646.64   758.439               P3/P2      =     21.98
4         3.520  1350.00   735.686    1.049      P2/P1      =     1.0000
41        3.702  1318.27   735.686    1.090      P16/P13    =     0.9800
43        3.702   978.49   172.646               P25/P21    =     0.9900
44        3.762   973.45   172.646               P45/P44    =     0.9800
45        3.762   973.45   169.193    4.141      P6/P5      =     0.9800
49        3.762   710.16    41.094               A8         =     0.06443 m²
5         3.762   710.16    41.094   14.562      A18        =     0.13248 m²
8         3.802   709.51    40.272   15.012      P8/Pamb    =     1.77943
18       18.153   294.47    59.602   31.197      P18/Pamb   =     2.63351
Bleed     0.300   646.64   758.438               WBld/W25   =     0.07437
                                                 CD8        =     0.97757
-------------------------------------            CD18       =     0.97600
Efficiencies:  isentr  polytr   RNI    P/P       XM8        =     0.95562
Outer LPC      0.8600  0.8707  0.413  1.762      XM18       =     1.00000
Inner LPC      0.8800  0.8899  0.413  1.850      V18/V8,id= =     0.81000
HP Compressor  0.8600  0.8985  0.600 12.000      Loading    =     100.00 %
Burner         0.9995                 0.970      e444 th    =     0.87427
HP Turbine     0.8800  0.8598  1.225  4.261      PWX        =     50.00 kW
LP Turbine     0.9001  0.8822  0.399  4.117      WCHN/W25   =     0.04500
                                                 WCHR/W25   =     0.01500
HP Spool mech Eff 0.9900  Nom Spd  32000 rpm     WLcl/W25   =     0.00000
LP Spool mech Eff 1.0000  Nom Spd  13497 rpm
-------------------------------------
hum [%]    war0       FHV       Fuel
 0.0       0.00000    43.124    Generic
```

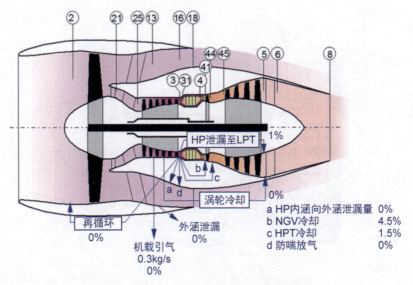

图 2.1-1 原型发动机截面命名

第1篇 模拟任务

表 2.1-2 显著差异

指 标	最大爬升	起飞
N_H/%	100	105
T_{25}/K	279.9	356.06
T_3/K	647	743
T_4/K	1350	1416
T_{45}/K	973	1027
F_N/kN	3.41	12.0

2.2 派生发动机

新派生发动机的设计指标是在最大爬升和起飞两种工况下推力增加25%，并降低燃油消耗率。为了获得上述优化，总希望最小限度地改变核心机，而这需要尽量限制低压压缩系统的改动量。

已经考虑到的一些可选改进有直径更大的风扇、新增的中间增压级以及重新设计的低压涡轮。核心机的转速、温度（T_3、T_4）、流量和冷却流量会有最低限度的增加，但同一环面的气动设计不能改变。新发动机结构如图2.2-1所示（图中忽略了变速箱——在计算循环参数时齿轮传动比设为1）。

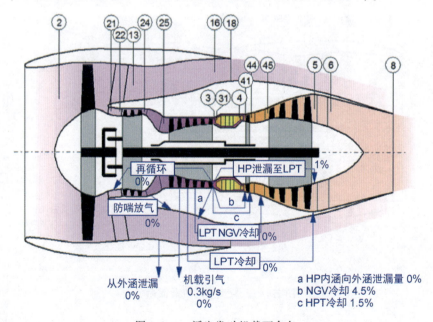

图 2.2-1 派生发动机截面命名

派生发动机建模是低压部件的设计点计算和核心机部件的非设计点计算的结合。循环设计点是与原型发动机相同的最大爬升工况。表2.1-1中的数据将作为派生发动机设计的对比参数。

2.2.1 风扇和增压级

新风扇的设计采用与原型发动机相同的气动载荷 $\Delta H/U^2$。因此，所有测试的循环风扇的效率保持不变，但风扇叶尖速度会随风扇直径和转速的变化而改变。

风扇直径根据发动机进口流量需求而变化。风扇进口马赫数与转子进口轮毂与叶尖半径比与原型发动机一致。

下面用压气机特性图来描述原型发动机模型中风扇的非设计点性能。进口空气总质量流量 W_{2Rstd}、风扇外涵压比 P_{13}/P_2、风扇外涵效率 $\eta_{2\text{-}13}$ 都在数据表中。风扇内涵压比 P_{21}/P_2 及效率 $\eta_{2\text{-}21}$ 按下述公式计算，即

$$\frac{P_{21}}{P_2} = 1 + \frac{\left(\dfrac{P_{21}}{P_2}\right)_{ds} - 1}{\left(\dfrac{P_{13}}{P_2}\right)_{ds} - 1} \cdot \left(\frac{P_{13}}{P_2} - 1\right) \qquad (2.2\text{-}1)$$

$$\eta_{2\text{-}21} = \left(\frac{\eta_{2\text{-}21}}{\eta_{2\text{-}13}}\right)_{ds} \cdot \eta_{2\text{-}13} \qquad (2.2\text{-}2)$$

在派生发动机里，风扇特性只能决定外涵气流的性能。式（2.2-1）中内涵气流的设计压比 $(P_{21}/P_2)_{ds}$ 设为1。风扇轮毂性能作为增压级的一部分统筹考虑，用一个单独的特性图表示。对于原型发动机和派生发动机来说，增压级设计点的效率是一样的。

2.2.2 核心机压气机

派生发动机本质上使用与原型发动机一样的核心机。因为不打算改变压气机，所以原型发动机的压气机特性（图2.2-2）仍然适用于派生发动机。

使用同一个压气机并不意味着两个核心机的压比也必须相同。特性图上的最大爬升工作点不可能与原型发动机的一致。因为当设计物理转速 N_H 保持不变时，增压级提高了压气机进口总温导致换算转速 $N_H/\sqrt{T_{25}}$ 降低。

对于分开排气的涡扇发动机，其循环设计点可直接计算，不需要迭代。派生发动机也是如此，但有一个区别，即高压压气机压比和效率不再是直接输入

量，它们要从原型发动机的压气机特性图（图 2.2-2）上读取。工作点可根据换算转速 $N_H/\sqrt{T_{25}}$ 和辅助坐标 β 来确定。

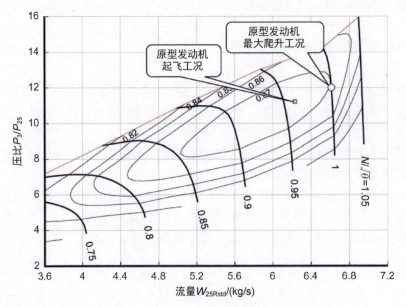

图 2.2-2　原型和派生发动机的压气机特性

原型发动机的压气机特性图（图 2.2-2）包含了 W_{25Rstd}、压比 P_3/P_{25} 和效率 η_{25-3} 的绝对值。而换算转速 $N_H/\sqrt{\theta_{25}}$ 的值是相对的。特性图中换算转速的参考值来源于表 2.1-1 中原型发动机循环设计点的数值，即

$$\left(\frac{N_{H,rpm}}{\sqrt{\theta_{25}}}\right)_{ref} = \frac{32000\text{r/min}}{\sqrt{\dfrac{T_{25}}{288.15\text{K}}}} = \frac{32000\text{r/min}}{\sqrt{\dfrac{297.9\text{K}}{288.15\text{K}}}} = 31472\text{r/min} \qquad (2.2\text{-}3)$$

参考（机械）转速为 32000r/min，参考换算转速为 31472r/min。

在知道 $N_H/\sqrt{\theta_{25}}$ 和 θ_{25} 的情况下，需要参考换算转速来计算物理转速的绝对值。例如，如果从特性图上读到的相对换算转速 $N_H/\sqrt{\theta_{25}} = 0.9604$，压气机进口总温为 356.06K，则物理转速的绝对值为

$$N_{H,rpm} = \frac{\dfrac{N_{H,rem}}{\sqrt{\theta_{25}}}}{\dfrac{N_{H,ref}}{\sqrt{\theta_{25,ref}}}} \sqrt{\theta_{25}} N_{H,ref} = 0.9604 \times \sqrt{\frac{356.06}{288.15}} \times 31472 = 33600(\text{r/min})$$

(2.2-4)

相对物理转速为 $N_H = 33600/32000 = 1.05$。

2.2.3 燃烧室

增推发动机的燃烧室出口温度会比原型发动机高，燃烧室的冷却气流分配和燃油喷嘴要做必要的改进。假设这些改变对燃烧室压力损失的影响可以忽略。在增推研究中，燃烧效率可能存在的优化也同样被忽略了。

2.2.4 高压涡轮

通过改变涡轮导向器喉道面积可获得涡轮流通能力±5%的变化。现有硬件的这种改进对涡轮效率几乎没有影响。在循环研究中要用到这种自由度。

2.2.5 低压涡轮

设计点的低压涡轮效率随着气动级载荷和流量系数变化而变化，利用 GasTurb 中简化版本的初级涡轮设计程序来评估。图 2.2-3 表示的是速度三角形和设计点效率在史密斯圆图上的位置，级流量系数和载荷系数取通用值。

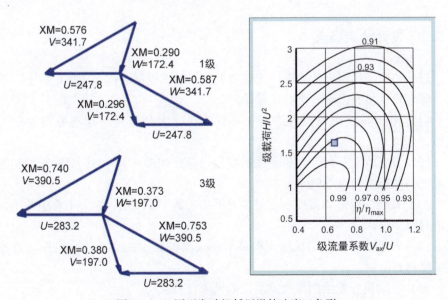

图 2.2-3 原型发动机低压涡轮速度三角形

2.3 发动机改型优化

2.3.1 设计变量

设计变量是指循环设计点计算时的输入参数。派生发动机的设计变量为风扇和增压级的压比、涵道比和燃烧室出口温度。更多的循环设计变量有燃气发生器工作点 $N_H/\sqrt{T_{25}}$ 和 β 辅助线在特性图上的位置。

综上,派生发动机总共有 6 个循环设计变量,见表 2.3-1。

表 2.3-1 设计变量

序号	变量
1	风扇压比 P_{13}/P_2
2	增压级压比 P_{24}/P_{21}
3	涵道比(BPR)
4	燃烧室出口温度 T_4
5	换算转速 $N_H/\sqrt{T_{25}}$
6	特性图辅助线 β

2.3.2 设计约束条件

设计约束条件可以作为设计变量的上、下限,也可以作为计算量的上、下限。派生发动机有以下 6 个约束条件。

(1) 由于高压涡轮只允许有很小的改进,因此流量必须与原型发动机近似。

(2) 高压涡轮压比不允许有大的变化。考虑到第(1)条,则低压涡轮的流量也与原型发动机近似。

(3) 低压涡轮进口温度在任何工况下必须低于 1150K,因为不希望低压涡轮的材料太昂贵。

(4) 考虑到原型发动机压气机最后一级盘的耐温能力,核心机压气机出口温度也有限制。

(5) 发动机短舱限制增推发动机的风扇直径。

(6) 轮盘强度限制核心机转速。尽管如此,物理转速的绝对值适当增加 1% 是可以的。

在我们的例子中，增加25%最大爬升和热天起飞的推力是目标。推力增加低于25%的设计是不能接受的，因此，最大爬升和起飞的最小推力也是增推发动机的约束条件。表2.3-2总结了派生发动机设计的约束条件。

表 2.3-2 约束条件

序号	参数	约束条件	注
1	高压涡轮流量	参考值（±5%）	
2	低压涡轮流量	参考值（±5%）	
3	低压涡轮进口温度 T_{45}	<1150K	热天起飞
4	压气机出口温度 T_3	<750K	热天起飞
5	风扇叶尖直径	<0.75m	
6	压气机转速 N_H	<参考值（+1%）	
7	最大爬升推力	>4.26kN	=3.41kN（+25%）
8	热天起飞推力	>15kN	=12kN（+25%）

2.3.3 品质指标

最大爬升的耗油率作为品质指标要降到最低，这自然也使巡航耗油率处在较低水平，起飞的耗油率不需要考虑。这就解释了为什么在燃油消耗最多的工况点进行发动机设计。

2.3.4 设计变量范围

在运行寻优数值计算程序时，设计变量不能是随意的数值。给这些变量规定合理的范围是比较容易的。它们的范围必须较小，这样寻优工作就会轻松很多。但如果范围太小，真正的最优点就会在无意中被排除在搜寻范围外了。

需要注意的是，设计变量的上下限都可以代表发动机设计的技术性约束条件。在我们的例子中，单级风扇的压比就是这种情况。表2.3-3中加粗显示的特征值都是技术性限制值。

表 2.3-3 设计变量范围

序号	变量	最小	最大
1	风扇压比	1.1	**1.9**
2	增压级压比	1.4	**2.3**
3	涵道比	4	6

续表

序号	变量	最小	最大
4	燃烧室出口温度 T_4	1300K	**1600K**
5	高压转速 N_H	0.9	**1.02**
6	特性图辅助线 β	0.3	**0.8**

2.3.5 优化起始点

许多寻优计算程序都要求在寻优工作开始前满足所有约束的设计变量是已知的。原型发动机的循环在所有设计变量的变化范围内，但它明显不满足最小推力的约束条件。

所以，如何获得一个有效的循环以开始研究工作？一个可能的方法是做粗糙的参数化研究，从而找到一个可行的解决方案。但是，这样的参数化研究会做很多无用功。我们可以将最大爬升推力作为临时品质指标，并开始寻优计算。最大爬升推力的最小限制已经加到初始运算中。最大化增加推力后，获得了一个有效的起始点——在这个条件下，可以获得比 4.26kN 更大的最大爬升推力。

下一步将耗油率作为品质指标，并加入最小推力限制，最终的寻优计算就可以开始了。

2.3.6 GasTurb 中对应的图形化界面

图 2.3-1 所示为 GasTurb 的寻优计算的优化界面，左边 6 个水平标尺为设计变量，右边 6 个水平标尺为约束条件。当优化程序运行时这些标尺的数据也会持续更新，这样当变量或约束条件达到上、下限时就能很快观察到。

标尺下面的窗口显示的是品质指标的轨迹。图 2.3-1 是在随机寻找最大推力时的截图。从图中可以看到，当程序找到推力最大值时寻优计算就会结束。但这可能是局部的最大值而不是要找的全局最大值。从已有的一些结果来看，寻优的起始点决定了能找到什么样的解决方案。因此，在一次成功的寻优后，程序会自动切换品质指标并寻找一个低推力方案，这个方案又会作为下一个更高推力寻优的新起始点。

在图 2.3-1 中，在寻找最大推力时出现了 3 个起始点，并且最终都得到不同的结果。推力最大的方案是随机寻优的结果，该方案将作为临时优化的最终结果，所有局部的最大值都不再需要。

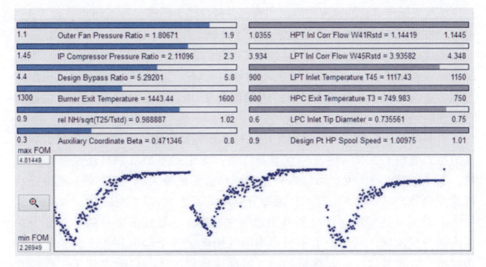

图 2.3-1　寻找最大推力有效起始点

现在有了一个有效的起始点来进行真实发动机的优化。最大爬升推力的最小值 4.275kN 是增加的约束条件，品质指标重新确定为耗油率。图 2.3-2 显示的是随机寻找最低耗油率的计算轨迹。同样，能得到几组局部的优化结果。找到全局最优结果的信心随着优化运行数量的增加而增加。

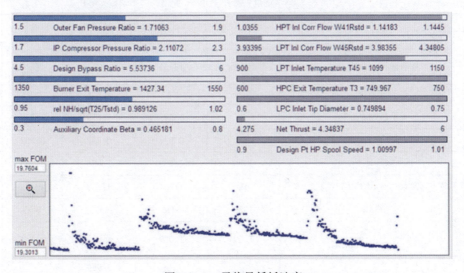

图 2.3-2　寻找最低耗油率

最终的方案应该进行严密仔细地核实，只看设计变量和约束条件的值是不够的。发动机设计点（最大爬升工况，高度为 11000m，马赫数为 0.8）和非设计点（热天起飞工况，海平面高度，马赫数为 0.2）的计算结果必须检查。

第1篇 模拟任务

还应该检查低压涡轮的速度图以及所有部件特性图上的非设计工作点。表 2.3-4 对原型发动机和增推发动机的性能进行了比较。

最优设计的增推发动机受 3 个约束条件的影响：一是风扇直径为 0.75m，也就是说，它使用了计算中允许使用的最大风扇；二是约束条件为压气机出口温度，该温度在热天起飞工况下的限制值为 750K；三是约束是燃气发生器物理转速的绝对值，只增加了 1%。

所有的设计变量在寻优过程中均保持在预先设定的范围内。最大爬升和起飞的推力增加了 26%。还有一点需要注意，无论是原型发动机还是增推发动机，起飞工况下燃气发生器物理转速的绝对值要比最大爬升高 5%。增推发动机最大爬升工况和起飞工况的耗油率分别降低了 2.7% 和 5.4%。

表 2.3-4 还给出了理想的外内涵喷气速度比，该比值表征的是总推力在外内涵分配比例。从理论上来说，当喷气速度比等于风扇和低压涡轮效率乘积时推力分布最佳。而要注意的是，数值优化程序已经自动找到了一个排气速度比接近最佳理论值 0.737 的循环。增推发动机的循环设计点效率乘积 $\eta_{Fan} \times \eta_{LPT} = 0.757$。

表 2.3-4 主要循环数据对比

参 数	原型发动机		增推发动机	
	最大爬升	起飞	最大爬升	起飞
推力/kN	3.41	12.0	4.29 (+26%)	15.12 (+26%)
耗油率/(g/(kN·s))	19.86	13.51	19.33 (-2.7%)	12.78 (-5.4%)
涵道比	4.5	4.62	5.59	5.77
风扇压比 P_{13}/P_2	1.762	1.573	1.679	1.517
喷流速度比 $(V_{18}/V_8)_{id}$	0.81	0.938	0.737	0.862
增压级压比 P_{24}/P_2	1.85	1.639	2.086	1.828
高压压气机压比 P_3/P_{25}	12	11.21	11.59	10.72
T_4/K	1350	1416	1423	1477
W_{41Rstd}	1.09	1.089	1.135 (+4%)	1.134
W_{45Rstd}	4.141	4.12	3.989 (-3.7%)	3.973
LPT η_{is} （三级）	0.9000	0.9113	0.8806	0.8917
T_3/K	647	743	662	750
T_{45}/K	973	1027	1048	1092

续表

参　数	原型发动机		增推发动机	
	最大爬升	起飞	最大爬升	起飞
风扇直径/m	0.655		0.75	
核心机转速/(r/min)	32,000	33,600	32,320 (+1%)	33,936 (+1%)

2.4　设计空间探索

对最优方案做参数变化研究相当有用，它能让我们看到结果的鲁棒性。3组参数化研究每组选6个设计变量中的2个作为变量，能表明品质指标耗油率在最佳循环周围时如何变化。

图 2.4-1 所示为燃烧室出口温度 T_4 和涵道比 BPR 的影响分析，图中边界线为最大爬升推力、高压涡轮流量 W_{41Rstd} 和风扇直径。耗油率最低的点（图中黑色方块）位于风扇最大直径线上（涵道比 5.6）。数学上的最优发动机，其最大爬升推力比要求值大 1%。

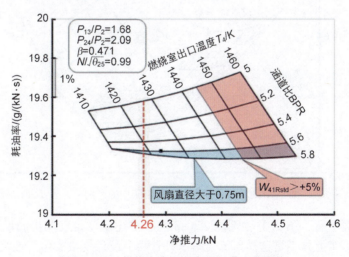

图 2.4-1　燃烧室出口温度和涵道比的影响

图 2.4-2 标出了确定高压压气机工作点的两个变量。黑色小方块位于风扇最大直径线和起飞状态 T_3 边界线的交点上。

最后两个需要检查的设计变量是风扇和增压级压比。在图 2.4-3 中，最低耗油率的点位于两个起飞边界的交点：T_3 不能超过 750K，转速增量不能超过原型发动机起飞转速的 1%。

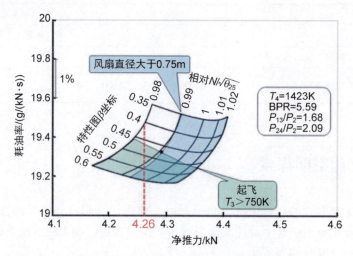

图 2.4-2　压气机工作点的特性图坐标

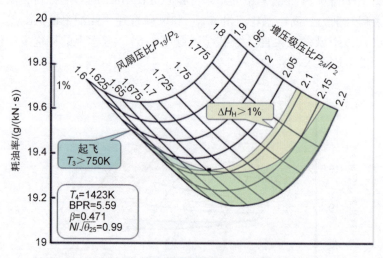

图 2.4-3　风扇和增压级压比的影响

从表面上看，图 2.4-1 至图 2.4-3 完全描述了增推发动机的设计空间及边界，但事实上并不是这样。每个图中只有两个设计变量发生了改变，另外 4 个参数是固定在各自的最优值上的。只要有一个固定的参数变了，每张图就都不一样了。很明显，如果完全采用参数化研究来探索设计空间，则会需要巨大数量的地毯图。

在实际工作中，增推发动机的优化不会在找到第一个方案或受到循环限制后就结束。比如，耗油率可以通过增加一个第四级低压涡轮进一步改进，但这会增加发动机重量。还有一项特殊的研究也必须做，即弄清楚如果不增加增压

第 2 章　发动机家族

级能否获得 25% 的推力增益（答案：这不可能）。还有一个问题，如果将起飞状态下 750K 的 T_3 限制再提高一点，推力和耗油率能达到什么水平。

要始终记住：优化计算程序只能找到数学模型的最优方案。结果的完整性取决于发动机模型的细节和质量，尤其取决于使用到的约束条件。还要想想品质指标的定义，它只是指最大爬升的耗油率，还是说对已有的最大爬升推力大于要求值的发动机作一些牺牲。

参 考 文 献

[1] Stewart, W. L.: A study of axial-flow turbine efficiency characteristics in terms of velocitydiagram parameters. ASME Paper 61-WA-37 (1961)

[2] Kurzke, J.: Gas turbine cycle design methodology: a comparison of parameter variation withnumerical optimization. ASME Paper 98-GT-343 (1998)

第3章 发动机建模

　　发动机制造商为他们的发动机建立了非常详细的模型。他们有压气机和涡轮的所有信息,熟知空气冷却系统的细节。在发动机研发试验期间,测量了推力或功率以及许多压力、温度、转速、空气质量流量和燃油流量,有大量的数据可用,这有助于理解和模拟发动机。

　　获得好的性能模型是建立在对发动机充分了解的基础上的。预测或部件台架试验与实际结果之间的差异都可以用部件工作环境的差异和已知的发动机部件修正来解释。

　　对于燃气涡轮发动机用户、发动机生产维修单位以及其他需要用到发动机性能模型的人员来说,情况就大不相同了。他们没有足够的数据来建立一个在细节上都与发动机实际情况相一致的模型。但这并不是必需的。如果耗油率和热效率与已知数据一致,那么通过模型获得的总体性能参数就不会偏离真实值太多。但有可能在模型中高估了压气机的效率或者低估了涡轮效率,但这通常并不重要。

　　模拟竞争对手的发动机性能是一种典型的情况,在这种情况下,没有太多的信息可用。建立一个包含许多细节的复杂模型没有太大的意义,也没必要准确地知道空气系统和涡轮冷却量。因为燃气涡轮发动机的性能主要取决于压气机和涡轮部件特性图。

　　在讨论如何获得尽可能准确的压气机和涡轮特性图之前,先从评价数据的潜在来源入手。它们在校准性能模型方面的价值差别很大。

3.1 数据来源

3.1.1 杂志与营销手册

你相信所有的广告宣传吗？当然不会，因此你也应该谨慎地看待杂志和营销手册上的数据。通常，我们并不清楚杂志或营销手册中所引用的循环数据究竟是哪个飞行条件下的。此外，由于工况不同，可能导致数据不完全一致。在这种情况下，不可能使热力学循环计算结果与公开数据一致。

与喷气式发动机相比，针对发电工业的营销手册包含了更多的发动机性能信息。通常会给出轴功率、热效率（发热率）、排气温度和空气流量随环境温度的变化关系。在此基础上，建立和校准有用的性能模拟模型是可行的。

3.1.2 官方发动机数据

那些潜在的客户可以得到更多的数据。制造商为他们提供了一系列工况下的表格化性能数据。但一般不提供发动机的内部参数，只提供发动机安装所必需的推力、燃油流量、空气流量、排气温度、引气流量和功率输出等参数。这些数据是用一个循环程序生成的，这个程序能够计算出一台正常新生产发动机的性能。

潜在的客户也可以得到一个计算机程序，让客户能够计算任何工况下的性能，而不是获得数据表格。这样一个计算机程序有时被称为"性能卡"。这个术语来自于过去，那时的计算机程序是写在一堆穿孔卡片上的。

如上所述，热力学循环计算结果描述了一种正常新生产发动机的性能，然而，在生产过程中，制造公差会导致性能偏离基准。大约一半的发动机性能会比基准性能差。显而易见，发动机制造商想要售出包括性能较差的发动机在内的所有生产的发动机。因此，基准性能与最差发动机性能之间就会产生偏差。

在"性能卡"中，并没有包括最差发动机性能的热力学循环参数。性能最差的发动机被定义为基准发动机，它是需要更多燃油的。例如，在客户获得的性能数据表中（或通过"性能卡"计算得到的参数），最终的燃油流量只增加了 2.5%，这使燃油流量与其他数据是没有办法匹配的。

要谨慎对待这些保证了的性能参数，这些数字可能是出于商业考虑而进行了修改。如果你仅试图用一个纯粹的循环计算程序复现这些参数，则很有可能会失败。

3.1.3 发动机循环参数的计算

公司、研究机构和大学在研究项目上紧密合作。在这一背景下，这些合作者通常会使用各自的性能程序，却采用同样的压气机和涡轮特性图。这会导致性能计算结果之间的差异。对涡扇发动机而言，典型的争议话题包括气体特性、多变压气机效率、二次空气系统、冷却涡轮的效率定义、混合器模拟方法等很多方面。

问题是：造成这种差异的原因是什么？是因为输入参数的差异还是因为计算公式不同导致的？你可以试着用自己的程序复算你的合作者的数据。这一做法与真实的发动机试验分析有一些相似之处；试验测量数据就是其他所有性能程序需要最终得到的结果。由于给定数据没有随机测量误差，所以这种测量数据必须与程序计算结果吻合得非常好。

"GasTurb Details"程序有助于比较各种不同定义和部件计算方法。它不需要进行循环计算，就能得到热力学循环的一些参数。因此，避免了循环再匹配效应（它可能稀释你正在寻找的效果）。

3.1.4 燃气涡轮发动机用户测量数据

燃气涡轮发动机操作人员或发动机维修车间检验试车所获得的数据非常适合于性能模拟模型的校准。然而，在发动机的冷端，每个热力学测量截面的传感器很少。而在燃烧室下游的热端，可以采用热电偶得到不均匀分布温度流场的平均燃气温度。

由于传感器数量有限，不可能评估发动机所有部件的绝对效率和流通能力。通常在传感器数量有限的情况下也足以使测量具有可重复性。诊断发动机之间的差异（如由于损坏或退化所致）比诊断差异的来源更为重要。

用发动机的实测数据校准性能模型是非常有用的。这种模型最简单的应用是在发动机维修车间开展"如果……，会……"的研究。如果更换一台新的高压压气机，则可以获得多少排气温度裕度？必须更换高压涡轮才能获得足够的排气裕度吗？一个堵住的放气阀能解释出现的特殊现象吗？

3.1.5 发动机维修车间测量数据

在下面的讨论中，假设在一家喷气发动机维修车间。以下很多讨论结果也适用于轴功率输出类型的发动机试验数据。

3.1.5.1 合同性能

发动机维修车间检验试车的目的是确保发动机符合适航要求。试验分析过程遵循由发动机制造商定义的一组规则。对测量数据进行各种调整后,再与检验试车的标准规范进行比较。除了修正到国际标准大气标准日工作条件外,也包括调整试车台校准系数的应用,以及试验发动机与标称发动机之间实际硬件差异的修正。

一个基于数据的性能模型,由于是用来计算出厂性能的,因此没必要与发动机内部实际工作情况完全吻合。当进行分析时,你更感兴趣的是热力学性能而不是合同性能。你想知道发动机是如何工作的,以及为什么这个被试的发动机与参考发动机不同。要进行此比较,首先需要创建参考发动机的热力学模型。

3.1.5.2 热力学性能

发动机维修车间的标准性能试验通常限于两个工作点,即最大连续和起飞。仅基于这两个工作点的模型校准工作范围将非常有限,因为在压气机和涡轮特性图中,它们工作点非常接近。仅根据一台发动机检验试车的数据不足以校准一个有用的模型。

两个检验试车点在部件特性图中的位置取决于试验当天的环境温度。在冷天,换算转速将会很高,而在热天,换算转速会很低。通过将炎热夏天与寒冷冬天的检验试车测试数据结合起来,扩大模型校准的数据库似乎是合理的。这种方法的问题是数据不是来自同一个发动机。由于制造公差导致的硬件差异、传感器之间的差异以及性能恶化等原因,均可能导致计算结果偏离实际值,所以,用这些数据校准的模型是否准确是需要进一步核对的。

获得一个好的校准性能模型的基础是试验舱校准报告。这样的报告适用于任何发动机/试验台的组合。它包含从慢车到起飞全工作范围一致的数据。

将一个恒定的试验台架校准因子用于推力测量,并修正不同低热值下的燃油流量差异。不要采用任何其他修正,即使它可能是官方试验数据校准程序的一部分。

3.2 数据修正

发动机性能试验的目的是确定发动机在自由场环境下的推力。在室内试验中,发动机在安装架上所测得的推力小于室外自由场试验台上所测量的推力。必要的推力修正由3个主要部分组成。

(1) 最重要的是进口动量阻力,它类似于飞行中的进气冲量效应。对于常见尺寸的试车台,它占据了总推力修正量的70%~90%。

(2) 迎风阻力是由试车时的次流冲刷发动机壳体的暴露表面区域,并推动发动机推力测量架上支撑发动机的暴露结构所产生的,占总推力修正量的5%~25%。

(3) 试车的次流局部加速导致沿发动机的横截面的静压梯度,特别是在钟形口和排气喷管处。这些压力梯度会产生水平作用力,影响发动机的推力测量。

这3种推力修正项都随发动机本身推力的增加而增加。在整个功率范围内,主要的修正项进口动量阻力随推力线性增加。迎风阻力和压差阻力与推力之间的关系严格来说是非线性的。然而,当用线性关系来粗略评估迎风阻力与压差阻力时,只引入了一个非常小的误差,因为这两个修正项只构成总推力修正的一小部分。

应用一个常数因子修正所有推力量级的测量推力,都得到了相当准确的结果。这一结论与文献[1]的理论和试验结果一致。

发动机手册中所述的官方数据校准程序可能包含用于推力修正的非恒定设备修正因子。当推力校准因子不是恒定的,并且在整个功率范围内变化超过几个百分点时,就要小心。在这种情况下,设备修正因子可能包含"合同性能"的一些考虑。在准备热力模型校准用的数据时,不要使用可疑的推力修正数据。

3.2.1 修正到标准日大气条件

为什么测量数据要修正到国际标准大气标准日条件?如果测量数据来自同一个发动机,那么可以使用原始数据进行模型校准。一旦有来自多个发动机的数据,就会出现问题。当然,每个数据集都是在不同的发动机进口温度和压力下测试得到的。将原始数据进行比较是不合理的,因为 T_2 和 P_2 是热力学循环的基本输入参数。进气条件改变,计算同一热力学循环(循环设计模式);即使所有的部件效率、压比和燃烧室出口温度都相同,热效率和单位功也是不同的。直接将测量数据进行比较是没有意义的,它们必须被修正为在标准日同一台发动机进行试验且在同一工作状态。

国际标准大气 ISA 所定义的标准日温度和压力为海平面 $T_2 = 288.15K$ 和 $P_2 = 101.325kPa$。对航空发动机而言进口为干空气;而对于发电行业而言,燃机进口为具有60%相对湿度的湿空气。

修正程序的基本概念是计算标准日条件的参数值,这样发动机任何位置的

第3章 发动机建模

马赫数速度三角形都与试验条件一致。既然马赫数表征了气流的可压缩效应,气流角表征了气流入射损失和叶轮机械的做功能力,那么效率、温比和压比在参数修正过程中会保持不变。

用基于无量纲性能参数的传统相似换算方法修正到国际标准大气条件(见第4篇的第3章)。如果 T_2 接近 288.15 K 的标准日温度,那么相似换算指数的精度将不那么重要。

3.2.1.1 湿度修正

湿度对燃气涡轮发动机部件性能的影响主要表现在两个方面:一方面的影响来自于气体常数的变化;另一方面是影响要小得多的等熵指数的变化。气体常数的变化可以用一种直观的方式来考虑。首先用相对湿度(RH)、静压 P_s 和饱和压 P_{sat} 计算湿度比(水与空气质量比)表示为

$$\text{war} = 0.622 \frac{P_{sat}}{\dfrac{P_s}{\text{RH}} - P_{sat}} \tag{3.2-1}$$

$$R_{mix} = \frac{287.06 + 461.52 \cdot \text{war}}{1 + \text{war}} \tag{3.2-2}$$

$$\left(\frac{N}{\sqrt{T}}\right)_{dry} = \left(\frac{N}{\sqrt{T}}\right)_{humid} \cdot \sqrt{\frac{R_{dry}}{R_{humid}}} \tag{3.2-3}$$

图 3.2-1 所示为饱和空气湿度比随海拔高度和偏离 ISA 标准日温度的关

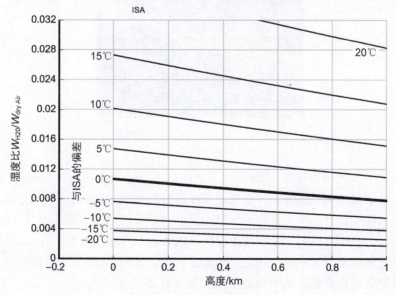

图 3.2-1 饱和空气的湿度比

系。例如，在相对湿度为 100% 的国际标准大气标准日所测得的换算转速与干燥空气条件相比较会降低 0.8%。

在性能分析中不需要考虑由于湿度引起的等熵指数变化的影响，因为它们比由压气机进口温度变化引起的等熵指数变化要小得多。

3.2.1.2 冷凝修正

当燃气涡轮发动机进口吸入湿空气时，进气通道内气流速度增加，静温和静压降低，可导致气流凝结成水滴（图 3.2-2）。冷凝过程在理论上是不可逆的，并导致熵增。汽化释放的热量提高了总温，降低了进入发动机的气体总压，对性能产生了不利影响。

图 3.2-2　航空发动机进气道冷凝

图 3.2-3 所示为理想（即平衡）条件下进气冷凝所需的环境相对湿度与进气马赫数的关系。实际上，液相不会在越过饱和线后立即出现。当温度和压力发生快速变化时，会发生凝结延迟，因为它涉及传热，而传热速率受各种因素的限制。凝结延迟的大小取决于凝结核的数量和大小，水蒸气在凝结核上凝结。黏粒可以是空气中的小颗粒，如盐、灰尘、花粉、燃烧产物和烟雾。大气中的浓度随地理位置、季节和温度的变化而变化。

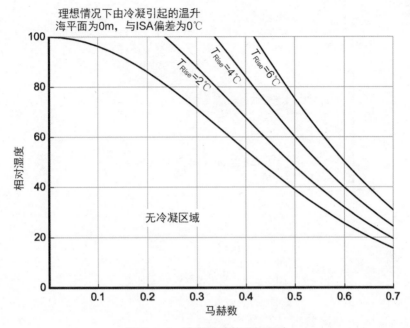

图 3.2-3 冷凝导致的理想温升

由于确定冷凝发生的程度存在一些问题，因此冷凝对性能的影响难以量化。所以，目前还没有可靠的普遍适用的性能修正方法。在冷凝尚未发生时应用冷凝修正与在冷凝发生时不修正同样都是错误的。

摆脱这一困境的唯一方法是预计会发生冷凝现象时不做性能试验。参考文献［2］建议将理想温升不超过 7℃ 作为不发生冷凝现象的限制条件。在使用发动机试验数据校准模型时，检查是否已达到这个极限。

3.2.2 数据丰富

大多数直接测量数据，除推力（或功率）和燃油流量外，还包括压力、温度、转速。一个经过标定的钟形口是精确计算空气质量流量的工具。标定曲线是钟形口流量系数与总静压比或马赫数之间的关系。

当没有标定曲线时，可以用图 3.2-4 所示的通用关系曲线代替。该曲线基于文献［1，3-5］中的数据。灰色区域表示该通用函数关系的不确定度范围。

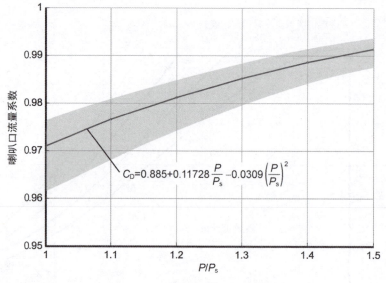

图 3.2-4　通用钟形口标定曲线

3.2.2.1　间接测试数据

直接测量的压力、温度和转速数据对模型校准过程没有很大帮助。调整模型需要调整导出量，如部件效率、压比、换算空气流量和转速。如果将这种间接测量的量（即导出量）与试验数据结合起来，就更容易比较模型与试验结果，并从差异中得出结论。

间接测试数据必须在性能程序中计算；否则，与模型的比较就会打折扣。例如，当 Excel 表中的气体参数模型与性能程序中使用的模型不同时，用 Excel 表计算压气机效率是不准确的。

解决这个问题的方法是：用性能程序计算间接测试数据！这需要一个好用的公式编辑器来编写生成连贯的派生数据的算法。压比、压气机效率和换算转速往往可以补充直接测量得到数据集。在间接数据中总压比 P_3/P_2 是很重要的，因为这个量通常是准确的，而且非常适合作为模型与实际对比图的 x 轴。

3.2.2.2　混合测试数据

另一种有用的数据丰富方法为创建混合测试数据。混合数据是根据模型内的关联关系，通过某一给定的直接或间接测量数据插值得到的值，以压气机进气换算流量 W_{25Rstd} 为例，该流量 W_{25Rstd} 从来不是一个直接测量值。但是在压气机特性图中确定工作点时仍然需要该流量 W_{25Rstd}。运行模型能够建立压气机压比 P_3/P_2 与 W_{25Rstd} 之间的关系，$W_{25Rstd}=f(P_3/P_2)$，再根据实际测量值 P_3/P_2 就

可以得到 W_{25Rstd} 的值。

在模型校准过程的初始阶段，混合测试数据的精度并不是最好的。但最后，当模型与所有直接测量的压力、温度、空气流量、推力（或功率）和转速一致时，混合数据的准确性将会与其他试验数据一样好。

3.3 循环参考点

模型校准过程从一个循环参考点开始，循环参考点将作为非设计模型调优的基准点。循环参考点的性能计算模式为"循环设计"。在这种模式下，热力学循环计算确定了包括喷管在内的所有截面的流通面积，并确定了涡轮的参考流通能力。

在选择循环参考点之前需检查数据。以总压比为 x 轴，绘制所有已知参数如换算转速、压比、温度和换算流量随总压比的关系曲线。所有这些关系看起来都合理吗？进气道内的激波可能是导致工作线上高功率状态不一致的原因吗？

选择与周围数据点一致的大功率试验点作为循环参考点。在"循环设计"模式下运行你的性能计算程序来重现所有已知数据。如果所有数据都是一致的，并且能够很好地表示各自的热力学截面，那么模拟结果与真实情况就很容易比较。

3.3.1 试错法

可以直接使用一些给定的数据作为循环设计计算的输入。如果知道压气机的压比、进出口温度，便可以通过迭代得到压气机的效率。同样，还可以通过迭代涡轮效率，使计算出的涡轮出口压力与给定的数据一致。

已知发动机的主要循环参数和热效率（或涡扇发动机的耗油率），可以估计部件效率。

应该注意提供的燃烧室出口温度值。这个温度与循环计算无关，因为涡轮进口导叶没有做功，加入主流的冷却空气量未知。因此，既不知道第一级涡轮转子进口的决定性温度，也不知道涡轮空气流量。

了解排气温度会更有帮助。在排气时，所有的冷却空气都重新回到主流。使用燃烧室出口温度或涵道比来获得正确的排气温度。通常可以用这种方法确定循环输入数据中最重要的参数。然而，如空气系统二次流流量、管路压力损失和机械效率等许多细节仍然无法确定。对这些量做合理的假设。进行参数化研究以确定它们如何影响模型计算数据与已知数据的一致性。

做敏感性研究也很有帮助。它可以告诉我们哪些输入量对于模型与真实数据的影响是最大的。此外，敏感性研究能够表明哪些输入量对模型输出结果完全没有影响。

在 GasTurb 中，可以突出显示影响所选输出参数的输入量，这对参数化研究的简化特别有用。

3.3.2 多点分析

该方法适用于由循环程序计算得到的数据。发动机制造商发布的官方数据就属于这一类。注意：制造商的数据可能并不完全真实。发动机保证性能可以通过运行基准发动机的性能模型来计算，但是燃油流量值可能在此计算结果上被一个因子修正过，只用来表征发动机的最低性能。因此，制造商给的燃油流量与循环计算结果数据是不一致的。

3.3.3 优化数据匹配

如果利用试错法没有得到满意的结果，则可以尝试数值优化。将未知的输入数据作为变量，使用模型和给定数据的平方差作为品质指标。在这个优化过程中，没有必要设定约束条件。

仔细检查结果，看看它们是否准确？如果一个优化变量运行到它的下限或上限，那么要么限制太严格，要么变量对数据匹配没有任何影响或者只有很小的影响。

3.3.4 无法创建合理的模型

循环程序从不会出错，它能确保满足所有的流量和能量平衡，并且工作流体被正确地模拟。如果不能在模型和试验数据之间取得一致，那么模型输入或数据就会存在问题。也就是所谓的"输入给模型一堆垃圾—模型输出一堆垃圾"。

检查一下你假设的信息；所有关于试验发动机的信息都是正确的吗？测试的是 x 发动机还是 y 发动机？试验发动机上是否配备了特殊的喷管，而你设想它只是一个常规的喷管？是否确定引气阀的位置？是否有主动叶尖间隙控制和功率提取？

你知道各种传感器的确切位置吗？它们在测量什么？所测量的值能否代表

相关的热力学截面，还是仅仅是一个局部单点值？数据是否正确地换算到 ISA 条件？是否考虑燃油的低热值？所有的数据单位换算都正确吗？如果上述任何一项有问题都会导致无法创建合理的模型。

在有一个合理的循环参考点的热力学模型之前，不要进行非设计点的建模工作——这真的会浪费时间！

3.4 非设计点

在循环参考点，在测量误差范围内模型与数据能够吻合。这一循环参考点是所有非设计建模工作的基础，后面的非设计点计算并不会对循环参考点进行修正。

需要合适的部件特性图来预测非循环参考条件下的部件效率。由于真正的部件特性图是难以得到的，因此必须在模型生成过程中创建替代品。

由于模型在循环设计模式下进行了尽可能的优化，因此循环参考点给定数据与模拟计算结果之间的匹配性应较好。即使这样，沿着共同工作线上的其他试验数据点与模型结果难免有或多或少的差异，这取决于从通用部件特性图上读取的数据。比如，表征节流特性的耗油率与从压气机特性图中读出的效率密切相关。

3.4.1 压气机特性图

应该用与要模拟发动机的压气机类似的特性图来构建非设计模型。例如，离心压气机的特性图不适合描述轴流式压气机的性能。特别是轴流式压气机，其压比与特性图的形状是相关的，因此，特性图与发动机设计压比之间良好的匹配是很重要的。

每个压气机特性图沿着工作线有两个关联：

① 换算空气流量-效率；

② 换算空气流量-转速。

在最终的模型中，这两条关系线必须与给定的数据保持一致。从换算流量-效率的关系开始，依次处理这两个关联是一个很好的方法，这意味着转速最初是被忽略的。

人们很容易把注意力集中在转速上，因为转速往往是可用的最精确的测量数据。然而，在创建非设计模型的第一步中，有两个原因不使用转速。

① 从热力学角度看，转速无关紧要。热力学涉及压比、温比、空气流量

和部件效率。转速不出现在任何一种基本的热力学关系中，也不需要用转速来计算循环效率、输出的推力或轴功率。

② 在开始建立模拟模型时，换算空气流量-转速关系往往并不精确。

为了说明转速在热力学上并不具有很大意义，可以想象一个带可变导叶轴流压气机的发动机。以定压比运转发动机，通过改变压气机导叶的设置，这一变化的结果将会产生一个相对较大的转速变化，但任何一个热力学参数的变化都非常小，因为压气机效率在压比一定时将保持（几乎）恒定。因此，在这个假想的试验中，循环没有改变，而是转速改变了，这表明转速对于热力学循环来说是次要的。

3.4.1.1 换算流量-效率关系

在循环参考点，将压气机的空气流量、压比和效率值缩放到与发动机试验值一致。通过仔细选择参考点在特性图中的位置，压气机节流状态就有可能与数据匹配上。

例如，循环参考点位于特性图效率较低的区域，将使效率向节流状态方向增加，当循环参考点位于特性图中的最高效率区，意味着在任意非参考点效率都会降低。

如果可行，绘制并比较给定压气机进口换算流量下的压气机效率数据。如果没有任何关于部件效率或流量的信息，那么绘制轴功率或推力与耗油率的关系图。如果不能通过改变特性图中循环参考点的位置来获得模型和数据之间令人满意的一致性，那么尝试使用另一个特性图或修改特性图中的效率。

最终，在使用热力学参数作为 x 轴的对比图中，应能实现给定数据和模拟结果之间的一致性。根据轴功率或推力计算出的耗油率将会与所有温度和压力一样，与给定的数据一致。

压气机特性图的缩放在第 3 篇第 1 章 1.2 节中讨论。涡轮的特性图缩放在第 3 篇第 1 章 1.3 节中讨论。

3.4.1.2 换算流量-转速关系

一旦对流量和效率之间的关系感到满意，就可以开始最后一个模型调准步骤，即调准转速。通过在压气机特性图中重新调整转速线，可以在对已经调整好的关系影响很小的情况下实现调准转速。

在给定的压气机流量和压比下，调整转速并不影响效率。同轴涡轮的工作点会随着转速的变化而变化。由于涡轮工作点通常位于效率梯度较小的最优效率区域，因此工作点的移动对涡轮效率的影响很小。所以，在压气机特性图中重新调整转速线对热力学循环模拟结果与给定数据的一致性影响不大。

3.4.2 涡轮特性图

一般来说，前级涡轮（如燃气发生器的高压涡轮（HPT））的特性图对模拟计算精度影响不大，因为这类涡轮的工作范围有限。膨胀比实际上是恒定的，涡轮效率的任何变化都是由叶尖间隙引起的，而不是因为工作点的变化。

涡扇发动机中的低压涡轮（LPT）的性能与高压涡轮相似，只要尾喷管是临界的（压比大于 1.8）。但是，当喷管变为亚临界时，LPT 压比随着 LPT 换算转速减小而减小。在特性图中，工作线大致与效率峰值轮廓线重合。大多数情况下，随着压比的降低，效率只有很小的降低。

采用恒定机械转速运行的涡轴发动机、涡桨发动机和发电用燃气轮机的低压涡轮性能是不同的。在节流状态，换算转速增加，导致工作线垂直于峰值效率轮廓线。LPT 的效率变化很大，因此特性图的形状和循环参考点在特性图的位置选择是很重要的。

3.4.3 更多模拟细节

燃气涡轮发动机制造商使用的复杂性能代码可以包含很多细节，如具有多种气路的二次空气系统的模型、特性图的雷诺数修正、叶尖间隙和叶片反扭模型、齿轮箱和附件模拟等。建议从一个简单的模型开始模型创建过程，该模型只包含对二次空气系统的粗略估计，由此带来的附件机械损失用轴功率的百分比表示。只有在证明无法达到所需的精度时，才应考虑额外的次要影响因素。

参 考 文 献

[1] Al-Alshaikh, A.: An Experimental and Numerical investigation of the effect of aero gas turbine test facility aspect ratio on thrust measurement. Ph. D. thesis, Cranfield University, School of Engineering (2011)

[2] Propulsion and Energetics Panel Working Group 24: Recommended practices for the assessment of the effects of atmospheric water ingestion on the performance and operability of gas turbine engines AGARD advisory. Report No. 332 (1995)

[3] Smith, S. C.: Airflow calibration of a bellmouth inlet measurement of compressor airflow in turbine-powered propulsion simulators. NASA TM-84399 (1985)

[4] Lahti, D. J.: Verification of the theoretical discharge coefficient of a sub-critical flow meter. GE Technical Information Series R90AEB406 (1990)

[5] CFM56-3 Engine Shop Manual (2012)

第4章 发动机模型示例

本章描述如何使用测量数据和公开数据校准3个发动机性能模型实例。通常建议使用以下步骤来完成发动机建模任务。

(1) 检查输入数据。
(2) 创建一个循环参考点。
(3) 选择合适的特性图。
(4) 确定非设计点模拟中可能产生差异的主要因素,忽略工作条件变化不大的部件(HPT、LPT 等)。
(5) 修改可疑部件的效率趋势。
(6) 寻找次要的影响因素,包括测试环境的变化、可变几何形状的调整或可切换引气的变化。
(7) 最后,调整转速。

正如将要看到的,模型实例精确地再现了实测数据。这并不意味着每个模型细节都是正确的。不过,这些性能模型基于坚实可靠的模型试验分析,并且能为飞机性能程序如 APP™(http://aircraftperformance.software)提供输入数据。

4.1 J57-19W

在高空测试设备中测量的发动机数据很少发表。但 AGARD 报告第 248 号[1]是个例外,它提出并对比了在几个不同的测试设备中测试普惠 J57-19W 的结果。

该发动机为9级低压压气机、7级高压压气机、单级高压涡轮和两级低压涡轮组成的双轴涡喷发动机。原来的排气系统中尾锥延伸到喷管出口,后来被一段圆柱形的排气管和收敛喷管取代,见图 4.1-1。

第 4 章 发动机模型示例

图 4.1-1　J57 横截面[2]

模型创建过程从所选循环参考点的热力学循环开始，这种计算模式称为"循环设计"，这种计算既不需要压气机特性图，也不需要涡轮特性图。循环参考点是非设计模拟的基准点。

4.1.1　循环参考点

AGARD 报告包含了位于英格兰 Pyestock 的皇家航空研究院高空测试设备中测量的某个单一工作点的测试数据总表。它包含数据 P_3 和 T_3，可以计算总压缩效率。压气机和涡轮之间的温度和压力没有测量。

测试总表（表 4.1-1）包含了非常详细的信息。对于其他工况，只公布了实测参数之间的以下关联关系：

① $T_8/T_2 = f(P_8/P_2)$；
② $W_{2Rstd} = f(N_{LR})$；
③ $W_F = f(N_{HR})$；
④ $F_N = f(P_8/P_2)$。

这些数据适用于表 4.1-2 所列的工况。

数据来自几个不同的高空测试设备。由于 AEDC 数据可以最准确地从图中读取，因此它们优于 Pyestock 数据。结合发动机进口条件和带有图形数据的冲压比，可以得到 P_2、P_{amb}、T_2、W_2、W_F、P_8、T_8、F_N、N_L 和 N_H 数值。

通常，首选的循环参考点应位于测试范围中间，如测试工况 7 或 8。不过更好的选择应该是工况 6，因为两个低压工况 7 或 8 可能受到雷诺数的影响。

工况 1 条件下可用信息最多，所以选择了这个点。第一个循环模型与测试总表（表 4.1-1 和表 4.1-3）的数据能够匹配。

在此循环计算中，低压与高压压气机之间的压比分配基于参考文献[2]的信息推测。与测试总表完全一致的数字用黄色突出显示。注意，转速与这种类型的循环模型无关。图 4.1-2 所示为空气系统的位置设计及示意图。

在最终选择循环参考点之前，对数据进行合理性和一致性检验是非常重要的。注意，AGARD 报告中提到了推力系数和喷管流量系数在不同测试设备上存在一些差异。

表 4.1-1　测试数据表

UNIFORM ENGINE TESTING PROGRAM

LOCATION: RAE PYESTOCK, ENGLAND　　FACILITY: Cell 2　　RECORDED: 84-10-2 11-49-56　　POINT: 101
　　　　　　　　　　　　　　　　　　　　　　　　　　　　　　　　PROCESSED: 84-10-8 13-55-55

SUMMARY OF TEST CONDITIONS

```
ALT     1844.      M
RNI     0.95655
P2AV    82.291     KPA
T2AV    253.82     K
PCELL   81.051     KPA
M       0.14703
```

```
WA1     69.398     KG/S
WF      1004.42    G/S
FN      42.2470    KN
NLPER   101.434    %
NHPER   95.082     %
SFC     23.775     G/KN.S
```

STATION AVERAGES

STA	T(K)	P(KPA)	PS(KPA)
00	253.82		81.051
2	253.82	82.291	73.549
13			
3	584.87	1069.86	251.527
31			
5	834.82	230.628	1021.27
8	828.66	220.372	200.156
04			81.231
05			81.051
08			80.931

AIRFLOW (KG/S)

```
WA1     69.398      WA1R    80.199
WA2     70.248      WA1RD   69.887
WA12    71.369      M2AV    0.39635
WA18    72.341      CD2     0.97238
                    CD8     0.95932
                    CV8     1.00288
```

FUEL FLOW (G/S)

```
WF      1004.42     WFR     1324.71
WFE     984.75      WFRD    1013.57
WFE1    675.38
WFE2    684.00      SFCSLS  23.797
SFC     23.775      SFCR    23.797
LHV     43.187      SFCRD   22.299
```

THRUST (KN)

```
FG      45.5069     FGR     55.667
FSLS    55.667      FGRD    45.4545
FN      42.2470     FNR     55.667
                    FNRD    45.4545
FG18    47.3003     CG8     0.96208
FRAM    3.2599      FRAMSP  0.000
                    FRMSP0  0.0000
```

SPEEDS (RPM)

```
NL      5942.0      NLR     6331.1
                    NLRD    5932.4
NLPER   101.434%    NLPERR  108.077%
                    NLPRRD  101.270%
NH      9223.0      NHR     9827.0
                    NHRD    9208.1
NHPER   95.082%     NHPERR  101.309%
NLQNH   0.64426     NHPRRD  94.929%
```

COMPRESSOR PERFORMANCE

```
P3Q2    13.0011
T3Q2    2.3043
EC      0.82454
```

ENGINE PRESS. &TEMP. RATIOS

```
P5Q2    2.0026
T5Q2    3.2891
P2QAMB  1.0153
P7QAMB  2.7109
P8Q2    2.6700
T8Q2    3.2648
```

第 4 章 发动机模型示例

表 4.1-2 试验条件表

试验工况	进口压力 P_2/kPa	冲压比 P_2/P_{amb}	进口温度 T_2/K
1	82.7	1	253
2	82.8	1	268
3	82.7	1	288
4	82.7	1	308
5	82.7	1.06	288
6	82.7	1.3	288
7	51.7	1.3	288
8	34.5	1.3	288
9	20.7	1.3	288
10	82.7	1.7	288

表 4.1-3 与参考文献 [1] 中试验数据匹配的循环

```
              W          T          P        WRstd
Station      kg/s        K         kPa       kg/s              FN       =    42.24 kN
  amb                  252.72     81.051                       TSFC     =    23.7787 g/(kN·s)
   1        69.395    253.81     82.285                        FN/W2    =    608.73 m/s
   2        69.395    253.81     82.285     80.200             WF Burner=    1.00448 kg/s
  24        69.395    400.08    323.945                        Core Eff =    0.3503
  25        69.395    400.08    317.466     26.098             Prop Eff =    0.1346
   3        68.007    584.88   1069.860      9.176
  31        60.721    584.88   1069.860                        P2/P1    =    1.0000
   4        61.725   1185.64   1011.018     12.548             P25/P24  =    0.9800
  41        65.195   1155.88   1011.018     13.086             P3/P2    =    13.0019
  43        65.195    984.35    456.496                        P45/P44  =    1.0000
  44        68.665    965.26    456.496                        P6/P5    =    0.9555
  45        68.665    965.26    456.496     27.895             W_NGV/W25=    0.05000
  49        68.665    834.69    230.624                        WHcl/W25 =    0.05000
   5        70.053    828.65    230.624     52.193             WLcl/W25 =    0.02000
   6        70.053    828.65    220.368                        WBLD/W25 =    0.00500
   8        70.053    828.65    220.368     54.622             A8       =    0.23890 m²
 Bleed       0.347    584.88   1069.860                        WBld/W2  =    0.00500
                                                                             0.00
 ----------------------------------------------------          -----------------------
 Efficiencies:   isentr    polytr    RNI      P/P              CD8      =    0.96000
   LP Compressor 0.8300    0.8590   0.943    3.937             P8/Pamb  =    2.71888
   HP Compressor 0.8739    0.8929   2.119    3.370             WlkLP/W25=    0.00000
   Burner        0.9893             0.945                      Loading  =    100.00 %
   HP Turbine    0.8456    0.8324   1.957    2.215             e444 th  =    0.82251
   LP Turbine    0.8600    0.8491   1.086    1.979             WlkO/W25 =    0.00000
                                                               far7     =    0.01455
   HP Spool mech Eff  0.9900  Nom Spd    9223 rpm              PWX      =    0.0 kW
   LP Spool mech Eff  0.9950  Nom Spd    5942 rpm              FHV      =    43.187 MJ/kg
```

总推力系数在报告中定义为实测推力与由 W_8、P_8、T_8、A_8 和 P_{amb} 计算的推力之比。这个比例并不能判定喷管的性能，它是一种推力的"台架修正"。具体修正了进口动量、发动机结构上的外部静压分布和作用于发动机试验台架上的杂散力，以及理想喷管推力与实际喷管推力之间的差异。我们将把模拟结果与该系数修正的推力进行比较。在本书模型中，总推力是一个理想的收敛喷管产生的。

数据中的第二个问题是喷管流量系数散布大，如图 4.1-3 所示。检查数据时使用测量值 W_2、W_F、T_8 和 P_8 来计算喷管的换算流量。从理论上讲，当以喷管

· 137 ·

第1篇 模拟任务

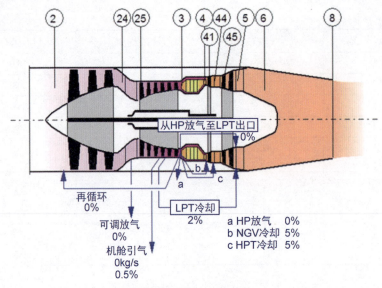

图 4.1-2 截面命名

可用压比 P_8/P_{amb} 作为横坐标绘图时,所有 $(W_2+W_F)\sqrt{T_8}/P_8$ 值应在一条线上。

图 4.1-3 所示为来自 AEDC 的相关数据。大多数的点都落在一个窄带里。只有低压测试条件 9 的点落在较低的一侧。换算流量值的偏差约为 1%,这不是很大,可以接受。因此,我们确信 AEDC 喷管流量系数是一致的,这为建立非设计模拟奠定了良好的基础。

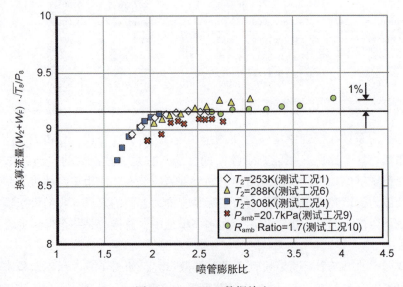

图 4.1-3 AEDC 数据检查

不过，还有一个问题来自 Pyestock 的耗油率数据比，参考文献 [1] 中图 9-11 的 AEDC 数据高出 1.6% 左右。我们不能使用 Pyestock 的循环模型作为参考案例，因为它与 AEDC 数据不一致。因此，选择 AEDC 所测得的推力最高的案例 1 作为循环参考点（表 4.1-4）。

表 4.1-4　循环参考点

```
           W         T         P        WRstd
Station   kg/s       K        kPa       kg/s         FN        =     46.85 kN
amb                253.03    82.705                  TSFC      =     22.1311 g/(kN·s)
  1       70.955   253.03    82.705                  FN/W2     =     660.32 m/s
  2       70.955   253.03    82.705    81.460        WF Burner =     1.03684 kg/s
 24       70.955   401.05   326.684                  Core Eff  =     0.3551
 25       70.955   401.05   320.151   26.493         Prop Eff  =     0.0000
  3       69.749   598.40  1120.528    9.089         P5/P2     =     2.8745 EPR
 31       62.440   598.40  1120.528                  P2/P1     =     1.0000
  4       63.477  1199.00  1058.899   12.390         P25/P24   =     0.9800
 41       67.024  1169.30  1058.899   12.920         P3/P2     =    13.5485
 43       67.024   985.25   462.389                  P45/P44   =     1.0000
 44       70.430   967.53   462.389                  P6/P5     =     0.9555
 45       70.430   967.53   462.389   28.281         W_NGV/W25 =     0.05000
 49       70.430   836.52   237.732                  WHcl/W25  =     0.04800
  5       71.636   831.49   237.732   51.866         WLcl/W25  =     0.01700
  6       71.636   831.49   227.160                  WBLD/W25  =     0.00500
  8       71.636   831.49   227.160   54.280         A8        =     0.23750 m²
Bleed      0.355   598.40  1120.527                  WBld/W2   =     0.00500
                                                                     0.00
Efficiencies:  isentr   polytr    RNI     P/P        CD8       =     0.96000
LP Compressor  0.8200   0.8507   0.952   3.950       P8/Pamb   =     2.74663
HP Compressor  0.8500   0.8732   2.131   3.500       WlkLP/W25 =     0.00000
Burner         0.9945                    0.945       Loading   =   100.00 %
HP Turbine     0.8650   0.8527   2.022   2.290       e444 th   =     0.84230
LP Turbine     0.8820   0.8728   1.097   1.945       Wlko/W25  =     0.00000
                                                     far7      =     0.01468
HP Spool mech Eff 0.9820  Speed   9235 rpm           PWX       =    20.0 kW
LP Spool mech Eff 1.0000  Speed   5955 rpm           FHV       =    42.960 MJ/kg
```

这些循环数据与试验总表（表 4.1-3）的主要差异用黄色突出显示。换算空气流量 W_{2Rstd} 和总压比 P_3/P_2 略高，低压压气机效率比表 4.1-3 低 1%。另一个模型对数据进行了调整，使 F_N、W_2、W_F、T_8 和 P_8 与参考文献 [1] 中的数据一致。

应注意，与表 4.1-3 相比，燃烧室和涡轮效率要高一些（也更合理），通过增加这些来获得正确的耗油率是必要的。

4.1.2　非设计模拟

4.1.2.1　使用 GasTurb 标准特性图进行模拟

部件特性图选择的一般准则是：使用来自类似设计的部件的特性图。所有的 GasTurb 标准特性图都是来自轴流叶轮机，因此适合第一轮发动机建模。

在第一轮建模时，使用 GasTurb 默认的特性图缩放点的坐标，并且禁用雷诺数修正。对于喷管流量系数，使用与图 4.1-3 数据相一致的关联关系 $C_{D8} = f(P_8/P_{amb})$。

图 4.1-4 所示为初始模型与来自测试案例 1（T_2 = 253K）和测试案例 4（T_2 = 308K）实测的 SFC 对比，每个测试数据点周围的椭圆表示[1]引用的测量

不确定度。这个结果是惊人的准确,因为计算的耗油率在测量精度的范围内与几乎所有的测量数据相吻合。

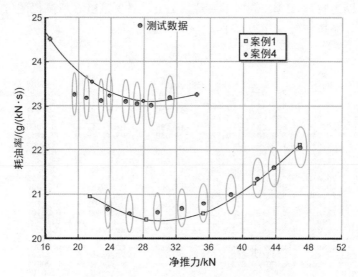

图 4.1-4　最初的耗油率模拟结果

耗油率是一个重要的热力学参数,但不是唯一的。一个好的模拟必须与所有已知的测试数据吻合;否则是不能真正理解发动机的。初始模型和给定数据之间不需要很长时间就可以检测到显著的差异。计算得到的喷管喉部温度 T_8 仅在循环参考点处与测量值一致(图 4.1-5)。需要注意的是,引用的 T_8 测量精度非常高,而且与模拟相比较的值是基于每个工作点超过 36 个热电偶的读数。

如何在模型中修正这个不足呢?显然,模型中的部件效率在节流状态偏离了实际情况。必须在一个或几个部件图中修正沿着工作线的效率变化。4 个特性图(两个压气机图和两个涡轮图)中,应该先考虑哪一个?

4 个特性图中工作线的长度是不同的。高压涡轮(HPT)的膨胀比是不变的,因为低压涡轮换算流量是恒定的。HPT 的换算转速变化很小,因此工作线很短。所以,在模拟中总是能从 HPT 图中读出相同的效率;修改 HPT 特性图不影响节流状态 SFC 特性。

在低压涡轮特性图中,情况非常相似,因为在所有的测试案例中,低压涡轮下游的喷管都是堵塞的,除了案例 4 中的较低推力时(图 4.1-3)。低压涡轮工作线比高压涡轮长,但仍然不够长,不足以评估微小的效率变化。

对节流状态,T_8 的主要影响来自沿着压气机工作线的效率变化。对于低压压气机而言,由于低压压气机工作线明显长于高压压气机的,因此可以预期低

第 4 章 发动机模型示例

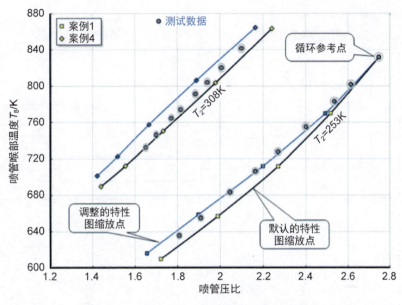

图 4.1-5 喷管喉道温度

压压气机比高压压气机的效率变化更大。低压压气机工作线上的效率变化是导致模拟结果与试验结果偏离的主要原因。

让我们尝试通过缩放低压压气机特性图来提高模拟的质量。将未缩放图中的缩放点移动到更高的压比处，对应效率更高，如图 4.1-6 的右半部分所示。此时，效率朝着节流状态方向由循环参考点的 0.82 增加到 0.862（$\Delta\eta$ = 0.042），在图 4.1-6 的左半部分，效率增加到不现实的高值 0.892（$\Delta\eta$ = 0.072）。

对于案例 1，这种变化的效果是使测量的 T_8 和模拟的 T_8 几乎完全一致，如图 4.1-5 所示。然而，案例 4 最初的良好匹配现在已经没有了。图 4.1-7 表明，SFC 模拟的质量也变差了 0.6。

是什么造成的案例 1 和案例 4 的耗油率偏差？只需要观察一下低压压气机特性图上两条工作线的位置和长度，就会发现这两条工作线位于特性图的不同区域。较高的进口温度（案例 4，T_2 = 308 K）下，工作线移至较低的换算流量区（图 4.1-8）。

对于案例 1，特性图缩放修正后，T_8 匹配良好，SFC 在高推力区间与试验值的偏差在可接受范围内（图 4.1-5 和图 4.1-7）。案例 1 的耗油率在低换算流量 W_{2Rstd} 下过高，而案例 4 的耗油率在整个换算流量 W_{2Rstd} 区间下过高。从两条工作线重叠的区域开始，提高较低换算流量下的 LPC 效率是一个正确的方向。

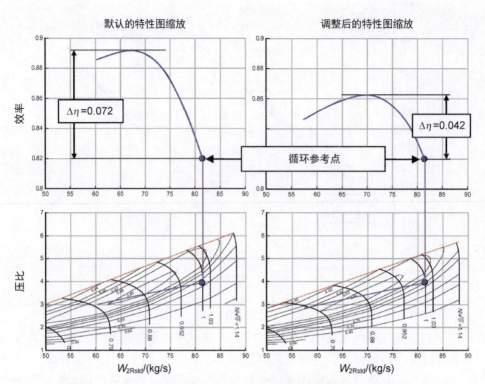

图 4.1-6　低压压气机默认 GasTurb 标准特性图与缩放调整后的对比

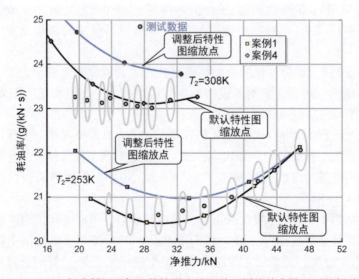

图 4.1-7　GasTurb 标准低压压气机特性图中的两种不同缩放点设置下的耗油率对比

第 4 章 发动机模型示例

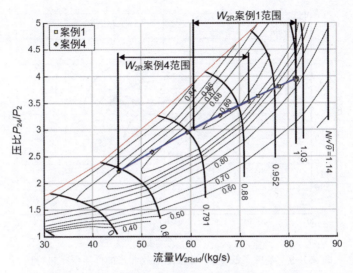

图 4.1-8 LPC 特性图中的案例 1 和案例 4 的工作线

可以通过在高压压气机和低压涡轮特性图中重新定位循环参考点来稍微改进模型，但是在不修改低压压气机特性图的条件下，不能同时匹配测试案例 1 和案例 4 的数据，需要一个效率等值线形状有所不同的低压压气机特性图。

4.1.2.2 替换 LPC 特性图

应注意，GasTurb 标准特性图中低压压气机的高转速线是垂直的。这表明该特性图来自跨声速压气机。跨声速压气机的另一个线索是该图中高马赫数时效率等高线的形状：高换算流量处的峰值效率区域比低、中等换算流量处更接近喘振线。

然而，两款 J57 压气机都是亚声速设计。低压压气机的每级压比仅为 1.17，高压压气机的压比为 1.2。与 EJ200 进行比较：EJ200 的 3 级风扇比 J57 的 9 级风扇实现了更高的压比！为了更好地模拟，需要用亚声速压气机的特性图替换两个标准压气机特性图。

适合 J57 模拟建模的特性图已发表在参考文献 [4] 中。在该文献中，测试的 3 级压气机的设计压比仅为 2.4。每级压比为 1.34，第一级转子进口处的最大马赫数仅为 0.8285。

将该特性图缩放到相应的 J57 的低压压气机和高压压气机压比、质量流量和效率，对于测试案例 1 和案例 4，都得到了更好的 SFC 和 T_8 结果，如图 4.1-9 和图 4.1-10 所示。SFC 和 T_8 都在测量公差范围内。

第1篇 模拟任务

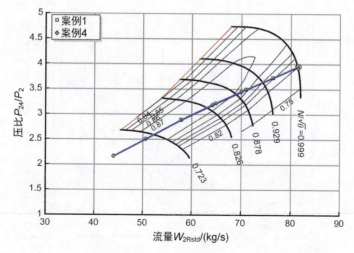

图 4.1-9 参考文献 [4] 特性图缩放而来的低压压气机特性

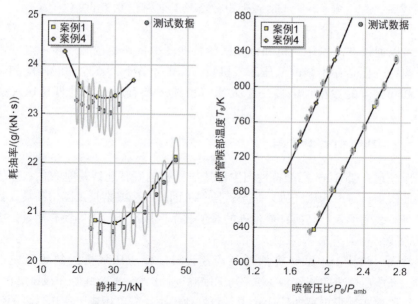

图 4.1-10 用图 4.1-9 的特性图缩放后得到的 LPC 和 HPC 特性图结果

4.1.2.3 高海拔案例

接下来，将基于其他所有可用的数据来检查模型。案例 6 和案例 10 处于温度范围的中间（$T_2 = 288K$），发动机进口压力为 $P_2 = 82.7kPa$。这两个工况之间的差异在于冲压比，案例 6 冲压比为 1.3（对应于飞行马赫数为 0.624），案例 10 冲压比为 1.7（$M = 0.905$）。另外，针对具有最低进口压力（$P_2 = 20.7kPa$）的测试案例 9 来校核我们的模型。

第 4 章 发动机模型示例

基于参考文献 [4] 的缩放压气机特性图的性能模型结果与所有测试案例非常吻合，除了低进口压力的案例 9 外。有两个可能的原因导致此模拟结果与测量的不一致：

① 燃烧室效率低；
② 雷诺数影响。

可以根据 W_2、T_2、W_F 和 T_8 的测量值采用能量平衡来评估燃烧室的效率。案例 9 的工作线顶端的最大推力点处的燃烧室效率 $\eta_{Burner}=0.967$；在该点处燃烧室的载荷是循环参考点的 300%。当推力降低时，燃烧室的负荷增加到 540%。可以推断出试验案例 9 的最低推力点的燃烧室燃烧效率为 $\eta_{Burner}=0.9$。

GasTurb 的燃烧室效率模型复制了循环参考点的输入量 $\eta_{Burner}=0.9945$ 以及默认燃烧室节流状态常数 $B=1.6$。

对雷诺数效应进行建模比较困难。问题是如何在压气机和涡轮之间分配损失？因此，必须为 4 个叶轮机中的每一个找到两个修正因子：一个是效率修正因子；另一个是流量修正因子。这里没有足够的测量参数来创建一个明确的模型。然而，根据"工程经验"找到了一组合理的因子，见表 4.1-5。

表 4.1-5　案例 9 的最大推力的雷诺数修正

部件	效率的修正因子	流量的修正因子	解释
低压压气机	-6%	-4.7%	RNI=0.2
高压压气机	-4.3%	-3%	RNI=0.44
燃烧室	-3.3%	n/a	载荷是循环参考点的300%
高压涡轮	-3.2%	-3.2%	RNI=0.39
低压涡轮	-2.8%	-2.8%	RNI=0.2
喷管	n/a	-1%	见图 4.1-3

图 4.1-11 和图 4.1-12 显示，模拟数据与测试数据之间的对应关系几乎总是在测量值的不确定度范围内。

4.1.2.4 转速模型

模拟和测量数据之间的一致性是可以接受的，但是转速呢？在前面忽略了转速，因为热力学模型不需要转速，所以初步模拟的转速与测量结果不一致不足为奇！

图 4.1-13 和图 4.1-14 显示模拟和测量转速存在很大差异，仅在循环设计点（案例 1 的顶点）处具有良好匹配性。

可以在对热力学模型影响不大的前提下来纠正这种模型缺陷。只需要重新调整低压压气机和高压压气机特性图中的转速线，以获得令人满意的转速模型并

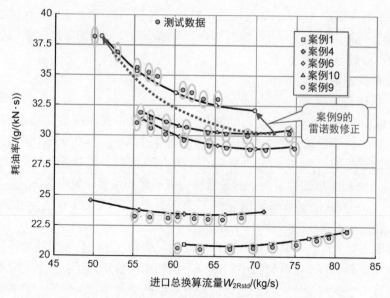

图 4.1-11 所有测试点的耗油率

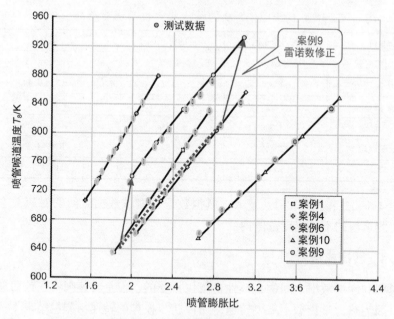

图 4.1-12 所有测试案例中的 T_8

与相应的测量数据吻合（图 4.1-15 和图 4.1-16）。比较图 4.1-11 和图 4.1-12 与图 4.1-17 和图 4.1-18，可以看到重新调整转速线，并没有影响模型计算的 SFC 与 T_8 和测量值的吻合度。

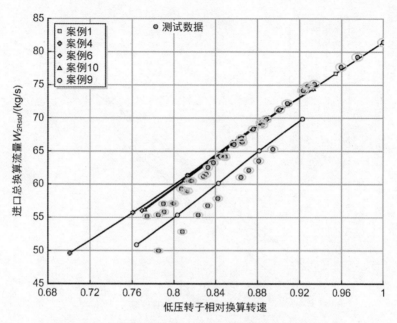

图 4.1-13 所有测试案例中未校准的相对换算低压转速

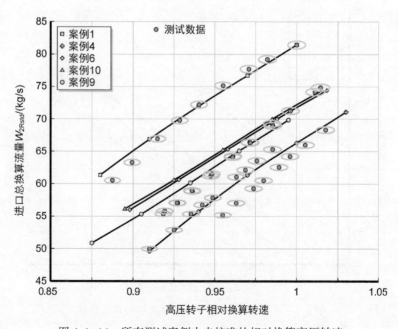

图 4.1-14 所有测试案例中未校准的相对换算高压转速

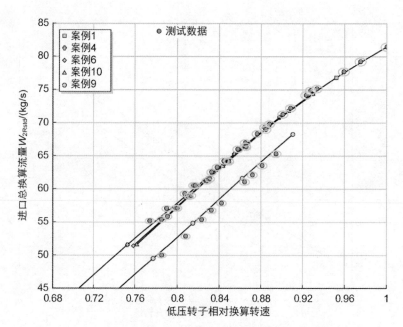

图 4.1-15 所有测试案例中校准的相对换算低压转速

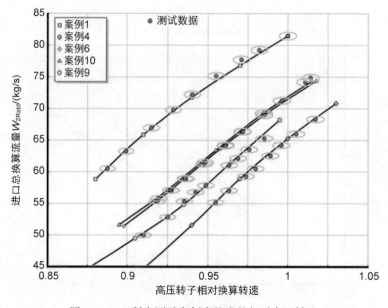

图 4.1-16 所有测试案例中校准的相对高压转速

第 4 章 发动机模型示例

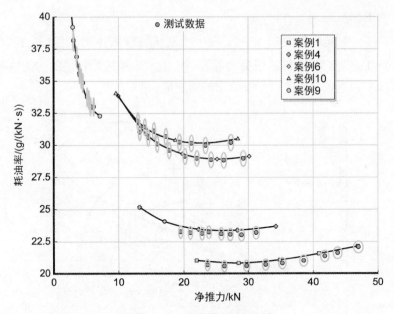

图 4.1-17 最终模型的耗油率

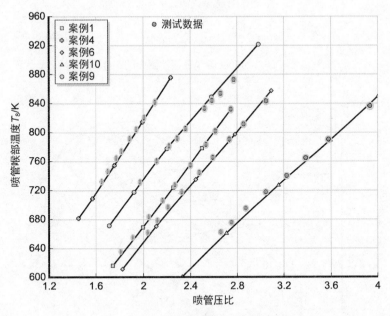

图 4.1-18 最终模型的喷管喉道温度

重新调整特性图的转速线可能被认为是一种随意的行为。但应记住，缩放的特性图中的转速-流量关系很可能与真正的 J57 压气机特性图中的转速-流量关系不同。压气机特性图中的转速-流量关系的总趋势存在一些分散性，在该

第1篇 模拟任务

分散区间内调整数据是合理的。

图 4.1-19 和图 4.1-20 显示了两个压气机特性图中的工作线。除了转速线 $N/\sqrt{\theta}=1$ 之外，其他转速线旁边都有两个值。未缩放特性图的转速值在括号内；另一个转速值是 J57 模型中使用的转速值。

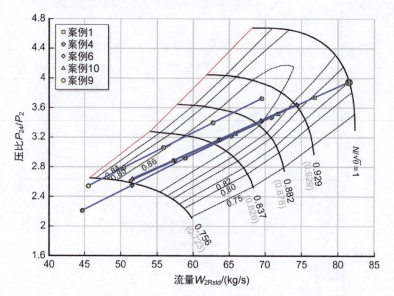

图 4.1-19　低压压气机特性图中的工作线

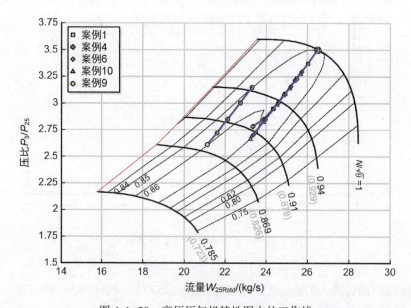

图 4.1-20　高压压气机特性图中的工作线

需注意，修正后的转速值仅在工作线附近有效。转速线的真实曲率我们一无所知。由于已经对具有相似马赫数水平的压气机特性图进行了缩放，因此对压气机性能模型有一定的信心。

在没有涡轮特性图的情况下该模型是不完整的，涡轮特性图在图4.1-21和图4.1-22中示出。高压涡轮特性图中的工作线非常短，这与理论预期一致。由于雷诺数效应的影响，案例9存在异常。

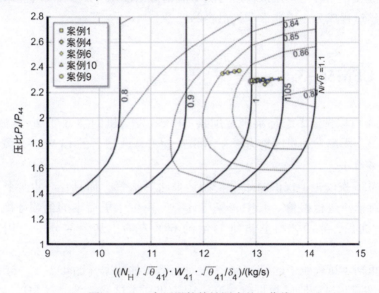

图4.1-21 高压涡轮特性图中的工作线

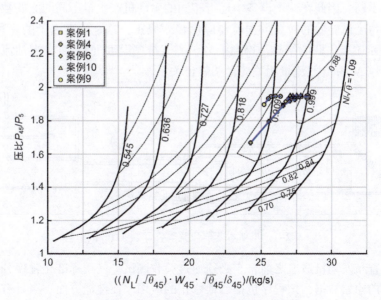

图4.1-22 低压涡轮特性图中的工作线

4.1.2.5 总结

如果不使用 W_2,而是使用低压或高压转速作为模拟和测量数据对比的 x 轴,则模型修正将变得更加困难。在正确标记压气机特性图中的转速线之前,即使热力学模型是正确的,模型和热力学数据之间也会出现差异。因此,在模型创建过程开始时,将模拟转速与测量值进行比较并不是一个好主意,这将使模型调整过程成为一项非常令人沮丧的任务。

4.2 CFM56-3

几乎可以肯定大家都乘坐过配备 CFM56 发动机的空客 A320 或波音 737 飞机。该型涡扇发动机的推力级在 100kN 左右。改型后的 CFM56-3 安装在波音 737-400 上。

CFM56 发动机不仅由原始设备制造商进行大修,而且还在世界各地的各个独立维修点进行检修。其中一家维修点,由位于里斯本的葡萄牙航空公司 T. A. P. 拥有。葡萄牙机队占维修量的 60% 左右,其余部分专门用于国外客户。

在里斯本试验舱中的 CFM56-3 发动机测量的数据(图 4.2-1)与 1991 年 10 月斯奈克玛试验舱的数据有关联。因为里斯本试验舱的布局和尺寸与斯奈克玛的不同,因此在两个设备中运行相同的发动机产生了不同的原始数据。调和来自每个试验舱的换算数据需要应用台架修正,这是校准因子的一种形式。CFM56 试验舱关联的结果是得到推力、燃气排气温度(EGT)、燃油流量、核心机转速 N_2 和空气流量相关的台架修正关系。

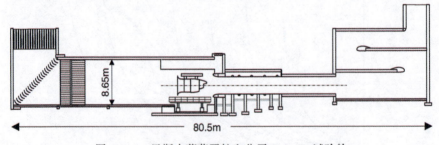

图 4.2-1 里斯本葡萄牙航空公司 T. A. P. 试验舱

在宣布发动机适航之前,它必须通过验收测试。使用标准化程序分析来自该测试的原始数据,该程序包括台架修正的应用。在性能方面,当具有足够的 EGT 裕度并满足 SFC 标准时,发动机就合格了。官方验收测试结果不包含有

第 4 章　发动机模型示例

关发动机部件质量的声明。然而，维修车间对此非常感兴趣。

循环热力学模型对于分析发动机部件性能是非常有帮助的。创建这样的模型是本节的主题。如何校准模型呢？是否应该使用官方试验分析程序中的换算数据作为模型参考？或者从原始数据开始是否更好？作为性能工程师，不应该依赖官方试验分析程序，原因有以下两个。

① 官方程序可能不仅仅适用于标准日换算，还可能包含一些对发动机制造标准的差异或试验舱和飞机安装差异的修正等。

② 台架修正仅适用于少数数据。然而，还有一些其他未修正的测量参数，如压气机出口温度和压力。修正和未修正数据混杂在一起，热力学关系可能存在不一致。

经验教训是，根据标准日条件进行原始数据换算；不要应用台架修正；不要对不完全理解的原始数据进行任何修正；创建一个纯粹基于物理学的真正的热力学模型。

使用来自试验舱相关报告[5]的数据作为 CFM56-3 模型的基准。感谢葡萄牙航空公司提供报告副本和有关数据换算程序的其他信息。除了上述台架修正外，该报告还包含 40 次扫描输出资料，其中包含详细的原始数据和官方换算数据。

4.2.1　检查数据

在钟形口测量的压力是数据检查的一个非常好的起点。有 6 个总压和 4 个壁面静压测量值，存在很小的散布。可以根据平均值计算总静压比 P_2/P_{s2}，从而计算喇叭口马赫数 M_2。

在钟形口中，总温由 24 个热电偶测量。虽然测量的平均值可能期望与试车台测量的温度 T_{amb} 一致，但事实并非如此。T_{amb} 和 T_2 之间的差异随着钟形口马赫数的增加而增加，如图 4.2-2 所示。

对此的解释是 T_2 探针不能表征真实温度，对于总温探针来说这是很正常的。恢复因子 r 描述了测量总温和真实总温之间的差异，即

$$r = \frac{T_{ind} - T_s}{T_{true} - T_s} \tag{4.2.1}$$

假设用 T_{amb}（在试验舱中用单个探针测量）表示进入发动机的空气的真实总温。可以根据钟形口马赫数和 T_{amb} 来计算静温 T_s，从而确定每次测量对应的恢复因子 r，结果如图 4.2-3 所示。

图 4.2-3 中十字标记之间的分散度非常低，这表明原始数据非常准确。平

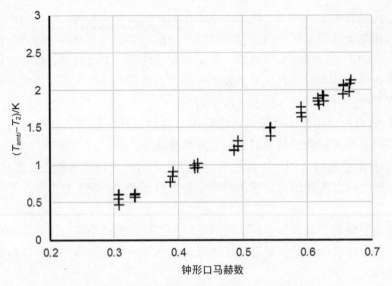

图 4.2-2　大气温度与钟形口测量 T_2 差值的分布

均恢复因子为 0.91。将这个平均恢复因子 $r=0.91$ 应用于钟形口中探针的指示总温,并且最终得到 T_2 的精确值作为标准海平面数据换算的基础。

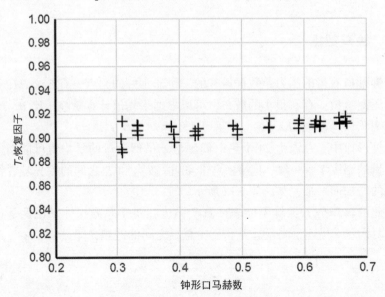

图 4.2-3　钟形口 T_2 探针的恢复因子

在钟形口用 4 支测量耙测量 P_2,每支耙有 6 个总压测点。P_2 低于发动机前方测量的环境压力。压比与钟形口马赫数有很好的相关性,数据的散布非常小，见图 4.2-4。

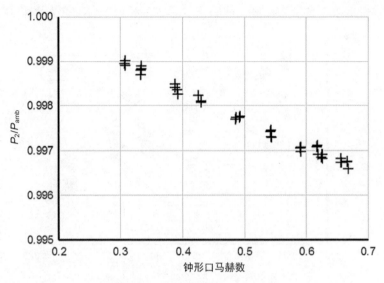

图 4.2-4 钟形口总压 P_2/P_{amb} 分布

4.2.1.1 湿度

原始数据来自两条不同的工作线。测试期间第一条工作线的环境温度从 20.8℃（起飞）降至 18.5℃（慢车）。在第二次校准期间，环境温度恒定且等于 21.7℃。两条工作线的相对湿度均为 40%。水/空气质量比为 0.006，这导致气体常数略高于干燥空气。在这些情况下，水蒸气凝结效应极不可能发生。因此，所有原始数据都适用于发动机性能分析。

4.2.1.2 空气质量流量

空气质量流量来自 P_2 的原始数据、恢复因子修正的 T_2、钟形口面积和发动机使用手册中给出的钟形口流量系数。标准日换算空气质量流量 W_{2Rstd} 高度一致，因为计算空气质量流量的所有输入数据仅具有非常小的散布性。

4.2.1.3 推力

在发动机室内试车台测得的推力与在露天试验台上测得的推力不同。推力不匹配取决于试验舱尺寸和设计。因此，对每个试验舱进行校准，并确定自由流推力与测量推力的比率，即推力的台架修正 f_{FN}。推力修正系数的大小由多项式定义。

校准报告中的推力台架修正系数是由 CFMI 的基准机推力与 T.A.P. 测量

的推力比值推导而来。该报告包含 3 台不同 CFMI 基准机的推力比值。图 4.2-5 中的加号表示第 1 台推力比值,圆圈表示第 2 台和第 3 台的推力比平均值。

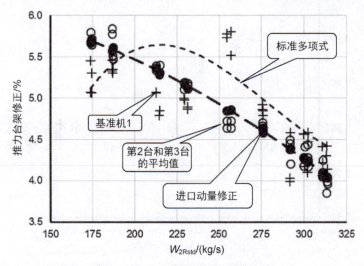

图 4.2-5　不同的推力台架修正

应注意,有 4 个加号符号不符合总体趋势,它们是明显的异常值。然而,第 1 台基准机所有的数据点看起来都被用于定义官方推力台架修正多项式(细虚线)。

圆圈符号之间没有异常值,它们是第 2 台和第 3 台的平均值。这些看起来比第 1 台数据更合理,由加号表示。

露天和封闭测试设备之间的推力差异的主要原因在于,在后者中,空气从流管中进入发动机,就像在飞行中的飞机发动机上那样。在这两种情况下,在发动机上游一定距离的流管外的流线是平行的,见图 4.2-6。用质量流量和速度 V_0 的乘积可以计算动量。该动量就是造成测量推力和真实推力之间的大部分差异的原因。

但是,如何确定代表性的流管直径,使其结果与相关报告中的数据一致?实际上,这很容易:调整流管横截面,使基于动量的推力修正与其他 3 个修正的平均值一致。当 W_{2Rstd} = 310kg/s 时流管直径为 6m,当 W_{2Rstd} = 170kg/s 时流管直径略微减小至 5.8m。

这些数字看似合理:试验舱高 8.65m、宽 9.75m,还为绕过发动机并最终与发动机排气一起进入消声器的次流留有空间。

进口动量的计算值的分散度非常小,因为质量流量是通过钟形口时被精确测量确定的。因此,基于进口动量的台架修正也非常准确,如图 4.2-5 所示。它比官方提供的多项式更能代表实际物理现象。

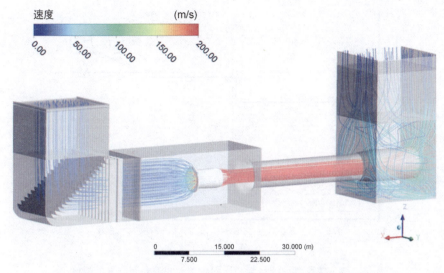

图 4.2-6 试验舱内速度分布（由 MDS 航空支持公司提供）

该推力修正方法仅基于测量。避免了台架修正的分散和特殊多项式。该程序也可以在测试设备的校准范围之外放心地应用。

4.2.1.4 燃油流量

了解燃油流量测量非常重要。测试分析的第一步是换算至标准日条件和标称燃油热值 FHV_{nom}。

$$W_{FR} = \frac{W_{F,meas}}{\delta\theta^{0.68}} \cdot \sqrt{\frac{R_{dryair}}{R}} \cdot \frac{FHV}{FHV_{nom}} \quad (4.2\text{-}2)$$

《发动机使用手册》的相应公式中 θ 的指数为 0.58。然而，如果使用 0.68 作为 W_{FR} 方程中 θ 的指数，来自两条工作线（具有不同 θ 值）的数据会更好地重合。方程中气体常数比的平方根将结果从湿空气修正到干空气。

官方程序在方程式中使用了附加项：进口冷凝修正因子（不适用于这些测试条件）、燃油流量台架修正系数和 HPT 主动间隙控制修正。图 4.2-7 比较了 T.A.P. 按照官方程序确定的 W_{FR} 与通过式（4.2-2）计算的 W_{FR}。除了标记为 A 和 B 的两个红点外，百分比差异基本很小且非常一致。它们分别偏离总趋势线 1% 和 0.25%。这种异常的原因是什么？

它涉及 CFM56 发动机的高压涡轮主动间隙控制。吹送在高压涡轮机匣结构上的间隙控制空气的温度影响机匣的热膨胀，并因此影响涡轮叶尖间隙。这对发动机性能有显著影响，因为将叶尖间隙减小 1% 的叶片长度，可使涡轮效率提高 2%。

高压涡轮间隙控制阀的入口有两处，一处来自高压压气机的第 5 级，另一处来

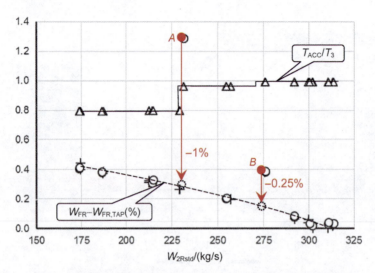

图 4.2-7 换算燃油流量与高压涡轮主动间隙控制空气的温度

自高压压气机的第 9 级。发动机控制装置（ECU）决定使用哪股空气供应——它也可以是第 5 级和第 9 级空气的混合物。用于操作高压涡轮间隙控制阀的标称冷却空气控制计划是官方测试分析程序的一部分。在该控制计划中，阀门位置在 N_{2R} = 13200r/min 以下时为第 5 级空气，N_{2R} = 13200r/min 以上时变为第 5 级和第 9 级空气的混合物，在 N_{2R} = 13760r/min 以上时，所有空气都从第 9 级获取。

在控制计划的开关点附近，可能发生阀门未处于其标称位置的情况。在这种情况下，测量的燃油流量将根据高压涡轮的主动间隙控制（ACC）阀的位置与控制计划的偏差进行调整。请看图 4.2-7 的上半部分，它显示了由 T_3 无量纲化的阀门下游的机匣冷却空气的温度。T_{ACC}/T_3 数据中有两个阶跃，表明在阶跃处阀门位置已发生变化。显而易见，T_{ACC}/T_3 阶跃处的 W_{2Rstd} 与 A 点和 B 点换算流量相吻合。

很明显，官方测试分析程序错误地将 A 点的测量燃油流量调整了 1%，将 B 点的测量燃油流量错误地调整了 0.25%。当去掉这两个调整量时，A 点、B 点与其他数据完全一致。

图 4.2-7 还显示了燃油流量差异如何随 W_{2Rstd} 变化。这种趋势及其幅度也出现在校准报告的表格中，该表格比较了 T.A.P. 和斯奈克玛的燃油流量计。可以使用这些知识来定义燃油流量台架修正系数。但是，我们不知道任何一个流量计的绝对精度，因此使用式（4.2-2）的结果进行建模工作，而不对 W_{FR} 应用台架修正系数。

耗油率（燃油流量和推力的商）是表征发动机总效率的一个非常敏感的量。在图 4.2-8 中，热力学（真实）性能和合同性能差异很大。

第 4 章 发动机模型示例

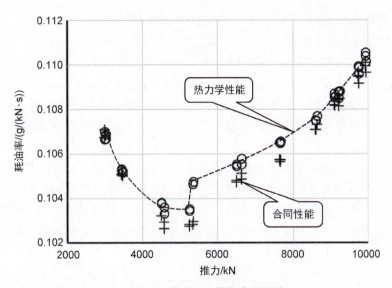

图 4.2-8 热力学性能与合同性能

4.2.1.5 温度

间隙控制空气源之间的切换不仅影响官方燃油流量分析结果，还影响主流路气体温度 T_{495}（EGT，在低压涡轮的第二级叶片中测量）和排气温度 T_{54}。在图 4.2-9 中，T_{495}/T_3 和 T_{54}/T_3 数据点连线中有阶跃，阶跃处对应间隙控制阀在空气源之间切换。

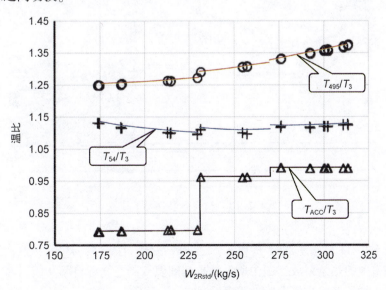

图 4.2-9 燃气温度比

如果间隙控制系统对主流气体温度的影响尚不清楚，则可以得出结论，EGT 和 T_{54} 测量包含随机分散性。

EGT 在官方测试分析程序中发挥着重要作用。测量值用 $\theta^{0.91}$ 以及湿度与冷凝两者的因子校正。另外，还应用台架修正系数和间隙修正。

《发动机使用手册》中没有给出 T_{54} 的修正程序。如果使用官方 EGT 修正程序，就不可能在热力学模型中调和 EGT 和 T_{54}。因此，可以简单地用 θ 修正 EGT 和 T_{54}。

前面已经讨论过如何正确解释钟形口中的 T_2 测量值。T_3 通过燃烧室外壁上的单个探头测量，如图 4.2-10 所示。由于探针位置处的马赫数较低，因此不会应用恢复因子修正，但应注意，由于探针接近热的燃烧室，信号可能会有偏差。也许在高压涡轮叶尖间隙控制管路中测量的温度（来自第 9 级）更能表征真实压气机出口温度。

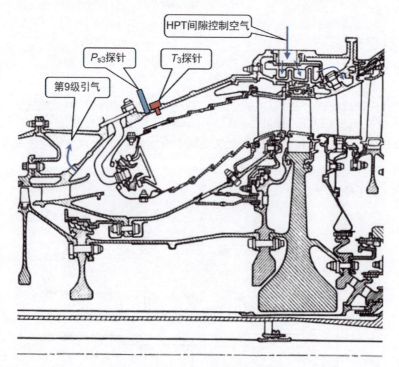

图 4.2-10　P_{s3} 与 P_3 传感器的位置

图 4.2-11 显示了测量 T_3 和 T_{ACC} 之间的差异，它是 W_F/P_{s3} 的函数，它反映了燃烧室中的热量释放，图中所有数据的间隙控制空气源自第 9 级，将 T_{ACC} 理解为真正的压气机排气温度似乎是合理的。

第 4 章 发动机模型示例

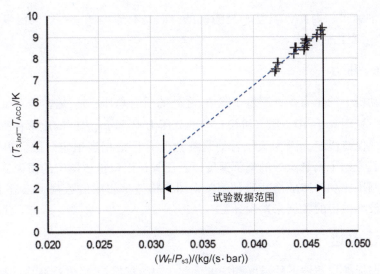

图 4.2-11 T_3 与 T_{ACC} 的差异

但是，当部分甚至所有间隙控制空气都来自第 5 级时，T_{ACC} 不能代表真正的 T_3。对于这些情况，可以使用 $(T_{3,ind}-T_{ACC})$ 和 W_F/P_{s3} 之间的线性相关性来将 $T_{3,ind}$ 修正到真实的压气机出口温度 T_3。

两个 T_{54} 探针测量低压涡轮下游的温度，如图 4.2-12 所示，两个 T_{54} 信号之间的差异很大。需注意，同一 W_{2Rstd} 的两个 T_{54} 信号偏差会导致相同（或非常

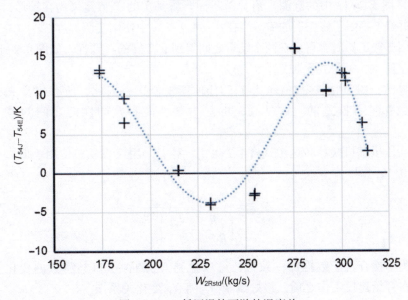

图 4.2-12 低压涡轮下游的温度差

相似）的结果。因此，温差不是随机的，而是有原因的——周向温度分布一定随 W_{2Rstd} 变化而变化。

4.2.1.6 压力

发动机中的压力探针测量了除 P_{s3} 之外的所有总压，P_{s3} 是燃烧室壁面上的静压值，见图 4.2-10。压气机出口处的总压力 P_3 与 P_{s3} 之间的比率在测试的工作范围内保持恒定，因为该位置的马赫数低并且也相当恒定。假设 $P_{s3}/P_3 = 0.97$，其考虑了测量点处的局部速度以及压气机出口扩压器中的损失。

绘制压比和转速随换算流量的关系图来检查报告中的数据。来自 T.A.P. 试验舱校准报告的数据未发现异常。

4.2.1.7 转速

根据标准日条件下的温度和湿度偏差，对风扇转速 N_1 进行换算，有

$$N_{1R} = \frac{N_1}{\left(\dfrac{R}{R_{dryair}} \cdot \dfrac{T_2}{T_{std}}\right)^{0.47}} \tag{4.2-3}$$

指数 0.47 取自《发动机使用手册》。它为两条工作线产生了比理论指数 0.5 更好的数据重叠。

使用《发动机使用手册》程序计算的 N_{1RCFMI} 结果与使用真实 T_2 值得出的结果（图 4.2-13 中的圆圈）有显著不同。将真实的 T_2 定义为在钟形口中测量的并经恢复因子修正后的值。当在式（4.2-3）中使用实测温度 T_{2ind}（T_2 未经恢复因子修正）时，可以在两个结果之间得到非常好的一致性，如图 4.2-13 中的十字所示，结果几乎恒定。

显然，CFMI 程序没有考虑 T_2 的任何恢复修正，因此，所有包含 T_2 的修正参数都是有偏差的。这是真正的热力学性能和合同性能之间的另一个区别。

高压压气机换算转速由式（4.2-4）计算，采用《发动机使用手册》中的指数 0.45，即

$$N_{2R25} = \frac{N_2}{\left(\dfrac{R}{R_{dryair}} \cdot \dfrac{T_{25}}{T_{std}}\right)^{0.45}} \tag{4.2-4}$$

为了检查转速数据的一致性，可以绘制 N_{1R} 随钟形口马赫数的变化关系图。在开始建模工作之前，最好绘制 N_{2R} 随 N_{1R} 变化关系图。

第 4 章 发动机模型示例

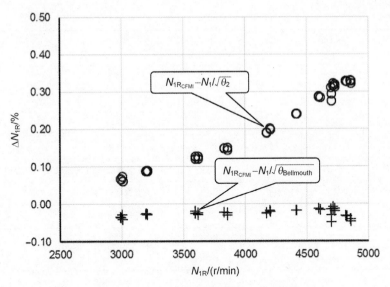

图 4.2-13 不同的 T_2 选择对 N_{1R} 的影响

4.2.2 循环参考点

发动机建模工作从单个点（循环参考点）复现测量数据开始。这种计算不需要部件特性图和转速值。选择一个对所有测量参数值有信心的高推力点。如果不能确定是否已发生进口冷凝，则最好选择推力较低的点。

在第一次校准中，两个 T_{54} 探针中只有一个测量到了合理的值。因此，选择第二条工作线的第一个点，因为它处于最高推力。相应的标准日换算数据列于表 4.2-1 中。

表 4.2-1 扫描件 22 上的标准日换算数据

CFMI 名称	GasTurb 名称	单 位	值	解 释
F_N	F_N	kN	99.43	测量推力，入口动量修正
W_2	W_{2Rstd}	kg/s	313.7	从锥形孔测量
W_F	W_F	kg/s	1.0951	换算到 $FHV_{nom} = 42.769$ MJ/kg
T_{25}	$T_{24} = T_{25}$	K	369.4	计算值：$T_{25} - T_2 = f(N_{1R})$ 如发动机维修手册定义
T_3	T_3	K	770.8	换算到传感器位置的 T_{ACC}
T_{495}	—	K	1058	LPT 第二级导叶的 EGT 测点

· 163 ·

续表

CFMI名称	GasTurb名称	单 位	值	解 释
T_{54}	T_5	K	862.6	2支单点测耙
P_3/P_2	P_{3q2}	—	24.178	假设：$P_{s3}/P_3 = 0.97$
P_{25}/P_2	P_{24q2}	—	2.182	1支单点测耙
P_{54}	P_5	kPa	148.14	2支单点测耙
P_{17}/P_2	P_{13q2}	—	1.655	4支多点测耙，每支读取6个压力值
A_8	A8	m²	0.2933	内涵喷管喉部面积
A_{18}	A18	m²	0.74526	外涵喷管喉道面积
N_1	CXN_L	r/min	4837	仅供参考，不需要循环计算
N_2	CXN_H	r/min	14,324	

应注意，所有温度修正都使用的是经过恢复因子修正的 T_2。

使用 GasTurb 中（图 4.2-14）传动比为 1 的齿轮传动涡扇发动机模型来模拟 CFM56-3。可以将表中的一些参数直接用作循环参考点模拟的输入，而其他参数作为迭代的目标值。以下分配非常有效，不存在任何收敛问题（表 4.2-2）。

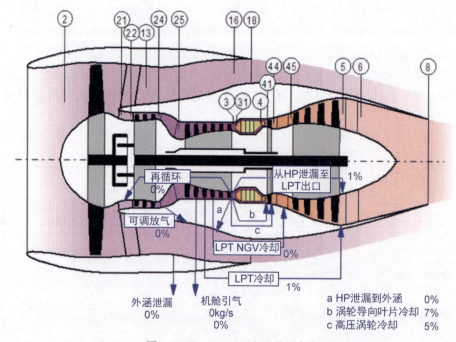

图 4.2-14 GasTurb 中的截面命名

第 4 章　发动机模型示例

表 4.2-2　循环参考点的迭代方案

变　量	目　标
低压压气机等熵效率	增压级出口温度 T_{24}
高压压气机等熵效率	高压压气机出口温度 T_3
燃烧室出口温度	燃油流量
低压涡轮等熵效率	低压涡轮出口压力
涵道比	低压涡轮出口温度 T_5
外涵压比	外涵喷管喉道面积

表 4.2-3 显示了在扫描件 22 上的高推力点的模拟结果。与表 4.2-1 中的数字一致的数字以黄色突出显示。

表 4.2-3　循环参考点

```
              W         T        P       WRstd
Station      kg/s       K       kPa      kg/s       FN       =    99.43  kN
  amb                 288.15   101.325              TSFC     =   11.0146 g/(kN·s)
   2        313.798   288.15   101.325   313.798   WF       =    1.0952 kg/s
  13        260.946   338.15   167.686   170.811   s NOX    =    0.7838
  21         52.852   288.24   101.426    52.807   P5/P2    =    1.4619 EPR
  22         52.852   288.24   101.426    52.807   Core Eff =    0.4131
  24         52.852   369.92   221.130    27.439   Prop Eff =    0.0000
  25         52.852   369.92   221.130    27.439   BPR      =    4.9373
   3         52.852   770.82  2447.654     3.578   P2/P1    =    1.0000
  31         45.400   770.82  2447.654              P3/P2    =   24.16
   4         46.495  1577.55  2325.268     4.741   P5/P2    =    1.4619
  41         50.195  1522.91  2325.268     5.028   P16/P13  =    0.9787
  43         50.195  1162.74   541.359              P16/P6   =    1.11905
  44         53.366  1140.92   541.359              P16/P2   =    1.61962
  45         53.366  1140.92   541.359    19.875   P6/P5    =    0.99000
  49         53.366   862.58   148.131              A8       =    0.29325 m²
   5         53.366   862.58   148.131    63.157   A18      =    0.74236 m²
   8         53.947   861.63   146.649    64.454   XM8      =    0.75978
  18        260.946   338.15   164.108   174.536   XM18     =    0.85949
Bleed         0.000   770.82  2447.654              WBld/W2  =    0.00000
                                                    CD8      =    0.97899
         Efficiency                                 CD18     =    0.99224
          isentr   polytr    RNI      P/P
Outer LPC 0.8901   0.8976   1.000    1.655          PWX      =      0.0 kw
Inner LPC 0.9001   0.8994   1.000    1.001          V18/V8,id=    0.70788
IP Compressor 0.8777 0.8903 1.001    2.180          WBLD/W22 =    0.00000
HP Compressor 0.8677 0.9025 1.621   11.069          Wreci/w25=    0.00000
Burner    0.9995                     0.950          Loading  =   99.98 %
HP Turbine 0.8250  0.7985   3.281    4.295          WCHN/W25 =    0.07000
LP Turbine 0.9000  0.8843   1.064    3.655          WCHR/W25 =    0.06000
                                                    WCLN/W25 =    0.00000
HP Spool mech Eff 0.9900  Speed   14324 rpm         WCLR/W25 =    0.00000
LP Spool mech Eff 1.0000  Speed    4835 rpm         WBLD/W25 =    0.00000
                                                    WLkBy/W25=    0.00000
P22/P21=1.0000  P25/P24=1.0000  P45/P44=1.0000      WlkLP/W25=    0.01099

hum [%]    war0     FHV      Fuel
  0.0     0.00000  42.769   Generic
```

推力 F_N 不是迭代目标，因此最初偏离 0.3%。已经通过适当的喷管推力系数消除这种小的差异。注意，喷管喉道面积 A_8 也与给定值一致。

一个议题还有待讨论。为什么使用两个单点探针测量的 $T_{5,\text{mea}}$ 而不是由 9 个探针测量的排气温度作为迭代目标？

排气温度 T_{495} 是在第二级低压涡轮导叶中测量的（图 4.2-15）。这个位置的温度不在正常的 GasTurb 输出参数中，但可以将其作为 T_{45} 和 T_5 的组合值计算。第二级低压涡轮转子进口的平均总温为

$$T_{451} = T_{45} - 0.3 \cdot (T_{45} - T_5) \qquad (4.2-5)$$

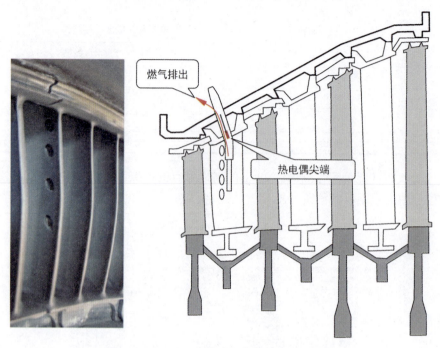

图 4.2-15　CFM56 发动机中的排气温度测量

因子 0.3 由循环参考点处测量的 EGT = 1058K 推导而来，其中 T_{45} = 1141K 且 T_5 = 863K。注意，第一级的温度下降量大于 0.25 的平均分数值。这对于后面几级中的金属温度是有益的。此外，第 4 级可以拆除，以便在下游管路中进入排气系统的气体具有低的绝对出口旋转角和马赫数。

在节流状态运行期间，低压涡轮压比减小，低压涡轮进口和出口之间的气体密度差也减小。这导致第一级中的轴向速度分量的增加，这又增加了这一级所做的功。发生这种情况的原因在第 B3.2 章以速度图的形式进行解释。

如果可以运行涡轮特性图计算程序，那么当沿着工作线移动时，第一级所做的功的比例可以在理论上确定。但由于没有进行这种尝试所需的详细信息，所以需要对 T_{451} 的公式进行经验修正。

以下方程式中排气温度的指数 0.4 可以完全使理论与非设计点测量完全一致，我们将在后面的图 4.2-30 中看到

$$\text{EGT} = T_{45} - 0.3 \cdot (T_{45} - T_5) \left(\frac{1141}{T_{45}}\right)^{0.4} \qquad (4.2-6)$$

循环参考点的所有数据看起来都合理，这并不意味着每个细节都是绝对正

确的。对二次空气系统、外部齿轮箱损耗（高压轴机械效率）、管道损失和喷管流量系数进行略微不同的假设将导致不同的值。

应注意，风扇、高压涡轮和低压涡轮效率是相互关联的。假设更高的风扇或高压涡轮效率会导致更低的低压涡轮效率。选择的以下这些效率组合感觉是正确的：高压涡轮效率非常低，可以理解为高压比下冷却导致的。此外，在进行扫描件 22 计算时，间隙控制空气是热的（从第 9 级引气），这导致涡轮叶尖间隙变得较大。

4.2.2.1 备注

基于对数据的大量检查，创建循环参考点非常简单明了。在其他发动机建模练习中，情况并非总是如此。经验告诉我们，只要难以与循环计算达成一致，数据一定会存在问题。你真的明白测量了什么吗？你知道传感器及其环境是什么样的吗？你的数据是仅基于物理特性进行预处理还是无意中使用了合同性能的某些因素？

花费过多时间设置循环参考点的原因是不适当地追求模型中不太重要因素的准确性，其中的一个例子是二次空气系统。专注于主要部件性能描述参数，就足以进行良好的性能模拟。

4.2.3 非设计

这里选择了一个发动机工作点作为循环设计点，将其称为循环参考点，以避免与发动机设计点混淆。可以选择不同的工作点作为循环参考点，那么循环参考点有什么特别之处呢？它是我们的非设计模型的起点——基础。

在循环设计点计算中，压气机压比和效率以及涡轮效率都是给定的。在非设计点模拟时，以上数据从压气机和涡轮特性图中读取。然而，计算过程与循环参考点有所不同；在循环参考点，两种算法的结果必须相同。

通常真正的部件特性图不可获取，而是应该使用计算的特性图、文献中的特性图或类似部件的测量特性图。在循环参考点，选择压气机和涡轮特性图中的工作点，然后缩放特性图值以匹配循环参考点。这意味着在循环参考点处，设计点和非设计点计算结果相同。

其他工作条件下的非设计点计算最初与给定数据不一致，这可以通过重新缩放或调整特性图来解决，直到模拟与测试结果一致。在此校准过程中，反复将模拟结果与测量数据进行比较。在讨论特性图调整过程之前，先谈谈测量数据的预处理。

4.2.3.1 测试数据丰富

使模型与测量数据一致需要调整部件效率、压比、换算质量流量和换算转速。然而,测量数据是由压力、温度和转速组成。

使用电子表格程序计算压比,换算质量流量和换算转速非常简单。效率是一种特殊情况;如果电子表格中气体属性与性能分析程序中使用的不同,则会导致效率计算不一致。通过在性能分析程序中进行测试数据预处理可以避免这种问题。在 GasTurb 中,可以使用嵌入式公式编辑器创建组合值,以丰富测试数据。将所有有意义的压比添加到测量数据中,尤其是总压比 P_3/P_2。

还应该使用混合测试数据来进一步丰富数据库。通过这种方式,可以获得每个测试点的高压压气机进口换算空气流量 W_{25Rstd} 值。在高压压气机特性图中,定位工作点需要此值。

在这种情况下,混合意味着根据模型中 W_{25Rstd} 与 P_3/P_2 之间的关系以及测量的总压比 $(P_3/P_2)_{mea}$ 来进行试验分析,内插得到 W_{25Rstd} 的结果。模拟的相关性指的是当前可用的最佳性能模型的相关性。

随着时间的推移,性能模型将会逐渐改进。每当进行模型校准时,都应更新混合测试数据。

4.2.3.2 风扇特性图

GasTurb 标准特性图适合作为 CFM56-3 模型校准过程的起始点,因为它来自类似的风扇[7]。问题是在这张特性图中应该将循环参考点放置在哪里呢?没有严格的规则,只有一些粗略的指导方针:

(1) 换算流量 (x 轴值) 与风扇进口的马赫数有关。在循环参考点,根据风扇尺寸和换算流量得到马赫数为 0.57。在未缩放的特性图中,将特性图缩放点设置为换算流量值 0.9,意味着对于 $N/\sqrt{\theta}=1.1$,风扇进口轴向马赫数为 0.78。对风扇而言,这当然是一个不应超过的高马赫数。

(2) 循环参考点的效率值在特性图缩放过程中保持不变。将特性图缩放点放置在未缩放特性图的低效率区域中,会在峰值效率区域得到不切实际的高效率值。

(3) 喘振裕度有一定的自由度。在巡航时,风扇工作线肯定穿过效率最高的特性图区域。由于海平面条件下外涵喷管压比较低,工作线的喘振裕度较小。因此,将特性图缩放点放置于略高于高效率区域的位置 (图 4.2-16)。

第 4 章 发动机模型示例

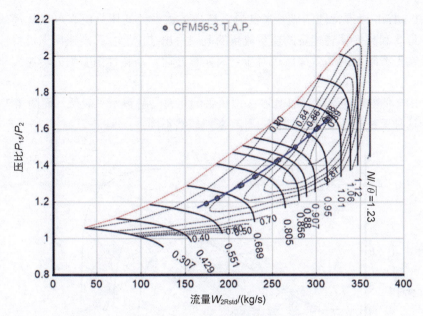

图 4.2-16 带工作线的风扇特性

4.2.3.3 增压级特性图

首次尝试对增压级工作线进行建模，使用了相应的 GasTurb 标准特性图。如图 4.2-17 所示，工作线没有通过给定的数据点。为什么？

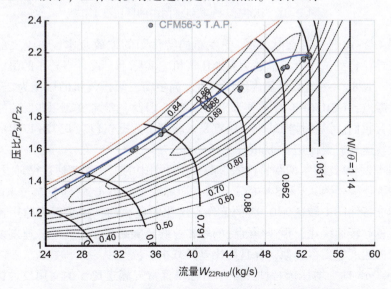

图 4.2-17 用 GasTurb 标准增压级特性图的增压级工作线

第1篇 模拟任务

GasTurb 标准特性图显然来自为更高马赫数设计的压气机。可以从等效率线的形状和高换算转速下的质量流量的范围得出结论。在跨声速压气机特性图中,喘振线附近的高效率区域对应着高换算转速,而特性图右侧的转速线非常陡峭。

由于低的周向速度,CFM56-3 增压级的相对马赫数水平较低。而图 4.2-18 中的这种亚声速压气机的特性图看起来则截然不同。

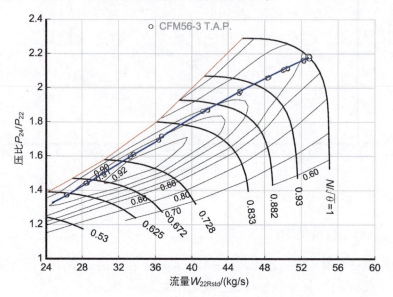

图 4.2-18 亚声速压气机特性图中的增压级工作线

图 4.2-18 是参考文献 [8] 中发布的特性图的缩放版本。该论文的标题有点误导:将测试压气机描述为高速压气机。实际上,设计点转子的最大马赫数仅为 0.8285——显然是亚声速压气机。高负荷三级压气机的压比为 2.4。在循环参考点,CFM56-3 增压级压比为 2.18。因此,参考文献 [8] 的特性图非常适合我们。该特性图的唯一缺点是试验测量数据仅包含 0.728 以上的速度区。低转速线需要使用 Smooth C 进行外推。

图 4.2-19 比较了两张特性图。两个特性图中的工作线都通过循环参考点。粗实线工作线是图 4.2-18 中的工作线,而虚线是从图 4.2-17 复制过来的。

标准特性图中转速为 0.93 的工作点压比明显更高,这是因为跨声速压气机的灰色等转速线比亚声速压气机的等转速线要陡峭得多。注意,速度线的形状在较低速度下变得相似,并且压比差异减小。

GasTurb 标准增压级特性图并不适合模拟常规涵道比 5 的涡扇发动机。但是,标准增压级特性图却适用于带有齿轮箱的涡扇发动机的增压级,因为这种压气机以更高的周向速度和马赫数运行。

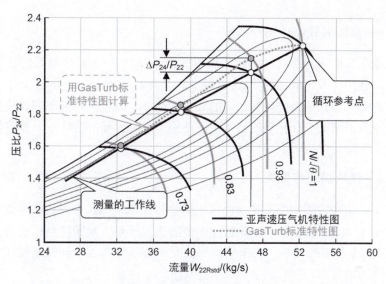

图 4.2-19 增压级特性图对比

4.2.3.4 高压压气机特性图

GasTurb 标准特性图来自带可变导叶的压气机。它非常适合用来进行初始模型校准。通过添加一些转速线可以使转速-流量关系的插值误差最小化。Smooth C 是添加转速线的首选工具。将特性图缩放点设置为默认坐标点，图 4.2-20 显示了高压压气机特性图中的工作线。

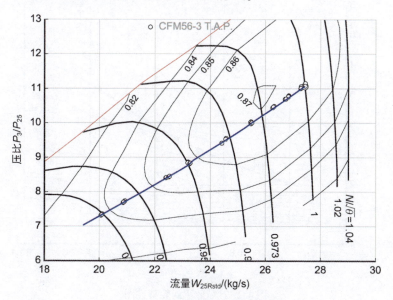

图 4.2-20 高压压气机特性图

4.2.3.5 高压涡轮特性图

就像在其他任何燃气发生器的涡轮一样,CFM56-3 高压涡轮的压比是恒定的。换算转速 $N/\sqrt{\theta_4}$ 只有一点点变化。工作线非常短,这就是为什么读取高压涡轮特性图几乎总能得到相同的效率。因此,特性图中效率等高线的形状不会影响模拟精度。在我们的例子中,使用 GasTurb 标准特性图以及特性图默认缩放点坐标是合适的。

4.2.3.6 低压涡轮特性图

低压涡轮特性图中的工作线比高压涡轮特性图中的长得多。效率随压比和换算转速 $N_L/\sqrt{\theta_{45}}$ 而变化,因此特性图的形状很重要。初始模型校准时,可以使用 GasTurb 标准特性图。在未缩放特性图中效率等高线中间的速度线 1.1 上选择特性图缩放点。

对于低压涡轮,效率不是唯一感兴趣的主题。沿着工作线的换算流量 W_{45Rstd} 的变化影响高压压气机工作线的位置。在恒定的 $N_H/\sqrt{\theta_{25}}$ 下降低 W_{45Rstd} 不仅会增加高压压气机压比,还会增加发动机所有的热端温度。$W_{45Rstd}=f(P_{45}/P_5)$ 的形状是排气温度和 T_5 模拟品质的关键。

图 4.2-21 显示了效率等高线以及等换算流量 W_{45Rstd} 线。在工作线的低功率端,W_{45Rstd} 仅比高功率时小 3%。如果使用 GasTurb 标准特性图,那么沿着工作线可以减少 5% 以上的流量。模拟的排气温度比在低功率端测量的高 20K。

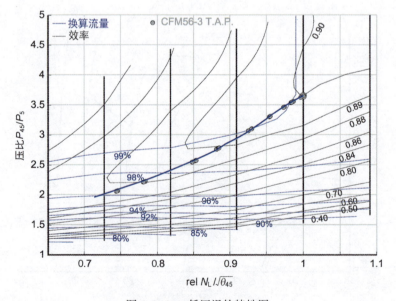

图 4.2-21 低压涡轮特性图

4.2.4 初步模型校准

我们从特性图集中选择了最适合的压气机特性图和涡轮特性图。对于任意的非设计条件运行模型不会与给定数据完全一致,因为沿着工作线的效率梯度和转速-流量关系与实际不同。接下来着手进行校准。

4.2.4.1 增压级特性图

下面从增压级特性图开始,其中包括风扇叶根性能,将风扇根部压比设置为 1。使用 GasTurb 可以很容易地调整工作线的效率:首先将每个表格上的所有效率值调大或调小直到工作线上的效率与目标给定值一致。

其次想办法使转速-流量关系更准确。为此,需要知道增压级的换算流量 W_{25Rstd}。不幸的是,我们没有测量值。作为替代,使用"混合测量数据",其源自 W_{22Rstd} 和 P_3/P_2 之间的模型关系。对于每个测量的 P_3/P_2 值,可以通过模型导出对应的流量 $W_{22Rstd,mea}$。

现在可以比较从特性图中读取的测量转速 $N_L/\sqrt{\theta}$ 下的流量 $W_{22Rstd,map}$ 与测量流量 $W_{22Rstd,mea}$。可以通过适当修改特性图中的转速值使模拟与测量一致。同样,这可以在 GasTurb 中完成。

显然这只是对特性图的操作,不一定符合压气机物理定律。修改后的特性图在工作线上数据是正确的,但其他区域还不得而知。

4.2.4.2 关于增压级特性图的第二个想法

图 4.2-18 中的模拟增压级工作线穿过实测数据。沿着工作线的效率变化也与测试一致。但是,特性图中工作线的位置看起来不正确。该线位于峰值效率和喘振线之间的某个区域。

当然,增压级的设计使其工作线能够以最高的效率穿过特性图区域,同时提供足够的喘振裕度。对于更现实的性能模型,需要一个不同的特性图,其中效率最高的区域高于工作线。

将图 4.2-18 中的增压级特性图加载到 Smooth C 中。定义一个新的 β 线网格,其中新的 $\beta=1$ 线远高于原特性图的 $\beta=1$ 线。以这样的方式编辑数据:特性图的脊背线(即连接转速线上的峰值效率点的线)位于工作线之上。特性图的脊背线应大致跟随恒定功系数线,因为这对于任何亚声速压气机的特性图来说都是特有的。

不要修改特性图中转速线的形状,仅编辑效率值即可。在特性图上工作时,检查效率、扭矩、单位功和其他物理量的趋势。如果对编辑工作感到满意,则可以将修改后的特性图加载到你的性能程序中进行初步检查。

你将看到即使沿着工作线的效率值与测试的效率值不同,但工作线穿过测量的数据点。可以在几次迭代中生成图 4.2-22 所示的特性图。这张特性图看起来比图 4.2-18 所示的要好得多。

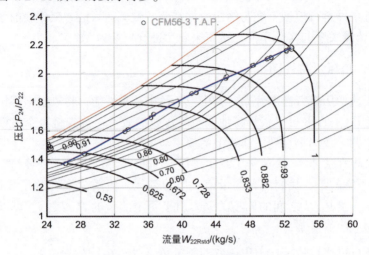

图 4.2-22　第二版增压级特性图

沿着工作线的效率变化与两个版本的特性图中的测量结果一致;图 4.2-23 显示了第二张特性图的情况。两种性能模型之间的差异在于使用第一个特性图的模型仅对测量的增压级工作线有效,将无法正确预测由于工作线移位引起的增压级效率的变化。

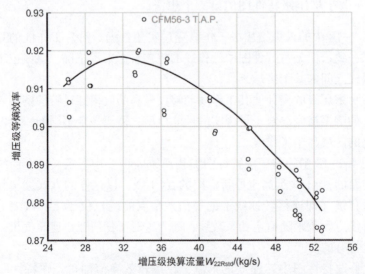

图 4.2-23　采用第二版增压级特性图时沿工作线的效率分布

使用第二张特性图的性能模型至少能在测量的工作线周围预测正确的趋势。缺陷是这两个模型都未得到可靠的喘振裕度。

4.2.4.3 高压压气机特性图

将高压压气机的特性图调整到与测量数据一致的过程与增压级类似。根据需要向上或向下移动特性图中的效率值，结果如图 4.2-24 所示。

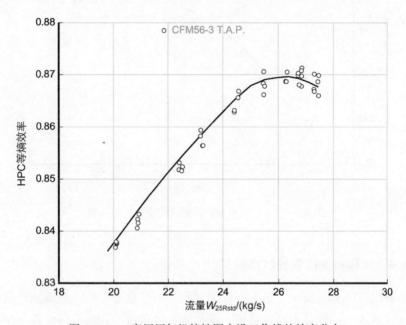

图 4.2-24 高压压气机特性图中沿工作线的效率分布

4.2.4.4 涵道比

在查看风扇效率之前，确保我们处于由测量空气流量和风扇压比确定的测量工作线上。可以通过外涵喷管流量系数 C_{D18} 和喷管压比 P_{18}/P_{amb} 之间的适当关系来实现这一点。当然，曲线穿过循环参考点的 C_{D18} 和 P_{18}/P_{amb} 对应的点。

在调整风扇工作线后，知道涵道比，可以计算核心机出口质量流量 W_5。结合低压涡轮出口压力 P_5 和温度 T_5 测量值，就能确定内涵喷管进口条件，从而计算每个数据点的流量系数 C_{D8}。在模型中，应用的是 C_{D8} 与内涵喷管压比 P_8/P_{amb} 之间的关系，如图 4.2-25 所示。

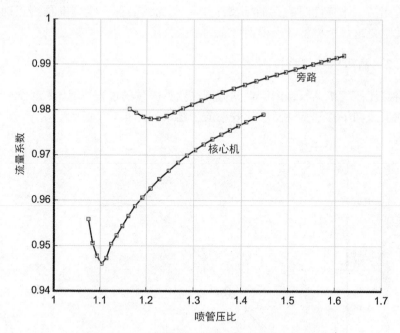

图 4.2-25 根据测量数据得到的喷管流量系数

4.2.4.5 风扇和低压涡轮特性图

沿着增压级和高压压气机工作线的效率与测量数据一致。高压涡轮效率几乎不变。这3个部件可正确地建模。现在只有风扇效率和低压涡轮效率两个参数可用于调整发动机模型,使其可以与测量的 SFC 一致;这两者都以类似的方式影响 SFC,如图4.2-26 所示。但应注意,效率对排气温度的模拟几乎没有影响,对 T_5 的影响也很小。

在图 4.2-26 中,中间曲线显示 $\Delta\eta_{LPT}$ 从-2%变为2%需要将 $\Delta\eta_{LPC}$ 从 2.7%变为-2.7%以保持 SFC 不变。可以稍微提高风扇效率,但是必须相应降低低压涡轮效率。

在本书模型中,随着转速的降低,低压压气机和低压涡轮效率都沿着工作线(图4.2-16 和图4.2-21)以大致相同的速率下降,这种平衡看似合理。如果要提高风扇节流状态的效率,那么效率等高线将与原始的未缩放风扇特性图不再相像。此外,低压涡轮特性图中的效率等高线也与原始效率等高线不再相似。

第4章 发动机模型示例

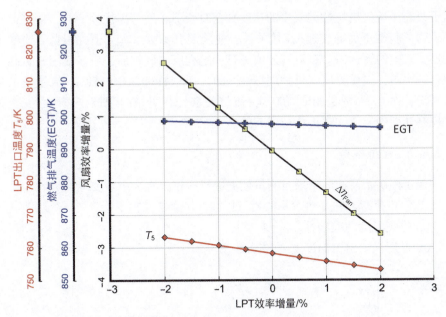

图4.2-26　SFC=11.5g/(kN·s)、F_N=60kN 的分布趋势

4.2.4.6 转速

获得正确的转速是模型校准过程的最后一步。首先详细地解释速度校准的原理。

任何压气机特性图都包含以换算转速为参数的表。在 GasTurb 特性图缩放过程中，表格中的所有转速值乘以常数因子，使得在特性图缩放点处换算转速等于 1.0。所有列表中速度参数值都代表相对换算转速。

在热力学校准的性能模型中使用特性图可得到正确的质量流量、效率和压比。只有转速值（它用于读取给定工作点的特性图）不一定是正确的，因为在真实特性图中，换算转速和换算质量流量之间的关系可能不同。为了获得正确的转速-流量特性，调整了特性图表中的转速值。

在这种情况下，查找 N_L 模型很容易，因为根据 W_{2Rstd} 和 P_{17}/P_2 的测量值就能知道风扇工作线。运行工作线并检查模拟换算转速与测量速度的偏差程度。调整列表中转速参数的值，以便与测量数据保持一致。这很简单，可以使用 GasTurb 完成。

严格地说，没有理由将风扇和增压级特性图表中的速度值修改过多，在高压压气机中可以调整的转速更大，因为高压压气机具有可变导向叶片。不幸的是，我们不知道未缩放的高压压气机特性图有效的 VGV 控制计划。CFM56-3 的 VGV 控制计划肯定是不同的，这也是转速-流量关系需要调整的主要原因。

当更改高压压气机特性图表中的速度数字时,不必感到担忧。

为了获得正确的转速-流量关系,使用混合参数 W_{25Rstd} 值并根据需要修改特性图表中的转速值。在对转速值进行一定程度的调整后,应该使用 Smooth C 检查特性图,以便与压气机物理特性一致。风扇特性图中的转速-流量关系必须平滑,而 CFM56-3 HPC 的转速-流量关系具有明显的弯折,这是由可变导叶控制计划中类似的弯折特征引起的。

4.2.4.7 模型检查

现在将初始模型的结果与测量数据进行比较。有 3 个重要标准。
① SFC 分布,它是热效率的衡量标准(图 4.2-27)。
② 排气温度的准确性。
③ 低压涡轮出口温度 T_5 的准确性。

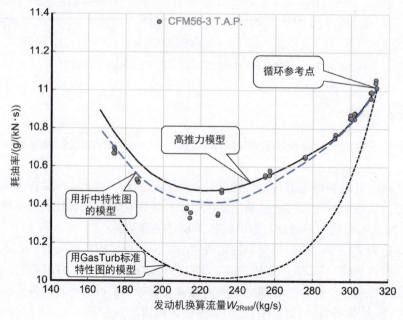

图 4.2-27　不同模型的耗油率分布

在推力值高于 53kN 时模拟的 SFC 与测量结果非常吻合。这并不奇怪,因为我们已经调整了风扇和低压涡轮效率,因此模型与高推力范围内的测量值匹配。低推力下的模拟 SFC 明显高于测量值。

当然,可以不断地调整风扇和低压涡轮效率,以获得"折中模型" SFC 分布。使用这种替代方法,可以隐含地假设图 4.2-27 中 $W_{25Rstd}=230\text{kg/s}$ 的 SFC 阶跃是由测量噪声引起的随机效应。

接下来进行第二项检查，参见图 4.2-28，图中显示了 EGT 与测量值的对比。在高换算流量下模拟非常准确，在中间范围内稍差，在低于 230kg/s 的质量流量下完全不准确——这是 SFC 产生阶跃的地方。

该模型偏差基本上与风扇和低压涡轮效率的假设无关。在图 4.2-28 的左下方，SFC 折中模型的排气温度预测与高推力模型一样差。

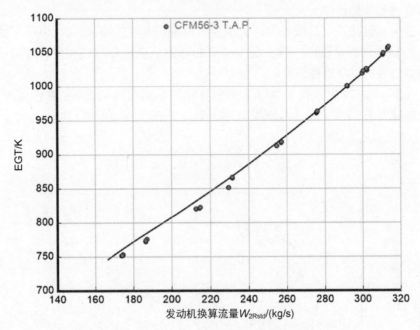

图 4.2-28　高推力与折中模型的模拟与测量的 EGT 对比

4.2.5　细化模型

到目前为止，忽略了一个有趣的参数——高压涡轮间隙控制空气的温度。图 4.2-29 显示温度比 T_{ACC}/T_3 分两步变化：W_{25Rstd} 在 230kg/s 和 270kg/s 处。这些阶跃是由 CFM56-3 发动机中 3 种涡轮间隙控制模式之间的切换引起的[6]。

在模式 1 中（核心机换算转速 $N_H/\sqrt{\theta_2}$ 在 12000~13200r/min 之间），涡轮机匣冷却空气取自高压压气机第 5 级。模式 2 的转速范围为 13200~13760r/min（W_{2Rstd} = 230~270kg/s）。在该模式中，由第 5 级和第 9 级压气机空气的混合气冷却机匣。模式 3 对应高于 13760r/min，所有机匣冷却空气来自压气机第 9 级（高压压气机出口）。

为什么要控制涡轮叶尖间隙？减小推力意味着减小转速和温度，并且在这些情况下，旋转部件的离心力和热膨胀都变小，轮盘和叶片收缩。在推力减小时，如果机匣内衬直径收缩小于叶尖直径，则叶尖间隙增加。内衬支撑结构的额外冷却减小了内衬直径并因此减小了叶尖间隙。这是非常有效的，因为相对叶尖间隙减少 1%（绝对间隙和叶片长度的比率）通常会导致效率增加 2%。

那么如何模拟 CFM56-3 的涡轮叶尖间隙控制呢？我们既不知道第 5 级和第 9 级冷却空气的量，也不知道叶尖间隙的变化。然而，可以创建一个与测量数据吻合的性能模型。

首先，创建一个基线模型，该模型在涡轮间隙控制的模式 3 中尽可能与 SFC 和 EGT 的测量数据一致。基线模型的目的是模拟发动机在没有叶尖间隙控制参与时的发动机性能。

在图 4.2-29 中，模式 2 中基线 SFC 比测量值高约 0.25%；在模式 1 中，SFC 差异为 1.35%。相应的 EGT 差异（图 4.2-30）为 2K 和 12K。

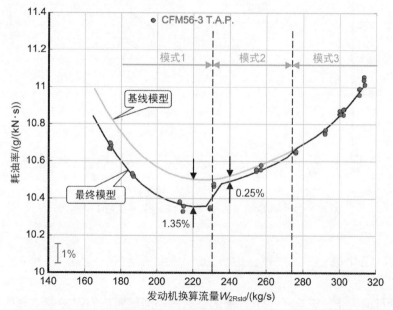

图 4.2-29　考虑主动间隙控制与不考虑主动间隙控制的耗油率分布模拟结果

使模型与测量吻合非常简单：在模式 1 中恒定的高压涡轮效率调节量为 1%，在模式 2 中为 0.2%。这些修正量同时校正 SFC、EGT 和 T_5，而此模型调整几乎不影响其他模型参数。

最终模型与图 4.2-29 和图 4.2-30 的测量结果非常一致，但图 4.2-31 中的对比看起来并不好。计算的 T_5 与给定数据的偏离量远远超过 EGT。忽略理论和测量之间的这些差异是有充分理由的：再看一下图 4.2-12，它显示了两个 T_5 传感器之间的温差。传感器温度的平均值当然不总能代表模拟预测的热力学平均值。

第 4 章 发动机模型示例

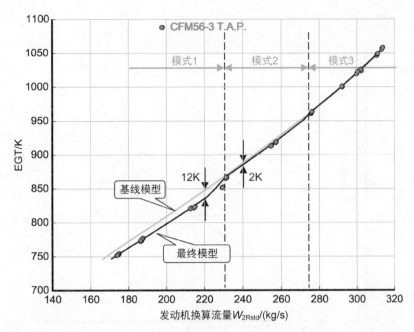

图 4.2-30 图 4.2-29 考虑主动间隙控制与不考虑主动间隙控制的 EGT 模拟结果

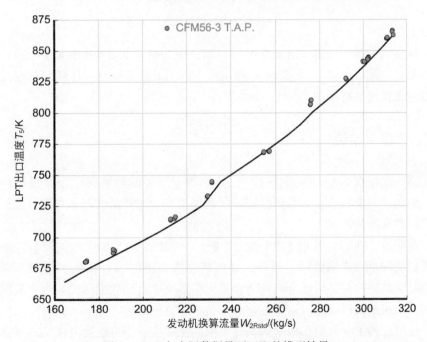

图 4.2-31 与实际数据最不匹配的模型结果

对模型的全面检查由许多具有各种参数的数字组成，其中包括推力、质量流量、转速、温度和压力。图 4.2-32 是一个典型的例子，所有参数的模拟品

· 181 ·

质基本一致。

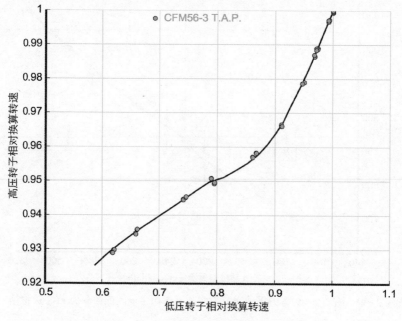

图 4.2-32 很多类似相关性的示例

顺便说一下，风扇（图 4.2-16）、增压级（图 4.2-18 和图 4.2-22）、高压压气机（图 4.2-20）和低压涡轮（图 4.2-21）的工作线和特性图都是最终模型的工作线和特性图。

4.2.6 最终结论

第一次检查 SFC（图 4.2-27），给你的印象可能是数据存在大量的离散性。你做了一个妥协，认为已经完成了建模工作。这样做也许你并没有意识到模拟的潜在准确性。

很明显，在 SFC 接近 53kN 推力（$W_{2Rstd} \approx 230$kg/s）时 1.2% 的阶跃并不是由于随机测量噪声造成的。但是，如何解释模型中的 SFC 阶跃？如果不知道涡轮叶尖间隙控制，可能会倾向于调整风扇效率，直到数据达成一致。最终会得到一个扭曲的风扇图，这是不符合压气机物理机理的。

这里选择了非常简单的模拟涡轮叶尖间隙效应。你可能会更详细地对涡轮叶尖间隙控制系统进行建模，如用不同数量的第 5 级和第 9 级空气。要注意：你对二次空气系统并不足够了解。无论你在模型中做什么工作，都只是猜测，而不是基于事实。实际上，你将创建一个更复杂的模型，而没有增加任何有价值的信息!

当计算部件工作点不在校准工作线上的工况时,模型的质量变得非常重要。例如,如果在巡航条件下运行模型,就会出现这种情况。由于外涵喷管压比较高,风扇的工作线与海平面相比会离喘振线更远。

最后一条建议:在模型开发过程中应尝试多种不同的想法,但要注意避免过于复杂的模型。当你做完时,检查添加的所有附加元素是否都是必要的。一个好的准确的模型包含基于真正理解和易于处理的元素。

4.3 F107-WR-400

F107-WR-400 是由威廉姆斯国际公司设计的用于巡航导弹的涡扇发动机。该发动机的一些性能数据是公开的。使用这些数据来校准可以预测整个飞行包线上的推力和耗油率的模型。

4.3.1 国际标准大气、海平面静止状态(ISA SLS)最大连续循环参考点

图 4.3-1 显示了 F107-WR-102 的结构,与 F107-WR-400 的结构相同。F107-WR-400 在海平面静止条件和 3 种飞行条件下的性能已在文献 [11] 中公布。大多数循环细节可用于 ISA SLS 的最大连续状态。因此,这里使用此工况作为循环参考点。

在表 4.3-1 中,排气温度(EGT)有两个值:最大额定 EGT 为 869K;保证的 EGT 高于前者 14K。第一次循环计算表明,EGT 不能是剖面图(图 4.3-1)中所示的喷管进口温度,它应该是低压涡轮出口温度 T_5。

表 4.3-1 标准海平面静止条件最大连续状态的给定数据

参 数	单 位	数 值	备 注
推力	kN	2.846	
SFC	g/(kN·s)	19.35	
空气流量	kg/s	6.17	
EGT	K	883	保证性能
N_L	r/min	33100	
N_H	r/min	63200	
燃油热值 RJ-4	MJ/kg	42.54	

第1篇 模拟任务

续表

参数	单位	数值	备注
风扇		2.1	最大设计压比
风扇+增压级		3.6	
高压压气机		3.9	
总压比		13.8	
涵道比		1	
空气流量	kg/s	6.17	最大额定值
涡轮进口温度	K	1283	
排气温度	K	869	

发动机截面
1.3 风扇出口外涵道进口
1.6 外涵道进口
2.1 风扇出口,低压压气机进口
2.2 低压压气机出口-高压压气机进口
3 压气机出口
6.0 涡轮出口

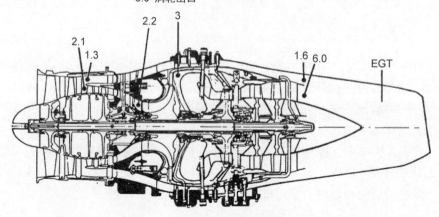

图 4.3-1 F107-WR-102 的剖面图

重新设计循环的自由度很小。风扇和离心式压气机压比是给定的,驱动这些压气机所需的功率仅随假设的效率而变化。EGT(T_5)来自给定的涵道比、T_5 和压气机所需的功率值。当正确模拟 EGT 时,计算出的推力仅取决于涡轮效率和假设的外涵道中的压力损失。

经过几次试循环计算后,假设最大额定 EGT=869K 是正确值,于是得出表 4.3-2 中列出的数据。

第 4 章 发动机模型示例

表 4.3-2　标准海平面静止条件最大连续状态 $T_5 = 869\text{K}$ 时的结果

```
          W         T         P        WRstd
Station   kg/s      K         kPa      kg/s
amb                 288.15    101.325
1         6.170     288.15    101.325              FN       =    2.84 kN
2         6.170     288.15    101.325    6.170     TSFC     =    18.2381 g/(kN·s)
13        3.085     368.46    212.783    1.661     WF Burner=   0.05182 kg/s
21        3.085     435.75    364.770    1.054     s NOX    =    0.3992
25        3.085     435.75    358.569    1.072     BPR      =    1.0000
3         3.085     683.19    1398.419   0.344     Core Eff =    0.3408
31        3.039     683.19    1398.419             Prop Eff =    0.0000
4         3.091     1283.00   1328.498   0.497     P3/P2    =   13.801
41        3.091     1283.00   1328.498   0.497     P16/P6   =    1.02759
43        3.091     1066.83   529.255             A63       =    0.01673 m²
44        3.091     1066.83   529.255             A163      =    0.01000 m²
45        3.091     1066.83   521.317    1.156    A64       =    0.02673 m²
49        3.091     869.48    196.612             XM63      =    0.46353
5         3.091     869.48    196.612    2.767    XM163     =    0.49731
6         3.091     869.48    194.646             XM64      =    0.49998
16        3.116     371.66    200.016             P63/P6    =    1.00000
64        6.206     628.98    194.849             P163/P16  =    1.00000
8         6.206     628.97    192.901    4.816    A8        =    0.02118 m²
Bleed     0.015     683.19    1398.414            CD8       =    0.94884
                                                  Ang8      =   25.00 °
Efficiencies:     isentr   polytr    RNI   P/P    P8/Pamb   =    1.90378
Outer LPC          0.8448   0.8600  1.000  2.100  WLkBy/W25 =    0.01000
Inner LPC          0.8571   0.8800  1.000  3.600  WCHN/W25  =    0.00000
HP Compressor      0.8028   0.8350  2.162  3.900  WCHR/W25  =    0.00000
Burner             0.9995                  0.950  Loading   =  100.00 %
HP Turbine         0.8545   0.8400  2.282  2.510  WCLN/W25  =    0.00000
LP Turbine         0.8651   0.8500  1.106  2.651  WCLR/W25  =    0.00000
Mixer              0.3000                         WBHD/W21  =    0.00000
                                                  far7      =    0.00842
HP Spool mech Eff  0.9900   Nom Spd   63200 rpm   WBLD/W25  =    0.00500
LP Spool mech Eff  1.0000   Nom Spd   33100 rpm   PWX       =       0.0 kW
                                                  P16/P13   =    0.9400
P2/P1= 1.0000  P25/P21=0.9830  P45/P44= 0.9850    P6/P5     =    0.9900

hum [%]    war0      FHV        Fuel
 0.0       0.00000   42.540     Generic
```

除了 SFC 低 5.8% 外，表 4.3-1 中再现了所有数据。如何能得到合适的耗油率？我们不能降低压气机效率，因为 T_5 会低于给定的 EGT 值。如果降低涡轮效率（假设效率已经非常低），那么将失去推力。增加 SFC 的唯一方法是降低压气机压比。通过一句有关压比的说法来证明这一点："最佳设计"可能意味着真实的压比略低。

接下来，进行参数研究，同时降低所有压气机压比。用因子 f 来计算，即

$$\pi = \pi_{\max} - f(\pi_{\max} - 1)$$

在非设计点，燃气发生器压气机的压比变化通常小于风扇的压比。因此，通过因子 $f/2$ 修正 HPC 的压比。

我们不知道压气机和涡轮的效率，但知道它们之间的关系。通常风扇外涵效率低于内涵效率，其原因有二：外涵马赫数更高，核心流中不存在由于叶尖间隙导致的损失；离心式压气机的效率往往低于轴流式压气机。通常，非冷却涡轮的效率高于压气机效率。由于低压涡轮轮毂与叶尖半径比较低，低压涡轮效率略高于高压涡轮效率。

尤其风扇效率不仅取决于技术水平，还取决于特性图中工作点的位置。在高换算转速 $N_L/\sqrt{T_2}$ 下，效率迅速下降，会导致 SFC 增加。SFC 随推力变化的

斜率表示风扇效率随着 $N_L/\sqrt{T_2}$ 的增加而下降的速度。

图 4.3-2 所示为发动机进口温度 T_2 一定条件下，在最大连续状态，SFC 随推力变化的曲线斜率情况。15000 英尺/马赫数 0.7 和海平面静止条件，斜率最大；海平面马赫数为 0.7，斜率最小。由此可以得出结论，在我们的循环参考点（海平面静止），风扇在其特性图的高速区域中运行。在那里，效率显著低于节流状态。

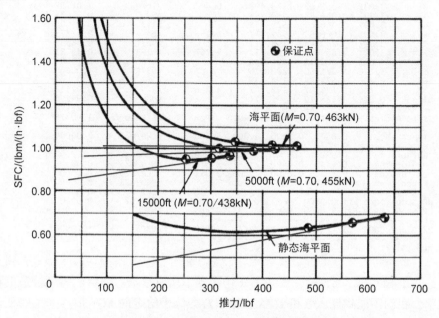

图 4.3-2　F107-WR-400 的保证性能

轴流低压压气机的设计点效率肯定比离心式高压压气机好几个点。在循环参考点（LPC 在高换算转速区域中工作），效率差别必然较小。对循环参考点的效率作表 4.3-3 所列的假设。

表 4.3-3　对循环参考点的效率进行假设

风扇进口效率	基准值
风扇出口效率	基准值-0.02
高压压气机效率	基准值-0.01
高压涡轮效率	基准值+0.01
低压涡轮效率	基准值+0.02

参数研究中改变压气机压比因子 f 和风扇内涵效率，以产生所有其他部件效率的新基准值。

图 4.3-3 显示，给定的 EGT = 869K（T_5），最大压比（$f=0$）和保证推力 F_N = 2.84kN，SFC 值被低估了 5.6%。如果通过迭代将 EGT 变为 883K，则 SFC 结果与保证性能的差异减小到 4%。部件效率差别不大，但压气机压比较低。

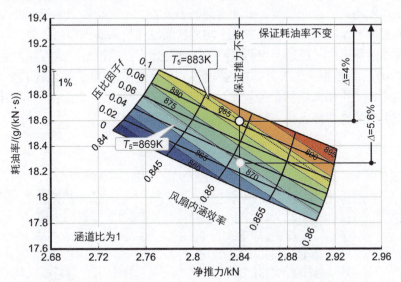

图 4.3-3　BPR = 1 时对部件效率和压气机压比的参数研究

质疑额定 EGT 和最大设计压比值，为什么不寻找更接近 SFC 匹配的机会呢？注意到涵道比正好为 1。涵道比为 1 可能是数据被取整的结果吗？如果假设涵道比比 1 略低，如 0.98，则目标 SFC 的差距缩小至 3.2%，如图 4.3-4 所示。

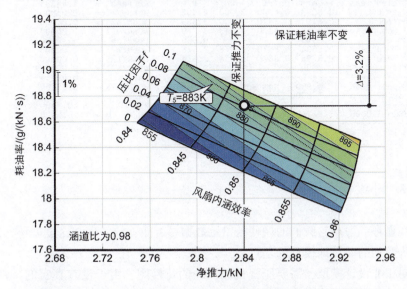

图 4.3-4　BPR = 0.98 时对部件效率和压气机压比变化的参数研究

第1篇 模拟任务

在不偏离其他给定数据更多的情况下，不可能让模拟和给定 SFC 的值完美匹配。需要一个非技术性的解释，而且确实有一个。

给定的数据为保证值。发动机制造商如何生成这些数字？制造商有一个正常新生产发动机的性能模型，必须考虑制造公差。即使是生产的最低性能发动机也能提供有保证的推力，但它比平均质量的发动机需要更多的燃料。

在性能保证中考虑这一点的最简单方法是加大燃油流量。这可能发生在获得的 F107 保证数据上。3.2% SFC 裕度覆盖生产公差看起来是合理的。因此，选择图 4.3-4 中用圆圈标记的点作为循环参考点，表 4.3-4 列出了详细信息。我们正生成的模型将表征一台标准的新生产的发动机。

表 4.3-4 循环参考点

Station	W kg/s	T K	P kPa	WRstd kg/s			
amb		288.15	101.325		FN	=	2.84 kN
1	6.170	288.15	101.325		TSFC	=	18.7384 g/(kN·s)
2	6.170	288.15	101.325	6.170	WF Burner=		0.05322 kg/s
13	3.054	366.41	203.477	1.715	S NOX	=	0.3640
21	3.116	433.72	342.774	1.130	BPR	=	0.9800
25	3.116	433.72	336.947	1.150	Core Eff	=	0.3352
3	3.116	672.54	1273.300	0.379	Prop Eff	=	0.0000
31	3.069	672.54	1273.300		P3/P2		12.566
4	3.123	1283.00	1209.635	0.552			
41	3.123	1283.00	1209.635	0.552	P16/P6		0.96924
43	3.123	1074.87	508.586		A63	=	0.01589 m²
44	3.123	1074.87	508.586		A163	=	0.01131 m²
45	3.123	1074.87	500.957	1.220	A64	=	0.02720 m²
49	3.123	883.00	199.331		XM63		0.50034
5	3.123	883.00	199.331	2.779	XM163		0.44042
6	3.123	883.00	197.338		XM64		0.50000
16	3.085	369.58	191.268		P63/P6		1.00000
64	6.208	637.77	192.966		P163/P16		1.00000
8	6.208	637.77	191.036	4.898	A8	=	0.02155 m²
Bleed	0.016	672.54	1273.300		CD8		0.94836
					Ang8		25.00 °

Efficiencies:	isentr	polytr	RNI	P/P			
					P8/Pamb		1.88538
Outer LPC	0.8093	0.8270	1.000	2.008	WLkBy/W25	=	0.01000
Inner LPC	0.8193	0.8470	1.000	3.383	WCHN/W25	=	0.00000
HP Compressor	0.8058	0.8370	2.043	3.779	WCHR/W25	=	0.00000
Burner	0.9995			0.950	Loading	=	100.00 %
HP Turbine	0.8694	0.8570	2.078	2.378	WCLN/W25	=	0.00000
LP Turbine	0.8798	0.8670	1.054	2.513	WCLR/W25	=	0.00000
Mixer	0.3000				WBHD/W21	=	0.00000
					far7		0.00865
HP Spool mech Eff 0.9900		Nom Spd	63200 rpm		WBLD/W25	=	0.00500
LP Spool mech Eff 1.0000		Nom Spd	33100 rpm		PWX		0.0 kw
					P16/P13		0.9400
P2/P1= 1.0000 P25/P21=0.9830 P45/P44= 0.9850					P6/P5		0.9900
hum [%] 0.0	war0 0.00000	FHV 42.540	Fuel Generic				

4.3.2 非设计点模型

在循环参考点，我们的循环与给定数据尽可能一致。冻结这个循环，并使其成为我们的非设计模型的基点。

对于非设计模拟，需要压气机和涡轮的特性图。由于没有真实的特性图，必须虚构它们，也即缩放类似的压气机和涡轮特性图，使它们在特性图缩放点处与循环参考点完美地吻合。问题是将这个特性图缩放点放在未缩放的特性图中哪个位置上。

从早期的讨论中，知道必须将这一点放在压气机特性图的高换算转速区域，其中效率随着换算流量的增加而降低。通过这种选择，当对海平面静止条件减少推力时，可以提高效率。SFC 将在高功率范围内降低——这就是需要将模拟与图 4.3-2 中的给定数据进行协调一致的地方。

通过反复试验找到了放置特性图缩放点的最佳位置。在高功率区域获得 SFC 的良好匹配并不困难。进一步远离循环参考点，可能需要根据换算转速修改压气机特性图中的效率。

高推力范围内的 $SFC=f(F_N)$ 的斜率与涡轮特性图中的缩放点的位置无关。只需将其放置在高效率区域的 100% 换算转速线上或附近即可。

当模拟的 SFC 与海平面静止条件的给定数据匹配时，还要在其他飞行条件下检查 SFC。图 4.3-5 中的圆圈表示图 4.3-2 中给出的数据。两个图中的推力值相同，只有单位不同。图 4.3-2 中保证 SFC 转换为一台正常新生产发动机的 SFC——降低了 3.2%。

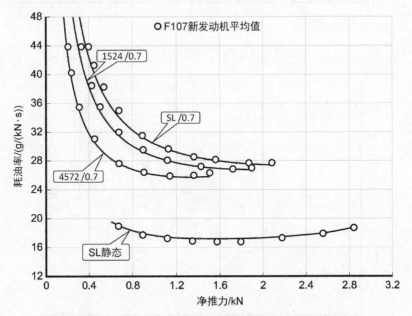

图 4.3-5　给定数据（圆圈）与模拟数据（直线）的对比

在 F107-WR-400 的情况下，很容易在模型和给定数据之间获得良好的一致性，因为飞行条件相差不远。

接下来的 3 个图显示了 F107-WR-400 型号的部件特性图。在风扇图（图 4.3-6）中，看到了飞行马赫数对工作线位置的影响。在 HP 压气机的特

第1篇 模拟任务

性图中,所有工作线几乎都重叠在一起,见图 4.3-7。高压涡轮特性图不值得展示,因为沿着短工作线的效率几乎是恒定的,所有工作线都会重叠。低压涡轮特性图中的工作线较长,但效率变化不大(图 4.3-8)。

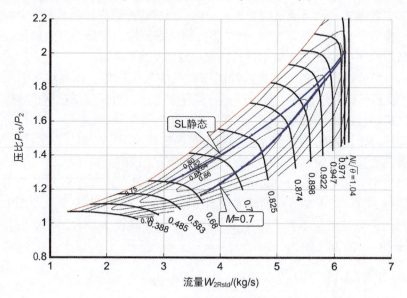

图 4.3-6 风扇特性图中的工作线

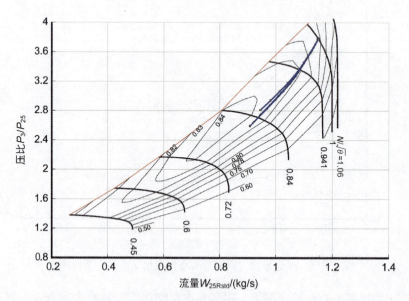

图 4.3-7 高压压气机特性图中的工作线

有了正确的耗油率,但这还不够。此外,还需要一个功率控制模型。我们知道 4 种飞行条件下的额定最大连续状态推力,虽然并不多,但可以充分利用

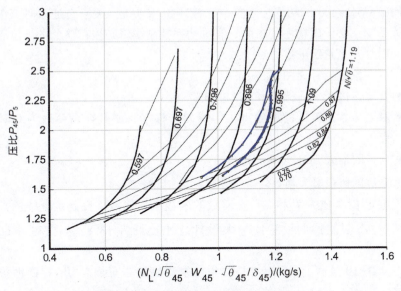

图 4.3-8 低压涡轮特性图中的工作线

这条信息。

以这样的方式运行我们的模型，它在 4 个额定状态下产生精确的额定推力。在图 4.3-9 中绘制了生成的 4 个额定状态下的 EGT 随 T_2 的关系。注意到飞行马赫数为 0.7 的 3 个试验点完全呈线性关系。海平面静止条件下 EGT 明显更高。

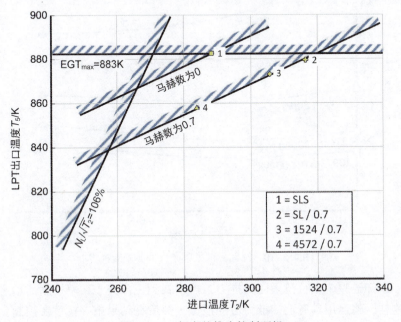

图 4.3-9 假定的推力控制逻辑

第1篇 模拟任务

F107-WR-400 的功率控制是一个液压机械系统。关于它是如何工作的我们一无所知,必须虚构一些东西。假设功率控制逻辑必须在整个飞行包线上工作,同时与 4 个给定的推力点一致。

用以下限制器补充图 4.3-9:
- 直线连接 3 个马赫数为 0.7 的试验点;
- 对于马赫数较低的试验点,将线向上移动,使其在马赫数为 0 时穿过点 1;
- 允许的最大 EGT 为 883K;
- 允许的风扇最大换算转速 $N_L/\sqrt{T_2}$ 为 106%。

使额定 EGT 成为 T_2 和飞行马赫数的函数是现代数字控制系统中的常见做法。$N_L/\sqrt{T_2}$ 限制器的设置使最大设计总压比约为 13.8,如文献 [11] 中所述。

图 4.3-10 显示了国际标准日新生产发动机的非安装推力。在高海拔和低马赫数下,推力受到 $N_L/\sqrt{T_2}$ 的限制,在其他飞行情况下,它受到 EGT 控制计划的限制。

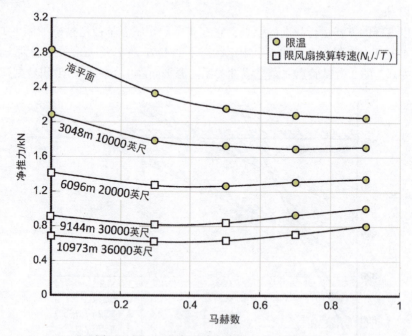

图 4.3-10 国际标准大气条件的非安装推力

如果知道整个飞行范围内的推力,可以找到更多关于功率控制的信息。如果是这样,将运用具有已知推力值的模型,然后在结果中寻找潜在控制参数之

第 4 章 发动机模型示例

间的相关性。当然，$N_L/\sqrt{T_2}$、N_H 和 EGT 存在限制关系。正如在此假设的那样，后者可能是 T_2 马赫数的函数。最大 EGT 可以是固定值，而推力根据飞行器的需求进行调整，并且为发动机压比设定控制计划。

重新设计过程始终包含以下步骤：
① 选择并对循环参考点建模；
② 将非设计模拟调整到已知的 SFC 数据；
③ 寻找假设的推力控制逻辑。

当任务是使用加力燃烧室模拟发动机的性能时，首先对发动机不加力情况进行建模。在找到适合飞行条件最大不加力运行条件后，处理加力燃烧室性能。加力 SFC 主要取决于发动机内气流流量、加力燃烧室进口和出口温度。加力燃烧室效率起次要作用，除了在非常高的高度和低飞行马赫数（飞行包线中著名的左上角）下的低效率。

参 考 文 献

[1] Ashwood, P. F.: The uniform engine test programme. AGARD-AR-248 (1990)

[2] Bloomer, H. E., Miller, R. R.: Preliminary altitude performance of the J57-P-1 turbojet engine with fixed-area exhaust nozzle. NACA RM SE54D30 (1954)

[3] Kurzke, J.: How to create a performance model of a gas turbine from a limited amount of information. ASME GT2005-68537

[4] Lippett, D., Woollatt, G., Ivey, P. C., Timmis, P., Charnley, B. A.: The design, development and evaluation of 3D aerofoils for high speed axial compressors. Part 1: test facility, instrumentation and probe traverse mechanism. ASME GT2005-68792

[5] CFMI correlation report of TAP air Portugal for CFM56-3 ENGINE. Prepared by P. Compenat and F. Trimouille Approved by R. Mouginot (Oct. 1991)

[6] CFMI. CFM56-3 engine shop manual—Engine test—Test 003—Engine acceptance test task 72-00-00-760-003-0 (2011)

[7] Freeman, C.: Method for the prediction of supersonic compressor blade performance. J. Propul. 8 (1) (1992)

[8] Lippert, D., Woollatt, G., Ivey, P. C., Timmis, P., Charnley, B. A.: The design, development and evaluation of 3D aerofoils for high speed axial compressors ASME GT2005-68792 (2005)

[9] http://www.air.flyingway.com/books/engineering/CFM56-3/ctc-142_Line_Ma intenance.pdf

[10] Baran, A. J., Dunn, M. G.: The response of an F107-WR-102 engine to "Most Probable" Nuclear Dust Environment (U) Defense Nuclear Agency Technical Report DNA-TR-93-111, July 1993, Declassified July 2010 http://www.dtic.mil/dtic/tr/fulltext/u2/c050749.pdf

[11] http://www.alternatewars.com/SAC/F107-WR-400_Turbofan_PCS_-_October_1984.pdf

第5章 基于模型的性能分析

燃气涡轮发动机运转过程中，控制器需要测量转速、燃油流量、压力、温度等参数，除这些必要的参数外，可能还会额外测量部分参数，以辅助分析发动机的整体性能和健康状态。发动机研发试验过程中将会测量成百上千个温度和压力参数。

转速、压力、温度是用于测试分析的原始数据，用来回答诸如部件试验性能如何、是否与预期一致、整机性能换算到标准日会是怎样的等问题。

有两种分析试验数据的方法。传统的方法是用试验测量值计算耗油率、部件空气流量、压比、效率和流动损失。计算之前需了解空气系统及其相应损失。传统分析方法可以得到国际标准大气条件下的换算部件性能和整机性能数据。

试验结果与理论性能或研发目标的对比是工程师们的工作。但问题在于，单独分析压气机效率这个参数并没有多大意义。假如压气机试验效率为0.845，这个试验结果的优劣取决于发动机工作点，如图5.1-1所示。

工程师将压气机试验结果与性能计算结果对比分析以评定压气机性能是否优于预期。然而，只有当试验中的空气系统和其他细节与性能计算程序完全一致时，此种试验分析方法才有效；否则压气机工作线的计算值与试验值会不一致，此时需要额外的工作来使试验分析方法和性能计算程序相互兼容。

基于模型的性能分析将试验分析与性能计算整合为一个程序。该方法首先必备的是被试发动机的性能模型。使用与真实试验时相同的发动机进气条件和指令输入运行模型进行性能分析。在特定的试验分析模式下，程序求解部件特性的修正值以使计算结果和测试结果一致。模型调整因子的大小即为真实的部件性能测试结果，可以得知被试发动机优或劣于预期。

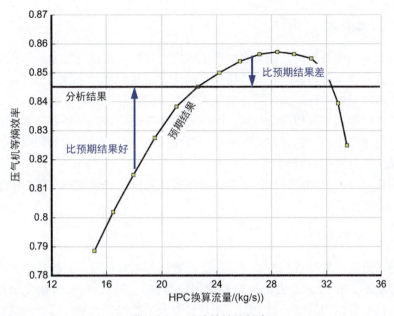

图 5.1-1　试验结果的判读

5.1　综合分析方法

基于模型的性能分析也被称为"综合分析",简写为 AnSyn。"综合"是指两个或者多个事物融合形成新的事物,或者也指通过人工手段创造新的事物。

发动机性能计算程序计算压气机、涡轮、燃烧室、喷管、管道、空气系统等各部件的性能后得到整机性能。它是发动机性能综合程序。在试验分析模式下,该程序将计算值与测量值进行匹配求解。

5.1.1　模型

即使只有少量的发动机数据,也可建立一个有用的发动机模型。第 3 章讲解了如何建模,第 4 章展示了模型的应用。发动机模型尽可能模拟发动机的各种细节,甚至包含许多工程经验。因部件性能简化或试验数据缺失等原因,发动机模型均包含一些假设值。模型的置信度将影响基于模型的试验分析结果。

5.1.1.1 细化度

涡喷发动机基本的性能综合模型用压气机和涡轮特性计算主流道性能、量化管道和燃烧室压力损失,并考虑喷管的流量系数和推力系数。空气系统和外部齿轮箱的功率消耗经简化后也会代入主流道的计算。

若将模型用于分析飞行数据,则应考虑更多的细节。功率提取和座舱引气等很容易计算模拟。雷诺数的影响很难量化,但不可或缺。主动间隙控制的影响可简化为对效率的影响。

不要对一个只知道原理但不知道具体数据量级的现象建模。简单模型便于理解,也便于求解。

5.1.1.2 模型校验

用一组最可靠的数据校验模型。这组数据可来自试验台校验报告,类似本篇第 4 章 4.2 节 CFM56 发动机建模使用的数据。然而,待分析的发动机硬件常常与校验模型用的发动机不同,此时需要根据工程经验来尽可能调试模型。

5.1.2 数据预处理

基于模型的性能分析是一个多维迭代的数学求解过程。如果程序输入的原始数据不合理,则数值求解不收敛。为了避免这种情况,在性能分析之前应对原始数据进行一次完整的检查。

5.1.2.1 标准日条件的数据换算

有些原始数据错误很容易分辨,如发动机内部压力探针的测量值等于环境压力。将原始数据换算到标准日条件,画出其与压比 P_3/P_2 或换算转速的关系曲线,可判别另外一些可疑的测量值。画出 $N_H/\sqrt{\theta_2}$ 与 $N_L/\sqrt{\theta_2}$ 的关系曲线也是一种不错的验证方法。

综合分析方法并不要求输入值必须为标准日数据,可以是任意进气条件下的测量数据。若输入值为标准日数据,则方便与之前获取的数据进行对比。

5.1.2.2 对比测量值与模型计算值

试验过程中让模型并行计算是很方便的。模型的工作点由实际进气条件和某个测量值定义。燃油流量、发动机压比、低压转速均可作为模型的控制参数。所有测量值在一定误差范围内应与模型计算值一致。可疑的测量值很容易甄别,明显错误或者缺失的数据可由综合分析方法的计算结果代替(图 5.1-2)。

第 5 章 基于模型的性能分析

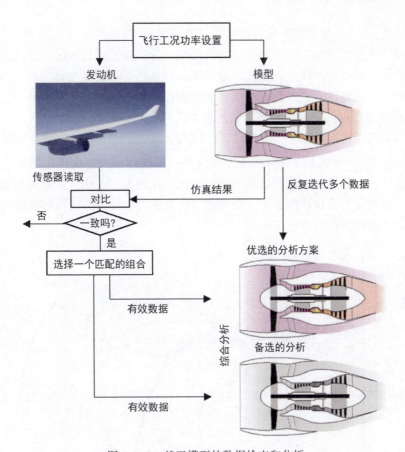

图 5.1-2 基于模型的数据检查和分析

5.1.3 综合分析因子的定义

综合分析因子表征模型计算值与试验测量值的偏差程度。综合分析因子为 1.0 意味着模型计算值与试验测量值完全一致。效率综合分析因子大于 1.0，意味着部件试验效率优于模型计算值。

以上是一个简要的介绍，如何精确定义综合分析因子以及如何计算，压气机和涡轮各有不同的定义方式和计算方法。

5.1.3.1 压气机

假设测量得到压气机进、出口的总压和温度、转速、实际空气流量。由此可以计算得到压比 P_3/P_2、换算空气流量 W_{2Rstd}、换算转速 $N/\sqrt{\theta_2}$ 和效率。在压气机特性图上，P_3/P_2 和 W_{2Rstd} 确定了 M 点的位置（图 5.1-3）。等换算转速

线 $N/\sqrt{\theta_{\text{map}}}=0.9$ 与实测压比和换算空气流量不一致。

特性图与实测结果存在差异，如何用综合分析因子量化压比、空气流量和效率的偏差程度呢？M 点的位置已经确定，特性图等转速线上与之对应的点在哪里呢？可以选择 P 点，该点的压比和实测压比相等，然后计算实测空气流量与 P 点理论空气流量之间的综合分析因子。

若实测压比不小于 11.1，则综合分析因子的定义将失效。因为等换算转速线 $N/\sqrt{\theta_{\text{map}}}=0.9$ 上没有与此压比对应的点。或许可以定义压比的综合分析因子来比较在测量的换算流量下的两个压比。在图 5.1-3 中，这种方法也不能实现，因为等换算转速线上不存在此空气流量的点。必须为这两种极限情况寻找一个新的解决途径。

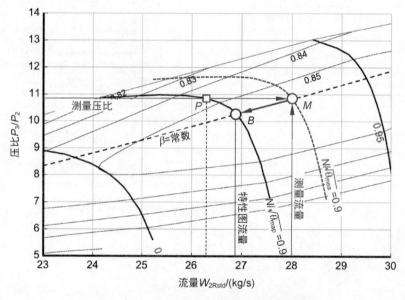

图 5.1-3　压气机特性图上的测量数据

GasTurb 对比同一条 β 线上的实测点 M 和名义点 B。因 β 线没有物理意义，所以部分人认为此种途径不合适。然而请记住，引入 β 线的主要目的是规避非设计点性能计算时的数值求解困难。

如果将 β 线近似定义为等单位功 $\Delta H/U^2$，则赋予了 β 线一定的物理意义。用 Smooth C 程序处理压气机特性图时可以清楚地看到，β 线是二次曲线。

定义空气流量综合分析因子定义为

$$f_{\text{W2Rstd}} = \frac{\left(\dfrac{W_2 \sqrt{\theta_2}}{\delta_2}\right)_M}{\left(\dfrac{W_2 \sqrt{\theta_2}}{\delta_2}\right)_B} \tag{5.1-1}$$

空气流量综合分析因子 f_{W2Rstd} 又叫作流通能力因子。不需要定义压比综合分析因子，因为测量值与特性图的压比差异隐含在 β 线中。

效率综合分析因子计算为

$$f_{e23} = \frac{\eta_M}{\eta_B} \tag{5.1-2}$$

5.1.3.2 涡轮

以类似压气机综合分析因子的定义去定义涡轮综合分析因子似乎是合理可行的。然而，这种方式并不是一个好的选择，涡轮特性图上测得的换算空气流量的微小变化会导致效率的读取产生较大的偏差（图5.1-4）。最终导致效率综合分析因子大的散布。

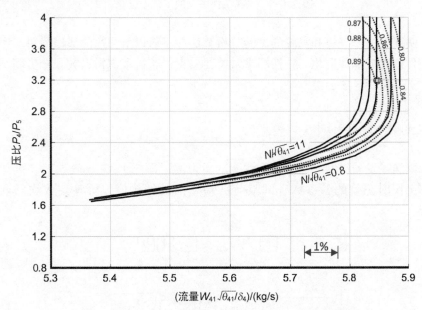

图 5.1-4　应用于涡轮特性图的压气机综合分析方法

为解决这个问题，用压比和换算转速来定义工作点在涡轮特性图上的位置（图5.1-5）。压比和转速的散布只会引起效率的微小变化。换算流量综合分析因子（即涡轮流通能力）和效率综合分析因子精确地描述了计算值与测量值之间的偏差。

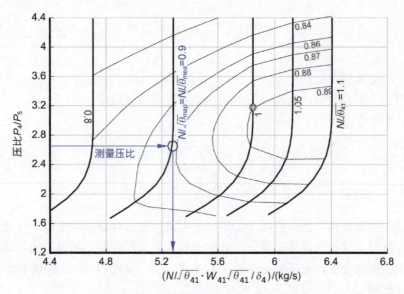

图 5.1-5 涡轮特性图上的工作点位置

实际上，压气机和涡轮的试验分析算法并不像以上描述的那样简单。考虑到硬件修改或部件退化，特性图常常需要修正。若再考虑雷诺数和叶尖间隙影响，试验分析算法会更复杂。

5.1.4 一个简单的分析案例

以涡喷发动机的一次海平面性能试验为例（图 5.1-6）。表 5.1-1 列出了稳态工作时测量的各参数。试验前已知燃油的低热值，所有参数均已通过检查。

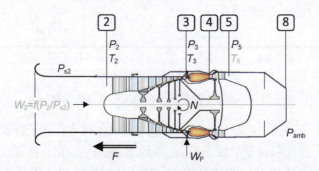

图 5.1-6 涡喷发动机截面命名

第5章 基于模型的性能分析

表 5.1-1 海平面试验台的测量数据

参 数	单 位
空气流量 W_2	kg/s
转速 N	r/min
进气总温 T_2	K
进气总压 P_2	kPa
压气机出口总温 T_3	K
压气机出口总压 P_3	kPa
燃油流量 W_F	kg/s
涡轮出口总压 P_5	kPa
环境压力 P_{amb}	kPa
推力 F	kN

进行基于模型的试验分析时，在非设计点模式下运行综合分析程序。此过程需要对多个变量进行多维迭代。非设计点开始迭代计算时各变量均为猜想值。在耦合分析程序中，可以用模型校验结果作为各迭代变量的猜想值（图 5.1-2）。运行综合分析程序时以实测转速 N、压气机实际进气条件 T_2 和 P_2 以及环境压力 P_{amb} 作为模型的输入量。

在试验分析模式下，用实测参数计算压比 P_3/P_2、换算空气流量 W_{2Rstd} 和压气机效率 η_{23}。用压气机流通因子 f_{W2Rstd} 和效率因子 f_{e23} 建立模型与压气机测量值的关系。

进入燃烧室的空气流量 W_3 等于压气机空气流量减去空气系统所需的冷却空气流量。燃油释放的热量形成燃烧室出口温度 T_4，考虑燃烧室压损后得到涡轮进口压力 P_4。涡轮压比是涡轮进口压力 P_4 计算值与涡轮出口压力 P_{5m} 的比值。由 P_4/P_{5m} 和涡轮功（压气机功和齿轮箱功之和）可得涡轮效率 e_{4-5}。读入以换算转速 $N/\sqrt{T_4}$ 和压比 P_4/P_{5m} 为坐标系的涡轮特性图后可计算得到涡轮的流量综合因子 f_{W4Rstd} 和效率综合因子 f_{e45}。涡轮的出口条件是总温计算值 T_5 和总压测量值 P_{5m}。

通过涡轮出口支板和整流锥模型计算得到喷管进口空气流量 W_8、总压 P_8 和总温 T_8。然后由喷管空气流量 W_8 和压比 P_8/P_{amb} 可计算得到喷管喉道面积 A_{8req}。喷管喉道面积 A_{8req} 和模型喉道面积 A_8 之比为喷管面积综合分析因子 f_{A8}。最后，测量推力与计算总推力之比即为推力的综合分析因子。基于模型的试验分析计算直观且简明。

5.1.5 缺少测量值和增加测量值的处理

并不是每一次涡喷发动机性能试验均能提供综合分析程序试验分析模式下所需的所有输入参数。如果发动机空气流量 W_2 缺失怎么办？发动机排气温度测量值（EGT=T_5）可用吗？

这里有几种途径可求解发动机空气流量。如果压气机特性图可信，则可将空气流量 W_2 作为迭代变量以使压气机流通因子 $f_{\text{W2Rstd}}=1.0$；或者，迭代 W_2 以使涡轮流通因子 $f_{\text{W4Rstd}}=1$。还可以将喷管流量系数和喷管喉道面积作为迭代目标。

也可以用排气温度（EGT）来推算空气流量。在本书理论中，无需仔细核对 T_5 理论值。如果核对，很可能会发现排气温度 EGT 的理论值和测试值存在偏差。导致温度偏差的原因很多，其中之一就是空气流量测量误差。

如何通过 EGT 来求解空气流量呢？将发动机视作一个黑箱，并应用热力学第一定律。同时忽略与环境的热量交换、功率提取、引气和泄漏。有两种能量进入黑箱：一种是 W_2 的空气，总焓为 $H_2=h(T_2)$；另一种是燃油，能量为 $W_F \cdot \text{FHV}$。流出的唯一能量为排气，其流量为 $W_8=W_2+W_F$，总焓为 $H_8=h(T_8)=h(T_5)$。在式（5.1-3）的能量平衡方程中，焓被表达为温度的函数，该方程式适用于燃油低热值有效的情况，一般为 25℃。

$$W_2 H_2 + W_F \text{FHV} = (W_2 + W_F) H_8 \tag{5.1-3}$$

已知燃油流量、燃油低热值 FHV 和排气温度 $T_8=T_5$，则能量平衡方程中 W_2 只有唯一解。

如果 T_3 传感器失效怎么办呢？可将压气机效率作为迭代目标（或假设压气机试验效率比理论效率低 2%），迭代输入参数 T_3 以使效率综合因子为 1.0（或 0.98）。

如果缺少 P_5 测试值，可迭代 P_5 输入值，使喉道面积综合因子 $f_{A8}=1.0$。基于模型的试验分析程序是一个很灵活的工具，测试值缺失或错误的情况下该工具仍可用。

预先定义好测试值列表有利于试验分析。若已知程序所需的测试值，则无需修改非设计点匹配的标准算法。简单来说，可选用以下几种方法来求解空气流量计算值：W_2 测试值；涡轮流通能力计算方法；EGT 计算方法。

若程序所需的测试值缺失或错误，则需修改非设计点匹配的标准算法。此种情况下，需利用工程经验来处理缺失或错误的测试值。即使只有很少的测试值，基于模型的试验分析程序仍适用。

5.1.6 综合分析与优化

测试值不可能完全准确。每个测试值均有不确定度（表 5.1-2）。性能分析程序所需的测试值和硬件信息也不例外。分析结果的不确定度取决于采用的方法。

表 5.1-2 测量不确定度

参 数	不 确 定 度
压力	±0.5%
总温	±1.5K
转速	±0.1%
空气流量	±0.5%
燃油流量	±0.5%
燃油热值	±0.5%
推力	±1%
轴功	±1%
可调结构	±0.1%~0.5%

在分析示例中，空气流量的计算结果取决于计算方法。可用钟形口上测量的总压和静压计算 W_2，也可用涡轮流通能力来计算，还可用基于排气温度测试值 EGT 的热平衡法。无论选择这 3 种方法中的哪一种，都会发现计算结果之间存在差异。如果相信涡轮流通能力算法求得的空气流量计算结果，则该结果将会与基于钟形口压力的结果存在差异，EGT 计算值将与测试值存在差异。

3 种不同的求解方法得到 3 个空气流量计算结果，如何平衡这个结果呢？一种解决办法是通过测试值与模型计算值的偏差的加权和 $\sum_{\text{dev}}$，在数值优化的过程中以加权和为指标来寻求一个妥协后的 W_2 计算值，即

$$\sum_{\text{dev}} = f_B |W_2 - W_{2m}|^n + f_T \left| \frac{W_4 \sqrt{T_4}}{P_4} - \left(\frac{W_4 \sqrt{T_4}}{P_4} \right)_m \right|^n + f_{\text{EGT}} |T_5 - T_{5m}|^n$$

(5.1-4)

权重因子 f_B、f_T 和 f_{EGT} 分别反映喇叭口空气流量、涡轮流通能力和 EGT 测试值的置信度。

如果我们的模型很完美并且测试值很准确，那么数值优化将得到一个最可信的空气流量。模型计算值与测试值之间的差异将会很小。然而，万一这 3 个测试值中的某一个完全错误，如涡轮流通能力测试值，那么妥协后 W_2 计算值

将会怎样呢？优化算法会寻找加权和 $\sum_{dev}$ 的最小值。解决方案不会由两个小的偏差（钟形口和 EGT）和一个大的涡轮流通能力偏差组成。此时取得加权和 $\sum_{dev}$ 最小值时的 3 个权重因子将会比测试值和模型都准确时的权重因子大很多。涡轮流通能力的测量误差将会传递到发动机各部件，并掩盖该问题的根本原因。

此时的解决办法是每一次只用一个测量值进行求解。空气流量将会得到两个相近值和一个偏离值，试验分析也将简化。

5.1.7 综合分析因子的应用

5.1.7.1 国际标准大气换算

将试验结果换算至标准大气条件，更方便与其他发动机试验结果或验收试验规范作比较。需要回答的基本问题是：如果试验是在标准日条件下进行的，整机性能会是怎样？这个问题不仅适用于地面台，地面台的高度和大气条件即为进气条件。同时，该问题还适用于高空台（ATF）试验，由于设备限制，发动机进气截面条件或背压并不与设定值完全一致。

基于模型的试验分析，将试验结果换算到标准大气非常容易。得到的综合分析因子是模型的一部分。设定与测量相同的转速以及标准进气条件，运行校准后的模型即得到标准大气条件下修正后的性能。

基于模型的性能修正尽量保持发动机内部各截面马赫数与试验时完全一致。然而，这种理论目标并不能完全实现，因为各种微小影响使试验性能和标准大气条件下修正后性能之间的马赫数不能精确相似。这些微小影响包括齿轮箱阻力、燃油、油泵和液压泵功率提取、燃气属性变化以及雷诺数影响等。

5.1.7.2 排气温度裕度

商用发动机的最大额定功率被限制在一定的环境温度，即最大标定温度或拐点温度。该温度常被表达为相对于标准大气温度的形式，如 ISA+15℃。当进气温度低于该值时，发动机控制器保持推力恒定；当进气温度高于该值时，保持涡轮进口温度恒定。排气温度裕度是红线温度（允许的最大排气温度）与海平面最大标定温度条件下发动机起飞时所测得的排气温度之差。

排气温度裕度很容易计算：在海平面 ISA+15℃ 及起飞功率（发动机压比（EPR）以 N_L 控制）条件下运行模型。对比模型的 EGT 计算值与允许的红线 EGT；EGT 红线与 EGT 的差值即为 EGT 裕度。这个裕度描述了被试发动机的质量，就像用耗油率衡量热效率一样。

5.1.7.3 额定功率

商用发动机的额定功率为环境温度达到官方宣称的起飞或最大连续状态时的最大额定温度时发动机所提供的功率。军用中间状态和全加力状态的额定功率相等。然而，战斗机的推力与运输机不同；没有最大额定功率。定义功率的控制参数（发动机压比、转速、排气温度等）常常被作为发动机进气温度 T、高度和飞行马赫数的函数。军用发动机的额定功率常常是相对标准日而言的。

控制系统常常会限制达到预定的标准日换算转速。若试验时环境温度高于标准日温度，则限制涡轮出口温度。用标准日试验数据推导额定性能更为简单、直接。经分析程序第一步中的测量数据校准过的模型，在额定功率和标准日进排气条件下运行即得到额定性能。

当然，试验过程中与名义值不同的所有细节都可以纳入考虑，如引气和功率提取。甚至计划进行的硬件修改影响也可以考虑。在性能分析与性能计算之间可以顺利切换，这是用过去燃气涡轮发动机试验数据分析方法所不能实现的。

5.2 综合分析因子在发动机研发中的应用

试验的主要目的是了解新型发动机的具体表现。性能分析结果需要与部件、整机的研发目标进行对比。部件设计者一般只关注部件性能。对部件进、出口所测参数的理解常常会有偏差。所以，基于部件专家分析结果的性能模型计算得到的 SFC 比试验值更好也不足为怪。

性能工程师需要在部件性能分析结果与整机性能（由实测推力和耗油率决定）之间进行权衡。如果整机性能不好，哪个部件该改进？为了回答这个问题，需要在各截面布置大量精确的压力、温度测量点。

在压气机或涡轮的下游位置，压力和温度在径向和周向上均有变化。为了在截面上获得具有代表性的试验值，需要布置很多传感器。图 5.2-1 所示为小涵道比涡扇发动机低压涡轮出口处 4 支压力测量耙 20 个测点的分布。4 支测量耙在轮毂和叶尖处的压力实测值均小于截面平均值。未测得壁面边界层内的总压。

为什么需要多支测量耙？理论上周向的流场应该均匀，但实际并非如此。图 5.2-2 所示为涡轮出口导向叶片的总压尾迹。当测量耙上的测量点位于这样的尾迹中，压力测量点的平均值会低于截面真实的平均值。在决定测量耙的周向位置时需要考虑压力场的分布。

第 1 篇　模拟任务

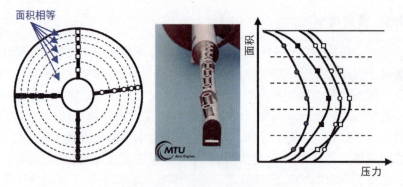

图 5.2-1　用测量耙测量压力

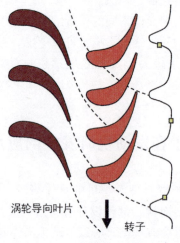

图 5.2-2　涡轮下游的总压分布

5.2.1　传感器检查

　　传感器测量值的检查可以分为 3 步。第一步为"范围检查",剔除明显错误的测量值。压气机出口某压力测量点等于环境压力,因为测量点所接的压力管破裂。所以在图 5.2-3 中判断出坏点 A。第二步为"粗糙过滤",计算剩余 19 个测量点（排除 A 点之后）的平均值,找出粗糙过滤误差带之外的测量点。所以,找到了可疑测量点 B。第三步为"精细过滤",这一步基于等环测量点的平均值。发现测量点 C 的数值太大,并在之后的分析中排除该测量点。最后,用等环的平均值来代替这 3 个坏点。

第 5 章 基于模型的性能分析

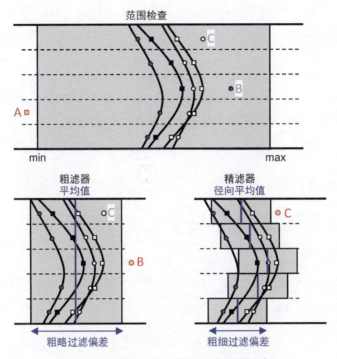

图 5.2-3 粗略过滤和精细过滤的范围检查

如图 5.2-4 所示,如果壁面压力不均匀,则机匣壁面静压很难获得。为了得到一个代表性的测试值,需要几个测量点来交叉检验,并计算其平均值。

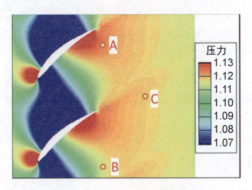

图 5.2-4 机匣上的静压分布

发动机试验的性能分析基于成百上千个仔细检查后的温度和压力测量值。我们期望用这些测量值拼凑出一幅连续的发动机内流图。然而,将整机性能问题分派给各个部件时仍旧困难重重。在这些似乎矛盾的测量值之间妥协取舍的唯一途径就是基于模型的性能分析。

5.2.2 试验分析

图 5.2-5 展示了 EJ200 发动机主要性能测量点的布置。蓝色的压力和温度用测量耙测量，其他测量值至少用两个单点探针测量。如果将空气系统的测量点也包括在内，则将会有多达 500 个测量值用于性能分析。

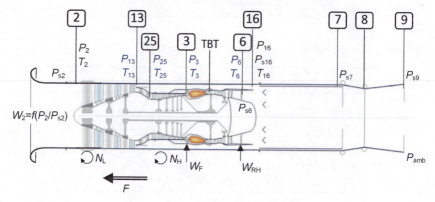

图 5.2-5　在研发动机的测量布局

除燃烧室出口（截面 4）、低压涡轮进口（截面 45）和喷管进口（截面 8）外，所有主要气动截面均测量了总温和总压测量点。此外，还获得了高压涡轮转子叶片温度 TBT（用光学探针测量）和静压 P_{s6}、P_{s16}、P_{s7}、P_{s9} 等参数。

在这种情况下，有几个方法来计算涵道比。可用高压涡轮流通能力方法或将核心机出口温度 T_6 测量值代入热平衡方程。也可用高压压气机流通能力方法或低压涡轮流通能力方法。核心流流通能力方法分析得到的涵道比和涡轮进口温度会有微小差异。在不同分析结果之间进行取舍是性能分析团队的任务。因此，必须好好利用部件试验台结果、空气系统分析结果和测量不确定度等所有相关信息。

5.2.3 模型提升潜力

很多情况都需要性能模型。性能模型最重要的用途之一就是量化通过修改硬件可得的发动机性能提升潜力。若要进行一个有利的硬件修改和试验验证，则模型的质量很重要。需要回答：这种硬件修改能成功吗？

如果不成功，原因是什么？是硬件修改效果不明显还是没测量到？试验具有连续性吗？又或者发动机的其他修改（非性能分析人员所致）抵消了这种效果？还是模型预测结果太乐观？

第 5 章 基于模型的性能分析

精确的性能预测需要一个基于物理现实的模型。空想无益，不断地提高模型质量才是正确道路，尤其是模型预测失败的时候。对所选参数进行作图有助于发现模型预测不正确的原因。例如，图 5.2-6 所示为 EJ200 涡扇发动机高空模拟试验结果。画出了 3 个试验点的高压压气机综合分析因子随相对换算转速的变化趋势。试验点 SLS 和 36000 英尺/0.7 有很明显的变化趋势。低转速时模型预测的高压压气机效率偏低，高转速时模型预测的高压压气机效率偏高。

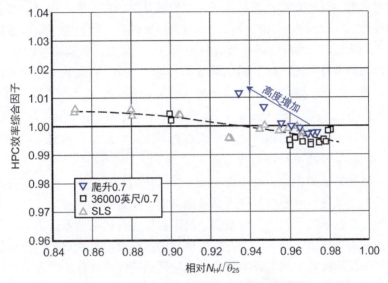

图 5.2-6　3 个试验点的高压压气机效率综合因子

压气机在整机和部件试验台的表现上有可能不一样吗？这个问题有许多原因。首先，即使是部件试验台，温度和压力探针的位置和数值也常常存在差异；其次，部件在整机和部件试验台上所处的环境不一样。在整机上，压气机机匣的温度受到外涵空气温度影响，而部件试验台上却没有这一现象。因此，即使是相同转速，整机环境和部件试验环境中的叶尖间隙也可能会不一样。

可用图 5.2-6 所示的试验结果去修正模型中的压气机特性图。将 $N_H/\sqrt{\theta_{25}}=0.85$ 转速时特性图的效率减小 0.5%，$N_H/\sqrt{\theta_{25}}=0.93$ 转速保持不变，$N_H/\sqrt{\theta_{25}}=0.98$ 转速时特性图的效率增大 0.5%。用修正后的特性图再去分析相同的数据，会发现 HPC 效率综合因子分布于 1.00 附近。

到目前为止，还没有讨论图 5.2-6 中蓝色倒三角代表的数据。这些数据是马赫数为 0.7 垂直爬升的试验结果。在此试验过程中涡轮进口温度保持恒定。从 36000 英尺开始爬升，在此高度以上的大气温度保持恒定。在此项爬升模拟过程中，唯一变化的发动机进口参数为总压 P_2，随着高度增加，它逐渐变小。从流体力学角度讲，此项试验过程中雷诺数逐渐变小。

逐渐减小的进气压力和雷诺数弱化了热力学循环,因此随高度增加降低了高压压气机换算转速。高度最高的两个蓝色三角形远远大于其他试验结果。这意味着此时雷诺数对 HPC 效率的影响非常严重,这也是模型的一部分。雷诺数最小时,模型预测的效率损失为 1%,这很大,此时可用综合分析因子补偿 1% 以使结果统一化。通过调节雷诺数对高压压气机效率的修正,可便利地提高性能模型。

有很多方法可检查综合分析因子:它们随某一物理参数有明显的变化趋势吗?当要对压气机特性图进行修正时,可以换算转速、换算空气流量或压力为 x 轴作图。画出部件进口雷诺数指数的变化趋势,就会发现雷诺数的影响。

画出相同换算转速的试验结果随真实转速平方 N^2 的关系,可得到离心力对叶尖间隙的影响。这种方法非常适用于绘制高压涡轮效率综合分析因子图,因为此时试验结果随换算转速 $N_H/\sqrt{\theta_4}$ 变化在一个很窄的范围内。

高转速时离心力对风扇叶片的弯扭也有影响。叶片反扭恢复对风扇空气流量的影响取决于发动机进口温度(即 $N_L/\sqrt{\theta_2}$)。

画出喷管喉道面积综合分析因子随喷管压比的变化关系。所有结果本应落在一条线上,但飞行马赫数会导致试验结果的不一致吗?

模型还有其他问题吗?空气泄漏、功率提取、齿轮箱效率或其他细节未考虑均可能成为出现错误的原因。在你的项目中这些细节是否重要,没有通用标准。如果不能用物理规律解释所研发动机的某些特性,就保留综合分析因子散布的现状。这种处理比为了修正而修正好。

5.3 综合分析因子在发动机维修厂的应用

发动机来到维修厂后首先要考虑哪个部件需要维修。这个问题答案显而易见,但也不总是如此。有时用入厂试验来确定最有效的维修方案非常有用。

试验台的安装过程中,发动机会与钟形口和排气系统相连,排气系统内可安装专用测试设备。密封引气口,不进行外部功率提取。图 5.2-7 所示为典型的大涵道比涡扇发动机的安装图。在多个截面只有一或两个传感器,以及基于多个单独测量点而得到的发动机压比和排气温度。测试精度劣于在研发动机。传感器交叉验证很难进行,因为只有很少的测量点。缺少测量点是常见之事。

我们不能确定部件流动能力和效率综合因子的绝对值,因为用来测这些的测试设备不够精确。然而,可将试验结果与其他发动机结果进行对比,或与发动机模型结果进行对比。综合分析因子是非常理想的对比参数。

第 5 章 基于模型的性能分析

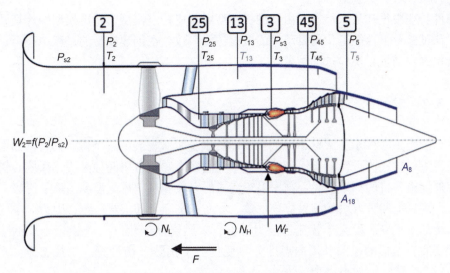

图 5.2-7 维修厂发动机的测量布局

维修厂性能诊断过程的主要问题在于：不仅压气机和涡轮的性能在服役期内随污染、腐蚀、叶尖间隙变大、异物打击 FOD 等原因退化，而且传感器性能也随使用时间增加而退化，这使数据分析变得困难。参考文献 [1-2] 总结了发动机气路分析中的各种问题。在论述其他分析方法的同时，也讨论了基于模型的性能分析方法。通常认为基于模型的分析方法在分析燃气涡轮性能时非常有用，但也不是万能的。

5.3.1 用于诊断的基准机模型

基准机模型应该经最好的数据校正，数据来源最好是试验台的校对结果。所有校正数据应该来自同一台发动机；否则发动机制造误差增加数据的散布。只有验收试验两个试验点（起飞和最大连续）的数据，显然是不够的，还需要多个换算转速 $N_L/\sqrt{\theta_2}$ 的结果。需要注意的是，需要一个经校正的模型来分析一年四季、酷暑严寒中试验数据。发动机进口温度应低于最大规定温度（常为 ISA+15℃）。此外，还应确保试验中传感器未结冰，进气道未发生凝结现象。

在 4.2 节详细讲解了如何用试验台标定报告去校正 CFM56-3 发动机模型。需注意的是，测量结果的判读与正式验收试验会有些许偏差，如验收试验不考虑发动机空气流量。为校正模型，所有测量结果都应派上用场，包括从钟形口静压和总压测量值计算得到的 W_2。

来到维修厂的发动机是多状态部件的集合，有的部件经过彻底检修，有的

第1篇　模拟任务

部件长期服役却从未检修。由基准机模型可获得特定模型，特定模型的计算结果与试验台上性能退化的发动机的试验性能一致。在创建模型的过程中甚至也会用到发动机目视检查的结果。

5.3.2　发动机诊断

图 5.2-7 展示了大涵道比涡扇发动机试验时所安装的各个传感器。已知发动机进口空气流量，涵道比和核心机空气流量未知。常用两种方法计算核心机和外涵道各自的空气流量：高压涡轮流通能力法和基于排气温度的热平衡法。

理论上两种方法的结果应该一致。然而，实际上却很难一致，因为对空气系统的不正确假设会干扰流通能力计算，因燃烧室退化（一个或多个燃油喷嘴堵塞）造成的径向和周向温度分布变化会干扰热平衡计算。不管怎样，采用一个方法，记住另一个方法。

如图 5.2-7 所示，如果发动机没有增压级，则可利用压气机进出口的温度、压力测量值计算压比和效率。如果发动机有增压级，一般无法分别确定风扇内涵和增压级的性能参数。缺失的传感器测量值可由模型计算值替代。

由压力、温度测量值可得到压气机的各个综合分析因子，由核心流分析可得压气机换算空气流量。计算压气机的同时也得到了涡轮传递给压气机的功，涡轮膨胀比由 P_{45} 和 P_5 测量值得到。这就是计算涡轮流通能力综合因子和效率综合因子时所需的各个参数。

应用这个方法时可能遇到一些问题。大涵道比发动机风扇出口的温升很难精确测量，因为温升很小（图 5.3-1）。测量不确定度会影响风扇和低压涡轮（LPT）间的功率平衡。T_{13} 测量不确定度的量级和预估的量级一致。计算风扇综合因子时最好不采用这个测量值，因为它将干扰其他综合分析因子，尤其是低压涡轮效率因子。

风扇外涵部分的效率在整个服役过程中变化不大。腐蚀、因严重的叶尖刮蹭导致的叶尖间隙增大，以及污垢都可通过目视检查发现。如果以上问题都未发生，则可认为风扇效率等于模型计算效率，然后迭代"测量值" T_{13m} 以使风扇外部效率的综合因子相等。

从理论上讲，可以基于低压涡轮下游的温度测量值建立热平衡方程。当 5 截面温度测点远远少于确定排气温度所用的测量点时，这种方法并不好用。不要对 T_5 报太大期望，因为一般只有 1 或 2 个传感器。在此情况下，温度测量值与基于局部温度的 T_5 计算值之间偏差会导致该截面的平均值偏差很大。

图 5.2-7 中的蓝色粗实线代表试验台上特有的硬件。精确测量了外涵道和内流喷管喉道面积。可用该信息去交叉检验总压 P_{13} 和 P_5 的测量值。如果某个

第 5 章 基于模型的性能分析

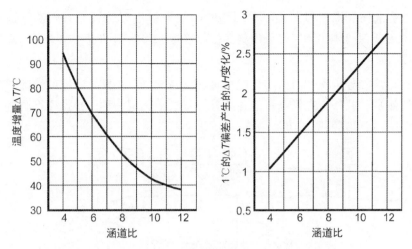

图 5.3-1 T_{13} 不确定度对风扇做功不确定度的影响

测量值不准确,可用相应的模型计算值代替。

综合分析方法可处理实际大气条件下的试验数据;不必将试验数据换算到国际标准大气条件的步骤。模型和测量数据的偏差可用综合因子来描述,这就是基于模型的试验分析的主要结果。然而,推力和耗油率的换算结果常常是各个发动机对比的主要参数。换算结果更有利于各项目之间的沟通交流。

5.4 综合分析方法在发动机性能监控中的应用

发动机在飞机上安装后,基于模型的分析方法也可用于发动机性能监控。因推力和空气流量这两个重要参数未测量,所以该方法在飞机上应用时的精度会比维修厂的精度低。飞机上燃油流量和燃油热值的不确定度的精度也会更低。燃油热值可在维修厂测量,但各个飞机场的燃油热值各不相同。飞行过程中,飞机的功率提取和引气也不准确;而在维修厂中,这两个参数均为零。

发动机巡航时受湿度的影响并不大,但湿度太大会导致起飞时产生凝结效应。因水蒸气凝结对发动机进气温度 T_2 的影响程度不可预测(见本篇第 3 章 3.2.1.2 小节),将导致发动机性能分析失效。

5.4.1 用于监控的基准机模型

维修厂试验过程中采用同一个性能模型进行试验分析。如果已知维修厂中喷管喉道面积和飞行时的差异,则可据此调整飞行时的发动机模型。为了监控性能，在起飞和巡航过程中，采用相同的基准机模型时只需略微调整输入参数。输入合理的功率和引气分出猜测值，确保起飞模拟的过程中主动间隙控制被关闭。

运行性能分析模型时采用风扇换算转速 $N_L/\sqrt{\theta_2}$。假设模型可精确预测风扇空气流量。此外，在维修厂的各种分析方法中选用一种。根据飞行测量参数（图 5.4-1）可判断哪种方法最优。

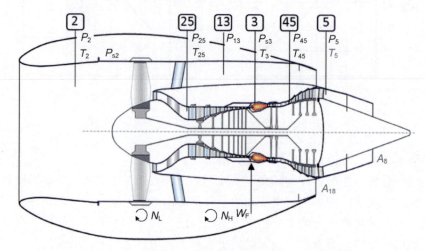

图 5.4-1 装机后的测量布局

起飞过程分析得到的综合因子与巡航分析得到的综合因子并不完全一致。在起飞过程中，某些部件未达到热平衡状态，特别是压气机轮盘和涡轮盘的后部。与试验台上热稳定状态相比，这导致叶尖间隙增大，进而降低了效率。巡航过程中发动机达到热平衡后，但不准确的雷诺数修正导致模型的精度降低。而且，来自海平面条件下试车台空气流量与转速的关系与起飞和巡航相比会有差异，因为风扇特性图上的工作线会产生偏移。模型所有的不精确性均体现在变化的综合分析因子中。

5.4.2 趋势监控

基于模型的试验分析结果是一系列部件效率和流通能力的综合因子。结果的数值不是重点，只关心这些因子随时间的变化趋势。我们想看发动机故障或机械损伤是否会导致性能突变。数据趋势和过滤方法有助于区分数据的随机噪声和真实事件。

模型代表一台新的发动机，被监控发动机会随时间退化。调整模型去自动监控发动机有意义吗？如果是高度非线性的问题，在监控过程中更新模型是非常有意义的。幸运的是，这不是高度非线性问题。综合因子的数值会发生变化，但它们背后隐藏的信息却不会。

综合因子可以反映部件在服役过程的退化情况，但它们却不能完全反映出整机的性能退化。热效率损失可表达为排气温度裕度的降低，即海平面 ISA + 15℃条件下发动机起飞达到额定推力时所需的排气温度与红线温度（规定允许的最大温度）之差。图 5.4-2 不仅显示了排气温度裕度随服役时间降低，还显示了该裕度值的散布情况。该裕度逐渐降低，但有时清洗发动机（由航空公司决定）后可以恢复部分裕度损失。

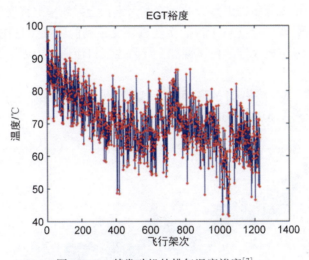

图 5.4-2 某发动机的排气温度裕度[7]

从这些散点数据可以看出，若想单独分离出各部件对排气温度裕度的影响很困难。不管有多少困难，我们都将全力以赴。

5.5 综合分析因子的判读

若模型完美，则综合因子的判读很容易。传感器显示值正确，数据中没有随机噪声，不会干扰分析过程。当分析性能计算程序产生的"测试"结果时可得到精确的分析结果。

对模型进行预先检查是很有必要的。可采用以下过程开展：输入模型中的涡轮效率为-2%，运行并检查基于模型的试验分析程序所需要输入的各压力和温度参数。然后，恢复涡轮效率，输入刚才记录的测试结果，在试验分析模式下运行程序。运行结果应该是所有综合因子均为1，而涡轮效率因子应该为

第1篇 模拟任务

1.02。如果不是这样，则模型有错误，或者输入参数错误。

5.5.1 部件退化

基于模型试验分析程序的主要目的是了解压气机和涡轮性能相对于基准发动机的变化情况。如何用综合因子来表征部件退化的情况？在发动机服役过程中有哪些典型特征？

压气机性能受污垢附着、腐蚀、侵蚀、维修造成的叶形变化、表面质量退化和叶尖间隙增大等多种因素影响。这些因素均会导致一定程度的效率和换算流量损失。带可调导叶（VGV）的压气机还受控制的影响，这比较容易发现。可调导叶相对基准机模型的位置偏差会导致压气机流通能力因子变化，而效率因子不变。

参考文献［8］给出 CFM56-5C 涡扇发动机压气机效率因子的真实数据。维修厂技术员对图 5.5-1 的解读如下。

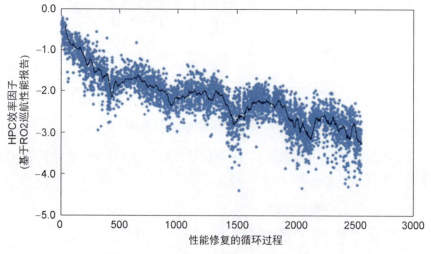

图 5.5-1 取自参考文献［8］中的图 18

在良好的环境中运行的 CFM56-5C 发动机显示了典型的性能退化。初始阶段的快速退化后紧接着一个长期的缓慢退化过程。初始阶段的退化主要受密封和叶尖间隙影响，而中期的低退化率过程受腐蚀影响（主要是压气机前几级叶片前沿的退化）。最后阶段，退化主要是可调导叶轴衬磨损的影响。从数据上看，退化不是很明显，因为我们的目的是避免可调导叶系统的严重退化，并且在达到临界退化前进行及时的可调导叶系统更换。

第5章 基于模型的性能分析

这种趋势年复一年地循环，冬季效率低，夏季效率高。因数据为巡航结果，发动机处于从欧洲到全球各目的地的长途航线运行中，效率变化并不完全由大气条件变化影响。例如，高压物理转速的变化导致实际叶尖和密封间隙的变化，因此效率也变化。此外，还存在额外影响，如冬季因使用除冰液导致污垢增加。因污垢导致的性能退化在核心机清洗后可以消除。

图 5.5-2 所示为发动机 E 在高压压气机部分翻新前后的效率因子变化。通过维修获得的性能恢复明显可见。此外，因多数密封和叶尖间隙未修复，维修后的初始阶段退化较慢。第 300~1000 个循环之间的数据变化是由飞机客舱引气系统导致。根本原因是机翼上两个发动机不平衡，其中一个要负载空调系统。引气提取增加导致高压压气机性能下降。

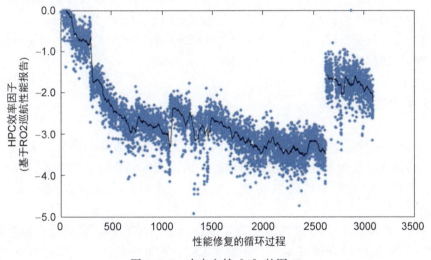

图 5.5-2　来自文献 [8] 的图 19

涡轮效率退化的主要原因为腐蚀、侵蚀和叶尖间隙增加。叶形变化会影响涡轮流通能力：叶片尾迹弯曲和腐蚀增加了流通能力。若污垢在叶形表面累积，则涡轮流通能力降低。与压气机相比，涡轮的效率和流通能力之间没有有效关系。现有经验足以表征涡轮工作规律。

分别检查压气机和涡轮效率综合因子与整机压缩和膨胀效率的关系 $\eta_{measured}/\eta_{model}$。因压气机和涡轮的测量精度不高，效率比会比部件综合因子更准确。整机效率比也有助于发现中间流道内的传感器问题：下游部件效率综合因子降低，上游部件效率综合因子升高，而整机效率比不变，这意味着存在测试问题。

5.5.2 模型错误

基线模型包含的部件没有综合因子。这些部件包含了空气系统的各个参数。若模型有错误，而未被发现，即密封失效，则导致漏气会比基线模型预设值大。主动间隙控制（ACC）故障、反推力控制阀门意外漏气和引气阀门漏气等发动机故障也不包含在基线模型内。基于错误模型的分析结果会得到错误的综合因子。

检查模型错误在综合因子偏差程度上的表现。为了这个目的，将基线模型的计算结果作为"测试"数据。将这些数据输入基于模型的试验分析程序，得到的结果与模型没有偏差。接着，修改某个模型部件，如引气量或流经高压涡轮的冷却空气量。最后的结果是，某些综合因子会偏离 1.0。偏离量在某种程度上表征模型错误。建立一个这样的故障库将有助于对发动机真实试验综合分析因子的解读。

5.5.3 传感器故障

综合因子不仅可以显示部件随时间的退化，还可表征传感器的退化。对于综合因子的缓慢变化，很难区分故障，而检测传感器的突发失效较容易判断。这里限定为单个传感器的较大故障；两个传感器同时失效不太可能发生。

可以用模型来学习传感器故障在综合因子上的表现。模型给出精确解，"测试"数据中没有随机噪声。开始学习时，在性能计算模式下运行基线模型，注意试验分析模式下所需的各输入参数。然后切换为试验分析模式，将计算结果视为测试值作为输入量。结果应该是所有综合因子均为 1.0；否则程序有错误或输入值错误。

现在可以开始研究传感器故障的影响。每次只修改一个传感器读数，记录综合因子的变化。通过这样的练习可得到 3 个答案：

① 分析结果相对于传感器故障的敏感程度如何？
② 综合因子随故障的变化关系如何？
③ 选定的核心流分析方法有什么影响？

表 5.5-1 总结了 CFM56-3 涡扇发动机单个传感器故障对起飞结果的影响。模型细节和校对见 4.2 节。表中大多数传感器故障只影响 2~3 个综合因子。不同的核心流分析方法也会影响分析结果。和单个传感器故障类似，错误的核心流分析方法会导致多个综合因子发生变化。

第5章 基于模型的性能分析

表 5.5-1 单个传感器误差对综合因子的影响（示例：CFM56-3 起飞状态）

传感器误差	对综合因子的影响			内涵流量分析方法
+1K(T_2)	风扇效率因子为 1.024	LPT 效率因子为 0.982	−4.9K(T_5)	除 T_5 热平衡法外，结果明确
−1%(P_2)	风扇效率因子为 1.023	风扇流量因子为 1.012		对所有方法结果明确
+1K(T_{13})	风扇效率因子为 0.980	LPT 效率因子为 1.015	+4.3K(T_5)	除 T_5 热平衡和 A_{18} 方法外，结果明确
−1%(P_{13})	风扇效率因子为 0.976	风扇流量因子为 0.993	A_{18} 因子为 1.013	除对核心部件产生完全不合理因子的 A_{18} 方法外，结果明确
+2K(T_{24})	增压级效率因子为 0.976	HPC 效率因子为 1.01	HPC 流量因子为 1.008	所有方法都得到类似的结果，HPT 效率因子 $\eta = 0.995$
−1%(P_{24})	增压级效率因子为 0.987	HPC 流量因子为 1.01	HPC 流量因子为 1.006	所有方法得到相同的结果
+5K(T_3)	HPC 效率因子为 0.987	HPT 效率因子为 1.01		所有方法得到相同的结果
−1%(P_3)	HPT 流量因子为 1.011	HPT 流量因子为 1.006	HPC 效率因子为 0.995	除导致内涵流量分析出现许多偏差的高压涡轮流通能力法外，结果明确
−1%(P_{44})	LPT 流量因子为 1.01	LPT 流量因子为 1.007	HPT 效率因子为 0.995	除导致内涵流量分析出现许多偏差的低压涡轮流通能力法外，结果明确
+10K(T_{45})				只影响导致内涵流量分析出现许多偏差的 T_{45} 热平衡法
−1%(P_5)	A_8 因子为 1.016	LPT 效率因子为 0.993		除导致内涵流量分析出现许多偏差的 A_8 法外，结果明确
+10K(T_5)				只影响导致内涵流量分析出现许多偏差的 T_5 热平衡法
−1%(W_2)	A_{18} 因子为 0.987	LPT 效率因子为 0.991	Fan 流量因子为 0.995	除对核心部件产生完全不合理因子的 A_{18} 方法以外，其他方法结果类似
−1%(W_F) 或者 −1%(FHV)				结果依赖于内涵流量分析方法。类似的结果只适用于热平衡法。所有核心部件流量系数 ≈ 0.984…0.99，效率因子 ≈ 0.99
−1%(N_L)	风扇流量因子为 1.013	增压级流量因子为 1.013		对所有方法结果明确
−1%(N_H)	HPC 流量因子为 1.013			对所有方法结果明确

若所选的核心流分析方法正确,则容易发现单个传感器故障。你会发现只有 2~3 个综合因子产生偏差,如压气机出口温度传感器发生 +5K 的故障。在综合程序的分析过程中,过高的 T_3 导致虚高的压气机功。计算得到的压气机效率综合因子为 0.987,因此压气机效率损失了 1.3%。同时,因涡轮功和压气机功同等虚高,所以涡轮效率综合因子为 1.01(即效率增加了 1%)。

从图 5.5-3 中可以看出 T_3 传感器故障的影响特征。其他的传感器故障也有类似的综合因子变化特征。基于模型推导出的综合因子特征可以作为传感器故障的排故线索。创建自己的综合因子"故障库",并用它们检查可疑的分析结果。

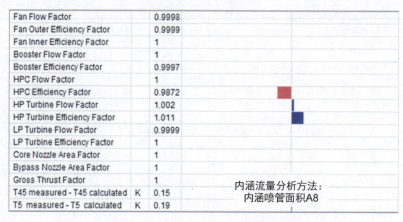

图 5.5-3 T_3 传感器误差为 5K 时的影响

5.5.4 测量误差

通过运行发动机模型,可以创建正确的"测试"数据。将这些数据输入综合分析程序,得到的综合因子应该均为 1.0。通过修改某个测试数据,可以模拟传感器误差。当然,因真实的测量数据常常散布,所以这个情况很难发生。测量误差影响基于模型的试验分析如图 5.5-4 所示。

首先解释什么是测量误差。它由随机误差和系统误差组成。测试系统受多种因素影响会产生随机误差,该误差的产生不受人为控制。图 5.2-6 展示了相同试验状态下重复测量得到的十分相近的高压压气机效率综合因子。在该示例中,随机误差等同于基于模型的试验分析的重复性。

那么系统误差呢?关于绝对性能的问题很少。通常情况下是对比之前的结果。技术员关心的是为什么耗油率(SFC)增加了 1.5% 或为什么排气温度增加了 10℃。因此,在性能对比时限定了试验分析对象;不分析系统误差并认

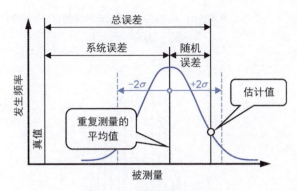

图 5.5-4 测量误差的组成

为它与结果无关。

可用蒙特卡洛法研究随机误差对基于模型的试验分析结果的影响。首先，采用与前述相同的数据。然后多次微调传感器读数并重复分析过程。传感器读数的平均值即为正确值；随机误差符合高斯分布。这意味着 95.4% 的传感器读数处于正确值±2σ 的置信区间内（表 5.5-2）。

表 5.5-2 传感器随机误差的 2σ 范围

T_2/K	0.2	T_{45}/K	1.5
P_2/%	0.1	P_5/%	0.5
T_{13}/K	0.6	T_5/K	1.5
P_{13}/%	0.15	W_2/%	0.5
T_{24}/K	1	W_F/%	0.2
P_{24}/%	0.15	FHV/%	0.1
T_3/K	1	N_L/%	0.1
P_3/%	0.3	N_H/%	0.1
P_{44}/%	0.5	湿度/%	30

蒙特卡洛法研究的结果是综合因子标准偏差和 T_{45} 相对 T_5 的差值。例如，图 5.5-5 展示了 2500 次性能分析的高压压气机效率（综合）因子的统计分布。

如表 5.5-3 所列，某些综合因子标准偏差取决于核心流分析方法，而其他的不是。检查了 6 种方法：除之前提到的涡轮流通能力法和热平衡法外，还利用喷口面积 A_8 和 A_{18} 推导了核心流。风扇和低压涡轮效率因子最容易受测试数据随机散布的影响。其原因是风扇功的散布，而风扇功的散布源于 T_2 和 T_{13} 散布。

第1篇　模拟任务

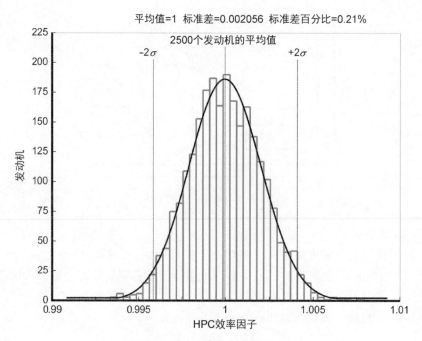

图 5.5-5　蒙特卡洛结果

表 5.5-3　考虑所有传感器时综合因子的 2σ 范围

综合因子和温度变化量	内涵流量分析法					
	HPT 流量	LPT 流量	T_{45}	T_5	A_8	A_{18}
风扇效率 η	1.24	1.22	1.22	1.22	1.22	1.24
风扇流量	0.24	0.24	0.24	0.24	0.24	0.24
增压级效率 η	0.7	0.7	0.68	0.7	0.72	0.7
增压级流量	0.3	0.44	0.22	0.42	0.62	0.7
HPC 效率 η	0.42	0.4	0.42	0.42	0.42	0.4
HPC 流量	0.5	0.74	0.42	0.7	1.04	1.12
HPT 效率 η	0.42	0.7	0.38	0.48	0.68	0.74
HPT 流量	0	0.68	0.46	0.76	0.94	0.98
LPT 效率 η	1.02	1.1	1.04	1.18	0.92	0.96
LPT 流量	0.54	0	0.56	0.72	0.86	0.86
T_{45}/K	3.4	5.2	0	4.2	7.4	8.2
T_5/K	3.8	4.8	2.8	0	6.4	7.2
A_8	0.78	0.86	0.82	1.02	0	1.02
A_{18}	0.24	0.28	0.26	0.34	0.3	0
推力	0.18	0.18	0.18	0.18	0.2	0.2

在这种情况下，无法精确分析风扇效率。目视检查风扇比基于模型的试验分析更有效。如果风扇叶片外观良好（清洁、无腐蚀印记或异物打击），且叶尖间隙正常，则效率和新风扇相等。在分析过程中，最好忽略 T_{13} 测量值，并用一个理论值代替它以使风扇效率综合因子为 1.0。这样得到的低压涡轮效率散布程度会降低，如表 5.5-4 所列。

表 5.5-4 忽略 T_{13} 的综合因子的 2σ 范围

综合因子和温度变化量	内涵流量分析法					
	HPT 流量	LPT 流量	T_{45}	T_5	A_8	A_{18}
风扇效率 η	0	0	0	0	0	0
风扇流量	0.24	0.24	0.24	0.24	0.24	0.24
增压级效率 η	0.7	0.68	0.68	0.7	0.7	0.7
增压级流量	0.28	0.44	0.22	0.28	0.6	0.6
HPC 效率 η	0.42	0.4	0.42	0.42	0.42	0.42
HPC 流量	0.5	0.72	0.44	0.5	0.99	0.98
HPT 效率 η	0.4	0.7	0.38	0.42	0.68	0.68
HPT 流量	0	0.68	0.46	0.58	0.46	0.41
LPT 效率 η	0.58	0.68	0.6	0.66	0.48	0.66
LPT 流量	0.54	0	0.56	0.64	0.84	0.76
T_{45}/K	3.5	5.4	0	2.8	7.4	7.2
T_5/K	3.2	4.2	2	0	5.5	5
A_8	0.78	0.86	0.8	0.86	0	0.94
A_{18}	0.2	0.24	0.22	0.24	0.28	0
推力	0.18	0.18	0.18	0.18	0.2	0.2

5.6 小结

从表面上看，基于模型的试验分析过程比较简单。实际上，该过程常常因测量误差以及试验发动机与校准模型的发动机之间的未知硬件差异等原因而出错。

当将基于模型的试验分析应用于校准模型所用的单个状态时，得到的综合因子的散布程度最小，即随机误差。用相同的模型去分析其他相同结构发动机的试验数据时，散布程度将会加大，因为存在制造误差造成的额外随机误差或

第1篇 模拟任务

发动机性能退化。

如果数据来自维修厂的维修前试验，则会存在更多的随机影响。可能存在模型中未考虑到的硬件差异，如密封磨损、喷油嘴堵塞、传感器性能退化等。

发动机维修厂的性能分析结果比装机后的性能分析结果更精确。这是因为试验舱的硬件经过校准，且采集的发动机状态达到了热平衡。喷口面积已知，且不存在功率提取和飞机引气。

装机后的发动机性能监视程序可用的测试数据比维修厂中少。装机后没有推力和空气流量测量结果；功率提取和引气量也仅仅是估计值。起飞时发动机未达到热稳定，进气道进口可能存在水蒸气凝结效应。如果模型仅经过海平面试验数据校正，则巡航过程中因雷诺数修正影响性能分析结果的品质会降低。

发动机和传感器的每一个细节都该应用于发动机试验结果分析。硬件目视检查也是很有价值的线索。假设各种误差并分析结果，检查模型修正对综合因子的影响。密封磨损可得到一个更好的结果吗？主动间隙控制与控制计划不符将会怎样？额定功率时引气阀是完全关闭还是存在漏气？

基于模型的试验分析是一个非常实用的工具，但它无法自动解释产生所有性能差异的原因。

参 考 文 献

[1] Doel, D. L.: Interpretation of weighted-least-squares gas path analysis results. ASMEGT-2002-30025 (2002)

[2] Volponi, A. J.: Gas turbine engine health management—past, present and future trends. ASMEGT2013-96026

[3] Bauer, M., Staudacher, S.: Fully automated model based performance procedure for online andoffline applications. GT2006-91050

[4] Canalias, X., Köpf, F., Sahm, P.: Generation of physically based analysis factors to improvesynthesis models of jet engines. ASME GT2005-68617

[5] Walsh, P. P., Fletcher, P.: Gas Turbine Performance, 2nd edn. Blackwell Science Ltd., (2004)

[6] AGARD Working Group 19. Recommended Practices for Measurement of Gas Path Pressuresand Temperatures for Performance Assessment of Aircraft Turbine Engines and Components. AGARD-AR-245 (1990)

[7] Lacaille, J., Gouby, A., Piol, O.: Wear prognostic on turbofan engines. In: Annual Conferenceof the Prognostics and Health Management Society (2013)

[8] Kraft, J., Kuntzagk, S.: Engine fleet management—The use of digital twins from a MROperspective. ASME GT2017-63336 (2017)

第6章 进气畸变

为了优化操作和简化设计，发动机使用者和设计人员更希望在风扇或第一级压气机进口处是均匀的流场。然而，在实际应用中经常遇到总压、总温和速度分布不均的情况，即为"畸变"。在工程使用中，压力在周向和径向的不均匀分布很常见，特别是在飞机发动机和旋转部件上进气流场会更加复杂。

进口流场畸变主要影响飞机发动机压缩系统的稳定性。正如已经讨论过的，压缩系统在不利条件下的稳定运行对任何燃气轮机都至关重要。由于压气机的扩压流动特性，压气机十分容易受到进口不稳定流场影响而导致其失速或喘振。压气机喘振会导致发动机完全失去推力，比压气机效率降低而导致的部分推力损失更加严重。

尽管如此，考虑进气畸变对发动机推力和耗油率的影响是很有意义的。进气畸变对发动机性能的影响主要有两方面原因：一是进气畸变对部件效率的直接影响，从而影响发动机整个气动热力循环匹配；二是由于发动机的控制系统动作带来的影响。

那么如何对进气畸变的影响进行评估与建模呢？一种方法是基于平行压气机理论，能够描述进气压力或温度畸变对稳定性和性能的影响。最简单的建模方法认为，压气机是由两个平行工作的子压气机组成。两个子压气机特性图仅仅在换算流量上有区别，两个子压气机特性图都是在没有畸变的情况下对同一个特性图进行流量缩放而得到的。将这种方法集成到性能程序中去，并开发一种工具，不仅可以模拟畸变对第一个压气机的影响，而且可以模拟畸变在后续压气机中的传递情况。再复杂的流场结构也遵循质量守恒和能量守恒定律，所以这种升级的性能程序能够给出基本准确的模拟计算结果，这就是整个系统模拟的全部内容。

如果在相同平均进气总压 P_2 和相同换算转速 $N/\sqrt{\theta_2}$ 的情况下，比较两种进气情况（均匀流场和畸变流场），进气总压畸变对气动热力循环只有很小的影响。按照平行压气机理论在两个压气机特性图上都有各自对应的工作点，一个在均匀流的扇区，一个在畸变流场的扇区。当畸变扇区压气机的喘振裕度为零时，压气机便会出现喘振，我们就是利用这一点来模拟压气机稳定性的。

那么，为什么进气畸变对发动机性能影响很小呢？为了解释这个问题，首先分析一下压气机特性图上的工作点。两个扇区的工作点的压气机效率不会有太大差异，因为两个工作点都在相同换算转速线上。畸变扇区的流量平均效率要比均匀流扇区的效率稍小。如此微小的效率损失导致气动热力循环的变化量也十分微小。如果除了畸变的量级以外没有其他变化，则进气畸变既不会造成显著的推力损失，也不会明显增加耗油率。

然而，发动机的控制系统可以对进气畸变做出反应，从而使推力发生明显的变化。特别是当压气机级间放气打开、尾喷口打开以抵消可能出现的稳定性问题时。为了改变压气机喘振边界，将引气再循环进入发动机进口，这将导致发动机进口温度 T_2 的升高，从而对发动机性能产生不利影响。

如果畸变影响到控制系统的输入信号，则性能变化可能很大。Williams[1]描述了由单个涡轮温度传感器控制的涡轮喷气发动机的试验。在该试验中，一个可以旋转的畸变网在发动机进口产生进气总压畸变。总压畸变在燃烧室进口造成温度畸变（平行压气机原理能够解释这个现象产生机理）。而燃烧室进口的周向温度变化导致涡轮进出口温度周向分布不均匀。控制系统采用涡轮出口单点温度作为监控参数，为了保持这个温度值不变，所以在畸变网转动时发动机转速在控制系统作用下发生明显变化。

6.1 畸变的分类

6.1.1 压力畸变

发动机进口压力分布不均匀的原因有很多。其中最常见的是在大攻角下从进气道唇部的流动分离和从弯曲进气道内壁面的流动分离。发动机也可能遭遇不稳定气流影响，如失速机翼尾迹、地面涡、超声速进气道痒振和喘振。本节将重点研究稳态畸变类型，以了解畸变模式的基本特征，并研究畸变对压气机内部的影响机理。

在 20 世纪 60 年代和更早的时候，罗罗公司在第一代升力航空发动机的进气畸变方面做了很多工作，其中 VTOL（垂直起降）技术要求发动机具备极高的抗畸变能力。他们在进气条件与发动机喘振裕度的关联研究上取得很多经验性成果。其中两个有价值的成果如下。

① 径向畸变对喘振边界的危害远小于周向畸变。

② 临界畸变状态似乎与压气机进口任意 60°扇形区域内的最低平均总压面积有关。

那么，如何用最简洁的方式来描述图 6.1-1 所示的复杂总压畸变流场呢？一种方法是把圆周分成两个不相等的扇形部分，每个部分都有均匀的压力分布，但各部分的压力不同。低压扇区代表流场的"损坏"或"畸变"部分，高压扇区代表"均匀"部分。图 6.1-2 中给出的总压在周向上的径向平均值分布是划分扇区的依据，蓝色线标记了两个扇形部分的压力水平。图中有两个低压区，第一个低压区范围非常小，第二个范围则很大。小扇区压力峰值不会危害压气机的稳定性；在评估畸变的压力场时，可以忽略它们。

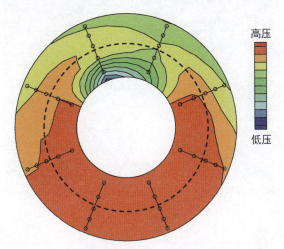

图 6.1-1 压力畸变示例（经德国罗罗公司允许复制）

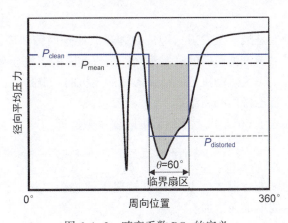

图 6.1-2 畸变系数 DC_{60} 的定义

压力畸变系数 DC_{60} 用来表征流场的畸变大小或强度,用面平均总压与畸变扇区(定义为60°)总压之间的压差比上动压头来表示,即

$$DC_{60} = \frac{P_{mean} - P_{60°Sector}}{\frac{\rho}{2} V_{mean}^2} \tag{6.1-1}$$

动压头是旋转件上游无任何阻碍的气动界面(AIP)的重要参数,P_{mean} 是 AIP 界面平均总压。采用图 6.1-3 所示的畸变网模拟了 AIP 界面不同 DC_{60} 值的进气压力畸变。

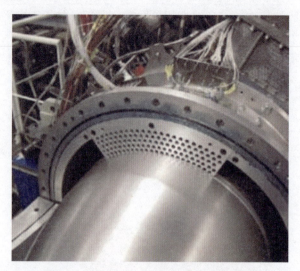

图 6.1-3 压气机试验台用的扇形畸变网(德国罗罗公司允许复制)

6.1.2 温度畸变

进气温度畸变是战斗机发射火炮或导弹吸入尾焰时需要考虑的重要参数。舰载飞机容易吸入蒸汽弹射器的高温蒸汽,垂直起降的飞机会吸入发动机排出的高温尾气。商用飞机发动机可能会吸入其他飞机的高温排气,或者在反推力装置工作时吸入自己排出的高温排气。

用以下公式表示60°扇区范围的温度畸变系数,即

$$DT_{60} = \frac{T_{2,60°} - T_2}{T_2} \tag{6.1-2}$$

温度畸变扇区的总温 $T_{2,60°}$ 比无畸变情况下的总温 T_2 要高,进口平均总温随温度畸变强度的增加而增加。

6.2 平行压气机理论

根据平行压气机理论,压气机上游畸变流场由两股总压不同但均匀的气流组成。两个假想的压气机并联工作。将正常性能计算的压气机特性图的质量流量按比例缩小后,用来表示两个压气机的特性。例如,如果畸变区域覆盖60°的周向范围,第一个假想压气机的流通能力是60°/360°=1/6;第二个压气机覆盖了300°扇区,占实际压气机流通能力的300°/360°=5/6。两个假想压气机在共同的排气管道中以相同的排气静压排气,这决定了它们如何组合工作以及工作点在特性图上的位置。概念说明见图6.2-1和图6.2-2。

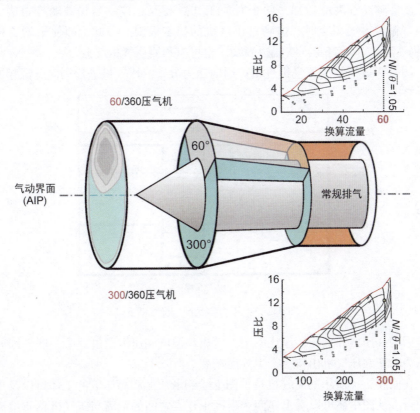

图 6.2-1 平行压气机模型

进口压比较低的压气机工作压比高于平均压比,而另一台压气机则相反。高压区工作点与对应低压区工作点(图 6.2-2 中分别以 H 和 L 标记)与无畸变工作点 M_0 都分布在同一条等换算转速线上。

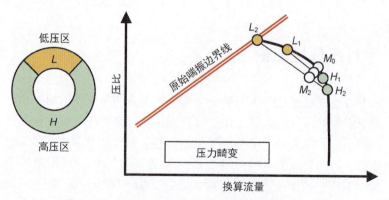

图 6.2-2　压力畸变条件下低压区与高压区工作点分布

随着畸变程度的增加，两个对应工作点相互远离。当局部畸变过大，L_2 点与喘振边界线相交时，达到总压气机的稳定极限。因此，即使平均工作点 M_2 仍然远离（无畸变）喘振边界线，也可以预测压气机喘振。

图 6.2-3 所示为压气机进出口周向压力分布。压气机进口周向总温相同。

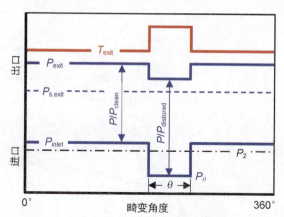

图 6.2-3　压力畸变产生温度畸变

因为高压区和低压区压比不同，而出口温度和压力通过效率关联，因此进气压力畸变在压气机出口会产生温度畸变。

在图 6.2-4 所示的压气机特性图上绘制低压区和高压区的工作点以及平均工作点。从图中还可以看出，两个扇区工作点之间的距离与压气机总质量流量成正比，因为 DC_{60} 将扇区之间的总压差与气动界面（AIP）的动压头联系起来。

我们也可以将平行压气机理论应用于温度畸变。在这种情况下，两台压气机的压比是相等的，但工作点在不同的等转速线上，如图 6.2-5 所示，当温度

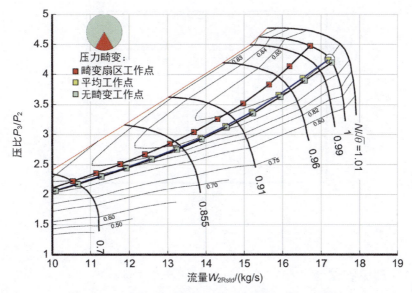

图 6.2-4　畸变条件下涡喷发动机工作线（DC_{60} 恒定）

畸变强度增加，高温区 H 温度升高，低温区 L 温度保持不变。工作点 M_0（无畸变）与 L_1、L_2 在同一等转速线上。当 H_2 点接近压气机喘振线时，预示着压气机发生喘振。需要注意的是，随着温度畸变的高温区 H 温度的升高，平均温度也随之升高，使工作点 M_2 相对无温度畸变的工作点向低换算转速线移动。

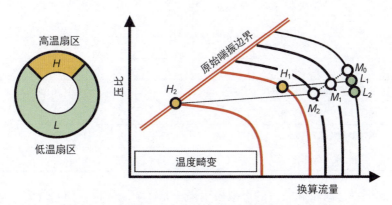

图 6.2-5　温度畸变条件下高温区与低温区工作点分布

图 6.2-6 所示为只有进气温度畸变条件下压气机进、出口的周向压力和温度。

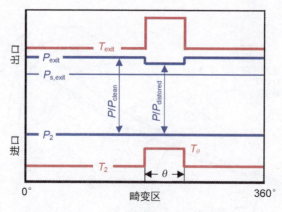

图 6.2-6 温度畸变放大了温差

6.2.1 理论和试验

从这个简单的理论能得出合理的结果吗?让我们用多年前一次会议[2]上提出的试验测试数据来核对一下。试验装置是一个 6 级轴流压气机,具有多种畸变网,如图 6.1-3 所示。表 6.2-1 列出了该压气机的主要参数,该压气机是为一台升力发动机设计的。

表 6.2-1 压气机设计参数表

参 数	数 值
压比	4.25
级数	6
直径/m	0.381
进口叶根与叶尖半径比	0.431
转子 1 叶尖速度 $U/\sqrt{\theta}/(m/s)$	335
单位面积流量/$(kg/(m^2 \cdot s))$	151
在 100% 的压比 $N/\sqrt{\theta}$	0.93

用燃烧室、涡轮和喷口的虚拟模型来补充这个压气机,使它成为一个完整的涡轮喷气发动机。将平行压气机理论集成到涡轮喷气发动机性能程序中并不困难,只需要一个额外的迭代变量——畸变扇区特性图中的 β 值。相应的附加条件是压气机下游的静压平衡。

平行压气机理论的应用需要用到压气机特性。然而,这张特征图并不是文献 [2] 试验报告的一部分,但这并不是什么难题,因为可以简单地从一个具有类似压比[3]的轴流压气机上取一张特性图并缩放它。现在,准备利用平行压气机模型来实现畸变模拟,模拟在100%和94%转速下,不同低压区角度的畸变网对压气机稳定性的影响。

设置畸变网前的均匀流总压为 P_{clean} = 101.325kPa,即海平面标准大气压。首先,计算高压区角度 θ 的畸变指数以及畸变网前后的压力。在100%转速下,畸变网堵塞区域的总压损失为 P_{dist}/P_{clean} = 0.93。参考文献 [2] 没有提供94%转速的压力损失,但这并不难,可以利用涡喷发动机模拟,并结合标准进气道损失模型来计算,畸变网前后的压力与动压头成比例,从而得出总压损失系数为 P_{dist}/P_{clean} = 0.943。

畸变指数 DC_θ 随着畸变网遮挡角度而变化,如图6.2-7所示。很明显,当畸变网完全覆盖(遮挡角度 θ = 360°)压气机进口时,畸变强度为零。此时压气机进口总压 P_{dist} 为无畸变总压 P_{clean} 的93%。将畸变网遮挡角度由360°减小到180°,则平均压力 $P_{m,180} = (P_{clean}+P_{dist})/2$,压力损失也减小一半。畸变指数大于零。

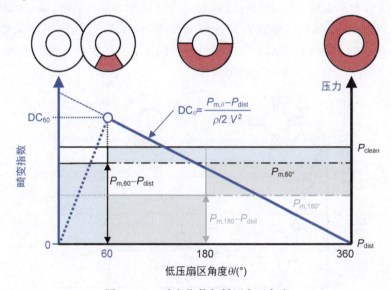

图6.2-7 畸变指数与低压扇区角度

$$DC_{180} = \frac{P_{m,180}-P_{dist}}{\frac{\rho}{2}V_m^2} = \frac{\frac{(P_{clean}+P_{dist})}{2}-P_{dist}}{\frac{\rho}{2}V_m^2} = \frac{\frac{P_{clean}}{2}-\frac{P_{dist}}{2}}{\frac{\rho}{2}V_m^2} \quad (6.2-1)$$

低压区扇形角度进一步减小,平均压力增大,畸变指数与 θ -360°成比例。如果知道一个低压区扇形角的畸变指数,就知道任何一个扇形角的畸变指数。

当 $\theta = 0$ 时,相关系数为 $DC_0 = 2DC_{180}$。

然而,$\theta = 0$ 意味着没有畸变网,所以没有畸变。在一定的低压区扇形角度下,畸变指数不再作为畸变强度的指标。这个角度叫作临界角度。经验表明,这个临界角度约为 60°,这也证明了使用 DC_{60} 作为畸变强度的工程测量方法是合理的。

$$DC_{60} = \frac{P_{m,60} - P_{dist}}{\frac{\rho}{2}V_m^2} = \frac{\frac{300}{360}P_{clean} + \frac{60}{360}P_{dist} - P_{dist}}{\frac{\rho}{2}V_m^2} \quad (6.2\text{-}2)$$

在我们的示例中,畸变指数有多大?标况下 P_{clean} 压力为 101.325kPa,畸变区域 P_{dist} 压力为 94.232kPa。在气动界面(AIP)中,循环计算得到动压头 $q = 9.923$kPa。这些数字最终通过计算得到 $DC_{60} = 0.6$。用 94% 转速工作点对应的参数重复 DC_{60} 计算得到相同的结果。

图 6.2-8 显示了在不同畸变角和两个转速下,压气机出口静压在喘振时的降低情况。参考文献 [2] 指出,"随着畸变角从 0° 增加到 90°,喘振静压迅速下降,并在 90°~360° 内稳定在一个恒定的最小值。"这与测量结果吻合。图 6.2-8 中的蓝色虚线表示对数据的另一种同样合理的解释。他们强调了 60° 扇形角度畸变的重要性和 DC_{60} 的相关性。

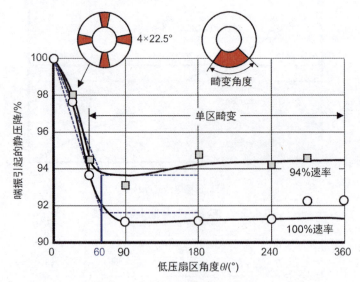

图 6.2-8　不同周向畸变角度的影响[2]

在研究低压区角度对压气机稳定性的影响之前,必须在分析中再考虑一个因素,即喘振线在压气机特性图中的位置。我们不能依赖于参考文献 [3] 通过特性图比例缩放来得到的喘振线位置,而是需要更准确的信息。然而,平行压气机理论提供了解决这个问题的方案:运行一个畸变角 $\theta = 60°$,畸变强度 $DC_{60} = 0.6$,压气机转速分别为 100% 和 94% 的模型。如图 6.2-9 所示,根据平行压气机理论,畸变区域的压比为喘振线上的两点。

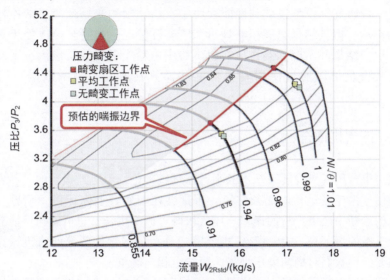

图 6.2-9 缩放后的喘振线

现在可以运行我们的模型,获取畸变角度 60°~180° 范围的结果,并将该结果与图 6.2-10 中的测量值进行比较。对于畸变角度大于 60° 的畸变网,模拟得到恒定的喘振静压。这一趋势与测量结果相符。在 94% 和 100% 转速下,喘振压力差的预测基本正确。

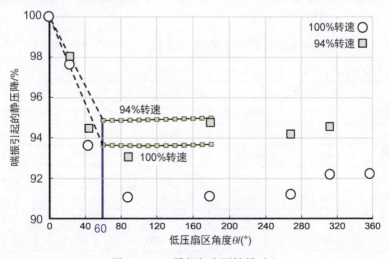

图 6.2-10 模拟与实测结果对比

需要注意的是，这些结果是根据平行压气机模型基于新的喘振线得来的。在图 6.2-10 中，实测数据比模拟数据平均低 2%。这意味着真实的喘振压比较计算出的喘振压比高 2%。对于这样一个简单的理论来说，模拟与试验之间的微小差异是一个不错的结果。

将平行压气机模型集成到性能程序中，能够预测流场畸变对喘振裕度和性能的影响，但其结果只能粗略地近似于实际情况。当等转速线处于垂直位置时，模拟结果并不能预测在压气机试验中由畸变引起的质量流量下降。然而，这一不足可以通过使用畸变强度和换算转速的经验函数修正因子来弥补。

6.2.2 压气机耦合

针对单台压气机发展了基本的平行压气机理论，但必须强调的是，在应用于多轴燃气涡轮发动机时必须注意；否则会在畸变容限估计和"临界"压气机状态的诊断中产生严重的误差。压气机既可以不耦合，也可以与可能有许多导叶或支板的短 S 弯（鹅颈形）进气管道连接。尽管这些部件对机械完整性至关重要，但它们对周向静压平衡的影响也相当严重。

让我们用平行压气机理论来研究这种情况，并以一个双轴涡轮喷气发动机为例。发动机的 LPC 和 HPC 的设计压比分别为 4 和 7，压气机间由一个流道连接，总压损失为 2%。在标准日工况下，发动机质量流量为 100kg/s。

以 96% 进气压力恢复系数、$DC_{60}=1$ 为数值算例。在平行压气机模型中，假设 HPC 进口静压相等。这意味着在压气机流道中没有支板来干预两个平行压气机部件之间的静压平衡。称这些压气机为非耦合的。表 6.2-2 总结了这种工况下的压力、温度和质量流量。

表 6.2-2 双轴涡喷发动机畸变参数（非耦合，$P_2/P_1=0.96$，$DC_{60}=1$）

畸变情况	P_{inlet}/kPa	T_{inlet}/K	换算流量/(kg/s)	压 比	物理流量/(kg/s)
LPC					
无畸变	99.518	288.15	83.453	3.951	81.965
畸变	86.036	288.15	16.683	4.388	14.166
平均	97.272	288.15	100.136	4.019	96.131
HPC					
无畸变	385.118	451.75	26.617	6.944	80.798
畸变	371.133	457.43	5.274	7.190	15.332
平均	383.057	452.66	31.839	6.979	96.130

但是，从最后一列的数据中可以看出，一定有一部分空气（81.965 - 80.798 = 1.167（kg/s））从 LPC 的非畸变区在压气机间流道内流向了高压 HPC 的畸变区，如图 6.2-11 所示。实际上，这种扇形区域之间的流动是有限的，特别是当压气机间流道较短且包含许多支板时，这些支板会阻碍静压的周向平衡。当不存在扇形区域边界上的质量传递时，这样的压气机被称为空气动力学"紧耦合"。

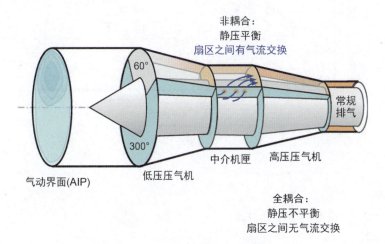

图 6.2-11　压气机耦合示意图

在性能程序中，从非耦合压气机的模拟变换到紧耦合压气机的模拟是相当简单的。用"扇形区间无质量流动"（全耦合）代替"压气机间流道静压相等"（无耦合）的数值条件即可。

然而，这样做意味着从一个极端走向另一个极端。一种折中的办法是在"等静压"和"扇区间不流动"条件之间使用加权平均数。在这种情况下，如果耦合因子（CF）为零，则两区域的静压将匹配。这意味着空气从流道的非畸变区流向了畸变区域。如果耦合因子（CF）为 1.0，则流道内没有空气通过扇形区域边界，各区域间静压不同。CF = 0.5 描述了两个极端之间的一种组合。

图 6.2-12 展示了耦合因子对双轴涡轮喷气发动机稳定性的影响。对于零耦合或有限耦合，喘振临界部件是第一个压气机（LPC）。对于全耦合，第二个压气机（HPC）的喘振裕度决定了组合压缩系统的稳定性。图 6.2-12 的阴影区域告诉我们什么时候系统出了问题。

第1篇 模拟任务

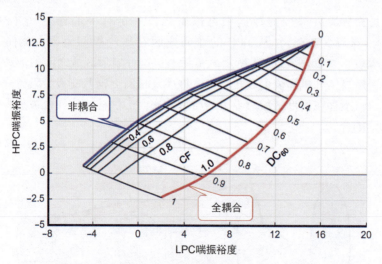

图 6.2-12 耦合因子对压缩系统稳定性评估的重要性

6.3 畸变的热力学影响

进气畸变不仅影响压缩系统的稳定性,而且影响发动机的性能。让我们用基于低压转速 N_L 控制的模型来模拟前一节的双轴涡轮喷气发动机。进气压力恢复系数是恒定的,但畸变强度从 $DC_{60}=0$ 增加到 1。我们考虑非耦合和完全耦合的平行压气机模型。

平行压气机理论为每个发动机工作点在特性图上创建 3 个点:一个点用于无畸变区(淡绿色),一个点用于畸变区(红色),另一个点用于平均工作点(黄色)。对于图 6.3-1 所示的 LPC,两个压气机的工作点在同一转速线上,但平均工作点不在同一转速线上。随着畸变强度的增大,发动机质量流量减小,压比在图上呈上升趋势;流量的减少量取决于等转速线的形状。

平均工作点效率低于无畸变区的压气机效率;效率降低多少取决于特性图上等效率线的形状和工作点的精确位置。在任何情况下,由于进气畸变引起的 LPC 效率变化是非常小的。

图 6.3-2 所示为高压压气机特性图上对应的工作点。它们在不同的转速线上,因为低压压气机的进气压力畸变给高压压气机造成了一定的温度畸变。我们再次看到压气机流量减少了,并且它的效率损失达到了 1%,这是因为质量加权平均效率小于特性图中平均工作点的效率。

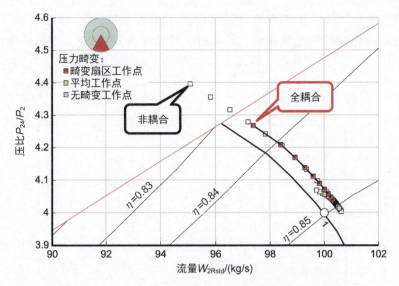

图 6.3-1 DC_{60} 由 0 至 1 时 LPC 工作点的变化（N_L 控制）

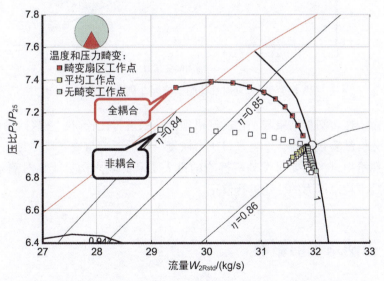

图 6.3-2 DC_{60} 由 0 至 1 时 HPC 工作点变化（N_L 控制）

当从非耦合压气机切换到完全耦合压气机时，畸变区压气机的工作点有明显的偏移。如果压气机是非耦合的，即使 HPC 仍然有一定的喘振裕度余量，LPC 也将会出现喘振。对于完全耦合的压气机，情况正好相反。

平行压气机理论表明，进气畸变只会引起发动机热力学的微小变化。推力和 SFC 只受到很小的影响，因为压气机的平均效率几乎保持不变。

推力的控制方法也影响推力和耗油率对进气畸变的敏感性。图 6.3-3 所示为非耦合平行压气机分别按高、低压压气机转速控制时,发动机净推力和SFC随压力畸变指数的变化百分比。最大的差异出现在 $DC_{60} = 1.0$ 左右的净推力,其大小仅为1.2%。当按压气机完全耦合考虑时,模拟结果显示进气畸变对推力和SFC影响较小。如果发动机按 P_5/P_2 压比控制,那么推力不会发生任何变化。

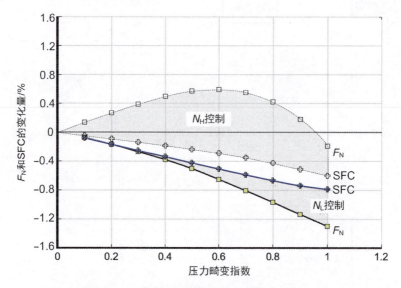

图 6.3-3　畸变对性能的影响(非耦合压气机)

然而,在将测量结果与平行压气机理论结果进行比较时,应该始终保持谨慎。在分析试验数据时,应将进口压力恢复系数的影响与进气畸变的影响分开考虑。在给出进气畸变对发动机性能的重大不利影响之前,应该对测量的 P_2 截面质量平均总压力的变化进行修正。

6.4　控制系统的影响

图 6.3-3 显示了进气畸变引起的发动机推力变化如何受发动机控制系统(即推力管理系统)影响。有时,由于控制系统没有监测到畸变或没有可用的执行器来抵消,发动机会以非预期的方式对进口流量畸变做出反应。

6.4.1　不可预见影响

如果一个多轴发动机是由低压转速 N_L 控制的,那么由于进气畸变而造成的低压压气机流通能力下降将导致推力损失。在进气畸变不影响发动机平均进口压力指示值的情况下，由核心压气机下游测得的压力进行控制的涡扇发动机对进气畸变不太敏感。

在发动机热端部件上使用多个温度传感器是常见的做法。发动机控制系统总是可以得到平均输出信号，这与进气流量畸变的大小无关。然而，在冷端部件，发动机进气温度和压气机出口温度传感器往往采用单传感器，当进气温度畸变时，传感器的测量会影响发动机的额定性能。

一个很好的例子是可变压气机导叶角度的控制，其预定的角度与换算转速成一定的函数关系。这里，计算换算转速所需的温度信号可能受到进口温度畸变的影响。

另一个例子是带有加力燃烧器的混合排气涡轮风扇发动机的排气喷口面积控制。预设的 A_8 可能是 N_L、P_2 和 T_2 的函数。P_2 和 T_2 信号的任何干扰都会影响预定的 A_8，从而影响推力。

6.4.2　预先措施

如果发动机控制系统监测到任何进气畸变，则可以采取相应的压缩系统扩稳措施。

高压压气机 HPC 引气可降低其工作线，从而提高压气机的稳定裕度。如果引气被引入外涵通道，那么发动机的性能损失比直接排出引气要小。然而，将高压引气引入外涵会降低风扇的稳定裕度。这种影响的大小将取决于涵道比和发动机是否混合排气。

带有加力燃烧器的小涵道比混排涡扇发动机会配置可变面积喷口。在不开加力运行中，喷口面积不一定需要调节，但当低压压气机遇到进口流量畸变时，提高喷口面积有利于低压压气机的稳定工作。但这种动作通常会导致推力损失或耗油率的增加。

6.5　小结

平行压气机理论是描述和量化进气畸变对压缩系统稳定性基本影响的一种非常简单的方法。两台（子）压气机以不同的进口总压运行，并将气流排放在同一个相同静压的流动管道中。平行压气机模型计算结果与压气机台架实测结果吻合较好。DC_{60} 是一种合适的畸变表征方法。

按平行压气机理论假设，当压气机像多轴发动机那样，将气流排入多支板

第1篇 模拟任务

的短流道时,压气机下游的静压是不可能完全平衡的。压气机出口周向静压要保持均匀,就要求无畸变区压气机出口的部分质量流量转移到畸变区压气机出口(进口压力较低的压气机)。如果这种传质不能发生,就有了我们所说的空气动力耦合压气机。

可以用一个耦合因子 CF 来描述压气机的耦合情况,该耦合因子 CF 对于全静压平衡为 0(不耦合),对于中间管道段间没有传质为 1(全耦合)。采用"静压平衡"和"部件间无质量流动"两种情况的加权平均,可以模拟气动耦合的中间程度。这种方法在分析上简单、廉价,并且易于在任何性能程序中实现。除了对压缩系统稳定性的评估外,集成了平行压气机模型的程序还提供了分析进气畸变对发动机性能影响的功能。只要畸变强度没有达到产生局部流场大分离区并显著影响压气机内部流场的程度,其对平均部件效率的影响就很小,对热力性能的影响也很小。只有当控制系统无意中或刻意地采取应对动作时,发动机性能才会受进气畸变的影响,如打开一个引气阀。

更多关于进气畸变以及畸变对发动机影响的知识可参考文献 [4-8]。

参 考 文 献

[1] Williams, D. D.: Review of current knowledge on engine response to distorted inflow conditions. In: Engine Response to Distorted Inflow Conditions, AGARD Conference Proceedings No. 400(AGARD-CP-400), 1986

[2] Reid, C.: The response of Axial Compressors to Intake Flow distortion. ASME Paper 69-GT-29(1969)

[3] Cumpsty, N., Heyes, A.: Jet Propulsion, 3rd edn, Fig. 11.5. Cambridge University Press, Cambridge (2015)

[4] Inlet Total-Pressure-Distortion Considerations for Gas-Turbine Engines, Aerospace Information Report, Society of Automotive Engineers, AIR 1419, Rev. A, 1999

[5] Cousins, W. T.: History, Philosophy, Physics, and Future Directions of Aircraft Propulsion System/Inlet Integration, ASME GT2004-54210(2004)

[6] Kurzke, J.: Effects of Inlet Flow Distortion on the Performance of Aircraft Gas Turbines, ASME GT2006-90419(2006)

[7] Korn, J. A.: Estimated Effect of Circumferential Distortion on Axial Compressors Using Parallel Compressor Theory and Dynamic Stall Delay, AIAA Paper 74-233(1974)

[8] Performance Prediction and Simulation of Gas Turbine Engine Operation, NATO Research and Technology Organization, Technical Report RTO-TR-044(2002)

第7章 瞬态性能模拟

当发动机处于稳态时，燃气发生器的涡轮功恰好等于压气机功加上附件传动装置的功以及轴承损耗和盘腔损失。发动机的瞬态过程会影响这种功率平衡，即加速度需要额外的能量来克服转子的惯性，而在减速过程中，转子中存储的一些能量会返回循环中。转子的工作原理类似飞轮，在加速时储存能量，在减速时释放能量。

即使是最简单的瞬态模拟，也需要转子惯量的数值。可以从类似的发动机参数进行推算，也可以使用初步机械设计方法进行转动惯量初算。

相对于转动惯量，机械模型能够获得更多信息。简单的叶盘应力计算能揭示离心应力引起的直径变化。此外，叶盘、叶片和榫头的热膨胀是可预测的。因此，所需要的计算非设计状态叶尖间隙的一切量值是已知的。这是一个重要的信息，因为压气机喘振裕度随着叶尖间隙的增加而迅速降低。如果不考虑叶尖间隙的变化来谈发动机的可操作性，就没有意义。

本书的机械模型还能推测与气流接触的动叶、静叶、叶盘和机匣的质量。热量在这些部件中储存，并在瞬态过程中从这些部件中释放出来。

运行这样一个增强版的瞬态模型得到的结果与其他人的方法截然不同，后者只考虑转动惯量的影响。以下部分首先描述了简单的瞬态模拟，并介绍了常用的瞬态控制原理。在讨论发动机部件之间的传热问题之前，先对涡扇发动机的机械模型进行描述。最后，展示并讨论涡轮风扇发动机的两种瞬态模拟结果。

7.1 瞬态基础知识

7.1.1 克服转动惯量

用转子惯量 I_{rotor} 和转速 N 来表示加速转子所需的功率为

$$\text{PW}_{acc} = \frac{\partial N}{\partial t} N I_{rotor} \tag{7.1-1}$$

PW_{acc} 在稳态运行时对热力循环的影响与功率提取是类似的,当提取功率在等换算转速下增加时,涡轮进口温度升高。可以用涡轮喷气发动机压气机特性图中工作点的运动轨迹来很好地解释这一点。在图 7.1-1 中,没有功率提取的工作点 A 在稳定工作线上,点 B 的位置表示存在功率提取时的情况。在特性图有不同的 T_{41}/T_2 等值辅助线。T_{41}/T_2 线是根据压气机和涡轮之间的流量连续计算绘制的。B 点的 T_{41}/T_2 比在 A 点时要高得多,压比也更高,增加量取决于等转速线的形状。

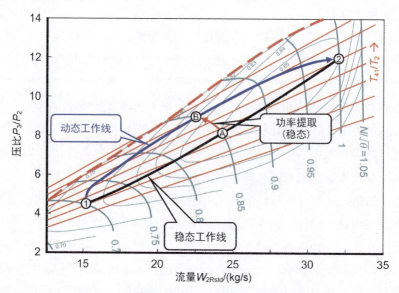

图 7.1-1 涡喷发动机工作点瞬态过程的移动轨迹

涡喷发动机和/或燃气发生器的压气机工作点在发动机加速过程中从 1 点 $N/\sqrt{\theta_2} = 0.7$ 转速线沿着蓝线运动到 2 点。所有的瞬态工作点都在稳态工作线以上,这是由于克服转动惯量所需的额外功率。瞬态过程中涡轮进口温度 T_{41} 高于稳态运行时,减小了发动机的喘振裕度。

图 7.1-1 所示的涡轮喷气发动机瞬态过程同样适用于任何涡轮风扇或带有自由动力涡轮的涡轴发动机的燃气发生器。

7.1.2 瞬态控制策略

在从发动机慢车到最大的加速过程中,控制系统必须确保涡轮入口温度保持在可接受的范围内,并且燃气发生器压气机不喘振。问题是,在快速瞬态过程中,既不能准确地测量涡轮温度,也不能准确地测量喘振裕度,因此必须根据能够被快速并精确测量到的变量来评估如何安全操纵发动机。

通过对无量纲功率提取的一些基本处理,得到该问题的一个解决方案。当换算后的功率提取相同时,则认为压气机特性图中工作线的变化相同。

$$\mathrm{PW}_{\mathrm{acc}} = \frac{\Delta \mathrm{PW}_{\mathrm{acc}}}{\sqrt{\theta_2} \delta_2} = \frac{\partial N/\partial t}{\delta_2} \frac{N}{\sqrt{\theta_2}} I_{\mathrm{rotor}} \qquad (7.1-2)$$

换算加速功率随换算转速变化率$(\partial N/\partial t)/\delta_2$和换算速度$N/\sqrt{\theta_2}$而变化。因此,在压气机特性图上可以绘制一系列等加速率$(\partial N/\partial t)/\delta_2$的曲线。限制转速的变化率可以防止压气机喘振,从图 7.1-2 可以看出。这通常称为加速度控制模式"Ndot"控制,因为$\partial N/\partial t$通常缩写为$\dot{N}$。

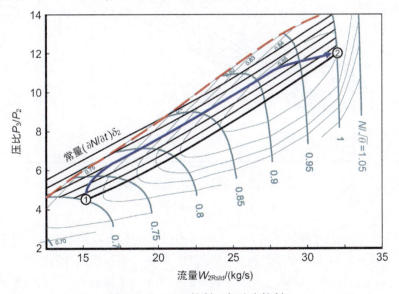

图 7.1-2 Ndot 控制(加速度控制)

有一个关于$\dot{N}$控制理念的问题。如果由于某种原因压气机发生喘振,将导致转速下降。控制器通过增加燃油流量来对转速下降做出反应,从而达到恢复转速的目的。然而，这会使发动机工作情况恶化；当发动机喘振时，必须减少燃油流量。

我们需要一个控制参数，在发生喘振时自动减少燃油流量。换算燃油流量除以换算转速和压气机压比是我们选择的公式，即

$$\frac{W_F}{NP_3} = \frac{\dfrac{W_F}{\sqrt{T_2}P_2}}{\dfrac{N}{\sqrt{T_2}} \dfrac{P_3}{P_2}} \tag{7.1-3}$$

当发动机发生喘振时，P_3 会急剧下降，给定的燃油流量也会急剧下降。由于 $W_F/(NP_3)$ 是3个无量纲参数的组合，所以它本身也是一个无量纲参数，可以在压气机特性图中给出 $W_F/(NP_3)$ 为恒定值的直线。图 7.1-3 展示的这些直线就像图 7.1-2 中的 $(\partial N/\partial t)/\delta_2$ 线一样。在我们的例子中，沿恒定的 $W_F/(NP_3)$ 直线的加速是可行的。

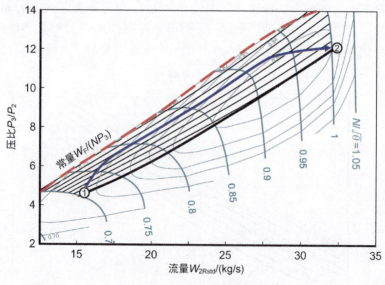

图 7.1-3 $W_F/(NP_3)$ 控制策略

将发动机瞬态过程限制在 $W_F/(NP_3)$ 的恒定值可以解决消喘问题，但也有一个严重的缺点：从慢车加速到最大所需的时间取决于发动机部件的温度。冷的发动机的暖机需要大量的燃料。剩下一部分燃料能量用于加速转子，它需要更多的时间达到最大状态。热的发动机对油门动作反应更快，加速时间比冷发动机短。

飞行员们不喜欢这种发动机的特点，他们希望不论冷还是热的发动机，根据油门杆的动作做出一致的推力响应。因此，通常选用 $\dot{N}$ 控制，因为不论冷态还是热态的发动机都能够做出一致的推力响应。$W_F/(NP_3)$ 控制也在现代控制

器中得到应用，并在出现喘振的情况下作为后备解决方案。

7.2 发动机结构

为了严格评估飞机发动机的可操作性，不仅需要转动惯量的值，还需要对气体与金属材料之间的热交换进行评估计算，热交换会影响发动机部件的温度。为了计算部件的热膨胀，必须知道发动机部件的质量及其比热容的近似数据。

由于离心力导致的叶盘直径和叶片的变化情况也需要计算。只有这样才能评估压气机和涡轮在稳态和瞬态运行时叶尖间隙的变化。简而言之，需要对发动机几何结构进行了解。

建立一个发动机几何模型始于热力学循环，它定义了质量流、总压和部件边界处的总温度。级数和转子转速影响气动载荷，从而影响热力循环计算中使用的部件效率。因此，为了在许多相互矛盾的需求之间找到折中方案，需要进行一些发动机的几何迭代。

7.2.1 稳态几何

即使在稳态模拟中，发动机的几何形状也不相同。机匣直径随气体温度的变化而变化，这在很大程度上取决于材料的热膨胀系数。叶片和叶盘的尺寸也会受到气体温度的影响。此外，离心应力对叶盘和叶片的尺寸也有影响。因此，如在慢车和最大状态之间，叶尖间隙变化很大（转子和静子也会受气动载荷的影响，但可以忽略）。

根据定义，稳态性能模型与发动机机械模型产生的叶尖间隙变化一致。这只是一个与现实情况接近的假设，因为叶尖间隙会随离心力而变化，离心力决定于发动机的物理转速 N，而压气机效率则是换算转速 $N/\sqrt{\theta}$ 的函数。试验获得的压气机特性图包含了不同转速下叶尖间隙对质量流量和效率的影响。因此，如果和压气机部件试验时的进口温度相同，则不需要根据叶尖间隙对特性进行修正。

燃气发生器的涡轮通常在恒压比和较窄换算转速范围 $N/\sqrt{\theta}$ 工作。这意味着读取 HPT 特性时可以假设效率基本不变。高压涡轮物理转速 N_{HPT} 在慢车和最大状态时存在显著差异，这将导致叶尖间隙变化。这种变化引起的效率变化会很明显，因为 1% 的相对叶尖间隙变化会造成约 2% 的效率变化。

7.2.2 涡扇发动机示例

该示例基于 1984 年发表的一个 V2500 涡轮风扇发动机横截面。在当时，

第 1 篇 模拟任务

V2500 发动机只有一个增压级,而现在有 3~4 个。第 2 篇初步设计第 4 章中的图 4.6-1 将 GasTurb 模型与参考文献 [2] 的横截面进行了比较。

基于风扇直径的主要循环参数见表 7.2-1。

表 7.2-1 主要循环参数

推 力	25000lbf
风扇叶尖直径	63 英寸
风扇压比	1.6
涵道比	5.4
总压比	29.8

注:lbf 是磅力的单位,1lbf=4.45N。

性能模型采用了文献 [3-4] 中的压气机特性图和文献 [5-6] 中的涡轮特性图。根据 GasTurb 的概念设计功能,建立几何模型,如第 2 篇第 4 章所述。

假设所有压气机和涡轮叶片的叶尖间隙为机械设计点 ISA SLS 条件下起飞时叶片高度的 1.5%。图 7.2-1 显示了第一级几何形状在 70%(慢车)和 100% 燃气发生器转速之间的变化。由于较低的叶盘温度和应力,慢车时的叶尖间隙要大 1%。需要注意的是,这与瞬态行为无关,它是稳态非设计点模拟的一个特性。

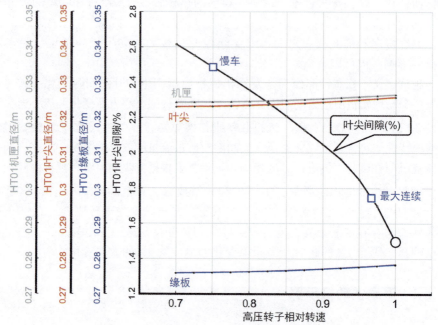

图 7.2-1 高压涡轮 HPT 稳态条件第一级叶尖间隙

在慢车状态，高压压气机后面级的相对叶尖间隙比前面级大（图 7.2-2）。这是由于在后面级转子存在较大的温度变化、更大的叶盘直径和较短的叶片。

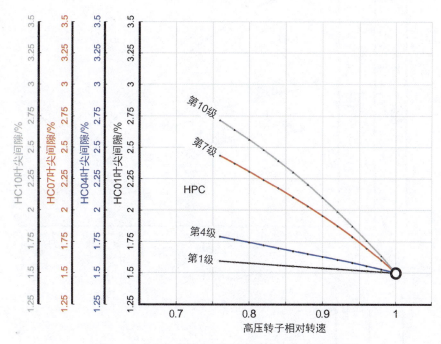

图 7.2-2 稳态条件高压压气机各级转子叶尖间隙

在低压涡轮中，慢车状态第一级转子的叶尖间隙大于最后一级的叶尖间隙（图 7.2-3）。原因在 LPT 中，入口温度变化较大，且第一级叶片较短。

图 7.2-4 显示了 HPC、HPT 和 LPT 的稳态效率。HPT 效率模型是一个特例，它由两个要素组成：一是涡轮特性图中给出的效率；二是考虑到叶尖间隙随相对转速的变化而变化的修正项。

高压涡轮 HPT 的换算转速在慢车和起飞状态之间仅相差 5%。工作点的运动轨迹线很短，从特性图上读取的效率相差不到 1%。从慢车到起飞状态的物理转速差异更大，达到 25%，并对应大约 1% 的叶尖间隙差异（图 7.2-1），这导致大约 2% 的慢车效率损失。

高压压气机 HPC 和低压涡轮 LPT 使用的特性图都是根据原始特性数据缩放而来的。叶尖间隙从发动机低转速到高转速状态逐渐减小，这种影响规律在效率图中得以反映。在发动机中，叶尖间隙的变化与部件试验台上的并不相同。然而，在我们的涡轮风扇发动机性能模型中忽略了这一差异。

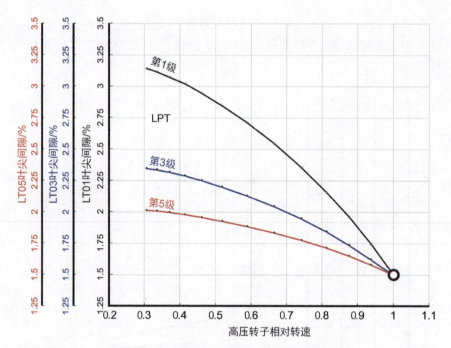

图 7.2-3 稳态条件低压涡轮 LPT 各级叶尖间隙

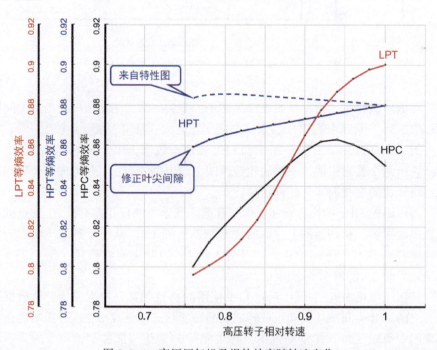

图 7.2-4 高压压气机及涡轮效率随转速变化

7.3 一种改进方法

在传统的瞬态模拟中,除了稳态功率平衡外,只考虑转动惯量的影响。改进后的模型还考虑了瞬态叶尖间隙变化以及发动机零部件之间热传导的影响。

7.3.1 叶尖间隙

当发动机从慢车加速到起飞状态时,叶盘和叶片上的离心力增加。燃气温度上升,动叶和静叶被迅速加热并膨胀。而叶盘的温度响应非常缓慢,即温度变化率较低;由于离心力的影响,叶盘的直径在短时间内增加。

在加速过程中发动机机匣的热膨胀会逐渐适应叶盘和叶片的尺寸增长,但机匣直径的增加速度要慢于叶片的伸长速度,从而使叶尖间隙减小。在发动机达到起飞转速后,机匣继续膨胀,直到与气体温度达到平衡。此时间隙达到最大值。

在模拟中,专注于持续时间少于 1min 的过程。在这段时间内,叶盘的温度变化很小。为了简单起见,假设叶盘温度保持不变。这并不意味着叶盘的尺寸保持不变——由于离心压力,它们随着转速的变化而变化。

在计算叶尖间隙之前,需要知道金属的温度。为此,需要对热传导进行讨论。

7.3.2 热传导

在稳态性能计算中,不考虑气体和发动机部件之间的热交换。假设气体和部件的温度处于平衡状态。而这种平衡在瞬态过程中是不存在的。主流、二股流与金属部件之间存在明显的热交换。传递的热量取决于许多因素。

然而,对于整个系统的模拟,不需要知道局部传热的细节,一般考虑总热流量就足够了。标准的做法是,非常复杂的"实际"发动机部件被几何上简单的部件所取代。发动机与主流接触的部件被建模为等厚度的板(翼型)和锥体(流道和机匣)。

为了进一步简化,假设这些部分的热传导是无穷大的,即部件中的温度分布是均匀的。

气流温度为 T_{gas} 传热到理想条件的发动机的热通量 Q,Q 与传热系数 h 成正比,与传热面积 A_s 和过程温度 T(时间 t 的函数)以及气流温度 T_{gas} 的关

第1篇 模拟任务

系为

$$Q = hA_s(T(t) - T_{\text{gas}}) \tag{7.3-1}$$

这种热通量导致理想温度变化率 $\mathrm{d}T/\mathrm{d}t$，且与物体质量 m 和比热容 C 的乘积成正比，即

$$Cm\frac{\mathrm{d}T}{\mathrm{d}t} = -hA_s(T(t) - T_{\text{gas}}) \tag{7.3-2}$$

代入时间常数 $\tau = C \cdot m / (h \cdot A_s)$，这个方程可以写成

$$\frac{\mathrm{d}T}{\mathrm{d}t} + \frac{1}{\tau}T(t) = \frac{1}{\tau}T_{\text{gas}} \tag{7.3-3}$$

因为 $\Delta T(t) = T(t) - T_{\text{gas}}$，得到以下形式，即

$$\Delta T(t) = \Delta T_0 \mathrm{e}^{-t/\tau} \tag{7.3-4}$$

ΔT_0 是发动机部件和气流在初始时间 $t=0$ 时的温差。随着时间的推移（$t>0$），部件温度 T 随气体温度 T_{gas} 呈一阶滞后。时间常数 τ 完全描述了这种延迟。

对于已知材料、质量和表面积的发动机部件，时间常数只随传热系数 h 的变化而变化。假设燃气轮机内的换热与紊流管道内的换热情况相同，可以得出换热系数随雷诺数变化为 0.8 次方的结论。

不需要确定绝对雷诺数，只要知道雷诺数指数（RNI）就足够了，它将真实雷诺数与 ISA 标准条件下的雷诺数联系起来。知道一个工况（如发动机设计点）的时间常数，就可以在另一个工况下进行计算，即

$$\tau = \frac{\tau_{\text{ds}}}{\left(\dfrac{\text{RNI}}{\text{RNI}_{\text{ds}}}\right)^{0.8}} \tag{7.3-5}$$

我们分别对压气机和涡轮中的翼型、叶片及根部和机匣的热传导进行模拟，如图 7.3-1 所示。假设在模拟的短时间内，叶盘的温度保持不变。

对每种不同模型的元素类型使用不同的时间常数。时间常数的大小 $\tau = C \cdot m / (h \cdot A_s)$ 取决于模拟部分的质量 m、表面积 A_s、比热容 C 和传热系数 h。在发动机机械设计过程中，已经确定了翼型、叶片组件（包括叶根和榫头）的质量和表面积。比热容与材料有关。知道了传热系数，就可以计算出时间常数。

但是，应记住传热模型是高度抽象化的。为了使模型更加符合实际情况，需要对模型进行校准，这可以通过调整大量的传热系数来实现。但使用时间常数本身进行模型校准更为简单。因此，用时间常数代替传热系数作为瞬态模拟的输入量。

第 7 章　瞬态性能模拟

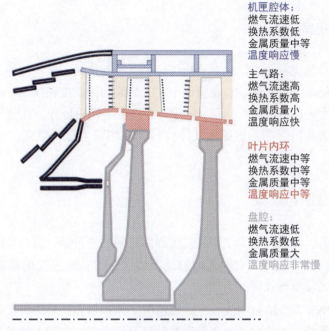

图 7.3-1　热量响应模型

在硬件和气流之间任意方向的热传递都会影响压缩和膨胀过程的热力学模型。例如，压缩过程中的冷却降低了达到给定压比所需的功率。

绝热压缩可以用以下公式进行描述，即

$$\frac{T_{2,\text{ad}}}{T_1} = \left(\frac{P_2}{P_1}\right)^{\frac{n-1}{n}} \tag{7.3-6}$$

式（7.3-6）可以扩展到考虑热传导的压缩过程，即

$$\frac{T_{2,\text{ad}}}{T_1} = \left(\frac{P_2}{P_1}\right)^{\frac{n-1}{n}\left(1-\frac{q}{\Delta H_{\text{ad}}}\right)} \tag{7.3-7}$$

式中：q 为热量（由气体传递至硬件为正）；ΔH_{ad} 为绝热过程的单位功。

因此，压气机出口温度的总变化由两个因素决定，即热流量和单位功的变化。需要后者与涡轮输出功率达到平衡。对于非绝热压缩过程，单位功数值为

$$\Delta H_c = \Delta H_{\text{ad}} \frac{T_2 + \frac{q}{C_p} - T_1}{T_{2,\text{ad}} - T_1} \tag{7.3-8}$$

涡轮中的热传导分为两部分：一部分在膨胀过程前进入主流；另一部分进入下游流场。这种方法与在稳态性能计算中考虑涡轮冷却的方法是一致的，如第 4 篇的第 6 章所述。

7.3.3 燃烧室

我们只对燃烧室火焰筒建立了热传导模型，而忽略了燃气与外部机匣的热交换。火焰筒由金属片制成，在模型中，火焰筒两侧温度相同——燃烧室中的平均气体温度为$(T_4+T_3)/2$。用一个时间常数来描述热传导，并像上面描述的那样考虑雷诺数的影响。热量从气体传导至火焰筒降低了燃烧室出口气体温度T_4。

7.3.4 其他瞬态现象

转动惯量、叶尖间隙变化和发动机部件之间的热传导是稳态和瞬态模拟之间最重要的区别。然而，它们之间的差距较大，要么对模拟的准确性贡献甚微，要么难以量化计算。

除非采用非常小的时间步长，一般情况下体积填充的方法属于瞬态模拟中不太重要的部分。无论如何，流量在发动机部件中存储在瞬态过程初期较为明显，随后影响逐渐减小。对于多级压气机，气流和部件之间热传导对部件特性的影响是难以量化的。

整个特性图的变化是因为，如当发动机从冷态进行加速时，由于部分热量进入金属材料中，压气机后面级的气流温度反而比进口温度低。因此，压气机后面级的瞬态换算转速要高于稳态。这不仅影响整体压气机的效率，而且影响压气机的喘振裕度。这些变化的影响在瞬态性能模拟的总体精度限制内可以忽略。

压气机和涡轮的主动叶尖间隙控制系统的设计需要对瞬态间隙变化进行建模，即需要对发动机的机械设计有详细的了解。本书没有这方面的信息，因此在下面的模拟示例中不考虑其影响。

7.4 涡扇发动机的瞬态行为

前面讨论了第2篇4.6节中描述的V2500发动机的瞬态过程。部件结构模型包含所有叶盘、机匣、动叶和静叶的尺寸和质量。有了这些数据，就能够计算转子惯量。除了转动惯量外，只需要几个额外的输入就能得到一个增强的瞬态模型，包括：

① 各部件的比热容；
② 每个压气机和涡轮机的 3 个时间常数；
③ 燃烧室火焰筒的时间常数；
④ 叶尖间隙变化率与效率、流量和喘振裕度的关系。

时间常数决定了发动机部件的热膨胀和热传导。我们的示例使用表 7.4-1 中的值。

表 7.4-1　时间常数（单位：s）

	机匣	动叶和静叶	叶片缘板和叶根
增压级	5	1	2
HPC	5	1	2
燃烧室		1（只能）	
HPT	5	1	2
LPT	5	1	2

模型忽略了叶尖间隙和热传导效应对风扇、所有流道和排气部件的影响。此外，只考虑相对较短的时间步长，在此期间盘的温度保持不变。

7.4.1　冷态发动机加速

在实际的瞬态模拟之前，计算了一系列稳态（热平衡）性能点作为参考。这将获取每个压气机和涡轮级在每个工作点的叶尖间隙（以叶片高度的百分比表示）。

首先，我们研究了从地面慢车到最大连续的加速过程。控制输入设定值 $N_L = 90\%$；高压转子转速加速度被限制在 6% 每秒。

图 7.4-1 显示了推力、转速和燃烧室出口温度 T_4 的变化情况。计算只考虑了转动惯量（没有叶尖间隙和热传导效应），得到了几乎相同的转速和推力响应情况。然而，燃烧室出口温度 T_4 的响应存在显著差异。在最初的几秒内，这个温度在简化模型中要高于增强模型，因为模拟过程中加热发动机部件不消耗能量。

大约 7s 后，在简单的模拟中没有发生任何异常，发动机达到了稳定状态。

在达到目标推力后，增强模型燃烧室出口温度继续升高。这是由于 HPC 和 HPT 的叶尖间隙增加，降低了它们的效率。

高压涡轮 HPT 第一级慢车时稳态叶尖间隙为 2.48%，最大连续状态时仅

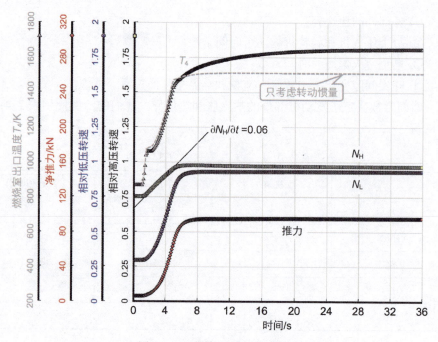

图 7.4-1 慢车至最大连续加速

为 1.75%，如图 7.2-1 所示。这种叶尖间隙的减小在瞬态模拟中并不一定发生，诚然，我们观察到了离心力、叶片和机匣热膨胀的影响，但是涡轮盘的半径没有改变。这是由于模拟时间很短，只有 36s。结果表明，在相同的转速下，HPT 第一级的叶尖间隙比之前观察到的稳态工况的参考叶尖间隙大 3%。两个叶尖间隙值之间的差值被转换为恒定变化率的压气机效率、流量和喘振裕度调节工具。叶尖间隙增加 1%，压气机效率和流量降低 2%，喘振裕度降低 5%。涡轮叶尖间隙只影响效率；对于不带冠的 HPT，叶尖间隙每增加 1% 就会降低 2% 的效率；对于带冠的 LPT，叶尖间隙每增加 1% 就会降低 1% 的效率。将叶尖间隙对压气机和涡轮级性能影响进行平均，然后应用于热力循环计算中。结果如图 7.4-2 所示。

图 7.4-3 显示了在燃气发生器压气机（HPC）特性图中发生的情况。正方形表示稳态工作线。圆圈线表示增强的瞬态模型计算结果，蓝色虚线是只考虑转子惯性的模型计算结果。值得注意的是，蓝色虚线在红色圆圈的中心停止，而另一条线向左转弯。这种现象是由图 7.4-2 所示的压气机和涡轮效率损失导致的，这些损失来自瞬态过程叶尖间隙的增加。

使用图 7.4-4 能比从压气机特性图中更好地看出喘振裕度的差异。在加速开始时，传统的模拟模型和增强的模拟模型都展现了相似的喘振裕度损失。然而，在加速结束时，只有用黄色方块表示的增强型模型才能预测达到目标推力

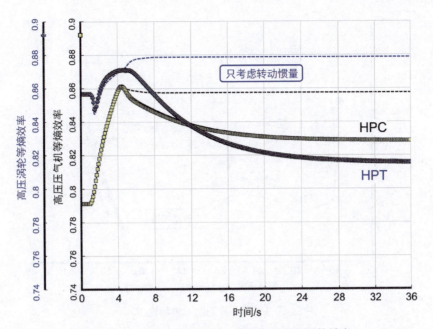

图 7.4-2 冷态发动机加速过程的压气机和涡轮效率

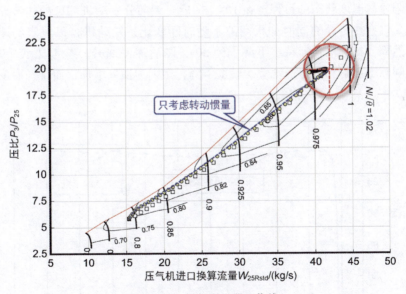

图 7.4-3 燃气发生器工作线

后的喘振裕度损失。这一结果与参考文献 [7] 中的一段话相一致:"通常,最大的叶尖间隙,也就是最小的喘振裕度,发生在发动机达到最大状态后的 30~80s 之间。"

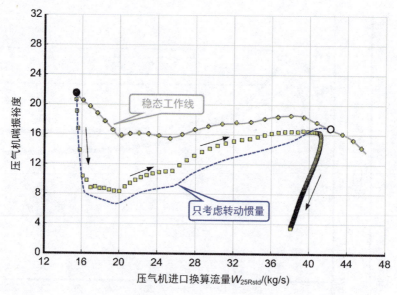

图 7.4-4 冷态发动机加速

图 7.4-5 证实了这一事实,测试数据取自一台涡扇发动机从稳定慢车加速到极限排气温度状态的过程。在 10~15s 后,大部分发动机部件的热传导已经完成。没有热传导的同时如果间隙不随时间变化,发动机将以恒定的速度运转。然而,核心机转速持续下降了约 50s,随后缓慢回升。参考文献 [9] 用短期间隙增加解释了这一现象。转速下降,是因为损失增加,而排气温度保持不变。

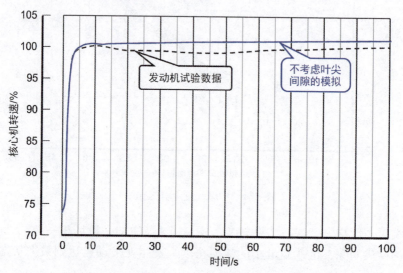

图 7.4-5 涡扇发动机加速到最大排气温度[9]

第 7 章 瞬态性能模拟

在冷发动机加速过程中，HPC 喘振裕度的损失并不是唯一的危害。在达到目标转速之前，有可能发生叶尖碰磨。离心力和叶片的传热使叶尖半径迅速增大，而机匣半径增长缓慢。图 7.4-6 显示了最后一个 HP 压气机级在 4~6s 时的间隙最小值。

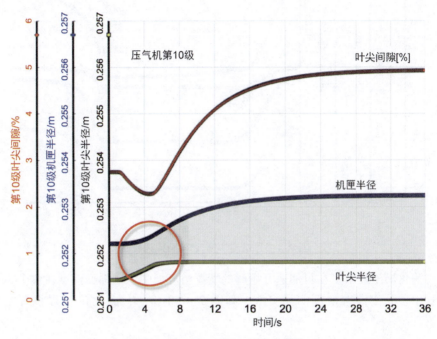

图 7.4-6　HPC 第 10 级叶尖间隙

7.4.2　热态发动机减速与再加速

任何瞬态模拟的起始点都是稳态工作点。如果从地面慢车开始，就像前一节一样，那么金属结构件的温度通常很低，稳态的叶尖间隙很大；相反，当在最大连续状态下进行模拟时，金属件温度较高，尖端间隙适中。

热发动机减速不仅使 HPC 图中的工作点远离喘振线，而且在非常短暂的增加之后，由于叶盘温度仍然很高，与稳态相比，叶尖间隙也会减小。唯一可能出现的问题是燃烧室熄火。

图 7.4-7 显示了将要研究的加减速操作。它被命名为"Bodie"，以美国空军一名飞行员的名字命名，该飞行员在发动机飞行试验中首次使用了它。我们将看到为什么这是一个对发动机考验特别大的操作。

· 259 ·

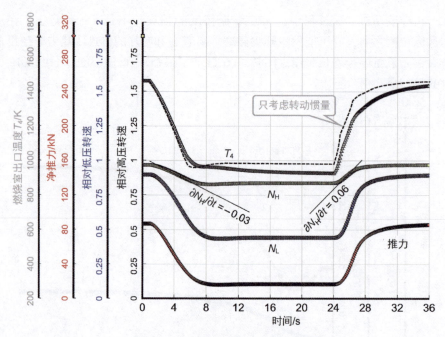

图 7.4-7 遭遇加速（Bodie）过程

简化模型显示了在再加速开始时的喘振裕度损失。增强型模型在整个机动过程中预测出喘振裕度明显更大，如图 7.4-8 所示，因此该过程没有喘振问题。

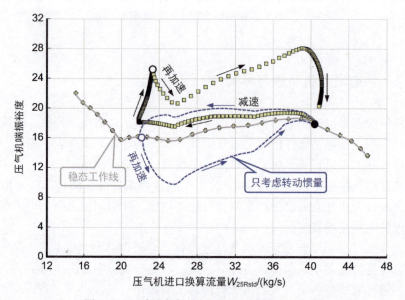

图 7.4-8 减速与加速过程 HPC 喘振裕度变化

第 7 章 瞬态性能模拟

发动机硬件与气流之间的瞬态热交换如何？这个问题需要考虑吗？应记住：瞬态控制器保持 $\partial N_H/\partial t$ 恒定。燃气发生器部件的热交换影响到保持 $\partial N_H/\partial t$ 所需的燃油流量，但不影响高压转子 HP 转速随时间的变化关系。

低压转子转速随时间的变化 $\partial N_L/\partial t$ 会受热交换的影响。在加速过程中进入发动机结构的能量无法克服低压转子的惯性，因此控制给定的低压转子转速 N_L 变化会被延迟。在减速过程中，从硬件到气流的能量也会减慢 N_L 的响应。考虑热交换时，N_L（以及推力）对推力变化指令的反应要稍微慢些。

图 7.4-9 显示了在所述的瞬态机动过程中，气流与 HPC 和 HPT 等部件之间交换热量。需要注意的是，由于在较低的流量和转速下，部件和气流之间的热传导系数降低，因此减速过程的热平衡时间比加速过程的热平衡时间长。

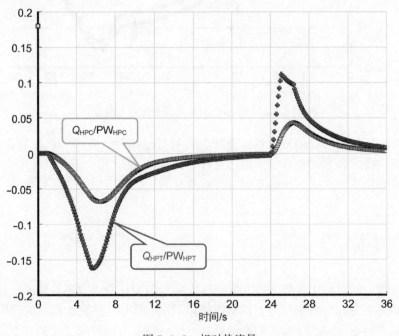

图 7.4-9　相对热流量

如果压气机的稳定性和热交换都不会产生问题，那么为什么"Bodie"操作是一个只在紧急情况下使用的高风险操作呢？这又是一个由叶尖间隙产生的问题。

在再加速开始时，叶盘温度仍然较高，然而机匣已经冷却了一些。叶尖间隙小于 1.5% 的设计点值。在图 7.4-10 所示的例子中，当再加速开始时，HPT 第一级的叶尖间隙几乎为零。一旦转子转速开始增加，叶盘半径立即增大。

· 261 ·

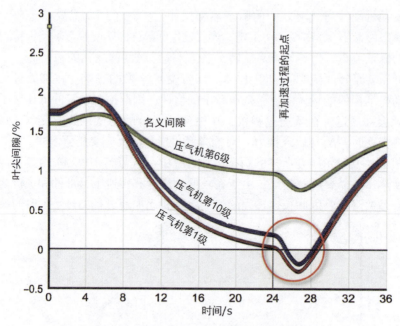

图 7.4-10 "Bodie" 过程叶尖间隙的变化情况

叶尖间隙变为负值,这意味着叶尖将与机匣接触。叶片和机匣将被破坏,这种摩擦将永久地增加叶尖间隙。进行"Bodie"机动后,发动机性能会恶化,直到发动机下一次进入维修车间并完成修复为止。

7.5 小结

在前面的讨论中,热交换和瞬态叶尖间隙的变化都不会影响瞬态过程的时间,这是因为发动机瞬态过程控制规律是控制 $\partial N/\partial t$。热交换和叶尖间隙的变化影响达到给定 $\partial N/\partial t$ 所需的燃油流量。这只是推力随时间变化的一个次要影响,因为燃油质量流量只占总排气质量流量的一小部分。

也可以用一个以 $W_F/(NP_3)$ 为主要控制参数的控制器模型并且采用增强瞬态模拟模型进行瞬态模拟。可以得到冷态发动机和热态发动机各不相同的推力响应时间。

增强的瞬态模型可以在初步设计阶段有效地检验各种尝试。模型计算的结果绝对值不一定准确,但趋势是可以预测的。

当有实际发动机数据时,不需要太多的工作就可以对模型进行校准,并得到具有更好的瞬态模拟能力的模型。第一步是用初步设计工具尽可能地再现真实发动机的几何结构形状。第二步是调整发动机部件和气流之间热交换的时间

第7章 瞬态性能模拟

常数。

只有在发动机模型的品质和细节程度相同的情况下，才能对不同设计的发动机进行有效比较。如果瞬态模拟是概念发动机设计和性能程序的一个重要组成部分，则可以实现这一目标。诚然，这样一个程序中的几何模型只是一个粗略的近似，但它可以使用空气动力学家和设计师创建的任何更详细的发动机信息来校准。

参 考 文 献

[1] Tong, M.T., Halliwell, I., Ghosn, L.J.: A computer code for gas turbine engine weight and disk life estimation. J. Eng. Gas Turbines Power 126, 265-270 (April 2004)

[2] Erinnerungen: 1934-1984 Flugtriebwerkbau in München, Herausgegeben von der MTU Motoren- und Turbinen-Union München GmbH, Zweite Auflage (1985)

[3] Cornell, W.G.: Experimental Quiet Engine Program, Summary Report, NASA CR-2519 (1975)

[4] Cline, S.J. et al.: Energy Efficient High Pressure Compressor Component Performance Report, NASA CR-168245 (1983)

[5] Wilfert, G., Kriegl, B., Wald, L., Johanssen, O.: CLEAN—Validation of a GTF High Speed Turbine and Integration of Heat Exchanger, Technology in an Environmental Friendly Engine Concept, ISABE-2005-1156

[6] Stabe, R.G., Whitney, W.J., Moffit, T.P.: Performance of a High-Work Low Aspect Ratio Turbine Tested with a Realistic Inlet Radial Temperature Profile, NASA TM 83665 (1984)

[7] Walsh, P.P., Fletcher, P.: Gas Turbine Performance, 2nd edn. Blackwell Science Ltd, (2004)

[8] Kurzke, J.: Transient Simulations During Preliminary Conceptual Engine Design, ISABE- 22011-1321

[9] Khalid, S.J., Hearne, R.E.: Enhancing Dynamic Model Fidelity for Improved Prediction of Turbofan Engine Transient Performance, AIAA-80-1083 (1980)

第2篇 初步设计

第1章 发动机

工程设计就是将我们的想法转化为实物。建模或模拟用于描述或"捕获"概念,并展示部件和系统在实物生成之前是如何运作的。过去使用"创建和试验"方法,但它充满了困难并耗时,而且风险很大且成本极高。今天的技术领域已经到了相当高的水平,因此能够最快速交付产品的公司将是最成功的。随着数学工具和技术的改进,人们已经认识到模拟和建模方法是将产品推向市场最快和性价比最高的方法。

1.1 初步设计在系统研究中的作用

初步设计在新的发动机项目中非常重要,因为它可以提供许多至关重要且关系到结果的决策,也决定了公司之后很多年的资源调配。发动机初步设计是将大学里面分开教学的众多技术和学科的基础集中在一起。这种广泛的技术背景使部件模型能够组装成一个发动机。

如图1.1-1所示,发动机设计人员的必备技能包括对各个部件的设计方法足够了解;确保实现整体性能目标的热力循环过程;在有限的尺寸约束中组装部件的能力;熟悉变量之间的权衡,确保变量设置正确,建立和遵循有效的计划。此外,发动机设计师必须在内部(公司)和外部(法规)限制的范围内工作。

在初步设计之后,事情很快变得非常复杂且花费巨大,因此有必要尽早确保我们在应用更昂贵的详细设计和分析技术之前走上正确的道路。回到起点既昂贵又极其尴尬!

发动机初步设计的总体目标之一是降低风险,这取决于可用设计工具的精度以及运用的技能和知识。初步设计规范主要用于权衡分析,以从很多的候选

第 2 篇 初步设计

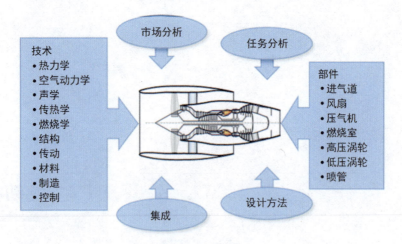

图 1.1-1 技术的集成

名单中确定最终意向。这个过程需要回答的部分问题如下：

（1）它是什么样子的？

（2）它适合吗？

（3）它会起作用吗？

（4）它有多重？

（5）费用是多少？

（6）它是否具有竞争力？

当然还需要一种手段来定量评估风险水平。成功的初步设计可用一定的技术成熟度来展示。为实现这一目标，至少需要评估以下内容：

（1）发动机性能；

（2）气动设计和部件匹配；

（3）流路特性；

（4）结构完整性；

（5）对环境的影响。

图 1.1-2 是从概念到试验实物的新发动机的完整设计过程的粗略示意图。初步设计活动包含在深蓝色区域中，其中任务考虑因素、循环分析和发动机模型构造形成迭代循环。重量和性能的估计取代了早期的假设，并且可以通过缩放整个新系统以满足任务的推力要求。

任务分析主要是面向系统来处理马赫数、高度、推力和耗油率之间的关系。进行任务分析时，应根据详细的任务剖面，假设安装有发动机的飞机的特性、起飞重量和安装推力值，并根据经验选择不同任务条件下的发动机参数。任务分析的结果包括每个任务条件下的燃油消耗量。典型的权衡

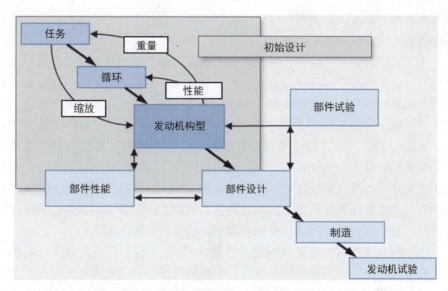

图 1.1-2　发动机设计——从概念到实物

分析是在航程（或最大起飞重量）与耗油率和推进系统重量之间进行折中考虑。

　　循环分析解决任务条件与发动机参数的转换关系，如当地温度和压力。它需要研究整个发动机，将每个部件视为"黑匣子"，并用少量设计参数来表征。分析的目标是根据设计限制、飞行条件和设计考量获得预估性能。这些表征参数以部件图的形式表示，部件图定义了部件在设计点和非设计点的特性。

　　部件设计和部件性能超越了初步设计的范畴，因为它们将继续进入详细的设计过程。根据时间表，早期方案的重大改进将传达给设计团队。部件试验不一定与初步设计直接相关，但是，根据程序的重要性，部件试验可能会在引入重要新技术并反馈相关结果以影响性能和可操作性的情况下进行，甚至可能会被用于部件模型的损失修正。

　　热力循环模型可以用来计算发动机每个工作点以及飞机任务中的每个工况点的热力学特性。在可能无法达到的发动机飞行包线边界处也会产生数据，这些外部限制通常被定义以确保最终发动机设计中有足够的安全裕度。

　　将部件特性代入循环模型中，可以计算获得发动机整机性能以及单个部件及其相互作用的性能。尽管循环分析不一定很精确，但可以近似获得发动机工作特性。在这个阶段，部件效率基于以前的经验获得。

　　循环分析输出结果是一个非常详细的热力学表，包括空气流量、燃油流量和燃烧产物流量、温度、压力和总体性能参数，根据这些数据生成发动机硬件以分析创建发动机结构模型。仅使用部分参数来表征发动机物理特性，这些参数可以被选用来代表任务特点。

为了提供有意义的结果，必须将每个部件和整个发动机部件的设计导出到准确的预定义模型中。构建完整发动机模型这项非常有趣的工作是图 1.1-2 的重点。随着每个部件的设计成型，需要估计其性能，并与循环分析中假设的内容进行比较。这意味着损失模型和效率估算必须包含在所有部件的设计代码中。如图 1.1-2 所示，允许更新循环模型。一旦计算出发动机重量，这可以用于替换任务分析中的初始猜测以作进一步的迭代，并兼顾考虑飞机性能的任何相关变化。如果发动机比第一次假设更重，则可能需要更多推力来为飞机提供动力，因此在任务分析中，发动机将按比例放大，重新安装以进行另一次任务分析。整个过程是持续迭代直到收敛到可接受的解决方案为止。

上述所有工作均构成发动机初步或概念设计，见图 1.1-2 中深色阴影框内。在这些活动外，部件的详细设计将会相继开展，以指导部件硬件生产及试验，并最终与发动机整机试制和试验相关联。在概念/初步设计中，只关注部件和发动机硬件设计的初始关联。

对于压气机和涡轮，直到 10 年前都是采用流动路径的定义，考虑叶片速度三角形和叶片数量，但是没有考虑实际的叶片轮廓。然而，从那时起，计算机性能增强以及更好的设计规范和理解使初步设计能够扩展到叶片形状并且可以在三维流场中开展预测分析。其重要性在于它显著降低了新发动机计划早期阶段的固有风险，使后续阶段更有信心。

发动机初步设计是整个系统研究的一部分。在寻求特定飞机任务要求的最佳设计解决方案时，将考虑许多不同版本的发动机配置，并且将针对每个版本执行初步设计。

1.2 方法与实现

构型设计即构建完整的发动机模型，这在图 1.2-1 中有更详细的总结。正是在新发动机规划的这个阶段，必须将多个技术分支集合在一起并同时应用。发动机模型是由通用部件模型库构建的，这些模型代表了与当前、近期和未来相适应的技术水平。技术水平通常也对应于所考虑的发动机进入服务年份。它们也可以被指定为 GEN-5、GEN-6 和 GEN-7，对应于不同代的技术。使用这种表示法，GEN-5 可能指的是由于各种原因进行复制或"逆向工程"设计的现有发动机。

第1章 发动机

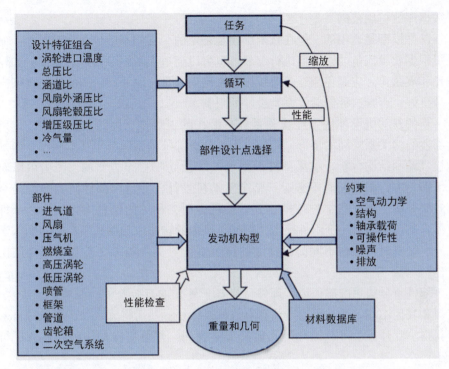

图 1.2-1 构建发动机模型

1.2.1 构建发动机模型

在新发动机计划的初步阶段，设计工具必须能够提供以下内容：
(1) 为系统的每个部件构建模型；
(2) 在设计点条件下预测其稳态性能及与其他部件的相互作用；
(3) 在非设计点条件下预测稳态性能；
(4) 预测瞬态行为。

1.2.2 部件模型

部件模型库显示在图 1.2-1 左下方。这些类别中的大多数部件都包含一整套家族设计方案。例如，对于风扇而言，具有大涵道比和低压比的单级风扇模型可以用于大型亚声速涡轮风扇发动机，它还包含可以军用或超声速涡扇发动机的低涵道比、高压比的多级风扇。通常情况下，这些子类别中的每一个都将进一步细分为具有不同风扇压比和转速值的风扇，并包括不同的设计材质和结构，如金属/复合材料以及不同的入口半径比和叶片数量等。所有这些都取决于数据库的可用范围。

部件模型是通用的,但在技术层面是特定的。它们不应包含绝对尺寸,而是可根据质量流量的输入值进行缩放;也可以通过无量纲参数进行缩放,如轮毂比和展弦比。应避免用经验曲线拟合来确定重量,除非在已知的传统范围内设计良好;否则这种经验关系是过度的限制。

新的发动机设计使用经验关系具有潜在的误导性,因此非常危险,特别是那些经验关系外插的情形。相比之下,分析部件模型应基于基本原理,即发动机气动和结构分析。如果部件模型可以"独立"是很方便的,因为可以对低压涡轮进行微调,而不必运行整个发动机设计,并且单部件研究通常是有用且必要的。当这些部件被构建到发动机中时,相关的信息应该从一个部件模型自动传递到另一个部件模型。例如,风扇的转速应转移到驱动它的低压涡轮上,必要时可根据不同的设计点进行调整(参见本篇 1.2.5 节"部件层次结构")。

部件重量或更准确地说,部件质量基于外壳的有效厚度,并考虑了法兰、支板和其他不均匀性,可通过估算有效材料体积,然后将其乘以适当的材料密度获得。叶片重量可从简化的几何模型中找到,并可对冷却体积和通道进行修正。

1.2.3　设计约束

由于现有系统的极端复杂性以及部件和子系统之间的复杂交互,使新发动机设计过程中的风险很高。权衡分析中使用了初步的设计规范,以确定哪些可选设计应该从大量竞争者中脱颖而出。因此,重要的是,初步设计方法尽可能准确和简洁地对技术进行甄别。初步发动机设计的关键技能不仅仅是在整个系统或发动机模型中组装零件,更是在很多内部和外部设计约束下进行,如图 1.2-1 右侧的约束框所示。

为了具有竞争力,发动机必须考虑气动、热力学、结构设计和材料特性以及推进系统工程的许多其他分支中的参数限制。因此,发动机设计的成功使各项参数尽可能多地接近设计限制,同时考虑几个相互约束条件之间的权衡。整体设计也必须经得起考验,这意味着一个或多个设计目标的小缺陷不会导致设计结果超出允许的设计限制。

发动机设计过程中的专业技术应用水平基本定义了设计限制。这些限制应该"集合打包",并由所有有关方商定。任何对限制参数的更改都必须通过正式程序传达,以确保所有设计组都按照一致的标准工作。

设计约束分为两大类,即内部设计限制是在公司或设计组织内设定的限制,此类别包含气动、热力学和结构约束。气动限制约束了流道和旋转机械中的马赫数,通常是通过减少摩擦损失来改善气动性能。对于低压涡轮来讲,还对轮毂比、叶尖速度和出口涡流值等参数等施加了上限和下限。根据涡轮材料选择的温度参数与冷却流量相关。典型的结构限制为 AN^2,它除了作为涡轮盘轮缘应力的度量外,还为初步设计者提供了涡轮中的气动和结构完整性之间的重要且非常有用的联系。

外部设计限制是指从公司外部对设计组织施加的限制。这些限制经常由国家和国际机构立法确定,最常见的是对环境的保护。随着过去60年中航空运输的巨大增长,噪声抑制已成为关键,特别是在起飞和着陆时。废气排放构成了另一个重要的环境问题,无论是起飞还是巡航任务,两个任务阶段有不同的排放目标。二氧化碳排放立法已于2020年生效,据巡航期间的燃油消耗对飞机进行分类。

参数的确定应该同时确保不超过规定的限制。在实践中,以及从个人经验出发,都开始观察设计日志记录中的变化。但这种方法只能管理有限的参数,还会有一些东西(如转子出口马赫数)成为漏网之鱼!然后,经过一个星期的工作,将结果展示给老板,老板会说"转子出口马赫数怎么样?"然后必须重复进行复算。因此,简单直观地表示与我们相关的所有设计限制是至关重要的。事实上,大多数公司以某种形式或其他形式进行此操作,我们将这些图表称为设计包线,将在本篇第2章和第3章中进一步讨论。

1.2.4 趋势分析

系统研究是一个微调主要设计参数以在可能候选方案中确定最佳组合的过程。对于涡扇发动机,主要设计参数是涡轮进口温度(T_{41})、总压比(OPR)、风扇压比(FPR)和涵道比(BPR)。

在典型的系统研究中,T_{41} 和 OPR 将保持不变,而 FPR 和 BPR 将依次变化以形成可能的12点参数矩阵。因此,在系统研究中,图 1.1-2 所涵盖的活动将重复12次,因为在每个 FPR/BPR 组合中设计了候选发动机,以满足所选发动机设计点所需的推力。

在这样的研究中,并非所有风扇压比和涵道比的组合都是有意义的。在混排式涡扇发动机中,核心和旁路出口压力必须相似($P_{16}/P_6 \approx 1$);否则会获得高混合损失。在单独排气的涡轮风扇发动机中,从理论上知道排气速度的最佳比率($V_{18}/V_8 \approx 0.8$)。如果在 FPR 和 BPR 之间引入这些依赖关系,就会缺少一个设计参数。

很少有可能预测初步设计研究的结果,特别是对于新型发动机甚至只是已有构型的新型号。大量的部件交互往往会产生惊喜，正是这一点使工作变得如此有趣并且具有良好的学习体验。

从设计权衡分析中选择的发动机配置是最符合飞机任务要求的配置。亚声速运输飞机在巡航条件下工作时间最久，其主要要求是在一定飞行距离及有效载荷要求的条件下，燃料消耗最小。单一的任务考虑在某种程度上很简单。相比之下，战斗机中的发动机必须具有多任务角色，这可能涉及多个任务的组合，而且在不断变化。对于上述每种任务类型，一些发动机要求是强制性的，而其他要求可以为了飞机的整体能力而做出让步。

妥协以优化！整个推进系统的优化涉及单个部件在设计中的大量折中。关于任何新发动机设计的早期问题是"它看起来是什么样的？"和"它的重量是多少？"虽然发动机初步设计师直接感兴趣的是相对重量和性能数据（即一个候选系统更轻或者比另一种更省油？），对推进系统建模的绝对精度和可靠度的要求仍然存在并且正在变得更强。这是因为在当今复杂推进系统的权衡分析中，越来越需要区分通常存在于主要竞争者中的微妙差异的影响。重要的是拥有识别最佳系统设计的方法，因为随后的选择和决策可能最终是非常重要的。任何新发动机程序的风险降低都与初步设计研究结果的质量完全相关。

对于新发动机中的每个部件，必须满足气动和结构要求，尽管部件的功能通常具有各自的重点所在。如果气动受到损害，发动机性能可能低于预期。如果结构完整性受损，发动机可能会发生故障！显然，后者优先，然而，在追求卓越的过程中不应该遗留任何障碍，因此必须充分解决这两套特征。

预期的部件寿命通常根据维护计划提前设定，维护计划是飞机直接运营成本的重要因素。如果部件的寿命小于目标值，则结果可能是灾难性的。如果部件寿命大于目标值，则部件在设计上会过于保守、过于沉重，而且很可能过于昂贵。虽然设计师在安全方面不可避免地存在错误，但竞争激烈的市场需要狭窄的设计裕度，而且我们的初步设计方法必须精确地定位到这些区域。

尽管初步设计规范可能非常可靠且设计限制明确，但个别工程师的工作习惯会显著影响结果。很多年前，我曾经使用 20 个发动机的矩阵进行了一项平衡分析。时间很短，我的老板自告奋勇做最后一次。当结果以各种格式绘制成图表时，19 个数据点落在完全平滑的曲线上，有一个异常值！事实证明，尽管困难，我仍严格地保持在转子出口处绝对马赫数的设计极限内。然而，我的老板给自己留了一点余地……举这个例子是为了说明一致性的重要性，就是让一个人完成这项工作，避免不同人对尺度的把握不同！

1.2.5 部件层次结构

虽然通过从发动机进口开始设计发动机并且通过后部的喷管来设计发动机

第1章 发动机

是可能的，但这是不可取的。有一种更好的方法只需要更少的迭代！

在气动方面，高压压气机可能是最困难的，压气机与其他部件相比非常复杂。全新的压气机非常罕见。在新型压气机的设计中投入了大量的公司资源，一旦部件详细设计小组做出了令人满意的设计，设计就会在初步设计模型中具体化，要高度保护和尽力使用这些设计结果。

高压压气机可以说是发动机的核心，因此具有最高优先级。一旦确定了令人满意的设计，对于初步设计师来说调整相对较少，这就设定了高压转子的转速，并且对于解决其相应的高压涡轮是明智的。类似的理论驱动低压转子的设计，其从风扇或压气机开始，随后是相应低压涡轮，再次通过转速连接。

其余部件的优先级顺序可以留给设计者考虑。由于支撑结构会经常定义新发动机的可行性，因此接下来固定它们可能很方便。管路连接所有重要的部分，它们的大小有很多都是基于摩擦损失限制制定的，所以它可以连接得很好。

对发动机性能的影响而言，排气喷管和进气道可能超过旋转机械，因此一旦已知流道面积和位置，就可以设计这两个主要部件。

燃烧室安装在高压压气机和高压涡轮之间，因此其入口和出口区域已知，其长度和倾斜度仍有待确定。可以通过定义其内部特征来完成燃烧室设计。

剩余的重要部件或者更确切地说是部件和次要部件的集合，是二次空气系统和附件——通常不在常规的初步设计过程中考虑。通常，由于附件不会影响发动机布局或整体几何形状，因此可以安全地估算其重量作为发动机总重量的一小部分，尽管早先有关于经验主义的警告。想象一下复杂的高速喷管模型，它可能有自己的控制和附件子元件。一般顺序如图1.2-2所示。

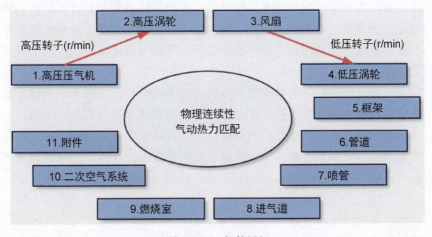

图1.2-2 部件层级

第 2 篇 初步设计

一个新的发动机部件必须满足对它的所有要求，但不会超出要求，因为这将导致额外的成本，额外的重量和可能额外的设计时间。对于发动机主流中的部件，可通过气动控制其外部形状或几何形状。结构完整性定义了构造方法、材料的选择以及可能的内部几何形状。然而，有时存在一些其他可供研究的内容，例如在动态载荷下的风扇叶片的弯曲行为或涡轮叶片中的冷却通道。

对于主流之外的部件或组成部分，除了考虑强度和耐久性外，它的结构主要取决于尺寸和材料，对于气动的考虑较少。

1.2.6 循环设计点

循环分析的直接目标是在所有选定的工作条件下描述发动机的热力学气体特性。第一个循环案例是循环设计点，任何其他循环案例都被称为非设计点。此外，主要区分设计点和非设计点分析，以协调对术语的使用。

对于设计点分析，所有设计选择仍然是开放和可控的，发动机尺寸尚未选择，设计的发动机性能的基本要求已经知道（如每单位质量流量的推力，即 $kN/(kg/s)$）。每一套完整的设计点选择都可以产生一个具有自己运行条件的不同硬件。

设计点分析比非设计点要简单得多，但是通常可以提供直接可利用的数学最优值。在每个飞行条件下提供最佳性能的设计选择组合揭示了最佳整体解决方案。完成设计点分析后，将确定每个设计选择的循环类型和可能范围。总之，发动机或部件在设计点的性能要求是已知的，选择最佳的设计变量组，并以此来确定发动机尺寸。

确定发动机尺寸并建立基本的硬件状态之后可以进行非设计点分析，在这之前不能进行非设计点分析。一旦设计点被确定，所有其他工作条件都是非设计点。然后根据已知几何指定设计变量的值，并且可以确定发动机状况以及性能参数的值。

发动机的最终选择方案基于整个任务中的非设计特性。由于新发动机很少设计来仅为匹配一个主要飞行条件而工作，因而将从平衡分析设计中选出一名获胜者，归功于其在整个任务中的平衡行为。发动机设计表列出了定义部件之间交界面的热力学参数，包括质量流量、总压及温度。此外，它包含表征部件工作点的所有属性，如压比、换算流量、物理和换算转速、轴功率、单位功等。

将循环案例标记为"设计"和"非设计"是必要的。首先，因为部件大小调整；其次，因为设计条件为许多部件在性能图上指定了入口的工作点，这不仅决定了各个部件的行为，而且最终决定了整个推进系统的工作特性。

1.2.7 单部件设计要点

为了针对预期任务优化新发动机，应根据可用循环信息为每个主要流路部件单独选择气动设计点。目标是避免任何部件或部件的过度设计或设计不足。前者会增加整体发动机的重量，导致昂贵的材料和制造资源的过度消耗，无论是初始供应还是换件；而后者可能导致失败，或者最坏结果导致安全裕度不足。如果整个发动机设计在一个任务点，很可能会出现一个任务点或多个任务点无法实现。

对于某些部件，单个设计点不能定义所有气动和结构要求，必须单独和独立地评估这两个方面的内容，尽管这个结果会在最终产品中获取。有必要确保设计的所有部件能够在每个任务点工作，但不必过分强调那些极少会遇到的情况。

1.2.7.1 低压压气机

有必要识别并保持包含入口换算流量为最大值的发动机循环点，并且通常将其用作第一级压气机的气动设计点。大涵道比的亚声速涡轮风扇飞机通常在爬升到高海拔时具有最高的换算流量，因为 T_2 远低于海平面。

对于许多发动机而言，当发动机进口温度接近海平面标准日温度（T_2 = 288.15K）时，进口换算流量达到最大值。在这种情况下，ISA 海平面的静止温度是首选的循环设计点。对于超声速飞机，最大的入口换算流量不会发生在起飞阶段，应寻求另一个任务点作为设计点。

如果换算转速高于设计值，压气机效率会迅速下降，换算流量随换算转速的增加而减小。必须选择压气机的气动设计点，以便以合理的效率达到飞行任务所需的最高换算流量。因此，可以从发动机设计表中的点列表中选择压气机的气动设计点。值得强调的是，选择气动设计点以优化叶轮力学性能并在整个任务期间提供低的耗油率。

通过考虑最严苛的结构操作条件，选择机械设计点以保证整个任务的结构完整性。在使用亚声速发动机的商用飞机中，这种情况在起飞期间遇到，在额定温度下，如马赫数 0.25、ISA+15℃。

低压压气机换算转速在气动和机械设计点之间存在显著差异。这是由于从爬升结束时的低温进气（高 $N_L/\sqrt{\theta}$）变为在高温天起飞（中等 $N_L/\sqrt{\theta}$），压比、温比和换算质量流量在两个设计点之间可以显著不同。

1.2.7.2　高压压气机

高压压气机在其特性图中的工作线很短,气动和机械设计点的无量纲工作条件比 LPC 图中更接近彼此。气动和机械设计点的无量纲参数之间没有太大差异。

1.2.7.3　燃烧室

燃烧室的设计标准不同于叶轮机械的设计标准。马赫数只是一小部分,问题在于高空重新点燃,燃烧室及其周围(外涵或发动机舱)很高的绝对压差。

1.2.7.4　高压涡轮

如果燃气发生器涡轮下游存在另一个涡轮或节流喷管,则燃气发生器涡轮压比保持恒定。换算转速变化很小,特性图中的工作点基本是固定的。无论机械设计点是什么,循环设计点的气动都是适用的。

对于涡轮而言,在具有最高涡轮入口温度条件下的结构完整性是最重要的考虑因素。这通常在起飞阶段发生,但超声速飞机可能会在高速爬升时发生,主要通过良好的轮盘设计、叶片连接方式和所有部件的冷却来处理。它与叶片轮廓、数量、间距等几乎没有关系,或者稍有联系,如载荷系数和流量系数。这些参数最终定义了性能,并由气动设计点确定。常识告诉我们它们应该可以独立于结构需求而选择。

1.2.7.5　低压涡轮

低压涡轮特性图中的工作线长度取决于下游部件。如果这是一个节流喷管(涡轮喷气发动机或低涵道比涡轮风扇),那么就像在高压涡轮中一样,压比是恒定的,并且所有工作点都在一个狭窄的特性图区域内。在较高功率范围内的气动没有变化。

在大涵道比发动机中,许多飞行阶段的喷管压比小于临界值($P_8/P_{amb} <$ 1.86)。通过低压涡轮压比变化得到一条工作线,无量纲气动参数沿着该工作线变化。然而,机械设计点的气动特性与循环设计点的没有太大差别。

常规涡轮风扇中低压涡轮的温度和周向速度都是适中的,并且有时除了第一级之外其他级不需要冷却。因此,高压涡轮的机械设计更具挑战性,低压涡轮的机械设计相对简单。气动优化设计几乎与机械无关。

然而,当在 LPT 和风扇之间引入变速齿轮时,特别是最后一个低压涡轮级的机械设计变得具有挑战性,气动设计师必须考虑机械。

叶片根部的离心应力 σ 为

第1章 发动机

$$\sigma = \frac{F}{A_h} = \rho \omega^2 \int_{rh}^{rt} \frac{A_{blade}(r)}{A_{blade,h}} r dr \quad (1.2\text{-}1)$$

式中：ρ 为材料的密度；ω 为角速度；r 为轮毂和尖端之间的半径。随着横截面积的线性减小，可以看出任何轮毂/叶尖半径比的叶片根部应力都不会超过该值，即

$$\sigma_{max} = \frac{\rho \omega^2 A}{4\pi}\left(1 + \frac{A_{blade,t}}{A_{blade,h}}\right) \quad (1.2\text{-}2)$$

式中：A 为涡轮出口面积，并且由于 N 与 ω 成比例，因此 AN^2 是叶片根部应力的上限。允许的 AN^2 值可以通过使用像铝化钛（具有低密度）和叶尖锥度极限 $A_{blade,t}/A_{blade,h}$（其不利于气动）的材料来增加。

带齿轮传动的涡扇发动机的低压涡轮的气动设计点应与机械设计点相同，这使气动设计师和强度工程师之间更容易达成一致。

1.3 发动机开发——性能分析的作用

性能作为工程学科伴随着发动机的整个生命周期，从初步设计、详细设计到第一个发动机测试、进入服役、性能监控、维护和维修。大多数初步设计研究从未成为现实，只是以报告结束。很少有人决定启动项目并向客户做出承诺。在这些参数中，必须保证重要工作条件下的推力和耗油率。

图 1.3-1 描述了发动机制造商的性能部门从初步设计到生产发动机的基本工作流程。飞机任务定义了（由于概念性发动机设计研究）导致初始发动机性能模型的需求，包括发动机设计点和所有发动机部件的非设计点性能特征。压气机和涡轮性能图是来自相似涡轮的特性图的计算或缩放版本。

在开发计划开始时计算发动机设计表——这是发动机性能规范的一部分。该表包含了重要运行条件的循环细节，这些运行条件源自飞机的设计任务，其中包括所有飞行条件的推力和 SFC 以及可能的其他功能保证给客户。该表还包含极端操作情况，如飞行包线边界的情况。

在计算发动机设计表之前，必须选择初步推力管理系统。额定温度（ISA+$x(℃)$）是商用客机发动机的起飞、最大连续、最大爬升的参数（无论是发动机压比还是 N_L）的基石。空中慢车和地面慢车的初步参数是必不可少的。

军用发动机的推力管理采用发动机热端部件温度的参数作为发动机入口温度 T_2 和飞行马赫数的函数。热端温度可以是 HP 或 LP 涡轮入口温度，用测温仪测量金属温度或排气温度。此外，可能存在喷管面积参数作为如风扇换算转速和飞行马赫数的函数。

第 2 篇 初步设计

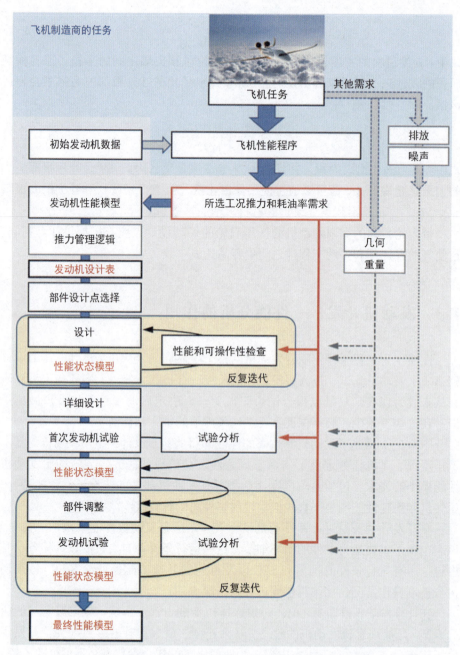

图 1.3-1 发动机性能工作流（图中飞机来自© Bauhaus Luftfahrt e.V）

选择的推力管理系统确保以一致的方式满足飞机的所有推力要求。该发动机将在最苛刻的飞行条件下提供精确的所需推力，在飞行包线的其他位置可能有比飞机设计者直接要求更多的推力。这是不可避免的，因为不同的飞机通常

第1章 发动机

对燃气轮机的推力特性需求也不同。

设计表中新发动机的第一点应该是循环设计点。该点的计算隐含地产生发动机几何形状，尤其是涡轮流量和喷管面积。对于该工作点要求 100% 转速（以 r/min 为单位）是有利的。涡轮流量和喷管面积也应声明为标称值的 100%。这避免了各种专家之间的沟通问题和误解——只要在整个发动机寿命期间 100% 的值永远不会改变，包括派生型号。设计表中的所有其他工作点都计算为非设计点。

部件设计者可以从发动机设计表中选择任何点作为其部件设计点，无需选择循环设计点。在向部件专家之外的人员引用百分比时，应确保参考值是循环设计点的参考值。

发动机开发过程的下一步是设计发动机部件。压气机和涡轮气动设计师可以基于更详细的发动机几何形状和其他边界条件生成新的特性图。台架测试可以提供测量的压气机特性图，其肯定与用于计算设计表的不同。发动机设计的细化也可能导致其他部件性能假设的修订。所有这些结果，使发动机性能受到影响，并且与发动机设计表给出的设计目标不同。考虑到关于部件性能的最新知识的性能综合被称为状态模型。

根据发动机设计表的运行条件运行此模型，可显示在发动机设计目标方面会遇到的问题，尤其是保证性能。使用状态模型确定可以采取哪些措施来回到正轨。如果诊断出喘振问题，可能会发现涡轮流量的增加可以比压气机的重新设计更实惠地解决问题。

只要知道从部件设计者来的新信息，就应该创建一个新的性能状态模型。循环设计点保持不变；新信息修改了一个或多个部件的性能特征。通过非设计计算可以发现发动机修改的影响。

第一次发动机测试是任何新发动机开发计划的一个亮点。测量肯定会偏离使用最新性能状态模型进行的预测。基于模型的测试分析有助于了解发动机中发生的情况以及生成新的性能状态模型。

为了取得保证的性能或减轻可能出现的问题，可以采用新的状态模型来定义对发动机的修正、重复测试、更新状态模型以及修改任何合理的部分。

在发动机研发结束时，最终的性能模型随之而来。保证性能（有希望）已实现，但发动机设计表和最终性能状态模型之间的细节存在许多差异，但这没有关系。

第 2 章 压气机

2.1 能、环境和基本效率

2.1.1 概述

燃气涡轮发动机中的压缩系统尽可能有效地产生发动机循环所需的压比。压缩过程是焦耳（布雷顿）循环的第一个主要部分，其中通过旋转的压气机叶片向工作流体施加功率。压气机级是由旋转的转子叶片和静子叶片共同组成的。压气机叶片是由连接在相同轴上的涡轮转子叶片获得的动能驱动旋转的。在绝对坐标系中，流经转子叶片的气流被转子叶片加功，提高气流动压头，增加气流的动能和总压。在静子叶片中，气流角发生折转至轴向，以增加有效流通面积，这样就使气流减速，降低速度意味着将总压部分转化为静压升高。由于非理想状态下叶片通道中的压缩过程总存在压力损失，因此转子叶片做功不可能完全转化为总压升高。类似地，气流流经静子叶片也会产生相应的总压损失。

由于飞机和发动机需要各种各样的引气，因此并不是所有进入压气机的空气都进入燃烧室。引气的作用主要有涡轮冷却、带加力燃烧室发动机喷管/排气系统冷却、飞机客舱引气以保证乘客舒适性、飞机级发动机进口除冰等；引气还用于降低涡轮后支撑等部件的热梯度，从而改善部件的使用寿命。引气还可以用于轮盘上游或下游盘腔加压，以抵消转子与静子产生的轴向载荷，减轻轴承的轴向载荷；引气还用于腔室封严，防止高温气流进入，为某些系统吹除碎片颗粒提供气源，为发动机提供局部冷却和燃油冷却，也能够通过引气实现涡轮叶片的间隙控制。（发动机/燃气轮机）也可以通过引气改善发动机起动

第2章 压气机

性能,提高稳定性。

值得注意的是,任何通过压气机主空气路中引出已经被做过功的气体都会对发动机热力循环性能产生损害。流经压气机的气流最佳使用是使其与燃烧室中的燃料混合燃烧,并达到最大循环温度。为了最大限度地减少与引气相关的损失,应在满足压力的前提下尽可能早地从压气机提取相应气体。例如,从压气机出口提取气体用于高压涡轮冷却,因为高压涡轮当地压力仅略低于压气机出口压力,只有压气机出口压力才能使冷却气体从高压涡轮叶片表面排出,产生冷却作用。尽管压气机出口温度较高(约950K),但是在现代发动机中,它与叶片金属温度之间存在足够差异,实现涡轮有效冷却。相比之下,来自压气机前面级或风扇出口的空气具备足够的压力和温度,可用于加热短舱前缘和用于客舱增压。

图2.1-1给出了等外径设计的轴流压气机,压气机主流路的流通面积逐渐减小。所有压气机的流路都是收缩形式的,以保证气流在体积流量减小、密度升高的流动条件下,轴向速度分量保持大致恒定。压气机轴向速度与叶片切线速度之间的比率大致恒定,保证压气机每一级的速度三角形基本合理、叶片安装角基本一致。在轴流压气机早期设计中,重复单个设计优良且经过简单缩放的压气机级可获得多级压气机,从而节省额外的设计工作。可以通过调节气流流通面积简单地控制气流轴向速度。这种方法是通过压气机叶片对气流做功,轴向速度变化与周向速度变化相对独立。轴向速度和周向速度的相对关系用速度三角形图表示,将在2.2节详细说明它们之间的相互关系。

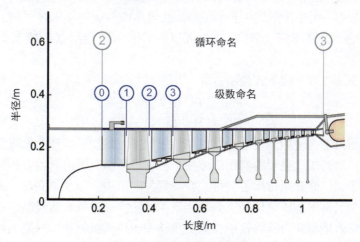

图2.1-1 多级轴流压气机

对于理想气体,图2.1-1中压气机级的单位功(单位质量的做功量)表示为

第2篇 初步设计

$$\Delta H_{1-3} = C_{\mathrm{P}} \Delta T_{1-3} \tag{2.1-1}$$

进口导叶不对气流做功，因此 $T_1 = T_0$。如果在整个压缩过程中采用平均比定压热容计算，则以上关系式在实际气体工作中具有足够的精度。

通过图 2.1-2 所示的压缩过程的焓-熵图，可知气流流经压气机的状态变化。从滞止状态 1 开始，转子叶片使气流折转至轴向方向，并将气流加速至滞止状态 2（绝对值）。转子对气流加功，焓值升高至 $h(T_2)$，压力变化至 P_2。静参数变化从 s1 状态变化至 s2 状态。对于当地静压 P_{s2} 和 P_{s3}，在绝对坐标系中静压变化可以看作总压和动压头变化产生的结果，图中可以通过垂直于横坐标的垂直线上的变化表示。气流经过转子进行加速，静参数的变化可以看作总参数在垂直方向上的间隔，间隔大小可以用 V_1 加速到 V_2 的动能表示，即 $V_1^2/2$ 和 $V_2^2/2$。这与相对坐标系中的减速形成对比。从状态 s2 到状态 s3，气流在静子叶片中减速并转向轴线方向。压气机级出口动能 $V_3^2/2$ 与进口动能 $V_1^2/2$ 相似。利用焓值变化表征从状态 s1 到状态 s3 的压气机级做功，对应式 (2.1-1)。所有这些特征都会在本篇 2.2 节中的速度图中表示。

转子叶片对工作气流的做功，有用部分用于气体压缩，无用部分用于克服各种损失。压气机效率是理想循环功与实际循环功之比。由于风扇或压气机近似是绝热过程（压缩过程没有热传递），理想循环（无摩擦或可逆）过程在所有情况下都是等熵（等熵=可逆+绝热）过程，特别是温度稳定的稳态条件。然后可以利用等熵效率衡量压气机性能，所用参数均为滞止参数（无后缀额外表示）。使用滞止参数意味着动能变化直接反映压气机性能变化。任何熵增都可以通过焓-熵图中的横向迁移表示，也就是说，通过压缩过程的直线斜率能够粗略表示压缩效率。图 2.1-2 可以轻松表示各种形式的压气机热力学效率。

等熵压缩级效率由下式给出，即

$$\eta_{\mathrm{is}} = \frac{\text{理想温升}}{\text{实际温升}} = \frac{h(T_{3\mathrm{is}}) - h(T_1)}{h(T_3) - h(T_1)} \tag{2.1-2}$$

在任何发动机使用环境下，压气机压缩效率对发动机循环和燃料燃烧始终非常重要。通过压比表示的有用压缩功是压气机压缩获得的效益，相应的温度比是伴随压力上升必须付出的代价。在飞机发动机中，压比是固定的需求，同时涡轮产生足够驱动压气机和克服轴类损失的功。通过效率能够确定压气机温比，高压缩效率意味着从涡轮中提取更少功用于压气机做功，以便涡轮功更多用于产生推力或使用更少燃料。通过焓-熵图或者温-熵图可以明确表述气动设计对压气机工作的改善程度。

由于压缩过程的固有损失，实现出口压力需要比理想状态更多的功。因此，在实际过程中，温比比理想状态更大。简单地说，实际压升可能与理想温

第 2 章 压气机

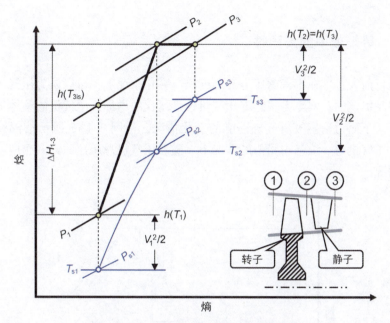

图 2.1-2 单级压气机压缩过程焓-熵图

升有关,而实际温升是做功效率的一种衡量。简单的效率小于 1 的逻辑,能够准确地说明,效率表达式中哪一个量在分子中、哪一个量在分母中,这样就很容易导出式 (2.1-2)。

如果假设压气机工作流体是理想气体,计算过程采用平均 C_p,等熵效率可以简化为实际循环和理想循环的总温表示,即

$$\eta_{is} = \frac{\text{理想温升}}{\text{实际温升}} = \frac{T_{3is} - T_1}{T_3 - T_1} \tag{2.1-3}$$

将分式上下同时除以进口总温 (T_1),得到

$$\eta_{is} = \frac{\dfrac{T_{3is}}{T_1} - 1}{\dfrac{T_3}{T_1} - 1} \tag{2.1-4}$$

其中分子中的理想温比可以用实际压比表示,那么实际情况下的涡轮等熵效率定义式可以转化为

$$\eta_{is} = \frac{\left(\dfrac{P_3}{P_1}\right)^{\gamma - 1/\gamma} - 1}{\dfrac{T_3}{T_1} - 1} \tag{2.1-5}$$

2.1.2 等熵效率的局限性

到目前为止，在不考虑压力和温度相应变化情况下，可以认为压气机的等熵效率是恒定的。实际上，随着压气机设计压比的增加，压气机的整体等熵效率下降。下面讨论多级压气机性能的变化情况，由图2.1-3所示的温熵图可知，在压气机每一级基本相似的情况下，随着压气机总压比的升高相应参数的变化情况。

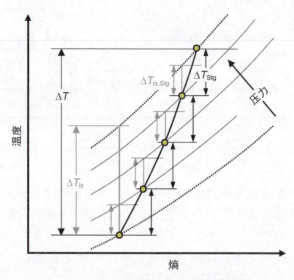

图2.1-3 多级压气机的多变效率

如果用η_{Stg}表示单个压气机级的等熵效率，并将多级压气机效率影响逐级叠加，那么压气机的总温升（ΔT）可以通过下式表达，即

$$\Delta T = \sum \frac{\Delta T_{is,Stg}}{\eta_{Stg}} = \frac{1}{\eta_{Stg}} \sum \Delta T_{is,Stg} \tag{2.1-6}$$

此外，通过定义温差，即

$$\Delta T = \frac{\Delta T_{is}}{\eta_{is}} \tag{2.1-7}$$

然后合并式（2.1-6）和式（2.1-7），即

$$\frac{\eta_{Stg}}{\eta_{is}} = \frac{\sum \Delta T_{is,Stg}}{\Delta T_{is}} \tag{2.1-8}$$

通过考虑图2.1-3中理想温度的变化，可以看出

$$\sum \Delta T_{is,Stg} > \Delta T_{is} \tag{2.1-9}$$

第 2 章 压气机

由于等压线之间的垂直距离随着熵的增加而增加，首先可以得出

$$\eta_{is} < \eta_{Stg} \tag{2.1-10}$$

其次，随着总压比和级数的增加，等压比线之间的距离差异将变大，主要原因是温度升高超过理想值，意味着更多的功达到所需压比，这种情况也称为预热效应。

2.1.3 多变效率

由于不同压气机或涡轮之间的比较相对困难，于是提出分段压缩效率或多变效率的概念。多变效率 η_{pol} 是指压缩或膨胀过程中分割成的等熵效率相同的细小阶段或基元阶段，然后等效得到的整个压缩或膨胀过程的恒定效率。一般情况下，多变过程使用 ∞ 作后缀，用来表示将多变过程分成无穷多个等熵压缩的过程。

对于压缩过程，可以表述为

$$\eta_{pol} = \frac{dT_{is}}{dT} = 常量 \tag{2.1-11}$$

但对于等熵过程，有

$$\frac{T}{P^{\frac{\gamma-1}{\gamma}}} = 常量 \tag{2.1-12}$$

这可以写成差分形式，即

$$\frac{dT_{is}}{T} = \frac{\gamma-1}{\gamma} \frac{dP}{P} \tag{2.1-13}$$

代替式（2.1-11）中的 dT_{is}，获得

$$\eta_{pol} \frac{dT}{T} = \frac{\gamma-1}{\gamma} \frac{dP}{P} \tag{2.1-14}$$

为了便于说明，考虑压缩过程的起点到终点整个过程的多变效率 η_{pol} 是常数，对状态 1 到状态 3 的过程进行积分，可以获得

$$\eta_{pol} = \frac{\ln\left(\frac{P_3}{P_1}\right)^{\frac{\gamma-1}{\gamma}}}{\ln\left(\frac{T_3}{T_1}\right)} \tag{2.1-15}$$

如果需要从测试数据获得多变效率，则使用该方程式。该方程更加简明的形式为

$$\frac{T_3}{T_1} = \left(\frac{P_3}{P_1}\right)^{\gamma-1/\gamma\eta_{\text{pol}}} \quad (2.1\text{-}16)$$

如果压比的指数项整理成以下关系式，即

$$\frac{\gamma-1}{\gamma\eta_{\text{pol}}} = \frac{n-1}{n} \quad (2.1\text{-}17)$$

多变过程的关系式与式（2.1-16）中的压力-温度关系是类似的，即

$$\frac{T_3}{T_1} = \left(\frac{P_3}{P_1}\right)^{\frac{n-1}{n}} \quad (2.1\text{-}18)$$

多变效率 η_{pol} 的定义表明所讨论的非等熵过程是多变的，这是多变过程术语起源。其中 $(n-1)/n$ 称为多变指数，当讨论热力过程是多变过程时，可以用多变指数代替比热比指数描述气体性质。

压气机的等熵效率（η_{is}）与多变效率（η_{pol}）之间的关系最终可写为

$$\eta_{\text{C\_isen}} = \frac{\dfrac{T_{3\text{is}}}{T_1} - 1}{\dfrac{T_3}{T_1} - 1} = \frac{\left(\dfrac{P_3}{P_1}\right)^{(\gamma-1)/\gamma} - 1}{\left(\dfrac{P_3}{P_1}\right)^{(\gamma-1)/\gamma n_{\text{pol}}} - 1} \quad (2.1\text{-}19)$$

图 2.1-4 和图 2.1-5 给出利用 GasTurb 软件计算压气机进口 288.15K 条件下干燥空气的两种效率关系。

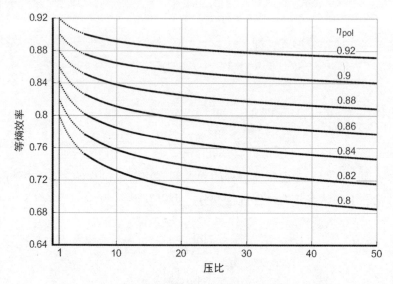

图 2.1-4　不同多变效率条件下等熵效率随压比的变化

第 2 章 压气机

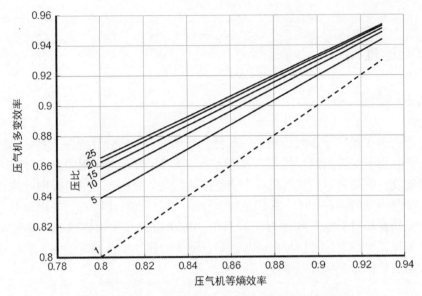

图 2.1-5　不同压比条件下多变效率与等熵效率的变化

2.1.4　附加操作功能

体积流量决定了气流流通速度，同时确定了转静子叶片的入射气流角。由于压气机通常会工作在设计点以外的条件下，因此压气机前面级的任何偏离设计点的情况都可能导致后面级压缩过程的困难。通常在发动机起动过程中，旋转速度远远低于设计状态，压缩效果很差，这就意味着气流密度较低，而轴向速度较高、旋转角速度低，这种工作状态可能导致发动机喘振或无法起动。

一种解决上述问题的方法是从压气机前面级环腔中引出空气，这个过程可以基于可测量参数（如转速），按照一定的控制规律进行。但有时为了保证压气机在一定裕度下的稳定运行，必须将大部分主流空气引出。

角度可调静叶叶片是解决起动问题的另一个方法。进口导向叶片或者前面级静子叶片方向角度的调节，能够使压气机在低转速条件下叶片通道喉部面积增大，流通能力提高。但是这种情况下，需要非常注意压气机级之间的匹配问题。

在大型涡扇发动机中，由于发动机核心机比低压系统工作转速高得多，因此采用多转子方案解决压缩系统启动问题。在涡喷发动机中，采用可调喷管控制压气机工作线。

2.2 速度图

2.2.1 概述

图 2.2-1 给出了压气机级的一部分。虽然进口导向叶片通常仅在第一级出现，并且用于控制流速、优化气流进入第一级转子叶片的入射角度、降低入口相对速度，但是为了给压气机一个完整描述，此处分析包括进口导向叶片。为了便于理解导向器和静子，采用绝对坐标系，但对于转子叶片，使用相对坐标系。分别在相对坐标系和绝对坐标系中，流动通过叶片通道减速并折转至轴向；相反，流动通过进口导向叶片通道，气流加速并折转偏离轴向，进口导向叶片通道更像一个喷管而不是扩压器。

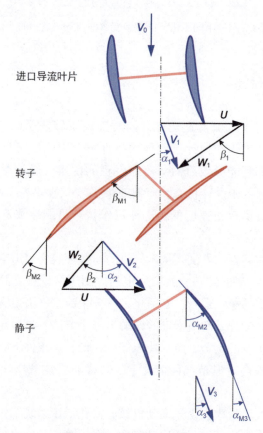

图 2.2-1　压气机叶型截面

第 2 章 压气机

压气机级对空气的加功量通过式（2.1-1）中的热力学术语定义给出。但是，由于缺少静子或转子叶片的几何设计信息，无法仅通过气动热力学结果进行静子和转子叶片的设计。转子叶片和静子叶片的几何形状最初是通过流入叶片的入口和出口气流角决定，通过两个角度基本限定了叶片型线。对于转子叶片，进气构造角（金属角）与相对进口气流角匹配，出口构造角与相对出口气流角一致。对于静子叶片，进气构造角近似等于绝对进口气流角，出口构造角与下游转子前缘需要的气流角度需求一致。

在压气机级中，工作流体每单位质量流量的加功量（ΔH_{stg}）等于角动量的变化。如果参考图 2.2-2，在相对坐标系中，加功量由叶片速度与进、出口旋流速度差的乘积给出的，即

$$\Delta H_{Stg} = U(W_{U1} - W_{U2}) \qquad (2.2-1)$$

在压气机中，旋流速度通常不会改变压气机气流方向，入口速度与出口速度具有相同符号，因此只需要通过旋流速度数值相减就能够得到，用图 2.2-2 所示的速度矢量图可以清晰说明。同样当采用绝对速度时，也能够得到相同的结果，因此也可以将式（2.2-1）写成

$$\Delta H_{Stg} = U(V_{U2} - V_{U1}) \qquad (2.2-2)$$

折转角度和旋流速度符号约定的重要性将在下一节中讨论。

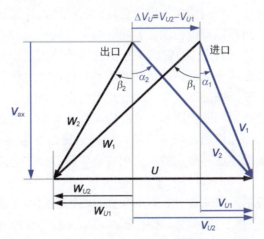

图 2.2-2 压气机速度图

如果假定压气机的轴向速度由于通道几何面积约束保持恒定，那么 $V_{ax1} = V_{ax2} = V_{ax}$，可以根据图 2.2-2 以绝对或相对流动角度表示级加功量，即

$$\Delta H_{Stg} = UV_{ax}(\tan\alpha_2 - \tan\alpha_1) = UV_{ax}(\tan\beta_1 - \tan\beta_2) \qquad (2.2-3)$$

由于叶片构造角由气流相对速度限定，因此式（2.2-3）中的第二部分更重要。根据公式可以看出，需要工作流体更高的叶片转速、更高的轴向速度、

更大的叶片折转角度来获得更高的级加功量和更少的压气机级。

站在一个熟练压气机设计者的视角，速度图包含了希望了解关于压气机级所有内容的90%！无论是压气机特性表还是特性图都无法表征相同的明确信息，特别是涉及单级压气机级特征的展向变化或是涉及分析多级压气机性能变化趋势。遗憾的是，速度图无法表征攻角和分离偏差，将在下一章节讨论该问题。

2.2.2 角度与周向速度的符号约定

在量化和确定气流角和构造角的方向时，需要约定符号。一种普遍接受的正速度方向的定义为随着发动机轴线方向（运动方向）。速度负值通常表征负流量存在，也就是不良的发动机运转现象已经发生。在切向运动方面，旋转方向非常重要，在工业界中出现过这样的情况：压气机与涡轮部门之间的沟通不够清晰，制造出的整个叶片组件是预期设计的镜像结果。

测量相对于压气机轴向或子午流面上的气流角或漩涡角，而不是相对于横向平面（S_1 平面）的。此时，什么方向才是正的？一般情况下，角度的符号是省略的，通常用于评估通过叶片排的气流角度和攻角之间的关系。叶轮机械可以在没有正式符号约定的前提下进行设计，在叶片设计过程中使用对应气流旋流角和叶片构造角的绝对值，设计者能够明白各物理量的意义。在没有正式符号约定的情况下，进行手工计算或者根据速度图计算是相对比较方便的，但是如果利用电子表格或中线程序进行三角函数自动计算过程中，软件将无法进行设计者的主观判断，即必须定义正式的符号约定。

通常，由于径向流动的速度和角度的幅值都非常小，因此在设计中径向运动可以基本忽略，但是根据径向分量确定径向平衡是非常必要的。幸运的是，在定义径向方向上的速度和角度的正值相对简单而不会产生歧义，因此此处不再进一步解释。

在计算压气机基元级或者一系列压气机级的气流角和构造角时，如果进气气流角从轴向一侧变化到轴向另一侧，那么约定符号将发挥有价值的作用。符号约定方法之一是约定叶片旋转方向为正方向，切向速度和角度与旋转方向一致为正。在图 2.2-1 中，气体以适当的绝对速度 V_0 沿轴向（$\alpha_0 \approx 0°$）进入进口导向叶片。通过进口导向叶片进行一定加速并折转，使气流获得更高的绝对速度 V_1 和适度的正漩涡角 α_1。转子叶片前缘构造角 β_{M1} 是负值，同时与叶片进口大致对齐的进气旋流角 β_1 也是负值。

由于受到叶片最大可允许扩压水平的制约，通过叶片的气流转折角度是受限的，因此叶片出口气流角 β_2 也是负值，最极端情况下气流只能变成轴向

($\beta_2 = 0$)。气流经过叶片通道从一个较大的负角度值变为一个较小的负角度值,相对转折角度为正,如图 2.2-2 所示。

当看到攻角时,能够轻易分辨正攻角或负攻角。传统上,当流动接近叶片中弧线下方,即在翼型压力面上方时,转子和静子叶片的攻角都为正,如图 2.2-3 所示。

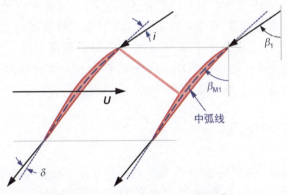

图 2.2-3 压气机叶片的攻角偏差

叶片攻角定义为

$$i_{blade} = \beta_{M1} - \beta_1 \tag{2.2-4}$$

应注意,在图 2.2-3 中,β_1 和 β_{M1} 都是负值。

由于叶片的压力侧通常面向叶片旋转方向,因此 α_1 和 α_{M1} 都是正的,并且叶片攻角的定义由下式给出,即

$$i_{vane} = \alpha_1 - \alpha_{M1} \tag{2.2-5}$$

应该注意的是,符号约束可能因发动机公司不同而不同,也可能因为一个软件供应商到另一个软件供应商而不同,所以需要确切知道在特定情况下我们正在处理什么。

在几乎所有的压气机中,叶片前缘或叶片后缘处的流动角度与构造角不同。由于气流角度明显不能完全沿着叶片折转方向,气流角变化量与叶片弯角的差值称为落后角 δ。虽然在速度三角形中未直接标注落后角,但是反映气流在压气机叶片中真实流动时需要考虑落后角而不是直接使用叶片几何角。落后角并不意味着气流不跟随吸力面运动,仅用于表示落后角,进而用于确定做功。

落后角主要是由非黏性效应引起的,由于气流达到叶片尾缘前必须自行调整以消除叶片吸力面与压力面之间的横向压差。消除压差是一个通过减少流线曲率的方式实现的从尾缘开始向前发展的渐进过程。边界层增长带来的黏性效应也会对落后角产生影响,参考文献 [1-2] 中会给出更详细的说明。

第2篇 初步设计

2.2.3 说明

构造速度图有一个简单的规则,即

$$相对速度(W) = 绝对速度(V) - 叶片速度(U) \quad (2.2-6)$$

通过图 2.2-2 研究速度图,气流从上游进口导流叶片以绝对速度 V_1 进入转子叶片。用速度矢量 V_1 减去叶片旋转速度 U 获得叶片相对速度 W_1。然后气流在转静子之间的叶片通道中明显减速,进而得到相对速度 W_2。如果根据式(2.2-6)的关系,通过将叶片速度矢量 U 与相对流速矢量 W_2 相加,能够获得出口绝对转速 V_2。式(2.2-6)适用于任何旋转方向的流动。

2.2.4 速度图的使用

那么可以从速度图中学到什么呢?我们将在本节讨论叶片堵塞对级做功量的影响。其他基本问题主要包括"改变空气流量对压气机叶片的影响"和"叶片转速变化对压气机的影响",这两个问题都可以通过绘制的速度图来解答。

首先看看当流量增加时,图 2.2-1 会发生什么变化,结果如图 2.2-4 和图 2.2-5 所示,其中矢量从灰色变为蓝色。在图 2.2-5 中,流量越大意味着

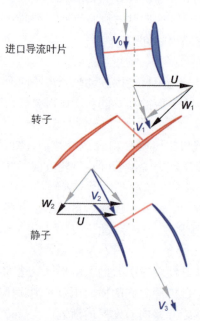

图 2.2-4 增加流量对应流动

轴向速度 V_{ax} 越大，由于进口导向叶片没有发生变化，那么转子入口处的绝对旋流角 α_1 也不变。当叶片速度恒定时，转子入口处的相对气流角 β_1 必须增加（记住符号约束），且攻角降低，如图 2.2-4 中攻角由几乎为零变为负值。叶片构造角不变，那么转子出口气流角度 β_2 也是恒定的，并与较高的轴向速度 V_{ax} 结合，使 α_2 减小，导致下游静子的进气气流角减小。图 2.2-5 表明轮缘速度差减小，这也就意味着压气机施加到气流中的单位功率降低，如图 2.2-2 所示。

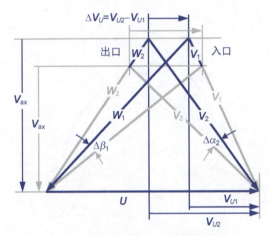

图 2.2-5　增加流量对速度图的影响

因此，总的来说，以恒定速度增加质量流量会导致转子和静子的进气气流角降低以及单位功率降低。

如果再次从图 2.2-1 开始，但现在增加叶片速度，可以获得速度图（图 2.2-6 和图 2.2-7）。

来自进口导向叶片的绝对速度 V_1 在大小和方向上都未发生变化。通过从绝对流速 V_1 中减去较高的叶片速度 U 来确定相对于叶片的入口流速 W_1。叶片的相对入口气流角 β_1 减小（记住符号约定）并且转子攻角增加。由于气流都被迫沿着叶片出口构造角（忽略任何偏差）运动，因此无论入口角度如何变化，相对出口气流角 β_2 均不变。由于轴向速度 V_{ax} 不变，W_2 也不变，只是在速度图上向左移动。将增加的叶片速度 U 加到 W_2，产生新的绝对出口速度 V_2。增加叶片速度也增加了下游静子的进口气流攻角。如图 2.2-7 给出了期望的通过提高转子叶片转速获得更多功率的情况，叶片转速增加导致轮缘速度差提升，从而为气流提供更多功率。

如果应用我们的符号约定，当压气机对工作流体施加功率时则功率为正，那么，从轴上获取的功率是负的，这与一般惯例是一致的，因此认为发动机提

第 2 篇　初步设计

供功率时是正值。

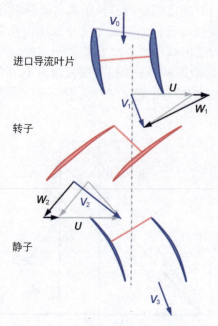

图 2.2-6　减少流量对流线的影响

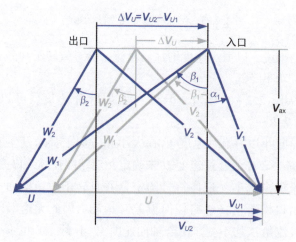

图 2.2-7　减少流量对速度图的影响

2.2.5　级特征

如果忽略图 2.2-1 中的入口导叶，则通常使用 3 个无量纲参数来描述或定义级速度图。

第 2 章 压气机

$$\Psi = \frac{\Delta H_{\text{Stg}}}{U_m^2} \tag{2.2-7}$$

式中：ΔH_{Stg} 为级单位功（J/kg）；U_m 为平均叶片速度（m/s）。严格来说，这应该是局部面积平均值，但为了快速估算，通常使用几何平均值。应注意，平均速度也是叶片前缘和后缘之间的平均值。在压气机中，通常使用叶尖速度代替平均速度。

一些组织把压气机载荷系数的分母中包含 2。为了使压气机与涡轮在载荷系数数值上更加接近，可以在涡轮的分子中加上 1/2 来解决，并且能够指示涡轮功比等效压气机功以外的多余功。可以使用式（2.2-3）表示，即

$$\Psi = \frac{UV_{\text{ax}}(\tan\beta_2 - \tan\beta_1)}{U_m^2} = \frac{V_{\text{ax}}(\tan\beta_2 - \tan\beta_1)}{U_m} = \frac{\Delta V_U}{U_m} \tag{2.2-8}$$

从图 2.2-2 可以看出，加载系数表示进口和出口的速度三角形的峰值距离除以公共底边。级载荷系数的定义可以拓展到轮毂和机匣，进而可以用于说明级载荷沿展向的变化。应注意，角度符号约定使得在式（2.2-8）中的级功率为正值，此时考虑压气机对空气做功。

流量系数 ϕ 定义为

$$\phi = \frac{V_{\text{ax}}}{U_m} \tag{2.2-9}$$

式中：V_{ax} 为叶片进口处气体的轴向速度；U_m 为叶片平均速度。图告诉我们，流量系数表示速度三角形的高度与它们的公共底边之比。当然，只有当工作流体保持恒定的轴向速度通过叶片时，才是严格正确的，但它不会降低该参数的有用性。

现在，我们分别知道速度三角形的峰值和高度与公共基数的关系，提供了完全定义速度三角形需要知道的大部分内容，但是仍然缺少一个特征，即与基数相关的峰值横向定位方式。通过级反力度值可以获得这个信息。

级反力度 Λ 定义为通过动叶的静态焓增加与通过整个级的静态焓增加的比，即

$$\Lambda = \frac{\Delta h_{\text{s rotor}}}{\Delta h_{\text{s stage}}} = \frac{h(T_{s1}) - h(T_{s2})}{h(T_{s1}) - h(T_{s3})} \tag{2.2-10}$$

相对于转子，流动不做功，转子的稳态能量方程告诉我们，静焓的变化等于动能的变化。参考图 2.2-2，式（2.2-10）的分子可写为

$$h(T_{s1}) - h(T_{s2}) = \frac{1}{2}(W_1^2 - W_2^2) = \frac{1}{2}V_{\text{ax}}^2(\sec^2\beta_1 - \sec^2\beta_2) \tag{2.2-11}$$

三角形基本关系为

$$\sec^2\beta = 1 + \tan^2\beta \tag{2.2-12}$$

式（2.2-11）变为

$$h(T_{s1})-h(T_{s2}) = \frac{1}{2}V_{ax}^2(\tan^2\beta_1 - \tan^2\beta_2) \quad (2.2\text{-}13)$$

压气机级的静焓变化表示为

$$h(T_{s1})-h(T_{s3}) = \left(h(T_1)-\frac{1}{2}V_1^2\right) - \left(h(T_3)-\frac{1}{2}V_3^2\right)$$
$$= (h(T_1)-h(T_3)) - \frac{1}{2}(V_3^2-V_1^2) \quad (2.2\text{-}14)$$

为了方便，假设还有一个相同压气机级，其出口速度等于进口速度（如 $V_3 = V_1$），则式（2.2-14）变为

$$h(T_{s1})-h(T_{s3}) = h(T_1)-h(T_3) \quad (2.2\text{-}15)$$

根据式（2.2-15），可以将式（2.2-10）的分母写为

$$h(T_{s1})-h(T_{s3}) = h(T_1)-h(T_3) = UV_{ax}(\tan\beta_1 - \tan\beta_2) \quad (2.2\text{-}16)$$

根据式（2.2-13）和式（2.2-16），重新改写式（2.2-10），可以获得

$$\Lambda = \frac{\frac{1}{2}V_{ax}^2(\tan^2\beta_1 - \tan^2\beta_2)}{UV_{ax}(\tan\beta_1 - \tan\beta_2)} = \frac{V_{ax}}{2U}(\tan\beta_1 + \tan\beta_2) \quad (2.2\text{-}17)$$

在发动机或压气机试验台中，利用静焓表示的级反力度并不特别有用，因为静焓不特别容易测量。但是可以采用标准熵的形式将式（2.2-10）以一种更加实用的形式写出，即

$$Tds = dh - \nu dp \quad (2.2\text{-}18)$$

考虑该过程是等熵不可压过程，$ds = 0$，可以将方程写成

$$dh = \nu dp = \frac{dp}{\rho} \quad (2.2\text{-}19)$$

式中：ν 为比容；ρ 为密度。从状态 1 到状态 2 积分作为分子，从状态 1 到状态 3 作为分母，可以将式（2.2-10）重写为

$$\Lambda = \frac{P_{s1}-P_{s2}}{P_{s1}-P_{s3}} = \frac{\Delta P_{s\,rotor}}{\Delta P_{s\,stage}} \quad (2.2\text{-}20)$$

在压气机反力度为 50% 的特殊情况下，从图 2.2-8 中可以明显看出速度三角形的对称性，其中 $V_1 = W_2$、$\alpha_1 = \beta_2$ 等。通过将反应设置为 50% 来开始压气机级的中线设计是非常常见的，其中对于级功率和平均叶片速度恒定条件下，V_1 和 W_2 为它们的最低公共值，因此叶片中的总压损失趋于最小化。但是，稍后将看到，当考虑叶片展向变化时，50% 的反力度并不是最好的。

图 2.2-9 显示了一个更一般的情况，其中流通通道收敛更多，轴向速度增加。

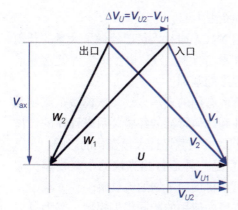
图 2.2-8 反力度 50% 的对称速度图

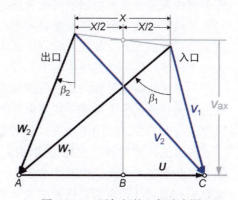
图 2.2-9 压气机的一般速度图

在推导级反力度式（2.2-17）的过程中，假设轴向速度是恒定的。如果使用图 2.2-9 所示的条件，其中 $V_{ax2}>V_{ax1}$，则级反力度由下式给出，即

$$\Lambda = \frac{\frac{1}{2}V_{ax}^2(\tan^2\beta_1-\tan^2\beta_2)}{UV_{ax}(\tan\beta_1-\tan\beta_2)} = \frac{(V_{ax1}\tan\beta_1+V_{ax2}\tan\beta_2)}{2U} \quad (2.2-21)$$

如果使用标尺和量角器来评估式（2.2-17）中的参数，取轴向速度的平均值，级反力度约为 0.54。

还有一种通过速度图确定级反力度的简单图形方法：连接入口和出口三角形的峰（顶点），将该连线平分垂直于叶片速度矢量，交叉点处叶片速度的分量决定了反力度。

如果在图 2.2-9 中这样做，则反力度由 AB/AC 给出，结果为 0.55 并且非常接近上面的分析估计。

2.3 压气机初步设计

设计-制造-试验曾经是新发动机研发的唯一途径，但是现在研发部门已经认识到通过不同级别保真度的建模是更有效、更节约成本的方法和必要手段。压气机设计过程的气动挑战一直比涡轮更加严峻，因为压气机流动中的逆压梯度和难以预测的流动特性导致压气机性能难以预测。由此，早期针对涡轮的流动特性研究比压气机发展更快。因此，相关文献中有关涡轮的研究信息比压气机多，而且涡轮中线设计程序发展更快（因为发动机设计早期，涡轮冷却问题尚不突出）。与此同时，空气动力学数据的商业价值得到了重视，这导致研究人员，特别是企业研究人员十分不情愿地公开发表压气机信息。因此，许多现代先进压气机数据不可避免地成为企业专有。

然而，在此之前，刘易斯研究中心的NACA研究人员已经做了大量的开创性工作；并由此产生相应汇编程序发表在参考文献[3]中。该文件的内容成为当今许多压气机仍然使用的中线设计程序的基础。

一维中线模型是轴向压气机的最简单、有用的表示方法。该模型是流场无黏的，而且总压损失是基于翼型流动特性和几何特征的经验关系来计算的。该模型运行非常快，可用于回答"假设"问题并预测设计大幅变化的影响。

二维流线型模型（也称为通流模型）是一种运行相当快的中级模型。流线型模型通常基于流线型曲率法求解，可获得周向平均的流场解。该方法也是无黏的，因此计算也需要依赖中线分析程序中使用的相同损失模型。翼型可以分成任意多的小区域，流线的数目也可以变化，因此可以针对压气机的各个部分进行展向重现设计，进而实现叶片的弯、掠、扭。

现代商业软件已可以使用包括湿度在内的多种成分的真实气体进行模拟。在分析中，对于具有16级或17级的工业燃气涡轮机中的压气机，即使仅使用11个流线来表示叶片形状和捕获流动特征，也会出现运行时间过长的可能，因为需要反复迭代更新流体性质。因此，强烈建议使用理想气体来建立最初模型。如果希望使用21条流线型，应该考虑使用三维CFD。

三维CFD模型是压气机的最复杂模型。如果非常谨慎地考虑网格生成、黏性流体模型选择、湍流模型选择以及模型的适用性，它可以非常精确地表示出三维流场。CFD模型可能消耗大量的时间和资源。随着速度、容量和成本的不断改善，我们不可阻挡地走向数值试车台。

2.3.1 叶片通道的流动

最初通过平面叶栅试验测量结果获得流场特征。来自压气机试验的数据用于表征叶片转动流场特性、叶尖泄漏引起涡流等影响。最初，级效率直接通过相关入口和出口测量数据和吸收轴功来计算。

当谈及压气机功的两种呈现方法，即工作流体角动量的变化以及利用速度图表示时，两种方法都是理想化的，即流线保持恒定曲率半径或恒定的叶片展向百分比条件下发生流线方向横向（切向）变化。然而，可以表明沿弯曲流线必须存在径向运动以平衡径向静压力与径向惯性力。尽管流动线的转角相对较小且曲率半径相对较高，叶片或叶片通道本身的流动转向会导致横向压力梯度和通道互补流动。缓慢移动的边界层流体从动叶和静叶的压力面输送到相邻的吸力面。叶片展向折转（扭）导致流动单元卷起形成通道涡。相对叶片通道的大规模运动，叠加由于叶片与机匣边界层黏性作用产生更复杂的小尺度结构，形成通道角涡。叶尖泄漏也会引气涡流，叶尖泄漏流动与叶片吸力表面之后的主流流动相互作用，使流动与轴向接近。最后，叶片和叶片尾迹与通道流体混合。对这些流动特征的识别和描述是上述几十年试验研究和分析的结果。

2.3.2 中线分析

中线性能模型建立在对压气机流场特征的认识和理解基础上。这些模型自20世纪50年代以来随着我们的知识增长而不断发展起来的。为了模拟叶轮机械流动的一般行为和相关的损失机制，必须首先确定它们的物理特性和相互作用，然后定量地表达它们的影响。

与中线程序相关的模型仍广泛应用在新发动机系统设计中设计点的初步设计上。该模型用于定义设计范围，探索替代方案，促使有限资源能够专注于计划目标。GasTurb 中集成了一个简单的中线分析程序。

中线设计用于确定流动通道尺寸、级数和级间压比分配、叶片和叶片数量的初始估计以及性能的初步预测。在初步设计中，趋势通常比绝对值更重要，因此在中线程序中与压力损失相关的局限性得到了肯定，并且其解决方案的准确性得到了接受，并且易于应用。

中线模型具备基于叶片在平均流线处生成速度图的能力。通常，"中高"径向位置根据两侧各具有一半质量流量来确定，但是实际情况下偶尔可以使用平均半径代替。估算总压的能力是必不可少的，任何压气机中线程序的质量主要通过模型对压力损失考虑的充分性来评估。

最初，设计一种压气机，其级载荷 $\Delta H/U^2$ 大致恒定是合理的。由于叶片速度也大致恒定，这意味着温度增加相等，由此导致级压比将稳步下降。然后减少压气机第一级和最后一级的功以允许入口条件变化和最后一级进行特殊调整来限制出口旋流。

2.3.3 三维流动和径向平衡

应该注意的是，中线设计的实用性通常取决于轮毂和尖端处的流动特征。在不知道相应半径处压力的情况下，不能确定速度矢量。相对叶尖速度和轮毂反力度是重点关注的，分别强制要求最大和最小极限值。由于潜在的激波损失，相对叶尖马赫数也是需要重点关注的，通常，轮毂反力度在设计时必须大于15%，以排除在任何非设计条件下变成负值的可能性。

中线程序通常包含自由涡假设，其中旋转速度与半径成反比变化，即

$$V_U r = 常量 \quad (2.3-1)$$

这是一种流动现象,可见于排水管或龙卷风中的流动。在旋转花样滑冰运动员中可以看到更加生动的角动量守恒的演示,即旋转速度随着手臂向内而增加。在压气机或涡轮中,简单的自由涡旋条件源于单位功和轴向速度在不同半径处恒定的假设。

虽然自由涡流条件为确保径向平衡的叶轮机械设计提供了简单基础,但是由于径向变化可能引发一些重要问题。首先,叶片倾向于高度扭曲,其次,在低轮毂比设计中轮毂反力度可以非常低。设计过程中通常限定中线反力度,以避免轮毂反力度在非设计点工作中变为负值。鉴于此,中线反力度可能超过50%。将恒定功和恒定轴向速度与半径组合的替代方法是有用的。一种方法是反力度随半径恒定变化;另一种方法是功随半径恒定变化。将其中一种方法与恒定轴向速度结合可获得相应的解决方案。

考虑径向平衡的二维建模与分析的首次提出的方法是流线曲率法,为更复杂的二维通流模型打开了大门,其中流动特性在周向上平均,进一步发展到二维、三维 CFD 分析中,这两种方法在参考文献 [1-2] 中详细讨论过。

2.3.4 扩压、转向和堵塞

在温度和腐蚀方面,压气机的工作环境要求比涡机的工作环境要低得多,但是由于压气机空气动力学问题严重,使其设计挑战突出。我们已经说过,压气机的主要作用是提高压力,此时,气流必须沿着逆压梯度移动,因此压气机设计越成功,任务就越难。向上推水就是一个极具说明性的例子。对于一个固定的斜坡,扫帚的速度很关键:推水速度太慢,水推不上去;速度太快,水将从扫帚的两侧溢出。

在图 2.3-1 中,采用速度绝对量 V 表示气体通过压气机级的过程。气流在转子叶片中减速并在静子叶片中加速。然而,相对于每个翼型,流动总是减速扩压,并由此实现流动向轴线转动。在任何扩压过程中,不稳定性都是一个重要问题,如图 2.3-1 所示,可以通过考虑直线扩张通道中的流动来检验。

如果进口气流是亚声速的且扩张角是适度的,则随着流动面积增加静压将上升,流动速度平稳减小。如果扩张角增大,将导致边界层分离,由此产生的堵塞将导致有效流动面积减小,有可能导致扩压器变成喷管,其内部流动不再减速增压,而是加速运动。实际过程中受到流速、表面粗糙度和边界层特性的影响。压气机叶片排弯曲通道中的情况类似,其中几何通道宽度随着朝向轴向方向转动而增加。现在,由叶片吸力和压力表面形成的通道侧面的形状也影响流动是否保持附着。增加转角需要减小 V_{ex} 并增加扩散程度、提高静压。很明

第 2 章 压气机

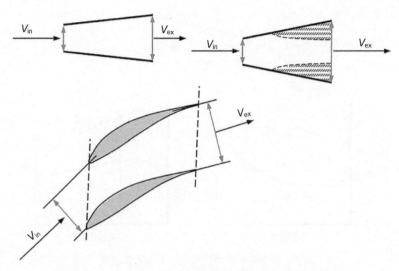

图 2.3-1 轴向压气机中直线扩散通道和叶片通道的比较

显,转弯是有限的,因为如果它超出轴向,通道区域将会收敛。限制扩散的一个非常简单的标准是 De Haller 数,定义为 V_{ex}/V_{in},典型的最小值是 0.72。在初步设计中,De Haller 数对检查流动质量已经足够,但通常使用更复杂的扩散因子表达式。

在实践中,使用比 De Haller 数更精细的参数来量化静叶或动叶载荷以及相应的扩散程度。扩散因子(D)以各种形式表示,但是都能度量气流转向、空气通过动叶/静叶通道减速以及静压增加。

首先考虑图 2.3-2 中的静子叶片。扩散因子将吸力表面扩散度与叶片轮廓平均表面速度相关联。这种特征表示方法的出现归功于 Lieblein[3]。Lieblein 发现到压气机动叶或静叶吸力面上的边界层分离是流动转向能力的限制因素,并且相关的局部扩散度可以通过从吸力面上的峰值速度 V_{max} 到达后缘时的减速来量化。

从图 2.3-1 中可以看出这种局部扩散为

$$D_{local} = \frac{V_{max} - V_{ex}}{V_{max}} \qquad (2.3-2)$$

但是平均表面速度通常接近前沿的表面速度,所以可以获得

$$D \approx \frac{V_{max} - V_{ex}}{V_{avg}} \approx \frac{V_{max} - V_{ex}}{V_{in}} \qquad (2.3-3)$$

式中:V_{max} 为吸力表面上的峰值速度;V_{in} 和 V_{ex} 为叶片进、出口的平均速度。在中线设计研究中,因为叶片轮廓尚不存在,难以评估 V_{max},需要更详细的空气动力学程序来预测式(2.3-2)中的速度分布。但是 V_{max} 可以凭经验表达为

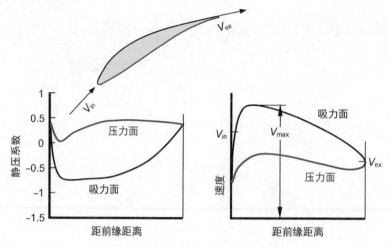

图 2.3-2 叶型剖面表面静压系数和速度

$$V_{\max} \approx V_{\text{in}} + f\left(\frac{\Delta V_U}{\sigma}\right) \approx V_{\text{in}} + \frac{\Delta V_U}{2\sigma} \tag{2.3-4}$$

式中：ΔV_U 为旋流速度的变化；σ 为稠度（叶片弦长与节距之比，叶片之间的距离，如图 2.3-3 所示）。

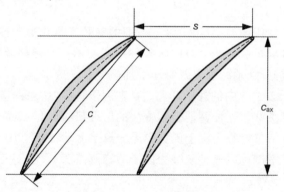

图 2.3-3 压气机叶栅术语

因此，扩散因子可以定义为

$$D = 1 - \frac{V_{\text{ex}}}{V_{\text{in}}} + \frac{\Delta V_U}{2\sigma V_{\text{in}}} \tag{2.3-5}$$

式中：V_{in} 为进口相对速度；V_{ex} 为出口相对速度；ΔV_U 为旋转速度的变化量；σ 为叶片前缘的稠度。

当扩散因子的值大于 0.6 被认为叶片失速，推荐 0.45 典型的设计选择。

公式分母中的稠度肯定了通道横向压力梯度的影响，通道横向压力梯度又

第2章 压气机

取决于流体单元沿流线通过通道时的向心加速度[3]。在实践中，转子叶尖扩散因子（0.4）和静子轮毂扩散因子（0.6）的最小极限值对于避免分离是有意义的，但是转子叶片和静子叶片扩散因子必须足够高以达到级压比的目标值。应该指出的是，式（2.3-3）、式（2.3-4）和式（2.3-5）都要求速度的绝对值；我们的符号约定在此是不适用的。应注意，经过证实当 V_{U2} 为零时对应最大扩散因子，因为此时叶片出口速度变为轴向！

叶片稠度在维持扩散度和转向的过程中发挥着重要作用。可以合理地假设当通过使用更大弦长或更多叶片引导气流实现相应的折转角度，能够实现更多的折转并避免分离。在2.3.5节中，可以从 CSPAN 中线程序[4]里使用的经验关系中获得合适的初始设计稳定性值。对转子叶尖稠度，有

$$\sigma_{R\_tip} = 0.5M_1 + 0.7 \tag{2.3-6}$$

如式（2.3-6），对于转子叶片叶尖工作得很好：较高的入口马赫数需要更高的稠度以避免分离，这对于静子轮毂也是合适的，其中 $\Delta\alpha$ 是叶片转向角并且单位是度。更大的折转角需要更高的稠度以使叶片良好地运转。在设计练习中，折转角和稠度两者都会反复调整。

$$\sigma_{S\_hub} = \frac{\Delta\alpha}{30} + 0.5 \tag{2.3-7}$$

式（2.3-5）作为一种压气机叶片性能的便捷估量方法，很大程度上基于静子和转子最小损失攻角条件下的性能，避免了 W_{max} 的估计。Lieblein 在参考文献[3]中也定义了一个更广泛的扩散因子，它引入了设计值以外的转速，有助于非设计点性能和失速线的预测。该参数为等效扩散因子 D_{eq}，该定义基于边界层动量厚度、不同攻角条件与最小损失关系，以及前缘后缘流动角度和稠度。

$$D_{eq} = \frac{\cos\alpha_2}{\cos\alpha_1}\left[1.12 + a(\Delta i)^{1.43} + 0.61\frac{\cos^2\alpha_1}{\sigma}(\tan\alpha_1 - \tan\alpha_2)\right] \tag{2.3-8}$$

式中：α_1 和 α_2 为入口和出口流动角度；a 为随叶片类型而变化的常数。对于转子叶片，式（2.3-8）将以相对角度表示，稠度的定义相同。

D_{eq} 实际上是边界层动量厚度与流动角度的相关关系，其中常数 a 从 NACA 系列叶片的 0.0117 变化到 C4 圆弧系列的 0.007。通常发现，D_{eq} 的值大于 2.0 能够相当可靠地预测失速，并指出压气机性能图中的速度线的上限。

边界层导致压气机轮毂和机匣附近的损失，但更严重的是，由于端壁上的位移厚度而导致堵塞。堵塞相当于流动面积减少，因为它们影响临界质量流量和转子做功，因此非常小的流动堵塞将对级特性具有非常大的影响。不幸的是，尚没有准确的方法来预测堵塞，估计误差可能是预测多级压气机性能不准确的最大原因[1]。

在扩压问题的讨论中，暗示堵塞发生在动叶和静叶及通道表面的轮毂和叶尖区域，而实际上大多数堵塞损失是由于内壁和外壁上的边界层生长。堵塞通过提高通流速度减少了转子在流动路径的中心部分所做的功，而在边界层内，黏性和湍流也在无端地吸收能量。

通常与中线设计工具一起使用的一个指导原则是每个动叶或静叶排导致 0.5% 的流动区域堵塞，但是如果堵塞一旦达到 4%，它将保持恒定不变。鉴于一个合理假设，新的边界层开始于每个转子叶片连接（内）平台和静子叶片连接（外）平台上生长。堵塞会导致流动角度显著改变，并最终导致动分离和失速。

尽管阻塞增加意味着平均轴向速度更大，但图 2.3-4 显示流量减少意味着做功减少 $\Delta H = U \times \Delta V_U$；而较高的边界层损失加剧了该问题。

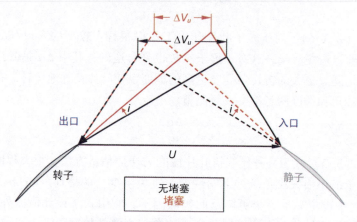

图 2.3-4　堵塞对压气机工作的影响

实现所有动叶和静叶排的设计关联是成功运行压气机的理想条件。使动叶排出口角度与下一排静子叶片入口角度匹配是必不可少的。显然，这不可能在所有工作条件下都能满足，并且存在一些设计余量。高压涡轮的前缘更圆，可以承受 ±20° 的入射角（攻角），但对于压气机，其叶片前缘非常锋利，误差裕度范围很小。图 2.3-4 通常表明入射角可能发生的变化范围。克服或避免大攻角进气对压气机级匹配至关重要。压气机中的大多数问题都是由于堵塞和攻角的结合产生的。

2.3.5　中线损失模型

扩压通道是一个扩张型通道，其出口面积大于入口面积，对于不可压缩流动，气流动能下降，静压上升，而总压因摩擦而下降得相对较小，基本上保持基本不变。对小于 0.4 的马赫数，可以简单地通过伯努利方程来描述扩压过

第 2 章 压气机

程，即

$$P = P_s + \rho \frac{V^2}{2} \tag{2.3-9}$$

而对于更高的马赫数，采用可压缩方程是合适的，即

$$P = P_s \left(1 + \frac{\gamma-1}{2} M^2\right)^{\gamma/\gamma-1} \tag{2.3-10}$$

除了进口导向叶片外，压气机的所有动叶和静叶排的通道都是扩压器，对于前者（转子叶片通道）是相对扩压，对后者而言是绝对扩压。相比之下，涡轮中的所有动叶和静叶通道都是喷管，其速度增加并且静压下降。

在压气机中，扩压占主导地位，而在涡轮中，扩压是局部的，通常仅在动叶和静叶的后半部分表面发生，当流动速度从其峰值减速到后缘时。压气机和涡轮都会发生堵塞和分离，但由于它们都会因扩压而恶化，在压气机中的影响更大。由于它们会影响流动角度和性能，因此必须对其影响进行量化，并在中线模型中考虑。这些特性已在 2.3.4 节中讨论过。

中线设计程序包含对损失的详细评估。中线程序的质量主要取决于如何准确做到这一点。基本上，所有中线代码都包含以相同顺序执行的相同速度图计算，它们的区别仅在于如何模拟损失。

文献中发现了两种不同的方法。在第一种方法中基于入口能量，损耗由损耗系数 X 定义，即

$$X = \frac{\Delta H_{s,\text{Loss}}}{\frac{1}{2} W_1^2} \tag{2.3-11}$$

计算每个动叶和静叶排的总损失系数 X_T，主要包括叶型损失、尾缘损失、激波损失、叶尖间隙损失等。叶片和叶片之间的轴向间隙引起的损失被认为是额外损失因子，即

$$X_T = X_P + X_{TE} + X_{TC} + X_G \tag{2.3-12}$$

式中：X_P 为基本叶型损失系数；X_{TE} 为尾缘损失系数；X_{TC} 为叶尖间隙损失系数；X_G 为轴向间隙损失系数。

第二种是使用压力及其损失系数考虑损失分量，Y 表示总压损失除以动叶或静叶排的入口动态压头，即

$$Y = \frac{P_{1,\text{rel}} - P_{2,\text{rel}}}{\frac{1}{2} \rho W_1^2} \tag{2.3-13}$$

动叶或静叶的总体总压损失用以下格式给出，即

$$Y_T = (Y_P f_{Re} + Y_S + Y_{TE}) \text{corr}_{TC} \tag{2.3-14}$$

式中：Y_P 为基本形状损失系数；f_{Re} 为雷诺数修正系数；Y_S 为次流损失系数；Y_{TE} 为尾缘损失系数；$corr_{TC}$ 为叶尖间隙损失系数。

2.3.6 中线设计程序 CSPAN 的结构

可用于讨论的典型压气机中线设计程序结构的一个例子是 CSPAN（Compressor SPanwise ANalysis），这是由 NASA 赞助的 Allison Engines 最初编写的程序。当时，目的是研究各种设计参数对级压比和压气机长度的影响，以期增加前者并减少后者。最初，压力损失本身并未估算，通过指定转子的多变效率和级效率来确定温度和功，并建立与压力的关系。

CSPAN 在美国宇航局格林研究中心使用了多年，通过增加内部相关性来估算动叶和静叶排的端壁堵塞和压力损失系数，并作为中线扩压、端壁间隙和激波损失[5-7]的函数。还介绍了失速裕度的预测。计算在从叶尖到轮毂的奇数径向位置上的参数，位置数量可以从 3 到 11 变化。当从叶尖到轮毂的计算推进时，使用简单的径向平衡关系。最终，相关流动特性的中线线值通过积分环量和质量平均获得。

CSPAN 进口参数包括：
（1）进口质量流量；
（2）进口总温度；
（3）进口总压；
（4）进口导向叶片压降；
（5）压气机压比；
（6）级数；
（7）径向截面数；
（8）流路斜率开关（设置为统一的叶尖半径）；
（9）第一级叶片叶尖速度；
（10）进入第一转子叶尖的流动角度；
（11）首先猜测转子尖端扩散因子；
（12）第一排转子入口处的叶尖堵塞系数；
（13）第一排转子入口处的轮毂堵塞系数；
（14）第一排叶片轮毂/叶尖半径比；
（15）引气。

可以使用许多额外的输入来控制设计，但大多数都没有强制要求，提供默认值防止对参数的认识不足，如稠度、展弦比、轴向间隙、轮毂和叶尖阻塞因子和级反力度。

第2章 压气机

毂的半径由相关的入口轮毂比值和尖端半径的输入分布确定,这种方法简化了连续性问题的解决方案。恒定的叶尖半径将导致更高的中线平均叶片速度、更高的级温升、更低的折转角,并可能减少级数。

通过指定若干空气动力学设计变量的最大允许值来控制级能量增加:转子叶尖和静子轮毂的扩散系数,转子轮毂折转角,静子进口轮毂马赫数。根据标准损失的相关性估算单级和总体效率。程序输出包含转子、静子、流路的子午视图。

通过用户输入和程序过程的组合定义了流路几何。质量流量决定了每单位面积流量的第一级叶片入口几何形状以及给定轮毂比。

通过以下方式满足质量连续性方程,得到出口处的轮毂和叶尖半径。首先,将级出口半径设定等于入口半径,但是由于通过叶片的压力增加,这导致过量的质量流量。然后迭代地增加出口轮毂半径以满足流量连续性。但是,用户指定的叶片轮毂斜率存在限制(默认 $\alpha_{hub} = 40°$)其实现连续性的目的,则针对出口叶尖半径进行上述类似迭代,从而实现叶尖半径逐渐减小。

叶片叶尖斜率也具有用户指定的限制(默认情况下 $\alpha_{tip} \geqslant -20°$),如果违反此条件限制且仍需要较少的流动面积,则会导致叶片展弦比降低,从而超出输入值。如果出口马赫数(M_{exit})或轮毂转向角($\Delta \beta_{hub}$)超过最大设计极限,则转子尖端扩散因子减小,并重复迭代。叶片出口半径以相同的方式确定,直到满足连续性为止。

检查静子轮毂扩散因子,并且如果需要,在转子的迭代步骤之后减小叶片尖端扩散。对于后面级重复该过程,叶片进口面积等于前一叶片的出口面积。

转子出口处的气动条件是迭代确定的,与几何迭代并行。转子叶尖的绝对切向速度通过叶尖扩散因子、叶尖稠度、阻塞系数和轴向速度比得到。然后通过径向平衡假设将其向内传递到其他径向截面,并且通过积分获得能量传递和压力上升。相应地,轴向速度积分以及温度和压力知识提供了与叶片入口值进行比较的质量流率的估计。如果差异在不可接受的范围,则调用上述几何迭代,静子叶片迭代过程类似。

在本篇2.4节中,CSPAN被重新配置用于生成设计包线。在其正常操作中,迭代转子叶尖扩散因子以达到级压比的目标值,并且每当达到其极限值时增加一个级。除非还遇到级数量限制的情况,则运行停止并显示错误消息。

这种方法不适用于设计包线的产生,因为级数量可能在设计空间上变化,并且因为4个基准设计情况下的一个或多个可能不会收敛。程序实施修订过程,允许用户指定级数和总压比。这个更明确的程序代价是可能破坏转子叶尖扩散限制,这是由假设的技术水平驱动的。但是这可以通过设计包络中的约束线轻松捕获。

2.3.7 GasTurb 的中线分析结构

GasTurb 为多级轴流压气机提供集成的中线分析工具、入口处的质量流量、总压和温度以及源自热力循环的压比；通过当地马赫数的输入值指定入口和出口面积，通过转速与涡轮产生关联。

在概念设计阶段，相邻组件的界面是固定的，它们定义了压气机入口和出口的轮毂和叶尖半径以及压气机长度。在初步设计阶段也确定了级数和所有叶片前缘和后缘的轴向位置。环形通道基本形状通过轮毂、平均半径和叶尖半径与长度分布给出。

压气机是逐级计算的，前面级输出是下一级的输入。最终，获得最后级出口的属性，并因此获得压气机出口属性。计算得到的出口总压与循环总压相同，因为总压比是中线计算的输入。通过自动调整级载荷实现这一点。

压气机出口处计算的总温度与循环给出的值不同，因为它是使用损失假设计算的。通过中线流量分析计算的压气机效率可以反馈到循环分析。

压气机设计计算从每一级的中线速度三角形开始。压气机每一级通过 3 个三角形表示，即级入口处、转静之间、级出口处。假设 3 个三角形的半径是恒定的并且等于级入口处的平均半径，该半径是将环形通道分成两个相等的区域。忽略级内平均半径的变化，则周向速度 U 在各压气机级的速度三角形中都相等。输入数据来源见表 2.3-1。

表 2.3-1 输入数据来源

参　数	来　源
质量流量	气动热力循环
进口总温、总压	气动热力循环
压比	当地马赫数
进、出口面积	与涡轮迭代
转速	
级数	概念设计
进出口轮毂、叶尖半径	概念设计
内流道形状	概念设计
叶片进出口轴向位置	概念设计
稠度	额外输入
叶尖间隙	额外输入
堵塞	额外输入
尾缘厚度	额外输入
载荷猜想	额外输入

轴向速度 V_{ax} 在任何级的三角形中都是相同的。此外，所有速度三角形在几何上都相同，级压气机是由"重复"级组成。通过这些简化，每一级的 3 个三角形由载荷系数、流量系数和级反力度唯一地定义（这 3 个术语及其与速度三角形的关系在本篇 2.2.4 节中解释）。

一旦知道了速度三角形，级内的焓变也是已知的。因此，这些无量纲系数是每一级的主要设计变量。

与所有其他级相比，第一级的流量系数是不可以自由选择的输入参数。它由压气机入口马赫数、转速和入口半径预先确定，所有这些参数都是从循环分析各部件界面结果获得的。

进一步的输入是稠度、叶尖间隙和堵塞。用损失系数 X 描述流损，随后介绍级效率。利用这种效率，计算级出口压力，然后将其用作下一级的入口压力。在逐级计算压气机之后，找到整体压气机效率。

动叶和静叶的损失系数可以通过损失模型计算，也可以通过用户直接规定。用于分析的损失模型基于 Denton[8] 的方法，该模型避免了在考虑广泛应用时使用经验数据，用于计算各种损耗系数的输入基于中间截面的几何参数。叶片安装角为相应入口和出口流动角度的平均值。这里给出了轴向弦长（从概念设计给出）和真正弦长（用于损失计算）之间的关系。

用于计算载荷的输入值仅是猜测，因此压比与输入值不匹配。因此，所有输入载荷值乘以比例因子，并重复设计计算，直到获得匹配的压比为止。

2.4 压气机设计包线

2.4.1 概述

新压气机设计包括在技术限制设定的约束范围内适当更改几何和空气动力学参数，以便获得最终设计结果，给出发动机循环效率可接受的设计点压比和换算流量。压气机设计包线确定了可接受的设计空间并以图形方式显示。

根据两个主要设计变量推导出了几个选定空气动力学参数和机械参数限制。设计者必须在限制参数范围内满足发动机循环的需求，满足可用压气机技术、材料强度及其他内部或外部约束。这些参数限制了设计选择的范围，并为设计师初步提供了一种同时考虑几个参数相互作用的方法。

基于合适的技术水平，通过将设计选择限制在可管理的范围内，且没有任何感兴趣的变量被遗忘或忽视。通过为选定的设计限制分配真实的实用值，缺乏经验的设计师更有可能以有效的方式达到可接受的解决方案，并且无论专业知识

第 2 篇　初步设计

如何，所有用户都可以加速设计过程。为了获得最佳效果，扩压将该方法应与可靠的压气机设计程序相结合，该程序包含性能模型并提供效率和失速裕度的估计。

这种方法没有什么独特之处，它仅仅是随着工作的进展，任何压气机设计师在日志中都会做出趋势说明和形式化观察。这种方法的好处在于，能够在一个视图中捕获几乎整个设计场景，从而不会忽略任何重要参数。它说明了设计变量之间的相互作用，使得能够快速和自信地做出困难的决策和实际的妥协。实现了适合于手头研究的设计极限值的关键设计参数的初步选择。传统设计将采用传统的限制值，而先进的设计概念将采用更激进的标准。确定主要参数的初步选择，并建立设计极限参数的选择和值。这些选择基于传统轴流式压气机的典型性能数据。

如图 2.4-1 所示，设计包络对设计包线非常有用。构建可行的压气机设计不仅是将所有相关技术结合在一起（中央标记为发动机配置的方框），而是实现在强加的限制范围内（右边标记为约束的方框）。

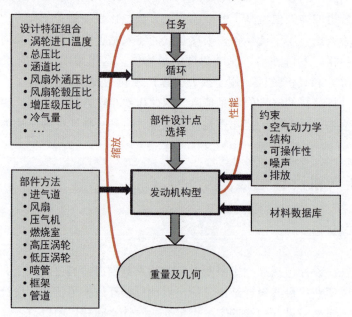

图 2.4-1　建立发动机模型

目前的设计包线方法考虑了压气机的空气动力学约束和性能，但它可以很容易地扩展到其他额外的目标和关注点，如成本和重量。

2.4.2　设计空间规范

现在考虑基于发动机循环数据的压气机设计，通过中线分析获得该压气机可以使用合适固定面积的"通用"流动通道的 7 级压气机解决方案。为了练习的目的，也假设可接受的动叶和静叶几何形状。其选定设计点的循环压比是主要目标，目标压气机效率通过入口和出口处的质量流量、总温和总压获得。

假设流道的径向位置是可变的，由入口处的轮毂比控制，并获得输出变量转速 N（压气机的设计转速通常视为其空气动设计点值而不是机械设计速度限制，其中考虑了结构问题并允许超转工作）。如果压气机级数保持在 7，选择两个不同的进口半径比，则产生两个标称设计方案，可以观察到当流路向外移动时，速度下降。如果去除压气机中线模型的最后一级，并对 6 级压气机重复进行设计，则可以看出对于相同 rr_{in} 值，6 级压气机的速度将更高，因为平均级载荷必须更高才能达到总压比的目标值，并且需要对叶片与叶片进行微小的改变。如图 2.4-2 所示，仅使用两个 rr_{in} 值可以绘制结果，通过一条直线将连点连接。

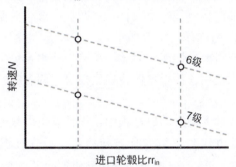

图 2.4-2　轴流压气机设计空间的构造（1）

现在假设叶尖速度的最大值和轮毂速度的最小值是两个关注的设计极限。如果重复上述工作，则 4 个标称设计点中的每一个点都对应 $U_{tip,max}$ 的不同值。无论 6 级压气机线上的 $U_{tip,max}$ 值如何，都可以通过线性插值找到 $U_{tip,max}$，对于 7 级压气机的计算方法相同。然后通过连接两个极值点得到 $U_{tip,max}$ 的限制线。重复该过程可以获得 $U_{hub,min}$ 的限制线，从而可以构建图 2.4-3。由图可知，图

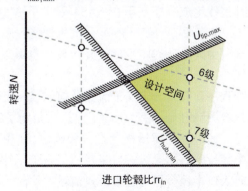

图 2.4-3　轴流压气机设计空间的构造（2）

中向上移动对应叶片速度增加，进而可以获得限制的禁止区域为 $U_{tip,max}$ 限制线的上侧和 $U_{hub,min}$ 限制线的下侧阴影。

当然，压气机设计级数是有限的，因此在图 2.4-3 中的少量数据告诉我们只有两个位置能够获得可行设计方案，同时利用 $U_{tip,max}$ 和 $U_{hub,min}$ 的两个设计限制线相交的限制区域，获得两个级数线相交位置。

2.4.3 主要设计变量

全新设计的压气机在工业中相对较少。现代发动机中使用的几乎所有压气机都是各个组织多年投资和开发的结果，相关技术是高度专有的。专业空气动力学团队将某些设计细节体现在通用初步设计模型中，并将这些模型传达给初步设计师。设计细节的案例是叶片数目、展弦比、级载荷系数、扩散因子和内部马赫数及角度。仔细选择这些参数的值，以实现整个工作范围内压比、效率、失速裕度方面所需要的性能。因此，尽管一些组合仍然是压倒性优势，并且保证在设计包线内使用，如果要保留通用模型中固有的性能，则初步设计者的选择有限。

利用通用模型设计新型发动机过程中，设计者可以且通常必须改变的参数是转速、轮毂比、尺寸（尺度）及压气机级数，设计过程中可能允许设计师增加一级或减少一级。虽然学术界或其他研究机构的设计师在设计方案方面可能比工业同行具有更大的自由度，但常规设计方法仍然相当完善，其共性对工业同行也很有用。选择转速 N 和入口轮毂比 rr_{in} 作为本练习中的主要设计变量，这些变量形成的限制区域确定了设计包线。被关注的设计限制线叠加到该框架上。

2.4.4 一个 11 级核心机压气机例子

在本例中，设计包线生成程序基于在 NASA 赞助下 Allison Engines 最初编写，随后由 NASA-Lewis 修改[5-7] 的 CSPAN 压气机性能程序发展的版本[4]，但是可以使用任何压气机中线设计程序生成设计包线，也可以使用 GasTurb 的中线程序生成设计包线。

结合用户输入和程序计算组合定义了流路几何。第一级叶片入口几何形状由单位面积入口流量/马赫数以及轮毂比确定。这些限定了第一级叶片排前缘处的轮毂和叶尖半径。通过满足质量连续性方程确定相应的出口半径的过程：首先，第一级出口半径设置为第二级进口半径，但由于压升导致通过压气机的体积流量减少，此时入口半径会导致过大质量流量。然而，叶片轮毂斜率存在限制，并且通常用户指定该限制值不小于 40°。如果达到此限制，则会出现叶尖出口半径的类似迭代。叶尖倾斜度也有一个用户指定的限制值-20°，如果超过该限制值会导致叶片展弦比降低超过所提供的值，并导致叶片弦长增加，使叶片延伸到轴向值。

CSPAN 程序假定动叶和静叶之间没有间隙，这对于构造流动路径和预测压气机的长度和重量是不可接受的。因此，在程序中添加了规定，允许用户指定的间隙默认为上游轴向叶根弦长的20%。静子叶片出口半径以与转子叶片相同的方式确定，通过迭代面积来满足流量连续，同时适应特定的轮毂半径、叶尖半径、叶片展弦比等。除了动叶入口面积取自前面的静叶出口面积，后面级的处理与第一级类似。

在本篇 2.3.6 小节中对 CSPAN 设计过程进行了更详细的概述。首先，通过程序确定实现设计总压比所需的压气机级数（程序将一直运行直到超过目标压比）或预测通过固定级数的压气机能够产生多少压比。该过程对于设计包线计算不是非常有用，因为级数变化导致设计空间变化，而且 4 个标称设计情况中的一个或多个可能根本不会收敛。因此，需要对代码结构稍作修改，允许用户指定阶段数和总压比，避免没有解决方案的风险[9]。这个更明确的程序的代价是可能违反转子尖端扩散因子限制，这是由假设的技术水平决定的。但由于设计包络线上的约束线可以代表这个限制，因此仍然会确定其影响。

假设 11 级核心压气机的选定设计约束条件：具有 54.4kg/s 的恒定质量流量，在海平面静态条件下设计并产生 23 的总压比，主要参数如表 2.4-1 所列。

表 2.4-1 主要参数

设 计 约 束	值
进口最小轮毂比	0.35
进口最大轮毂比	0.65
叶尖最大半径	0.36m
叶尖最大速度	518m/s
最小总等熵效率	0.80
最小失速裕度	15%
转子叶尖最小扩散因子	0.50
静子叶根最小扩散因子	0.60
叶根最大折转角	40°

图 2.4-4 中的设计包线用于压气机的最后一级。它是通过运行中线设计程序 4 次获得的，包括 rr_{in} 为 0.4 和 0.5 以及 N 为 14000r/min 和 15000r/min 的组合。进口轮毂比和速度调节范围都很窄，与本篇 2.3 节中自由初步设计者的评论一致。$rr_{in}=0.4$ 的垂直限制线说明了自己的范围，最大叶尖半径限制介于这

第 2 篇　初步设计

两者之间是一个不错的选择，设计空间在左边的最小入口轮毂比 rr_{in} 为 0.35，在右侧由最大尖端半径为 0.36m。左下边界的 15% 失速裕度限制线也非常强烈地影响设计，导致设计转速不低于 12300r/min。包络线的右上限由最高叶尖速度线 518m/s 限定，稍微向下，最小等熵效率限制为 80%。在该压气机的设计中从未遇到过最小转子叶尖扩散因子、最大转向角和最小定子轮毂扩散因子的限制，因此设计者无需担心。

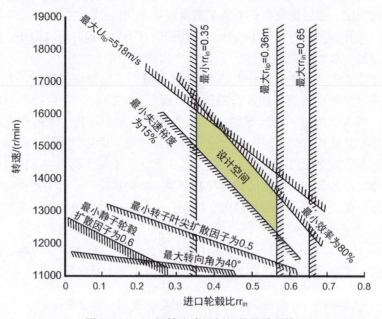

图 2.4-4　11 级轴流式压气机的设计包线

图 2.4-5 是压气机标称设计点 $rr_{in} = 0.4$ 和 $N = 14000\text{r/min}$ 条件下的曲线。在输入文件中选择叶尖半径常量。

由于所考虑的参数在整个设计空间内的变化可能都不是线性的，因此应该注意，尽管出于初步设计目的相应结果仍然有效，但线性插值或外推在整个区域上并不是严格正确的。但是，可能的情况下建议考虑选择 4 个标称设计点内部的区域，它们与预期最终压气机设计点的位置相当接近。如果这是不可能的，则可以采用迭代过程，由此通过重新定位基准设计点，并再次精确定义设计包线。包络线的特征会发生变化，但会给出更合理的分析结果。在任何情况下，还应该记住，获得包线永远不是最终目标，而只是选择的手段，通过它确定设计点。随后为单个选定的设计点运行压气机设计代码以生成特定的相关信息。

运行程序应该被构造成顺序地生成压气机设计的 4 个标称情况，以产生构造设计包络所需信息。与此同时，程序也应该保留单次运行选项以便在确认选择最终设计点后进行计算分析。对于多级压气机，应针对每一级自动绘制设计

第 2 章　压气机

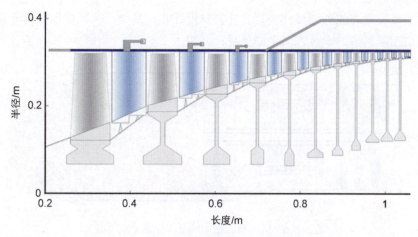

图 2.4-5　$rr_{in}=0.4$ 时的标称 11 级轴流压气机

包线，但应注意的是，每种情况下的坐标轴必须相同，即第 1 级到第 n 级的 rr_{in}。这使多级压气机设计包线以一种有意义的方式叠加，进而确定整个压气机是否存在设计空间。然后，只有在重叠图上有明显的设计空间时，才有整体设计解决方案。有时设计限制重叠，因此没有清晰的设计空间，但这提供了有用的信息，因为该图告诉用户哪些参数阻碍了成功的设计解决方案，哪些参数影响最小。限制线形成包络线的设计变量是最大的影响因素；相反较远的那些限制线对设计的影响相对较小，不太可能受到参数变化的影响。在那时，通常很明显知道需要改变的是什么。

　　在本书例子中，反力度没有包含在变量中，实际上它是固定的。通常，压气机级设计中包括在中线处假设 50% 反力度。然而，通常会改变中线反力度以实现流动角度和速度的跨度变化，或者保证轮毂反力度大于某个最小值（通常大于 15% 以避免在非设计条件下的负值，即防止压气机变成涡轮）。由于在当前的设计包络方法中反力度保持恒定，如果级反力度发生变化，则需要产生另一个包线或用于多级压气机的一组包线。通常，根据经验，反力度的增加将导致图 2.4-4 中的许多限制线向右移动并沿顺时针方向旋转。然而，它们不会都移动相同的量，这将导致设计空间的位置、形状和范围都发生变化。除非先前已确定设计策略；否则在设计程序早期探索此类变更的影响范围并建立数据库通常非常有用。

2.4.5　核心驱动风扇——一个更复杂的例子

　　图 2.4-6 中的可变循环发动机包含一个前风扇和一个高压压气机，随后是一个类似于增压级的核心机驱动风扇（CDF）（图 2.4-7）。这种配置具有比传

第 2 篇　初步设计

统推进系统更多的独立设计变量，并且其设计非常复杂。可以使用具有合适变量和适当限制值的设计包线来简化设计问题。

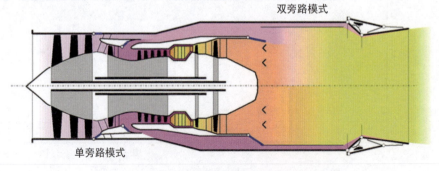

图 2.4-6　带有核心驱动风扇的变循环发动机

图 2.4-7　核心驱动风扇级

与传统发动机设计相比，设计师还有其他选择，包括 CDF 轮毂的压比和 CDF 进口的轮毂比 rr_{23} 以及高压压气机进口的轮毂比 rr_{25}。知道整体压比和前风扇压比，确定 CDF 中心压比可定义高压压气机压比。$PR_{CDF\,hub}$ 是一个非常重要的参数，它可以用作调整设计包线结构变化的主要变量（图 2.4-8）。

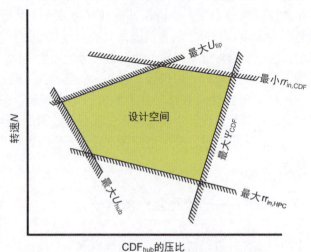

图 2.4-8　核心机驱动风扇级的设计包络线

第 2 章 压气机

参 考 文 献

[1] Cumpsty, N. A.: Compressor Aerodynamics. Krieger Publishing Company, Malabar (2004)
[2] Lakshminarayana, B.: Fluid Dynamics and Heat Transfer of Turbomachinery. Wiley, New York (1996)
[3] Johnsen, I. A., Bullock, R. O. (eds): Aerodynamic Design of Axial-Flow Compressors. NASA SP-36 (1965)
[4] Bryans, A. C., Miller, M. L.: Computer Program for Design of Multistage Axial-Flow Compressors. NASA CR-54530, 1967
[5] Glassman, A. J.: Users' Manual for Updated Computer Code for Axial-Flow Compressor Conceptual Design. NASA CR 189171, 1992
[6] Lavelle, T. M.: Improvement of a design point compressor analysis tool. M. S. thesis, Case Western Reserve University, May 1994
[7] Glassman, A. J., Lavelle, T. M.: Enhanced Capabilities and Modified Users' Manual for Axial-Flow Compressor Conceptual Design Code CSPAN. NASA TM 106833, 1995
[8] Denton, J. D.: Loss Mechanisms in Turbomachines ASME 93-GT-435, 1993
[9] Strack B., Halliwell, I.: CDE—a preliminary design code to generate compressor design envelopes contract NAS3-27577: propulsion systems modelling. September 1997

第3章 涡轮

3.1 功能、环境和基本效率

　　膨胀过程是布雷顿循环的另一个主要部分，在这个过程中流经涡轮转子叶片的工作流体的周向动量的变化产生功率，用来驱动压气机。在多级涡轮中，燃气对动叶做功，并由级间的静叶重新整流。在飞机发动机中，气流剩余的能量和压力通过尾喷管进一步膨胀从而产生推力。虽然涡轮膨胀过程中流体是顺压力梯度流动，其空气动力学比压气机中的压缩过程更简单、更可预测，但高压涡轮仍然面临着巨大的设计挑战。为满足发动机性能不断提高的苛刻要求，涡轮技术不断挑战自身的气动极限，还必须结合先进的传热和叶片冷却技术，以确保结构的完整性和部件的寿命。与压气机相比，高压涡轮在一个非常热、易腐蚀甚至更不稳定的环境中工作。低压涡轮工作在较低的气体温度环境中，但在空气动力学上，它们需要更多的关注以维持给定的发动机性能标准。

　　在单轴涡轮轴、涡轮螺旋桨发动机和工业燃气涡轮机中，通过涡轮的气流膨胀到差不多接近环境压力，产生的功约60%将驱动压气机。剩余的轴功输出用于驱动螺旋桨、旋翼或发电。对于陆基系统，低重量的需求大大减轻了，但应记住，我们仍然按千克销售发动机！

　　燃气通过涡轮时，叶片的旋转速度和气流的速度必须满足某种特定的关系，因此为了维持燃气膨胀过程中的气流轴向速度，环面面积就必须逐渐变大。在早期，轴流式涡轮概念出现后不久，通过复制也可能是缩放某个单级涡轮以形成多级涡轮的方式，可实现较好的设计，并且这种设计可以节省额外的工作量——通常采用计算尺！在这样的涡轮中，连续性仍然是最基本的，且以平均切线速度和平均燃气速度之间的关系来维持流量的连续。当中径没有明显

第3章 涡轮

变化时，叶片的转速保持不变，但是在环面面积不变的情况下，由于压力/密度的降低和体积的增加（流量为 $\rho A V_{\text{ax}}$，是一个常量），燃气的速度会急剧增加。因此，环面面积必须增加以维持轴向燃气速度基本不变。但这个因素可以单独进行考虑，主要是通过考虑用于驱动压气机和轴功的涡轮功所对应的燃气的周向动量变化量。轴向和周向的影响综合体现在速度图上，可以在本章3.2节中进行介绍。

从热力学角度来看，T_4 是涡轮喷气发动机循环中的两个关键参数之一，另一个是总压比。T_4 是发动机循环中出现的最高温度，更高的 T_4 可以实现最大化的循环效率。然而，在具有冷却涡轮的真实发动机循环中，T_{41} 对于涡轮设计者而言通常比 T_4 更重要，因为 T_{41} 截面是热工作流体首先接触到工作在极端离心载荷下的转子叶片的地方。T_{41} 也是一个非常有意义的循环参数，因为它对应于功率提取的起点（参见3.3节中关于涡轮平均中径的讨论）。

在这里将重点放在不带冷却涡轮上，如图3.1-1所示，将讨论单级涡轮的膨胀过程。工作流体（燃烧产物和空气的混合物）离开燃烧室时的平均旋涡角非常接近于零，然后导叶使其偏转并加速它，使其流动方向与转子叶片前缘对齐。应注意，与图3.1-1不同，通过导叶的环形面积可以减小，从而能够在其出口处减少涡流的情况下实现加速。转子叶片转动气体并导致其角动量发生变化，从而产生轴或级功率。单位功 ΔH(J/kg) 再乘以质量流量（kg/s）时即可得级功率 PW(W)。

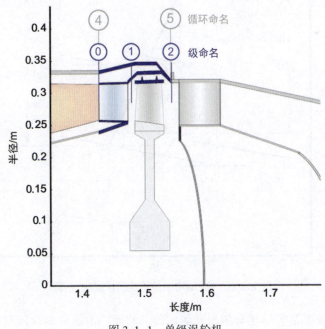

图3.1-1 单级涡轮机

第2篇 初步设计

对于理想的气体,单位功(每单位质量的功率)可以非常简单地表达,即

$$\Delta H_{0-2} = C_P \Delta T_{0-2} \quad (3.1\text{-}1)$$

如果采用C_P的平均值用于所讨论的过程,则该关系对于燃气涡轮发动机中的实际气体通常足够准确。

通过涡轮级的流体力学原理可以通过图3.1-2所示的膨胀过程的焓(h)-熵(s)图表示。从滞止状态0开始,导叶折转并加速来流到滞止状态1,没有做功,因此温度不会改变但总压有损失,在h-s图上从P_0等压线横向移动到P_1等压线。至于静压P_{s0}和P_{s1},在绝对坐标系下,来流从V_0到加速到V_1的动能增加,可以由分别代表两个截面动能的$V_0^2/2$和$V_1^2/2$的垂直间距来表示。然后,在转子叶片中,来流从状态1膨胀到状态2产生了级功$h(T_1)-h(T_2)$,伴随着从P_1到P_2的总压力损失,如图3.1-2右边所示。使用相应的静压,气流通过转子的加速可以看作通过转子的相对动能的变化,从$W_1^2/2$到$W_2^2/2$。这与气流的绝对速度的降低形成对比,对应于绝对动能从$V_1^2/2$减少到$V_2^2/2$。级出口动能$V_2^2/2$,与级进口的动能$V_0^2/2$量级相当。级功也可以通过从状态0到状态2的比焓的变化表示,这对应于式(3.1-1)中。所有这些特征都可以与速度图相关联,稍后将在3.2节详细表述。

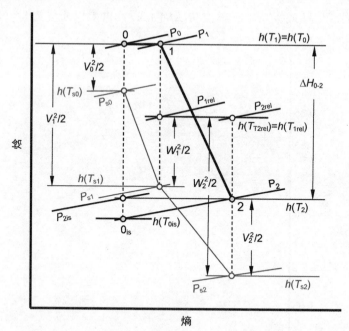

图3.1-2 焓-熵图中的单级涡轮膨胀过程

涡轮的效率是实际功与理想功的比值。然而,由于风扇、压气机和涡轮机基本上是绝热装置(没有热传递),对于这3种装置,理想(无摩擦或可逆)

过程都是等熵的（注意：等熵＝可逆+绝热）。在热力学参数稳定的定常条件下尤其如此。因此，性能可以采用等熵效率来量化，通常以滞止参数表示。滞止参数的使用（这里由没有后缀的参数表示）意味着由于动能效应引起的任何变化都可以在本质上被解释。任何熵增或 $h-s$ 图上的横向偏移，都对应于偏离（垂直）等熵过程，因此可以从线的斜率粗略地确定膨胀过程的好坏。图3.1-2 给出各种形式的热力学效率。

级的等熵效率由下式给出，即

$$\eta_{is} = \frac{\text{实际焓变化}}{\text{理想焓变化}} = \frac{h(T_0)-h(T_2)}{h(T_0)-h(T_{0is})} \quad (3.1-2)$$

这通常用于工作流体完全膨胀的情况，没有多余的功可以膨胀产生推力，就像工业燃气轮机。

由于导叶不做功，因此用效率衡量导叶损失就显得不合理，而通常用导叶损失系数来评估相关的叶片压力损失。这一损失系数可采用总温度（λ_{vane}）或总压力（Y_{vane}）来定义，且都以出口动压头为分母的分数表示，两者数值非常接近。由于考虑膨胀过程是以焓而不是温度表征，因此将使用后者。所以

$$Y_{vane} = \frac{P_0 - P_1}{P_1 - P_{s1}} \quad (3.1-3)$$

动叶损失系数由下式给出，即

$$Y_{blade} = \frac{P_1 - P_2}{P_2 - P_{s2}} \quad (3.1-4)$$

不管发动机如何应用，涡轮效率对于发动机循环和燃油消耗始终占有重要地位。通过温度比测量可以获得涡轮功；而相应的压比则是付出的代价！在飞机发动机中，涡轮需产生足够的功率来驱动压气机，通过效率，即可以确定所需的涡轮压比。更高的涡轮效率意味着可以有更大的压比在喷管中膨胀。在工业燃气轮机中，通过涡轮的流体几乎一直膨胀到环境压力，这也决定了涡轮的压比。压气机使用大约60%的涡轮功率，其余的作为发动机的净功率通过轴功率输出。涡轮效率最大化，功率输出也最大化。通过 $h-s$ 或 $T-s$ 的简单简图通常可以告诉我们，通过寻求涡轮最佳气动设计的努力可以获得多少收益。

如果假定工质比热容是恒定的，可以很方便地用温度来推导等熵效率的表达式。但是理想的出口温度值难以测量，出口压力的测量易于实现，因此使用压力来推导。由于膨胀过程中摩擦的"再热"效应，加上其他非等熵现象也会产生压力损失，难以达到理想情况下的出口温度。因此，在实际过程中，实际压比必定大于理想压比。同样地，理想的温度比也可以用实际压比来表示，而实际温比是做功量的一个度量。因此，从逻辑上就可以判断，在效率的表达式中，哪个在分子上，哪个在分母上。由式（3.1-2）重新开始。

$$\eta_{is} = \frac{实际焓变化}{理想焓变化} = \frac{h(T_0) - h(T_2)}{h(T_0) - h(T_{0is})} \tag{3.1-5}$$

假设膨胀过程是比定压热容 C_p 为定值的理想气体，涡轮等熵效率可以用实际和理想的总温表示，即

$$\eta_{is} = \frac{实际焓升}{理想焓升} = \frac{T_0 - T_2}{T_0 - T_{2is}} \tag{3.1-6}$$

通过同除入口总温度（T_0）得到

$$\eta_{is} = \frac{1 - \dfrac{T_2}{T_0}}{1 - \dfrac{T_{0is}}{T_0}} \tag{3.1-7}$$

然后可以用实际总压比来表示分母上的理想总温比，用实际条件来定义涡轮等熵效率，从而得到

$$\eta_{is} = \frac{1 - \dfrac{T_2}{T_0}}{1 - \left(\dfrac{P_2}{P_0}\right)^{\frac{\gamma-1}{\gamma}}} \tag{3.1-8}$$

3.1.1 等熵效率的局限性

在对燃气轮机循环的设计和分析工作中，经常需要假设风扇、压气机和涡轮的总效率值，以便生成真实的热力学模型。到目前为止，将等熵效率作为常量，并假设在热力过程所覆盖的温度和压力范围该值都是有效的。但事实上，在跨越很大范围的温度和压力的热力学过程中，用等熵效率常量来衡量热力学循环的品质是错误的。

在涡轮中，由于摩擦产生的再热会在下游级中被部分恢复成涡轮功，这使达到从流动中提取所需功所对应的温降变得更加困难。这样做会导致压力损失比等效理想膨胀过程更大。这反映在焓熵图或温熵图上等压线的差异随这些性质的增加而增加。因此，需要一个更好的性能评价标准，使我们能够在不同的涡轮之间做出平等的比较。

考虑图 3.1-3 中 4 级涡轮机的膨胀过程，其中后缀"Stg"表示一个涡轮级的值。

从图 3.1-3 可以看出，总的温降是各级温降值的总和，即

$$\Delta T = \sum \Delta T_{Stg} \tag{3.1-9}$$

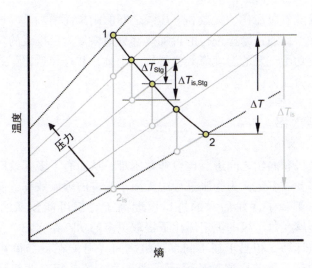

图 3.1-3　多级涡轮机的多变效率

级效率定义为

$$\eta_{Stg} = \frac{\Delta T_{Stg}}{\Delta T_{is,Stg}} \tag{3.1-10}$$

因此总温降可表示为

$$\Delta T = \sum \eta_{Stg} \Delta T_{is,Stg} = \eta_{Stg} \sum \Delta T_{is,Stg} \tag{3.1-11}$$

同样，根据定义，涡轮的总等熵效率为

$$\eta_{is} = \frac{\Delta T}{\Delta T_{is}} \tag{3.1-12}$$

因此

$$\Delta T = \eta_{is} \Delta T_{is} \tag{3.1-13}$$

式 (3.1-11) 和式 (3.1-13) 联立，可以得到

$$\eta_{Stg} \sum \Delta T_{is} = \eta_{is} \Delta T_{is} \tag{3.1-14}$$

$$\frac{\eta_{Stg}}{\eta_{is}} = \frac{\Delta T_{is}}{\sum \Delta T_{is}} \tag{3.1-15}$$

从图 3.1-3 中可以看到，理想级温降的总和大于总的理想温度下降（由于每一级的 $\Delta T_{is,Stg}$ 比理想过程从 1 到 2_{is} 更大），由于等压线之间的发散程度随着熵的增加而增大。因此

$$\frac{\Delta T_{is}}{\sum \Delta T_{is,Stg}} < 1, \quad \frac{\eta_{Stg}}{\eta_{is}} < 1 \tag{3.1-16}$$

因此，有

$$\eta_{is} > \eta_{Stg} \tag{3.1-17}$$

这种差异随着总压比、级数和等压线之间的距离而增加。

其原因在于，通过摩擦进行的再加热部分地恢复为后续级的功。这使从流动中提取所需功所需要的温度降低变得更加困难，并且导致比等效理想过程中发生更大的压力损失。

3.1.2 多变效率

不同压气机和涡轮之间进行比较非常困难，从而有了多变效率的想法和使用。涡轮的多变效率定义为膨胀过程中无限小步进的等熵效率，使其量级始终是恒定的。它解释了涡轮后级的进口温度高于它们可能预期的进口温度的事实，因此能够在每个级的恒定压比下提取更多的功。在实践中，多变效率通常用于设计点计算，相当于在不同发动机之间（可能在一个很宽且不同的压比下）对比寻优，因此在这种情况下，主要关注的是相对性能。而在非设计点分析中，是在相同推进系统的不同共同工作点之间寻优，等熵效率能够更清晰地进行评价。这是部件特性图使用等熵效率等值线作为性能度量的一个原因。

后缀∞常常作为对整个过程被分成无数个无穷小过程这一事实的标记，其中每个过程都可以是等熵的。

对于涡轮的膨胀过程，0 到 2 截面之间可以表述为

$$\frac{T_0}{T_2} = \left(\frac{P_0}{P_2}\right)^{\frac{(\gamma-1)\eta_{\text{pal}}}{\gamma}} \quad (3.1-18)$$

由此

$$\frac{(\gamma-1)\eta_{\text{pol}}}{\gamma} = \frac{n-1}{n} \quad (3.1-19)$$

对于多变膨胀过程，该等式采用 P 和 T 之间关系的形式，即

$$\frac{T_0}{T_2} = \left(\frac{P_0}{P_2}\right)^{\frac{n-1}{n}} \quad (3.1-20)$$

涡轮的等熵效率（η_{is}）与多变效率（η_{pol}）之间的关系为

$$\eta_{\text{is}} = \frac{1-\left(\frac{P_2}{P_0}\right)^{\frac{(\gamma-1)\eta_{\text{pol}}}{\gamma}}}{1-\left(\frac{P_2}{P_0}\right)^{\frac{\gamma-1}{\gamma}}} \quad (3.1-21)$$

先前的等式对于恒定的比定压热容 C_P 是有效的。在严格的变比定压热容计算中，使用式（3.1-2）确定等熵效率和以下方程确定多变效率，即

$$\eta_{pol} = \frac{\ln(P_0/P_{2is})}{\ln(P_0/P_2)} \tag{3.1-22}$$

使用 GasTurb 计算的干燥空气，油气比为零和 1500K 涡轮进口温度的结果，如图 3.1-4 和图 3.1-5 所示。

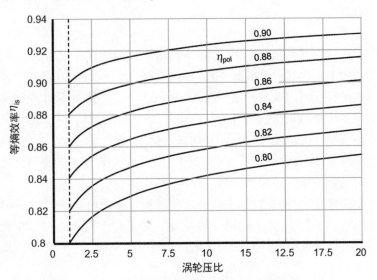

图 3.1-4　一系列多变效率范围内的等熵效率与涡轮压比

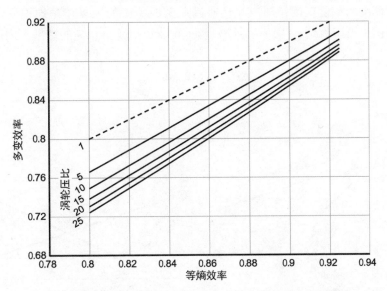

图 3.1-5　一系列涡轮压比下多变效率与等熵效率的关系

3.2 速度图

3.2.1 概述

我们无法根据发动机循环涡轮部件的热力学描述来设计导向器和转子叶片，因为其中不包含导向器和转子叶片叶型的信息。叶型形状最初由进口和出口气流角确定，这可以大致确定中弧线。对于导叶，进口结构角根据绝对进口气流角确定；出口角根据所需的折转确定。对于转子叶片，进口结构角与相对进口气流角紧密匹配；出口角与相对出口气流角一致，相对出口气流角由所需提供动力所对应的折转角确定。图 3.2-1 给出一个相对于涡轮级导向器和转子叶片的速度矢量。对于导向器，相对速度是绝对值。

图 3.2-2 所示为与图 3.2-1 对应的速度图。之前已经说过，每单位质量流量的级功率（ΔH_{Stg}）等于角动量的变化。如果参考图 3.2-2，在相对坐标系下，可以看出这是由叶片转速与进出口相对旋流速度之差的乘积，即

$$\Delta H_{Stg} = U(W_{U2} - W_{U1}) \tag{3.2-1}$$

由于旋流速度通常在涡轮中改变方向，从而入口和出口值具有不同的符号，因此采用数值直接相加，并且通过图 3.2-1 中的矢量清楚地说明了这一点。在图中可以看到，当使用绝对旋流速度也可以获得相同的结果，因此也可以写成

$$\Delta H_{Stg} = U(V_{U2} - V_{U1}) \tag{3.2-2}$$

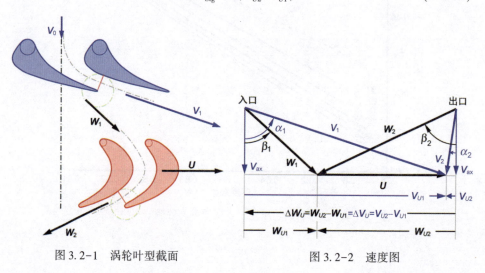

图 3.2-1 涡轮叶型截面　　　　图 3.2-2 速度图

折转角度和旋流速度的符号约定的重要性将在下一节中讨论。

如果假设通过环形空间的膨胀过程轴向速度保持恒定,即 $V_{ax2}=V_{ax3}=V_{ax}$,则可以根据图 3.2-2 以绝对或相对流动角来表示级功率,即

$$\Delta H_{Stg}=UV_{ax}(\tan\alpha_2-\tan\alpha_1)=UV_{ax}(\tan\beta_2-\tan\beta_1) \qquad (3.2-3)$$

工作流体的焓变化是降低的,这对应于由涡轮传递到轴的输出功。由于动叶结构角大致由燃气相对气流角确定,因此式(3.2-3)的第二部分对于确定动叶形状更有用。

对于压气机,经验丰富的设计师可以从速度图中了解涡轮级的适用性和质量。几乎所有的"如果……会发生什么?"的问题都可以得到解答,对于一个年轻的叶轮机械工程师来说,在速度图上花费再多的时间也不为过,因为一张图中包含着千言万语!

对于压气机来说,攻角和落后角并不直接在速度图上显示。攻角是叶型前缘处的气流与中弧线的延伸线之间的夹角,攻角在下面的小节中讨论。当导叶或动叶的出口气流角与出口结构角不一致时就会发生偏差,在涡轮中称为转折不足,偏差用符号 δ 表示。出口气流角比出口结构角更小,即无法实现与叶型对应的折转。这与压气机的分离是相同,是由相似的流动特性引起的。虽然没有明确显示,但在速度图中考虑了落后角,因为它们表示的是实际的气流折转角,而不是导叶或动叶的弯角。此外,导叶和动叶的设计也已经考虑了这一点。这并不意味着流动不能沿着叶片的吸力面流动,因为用来定义落后角和确定功的是横截面平均出口气流角,而不是表面的平均出口气流角。与在压气机中的落后角相比,涡轮的落后角主要是由于无黏效应引起的,这种无黏效应是由于流线曲率在到达尾缘和建立后驻点之前,为适应任何横向压差的突然消失而自行调整引起的。黏性、边界层增长和尾迹混合、后表面曲率和局部马赫数都加剧了这种效应。更多详情见参考文献 [1-2]。

与落后角密切相关的涡轮叶型的附加特征是在吸力面的后部区域上"无遮盖折转"。从图 3.2-3 中可以看出,在喉部下游,吸力面上的流动不再受相

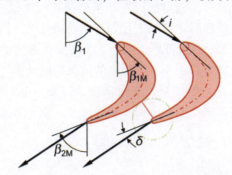

图 3.2-3 涡轮叶片上的攻角、无遮盖折转和落后角

第 2 篇　初步设计

邻叶片的控制。这意味着气流偏离甚至分离不再受相邻叶片影响,并且亚声速流动易于减速而超声速流动易于加速。这种表现在增加无遮盖的背面曲率时变得更糟,这是"平背"设计通常受到青睐的一部分原因。

3.2.2　角度和周向速度的符号约定

正如压气机一样,在量化和确定流动角度和结构角度的方向时,需要符号约定——实际上是相同的符号约定。切向速度和角度的一个好方法是采用"叶片旋转方向为正"符号约定。然后在图 3.2-1 中,气体以绝对速度 V_0 的速度值轴向($\alpha_1=0°$)进入导叶,通过叶片流道加速并折转,并以高的绝对速度 V_1 和正的出口旋转 α_1 流出。转子前缘结构角 β_{1M} 是正的,并且与叶片大致相对应的相对入口旋流角 β_1 也是正的。然后,动叶出口 β_2 的相对出口旋流为负,流动已经转向轴向,然后超过大于入口值的角度。负转角 $\beta_2-\beta_1$ 在图 3.2-2 所示的速度图中清晰显示。

对于无叶片、对转系统(这是一种相对较新的叶轮机械结构),角度的符号约定尤为重要。

就像压气机一样,攻角的正负一看便知!当流体从中弧线延长线的下方接近叶型前缘时,入射角为正,即在冲击到叶型的压力侧上,如图 3.2-3 所示,并且这同样适用于转子叶片和静子叶片。

叶片的攻角为

$$i_{\text{blade}} = \beta_1 - \beta_{1M} \tag{3.2-4}$$

由于叶片的压力侧通常面向叶片的旋转方向,因此 α_0 和 α_{0M} 均为负值,叶片攻角的定义由下式给出,即

$$i_{\text{vane}} = \alpha_{0M} - \alpha_0 \tag{3.2-5}$$

无导叶对转涡轮叶片的情况是一种特殊情况。如果对所有涡轮级采用相同的旋转方向为正,则气体角度和结构角的符号相反。

应该注意的是,符号法则可能因发动机公司和软件供应商的不同而不同,所以需要确切知道在任何特定情况下我们正在处理什么。涡轮部门和压气机部门之间也可能存在脱节;因为符号法则是不关注旋转方向的,可能会由于没有注意旋转方向,出现整个转子不得不报废的情况!此外,一些商业设计程序可以在负转速下完美运行,但如果只接受正转速,则可能需要"翻转"叶型以便程序运行。在制造图纸之前,将动叶翻转过来至关重要的。

3.2.3　说明

绘制速度图有一个简单的规则,即

第 3 章 涡轮

相对速度(W) = 绝对速度(V) − 切线速度(U) (3.2-6)

下面来看图 3.2-2。流体从上游叶片以 V_1 的绝对速度进入转子叶片。从矢量 V_1 减去切线速度矢量 U 得到相对叶片的入口速度 W_1。然后流体通过叶片流道加速——显然在相对坐标系下，并以相对速度 W_2 出现。如果再次遵循式（3.2-6）中的规则，通过将切线速度矢量 U 加到相对流速矢量 W_2 来获得 V_2 绝对出口速度。无论旋转方向如何，代数运算都将始终产生正确的答案。

3.2.4 速度图的使用

那么，可以从速度图中学到什么呢？一个常见且非常基本的问题可能是"改变质量流量的影响是什么？"另一个常见的问题是"改变叶片转速的影响是什么？"，两者都可以通过绘制速度图来回答。

首先来看看当流量增加时图 3.2-2 会发生什么。结果如图 3.2-4 和图 3.2-5 所示，其中向量从灰色变为黑色。流量和连续性反映在速度的轴向分量中，因此较高的流量意味着较高的轴向速度 V_{ax}，即对应速度三角形的高度。由于叶片出口角度没有变化，α_1 也相同，但 V_1 增加。通过从新 V_1 中减去切线速度矢量 U 来确定新的相对流速 W_1。叶片入口 β_1 处的相对旋流角增加，由此产生攻角。叶片出口结构角度不变，因此相对出口旋流保持相同，考虑到轴向速度增加，从初始 V_1 向量可推导获得新的 V_1。应注意，由于相对入口旋流较高，尽管叶片结构角度没有变化，但流动折转量更高。然而，由于攻角增加，可能会产生攻角导致的总压损失。

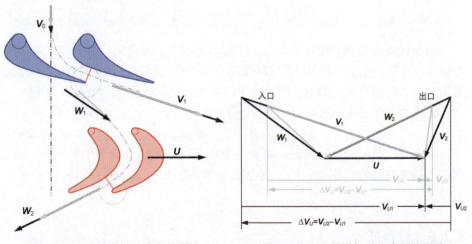

图 3.2-4　流量增加对速度的影响　　图 3.2-5　流量增加对速度图的影响

绝对出口旋流角减小，当它是负值时，意味着更多的旋流量并且将导致下

游流道更高的压力损失。级的单位质量流量的功表示为

$$\Delta H_{Stg} = U\Delta V_U \tag{3.2-7}$$

并且由于更高的折转角度的增加,即由旋流速度的变化带来的流动角动量的更大变化。流速的增加将额外增加绝对功率。

如果重新从图 3.2-2 开始,现在增加切线速度,可以得到图 3.2-6 和图 3.2-7 中的黑色速度向量。叶片的绝对速度 V_1 在大小和方向上没有改变。通过从绝对流速 V_1 中减去较高的切线速度 U 来确定相对于叶片的入口流速 W_1。相对进口旋流角 β_1 相对于叶片的旋流角减小,入射角减小。无论进口角度如何,出口流动都受叶片出口结构角约束(不考虑欠偏),因此相对出口速度 W_2 保持不变,但在图 3.2-7 中向左移动。增加的切线速度 U 加上 W_2,产生新的绝对出口速度 V_2。

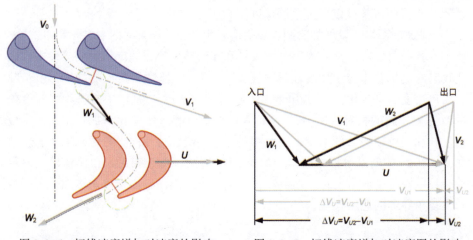

图 3.2-6 切线速度增加对速度的影响　　图 3.2-7 切线速度增加对速度图的影响

增加切线速度会降低转子攻角,导致本案例中变为负值。原本期望通过增加切线速度来产生更多的功率,但在图 3.2-6 所示的粗略简图中,切线速度的增加已被 ΔV_U 的减少所抵消,因此如果没有更准确的计算,结果是不确定的。

采用相对气流角,可以将式(3.2-3)写为

$$\Delta H_{Stg} = U(W_2\sin\beta_2 - W_1\sin\beta_1) \tag{3.2-8}$$

如果应用我们的符号规则,则功率为负,这是从工作流体中提取的功率。因此,提供给轴的功率是正的,这与更一般的惯例一致,即我们认为功率是正的。

3.2.5 级特征

3 个无量纲参数通常用于描述或定义级速度图。载荷系数表示为

第3章 涡轮

$$\Psi = \frac{\Delta H_{\text{Stg}}}{U_m^2} \tag{3.2-9}$$

式中：ΔH_{Stg} 为比级功（J/kg）；U_m 为平均切线速度。质量平均值是严格正确的，但是可以用简单的几何平均值方便地快速估计。与压气机不同，叶尖速度从不用于评估涡轮机级的负载。应该注意的是，对于涡轮，一些项在分母中包括 1/2，并且这通常在压气机的分母中使用 2，同时压气机中用叶尖速度也可以代替平均值。根据式（3.2-3），有

$$\Psi = \frac{UV_{\text{ax}}(\tan\beta_1 - \tan\beta_2)}{U_m^2} = \frac{V_{\text{ax}}(\tan\beta_1 - \tan\beta_2)}{U_m} = \frac{\Delta V_U}{U_m} \tag{3.2-10}$$

从图 3.2-2 可以看出，载荷系数表示"进口"和"出口"速度三角形的峰值距离除以共同底边。级载荷定义可以扩展到叶根和叶尖，这样可以用来说明级载荷沿着叶型的变化。

流量系数 ϕ 定义为 1/2 的形式，即

$$\phi = \frac{V_{\text{ax}}}{U_m} \tag{3.2-11}$$

式中：V_{ax} 为气体的轴向速度，通常在叶片入口处；U_m 为平均切线速度，如前所述。图 3.2-2 告诉我们，流量系数表示速度三角形的高与它们的共同底边之比。当然，只有当工作流体的轴向速度通过叶片保持恒定时才是严格正确的，但它不会降低这一参数的有用性。

已知了速度三角形的两个尖峰和高度与三角形底边相关，为完全定义速度三角形，还缺乏一个特征，即速度三角形的尖峰偏离底的程度。级反力度参数给出了这一信息。

级反力度 Λ 定义为通过叶片的静态焓的变化与通过级的静态焓的变化之比，即

$$\Lambda = \frac{\Delta h_{\text{s rotor}}}{\Delta h_{\text{s stage}}} = \frac{h(T_{s1}) - h(T_{s2})}{h(T_{s0}) - h(T_{s2})} \tag{3.2-12}$$

相对于转子，流体不做功，定常流能量方程告诉我们，通过转子，静态焓的变化等于动能的变化。参考图 3.2-2，式（3.2-12）的分子可写为

$$h(T_{s1}) - h(T_{s2}) = \frac{1}{2}(W_2^2 - W_1^2) = \frac{1}{2}V_{\text{ax}}^2(\sec^2\beta_2 - \sec^2\beta_1) \tag{3.2-13}$$

根据三角关系，有

$$\sec^2\theta = 1 + \tan^2\theta \tag{3.2-14}$$

因此，式（3.2-13）变为

$$h(T_{s1}) - h(T_{s2}) = \frac{1}{2}V_{\text{ax}}^2(\tan^2\beta_2 - \tan^2\beta_1) \tag{3.2-15}$$

通过涡轮级，静态焓的变化由下式给出，即

$$h(T_{s0}) - h(T_{s2}) = \left(h(T_0) - \frac{1}{2}V_0^2\right) - \left(h(T_2) - \frac{1}{2}V_2^2\right) \tag{3.2-16}$$

$$= (h(T_0) - h(T_2)) - \frac{1}{2}(V_0^2 - V_2^2)$$

为了便于分析，假设有一个重复级，其中出口处的速度等于入口处的速度（即 $V_2 = V_0$），则式（3.2-16）变为

$$h(T_{s0}) - h(T_{s2}) = h(T_0) - h(T_2) \tag{3.2-17}$$

并且，从式（3.2-3），可以将式（3.2-12）的分母写为

$$h(T_{s0}) - h(T_{s2}) = UV_{ax}(\tan\beta_1 - \tan\beta_2) \tag{3.2-18}$$

重新整理式（3.2-15）和式（3.2-18）可得式（3.2-12），即

$$\Lambda = \frac{\frac{1}{2}V_{ax}^2(\tan^2\beta_2 - \tan^2\beta_1)}{UV_{ax}(\tan\beta_1 - \tan\beta_2)} = -\frac{V_{ax}}{2U}(\tan\beta_1 + \tan\beta_2) \tag{3.2-19}$$

在发动机或涡轮试验台中，用静焓计算级反力度并不是特别有用，因为静焓不是特别容易测量。但是，可以用更实际的形式修改式（3.2-11）。如果采用标准熵方程，即

$$T ds = dh - \nu dp \tag{3.2-20}$$

并认为该过程是等熵和不可压缩的，然后 $ds = 0$，可以说明

$$dh = \nu dp = \frac{dp}{\rho} \tag{3.2-21}$$

式中：ν 为比容；ρ 为密度。对于分子，从条件 1 到条件 2 进行积分，对于分母，从 0 到 2 进行积分，可以重写式（3.2-12）为

$$\Lambda = \frac{P_{s1} - P_{s2}}{P_{s0} - P_{s2}} = \frac{\Delta P_{s\,rotor}}{\Delta P_{s\,stage}} \tag{3.2-22}$$

假设某涡轮级具有 50% 的级反力度。其速度图的对称性在图 3.2-8 中立即显而易见，其中 $V_1 = W_1$，$\alpha_1 = \beta_2$ 等。通常在中线设计时，将反力度设置为 50% 来开始涡轮级设计。对于给定级功和平均切线速度的情况下，可得 V_1 和 W_1 取得共同的最小值，因为这倾向于使叶片和叶片中的总压力损失最小化。但稍后会看到，当考虑展向变化时，50% 的反力度并不总是最适合的。

图 3.2-9 所示为更常见的速度图，其子午流道扩张比之前所列举的例子更小，从而轴向速度增加。

$$\Lambda = \frac{\frac{1}{2}(V_{ax1}^2 \tan^2\beta_1 - V_{ax2}^2 \tan^2\beta_2)}{U(V_{ax1}\tan\beta_1 - V_{ax2}\tan\beta_2)} = -\frac{V_{ax1}\tan\beta_1 + V_{ax2}\tan\beta_2}{2U} \tag{3.2-23}$$

如果使用直尺和量角器来评估图 3.2-9 中式（3.2-23）的参数，则级反

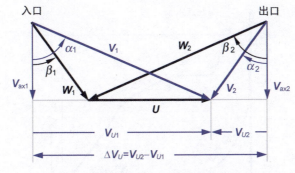

图 3.2-8　具有 50% 反力度的对称速度图

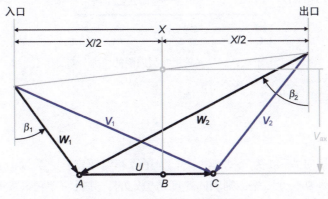

图 3.2-9　涡轮机的一般速度图

力度评估结果约为 0.62。

还有一种简单的图形方法可以从速度图确定级反力度：连接入口和出口三角形的峰，将该线平分并垂直于切线速度矢量。交叉点处切向速度的分数决定了反力度。这是图 3.2-9 中的 AB/AC 比率，其反力度为 0.62。

通常在中线设计程序中，一个有用的附加参数是 Zweifel 载荷系数[1]，在中线设计程序中可以很便捷地引入该参数。Zweifel 系数简写为 Z_w，是导叶或动叶上实际切向力与理想切向力比值的量度。对于给定的折转角，由于环面中所有流体都需进行折转，所以叶片数越多，其载荷越低。载荷系数也与弦长成反比。图 3.2-10 是典型涡轮叶型表面压力分布的简图。

Zweifel 加载系数由叶片截面上的实际切向力与理想切向力的比值给出。前者可以从速度图中获得。后者可以通过假设压力面的静压与叶片前缘的总压相等，而吸力面的静压与出口静压相当得到。在图 3.2-10 中，实际切向叶片载荷对应于静压分布封闭的区域，而理想值对应于浅蓝色矩形。

Zweifel 系数值得关注，因为它会影响间距或栅距，从而影响叶片数量。轴向弦长也会影响该参数。最终，该参数与涡轮级的重量和成本相关。单位高

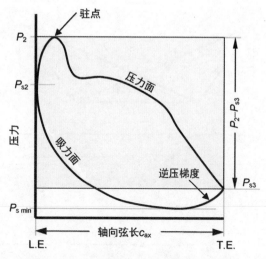

图 3.2-10 涡轮机叶型周围的压力分布

度或单位展向的 Z_w 定义为

$$Z_w = \frac{2F_U}{\rho W_2^2 c_{ax}} \tag{3.2-24}$$

式中：F_U 为切向力；ρ 为气体密度；W_2 为尾缘相对速度；c_{ax} 为轴向弦长。

假设流动为不可压缩，则轴向速度是恒定的，并且每单位高度每通道的切向力 F_U 由下式给出，即

$$F_U = \text{Passageflow} \times \Delta V_U = V_{ax}\rho s[V_{ax}(\tan\beta_1 - \tan\beta_2)] \tag{3.2-25}$$

式中：V_{ax} 为轴向速度；s 为叶片间距。

代入式（3.2-24），得到

$$Z_w = \frac{2V_{ax}\rho s[V_{ax}(\tan\beta_1 - \tan\beta_2)]}{\rho V_2^2 c_{ax}} \tag{3.2-26}$$

但是

$$\frac{V_{ax}^2}{V_2^2} = \cos^2\beta_2 \tag{3.2-27}$$

因此，从式（3.2-26）可得

$$Z_w = 2\cos^2\beta_2 \frac{s}{c_{ax}}(\tan\beta_1 - \tan\beta_2) \tag{3.2-28}$$

可以将这一计算过程应用于绝对坐标系下叶片的 Z_w 载荷系数，计算中使用 α_1 和 α_2 及尾缘速度 V_2。

1954 年的试验结果表明，最佳 Zweifel 系数值在 0.8~1.0 之间，这可以得到合适的叶片数和稠度。Farokhi[2] 在推荐的最佳 Zweifel 范围内，通过试验检

查了进口和出口气流角对叶片稠度（$r=s/c$）的影响。Coull 和 Hodson[3]讨论了 Zweifel 系数在优化低压涡轮性能方面的适用性。他们进行了一项很有启发性的不同损失模型的对比研究，使用史密斯图作为载体，并提出了一个替代参数——环量系数，作为现代低压涡轮机中高升力叶片的载荷的评估参数。环量系数 C_0 定义为叶片的实际环量与理想值的比率，表示为

$$C_0 = \frac{实际环量}{理想环量} = \frac{\oint V_S}{V_2 S_0} = \oint \left(\frac{V_S}{V_2}\right) d\left(\frac{S}{S_0}\right) \quad (3.2-29)$$

式中：V_S 为局部表面速度；S 为表面距离；V_2 为尾缘速度；S_0 为轮廓周围的总表面距离。

3.3 涡轮初步设计

3.3.1 高压涡轮

涡轮性能可以直接用等熵效率或多变效率来量化表示。但这是涡轮设计的结果，而不是输入。涡轮设计师必须清楚自己所要面临的挑战。

人们常使用几个由少量热力学基本参数组成的物理参数来表征涡轮设计工作的难度，如级负荷系数 $\Psi = \Delta H/U^2$、折合流量（reduced flow）$W\sqrt{T}/p$ 以及功率系数 $\Delta H/T$。

（1）级负荷系数是一个重要参数，因为它和速度三角形直接相关，从而与绝对坐标系和相对坐标系下的所有速度分量、流量和叶片角度直接相关。它将热力学能量的提取值（即比焓改变值）和平均的"叶片能量"进行比较，并因其与流量系数和等熵效率的相关性而被涡轮设计师所认可。

（2）折合流量直接关系到流动马赫数，表征涡轮流通能力和阻塞程度。本书主要针对导向器叶排的换算流量，但实际上相对坐标系下转子叶排的换算流量也应加以考虑。如果涡轮流道严重阻塞，就无法满足功率提取要求，除非通过过度放大尺寸。但这会导致叶型损失增大，更不用说还会使涡轮重量随之增加。

（3）功率系数 $\Delta H/T$ 比较了涡轮的功率和进气条件，这里的温度 T 通常使用 T_{41}，即转子进口总温。进口温度越高，越容易实现功率提取要求。

一旦确定涡轮级数，就可以基于功率分配和级负荷水平确定导向器和转子叶排。为了使涡轮不至于太重，级负荷水平应尽可能靠近高限，但也不必过于极端。这一过程可用本章 3.4 节所述的涡轮设计包线来简单实现。

涡轮进口面积可以通过选定的马赫数计算，也可以直接给定。由于涡轮级的单位功是预先确定的，转速也已由高压压气机确定，因此叶片中截面半径是唯一待定的变量。特定的级负荷系数极限值与涡轮特定的设计技术水平相匹配。因此，该参数可作为涡轮的主要设计参数。不同的级负荷系数会导致不同的涡轮设计结果。

增大涡轮径向尺寸（将涡轮流道抬高）将使燃气流速降低，因为随径向尺寸增大的叶片旋转速度有助于产生功率。但增大径向尺寸必然会以重量增加为代价，主要是因为涡轮盘尺寸增大！降低级负荷系数可以提高涡轮效率，但还需要综合考虑由此带来的叶尖间隙敏感性（短叶片）和更大的盘腔损失。另外，必须在涡轮效率和重量之间进行权衡，这应该在飞机层面进行评估。

直接连接涡轮进口和出口即可简单地获取涡轮的大致几何形状，确定出口尺寸的最佳方法是基于 AN^2 的上限值。于 AN^2 这个术语的背景在本章 1.2.7.5 节进行了解释，因此它与涡轮的结构完整性有着至关重要的联系。涡轮环面积的分布特性可通过调整局部几何参数或增大于 AN^2 来控制，但需注意要受到 AN^2 上限值的限制。

为了尽量减小摩擦引起的总压损失，应避免过高的马赫数。马赫数增加主要与较小的流通面积、较强的气流旋转以及较大的功率提取引起的静温（大约为声速的平方）和密度的降低相关。导叶和动叶尾缘的流速可通过级反力度来调整。

3.3.2 低压涡轮

高压涡轮的很多设计原则也适用于低压涡轮，但按部件层级关系，高压涡轮的出口结构限制了低压涡轮的进口尺寸。除非两者紧密耦合，如无导叶低压涡轮；否则级间机匣会带来一定的设计自由度，并且会使低压涡轮流道抬高，这样就可以在固定的低压涡轮转速下增大叶片旋转速度，降低级负荷系数。

在大涵道比发动机中，低压涡轮级数一般都多于高压涡轮，因此各级功率分配的不同变化会使涡轮初步设计变得很有趣。知道低压涡轮转速后，通过与高压涡轮出口尺寸的固定比例假设一个恒定的低压涡轮叶片平均半径，并对低压涡轮级数进行初步估算是合理的。设计过程也与上述过程类似，通过降低最后一级的负荷水平，可减轻出口旋流、降低排气损失。调整最后一级的级反力度也有助于降低排气损失。

低压涡轮中普遍存在低雷诺数工况，通常工作雷诺数在 200000 左右。低雷诺数与较小的叶片厚度和高负荷导致的大转折角结合，设计难度会随流动转捩和分离而提升。尽管高低压涡轮的一般设计方法类似，但必须注意其流动结构细节上的显著差异。此外，低压涡轮中较高的展弦比意味着，与高压涡轮相比，叶片通道叶中区域的二次流效应会减小。多年来，这导致对前者的研究受到重视。然而，在认识到问题后，二次流及其引起的损失得到了更多的关注。

参考文献［4-6］进一步描述了设计问题，并指出了可能的解决方案，但仍然强调了进一步工作的必要性。例如，参考文献［4］特别提到了角涡的起源以及吸力面分离泡与端壁流动之间的相互作用。参考文献［5］研究了区分主要设计参数和更一般设计准则的能力，这与参考文献［5］中概述的扩大低压涡轮可用设计空间所需的知识密切相关。参考文献［6］还表明，Zweifel 负荷系数可能不再足以评估低压涡轮中的叶片负荷，因为类似的系数值很容易适用于很宽的叶片负荷范围以及层流和湍流边界层。文中还提出了一个新的环量系数定义。

参考文献［5］还测试了低压涡轮已建立的平均损失模型的有效性，并建议更换一些模型。参考文献［6］表明，前加载高升力叶型可改善叶中性能，但与后加载叶型相比，前加载叶型的端区损失更高。

过去几年的研究进展使低压涡轮导叶和动叶总数显著减少。这部分是由于非轴对称端壁造型等新的设计特征、现代计算机辅助优化方法和 CFD 转捩预测的改进。

3.3.3 中线（一维）分析

Smith 曲线[7]于 1965 年引入涡轮设计，是最早和最简单的涡轮性能经验模型之一，这一模型基于 20 世纪五六十年代罗尔斯-罗伊斯公司大量涡轮部件试验结果建立。该模型给出了不同流量系数和级负荷系数下的涡轮等熵效率等值线图。该曲线给出的数据仅限 50% 反力度涡轮级，且效率修正到零叶尖间隙(图 3.3-1)。

级负荷系数（Ψ）是扭速（ΔV_U 或 ΔW_U）与叶片平均旋转速度 U 的比值。因为按照定义 $\Psi=\Delta H/U^2$，而根据欧拉定律 $\Delta H=\Delta V_U \times U$。叶片平均旋转速度不变时，级负荷系数表征单位流量的工质产生多少功率；轴向速度不变时，表征气流在转子叶片中的转折程度。

在多级涡轮中，高负荷意味着减少级数、降低重量和成本。对于给定的叶片旋转速度，大流量系数（$\phi=V_{ax}/U$）意味着同样的流道尺寸可以通过更大的流量，也可以降低重量和成本。

第 2 篇　初步设计

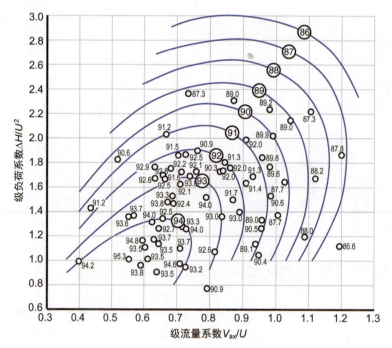

图 3.3-1　原始的 Smith 曲线[7]

由于涡轮设计的持续改进，人们对 1965 年提出的原始 Smith 曲线进行了大量的修订，以重新生成效率等值线图。另外，现代版本往往还包括特定项目或研究感兴趣的其他参数的等值线图。随着涡轮气动设计的改进，在相同坐标系下，效率等值线图与原始曲线相比已经整体向外偏移。曲线向右侧横移表明涡轮能够在不损失性能的前提下通过更多流体，向上垂直移动表明涡轮能够在不损失性能的前提下增大级负荷，并进而减少级数。

随着测量仪器的改进和更有效的数据采集及处理技术的发展，过去 60 年左右的时间里对涡轮设计的理解大大增加。对涡轮流场细节特征的了解最初是在平面叶栅的流场测量中获得的。随后又获取了涡轮部件试验的测量结果，主要是为了描述与动叶相关的流动现象，如大叶尖间隙引起的涡流。涡轮级效率可直接通过测量的涡轮进出口参数和轴功率来计算。

2.3.5 节叙述了压气机三维流场结构的发展及其对损失的贡献。这些同样出现在涡轮叶片流道中，二次流通常会被大转折、大流线曲率增强。虽然边界层的快速增长——压气机中许多问题的根源，在涡轮中并不是严重问题，但边界层的流动特性往往受到叶片表面冷气喷射的不利影响。流动与均匀圆柱或圆锥表面的所有偏差本质上都是二次流，对这些偏差的认识和描述是几十年试验研究和分析的结果。

图 3.3-2 给出了涡轮叶片通道内典型流动结构的解释。虽然导叶和动叶的摩擦损失是性能损失的主要来源,但图 3.3-2 所示的大多数特征都会引起二次流损失。叶尖间隙泄漏损失一般单独计算。

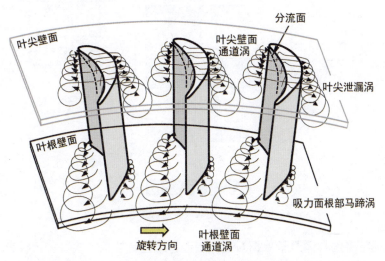

图 3.3-2 考虑叶尖间隙的涡轮叶片流道中的涡[16]

不同层次的数值模拟现在被认为是对更有效和更具成本效益设计方法的必要补充。中线分析可广泛应用于模拟新系统的设计点性能/确定设计区域的范围以及探索替代方案,使有限的资源集中于符合项目目标的方案。在初步设计阶段,相对趋势往往比绝对数值更重要。

3.3.4 中线(一维)程序的发展

中线性能模型建立在对流动特性的认识和理解的基础上,自 20 世纪 50 年代以来,随着人类知识的增长,这些模型不断发展。为了模拟涡轮内部气流的一般行为和相关损失机理,必须首先确定它们的物理特征和相互作用,然后定量地表达它们的影响。自其出现以来,涡轮或压气机设计工具的发展和应用都遵循图 3.3-3 所示的程序。

更详细地说,图 3.3-3 所示的从流场测量到生成设计工具的程序如下:

(1) 对测量结果的解释有助于识别主要流动特征和相关物理过程,以及加深对它们的理解。

(2) 目前使用的一种更先进的方法,是将总压损失或总焓损失与几何结构和流场特性的适当组合进行经验关联,来表示损失的不同组成成分。

(3) 随着认识的提高,发动机制造商以及其他拥有资源和财政激励的机

第 2 篇　初步设计

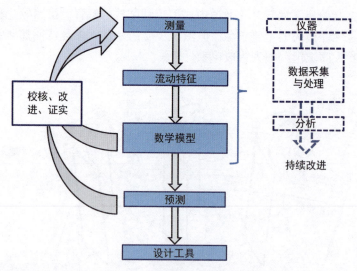

图 3.3-3　中线设计程序的发展

构将根据更多的具体测量数据对损失模型持续进行校核、改进、再校核。

（4）最终，拥有足够的自信，采用模型预测涡轮性能而不进行试验。

（5）模型在这一阶段变成了设计工具。

3.3.5　中线程序的结构

中线程序的构建基于在中截面生成速度三角形的能力。通常中截面半径是按等流量原则划分的，但偶尔也会用平均半径。

总压评估能力是必不可少的，涡轮中线程序的优劣主要通过其计算压力损失的精准度来评估的。总压是一个方便、实用的参数，因为可以容易地测量它。焓的变化也可用于损失的计算，这两个参数可以互换。损失系数可以用理想的出口动压头或理想的出口动能表示。

图 3.3-4 给出了典型的中线设计程序结构和子程序运行顺序。涡轮功率是从输入文件中发动机设计点循环参数获得的。输入文件中还会给出各级功率分配，这通常是基于已有经验，但如果没有足够经验，各级等功率分配是一个足够好的设计起点。降低第一级的功率可更好地适应燃烧室提供的不良工作条件，降低最后一级的功率可以抑制出口涡流。

中线设计中没有对涡轮结构做出主要假设。FLOWPATH 子程序用来生成流道，叶片基于初始的轴向弦长和轴向间隙置于流道中。第一排叶片的中截面半径是根据输入的级负荷系数、转速、级功率等计算的。已知涡轮转速和超转系数 f_{os}，就可以由 AN^2 的最大值计算涡轮出口面积 A，N 为机械设计转

第 3 章 涡轮

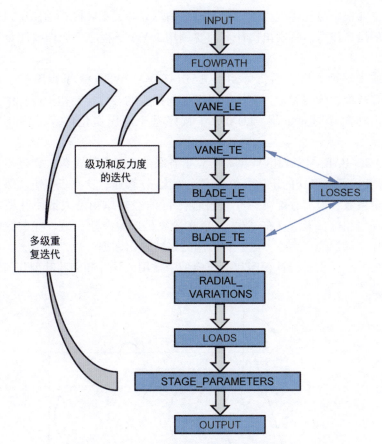

图 3.3-4 典型的中线设计程序结构

速（设计转速与 f_{os} 的乘积）。输入文件中会以相邻叶片轴向弦长几分之几的形式给定轴向间隙。其他流道几何尺寸是根据整台涡轮的流通面积分布，通过平均值/级斜率和转子叶片斜率等获得的。生成平滑流道后，就可以通过调节导叶和动叶的坐标来改变叶型锥度（叶尖轴向弦长/叶根轴向弦长），虽然调整过程中中截面轴向弦长保持不变。允许的情况下可对流道坐标作进一步调整，以保证叶尖直径相等。高压涡轮一般要求采用等外径设计，因为高压涡轮叶尖不带叶冠或封严结构，等外径设计可以保证其转子轴向移动时叶尖间隙不变。

子程序 VANE_LE 和 BLADE_LE 可以计算出构造速度三角形所需的全部气动和热力学参数，需要给定轴向速度和周向旋转角的初始值以便开始迭代运算。第一级导叶的中截面数据由输入文件直接或间接给定，其他叶排的数据由前面叶排尾缘计算数据获得。子程序 VANE_TE 和 BLADE_TE 用来计算叶片出口速度，计算过程基于级功，在合适的坐标系下进行。出口温度由功率提取量决定，并根据冷气掺混程度修正。通过估算导叶或动叶叶排的总压损失，得到相应的出口压力。每次出口计算都要调用 LOSS 子程序，同样要注意坐标系的问题。

获取中截面参数之后，可使用 RADIAL VARIATIONS 子程序基于自由涡假设计算叶根、叶尖和输入文件中指定径向位置的参数。在初步设计中，通常需要给出轴向和周向负荷，LOADS 子程序基于静压变化估算了各叶片排的负荷。

STAGE_PARAMETERS 计算和汇总了各级的重点总体参数，如进出口平均压力/温度、各种形式的压比和效率、换算流量/转速、功率、扭矩、级负荷系数、流量系数、损失分配（一个使性能最优的经验原则是大致使叶型损失和二次流损失相等）及 Zweifel 数等。有些参数是遗留参数，另一些参数则是专门为新程序计算的。最终，以一种可用的格式输出数据。

图 3.3-5 给出了设计程序和损失模型中常用的导叶和动叶叶型几何特征参数定义。

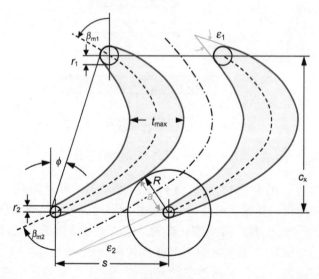

β_{m1}—前缘几何进口角；β_{m2}—尾缘几何出口角；ε_1—前缘楔形角；ε_2—后缘楔形角；c—弦；$\Delta\beta_m$—中心线弯曲角；s—节距；a—喉道开口；r_1—前缘半径；r_2—后缘半径；R—切面半径；ϕ—安装角；c_x—轴弦；t_{max}—最大厚度。

图 3.3-5 涡轮叶栅术语

导叶或动叶的安装角（ϕ）可根据气流角或几何构造角合理估算。最大厚度与弦长的比值可基于叶型或气流折转角根据经验确定，假设转折角越大这一比值越大是合理的。叶片真实弦长可根据轴向弦长和安装角轻易获得。

3.3.6 中线损失模型

Smith 曲线的变化提供了一种快速从速度三角形估算涡轮级效率的近似方法。中线设计程序结合了一种改进的性能估算方法，引入了对损失的详细评估，其品质主要取决于准确估算损失的能力。基本上，所有的中线设计程序都包含相同的速度三角形计算，按照相同的流程进行，它们只在损失建模方面有所不同。

参考文献 [8-11] 中采用了两种不同的方法，给出了轴流涡轮设计发展早期的中线设计程序采用的损失模型，很多现代中线设计程序都是基于此开发的。参考文献 [8-10] 中采用的第一种方法，使用压力损失系数表征损失，计算方法为总压损失 Y 与导叶/动叶出口气流动压之比。

导叶或动叶进、出口总压损失根据下式计算，即

$$Y_T = (Y_P f_{Re} + Y_S + Y_{TET}) \times \text{corr}_{TC} \tag{3.3-1}$$

式中：Y_P 为基本叶型损失系数；f_{Re} 为雷诺数修正系数；Y_S 为二次流损失系数；Y_{TET} 为尾缘损失系数；corr_{TC} 为叶尖间隙损失修正系数。

文献 [11] 采用第二种方法，使用能量损失系数 X 量化表示损失，X 的计算方法为焓降与导叶/动叶出口气流动能之比，即

$$X = \frac{\Delta H_{s,\text{loss}}}{\frac{1}{2}V_{\text{ex}}^2} = \frac{\frac{1}{2}V_{\text{is,ex}}^2 - \frac{1}{2}V_{\text{ex}}^2}{\frac{1}{2}V_{\text{ex}}^2} = \frac{V_{\text{is,ex}}^2}{V_{\text{ex}}^2} - 1 \tag{3.3-2}$$

经验允许将每个损失因素归因于图 3.3-5 所示的叶片几何参数和相关流动参数的某种组合。几何参数包括叶稠度、展弦比和厚度/弦长比等。感兴趣的流动参数包括气流折转角、出口流速或马赫数。在适当的情况下，也可以根据雷诺数和马赫数修正损失。接下来的 3.3.7 节将对参考文献 [8-10] 发展的损失表达式进行讨论，随后本章的 3.3.8 节将讨论冷气影响。参考文献 [2,12] 中给出了涡轮中线损失模型应用的简化案例。图 3.3-6 描述了两种损失系数与涡轮膨胀过程的关系。

目前使用的几乎所有程序都是从这些损失模型或类似的数值模拟中推导出来的。工业实际使用的软件版本已基于叶栅或涡轮部件试验数据进行了大量修改。这些专有数据通常被用来重构损失模型或改变其表达式中的系数，如果能看到软件源程序，会发现原始损失模型已经难觅踪影。随着单一损失因素计算方法的不断改进，中线设计程序的开发仍在继续。参考文献 [13-16] 是最近为使涡轮中线设计程序跟上实际发展和气动进步取得进展的例子。

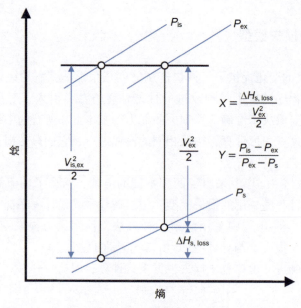

图 3.3-6 叶栅流动损失

3.3.7 损失类型

涡轮气动损失可分类如下,将较大的单元称为"损失类型",将较小的单元称为"损失因素"。

(1) 叶型损失 Y_{P_TOTAL}。
① 基本叶型损失 Y_{P_BASE}。
② 激波损失 Y_{SHOCK}。
③ 冷气喷射损失 Y_{COOL}。
④ 雷诺数修正 f_{Re}。
(2) 二次流损失 Y_S。
(3) 尾缘损失 Y_{TET}。
(4) 叶尖间隙损失 Y_{TCL}。
(5) 冷气掺混损失 Y_{MIX}。

3.3.7.1 叶型损失

流体相对导叶或动叶的运动引起的黏性和湍流耗散,会导致叶型损失。叶型损失与边界层和分离现象有关。叶型损失是损失模型中最复杂的部分。基本叶型损失系数 Y_{P_BASE} 的表达式中包含前缘和尾缘气流角以及最大厚度与弦长之比。

激波损失系数考虑了尾缘激波导致的超声速阻力上升可能带来的影响。根据前缘马赫数和通过导叶或动叶通道的加速度，尾缘附近可能会形成激波。一般来说，由于轮毂处的进气马赫数最高，因此在轮毂进口马赫数大于 0.4 时，考虑到局部高速效应，会计算激波损失。

冷气从叶片表面喷射会导致边界层的增长和湍流度的增加，也可能导致边界层分离。注意这与冷气和自由流之间的动能混合效应无关，并且是一种附加效应。通过选择冷却孔的位置并认真设计其形状，可以将其对叶型损失的影响降至最低。

到目前为止，假设叶型损失系数都是在参考雷诺数（基于真实弦长计算）200000 条件下计算的。对于雷诺数偏离较大的情况，需对总叶型损失进行雷诺数修正。

3.3.7.2 二次流损失

二次流损失与通道横截面的形状密切相关，并可根据叶型的展弦比方便地进行量化。除了叶片通道曲率和径向力引起的横向流动外，更详细的二次流动模型是导叶或动叶的边界层与内外端壁边界层之间黏性作用的结果。

对于展弦比接近于 1 的高压涡轮叶片，大的旋涡结构几乎充满通道，二次流较强。对于低压涡轮叶片，中截面流动几乎不受扰动，二次流较弱。

3.3.7.3 尾缘损失

尾缘损失表示为压力损失系数 Y_{TET}，它是尾缘厚度与喉部宽度之比的函数。换句话说，它是尾缘堵塞比的函数。

3.3.7.4 叶尖间隙损失

最简单的叶尖间隙损失模型认为叶尖泄漏流无法做功。它的影响是通过在效率表达式中的功率项乘一个系数来估算的，功率项需先扣除其他损失，系数表示为间隙面积与流道环面积之比。此外，还可以考虑叶尖密封的影响。

通过考虑与边界层形状和厚度相关的叶尖间隙，可以更好地估计泄漏流量。更实用的方法包括估算无负荷叶尖的泄漏流及其与主流的相互作用，刮削涡的生成及随后的耗散过程等。但此处不进行尝试。

在初步设计程序中，使用叶型损失、二次流损失、尾缘损失相加来计算 Y_T 和级效率，并根据叶尖间隙对计算结果进行修正。

3.3.8 冷却气的影响

冷却空气用来维持导叶和动叶上燃气温度太过接近材料许用温度区域的寿

第2篇 初步设计

命。自从燃气涡轮发动机问世以来,涡轮进口温度一直在稳步上升,以追求循环性能的改善,尽管材料性能有显著进步,但所用的冷却空气量也相应增加。因此,准确估计冷却损失对性能的影响变得越来越重要。

冷却损失不同于其他损失类型,因为其评估不太适合基于叶型几何结构和主流工作状态组合的经验相关性,更依赖基于其自身特性的直接计算。值得注意的是,通常情况下,航空发动机导叶或动叶的冷却空气很少超过涡轮进口流量的5%,而在工业燃气轮机中,一级导叶的冷却空气可能超过涡轮进口流量的20%。因此,可以认为,在工业燃气轮机中估算冷却损失的准确性更为重要。

本书第4篇第5章讨论了多级冷却涡轮效率的一种实用计算方法,其中将二次空气特性和主流特性相结合,以说明冷却对涡轮效率的详细影响。通过将二次空气定义为"可做功"和"不做功"两部分来计算冷却损失,或者说冷气做功能力的亏损。这是一种通过测量得到广泛验证的方法。

该方法通过等效单级的推导和使用得到了扩展,这对于生成多级冷却涡轮的特性曲线特别有价值。许多中线程序仍使用这种方法,但一些现代软件对每一路冷却气流造成的涡轮功率损失进行了详细计算,如冷气与主气掺混引起的掺混损失。如上所述,冷气喷射对叶型损失的影响只占一小部分。

冷却空气通过改变工质的角动量和产生掺混损失对涡轮做功能力的影响现在将得到解决。总的流量连续非常重要,因为在组合压气机/涡轮系统中,泄漏空气离开和返回主流道必须仔细考虑。

必须认真考虑冷却空气及其相关特性,以说明其对涡轮性能的影响。明确了冷却空气在压气机中的来源,就确定了供气温度和压力,但还必须估算其到达涡轮叶片过程中的压力损失和温度增加。还必须估算将冷却气体输送至涡轮叶片冷却腔所需的功率,这将导致涡轮性能下降。

根据各冷却气流对角动量的贡献,计算出各冷却气流对涡轮功率亏损的贡献。在中线模型中,不考虑冷气径向分布,只计算每一排气膜孔总的作用。利用冷却孔的精确切向角以及冷却气体质量流量和温度来确定其对功率的影响,还必须根据冷却孔尺寸和冷气供气压力计算其射流速度。很明显,冷却孔排在叶片上的位置对于确定喷射角至关重要。这种估算通常由"空气系统"专家来处理,他们也会估算涡轮内部的传热量及叶片寿命。

每路冷却气流的掺混损失也需要进行计算。每一路冷却气流引起的边界层扰动带来的喷射损失都进行了计算,如前所述,这属于叶型损失的一部分。

第3章 涡轮

3.4 涡轮设计包线

3.4.1 概述

涡轮设计包线是几个气动和机械限制的简单图形表示,在这些限制范围内,涡轮设计师必须尽量满足发动机循环参数、可用涡轮技术和材料强度的要求。设计包线的价值在于,它协助涡轮设计师基于适当的技术水平,将设计选择限制在可管理的范围内,从而更好地应用设计限制。因此,该技术减轻了设计师的繁重负担,提高了收敛速度,为任何用户提供了一个可接受的、现实的解决方案。总的好处是可以大大缩短设计循环周期。为了成功应用,该方法应与一个包含性能模型的可靠涡轮设计程序相结合。

设计包线所采用的技术没有什么独特之处。它们仅仅是记录和观察趋势的一种形式化,任何涡轮设计师都会在工作进展过程中在日志的空白处做这些记录和观察。设计包线的收益主要源于能够在一个视图中捕获几乎整个设计场景。设计包线说明了设计变量之间的相互作用,使设计师可以快速而准确地做出艰难的决定和实际的妥协。实现初步设计的关键是使用适合当前研究的设计极限值。传统设计将采用传统的极限值,而先进的设计概念将采用更激进的极限值。本方法确定了主要参数的初步选择,以及设计极限参数的选择和取值。这些选择都是基于传统轴流涡轮的典型特性参数。

如图 3.4-1 所示,设计包线中的设计方案非常有用。实现可行的涡轮设计方案的技巧不仅在于将所有相关技术结合在一起(图中间标注"发动机构型"的方框所示),而且在于在引入的限制范围(右侧标注"约束"的方框所示)内进行上述设计。

目前的设计包线法直接解决了涡轮的气动和结构约束,但可以扩展到考虑其他额外的目标和关注点,如可以考虑成本。

3.4.2 详细说明

在所有涡轮的设计中,设计点功率都是由发动机总体循环参数给定的。如果发动机循环参数还给出了等熵效率的假设值或期望值,那么以下参数就是已知的:

① 进口流量、总温、总压。
② 出口流量、总温、总压。

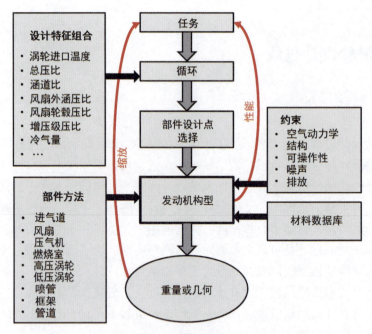

图 3.4-1 发动机建模过程

对于选定的设计技术水平,一系列设计参数的限定值也是已知的。例如,对于传统轴流涡轮:

① 级负荷系数,$\Psi = \Delta H / U^2$。

② 流量系数,$\phi = V_{ax} / U$。

③ 级反力度,$\Lambda = \Delta P_{s,rotor} / \Delta P_{s,stage}$。

④ 涡轮出口 AN^2_{max}。这是动叶轮缘出现的最大叶根应力的度量,是结构的一个重要考虑因素。应特别注意 N_{max} 不一定代表涡轮设计转速,因为气动设计点一般不会选在机械允许最大转速。N_{max} 是 N_{design} 和 XNOS 的乘积,XNOS 为超转系数,会在输入文件中给定。N_{max} 是机械设计转速,AN^2 的作用将会在本篇第 4 章加以讨论。

⑤ 绝对/相对马赫数。

⑥ 叶片展弦比。

⑦ Zweifel 系数。

新涡轮的设计要求在技术限制(以及越来越严格的环境法规)设定的约束范围内适当调整几何、气动和结构参数,以使生成的涡轮在设计点能够提供所需的功率输出,且以发动机循环可接受的效率运行。

只有有限数量的独立设计参数可供使用,传统涡轮的一个合适选择是:

① 涡轮级数。

② 级负荷系数 Ψ。
③ 级反力度 Λ。
④ 涡轮出口 AN_{max}^2。

涡轮气动设计点转速 N_{design} 的方向和数值都必须和相应的压气机匹配，而压气机气动设计可能已经预先完成。

3.4.3 主要设计参数

对于传统的涡轮，一般选用 AN_{max}^2 和级负荷系数 Ψ 作为设计包线的坐标轴。相关设计参数的限制线叠加显示在此框架之上。实际上，由于转速 N 是固定的，所以横坐标中只有涡轮出口面积 A 变化。除了影响涡轮出口特性外，涡轮出口面积直接或间接影响涡轮的许多内部特性。出口面积的选择影响了整台涡轮的面积分布，进而影响马赫数、旋流角、流量系数、级反力度和叶尖速度。因此，宜将出口面积 A_{exit} 作为主要设计变量之一，并反映在设计包线的横坐标中。AN_{max}^2 体现了涡轮气动和结构的强耦合性，因此成为第二个主要设计变量。N_{max} 是涡轮的机械设计速度，而不是气动设计转速。它对应于涡轮运行中将遇到的最大转速，并通过在中线程序输入文件中给定的超速系数（通常称为 XNOS）来计算。

级负荷系数一般作为纵坐标，因为它通常被认为是设计技术水平的表征。负荷图或 Smith 曲线是关于级负荷系数（$\Psi = \Delta H/U^2$）、流量系数（$\phi = V_{ax}/U$）和等熵效率的强大的传统计算方法。

级负荷系数是将级功率和平均叶片旋转速度关联起来的参数。随着涡轮技术的改进，可在不损失涡轮效率的前提下增大级负荷系数，从而采用更少的级数。因此，重量和性能都会因此得到改进。

3.4.4 求解过程和说明

为了获取构建涡轮设计包线所需的数据，涡轮设计程序需运行 4 次，分别使用两个主要参数，即级负荷系数和 AN_{exit}^2 各两个数值的组合。通过在两个选定的级负荷系数数值的每一个值上进行线性插值，将设计限制线根据 AN_{exit}^2 定位。为了方便起见，涡轮转速（一般由压气机决定）和级反力度通常是固定的。

假设转子叶片出口绝对马赫数（$M_{ex,blade}$）的上限是 0.65。如果涡轮设计程序在图 3.4-2 所示的设计点 1 和 2 运行，将产生两个 $M_{ex,blade}$ 值。不考虑这些值的有效性，通过在点 1 和 2 之间线性插值，可以找到给定级负荷系数对应的

点 A。图 3.4-2 中级负荷系数低限时 $M_{ex,blade}$ 为 0.65 对应的 B 点的位置可以通过在设计点 3 和 4 之间线性插值得到。连接 A、B 两点就可以得到 $M_{ex,blade}$ 为 0.65 的设计限制线。可以很容易地确定,当沿图 3.4-2 向上和向左移动时,M_{ex} 会增加,因此限制线的一侧用阴影表示禁止。

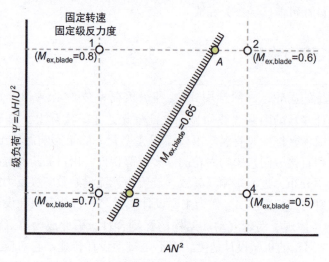

图 3.4-2 轴流涡轮设计包线中限制线的构建

对于感兴趣的设计变量,可以在两对设计点 1、2 和 3、4 之间重复插值过程,前提是在设计程序中进行计算。根据变量的不同,可能需要外插来定位限制线。图 3.4-3 包含一个典型的、完整的设计包线。在这里,已经为表 3.4-1 所列的设计参数构建了限值线,其值选用高压涡轮中的典型值。

表 3.4-1 设计参数

参 数	数 值
动叶进口最大相对马赫数 $M_{in,max}$	0.52
动叶出口最大绝对马赫数 $M_{ex,max}$	0.67
流量系数最小值 $(V_{ax}/U)_{min}$	0.5
流量系数最大值 $(V_{ax}/U)_{max}$	1.0
等熵效率最小值 $\eta_{is,min}$	0.85
最大叶型转折角 $\Delta\beta_{max}$	134°
AN^2 最大值(A 的单位为英寸,N 的单位为 r/min)	45×10^9
叶尖速度最大值 $U_{tip\,max}/(m/s)$	580

应当注意的是,线性内插或外插法并不是在整个考虑的区域都严格正确,尽管对于初步设计,其结果仍是很有效的。因此,建议合理选择 4 个基准设计

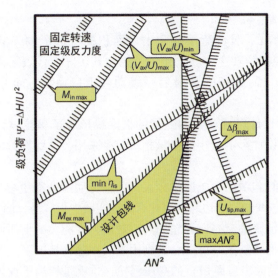

图 3.4-3 轴流涡轮设计包线

点，应使其尽可能接近涡轮最终设计点的位置。如果无法做到这一点，那么通过重新定位基准设计点来构建涡轮设计包线的迭代过程将会带来更合理的分析。在任何情况下都要牢记，包线的生成绝不是最终目标，而仅仅是确定设计点的方法。接下来需要对单个选定的设计点运行涡轮设计程序，以生成所需的信息。

在选定的设计点，最好有一种方法在发动机循环工况之外独立确定涡轮效率。对涡轮进出口条件的了解表明，在循环分析中已经对涡轮性能进行了假设，并证实这是合理的。当前示例使用了涡轮设计包线程序 TDE[17-18]，其中包含了 Kacker 和 Okapuu 损失模型。可接受效率值的极限线也可绘制在涡轮设计包线上。

在 TDE 中，主程序用来在 4 个基准设计点重复运行涡轮设计程序，以生成构建设计包线所需的信息。一旦设计点确定以后，就维持单次运行选项，以生成常规涡轮设计运行的详细输出。程序可自动绘制多级涡轮中每一级的设计包线，且各级设计包线应基于相同的坐标轴——第一级的流量和最后一级的 AN^2_{exit}。这使各级的设计包线可以有意义地重叠。然后，只有当设计包线上有一个清晰的设计区域时，才存在设计解决方案。应该注意的是，设计包线也可用于反映哪些流动参数阻碍了成功的设计方案、哪些流动参数影响最大或最小。

（1）对于图 3.4-3 给出的示例，有必要进行一些一般性的观察，图中选定的设计限制线形成了有限面积的封闭包线。

（2）级负荷系数和包线范围内 AN^2 处于包线内部的所有涡轮都可以满足所

有考虑的设计限制。

(3) 图中给出了级负荷系数和出口面积的可选范围。虽然设计包线的坐标是 AN^2_{max}，但因为转速 N 是固定的，因此其实际上代表了涡轮出口面积的变化。这里的出口面积指的是最后一级动叶出口面积，而非下游混合截面面积。

(4) 对涡轮设计影响最大的变量的极限线形成了涡轮设计包线。涡轮设计包线中对涡轮设计影响较小的变量相对较少采用，这些变量随主要参数变化的影响也比较小。

(5) 虽然设计包线的生成使设计人员的任务明显变得更容易，但由于设计搜索通常仅限于包线的一个边缘，因此有时在实践中更容易。例如，图 3.4-3 中极限值的数值是传统轴流高压涡轮的典型数值。在相关的低压涡轮中，在达到导叶入口所需的低马赫数时可能会遇到困难。在这种情况下，可能需要设计最大值为 AN^2（即最大出口面积）的高压涡轮，也就是相当于设计包线的右侧边缘。这使设计中的妥协变得容易：一方面，如果提高了级负荷，涡轮流道向内移动，可以变得更轻；另一方面，降低级负荷可以提高效率。通常情况下，人们知道性能或重量是否更重要，并且发动机循环分析通常会提供其权重。然后，在设计包线内确定设计点的位置就相对容易了。

(6) 通常，涡轮级的设计将从中线程序的 50% 级反力度假设开始。然而，通常随后会修改中线程序反力度，以影响气流方向和速度的变化，或保持叶根反力度大于某个最小值（通常大于 15%，以避免在非设计条件下出现负值，此时涡轮将成为压气机！）由于当前生成设计包线的方法中反力度保持不变，因此，如果各级的反力度发生变化，则需要为多级涡轮生成另一个或另一组设计包线。一般来说，根据经验，反力度增加会导致图 3.4-3 中的许多极限线向右移动并沿顺时针方向旋转。但是，它们的移动量不尽相同，这将导致设计区域的位置、形状和范围发生变化。除非之前已经确定了一种设计策略，否则在设计过程的早期建立数据库的过程中，研究这种变化的影响及其影响范围通常是非常有用的。

(7) 转速是生成设计包线过程中另一个保持不变的主要变量。它对涡轮设计区域有非常强的影响，因为它是速度三角形的一个关键特征，并且转速的变化体现为燃气速度和角度的变化。转速的调整是一个非常显著的变化，因为它通常由相应的压气机决定。只有其他方法不起作用时才会调节转速。这通常意味着从可用循环参数中重新选择涡轮设计点，或相应压气机或风扇的设计转速发生变化。同样，设计包线的特性也会发生显著变化。

第3章 涡轮

3.5 对转涡轮

几十年来，在提升叶轮机械效率方面花费了大量的时间和资源，这也是减少燃料消耗和排放的一种方法。传统的空气动力学方法带来了渐进式的改进，显示出收益递减的规律，因为增加投资带来收益减少和成本上升。采用无导叶、反向旋转的涡轮是一种"创新思维"方法，与传统的增量式方法相比，它为涡轮和压气机提供了显著的潜在效率收益。取消所有"非工作"静子叶片相当于消除大约一半的损失源！现代涡轮的名义上的效率目标不再是90%左右，而是接近95%。对于压气机来说，5%的效率提升可能过于雄心勃勃，但是与涡轮提升相结合，可以在耗油率和燃料消耗方面取得非常显著的进步。对转涡轮（VCR）导致涡轮机械设计大约是传统设计一半的长度和一半的重量，仅仅是"传统"设计和生产时间的一半。显然，成本可以显著降低，尽管这也取决于实际问题。目前商业企业面临的风险可能过高，但潜在的高收益值得对这一概念进行更深入的研究。

我们都熟悉传统的多级涡轮如何工作，而对转涡轮稍微复杂些。在传统的涡轮中，第一级静子叶片加速气流，并在相对坐标中使其与转子叶片的前缘对齐。转子使气流通过选定的角度，并通过角动量的变化率提取功率。然后，第二级静子叶片将气流相对角度与第二级转子叶片前缘对齐，重复该过程。但是，假设气流不是遇到第二级静子叶片，而是与另一个转子叶片相遇——适当对准但旋转方向相反。通过另一根与第一根轴转向相反的轴提取额外的功率。根据具体应用的不同，可能会采用单独的轴或者通过齿轮箱获得单一转向的输出。

20世纪80年代中期，通用电气公司在GE36或开式转子（UDF）发动机中使用了无导叶反向旋转技术，以应对当时的石油危机。在GE36中，大部分推力由发动机后部的反向旋转螺旋桨提供，螺旋桨由反向旋转动力涡轮机直接驱动。简化后如图3.5-1所示。此后，无导叶反向旋转技术没有在其他发动机中应用过。

对转风扇仍然有助于减少亚声速商用发动机燃油消耗[19-20]。不仅需要设计、分析和评估驱动它们的涡轮性能，而且还需要解决无叶片反向旋转叶轮机械的问题。在本节中，使用Kacker和Okapuu损失模型[10]，使用名为VCR-AXT[21]的轴向VCR涡轮的中线模型来研究提高效率的潜力。该模型包括设计带导叶的传统涡轮的选项，因此首先生成低压涡轮的基准机模型，然后派生得到对转涡轮。文献中展示了涡轮效率和发动机耗油率的显著改进的比较。

在这一点上，对转涡轮早先的设计和分析的评价是有价值的。虽然有关这方面主题的参考文献很少，但我遇到过一些非正式的材料，它们试图将两个反

第 2 篇 初步设计

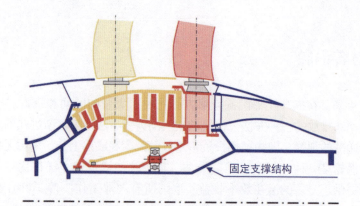

图 3.5-1 GE36 对转风扇发动机中的反向旋转动力涡轮

向旋转叶片的速度图叠加起来,目的是说明与传统的静子/转子叶片组合相比,"可以生成 2 倍的功"。虽然这并非完全不真实,但它忽略了这一点,并且做出了一些不必要的限制性假设。首先要确定的是,涡轮仍然必须一次设计一个叶片——所以不要同时设计两个叶片!从设计逻辑上看,成功的关键是建立旋转方向和旋流角的符号约定。一旦建立了符号约定,通过简单的代数和三角函数严格遵守它,就可以解决(几乎)所有潜在的困难。

下面看一下基于现有传统低压涡轮的对转涡轮中线模型的比较。我们的基准设计模型是 CFMI CFM56 发动机的 4 级低压涡轮机。这是一款中型亚声速商用涡扇发动机,可产生约 115kN 的推力。所有输入参数都可以在公开资料中获得,或者直接用猜测值。涡轮进口的质量流量为 57kg/s;这里忽略冷却空气。入口温度和压力分别为 1202K 和 814kPa。油气比为 0.0218。与第 1 级静子叶片的平均入口旋涡角为 -45.3°。级之间功的分配为 0.30、0.27、0.26 和 0.17;第 1 级比中间两级载荷更大,因此当气流进入排气系统时,第 4 级可以是空载以在下游管道中产生低值的绝对出口涡旋角和马赫数。

图 3.5-2 显示了 4 级低压涡轮的流道,其中静子叶片为黄色、转子叶片为绿色。流道非常接近实物的剖面

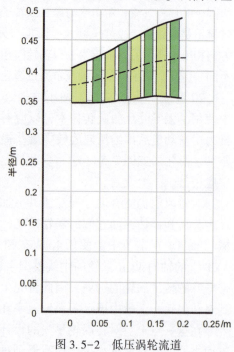

图 3.5-2 低压涡轮流道

图,尽管在复制过程中使用的参数数量有限。自由涡中线设计确保 VCR-AXT 程序中的径向平衡;轴向速度和单位功沿径向是恒定的,而旋转速度与半径成反比。

基准机涡轮的平均中线速度三角形图如图 3.5-3 所示,它们反映了不均匀的功的分配,并表明所有级的平均中线反力度为 50%。等熵级效率显而易见,估计分别为 82.8、88.1、91.4 和 93.2%。整体绝热效率为 89.7%。

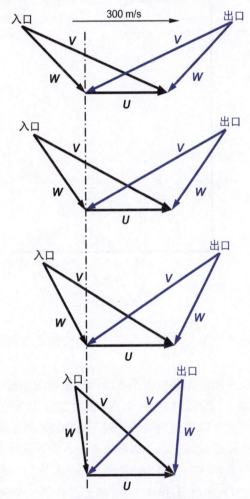

图 3.5-3 基准机低压涡轮叶片半高位置速度三角形

对转涡轮的流道如图 3.5-4 所示。已经使用了相同的总功率输出和级间的功率分配。涡轮长度从 0.196m 减少到 0.085m。

在 VCR 模型中,来自基准涡轮的进口条件、质量流量、叶片数和进口气

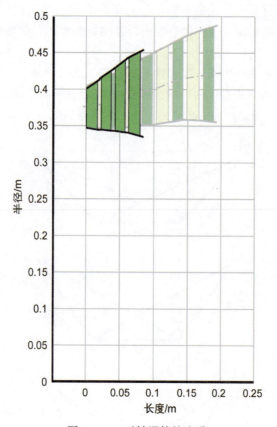

图 3.5-4 对转涡轮的流道

流旋角的值都保持不变。第一个转子的绝对进口气流旋角和基准涡轮一样，保持在 45°。

对转涡轮的速度三角形图如图 3.5-5 所示。这些图和相应的基准机图之间最明显的区别是"级"速度图如何从垂直轴的一边翻转到另一边，因为叶片速度从正转到负。但也可以看到明显的普遍不对称性：第 1 级和第 2 级叶片的出口三角形包含的速度远远高于第 2 级和第 4 级数值。这种不对称性也反映在级效率中，即 90.3%、96.9%、90.0% 和 98.7%。相应地，相对平均出口马赫数分别为 1.019、0.675、1.121 和 0.552。显然，在第 1 级和第 3 级出口的高流速是有害的！这告诉我们，就速度图的外观而言，"对称"设计是在优化性能时应该追求的目标。实现这一目标的关键是设置一个合适的进口气流旋角。然而，尽管存在严重的不对称，对转涡轮的整体等熵效率现在是 93.9%，与基准涡轮相比提高了 4.2%，与我们的预期一致！

进口气流旋角的调整使我们得到了优化对转涡轮。经过简单的试验和误差

第 3 章 涡轮

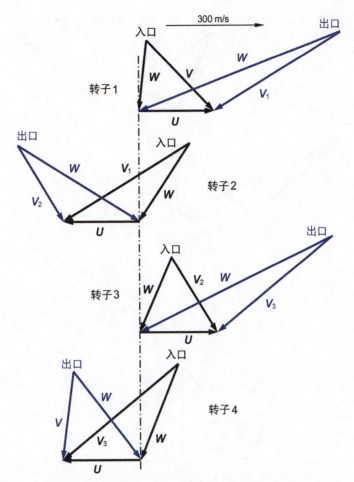

图 3.5-5 初始对转低压涡轮平均中径速度三角形图

分析,得到了优化后的进口平均气流旋角为 56.4°,得到图 3.5-6 所示的速度图。

通常认为,可以达到更对称的状态,而不是以前功率分配的状态(0.30、0.27、0.26 和 0.17),可以得到更平滑的功率分配,在第 4 级有更高的载荷可能更好;第 4 级出口的速度和旋流角都相当适中。

然而,与图 3.5-6 对应的等熵级效率的变化量分别为 94.5%、94.8%、96.0% 和 97.2%,整体值为 95.9%。与基准机相比,通过优化对转涡轮,效率提高了 6.2%,相当于基准机总损失的 60%。

级性能比较如图 3.5-7 所示。通过移动第 2 数据点到红色曲线上以产生线性变化,可以改善优化的性能。当将整体效率值代入循环模型中,其他保持不变,耗油率降低 2.5%。然而,涡轮的长度、重量和成本的减少可能会使这一

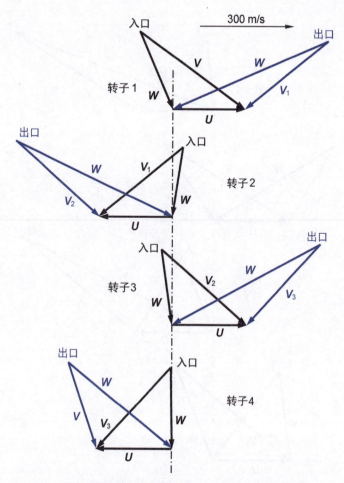

图 3.5-6　优化后的对转低压涡轮平均中径速度三角形图

点黯然失色！必须注意的是，进口导叶对于控制进口气流旋角至关重要，所以应该相应地对我们的结果打折扣。

如果接受气动方案，那么机械问题必须得到解决，使对转涡轮成为可行方案。机匣的设计和轴承的位置对悬臂叶片排而言是至关重要。在运转中，它们将受到压缩，新的陶瓷材料的使用将有助于实现这一目标。通常涡轮叶尖截面的外倾角较小；为了提供必要的刚度，可能需要对沿翼展方向功率重新分配。对转涡轮补充了外骨架发动机的概念[21]。外骨架式对转涡轮发动机提供了一个通过发动机中心线的开放通道的机会，该通道可以容纳冲压喷气发动机，或者可以通过出口的反向速度剖面显著降低噪声。对这些新引擎架构感兴趣的人来说，潜在的各种好处使研究对转涡轮非常有吸引力。

第 3 章 涡轮

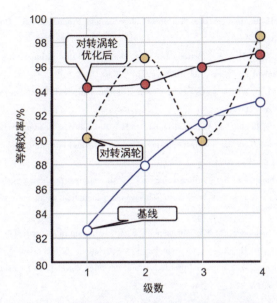

图 3.5-7 采用对转的低压涡轮的等熵级效率收益

参 考 文 献

[1] Zweifel, O.: The spacing of turbomachine blading, especially with large angular deflection. Brown Boveri Rev. 32 (12), 436-444 (1945)

[2] Farokhi, S.: Aircraft Propulsion, 2nd edn. Wiley, New York (2014)

[3] Coull, J. D., Hodson, H. P.: Blade loading and its application in the mean-line design of low pressure turbines. ASME Paper GT2011-45238

[4] Hodson, H. P., Dominy, R. G.: Three-dimensional flow in a low-pressure turbine cascade at its design condition. Paper 86-GT-106 31st International Gas Turbine Conference and Exhibit, Dusseldorf, Germany

[5] Coull, J. D., Hodson, H. P.: Blade loading and its application in the mean-line design of low pressure turbines. In: GT2011-45238. Proceedings of ASME TurboExpo, Vancouver, Canada, 6-10 June 2011

[6] Praisner, T. J., Grover, E. A., Knezevici, D. C., Popovic, I., Sjolander, S. A., Clark, J. P., Sondergaard, R.: Toward the expansion of low-pressure turbine airfoil design space. In: GT2008-50898. Proceedings of ASME Turbo Expo, Berlin, Germany, 9-13 June 2008

[7] Smith, S. F.: A simple correlation of turbine efficiency. J. R. Aeronaut. Soc. 69, 467 (1965)

[8] Ainley, D. G., Mathieson, G. C. R.: A Method of performance prediction for axial flow turbines. Aeronautical Research Council R&M 2974 (1951)

[9] Dunham, J., Came, P. M.: Improvements to the Ainley-Mathieson method of turbine performance prediction. Paper No. 70-GT-2. ASME Gas Turbine Conference and Products Show, Brussels, Belgium, May 21-28, 1970.

[10] Kacker, S. C., Okapuu, U.: A mean-line prediction method for axial turbine efficiency. ASME Paper

81-GT-58, ASME International Gas Turbine Conference and Products Show, Houston, Texaas, USA, March 9-12, 1981.

[11] Craig, H. R. M., Cox, H. J. A.: Performance estimation of axial flow turbines. In: Proceedings of the Institution of Mechanical Engineers, vol. 185 (1971)

[12] Saravanamuttoo, H. H., Rogers, G. F. C., Cohen H.: Gas Turbine Theory, 5th edn. Pearson Education Limited, Cambridge (2001)

[13] Benner, M. W., Sjolander, S. A., Moustapha, S. H.: Influence of leading-edge geometry on profile losses in turbines at off-design incidence; experimental results and an improved correlation. ASME Trans J. Turbomach. 119, 193-200

[14] Benner, M. W., Sjolander, S. A., Moustapha, S. H.: An empirical prediction method for secondary losses in turbines: part I—A new loss breakdown scheme and penetration depth correlation. ASME GT2005-68637

[15] Benner, M. W., Sjolander, S. A., Moustapha, S. H.: An empirical prediction method for secondary losses in turbines: part II—A new loss secondary loss correlation. ASME GT2005-68639

[16] Zhu, J., Sjolander, S. A.: Improved profile loss and deviation correlations for axial-turbine blade rows. ASME GT2005-69077

[17] Halliwell, I.: TDE—A Preliminary Design Code to Generate Turbine Design Envelopes. Volume I: The Turbine Design Code. Contract NAS3-27577: Propulsion Systems Modelling, Sept 1997

[18] Halliwell, I.: TDE—A Preliminary Design Code to Generate Turbine Design Envelopes. Volume II: Turbine Design Envelopes. Contract NAS3-27577: Propulsion Systems Modelling, Sept 1997

[19] Halliwell, I.: Performance Benefits of a Vaneless Counter-rotating LP Turbine. Northwind Propulsion Inc., Heath, Ohio, USA, Feb. 2006

[20] Halliwell, I.: Exoskeletal engine concept: feasibility studies for medium and small thrust engines. NASA/CR-2001-211322, 2001

[21] Chamis, C. C., Blankson, I. M.: Exo-skeletal engine a novel concept. NASA/TM-2004-212621, 2004

第 4 章 机械设计

4.1 概述

发动机重量是新型飞机发动机的关键设计参数。它影响飞机航程，是燃油消耗的关键因素。同时，重量也被视为发动机成本的一个指标。过于简单地将发动机重量与推力、质量流量、涵道比、压气机压比等参数关联考虑，对于从几个发动机备选方案中选出最佳方案没有太大帮助，必须更详细地考虑发动机各部件的重量（图 4.1-1）。

著名的 NASA 程序 WATE（涡轮发动机的重量分析）[1]，主要采用半经验方法加上对特定部件的分析计算，得到发动机各个主要部件的重量和尺寸，如压气机、燃烧室、涡轮和机匣。

参考文献 [2] 介绍了功能增强的、面向对象的计算机程序 WATE++，其中许多经验关系已被重量分析和尺寸计算所取代。在程序中用于计算重量的主要方法是根据材料体积，乘以相应的密度。每个部件都要考虑应力水平、最高温度和压力、材料、几何形状、级负荷、轮毂/叶尖比、转子叶片/静子叶片数和转速。

在概念设计（方案论证）阶段，通常无法获得准确的绝对重量数值。然而，能够准确预测重量趋势的算法，对于后续初步设计阶段来说是很有价值的。

估算航空发动机的重量和尺寸对于计算飞机设计任务期间的燃油消耗是必不可少的。但是，详细发动机几何模型的应用不限于此。为了细致检查航空发动机的操作性，不仅需要了解转子的惯性矩（可与其他发动机进行对比），还需要知道在瞬态工作过程中压气机和涡轮叶尖间隙是如何变化的，这要求考虑气体和金属之间的换热，它会影响到发动机零件的温度场。为了计算热膨胀量，必须至少获得发动机部件质量和热容性的大概量值。还需要考虑离心力对

第 2 篇　初步设计

图 4.1-1　EJ200 涡轮风扇单元体（© EUROJET Turbo GmbH）

盘直径和叶片长度的影响。只有这样才能估算出压气机和涡轮叶尖间隙在稳态和瞬态工作过程中是如何变化的。

在后续章节中，将介绍在 GasTurb 中建立基本发动机几何模型的要素。其中，将环形流道壁面用圆柱和圆锥面的组合来建模，将转子叶片和静子叶片用小平板、圆盘和轴来建模。应力计算方法用于估计轮盘的重量和惯性矩。可以根据重量来优化轮盘的形状。

在基本发动机几何模型中不包括轴承结构、发动机支架、附件齿轮箱、燃油管道、液压和引气系统、叶尖主动间隙控制装置、控制单元和执行机构。这些部分可以被列入作为基础模块重量的系数或因子，或作为用户实时生成和指定为组合值。

4.2　流道

建立发动机几何模型应从热力循环开始，热力循环定义了部件边界的质量流量、总压和总温。热力循环不需要部件进口和出口的马赫数，但它们定义了部件边界处的流动面积。选择了压气机和涡轮的进口和出口的轮毂/叶尖半径比后就得到了基本的环。设定了马赫数和轮毂/叶尖半径比后，就得到了主要流路布局。在这些部件的设计过程中，可以通过优化得到压气机和涡轮环形流道的准确形状。

4.2.1 压气机

对于任何压气机来说，其主要要求是产生总压比和输送质量流量。受到相关技术指标的约束，如级数、转子转速、级压比、效率及失速裕度等，其实就已经限定了流路的几何参数。

在飞机发动机中，第 1 级压气机进口处的轮毂/叶尖半径比应较小，因为这可以使进口直径较小。记住，压气机进口马赫数关系到发动机的发展潜力。因此，在新项目开始设计时，不应将它们设置得太高。

低压压气机（风扇）的设计存在大量而独特的挑战，部分原因在于其元件的暴露性。设计时必须考虑到雨、冰雹、结冰以及不同大小鸟的吸入。它也是唯一一个需要进行叶片脱落试验，以验证转子故障后包容性的部件。

4.2.2 小涵道比风扇或低压压气机

低压压气机可以用作单轴发动机的压缩系统，或者用作军事或其他高速场景的中/小涵道比双轴发动机的风扇。在作为风扇使用时，级数通常限制为两级或三级。很多涡扇发动机的低压压气机位于前承力框架和主承力框架之间，其中前承力框架用于安装前轴承并包含可调导向叶片，见图 4.2-1。

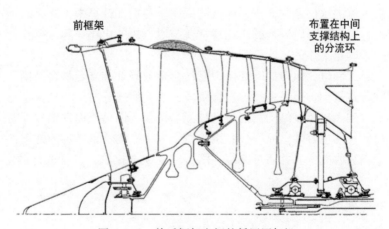

图 4.2-1 前后框架之间的低压压气机

第 2 篇　初步设计

起飞工况对转速、稳定裕度以及整机的可操作性和可靠性提出了一系列最严苛的要求。根据这些原因，通常选择起飞工况作为低压压气机的机械设计点。

高性能小涵道比涡扇发动机的首选材料是钛合金。传统上，转子是由盘和一组可拆卸叶片装配形成。在现代发动机中，部分或全部转子被加工为单个部件，也就是包含了盘和叶片的整体叶盘。

4.2.3　大涵道比风扇

这类风扇常用于为亚声速商用运输机提供动力的发动机上。其叶尖直径很大，并与下游的分流环和增压级有紧密的物理关联（图 4.2-2 和图 4.2-3）。

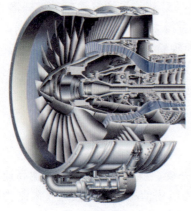
图 4.2-2　大涵道比涡扇发动机风扇和增压级

图 4.2-3　GP7000 风扇叶片

气流通过大涵道比风扇后被分开，分为外涵流和主流。由于轮毂处的切线速度低，主流的压比通常低于外涵流的压比。在循环计算中，外涵的压比是单独确定的，但是风扇轮毂处的压比通常要与增压级的压比一起计算，并且允许总体设计师确定主流的压比分配。

如今，大涵道比风扇的叶片由中空钛合金或碳纤维复合材料制成，这些叶片的形状非常复杂，但是在总体设计阶段，将它们按等厚度的平板来建模。风扇叶片上方的风扇机匣结构需要进行加强。例如，因鸟撞而发生故障时，需要保证风扇叶片的包容性。风扇包容结构通常采用高韧性钢结构的外罩，它可以发生形变以吸收能量，并通过缠绕一圈芳纶（凯夫拉尔）纤维进行强化。

4.2.4　分流环

在设计中，分流环的设计倾向于被动。通常，设计输入中与流通面积有关的参数是根据相邻部件得到的。当分流环紧邻大涵道比风扇下游时，风扇进口面积对应于通过风扇的总流量，内涵出口面积由增压级的流量决定，只有外涵进口面积是可以调整的设计变量。

在工业环境中，很少采用单独的分流环。结构设计上通常将分流环与支板、承力框架和放气阀组合在一起。在这种情况下，需要考虑采用整体结构带来的影响，以确保其满足预期的功能，特别是在非设计条件下。

4.2.5 增压级

增压级用于提高大涵道比发动机内涵气流压力。当风扇近轮毂部分和高压压气机共同增压仍无法满足内涵总压比的情况下，应采用增压级。为了使内涵流量与高压压气机的需求相匹配，大部分增压级都具有低速放气的功能。在没有变速箱的发动机中，增压级和风扇同轴，因而转速相同。在具有变速箱的发动机中，增压级和低压涡轮转速高于风扇转速。增压级工作温度适中，钛合金是合适的轻质材料。

4.2.6 高压压气机

由于高压压气机与高压涡轮同轴且具有相同的转速，两者要综合设计。设计时主要通过调整压气机级数，尽管进口轮毂比的影响有限，也可以利用。设计受到许多参数的限制，如叶尖速度、失速裕度、马赫数、进口和出口轮毂比，设计选取的经验值建立在部件和整机试验台的测试结果上。虽然一个方案通过少数设计限制就能确定，但是一个成功的解决方案要通过充分考虑尽可能多的设计限制来确定。

从空气动力学角度分析，多级压气机在进口处总是太快而在出口处太慢。由于要保证低压轴甚至是中压轴穿过的空间，设计人员在设计高压压气机前端需要限制最小轴径尺寸。在高压压气机出口处，对高圆周速度的需求推动了高压压气机趋向采用等外径方案设计。这将导致高轮毂比和短叶片，因而增加了压气机对叶尖间隙的敏感性。为了保证燃烧稳定性，高压压气机出口处的马赫数必须低，因为燃烧室的进口气流速度不得超过一定限度。

压气机的长度取决于所选的动叶和静叶的展弦比。采用低展弦比设计会使发动机部件数量减少、成本降低、强度提高和气动弹性稳定性更好。低展弦比设计允许更高的气动负载，从而提供更高的效率并改善振动特性。由于转子叶片的弦长较长，低展弦比设计的畸变容限更大。低展弦比设计带来的缺点包括高盘缘载荷和大轴向长度。

第2篇 初步设计

图 4.2-4 所示的上半部分示出了真实压气机的横截面，而下部示出了更简化的 GasTurb 模型。等壁厚的锥形筒体表示机匣和内部空气密封。模型中锥形筒体的厚度可能大于从图纸中获得的值，因为考虑了安装边、螺母、螺栓和非轴对称元件（如放气管）等结构要素，必须适当增加实际锥形筒体的厚度，即在模型中使用的是等效厚度。

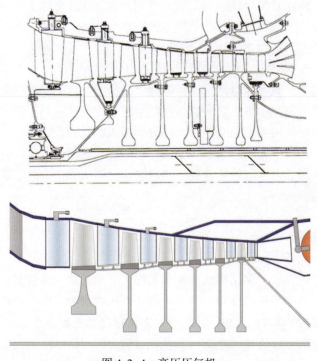

图 4.2-4　高压压气机

高压压气机的前面级可以设计为由钛合金制成的整体叶盘。高压压气机的后面级由于工作温度高而采用镍基合金或不锈钢转子、静子叶片和轮盘。

4.2.7　燃烧室

燃烧室连接两个主要流道部件，即高压压气机和高压涡轮。由于压气机和涡轮在设计层次中具有更高的优先级，所以燃烧室进口几何尺寸根据压气机得到，出口几何尺寸根据涡轮得到（图 4.2-5）。

在初步设计阶段，燃烧室通常被认为由机匣、扩压器和火焰筒组成。扩压器根据高压压气机出口尺寸得到，气流在扩压器中扩张到合适的速度。通常调节斜角作为扩压器设计的一部分，保证燃烧室出口与涡轮导叶进口对齐。燃烧过程决定了燃烧室的容积，从而确定燃烧室的内部尺寸。

第 4 章 机械设计

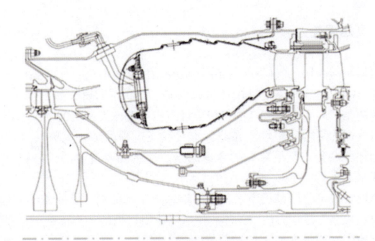

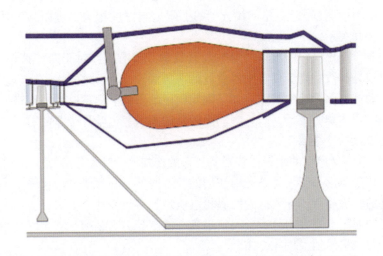

图 4.2-5 燃烧室和高压涡轮

燃烧室顶部高度和火焰筒长度是几何尺寸的主要影响因素。顶部高度控制了燃烧系统的横截面尺寸，取决于参考速度和燃烧室次流流量。为了进行重量估算，除了需要对火焰筒、内外机匣进行初步定义外，至少还要对旋流器和点火装置进行经验估算。

最大压差（$P_3 - P_{amb}$）是另一个需要考虑的因素，这是确定机匣壁厚和避免超重量所需要的。压差同时取决于内部静压和环境压力，其中环境压力是飞行高度的函数。

燃烧室-燃烧室内衬、扩压器和密封环常使用镍-铬-铁合金。

4.2.8 高压涡轮

高压涡轮与高压压气机和燃烧室构成发动机的核心机。作为高压转子的一部分，高压涡轮与高压压气机在气动和机械方面联系紧密，如图4.2-5所示。值得强调的是，高压涡轮选择的机械设计点需要考虑最恶劣的工况，以保证整个任务包线内的结构完整性。在非标准日起飞过程的结构完整性（最大推力下的最高环境温度）是最重要的考虑因素。这主要通过盘的良好设计和叶片连接方式来解决。

简单地将进口与出口相连来获得涡轮总体几何尺寸，通过AN^2的上限来确定涡轮出口尺寸是最佳方法。这里，A是涡轮出口处的环形面积，N是对应于机械设计速度（即最大值）的转速值。AN^2是轮缘应力的衡量值（其允许极限可能与材料性能有关），并且其选定的上限值与温度相关，进而与叶片冷却能力产生关联关系。

注意，高压涡轮的出口马赫数与其气动载荷有关：对于高负荷单级涡轮，它的出口马赫数将高于具有中等负荷的两级涡轮。

主动控制涡轮叶尖间隙增加了涡轮机匣的重量。涡轮叶片是否带有叶冠不仅影响叶片本身的重量，而且影响涡轮盘的重量，当叶片带有叶冠时，涡轮盘将承受更大的轮缘载荷。

用一个等效厚度的平板代替形状复杂的冷却涡轮叶片务必要注意。图4.5-3表明叶片壁厚远小于气动设计中使用的叶型厚度。叶片厚度值选择不当会导致不正确的轮缘载荷，导致得到的涡轮盘质量没有代表性。

影响涡轮盘应力的另一个因素是盘心的直径：它必须足够大以容纳连接低压涡轮和风扇的轴（图4.2-6）。

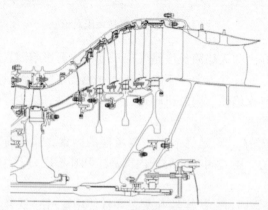

图4.2-6 高压涡轮和低压涡轮

4.2.9 低压涡轮

高压涡轮的许多设计准则也适用于各类型低压涡轮,除了由于组件在流道中上下游的关系,低压涡轮进口尺寸由高压涡轮出口尺寸定义以外,除非高低压涡轮采用近耦合设计,如无导叶低压涡轮情况外,否则涡轮级间流道设计可以有一些自由度。低压涡轮通常比高压涡轮级数更多,因此在初步设计中级功率分配的选择更为灵活。这样可以减少最后一级的做功量,从而降低出口涡流、出口速度和排气损失。

在低压涡轮中,镍-铁-铬合金通常用于涡轮盘、轴和机匣。带有齿轮传动风扇的涡扇发动机低压涡轮工作在更高的 AN^2 条件下。低涡叶片材料选择钛铝合金(TiAl),其力学性能几乎与当今使用的镍基合金相当,但是其密度要低得多。TiAl 低压涡轮叶片的重量仅为镍基合金的一半。

4.2.10 加力燃烧室

最常见的加力燃烧室通常存在于军用小涵道比涡扇发动机中,其燃烧过程发生在混合排出的气流中。在其他一些发动机的布局中,加力燃烧室可以设置在内涵气流和外涵气流中。当加力燃烧发生在外涵或风扇气流中,它被称为"涵道燃烧"。

在总体初步设计阶段,需要对加力燃烧室的重量和尺寸进行估算,必须考虑的组件有扩压器、喷油环、火焰稳定器、加力燃烧室机匣和防振屏。防振屏起到阻止振荡燃烧的作用(振荡燃烧是高频振荡,可以快速破坏加力燃烧室),并且还将冷却空气输送到喷管。

4.2.11 喷管

喷管的作用是在飞机任务的所有阶段产生所需的推力。可以说,喷管性能对发动机净推力和燃油消耗率的影响高于其他任何部件。因此,在考虑重量、复杂性、可维护性和成本的情况下,如何实现最佳性能至关重要。

喷管或排气系统根据用途主要可分为两种类型。

① 亚声速喷管用于低速飞行,最常用的是商业运输。这类喷管通常是锥形收敛喷管,它们的几何形状通常是固定的,因此结构最简单。

② 超声速喷管需要满足较高的飞行速度的推力要求,同时也要保证在飞行任务的其他阶段的推力水平。这类喷嘴通常几何面积可调,而且结构更复

杂、重量更重，造价也更昂贵。它们主要应用于军用飞机，但目前也成为许多超声速民用飞机项目的关注焦点，主要是对超声速巡航的高效率和起飞时的低噪声的需求。

高速和低速这两类喷管都存在混合和非混合两种形式。

4.2.11.1　亚声速喷管

亚声速喷管（或短舱）分为两类，分开排气喷管结构在大涵道比发动机中最为常见，通常通过挂架安装在机翼上。机身安装的发动机常用在小型飞机上，并且大多数具有长通道、混合排气的喷管。这类发动机在巡航状态具有更优越的性能，以及更好的推力反向和噪声抑制能力，但是其重量大于分开排气喷管。

4.2.11.2　超声速喷管

超声速喷管，或更准确地说是多功能排气系统，对于军事应用尤其重要。在过去 20 年中，先进武器系统对于性能的需求有显著提升，超声速民用市场也带来了更多的激励。对于提升发动机-机身一体化和喷管适用性的关注，反映在部件效率和控制品质上。将来，发动机和飞机控制系统很可能共享排气喷管的功能操作。

最后，如果喷管调节片和侧壁的最大压差没有出现起飞状态时，则必须对此进行分析研究。最大的压差 ΔP 很可能发生在空中某个高度，虽然内部压力可能略低于任务中的其他点，但环境压力也小于地面压力。亚声速爬升状态是这种效应的典型情况。

4.3　支承结构和流道

4.3.1　前支承结构

前支承结构被用于许多现代的、小涵道比、高压比涡扇发动机中，它为前轴承提供结构支撑。如果风扇或低压压气机级太重，主支承结构或中介支承结构无法采用悬臂方式支撑，就需要设置前支承结构。通常，两级风扇可以采用悬臂支撑，而两级以上则需要设置前支承结构。不过也有例外，RB199 和 EJ200 都有 3 级风扇，却没有前支承结构。

多级风扇通常与高压比、低展弦比的发动机联系在一起，其中风扇的轴向总长度大于其直径。通过设计具有合适刚度和最小空气动力学损失的进气支板排，来满足结构支撑的需求。通常，这类发动机用于军事应用，不过在 NASA

HSR项目中也会遇到这类发动机。

由于前支承结构的作用是连接风扇与发动机进口，因此其尺寸主要取决于风扇的尺寸。除了进气支板和/或可变进口导向叶片外，前支承结构的子元件是整流锥。在没有前支承结构的情况下，也会采用锥形或椭圆形的整流锥，用于封闭风扇轮毂的进气端。

4.3.2 中介支承结构

在涡扇发动机中，主支承结构或中支承结构位于增压级和高压压气机之间，并且同时跨过外涵流道和核心机流路。作为主要结构元件，中介支承除了支撑高压和低压转子的轴承外，还为发动机内部传力和动力输出轴提供途径。

除了满足单独提出的结构要求外，主支承结构根据相邻的部件要求限定进口和出口几何尺寸，如外涵道气流进口面积与径向尺寸、增压级出口面积以及HP压气机气流进口面积等。相应的径向尺寸通过斜率和轴向位置进行限定。

4.3.3 涡轮中心支承结构

对于涡扇发动机，涡轮中心支承结构位于高压涡轮和低压涡轮之间（图4.3-1）。前端连接高压涡轮，有时低压轴的后轴承支承在机匣内，并在两级涡轮之间形成一个气流过渡通道。另外，还设置了对轴承供油的管路。涡轮中心支承结构确定了轴承的位置，这对于保证整个高压部件的间隙非常重要。

图4.3-1　GEnx涡轮中心框架

4.3.4 后支承结构

后支承结构是大多数燃气涡轮发动机结构的主要组成部分，不过偶尔也会有采用悬臂式低压涡轮的情况。除了保证结构刚度外，后支承结构还为后轴承提供支撑，通常还包括一排出口整流叶片以减轻出口旋流，从而减少下游扩张段的损失。

在涡轮风扇发动机中，后支承结构不包括在外涵道气流中的叶片或支板，但是外涵出口尺寸通常是由主流和外涵流道之间的径向间距来确定的。径向间距起到确定支板弦长或高度的作用。机身安装的发动机设置了从后支承结构跨过外涵的支板（即 A 支承结构）。

对于发动机核心机，后支承结构连接了低压涡轮与下游扩张段，因此，扩张段机匣的斜率通常根据框架的进口参数确定。后支承结构的进口还为调整外涵道径向高度（即流通面积）提供了依据，以便控制气流马赫数并使损失最小化。

对于小涵道比涡扇发动机，后支承结构必须与下游的混合器匹配。对于非混合排气的大涵道比涡扇发动机，后支承仅用于使核心机流路的结构对中。外涵道是通过主支承结构支撑的，因此与后支承结构的结构无关。

4.4 轴

在燃气涡轮发动机中，高压轴是一种复杂的多部件结构，它的外形一点都不像圆柱体。在初步设计阶段，高压轴的设计通常根据其两个主要旋转部件（即高压压气机和高压涡轮）来确定的。在盘鼓结构压气机的情况下，轴由多段内套管和安装了叶片的盘一起构成。

对于高压涡轮来说，主盘外的旋转部件由一组复杂的腹板、封严和辅助盘构成，轴端向前和向后支撑在对应的轴承上。初步设计人员不太关心几何细节，高压轴的重量通常根据经验常数来计算，而这些常数是压气机和涡轮转子重量的函数。在 GasTurb 中，高压轴建模由一段圆锥体和一段圆柱体构成，如图 4.2-5 所示。

相比而言，低压轴的外形至少像圆柱体！其重量通常在低压涡轮或动力涡轮的机械设计中被适当考虑，而不是压气机。轴的长度由前、后轴承之间的距离决定，在完成所有叶轮机械和燃烧室的设计，以及确定流道总长度之前，这一点是不太可能知道的。然而，这些细节信息是非常重要的，因为它们会对整机重量产生重要影响。

首先，轴的重量由其长度决定，这取决于轴承之间的距离。轴的重量还与其外径和壁厚有关，而这主要取决它们要传递的最大扭矩。此外，轴的外径和壁厚也与长度有关，因为轴不应在其自重下产生弯曲。如果减小长度，也可以减小其他两个参数。从这方面考虑，一个更短的燃烧室可以减轻几百公斤的发动机重量！准确评估 LP 轴的直径和 HP 盘的尺寸非常重要，这决定了低压轴能否被容纳在盘心开孔中。这方面的失误往往使设计陷入困境，从而导致整体设计的重大修改。

低压轴的设计应该考虑在最大扭矩时所对应的工作循环条件。

4.5 盘

在先进的商用飞机发动机中，在不增加级数的情况下对核心机压气机和涡轮提出了更高的工作要求，这导致叶尖速度增加。高转速、低展弦比的设计要求下，导致压气机盘缘载荷显著增加。

传统设计中，压气机转子由安装了叶片的盘组成。在更先进的压气机设计中在第 1 级采用整体叶盘-叶片和盘作为一个整体进行加工。整体叶盘（blisk）这个单词就是由叶片（blade）和盘（disk）两个单词组合构成的。图 4.5-1 即为高压压气机整体叶盘的图片，取自于 PW1000GPurePower® GearedTurbofan™。

图 4.5-1　整体叶盘

较高的涡轮进口温度导致其工作的热力环境非常严苛，同时要满足指定的使用寿命要求，这就使涡轮盘的设计非常困难。当前的发展趋势表明，随着先进商用发动机工作能力的提升，核心机压气机和涡轮叶尖速度，以及涡轮进口温度也会持续提高。

同样重要的是，飞机发动机必须满足安全要求。

与飞机重复进行起飞/巡航/降落循环相关的涡轮部件疲劳载荷，是叶轮力学性能下降的主要原因。盘体破裂是不能出现的，这可能是发动机潜在的最具灾难性的故障，因此盘被设计为有寿命限制的部件，其主要指标包括具备超转能力和低循环疲劳寿命。

4.5.1 盘的设计方法

典型盘的设计基于叶片的几何尺寸、重量和转速等，这些内容已经在叶轮机械流路设计中进行了介绍。图4.5-2显示了叶片和盘通常是如何连接的，并介绍了其命名方法。

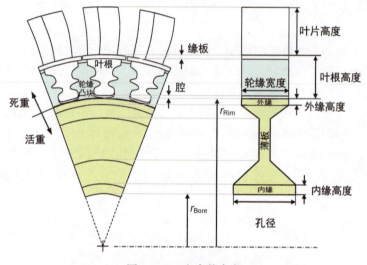

图 4.5-2 盘参数命名

盘必须设计成能够承受由转子叶片在最大转速下产生的离心应力，并将涡轮叶片产生的扭矩传递给压气机转子。只有叶片榫根之间的盘体部分能够承载应力，被称为活动盘。叶片榫根之间的盘体部分（轮缘凸块）、叶片榫根及叶身翼型，共同构成静（死）重。尽管这里强调的重点是活动盘的设计，但是在计算盘的总重量时不能忽略桩的重量。静重在活动盘的盘缘产生拉应力，但是位移向内朝向盘心，盘还必须承受由其自身重量产生的离心应力。

活动盘外径处的平均应力，是通过把净重产生的总离心力按周长分担来估算的。叶片的重量（包括叶片缘板和榫根以及根部的轴向长度）在流道设计时就已经知道。还必须知道静重组合体质心的径向位置。然而，为了计算活动轮缘处的径向拉伸应力，还要对榫根的高度和重量以及轮缘凸块的重量做出假设。

盘的应力计算仅考虑由"活动"盘带来的轮缘载荷，这些轮缘载荷包含叶片（包括叶冠、缘板和榫根）载荷和轮缘凸块载荷。

此外，还可以在开展详细的压气机气动设计之前，得到叶片的数量。只需设定长宽比，长宽比为叶片展弦比和叶片稠度的比。

人们认识到,盘的实际寿命取决于自身特性的各个细节。直到完成最终设计时才可能知道这些细节,因此在设计的早期阶段不用考虑这些细节。

4.5.2 轮缘载荷

轮缘载荷的计算要考虑到叶身(包括叶冠)、叶根(包括叶片缘板)和轮缘凸块的质量。这些部分的质量、质心半径和转速,都会对活动盘盘缘的径向拉伸应力造成影响。轮缘应力 $\sigma_{r,rim}$,即为所有作用到活动盘盘缘区域的力的总和。

要进行轮缘载荷估算,除了给出流道尺寸和叶片数量外,仅需要很少的参数即可。高压涡轮叶片的榫根/叶身高度比通常比低压涡轮叶片要高很多。注意,叶片的平均厚度(计算时通常按弦长的百分比给定)必须为金属的有效平均厚度,才能用于计算叶片质量。如果是冷却叶片或空心叶片,那么平均厚度要比实际叶型的厚度小得多,可以对比图 4.5-3 和图 4.5-4。不要将气动设计师所用的叶型厚度与此处介绍的平均叶片厚度混淆。

图 4.5-3　冷却涡轮叶片

图 4.5-4　非冷却低压涡轮叶片示意图

叶型可以建模为以"弦长×环形高度×叶片厚度"为尺寸的平板。通过选取适当的当量平均叶片厚度来考虑叶片锥度。由于叶片锥度,叶片重心处的半径小于平均直径。这对于计算极惯性矩很重要。

如果叶片存在叶冠,通常设定其为等厚度。由于叶冠不是一个简单的平板,外面还有篦齿或密封结构,因此叶冠的质心位于流道的外面。叶片的构成元素还包括缘板、伸根和枞树(fir tree)榫齿。如图 4.5-4 所示,伸根不必考虑细节。

4.5.3 轮盘温度

轮缘和盘心的温度都会影响盘的应力和尺寸；在总体设计阶段，不可能获得这些温度的准确值，只能进行估算。GasTurb 用一个简单的参数定义了从平台到盘中心的温度梯度，这个参数表示从缘板到盘心的温度差。活动盘区域的温度通过对缘板温度和假设的盘心温度进行线性插值得到。

稳态工作时压气机内部缘板的温度等于附近气流温度。由第 1 级转子可知压气机进口温度，由最后一级转子可知出口温度。中间级转子叶片缘板温度通过对压气机进口和出口温度进行线性插值得到。每级转子对应的机匣温度与缘板的温度相等。

涡轮盘上叶片缘板处的温度是通过一种更复杂的算法得到的。首先，程序通过用系数 0.9 乘以每级转子进口处的绝对温度 T_i。计算得到各级进口处的相对温度的近似值。考虑径向温度分布系数 RTDF，计算得到缘板处的温度为 $T_{plt} = 0.9 T_i (1-\text{RTDF})$。如果涡轮不采用冷却，那么该温度可以作为以给定的温度梯度向盘心线性下降的一个定位点。

对于冷却涡轮，需要考虑冷却空气的流路。它通常以一定的切向速度分量喷入涡轮盘前腔中。这样降低了进入转子的冷却空气的温度，类似于主流气体温度——相对（旋转）系统的温度比绝对（非旋转）系统低。活动盘轮缘处的温度可以明显低于缘板处的温度，这取决于冷却空气量以及冷气如何流到转子。为了考虑这种影响，把盘温度计算的定位点放在未冷却涡轮的缘板温度和冷却空气输送温度（对于高压涡轮，采用 T_3）之间。

如果冷却涡轮不止一级，那么 2/3 的冷却空气将进入第 1 级转子，另外 1/3 进入第 2 级。如果涡轮的级数超过两级，那么其余级被认为是不冷却的。

涡轮转子周围的机匣温度取决于转子进口的绝对温度，该温度利用 $0.9 T_i$ 条件下径向温度分布因子 RTDF 以及叶冠处冷却空气的温度进行修正。对于燃气发生器涡轮，该值为 T_3；对于涡扇发动机，该值为 T_{13}。叶冠处的冷却效果取决于涡轮机匣的具体设计。

4.5.4 轮盘应力

轮盘应进行最大稳态转速和最大工作温度条件下的应力计算。如果最大温度的工作点与最高转速的工作点不一致，则应同时检查这两种情况。

轮盘应力分析（表 4.5-1）基于下列的微分公式，即

$$\frac{d(tr\sigma_r)}{dr} - t\sigma_t + t\rho\omega^2 r^2 = 0 \qquad (4.5-1)$$

第 4 章 机械设计

径向应力为

$$\sigma_r = \frac{E}{1-\nu^2}\left[\frac{du}{dr}+\nu\frac{u}{r}-(1+\nu)\alpha\Delta T\right] \quad (4.5\text{-}2)$$

切向应力为

$$\sigma_t = \frac{E}{1-\nu^2}\left[\frac{u}{r}+\nu\frac{du}{dr}-(1+\nu)\alpha\Delta T\right] \quad (4.5\text{-}3)$$

表 4.5-1 轮盘应力计算术语

参 数	单 位	含 义
E	N/m²	弹性模量
r	m	半径
t	m	轮盘厚度
u	m	径向位移
α	1/℃	热膨胀系数
ν	—	泊松比
σ_r	N/m²	径向应力
σ_t	N/m²	切向应力
ω	rad/s	转速
ΔT	℃	高于参考温度（室温）

活动盘被分为多个环形以进行应力计算。上述微分方程被转换成有限差分方程。在盘心孔（最内环形的内孔面）的径向应力 σ_r 为零。在计算开始时对盘心孔的位移值进行预估。根据微分方程，可计算得到第 1 环的径向和切向应力以及外径处的位移。然后，根据第 1 环的计算结果再计算第 2 环和其他环。最后，计算完所有环后得到活动盘外径处的径向应力。

如果这次得到的径向应力不等于轮缘载荷，则需要修正盘心孔的位移值再次进行迭代计算，直到轮缘载荷与所计算的活动盘外径处的径向应力相等。

4.5.5 材料特性

材料的许多不同的特性都会影响轮盘应力的计算。除材料密度外，其他特性都会随温度而变化。随温度变化的最重要材料特性是拉伸强度。

抗拉强度测量的是将试样拉到断裂点时所需截面的应力。当应力水平较低时，材料的长度会随着受力大小按比例增加。当力被移除时，材料将恢复其初始状态。

第 2 篇　初步设计

在抗拉强度试验时，在弹性范围内试样横截面积的减小与长度增加成正比。材料横向收缩与纵向延伸的比率即为泊松比。在试验过程中，当所受应力超过一定水平时，材料会产生塑性变形，即材料出现永久变形（图 4.5-5）。

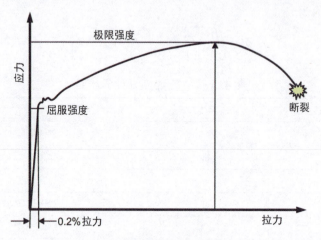

图 4.5-5　拉伸应力测试

图 4.5-6 列出了燃气涡轮发动机中常用的 4 种合金的极限强度，它们是材料温度的函数。AM 350 是一种用于压气机部件（如叶片、圆盘和轴等）的铬-镍-钼不锈钢。Greek Ascoloy（418）是一种可承受 650℃ 高温的不锈钢，在燃

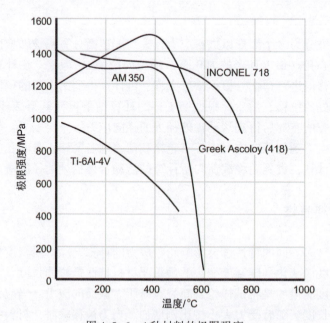

图 4.5-6　4 种材料的极限强度

气涡轮发动机中常用于压气机部件。INCONEL 718 是一种高强度、耐腐蚀的镍-铬合金材料,可用于 700℃ 高温的环形件和机匣。Ti-6Al-4V 是钛合金家族中的主要成员,可用于 400℃ 高温的压气机叶片、盘和环形件。

4.5.6 设计裕度

轮盘的设计裕度(以百分比表示)是材料在局部温度下的屈服强度 $\sigma_{0.2}$ 与 Mises 等效应力 σ_{vonMises} 比值的函数,即

$$\text{DM} = \left(\frac{\sigma_{0.2\,\text{local}}}{\sigma_{\text{vonMises}}} - 1\right) 100 \tag{4.5-4}$$

Mises 等效应力(范式等效应力)是二维或三维应力的组合量,它可以与作用在材料一维的抗拉强度进行对比。在我们的工作中,腹板(位于盘缘下方腹板外径部位)的应力可能是至关重要的。

不考虑安全裕度,轮盘的设计人员需要选择适当的正应力裕度,在 10%~30% 之间是都是合理的。

轮盘的破裂裕度(以百分比表示),是材料极限强度 σ_{ultimate}(在盘平均温度下评估)与平均切向应力比值的函数,即

$$\text{BM} = \left(\frac{0.47\sigma_{\text{ultimate}}}{\sigma_{t,\text{average}}} - 1\right) 100 \tag{4.5-5}$$

因子 $0.47^{[3]}$ 是一种安全裕度,因此破裂裕度不小于 0 是一个合理的设计目标。

盘的破裂转速应高于工作转速的 130%~150%,可由下式计算,即

$$\frac{\omega_{\text{burst}}}{\omega_{\text{op}}} = 100\sqrt{\frac{\sigma_{\text{ultimate}}}{\sigma_{t,\text{average}}}} \tag{4.5-6}$$

4.5.7 应力分布

GasTurb 提供两种不同盘的形状以供选择,如图 4.5-7 所示。对于腹板盘,其中间部分——腹板,具有恒定的厚度。轮毂和轮缘部分都更厚,中间线性过渡到腹板的厚度。对于双曲面盘,除轮毂外的厚度是半径的双曲线函数(图 4.5-7)。

图 4.5-6 的上半部分比较了腹板盘和双曲面盘的径向、周向和 Mises 等效应力分布。在这个例子中,盘心孔处的应力是最大的,但是这并不意味着盘心孔的应力裕度是危险的,这是因为盘心孔的温度低材料的屈服强度高。

必须承认,这种轮盘应力的计算方法有其局限性。在实际轮盘中,与寿命

第 2 篇　初步设计

有重要关联的局部应力取决于盘的各种细节，而这些细节在发动机的总体设计阶段是无法知道的。

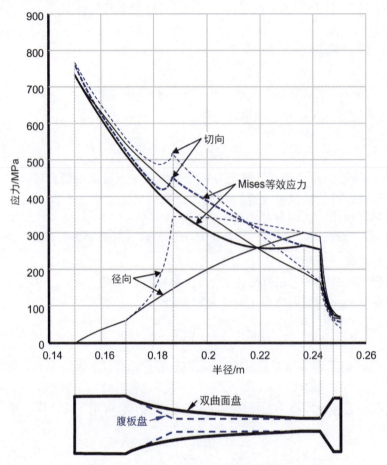

图 4.5-7　腹板盘和双曲面盘的应力分布

4.6　发动机重量

精确预测发动机的重量非常困难。在研制过程中，专家通过计算少数大部件和许多小部件（包括所有管路、螺母和螺栓）的重量总和，得到发动机重量。在初步方案设计阶段，由于机械设计的细节，尤其是静子部件的细节尚不清楚，这样的精确计算是无法开展的。因此，关于绝对重量的数值都是不准确的。但是，如果模型考虑了较多的发动机部件细节，就可以预估重要设计参数的修改相对于所参照发动机设计的影响。

第 4 章　机械设计

例如，图 4.6-1 显示了基于 V2500 发动机某个截面的 GasTurb 模型（发布于 1984 年）。当时的发动机只有一级增压级，而现在的 V2500 涡扇发动机有 3~4 级增压级。该模型与参考文献 ［7］ 中的发动机图片非常吻合。

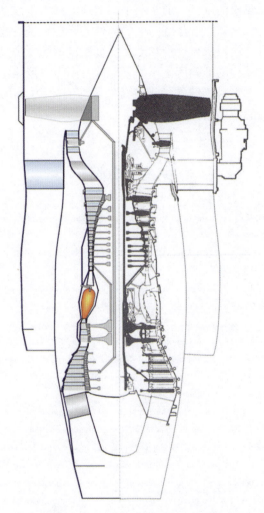

图 4.6-1　V2500 发动机的 GasTurb 几何模型

GasTurb 基础模型不考虑发动机所有的部件。轴承结构、发动机安装、外部齿轮箱以及来自核心机轴的驱动装置、控制器、执行装置和外部系统（管路和机械连接）均未进行建模。因此，已建模部件的重量总和大约只占发动机总重量的 60%。这个差值正好与参考文献 ［8］ 中将 GasTurb 11 软件的重量模型与在 MTU 维修车间测得的 V2500 发动机零件实际重量对比的结果相吻合。在 GasTurb 的后续版本中，对大部分重量模型进行了较大的优化。

第2篇 初步设计

对于每个部件模型,都有一个重量系数,可以使部件的计算重量与部件的真实重量相一致。此外,针对总的计算重量还有一些其他的系数或因子,便于用真实的发动机数据对 GasTurb 模型进行校准。

对于无法准确建模的零件,通常不采用上述的部件重量系数或因子,而是利用 GasTurb 公式编辑器(组合值)中的额外关联性来进行建模。这是一种针对特定关注的项目、增强机械模型和定义更真实模型的方法。

旋转部件质量模型的准确度优于静子部件。因为只忽略了少数元件,如涡轮盖板和带有内部空气封严结构的小型盘件等。因此,GasTurb 模型在估算转子极惯性矩时得到的结果偏低。

参 考 文 献

[1] Onat, E., Klees, G. W.: A Method to Estimate Weight and Dimensions of Large and Small Gas Turbine Engines, NASA CR-159481, 1979

[2] Tong, M. T., Naylor, B. A.: An Object-Oriented Computer Code for Aircraft Engine Weight Estimation ASME GT2008-50062, 2008

[3] Tong, M. T., Halliwell, I., Ghosn, L. J.: A computer code for gas turbine engine weight and disk life estimation. J. Eng. Gas Turbines Power 126, 265-270 (2004)

[4] Pratt & Whitney.: General Electric Aircraft Engines Critical Propulsion Components Volume 1: Summary, Introduction, and Propulsion Systems Studies NASA/CR 2005-213584/VOL1, May 2005

[5] Abdullahi, H., Kotulla, M., Staudacher, S.: A New Method for Online Monitoring and Trimming of Pyrometer Measurements in High Performance Turbo Engines AIAA Paper 2003-1195

[6] de la Calzada, P., Parra, J., Villanueva, M. A., Ruiz-Gopegui, J. I.: Design and Development of the Inter-turbine Structure and Power Turbine for the MTR390E Turboshaft Engine GT2013-94021, 2013

[7] Erinnerungen.: 1934-1984 Flugtriebwerkbau in München (Memories: 1934-1984 Aero Engine Production in Munich) Herausgegeben von der MTU Motoren-und Turbinen-Union München GmbH Zweite Auflage 1985 Published by MTU Motoren-und Turbinen-Union München GmbH Second Edition 1985

[8] Donus, F.: Ermittlung der Genauigkeit und Erarbeitung von Verbesserungsvorschlägen bei der Gewichtsabschätzung mit GasTurb 11 (Evaluation of the accuracy and development of improvement proposals of the GasTurb 11 weight estimation) Diplomarbeit Institut für Luftfahrtantriebe der Universität Stuttgart, 2008

第3篇 非设计点性能

第1章 部件性能

本书的第1篇描述了整机模拟需求的解决方法。主要的示例中对于部件模型并未给出细节性的描述。第2篇解决的是部件的设计问题。这里，也就是本篇第1章，讨论发动机的部件性能，如进气道、压气机、涡轮、燃烧室、混合器、加力燃烧室、喷管。在第2章描述这些部件在一台发动机上是如何协同工作的。

第2篇描述了如何设计出一个符合要求的部件的几何，本篇假定部件的几何是已知的，将进一步展示部件在非设计工况下性能的变化情况。

1.1 进气道

燃气轮机制造商一般不设计也不制造飞机进气道或发电机组空气吸入装置。因此，进气道本质上不是燃气轮机的部件，在本书中，我们本来是可以忽略的。然而，由于进气道的损失依赖于燃气轮机的工作条件，特别是吸入的空气流量。为此，需要知道工作条件是如何影响进气道损失的，以便于计算燃气轮机的安装性能。

由于飞机发动机的进气道与发电站燃气轮机的进气道完全不同，下面将分别进行介绍。

1.1.1 航空发动机进气

任何一款燃气轮机推进系统的安装性能都很大程度上依赖于进气道。进入发动机气流的压力损失、畸变指数乃至安装推力、燃油消耗率等都是由进气道的整体布局形式和具体几何设计决定的。通常，在亚声速条件下，1%的总压损失会带来 1.3% 的净推力损失，在超声速条件下还会更高。

通常，在保证其工作性能满足发动机要求的前提下，进气道的设计样式往往取决于飞行器的机身特征。当今，先进飞行器对进气道的性能要求日益提高，发动机、机舱、机身间的一体化设计变得越来越关键，同时要求各部件的职能分配更加合理。作为发动机舱的重要组成部分，进气道的设计工作一定不能后置。实际上，如果不能先行开展设计，至少也要求进气道设计与推进系统的其他部件同步开展。目前，发动机一体化技术被认为是其自身的技术。下文关于进气道性能的讨论主要是基于文献 [1]。

1.1.1.1 损失描述

一般，在发动机的热力循环计算中，需要用到风扇进口截面的滞止压力，又称为总压。当飞机在飞行时，气流冲压获得的总压升（即 P_2-P_{amb}）是备受关注的量，进气道应该尽可能保持或转换来流的动压头，即 $1/2\rho V_0^2$。为对此进行度量，亚声速条件下进气道的性能可以有 3 种定义方式。

① 进气道总压比，可简单表示为 P_2/P_0，其中 P_0 是自由来流滞止压力。

② 进气道等熵效率 η_{in}，反映了进气道对来流动压头的保持比例，其可以用来计算压气机进口面的气流总压，有

$$P_2 = P_{amb}\left(1 + \eta_{in}\frac{\gamma-1}{2}M_0^2\right)^{\gamma/\gamma-1} \quad (1.1-1)$$

③ 冲压效率 η_{Ram}，为进气道实际冲压获得的总压升和自由来流动压头的比值，即

$$\eta_{Ram} = \frac{P_2 - P_{amb}}{1/2\rho V_0^2} \quad (1.1-2)$$

超声速进气道的性能通常用总压恢复，即 P_2/P_0 来表达。较为经典的估计方法是美国军用规范 MIL-E-5008B 给出的通用公式，其基于斜激波系进行估计，即

$$\left(\frac{P_2}{P_0}\right)_{shock} = 1 - 0.075(M_0-1)^{1.35} \quad (1.1-3)$$

针对不太复杂的进气道，AIA 标准给出的总压恢复估计公式则为

$$\left(\frac{P_2}{P_0}\right)_{shock} = 1 - 0.1(M_0-1)^{1.5} \quad (1.1-4)$$

上述反映进气道流动损失的指标都没有考虑换算流量变化的影响。

1.1.1.2 亚声速飞行器

对于亚声速的客机而言，如空客 A320，其仅采用一个短管道作为进气道。

它的大小是依据为发动机提供所需空气流量来确定的。为此，进气道的设计点应该设置在最大换算流量状态，旨在确保发动机始终能获得所需的空气流量（图1.1-1）。

图1.1-1　空客A320发动机进气道

压气机特性图上的工作点决定了发动机进口截面的换算流量，其与压气机的进口马赫数密切相关。在高的换算转速状态下，压气机进口马赫数一般不超过0.6~0.7，这低于民航飞机的巡航马赫数。此时，进气道必须使气流减速，故起到了扩压器作用。与之相反，在飞机起飞过程中，飞行马赫数低于发动机进口马赫数，故气流在进气道喉道上游加速。

风扇或压气机进口面上的气流分布必须尽可能均匀，同时总压损失也必须尽可能小。

进气道和发动机的分界面称为气动界面（AIP）（图1.1-2），它通常位于发动机前法兰的端面处，或者其上游的一小段距离位置。AIP上的总压P_2和总温T_2，往往定义为发动机进口条件。

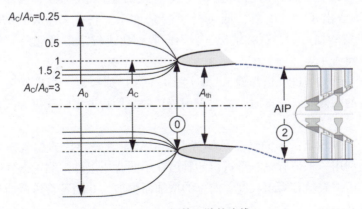

图1.1-2　短舱上游的流线

第3篇 非设计点性能

在整个飞行速度范围内，即从零速到巡航速度，进气道的总压损失（除摩擦损失外）取决于唇口处的流动分离程度和喉道处马赫数的大小，该马赫数也可度量换算流量，即 W_{2Rstd} 的大小。一般，在零速或低前进速度下（除极低喉道马赫数状态外），吸入流管的横截面积往往大于进气道的捕获面积（$A_C/A_0<1.0$），如果唇口像战机进气道唇口一样尖，往往会在唇口内侧发生流动分离（图1.1-3）。一旦流动发生分离，进气道的总压损失会随着喉道马赫数的增加而迅速增加。

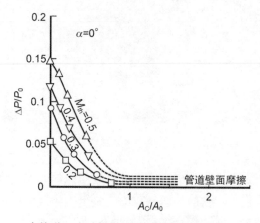

图1.1-3 直管道：流动损失随喉道马赫数的变化（零攻角）[1]

在给定的进气道喉道马赫数下，随着飞行速度的增加，进气道捕获流管的横截面积 A_0 将不断减小。当其小于进气道的捕获面积 A_C（$A_C/A_0>1.0$）时，唇口处不再发生流动分离，进气道的流动损失迅速恢复到壁面摩擦损失的量级。随着气流攻角的增大，比如在侧风或大攻角状态下，唇口流动分离则在 A_C/A_0 的所有取值范围都可能出现，不仅是零攻角的较低取值范围。

唇口收缩比 A_C/A_{th} 对唇口流动分离导致的总压损失也有着重要影响。图1.1-4示出了20°攻角、低飞行速度条件下，将 A_C/A_{th} 从1.078变化到1.25时的流动损失。在这种情况下，不同收缩比进气道的性能差异主要由唇口流动分离所主导。

并不是所有的进气道都像A320（图1.1-1）那样短。当进气道安装于飞行器机身的两侧或者背部时，需要采用较长的S形管道来将气流导入到发动机AIP上。

图1.1-5示出了不同喉道马赫数下管道壁面摩擦导致的总压损失变化规律，这是利用一个带有喇叭形进口的管道在不同背压条件下测量得到的。可以看到，总压损失随着管道长度、曲率的增加而增加，并随着管道截面形状的变化而改变。

第1章 部件性能

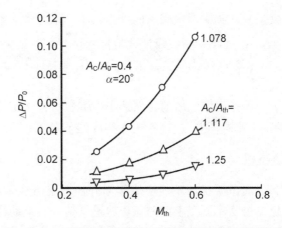

图 1.1-4 亚声速状态下唇口收缩比对总压损失的影响

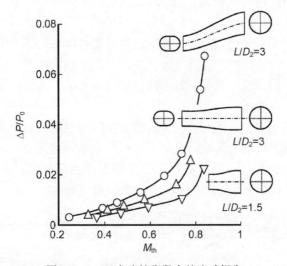

图 1.1-5 亚声速扩张段内的流动损失

直管道内的任何非对称流动分离都会造成总压分布的不均匀,进而在气动界面上产生进气流动畸变,弯曲进气道尤其可能产生旋流畸变和总压畸变。总压畸变则与总压损失密不可分,总压畸变影响发动机的运行能力,而总压损失则影响发动机的工作性能。

前者可以通过平行压气机模型(见第1篇第6章),后者可基于无量纲性能计算。

应该注意的是,进气畸变会导致总压损失。畸变指数 DC60(在第1篇 6.1节定义)的定义便展示了畸变程度和总压损失 P_2/P_1 的相关性。实际上,是总压损失导致了推力的减小,而不是畸变本身。

为了评估进气道总压损失增大带来的推力减小，来考察一系列恒定换算转速 $N/\sqrt{\theta_2}$ 的工作点。在 ATF（高空模拟试验台）试验中，如果压比 P_2/P_{amb} 保持恒定，换算推力 F_N/δ_2 也保持恒定，进气道总压损失每 1% 的增加将会带来类似的总推力损失。

如果大气压 P_{amb} 保持恒定，P_2 的任何减小将引起喷管压比的下降，并且每 1% 的总压损失将会导致换算推力 F_N/δ_2 更大幅度的下降。

1.1.1.3 超声速飞机

由于超声速条件时下游扰动不能逆流传播并使上游流线做出适应性调整，关于超声速进气道的分析不同于上面的亚声速进气道。其流动往往由斜激波和正激波所主导，并且受尖前缘的影响，其边界层流动特别容易出现分离。基于这些原因，超声速进气道可以分为多种不同类型。固定和可变几何进气道是两种基本类型。此外，内压式、外压式和混压式进气道则是根据气流压缩过程中斜激波系的位置来区分的。当然，这些进气道也可以根据其使用马赫数范围来进行大致区分。对于后面两类进气道，根据来流马赫数的不同、所需的总压恢复水平以及不同的长度、重量、复杂性、代价等要求，其可以采用不同数量的斜激波来进行减速增压。

对于超声速运输机，可变几何进气道必须匹配发动机从静止、起飞到高空巡航的流量需求。可变几何设计也要考虑斜激波系的精准布局和总压恢复的控制。在高速巡航条件下，进气道可能需要增设旁路和放气门，而在起飞状态下，则可能需要设置辅助进气门来补充进气流量（图 1.1-6）。

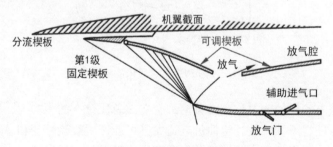

图 1.1-6　协和飞机进气道

对于军事应用，设计者必须考虑多任务剖面要求带来的显著差异。因此，进气道需要在静止、起飞到超声速巡航之间的每一个状态下，满足最低的性能水平。这些状态可能包括起飞、亚声速爬升、超声速高空巡航、高速低空渗透和跨声速机动等，当然也包括超声速飞行的整个速度范围。从简单的皮托进气道到复杂的变几何进气道，超声速进气道有多种不同的设计形式。

图 1.1-7 示出了多种不同战斗机在一定马赫数范围的进气道总压恢复数据[1]，在该图中还画出了相应的正激波总压恢复曲线以及 AIA 标准、MIL-E-5008B 标准的总压恢复曲线。

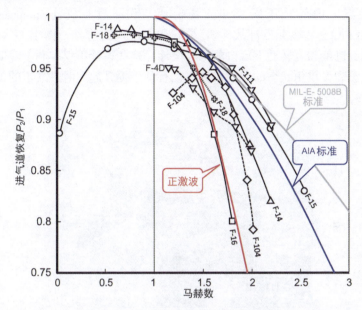

图 1.1-7　各类战斗机进气道的总压恢复

注意图中正激波的总压恢复曲线与 F-16 皮托式进气道的性能数据基本一致。此外，F-104 飞机进气道的性能曲线也较为引人注目，其采用了设计马赫数为 1.8、几何固定的单级锥。

为了改善 F-104 飞机固定几何进气道的性能，F-4 飞机对其进行了改进。改进后的进气道在更宽的马赫数范围内获得了比较令人满意的性能，但是直到 F-111、F-14 和 F-15 飞机问世，可调斜板进气道的优势才得到更为充分的发挥。

在包括从协和号客机到 F-16 战斗机的许多飞机设计项目中，都将进气道设置在机体或者机翼的下面，旨在利用其遮蔽效应来改善进气道在大攻角下的工作性能，这一设计概念对亚声速和超声速飞机都适用。当飞行攻角发生变化时，由于气流的方向受到飞机表面的引导，使进气道对飞机的姿态角变得不敏感。另外，在超声速条件下，也可以利用飞机表面来降低来流马赫数，从而减小大攻角下进气道的激波损失。

提高超声速飞机机动能力对许多现代飞机的设计和研发产生了重要影响。尽管早年追求高速飞行使飞机的进气道设计日益复杂，在现代飞机的设计中也有意识地将进气道的复杂程度降至最低。例如，与追求高总压恢复和低阻力设

第 3 篇　非设计点性能

计相比,欧洲和苏联的设计师有时更加注重进气道的简单性和轻量化设计。当然,低成本设计也一直是很有吸引力的。

采用可转动的下唇口前缘,可以显著改善进气道在宽广飞行范围(包括大攻角状态)内的总压恢复和流场畸变。欧洲战斗机(European Fighter Aircraft,EFA),也就是欧洲战斗机(Eurofighter)的前身(图 1.1-8),便使用了下机身遮蔽和可转动下唇口前缘等设计。这些设计不仅有利于降低进气道亚声速状态和大攻角状态的总压损失,也有利于提升起飞时进气道的工作效率(图 1.1-9)。

图 1.1-8　欧洲战斗机进气道(版权所有 Eurofighter-Jamie Hunter)

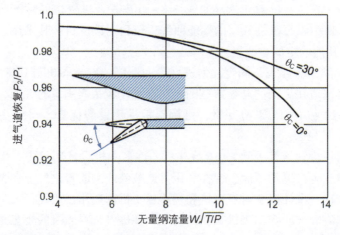

图 1.1-9　带可转动下唇口前缘的超声速进气道在静止(起飞)条件下的工作性能

1.1.1.4　溢流阻力

发动机舱所有的外部阻力都是飞机阻力的一部分。但是,这些阻力的大小取决于进气道的流量状态、唇口前缘附近的型面设计，在超声速条件下还取决于进气道压缩面的激波系强度和具体配置。

在实际操作中，发动机舱的阻力往往被分为两部分。其中，恒定部分是飞机阻力的一部分，变化部分则是随着发动机的流量而变化。当进气道 A_c/A_0（图 1.1-2）偏离基准值时所增加的气动阻力被称为溢流阻力。对于典型的二元进气道，其零溢流阻力对应的进气道基准流量状态可定义为 $A_c/A_0 = 1$。

在亚声速飞行中，当 A_c/A_0 减小到基准值以下时会导致进气道进口阻力的增加，但同时也会导致唇罩和前体推力的增加。在势流（即无摩擦）条件下，这两个力的大小相等而方向相反，为此不会导致溢流阻力。

在黏性亚声速流动中，唇口压力梯度的变化会导致唇口边界层厚度的显著增加，当面积比 A_c/A_0 增加至一定值时，还会使唇口的边界层流动发生分离。此时，唇口产生的推力会显著偏离势流流动的结果，从而使溢流阻力快速增加。

超声速飞行中，进气道的进口上游存在正激波和斜激波系，它们与进气道进口面的相对位置对溢流阻力存在显著影响。采用变几何进气道设计有助于减小溢流阻力。

1.1.2 发电燃机进气

飞机发动机进气道的性能特征主要包括总压损失和畸变程度两个方面，仅在特殊情况下总温变化才起重要作用。对于发电燃机而言，情况正好相反。即使在最大流量下，进气的总压损失通常也不超过 1%，但是如果采用了进气冷却器、蒸发冷却器、雾化器等，进气总温则会发生显著变化。当需要在天气温暖的月份长时间工作时，进气冷却系统对燃气轮机的工作相当重要。在应对电力系统面临的各种用电高峰期方面，这也是增加供电容量的一种非常合算的方法。

为了给发电燃气轮机供气，需要使用比飞机发动机更大的进气装置。基于其庞大的体积，其往往被称为进气塔。在图 1.1-10 中，燃气轮机设施左侧的蓝色建筑便是联合循环发电燃机的进气塔，其位于泰国曼谷附近。

在进气塔进口的上游，安装有倾斜朝下的防风雨罩，因此环境空气必须向上偏转才能流入进气塔的过滤系统，该气流偏转有效地降低了雨、雪的渗透能力。在此之后，还设置了垃圾或昆虫防护网，其可以捕获大块纸张、纸板、袋子和其他碎片，也可以遮挡鸟类、树叶和昆虫等。

目前，有两种系统可用于进气冷却。进气制冷机本质上是一个换热器，其内部有冷却介质（通常是冷水）流动。使用最为广泛的应该是蒸发冷却器，

第3篇　非设计点性能

图1.1-10　联合循环发电燃机

空气在流经湿润的多孔介质时，部分水被蒸发，从而将空气中的热量带走并增加了其相对湿度。

一种更为高效的将水蒸发的方式是进气雾化系统，这是最便宜的冷却方式并且运行成本也较低。尤为重要的是，与蒸发冷却器相比，进气雾化系统导致的进气气流压降几乎可以忽略。

通常雾化喷嘴位于空气过滤器的下游。但是，根据进气管道的具体设计和雾化系统的预期用途，也可以将其布置在其他位置。图1.1-11示出了进气塔中过滤器、冷却装置和消声器的整体布置情况。

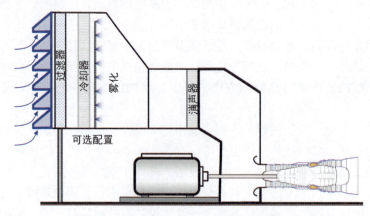

图1.1-11　进气塔

除了获得额外功率增加的优点外，使用蒸发冷却器或进气雾化系统还改善了设备的运行环境。增加进气气流中的水蒸气有利于减少燃烧过程中产生的氮氧化物含量，故降低了设备的排放。

使用空气湿度图可以非常好地研究各种进气冷却方式。在沙漠气候的炎热下午，当相对湿度为 20% 时，可以将进气气流冷却 15℃。然而，在潮湿气候的炎热下午，对进气气流的冷却能力却仅为 5.5℃ 甚至更低，见图 1.1-12。

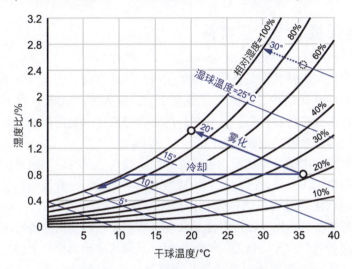

图 1.1-12　冷却和蒸发的空气湿度图

与加湿方式的冷却技术相比，进气制冷机可以更大幅度地降低气流温度，因为其可将气流冷却至湿球温度以下，而与天气条件无关。

图 1.1-13 示出了进气雾化系统可以实现的功率增加幅度。假设某一天的

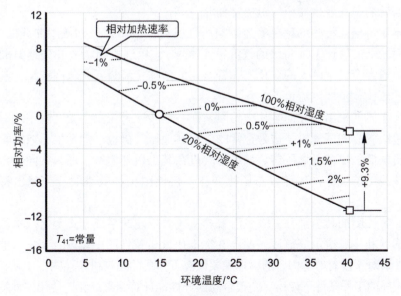

图 1.1-13　雾化系统的作用（单转子发动机）

外部空气温度为 40℃、相对湿度为 20%，通过水蒸发可使燃气轮机的功率增加 9.3%，同时加热速率则降低 1%。

1.2　压气机非设计点特性

逼真的压气机特性图是高质量燃气轮机性能计算的关键。特性图的预测需要知道详细的几何结构，即使目前最复杂的计算程序（代码）也不能准确地预测新设计压气机的特性图。只有在使用来自类似压气机的试验台数据校准程序时，才能构建足够准确的特性图。

最好的特性图结果是从发动机部件专用试验台上获得的。通过缩放该特性图可以映射出该压气机的改进改型的特性。但实际上，只有发动机制造商和研究机构才能直接获得真正的压气机特性图，用户无法直接获得。对于用户来说，获得压气机特性图的唯一方法是从现有资料中匹配出所需特性图。

许多出版物都涉及特性图的操作过程，范围从简单到更复杂的基于物理的缩放规则。还有报告描述了统计学、遗传算法、神经网络和变形技术的使用（通过无缝过渡将一个图像改变为另一个图像的图形过程），用于重新设计压气机特性图。这些方法在修改速度和效率曲线的形状时不考虑物理定律。因此，生成的特性图最好的情况仅仅是在已经校准的区域有效，而最坏的情况则是它们毫无作用。有效区域往往非常受限制，特别是对于在单一工作线上稳定状态运转的燃气发生器压气机更是如此。

本章将描述哪些物理现象会影响压气机特性图中速度和效率曲线的形状。在相对较低的转速下（每级的气流是亚声速），压气机在堵塞和失速时的换算流量值通常会发生巨大的变化。随着转速的增加，流量变化范围变窄，甚至在很宽的压比宽范围内流量不变化。

由于压气机出口导向叶片中的阻塞在一定转速下流量会受到限制。对于高压比单级离心式压气机，这是正常的，但其他压气机也可能发生，如涡轮风扇发动机的低压比多级增压器。如果压气机在其出口处堵塞，那么共同工作线沿着转速线保持恒定，伴随着总压比变化，特性图中的效率曲线表现出特殊的特征。

在特性图的其余部分，效率沿着转速线以不同的系统方式变化。单位功的特殊形状和换算扭矩等值线表明，在标准压气机特性图中难以看到不可能的物理特性。对于没有考虑固有的物理现象情况下生成的压气机特性图，如果在校准的区域外的工作条件下使用，则很容易误导性能计算结果。无论使用何种特性图方法，都应彻底检查绘制的新特性图是否违反了压气机物理学的基本规律。

1.2.1 压气机特性图

现在开始讨论在各种压气机设计特征的背景下的压比、流量、转速共同工作，扭矩和压气机特性图中效率之间的相互关系。提出的想法来自文献［2］的最新版本，题目为压气机特性图中隐藏的相关性。

压气机特性图通常是毯式图，显示压比与一定转速范围的换算流量线。另外，也可能包含效率的等值线，或者在同一特性图中示出或者单独呈现，在一系列换算转速线下相对于换算流量或压比的关系进行绘制。

首先说明术语换算流量和换算转速的含义。换算流量通常定义为 $W\sqrt{\theta}/\delta$，$\theta = T/288.15K$ 且 $\delta = P/101.325kPa$。该参数的本质内涵是 $W\sqrt{T}/P$，即折合流量。

为了简化问题，假设压气机入口没有导叶。通过引入轴向马赫数 M_{ax}，可以有效地扩展 $W\sqrt{T}/P$。

$$W\frac{\sqrt{\theta}}{\delta} \propto W\frac{\sqrt{T}}{P} = \frac{AM_{ax}\sqrt{\frac{\gamma}{R}}}{\left(1+\frac{\gamma-1}{2}M_{ax}^2\right)^{\frac{\gamma+1}{2(\gamma-1)}}} \quad (1.2\text{-}1)$$

如果仅考虑标准大气条件温度下的干燥空气，那么等熵指数 r 和气体常数 R 是常数，很显然，$W\sqrt{T}/P$ 表示压气机表面环形区域 A 中的轴流马赫数。

注意，$W\sqrt{T}/P$ 和 M_{ax} 之间的关系不是线性关系。当马赫数接近声速状态时，流量参数变得非常平坦，并且在声速条件下达到最大值。因此，在高速气流下，速度等值线紧密地聚集在一起。

给出的换算转度 $N/\sqrt{\theta}$ 与折合速度 $N/\sqrt{T}$ 仅仅是常数因子不同。后者与换算周向速度 $U/\sqrt{T}$ 成正比。引入静温 T_s，有

$$\frac{U}{\sqrt{\gamma R T_s}} = \frac{U}{\sqrt{T}}\frac{\sqrt{1+\frac{\gamma-1}{2}M_{ax}^2}}{\sqrt{\gamma R}} \quad (1.2\text{-}2)$$

$$\frac{N}{\sqrt{\theta}} \propto \frac{U}{\sqrt{T}} = M_U \frac{\sqrt{\gamma R}}{\sqrt{1+\frac{\gamma-1}{2}M_{ax}^2}} \quad (1.2\text{-}3)$$

式中：$U/\sqrt{\gamma R T_s}$ 为周向速度 U 除以当地声速，它是以马赫数 M_U 表示的周向速度。

因此,在给定的换算流量下(即给定的压气机进口截面马赫 M_{ax}),$U/\sqrt{T}$ 表征了周向马赫数 M_U 的大小。

周向马赫数 M_U 可以达到任何值。然而,通过压气机的换算流量受到限制,因为轴向马赫数 M_{ax} 不能超过1。如果已知压气机截面环面面积,运用该理论可将特性图外推至极限换算转速。因此,在特性图的最大速度区域中存在换算转速和流量之间的隐藏相关性。然而,这种相关性没有太大的实用价值,因为实际上,压气机进口轴向马赫数很少高于0.7。

最后,压比也可以用马赫数来表示,因为 $\Delta H_{is}/(\gamma R T_1)$ 等于马赫数的平方。

$$\frac{P_2}{P_1} = \left(1 + \frac{\Delta H_{is}}{C_P T_1}\right)^{\frac{\gamma}{\gamma-1}} = \left(1 + \frac{\gamma-1}{2}M^2\right)^{\frac{\gamma}{\gamma-1}} \tag{1.2-4}$$

1.2.1.1 速度线的形状

多级压气机的许多非设计性能取决于各级从前到后匹配的好坏程度。特别是在远离设计点(低或高)的气流设计条件下,当地流量参数的大小变化很大,导致压气机在相同转速下同一时间内有的级失速、有的级堵塞。整体压气机性能反映了从前到后的所有级的总体性能。

然而,考虑在相对较低的马赫数下运行的单级压气机的转速线(即具有恒定换算转速的线)的基本形状是有用的,这可以从图1.2-1所示的速度图的分析中得出。

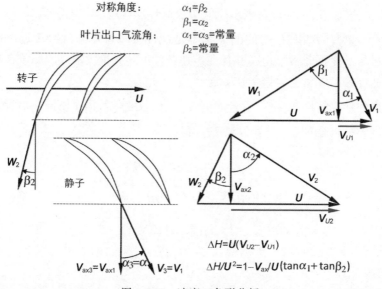

图1.2-1 速度三角形分析

下面介绍两个有用的量，即流量系数 $\Phi=V_{ax}/U$（通常称为级特性），功系数 $\Psi=\Delta H/U^2$。如果速度三角形是对称的，并且每个叶片和叶片出口处的气流角与入射角无关且等于出口角度，则这两个量线性相关，有

$$\Psi=1-\Phi(\tan\alpha+\tan\beta) \tag{1.2-5}$$

在真实的压气机特性图中，有效功系数和流量系数之间的相关性基本上仅在低流量区域是线性的，如图 1.2-2 所示。区分与功输入相关的有效或实际 Ψ，以及与相应压比相关的理想或等熵 Ψ_{is}。Ψ 和 Ψ_{is} 之间的差异是由损失引起的，损失在流量系数范围的中间（接近设计条件）最低，并且朝向两端增加，两端分别为喘振和堵塞。

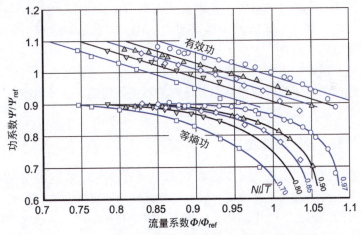

图 1.2-2　功和流量系数对 3 级轴流压气机的影响[4]

由于转速没有出现在上面的 Ψ-Φ 相关性关联关系中，因此期望所有作为 Ψ 和 Φ 的函数绘制的速度线尽可能都一致。但是，通常情况并非如此，可以从图 1.2-2 的示例中看到。

压气机特性图中有两个区域，其中 Ψ-Φ 相关性既不是非常有意义也不是非常有用，它们是仅出现在速度非常低或非常高（超音速）的地方。这将在接下来的两节中进一步讨论。

1.2.1.2　0 转速线

在非常低的转速下，由于数值原因，Ψ-Φ 相关性变得非常敏感。如果转速为零，则 Ψ 无法定义（因为功输入为零）并且 Φ 为无穷大，因此不能使用相关性。然而，零速线的基本形状可以从简单的考虑中得出。

非旋转的压气机就是会造成压力损失的具有复杂内部几何形状的管道！想象一个测试，恒定的入口压力 P_1，压力随顺气流方向稳定下降，一直降到出口压力 P_2。只要通过压气机的流速不太大，压力损失就与压气机入口速度的

第 3 篇 非设计点性能

平方成正比,即

$$P_1 - P_2 = k \frac{\rho}{2} V_{\text{ax}}^2 \tag{1.2-6}$$

转换到压气机特性图的对应关系量,有

$$\frac{P_2}{P_1} = 1 - k \frac{\gamma M_{\text{ax}}^2}{2\left(1 + \frac{\gamma - 1}{2} M_{\text{ax}}^2\right)^{\frac{\gamma}{\gamma - 1}}} \tag{1.2-7}$$

式(1.2-7)描述了一条通过特定点(压比为1、流量为0)的曲线。对于中等马赫数,k是常数,零速线的形状类似于抛物线。当在出口叶片处达到声速时,得到最大进口马赫数,其中流动面积小并且由于上游级产生的损失,压力相对较低。进一步降低P_2对流场没有影响,入口马赫数保持不变,这意味着零速度线趋于垂直。

实际上,很难知道零速度线的精准形状。然而,在将压气机特性外推和调整到低速数据时,便能近似得到它,从而能够提供帮助。在任何情况下都应该使低速线形平滑过渡到零速线。

1.2.1.3 "超声速"转速线

超声速可以存在于压气机级的第一级转子的流动中。在这种情况下,因为第一级转子上游的流场不会改变,较高的换算叶片速度的曲线在很宽的压比范围内是垂直的。图1.2-3中示例,在单级风扇的特性图中,转子级中的超声速流动是等转速线在高速区域中垂直的原因。

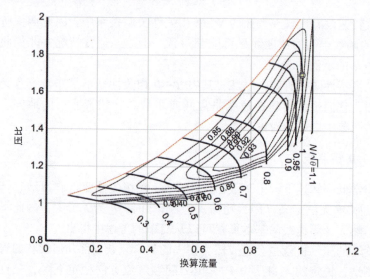

图 1.2-3 带等转速线垂直的风扇特性[5-6]

但是转子通道上游和内部的超声速流场不是压气机图中等转速线垂直的唯一原因。高压比单级离心压气机具有特有的高的叶尖速度,这导致扩压器的高入口马赫数。由于低背压,而入口处的声速流动达到出口叶片时,相同的流动结构出现在上述的叶片通道中。改变背压仅影响叶片中的末端激波的位置,而不影响转子中的流场。因此,速度线在特性图较广区域上也是垂直的,如图1.2-4所示。

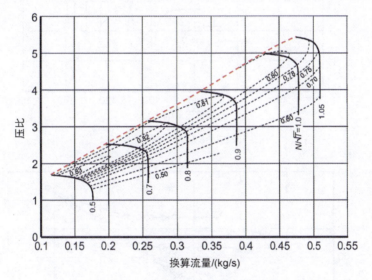

图1.2-4 高转速离心压气机特性[34]

例如,涡轮风扇发动机的增压级以非常低的周向速度运转,永远不会达到超声速流动。图1.2-5显示了5级低压压气机的预测特性图[3],正如图1.2-3所示的情况,等转速线在高转速区域是垂直的。等转速线垂直的部分原因正是气流在出口导向叶片处达到声速。

1.2.1.4 单位功

如果压气机图包含有垂直的等转速线,能否确定是由于第1级转子中的超声速流动引起的还是由于压气机出口叶栅堵塞导致的? 对于给定的速度,单位功与压比的关系图告诉了我们一个清楚的事实。

如果单位功在这样的图中是水平线,那么可以推断压气机出口阻塞了。这是因为仅转子在做功,并且背压降低到临界值以下,转子流场仍不受影响,而单位功保持恒定并且流量也恒定,这表明出口叶片处发生堵塞。图1.2-6显示了图1.2-5所示的增压级特性图的这种影响。

第 3 篇　非设计点性能

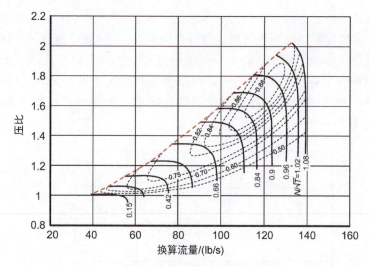

图 1.2-5　5 级增压级特性[3]

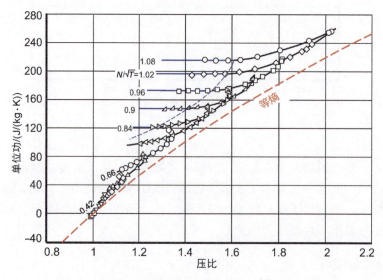

图 1.2-6　5 级增压级单位功[3]

如果返回图 1.2-4 所示的离心压气机图并绘制图 1.2-7 中压比-单位功图，就会在更宽的速度范围内看到相同的情况，因为扩压叶片出现阻塞。

如果绘制的压比-单位功图时，得到的不是水平线（图 1.2-8），即使特性图中的等转速线是垂直的，也可以说超声速流场必然存于第 1 级转子。原因可归纳为转子中的不同出口激波位置引起转子出口相对速度的变化，导致转子出口处绝对速度的周向分量的变化（因为 U 和 M_{ax} 都是恒定的）。因此，单位功与压比相关。

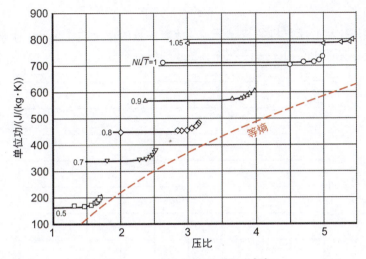

图 1.2-7 离心压气机单位功[34]

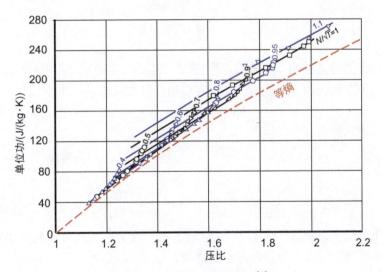

图 1.2-8 单级风扇单位功[3]

1.2.1.5 扭矩

回顾一下图 1.2-2 和图 1.2-1。在等转速线从低到中流量范围内，流动是亚声速，Ψ_{eff}-Φ 相关性本质上是一条直线。在给定的转速下，Ψ_{eff} 与单位功成比例。对于低马赫数（不可压流动），轴向速度 V_{ax} 与换算流量成比例，因此 Φ 与换算流量和单位功成比例，并且按流量函数进行绘制时，是图中该区域中的

第3篇 非设计点性能

一条直线。

在高压比离心压气机的情况下,与流量关系的单位功线在整个流动范围内都是直线。见图1.2-9,这只是图1.2-4的另一个版本。

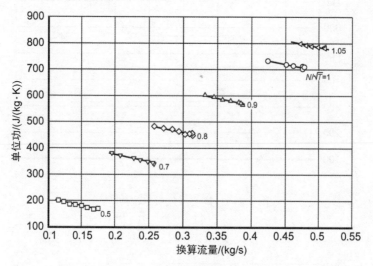

图 1.2-9 离心压气机单位功[34]

可以考虑校正扭矩 $T_{rq}/(W_1\sqrt{T_1})$,而不是修正后的单位功 $\Delta H/T_1$。这两个属性是关联的,因为压气机轴功率可以用两种方式表示,即

$$PW = kNT_{rq} = W_1\Delta H \tag{1.2-8}$$

重写第二种关系可以得到

$$\frac{T_{rq}}{W_1\sqrt{T_1}} = \frac{\dfrac{\Delta H}{T_1}}{k\dfrac{N}{\sqrt{T_1}}} \tag{1.2-9}$$

对于单级风扇示例,图1.2-10显示了扭矩线是相对换算流量的函数在特性图的重要部分,为左侧蓝色部分的虚线。

1.2.2 压气机特性图坐标

在非设计点的循环计算中,需要以数值方式评估压气机特性图。图1.2-11清晰地示意了压气机特性,由换算转速和换算流量或者换算转速和压比都可以得到特性点 A。但是,在特性点垂直的区域,仅由换算转速和换算流量却无法得到确定的特性点,如蓝色向上箭头所示位置,已知换算转速和换算流量,压比是 C_1 还是 C_2?

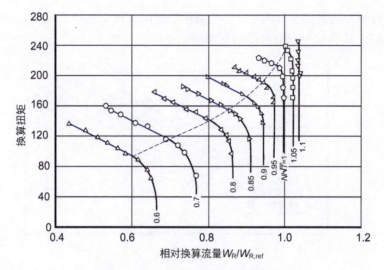

图 1.2-10　单级风扇矫正扭矩[4-5]

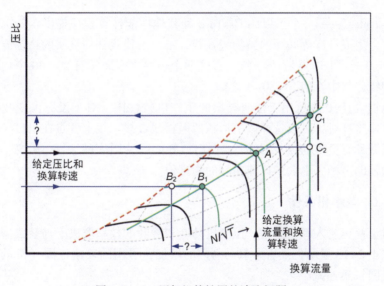

图 1.2-11　压气机特性图的读取问题

我们也不能仅由换算转速和压比确定特性点，因为在低流量区域，特性线可能出现向下拐头，已知换算转速和压比时，可能对应两个不同的换算流量，如图 1.2-11 中 B_1 和 B_2 点。

我们通过引入辅助坐标来解决压气机特性图读取中的不确定性问题，即 β 线，β 线和每条特性线有唯一的交点，对于给定的换算转速和 β 值，现在可以明确地获取压气机特性点。

这些新加入辅助坐标的形状是任意的；使用直线、抛物线或平行于特性图"脊背线"，即连接每条特性线的效率峰值点的线（图 1.2-12）。

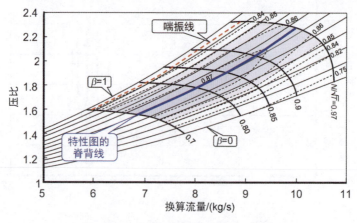

图 1.2-12　压气机特性图上的 β 线[4]

Smooth C——一个可以向 GasTurb 和其他性能计算程序提供压气机特性图的程序，生成具有等间距的抛物线 β 线，不一定代表任何真实的物理值。下边界是 $\beta=0$ 线；上边界是 $\beta=1$ 线。在这两个边界之间通常有 20~30 个均匀分布的抛物线，其中 β 值介于 0~1 之间。

抛物线 $\beta=0$ 线可用于任何类型的压气机特性图。对于没有可变几何形状的亚声速压气机，可以选择以下形状的抛物线 β 线：线上各点在出口导叶未阻塞的区域具有恒定的 $\Psi=\Delta H/U^2$；在出口导向叶片阻塞的区域，β 线可以是等间隔的辅助坐标，不表示任何实际的物理值。

1.2.2.1　效率相关性

对于亚声速入口马赫数，压气机动叶和静叶的效率取决于马赫数值和气流角。图 1.2-13 显示，随着入口马赫数的增加，可用的攻角范围（指低损失的攻角范围）迅速减小。

因此，如果压气机内部的马赫数较高，相比马赫数适中的压气机，则其特性图上的效率等值线区域更窄。这可以在图 1.2-14 与图 1.2-15 的比较中看出，两张特性图对应的压气机设计压比大致相同，但马赫数水平差别很大。图 1.2-14 中的特性图来自某单级风扇，级载荷（和马赫数）高，而图 1.2-15 来自某 3 级压气机，其级载荷比较适中。

现在看一下压气机效率如何沿着特性线变化，我们引入了两个不太常见的损失表达式，而不是直接在特性图上去研究效率随换算流量和压比的变化。

第一个表达式避免了当压比非常接近 1 时效率计算存在的数值问题，因为

第 1 章 部件性能

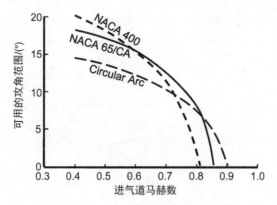

图 1.2-13　标准系列叶型攻角范围[35]

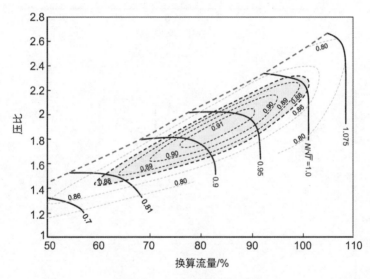

图 1.2-14　单级风扇特性[36]

效率的计算公式是 $H_{1-2}/H_{1-2,is}$，当压比为 1 时，$H_{1-2,is}$ 是零。如果假设损失是一个简单管道压力损失，就不会遇到数值困难。图 1.2-16 中压缩损失表示为 $1-P_2/P_{2,is}$，并将其绘制成参数 β 的函数，图中给出了一系列不同换算转速下该损失值与参数 β 的关系曲线。这是参考文献 [4] 的单级风扇特性图另一种形式，通过它可以获得任一压比和任一转速下的效率值。

第二个表达式以某条特性线上最高效率点为基准，考虑了从该点向两侧走损失如何增加的问题。图 1.2-17 显示了 $|\Psi-\Psi_{minloss}|$ 作为 $\Phi-\Phi_{minloss}$ 的函数。每条特性线上的最小损失点即是最高效率点，即在特性图的"脊背线"（连接每条特性线峰值效率点的线）上。

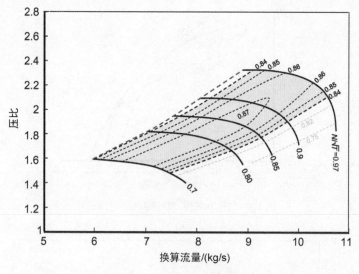

图 1.2-15 3 级压气机特性[4]

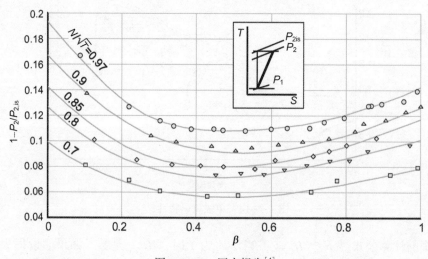

图 1.2-16 压力损失[4]

可以观察到，图 1.2-17 的左侧显示沿着每条等转速特性线，加功系数 Ψ 是流量系数 Φ 的线性函数，而往图右侧走刚开始时两者也是线性关系，但在更高的 Φ 值下两者的关系曲线逐渐变得垂直。

这种损失的表达方式在特性图的高速区中很好，而在低速区，加功系数和流量系数的数值更加敏感，数据点更加分散而难以拟合。当然，对于零转速特性线，Ψ 和 Φ 都不能计算。

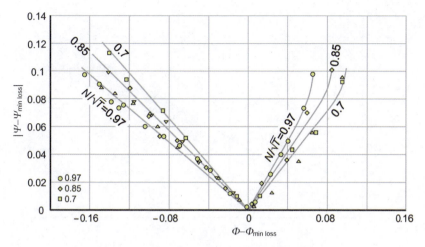

图 1.2-17　用 $|\Psi-\Psi_{\min\text{ loss}}|$ 表示的损失值

1.2.2.2　转速条件下的功和流量关系

在前面的章节中，讨论了恒定换算转速下压比、流量、单位功、扭矩和效率的变化。现在来看看不同换算转速之间这些参数的相关性。以上介绍的 β 线是显示压气机特性图趋势的理想工具。在我们的示例中，β 线大致对应于恒定气动载荷线 $\Delta H/U^2$。

图 1.2-12 中示例的 β 线网格能够显示各种参数如何随转速变化。沿着特性图的"脊背线"（峰值效率线），有效功系数 Ψ 基本上是恒定的；速度三角形非常相似，这意味着各转子和静子叶片的攻角很小。

如果重新绘制特性图，如图 1.2-18 所示，可见对于所有的 β 值，单位功都是速度平方的线性函数，这表明 $\Psi=\Delta H/U^2$ 沿所有 β 线都是恒定的。最上端的 β 线穿过原点；最底部的那条以某个正的速度值穿过零单位功线。这是因为在特性图的一个小区域内，在非常低的速度下，压气机可以作为涡轮运行来提供功而不是消耗功。

图 1.2-19 显示了参考文献 [5-6] 中的单级风扇的换算流量与换算转速的函数关系。对于低速到中速的值，沿着任何 β 线流量随速度线性增加。在右上方，流量随速度增加而趋于平缓，这表明轴向速度接近马赫数 1。由于图 1.2-3 中最右边的特性线是垂直的，所以在图 1.2-19 中所有 β 线最终收敛于此速度值。

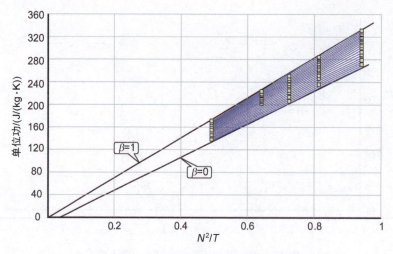

图 1.2-18　单位功与速度平方成线性关系[4]

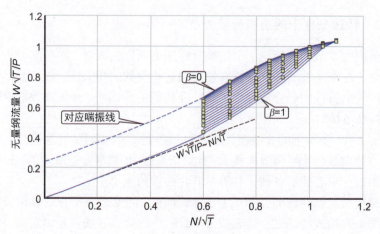

图 1.2-19　β=常数的流量-速度关系[5-6]

1.2.3　可变导叶压气机

所有具备固定式静子结构的压气机对应的 ΔH-N^2 关系均为线性关系，如图 1.2-18 所示。图 1.2-19 给出了亚声速压气机典型的 W-N 关系分布。在右上角区域，β 线的走势逐渐趋于平缓，直至最终消失。但在任何情况下，以换算转速为变量绘制的 β 线都是光滑的。

通常，高设计压比压气机需要可调导叶，以确保其在节流工况下具有可接受的性能。究其原因在于，在低换算转速工况，从进口到出口工质密度的增加较设计值明显偏小。因而，出口环面面积过小，无法通过如此多的体积流量，进而导致压气机流量减小。图 1.2-20 详细分析了整个过程，图中给出了假设无可调导叶时 R1 和 R10 进口速度三角形分布。

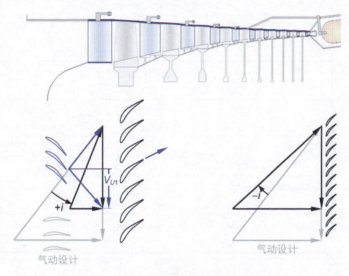

图 1.2-20　多级压气机的非设计点问题

在 R1 进口，对比灰色三角形（设计转速）和黑色三角形（折合转速）发现气流的轴向速度有所降低。同时，构建相对速度三角形发现速度三角形出现了偏转，使 R1 向正攻角方向变化。分析 R10 进口速度三角形发现，当叶片的旋转速度降低时，气流流量减小所带来的影响已被压比的降低所弥补，因此气流的轴向速度仅仅比设计转速略微偏低。气流仍然以几何构造角的方向流出 S9，因此气流绝对速度的大小由轴向速度来决定（连续性）。构建相对速度发现气流的相对扭转和 R10 的进口攻角均减小。通常，转速的降低将导致第 1 级由于正攻角而失速，最后级由于高体积流量而堵塞。

可调进口导叶的应用通过控制第 1 级转子进口攻角解决了低转速工况下第 1 级失速的问题。在气动设计点，进口导流叶片（IGV）处于轴向出气的全开状态（如图 1.2-20 中的灰色叶型）。当 IGV 关闭（移动至蓝色位置），R1 进口气流角将恢复至设计角度（蓝色三角形），并且通过增加 V_{U1}，使 $\Delta H = U(V_{U2}-V_{U1})$ 减小，降低了第 1 级的加功量。值得注意的是，如果没有 IGV，V_{U1} 始终为 0。

重新调整可调导叶的角度将影响整个特性图。因此，一系列的 IGV 调节角度意味着一系列的特性图。IGV 的关闭将使特性线收缩，具体表现为等转速特性线向低压比和低流量的方向移动，如图 1.2-21 所示。但特性图脊线的位置并未受过多的影响，而峰值效率仅在高换算转速工况受到一定的影响。

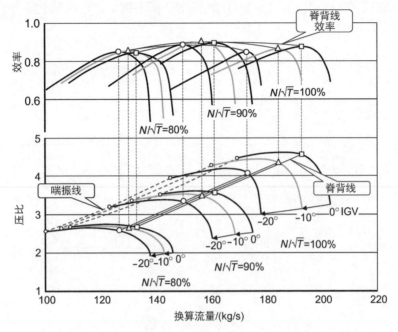

图1.2-21　10级压气机的IGV位置计算影响特性[37]

高设计压比压气机通常需要额外的如同 IGV 一样的可调静子。随着压气机的发展，VGV 每排叶片的调节规律（或安装角）需根据各换算转速下的效率和喘振裕度进行优化。优化的结果将成为 VGV 控制计划，如图 1.2-22 所示。在给定的某一换算转速工况，所有的 VGV 将具有唯一的角度调节规律。

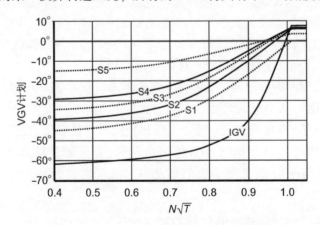

图1.2-22　10级压气机可变导叶调节计划[38]

图 1.2-23 给出了典型的 VGV 控制机构。单个液压作动筒不仅推动 IGV 联动环，同时还推动曲柄和与其相连的其他联动环。

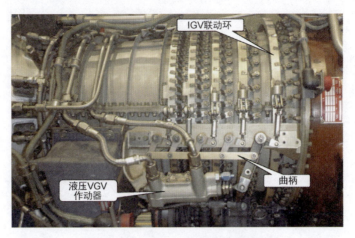

图 1.2-23　VGV 位置控制机械系统

具有 VGV 的压气机特性图包含了不同 VGV 位置的换算转速特性线。VGV 的位置由单独的作动筒作为换算转速的函数来控制。

图 1.2-24 所示的特性图第一眼看上去同其他特性线图一样。但如果给出单位功随换算速度平方的变化关系，则明显地发现特性图中含有 VGV 控制计划。在图 1.2-25 中，VGV 控制计划表现为：相比于 $\Delta H(N/\sqrt{T})$ 线性分布的趋势，所有的 β 线均偏低。在给定的换算转速工况，当 VGV 没有完全打开时，其对应的单位功将低于固定结构形式的压气机。在图 1.2-25 中，所有的 β 线在 1.015 换算转速出现了突然弯曲，这是由于 VGV 控制计划在相同的转速发生了弯折，如图 1.2-22 所示。同时，这种弯折的趋势也体现在换算流量相对于换算转速的分布图。

如果偏离了特性图中所包含的 VGV 控制计划，将会发生什么？这种情况可能由发动机控制系统故障引起的，或者是为改善瞬态过程喘振裕度所实施的预期动作。

设计 VGV 控制计划间的小偏差将主要引起压气机换算流量出现成比例的变化。但是，更大的偏差将影响压气机的效率，如图 1.2-26 所示。

当用于发电时，可调导叶是单轴燃气轮机的重要控制元件。燃气轮机以发电机规定的恒定转速 N 运转，利用可变导叶可以控制流量，从而控制燃气轮机在给定的燃烧室出口温度下输出功率。

为了模拟发电站中的单轴燃气轮机，选用了具有导叶参考位置的基准压气

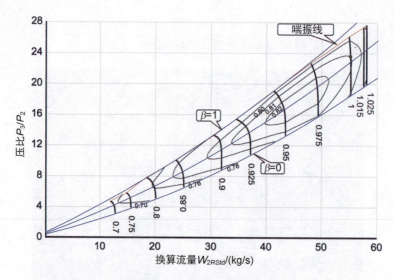

图 1.2-24 带可调导叶调节计划的压气机特性图[38]

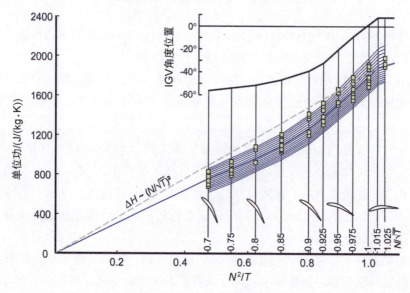

图 1.2-25 压气机单位功[38]

机特性图。燃气轮机通过 VGV 改变流量,进而控制其功率。流量同 VGV 的安装角呈直接的比例关系,如图 1.2-26 上半部分所示。在 VGV 参考位置附近 ±20° 的范围内,压气机的效率几乎保持恒定。

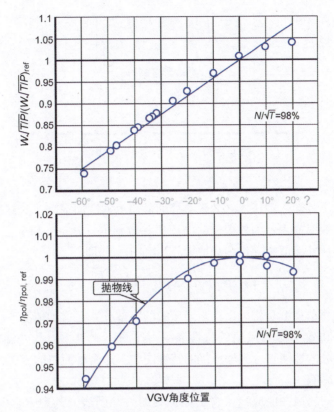

图 1.2-26 利用 VGV 控制单轴燃气轮机流量[39]（VGV 的刻度为作者猜想）

1.2.4 风扇特性图

常规压气机特性图由换算流量、压比和效率（相对速度和辅助坐标 β 的函数）组成。特性图中的压比与效率均为压气机出口平均压比和效率。但是，在涡扇发动机中，必须区别内涵和外涵的出口条件，来分别计算内、外涵的特性。这对于大涵道比发动机中单级风扇尤其重要。

在从慢车转速到全转速的飞行状态过程中，发动机的涵道比变化很大。尽管风扇的平均性能能够保持不变，但分流线的位置也会发生变化，如图 1.2-27 所示。由于风扇的压比和效率都随风扇半径的变化而变化，因此对于图中的相同点，当涵道比变化时，内涵和外涵压比和效率特性会有所不同。

为什么效率会随半径而变化呢？在高转速状态下，风扇叶尖的进口相对马赫数通常为超声，这应导致风扇外涵处的超声速流场与内涵处的亚声速流场非常不同。转子叶尖的叶型轮廓适用于超声速流动，而内涵的叶片叶型轮廓适用

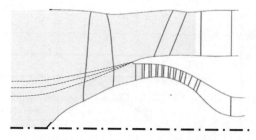

图 1.2-27　各状态下涵道比变化

于亚声速流动。

解决内、外涵之间压比和效率差异的最简单方法如下表示。首先将特性图中的压比和效率值表示为外涵流动的压比和效率值（P_{13}/P_2 和 η_{2-13}）；然后利用常数因子从外涵值中导出内涵值 P_{21}/P_2 和 η_{2-21}，即

$$\frac{P_{21}}{P_2}=1+f/P\mid P\left(\frac{P_{13}}{P_2}-1\right),\quad \eta_{2-21}=f_\eta\cdot\eta_{2-13} \qquad (1.2-10)$$

另一种简单模型是将风扇作为增压级的一部分，在这种情况下，仅将外涵部分的压比和效率作为风扇的特性表——外涵压比 P_{13}/P_2 和外涵效率 η_{2-13}。风扇内涵部分的性能整合到增压级的特性图中。这两种简单的方法都忽略了涵道比变化的影响。

更准确的风扇性能应该包含上面提到的外涵图表，其中 P_{13}/P_2 和 η_{2-13} 由另外两个表格补充，其中包含 P_{21}/P_2 和 η_{2-21}。产生这样的"分离特性图"并不罕见，因为在发动机中，不同的进口条件下，涵道比都不相同。因此，用于预估特性所用的涵道比被分配给风扇特性图中的每个点。为了在压气机试验设备上实现这种涵道比，在试车台上需要设置两个独立的节流阀进行调节测试。

参考文献［7］中推荐使用更严格（且可能更昂贵）的风扇性能模型。以 0.5 涵道比间隔的多个图用于量化发动机中任意操作条件下的内涵和外涵的效率和压比。

在公开文献中，既没有发现分离特性图，也没有发现带涵道比的风扇特性图，作为附加参数，这类数据可以在测试车台数据库中；行业外一般不使用。因此，在学术界和研究界以及初步设计研究中，需要一种简单的方法来改变涵道比，以分析涵道比对风扇性能的影响。下面将介绍一种模拟方法，利用主风扇尺寸和转速计算额定的特性图。

1.2.4.1　单级风扇流场

这种特殊的性能模型是考虑了风扇的流场特征。例如，图 1.2-28 显示了在平均压比为 1.382 下，全三维风扇转子叶片根、中、尖 3 个截面处的马赫数分布云图。从图中可以看出,在叶尖区域,气体流动为跨声速并伴有明显的激波,在轮毂区域流动是亚声速。其他例子可以在参考文献 [8] 中找到。

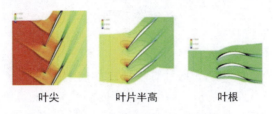

图 1.2-28 相对马赫数云图[40]

1) 内涵部分

虽然在叶尖区域,风扇的相对马赫数有时会超过 1.5,由于进口轮毂比较低,风扇轮毂区域中的流动为亚声速。因此,可以使用亚声速(不可压缩)压缩理论计算大涵道比风扇内涵流量。

在全循环非设计状态的模拟分析中,需要考虑发动机的几何细节。已知单级风扇的轮毂比、风扇轴向马赫数和叶尖速度时,可以计算内涵转子叶片的尾缘出口角度。通常按以下方法进行计算。

采用设计点效率 $\eta_{2-21,ds}$ 和内涵压比 $(P_{21}/P_2)_{ds}$ 计算内涵的单位功 ΔH_{core}。风扇迎风面处的 V_{ax} 轴向速度由换算流量、风扇叶尖切线速度、马赫数和进口轮毂比计算。内涵的平均半径 r_{core} 由风扇半径和涵道比计算;周向速度 $U_{core} = U_{Tip} r_{core}/r_{tip}$。

利用这些数据,可以确定流量系数 $\Phi_{core} = V_{ax}/U_{core}$ 和功系数 $\Psi_{core} = V_{ax}/U_{core}^2$。分析图 1.2-29 中的转速图得出转子叶片出口角为

$$\beta_{2,core} = \arctan\left(\frac{1-\Psi_{core}}{\Phi_{core}}\right) \tag{1.2-11}$$

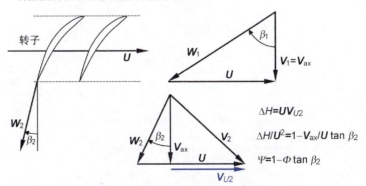

图 1.2-29 内涵流动速度三角形

第3篇 非设计点性能

在非设计状态的模拟分析中,假设流量叶片出口几何角度 $\beta_{2,\text{core}}$。流量系数 $\Phi_{\text{core}} = V_{\text{ax}}/U_{\text{core}}$,内涵的功系数为

$$\Psi_{\text{core}} = 1 - \Phi_{\text{core}} \tan\beta_{2,\text{core}} \qquad (1.2\text{-}12)$$

在内涵中的单位功是 $\Delta H_{\text{core}} = \Psi_{\text{core}} U_{\text{core}}^2$,因此如果知道内涵的效率 $\eta_{2\text{-}21}$,就可以计算内涵压比 P_{21}/P_2。

在循环设计点上,知道如何计算风扇内涵的效率,但 $\eta_{2\text{-}21}$ 如何随风扇工作条件的变化而变化却不清楚。如果既没有内涵效率的测量值,也没有内涵效率的计算值,对效率的估计值也不会太合理。从压气机流动的基础知识出发,来了解在非设计过程中亚声速风扇叶根区域的流动情况。图 1.2-30 显示压气机叶栅损失系数保持不变,而入口流动为亚声速,如低于马赫数 0.75。这些叶栅损耗不仅取决于入口马赫数,还取决于进口气流角,如图 1.2-31 所示。注意,进口马赫数越低,叶型的低损失范围越宽。

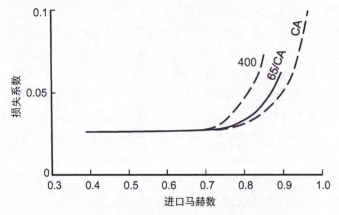

图 1.2-30 3 个叶型的叶栅损失系数与马赫数的函数[41]

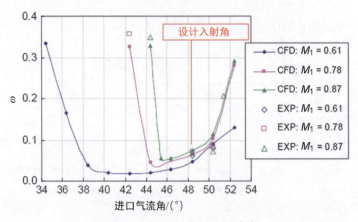

图 1.2-31 损失-攻角特性[42]

对于进口为轴向的单级风扇转子，根据气流弯角与攻角可以计算出速度比 V_{ax}/U，即得到流量系数 Φ。内涵中的流量系数和加功因子通过式（1.2-12）联系，因为 $\beta_{2,\text{core}}$ 在非设计状态是恒定的（叶片出口几何角）。这意味着在风扇特性图中补充了负荷系数 $\Psi=\Delta H/U^2$ 的线，恒定功率系数线 Ψ_{core} 同时也是唯一攻角。发现在 $\Psi_{\min}$ 损失线上的内涵效率最高时，其攻角是最佳的。

由此来分析内涵效率图。在所有转速的特性线上，效率峰值与 $\Psi_{\text{core}}=\Delta H_{\text{core}}/U_{\text{core}}^2$ 的值相同。由于亚声速进口条件下，叶片的低损失攻角范围较宽，在低转速特性线上，最小损失值时效率将略微降低。

2）外涵部分

如前所述，在风扇设计点，处于外涵部分的叶片尖部为超声速流动。存在唯一攻角，效率随着激波的位置变化而变化，如图 1.2-32 中的例子所示。当风扇压比降低时，这些激波从设计位置向叶片尾缘移动，损失将增大。特性线上的最高效率点靠近喘振边界线。与内涵的最大效率相比，在平均风扇特性图上，对于每个转速线上的最高效率点不是 $\Delta H/U^2$ 值。

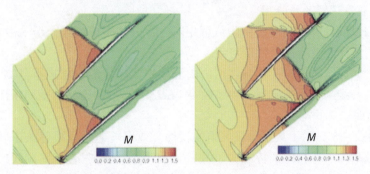

图 1.2-32　90%叶高的转子设计状态激波结构（左）以及全转速下处于阻塞状态[43]

风扇转子的平均相对马赫数远高于内涵区域中的相对马赫数。因此，叶片的低损失范围区域小于内涵。因此，沿着转速线，当工作点偏离最佳攻角时，风扇效率会迅速下降，比内涵下降得更快，即内涵特性图的高效率区比平均风扇特性图中的高效率区更宽。

通常，叶尖间隙损失和超声激波损失导致外涵的效率低于平均值。因此，内涵效率高于特性图中全叶片的平均效率。

1.2.4.2　风扇特性图的拓展

如参考文献［50］所示，通过添加包含内涵效率 $\eta_{2\text{-}21}$ 的表来扩充风扇平均特性图（包括用于总换算流量的平均表、平均压比 P_{21a}/P_2 和平均效率 $\eta_{2\text{-}21a}$）。非设计点的模拟需要一些几何的细节：用于计算周向速度的轮毂比，内涵转子叶中的出口几何角。这些值在前面循环计算中有所提及。

1) 算法

在对非设计状态发动机分析时,特性图坐标为估计的 β 值和换算转速。采用特性图中的总换算流量,可以计算风扇的轴向速度 V_{ax}。用速度除以圆周速度 U_{core} 可以得到流量系数 Φ_{core};然后利用式(1.2-12)得到负荷系数 Ψ_{core}。内涵单位功是 $\Delta H_{core} = \Psi_{core} U_{core}^2$。

从风扇特性图表中可以获取内涵效率 η_{2-21},用于计算内涵压比 P_{21}/P_2。采用平均压比 P_{21a}/P_2 和效率 η_{2-21a} 可以计算外涵压比 P_{13}/P_2 和外涵效率 η_{2-13},即

$$\frac{P_{13}}{P_2} = \frac{(\text{BPR}+1)\left(\dfrac{P_{21a}}{P_2}-1\right)-\left(\dfrac{P_{21}}{P_2}-1\right)}{\text{BPR}} + 1 \qquad (1.2\text{-}13)$$

$$\eta_{2-13} = \frac{(\text{BPR}+1)\eta_{2-21a} - \eta_{2-21}}{\text{BPR}} + 1 \qquad (1.2\text{-}14)$$

2) 获取这样的特性图

当测量或计算的内涵效率的值可用时,该方法不成问题。但一般情况下,只有平均压比和效率的特性图可用。

尽管如此,可以对平均特性图中内涵效率线区域的形状进行预测。为此,假设所有 β 线与表示恒定平均功系数 $\Psi = \Delta H/U^2$ 的线平行,为辅助特性图坐标 β 指定物理意义。

图 1.2-33 显示了典型单级风扇的特性。效率峰值线连接每条速度线上具有最高效率的点。相同的特性图如图 1.2-34 所示,其中常数 Ψ 的线代替了效率等值线。结果发现,这些 Ψ 线和抛物线 β 线非常接近,如 GasTurb 中所使用的那样。

在低速区域中,效率峰值线平行于恒定 Ψ 线。亚声速压气机就是这种典型的特性线。但在高速区域,峰值效率线向上朝向喘振线。这是因为(如前面在图 1.2-32 的讨论中所提到的)在超声速流场中,最高效率区域靠近喘振线边界。

假设内涵的效率峰值线与特性图的低速区域中的平均特性图的效率峰值线一致,其中流场是亚声速的,这将 β 值固定为等于恒定功系数 Ψ_{core}。内涵的效率峰值线是平均风扇图中的 β 线,见图 1.2-35。

平均风扇图中的内涵等效率线表现出以下特征:

① η_{2-21} 通常高于 $\eta_{average}$;
② 内涵效率区比平均效率图的更宽;
③ 在高换算转速下,$\eta_{2-21} < \eta_{average}$。

第 1 章　部件性能

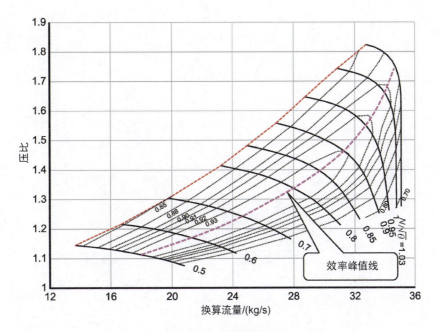

图 1.2-33　单级风扇特性[33]

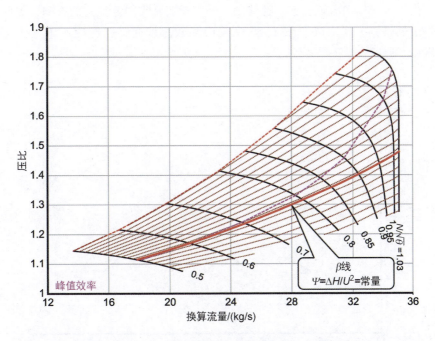

图 1.2-34　风扇特性图的功系数 $\Psi = \Delta H/U^2$ 轮廓线

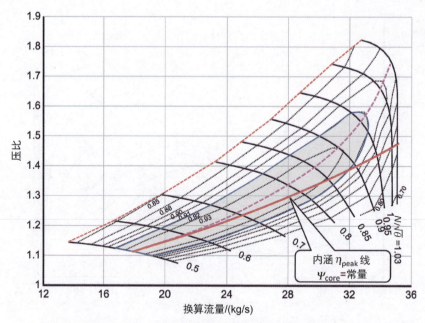

图 1.2-35 平均特性图的内涵效率峰值线位置

由于风扇轮毂区域为亚声速流动，同时没有叶尖间隙损失的影响，因此呈现以上的趋势。在生成图 1.2-36 中的内涵效率线时，已经应用了这些考虑因素。

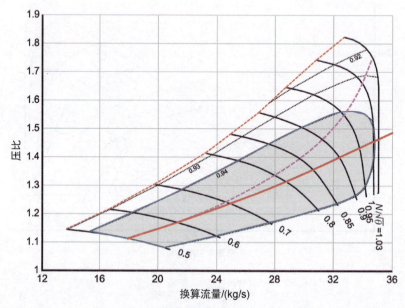

图 1.2-36 平均风扇特性图内涵效率轮廓线

内涵效率预测的不准确只对整体性能产生轻微影响，特别是大涵道比涡扇发动机。

我们已经详述了如何通过单级风扇的示例来模拟涵道比变化对风扇性能的影响。该算法还可以应用于多级风扇。在基本平均性能特性图中添加具有内涵效率的表肯定会产生比一般方法更准确的结果，该方法考虑了内涵和外涵性能之间的差异以及压比和效率的简单影响。

通过给定平均风扇特性图创建内涵效率表由 Smooth C 程序支持，该程序将在下一节中介绍。在 GasTurb 中，带有内涵效率表的扩展风扇图的输入自动调用一种算法，该算法保持平均性能并根据现有的涵道比调整压比和效率。

1.2.5 二次流影响

到目前为止，只讨论了压气机性能及其模拟的基本原理。在精确的飞机发动机性能模型中，仍然有几种二次流的影响需要考虑。其中，雷诺数和进口流动畸变的影响已经在相应的章节中进行了讨论。本章研究主要限定于 3 个方面，即级间引气、叶尖间隙和叶片反扭恢复角。

1.2.5.1 级间引气

压气机级间引气很常见。通常把压气机中间级的少量空气引出用于后面涡轮叶片的冷却和轴承腔的密封。对于某些发动机，采用"级间放气"的方式减轻进口导叶在压气机的中低转速气流压缩过程对大流量调节的需求，尤其是在起动阶段保证足够的喘振裕度。在标准循环计算中考虑了级间引出的空气量，条件是假设压气机特性图不受级间引气的影响。级间引气量占发动机总流量的百分比在不同的工作点下保持不变才能使这种假设成立，但是实际情况是引气量随着发动机操作过程将发生很大程度的变化。

改变引气量相当于改变压气机环面大小。如果在发动机试验中引气量较少，则压气机后面级将在更高的流量下运行并且喘振裕度将增加。因此，对于精确的性能模型，如果在发动机运行期间，级间引气量（占压气机进口流量的百分比）变化很大，则需要使用不同的压气机特性图。

1.2.5.2 叶尖间隙

叶尖间隙严重影响压气机和涡轮的性能，以至于在发动机运行期间尽一切努力使叶尖间隙最小化。可以通过一些方法在一定程度上实现最小化，如静止部件和转动部件的最佳热匹配。主动间隙控制系统（ACC）将冷空气吹到机匣壳体上，使机匣收缩，从而减小运行状态下的叶尖间隙。为了正确模拟具有主动间隙控制的发动机,需要建立叶尖间隙变化对部件性能影响的精确模型。

叶尖间隙影响效率、质量流量,尤其是压气机的喘振裕度。图 1.2-37 给出了叶尖间隙对多级轴流压气机效率的影响程度。实心符号表示带有内环结构的静子叶片,空心符号表示带有悬臂结构的静子叶片。

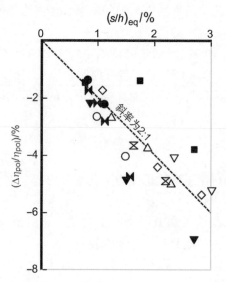

图 1.2-37　多级轴流压气机效率损失(参考文献 [11] 中图 12.1 的重构)

图 1.2-37 和图 1.2-38 中的相关参数是等效叶尖间隙$(s/h)_{eq}$,其定义为

$$\left(\frac{s}{h}\right)_{eq} = \frac{\dfrac{s}{h}_{Rotor} + A\left(\dfrac{s}{h}\right)_{Stator}}{1+A} \quad (1.2-15)$$

叶尖间隙的绝对值 s 与叶片环面高度 h 相关。相对转子间隙和相对静子间隙是所有叶片或叶栅的平均值。对于悬臂状态的静子叶片,加权因子 A 为 0.8;对于带冠静子叶片,加权因子为 0.3。

图 1.2-38 表示等效叶尖间隙对间隙泄漏流量与效率的影响相同:叶尖间隙 1% 的变化对应于 2% 的效率损失。这对发动机性能有严重影响,但在发动机的操作性方面,8% 的喘振裕度损失更为重要。

在特性模拟中是否增加叶尖间隙修正取决于是否把叶尖间隙的影响嵌入特性图中。在简单的压气机特性计算程序中,通常假设叶尖间隙为固定值。在压气机试验器上测量的特性图中,叶尖间隙通常是与转速相关的函数。

有两种压气机试验台,即特定研发的试验台和发动机部件试验台。特定研发的试验台采用复杂的设计,拥有许多发动机中并不需要的仪器仪表等。例如,在压气机试验台中,可能拥有比发动机更多的可调静子叶片。

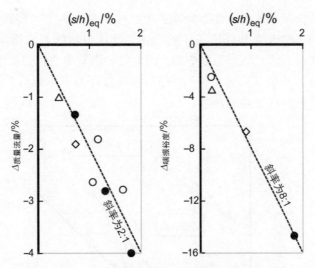

图 1.2-38 叶尖间隙对流量和喘振裕度的影响[45]

发动机部件试验台是根据发动机部件的需求建立的。然而，在发动机部件试验时并不能模拟发动机中压气机实际运行的环境。在发动机运行中，双涵道高压比压气机对外涵道具有不同的热传递。压气机机匣周围会有温度变化的空气流动，而在压气机部件试验设备上却不存在。当速度改变时，会导致叶尖间隙的变化发生差异。这种效应的影响如图 1.2-39 所示。

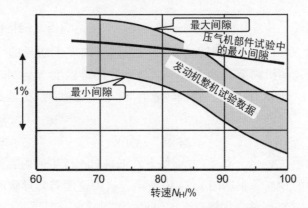

图 1.2-39 在发动机和试验器上运转的叶尖间隙差异

1.2.5.3 叶片扭转恢复角

叶片扭转恢复角是一种机械现象，即叶片前缘角度随着发动机的运行工况发生改变。这是由于向心力、叶片气动压力、热负荷等因素引起。显然，扭转恢复角通常在小轮毂比风扇中得到关注，同时在现代发动机中精准的三维叶型设计受到扭转恢复角的破坏性影响被扩大。叶片在"热态"旋转条件下设计，随着发动机功率的改变和环境条件的变化，叶片扭转恢复角将发生微小的改变。叶片是在冷态静止状态下制造的，因此叶片恢复角变化需要非常小心地预测。幸运的是，风扇全工况均在一个相当窄的温度范围内运行。图 1.2-40 所示为转子叶片扭转恢复角的预测。

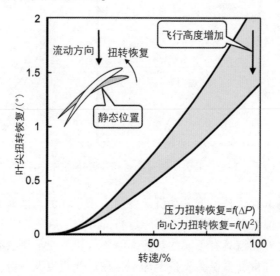

图 1.2-40　单级风扇的叶尖扭转恢复角[9]

那么风扇转子叶片几何形状的这种变化是如何影响压气机特性的呢？在给定的换算转速 $N/\sqrt{T}$ 下，物理转速 N 在飞行包线内发生明显的变化。想象一下，战斗机的发动机需要在高海拔、低马赫数进口温度 T_2 = 240K 和低海拔、高环境温度 T_2 = 380K 下运行。物理转速 N_1 和 N_2 的比值计算公式为

$$\frac{N_1}{\sqrt{240\text{K}}} = \frac{N_2}{\sqrt{380\text{K}}} \tag{1.2-16}$$

这个示例中，N_1/N_2 = 0.8。这意味着在低进口温度下的向心力仅为高进口温度下向心力的 64%。根据图 1.2-40 所示，这种速度差异导致叶片扭转恢复角存在 1° 的差异，这种变化将对流量和效率的影响十分明显。

实际上，扭转恢复角主要对大涵道比风扇的流量产生影响。由于在高的换算转速和相对超声的马赫数下存在特别的攻角现象，导致在特性图中出现垂直的速度线。转子叶片前缘的几何角决定了换算流量，在高换算转速下，叶片扭转恢复角发生 1° 的变化将影响 2% 的流量，而在低速时影响减半[9]。

在特定的特性图中，叶片实际的扭转恢复角修正量取决于特性图中有效的叶片扭转恢复角。在非常简单的压气机特性图计算程序中，可能并未考虑叶片

扭转恢复角。在低转速时，扭转恢复角的减小通常被忽略。然而，在压气机试验中，扭转恢复角是不可避免的。试验测试所得的特性图包含可变化的扭转恢复角。叶片扭转恢复角修正量取决于特性图的实际情况。

建立扭转恢复角模型的问题是受到叶尖间隙和雷诺数的双重影响。由于这3个结果都是发动机进口条件的函数，即 T_2、P_2 和物理转速，使各个模型的缺陷很难分开。如果将其结果与其他忽略此影响的测试数据进行比较，那么一个好的模型将会产生误导[9]。

1.2.6 缩放压气机特性图

压气机特性图对于燃气轮机性能的精确预测是必不可少的。其实很难得到每台压气机真实的特性图，但现在可以通过对已有同类型压气机特性图缩放的方法来近似得到。可以在主性能计算程序外，通过带特定输入项的预处理程序对特性图进行缩放。GasTurb 软件自动使非设计工况模型中循环设计点的计算结果和每一个循环设计的计算结果在各细节上一致。

下面举例说明 GasTurb 压气机特性图的自动缩放方法。参考文献 [6] 包含来自现代民用风扇的特性图，其换算转速范围从 110% 降至 65%。文献中的原始特性图的效率为相对值，因此图 1.2-41 中的效率仅是一个示意值。在 Smooth_C 模块中，已经将原始图外推至更低的转速并重新生成。

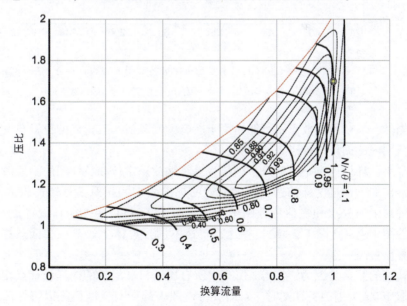

图 1.2-41　GasTurb 的标准涡扇发动机特性图（未缩放）

第3篇 非设计点性能

循环设计点的计算得出了风扇压比，多变或等熵的效率和换算流量的值。由于不能在已有的特性图中直接找到这3个参数，因此问题出现了：未缩放特性图中的哪个地方是与循环设计点对应的特性图缩放点。

在 GasTurb 中选择标准特性图时，程序使用预设的特性图坐标定位缩放点。例如，在讨论中的风扇图中，默认的特性图缩放点在100%换算转速线上，即 $N/\sqrt{\theta}=1.0$。辅助特性图坐标 $\beta=0.5$ 对应压比。GasTurb 标准风扇图的自动缩放版如图1.2-42所示。特性图缩放点通常也称为特性图切入点。

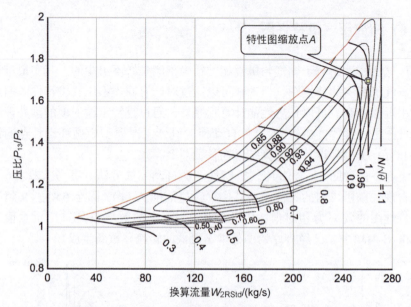

图1.2-42 特性图 A——GasTurb 风扇发动机标准特性图（在设计点 $P_{13}/P_2=1.7$、$W_{2RStd}=260 kg/s$、$\eta=0.9$，特性图缩放点设置 $N=1$、$\beta=0.5$）

当然，默认的缩放点不可能适用于所有的发动机。其正确的位置与发动机工作范围内的循环设计点密切相关。

如果循环设计点是巡航点，则很容易将缩放点定位在特性图的峰值效率区域内。例如，通过这样的选择，未缩放的标准图中的相对换算转速将为0.9。选择的这个缩放点和之前特性图中点 B（图1.2-43）中的循环设计点一样。与特性图中点 A（图1.2-42）相比，转速不同，总体上效率也会低一些，最大换算流量高一点。

转速的差异是因为，在 GasTurb 中所有压气机和涡轮的循环设计点相对转速都取100%。缩放特性图时，未缩放特性图中的所有速度值除以特性图缩放点处的速度。这个过程中所有循环设计点转速都为1.0。

当涉及非设计点的效率时，即使两个特性图的效率与特性图缩放点处的设计点值相同，特性图中 A 点（图1.2-42）的峰值效率也远高于特性图中 B 点（图1.2-43）的峰值效率。

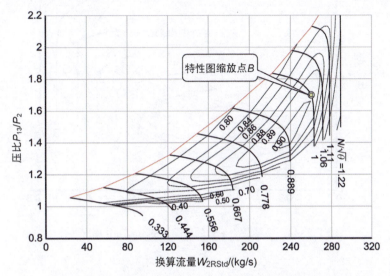

图1.2-43　特性图 B——GasTurb 风扇发动机标准特性图
（特性图缩放点设置 $N=0.9$、$\beta=0.4$）

从图中可见，风扇点 B 的压比、换算流量通常比风扇点 A 高。所以，同一基准图中，不同的缩放版本结果完全不同。

然而，整个过程中存在一个不受缩放影响的隐藏参数，即压气机进口截面处的轴向马赫数，轴向马赫数可以通过换算流量除以横截面积确定地计算出来。

在图1.2-41所示的风扇特性图中，换算流量不是绝对值，而是设计点流量的相对值，并且压气机进口横截面积也是未知的。因此，无法计算特性图中的风扇进口马赫数；最初只能给定一个初始值，如假设1.0转速下进口轴向马赫数为0.7。这种方法通常运用在现代大型民用航空发动机的跨声速风扇中。

通过进口马赫数，可以计算得到进口单位环面流量。对换算流量归一化处理可以得到风扇进口截面的参考值，因而得到发动机进口的轴向马赫数。因此，如图1.2-44所示，可以绘制以马赫数为 x 轴的未缩放特性图。下一节将介绍这种处理是如何帮助设置缩放点的。

在理想热力循环中，没有必要考虑压气机流道内的马赫数变化，计算结果与发动机尺寸无关。可以以实现期望性能的方式确定特性图缩放点。

更高精度的模拟不仅模拟热力循环，也考虑了发动机的尺寸。例如，当需要对一台已有的发动机进行建模时，环面面积既可以通过计算确定，也可以直

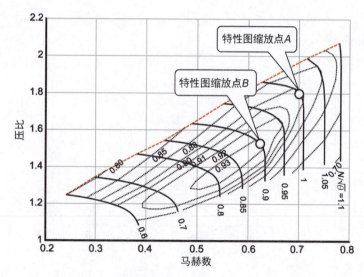

图 1.2-44　马赫数为 x 轴的未缩放的 GasTurb 标准特性

接给定。

在设计点循环计算中,可以通过进口环面面积和换算流量计算得到轴向马赫数。在任何真实的性能模型中,必须以这个轴向马赫数为横坐标设置缩放点。

在循环设计点算例中,假设在已知风扇叶尖直径的情况下进口轴向马赫数为 0.7。特性图缩放点坐标 $N=1$ 和 $\beta=0.5$ 与此马赫数一致,因此特性图 A 点(图 1.2-42)与循环设计点一致。如果风扇叶尖直接大一点,风扇进口马赫数为 0.62,就生成了特性图 B 点(图 1.2-43)。

1.2.6.1　在风扇特性图中找到马赫数缩放

为了正确设置缩放点,需要指导轴向马赫数。要在图 1.2-44 中建立马赫数缩放,由此必须给出一些假设条件。对于没有进口导叶的风扇,因为可以通过特性图中的等转速线推导出相关参数,因此就不需要这些假设条件。

我们来关注一下图 1.2-44 中高转速低压比区域的流场。图中所有等转速线都有一部分垂直段,意味着压气机工作在垂直段时,进口马赫数是不变的。转子进口速度三角形也不随进口马赫数变化而改变,这是因为转子进口的流动是超声速的,如图 1.2-45 所示。注意:当压比降低时,喉道上游的流场不受影响。

在这种工况下,转速降低会有什么影响?只要转速下降不太多,等转速线仍然有一部分是垂直的,流动仍然会保持超声速。

如果转子叶片喉部上游是楔形的,则很容易计算超声速流场。在图 1.2-46

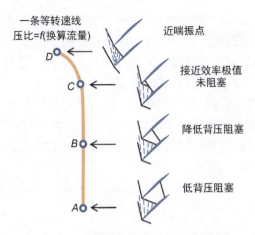

图 1.2-45　速度线上 4 个点的超声速流场

中，斜激波的上游和下游的马赫数及激波角由 4.1°的锲角和两个片的速度确定。

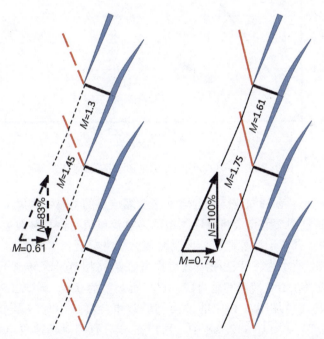

图 1.2-46　转速对速度三角形的影响

两个转速下，斜激波上游的气流方向是一致的，转子叶片攻角是一定的。转速的改变不会影响风扇进口速度三角形。因此，轴向马赫数与换算转速成比例变化，这是周向马赫数的直接度量。

第3篇 非设计点性能

如果找到图 1.2-44 中的速度线 N_1 和 N_2 的垂直部分,可以从未缩放的特性图中读取两个换算流量值,并确定进、出口相对速度比 W_1/W_2。如上所述,周向速度和轴向马赫数成比例关系,因此 $M_1/M_2 = N_1/N_2$。所以速度三角形是相似的,可以知道换算流量和马赫数的对应关系。

现在回顾一下等熵流动的基础理论,单位环面流量和进口马赫数的关系曲线如图 1.2-47 所示。该曲线的斜率取决于绝对马赫数的大小。随着绝对马赫数逐步增加,该曲线的斜率逐步减小,在马赫数为 1 时单位环面流量达到最大值,此时曲线的斜率为 0。

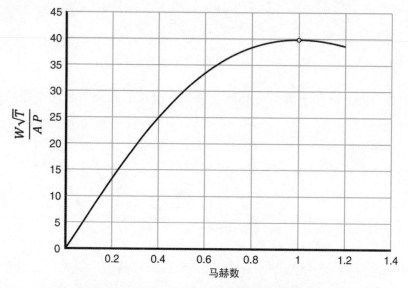

图 1.2-47 单位环面换算流量随马赫数的变化关系

回到如何正确选择缩放点的问题上来。缩放点的马赫数为风扇进口截面马赫数。选择特性图缩放点会将特性图中的换算流量值与该马赫数关联起来。在图 1.2-48 中,平行于换算流量,以马赫数为横坐标绘制了第 2 个 x 轴。

图 1.2-48 所示为将特性图缩放点设置在最高相对换算转速 1.1,横坐标马赫数为 0.7。在 1.0 转速的垂直段,进口马赫数为 0.6。同图 1.2-46 讨论的一样,相对转速增加 10% 相应的轴向马赫数也会增加 10%(从 0.66 增加到 $0.66 \times 1.1 = 0.73$)。在图 1.2-48 中,可以推算只有相对转速再增加 12%,轴向马赫数才能达到 0.73。

在图 1.2-49 中,选择了特性图缩放点,问题解决了。相对转速从 1.0 增加到 1.1 后,相应的轴向马赫数也增加 10%。这样,特性图的缩放点是正确的。

第1章 部件性能

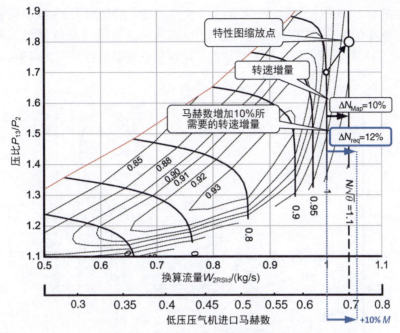

图 1.2-48 特性图中 1.1 速度线的缩放点

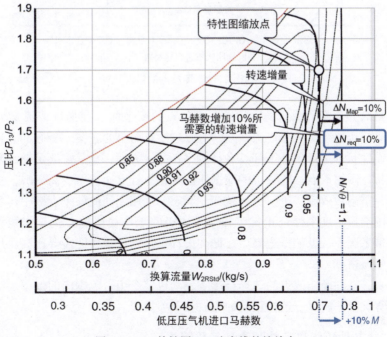

图 1.2-49 特性图 1.0 速度线的缩放点

第3篇 非设计点性能

在图 1.2-48 中,缩放点设置的换算流量过高,然而图 1.2-50 中则相反,缩放点设置在 0.9 转速太低了。因此,在高转速选取的马赫数会超出范围,1.1 转速的换算流量会超出最大理论值。用这个点取缩放特性图,可能会模拟失败。

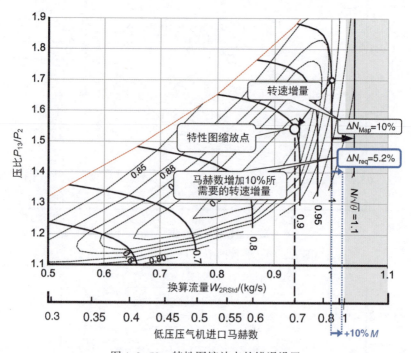

图 1.2-50 特性图缩放点的错误设置

到目前为止,只谈到设置特性图缩放点的横坐标(在速度或流量方面),那么纵坐标压比(β 坐标)怎么办?对此还没有简单的答案。一方面,希望在任何非设计状态运行条件下都具有高效率;另一方面,总是需要足够的喘振裕度。在特性图缩放点,压气机的喘振压比应比设计点压比至少高 20%。由于功率输出、雷诺数效应、进口流场畸变、瞬态、使用期间的效率衰减、压气机需要足够的喘振裕度来保证正常工作。增压级的工作线比核心机工作线移动更快,在低工况下接近喘振边界。在循环设计点,增压级可能需要比高压压气机更大的喘振裕度。

总之,特性图缩放点的选择会影响发动机整个运行范围内的效率、喘振裕度和换算流量。所以,选择正确的缩放点至关重要。

1.2.6.2 其他压气机特性图的马赫数缩放

上一节中描述的用于风扇的马赫数缩放的方法也适用于没有导叶的多级轴

流压气机的特性图。对于具有可变几何的压气机，图中速度线之间的间距不仅由轴向马赫数控制，还由可调导叶的安装角决定。轴向马赫数与换算流量之间不再是一一对应关系。

在离心压气机的特性图中也可以找到部分垂直的特性线。这种现象可能是由转子进口相对马赫数超声速和出口导向叶片的阻塞引起的。在后一种情况下，不知道换算流量与速度之间的关系。

我们确切知道的一件事是，特性图中最高速度的马赫数必须低于 1.0；否则，缩放的特性图与循环设计点处的压气机入口马赫数不一致。

1.2.7 压气机特性图生成程序 Smooth C

在性能计算程序中，需要采用特殊格式的压气机特性，该格式采用辅助坐标，如上面介绍的 β 线。"手动"生成这种格式是一项繁琐的任务，由于数据的分散，需要花费大量时间，如图 1.2-51 所示。沿等转速线的这些数据来自压气机试验测试，并且它们在所有转速范围内分布不均匀。插值和外推是很有必要的。

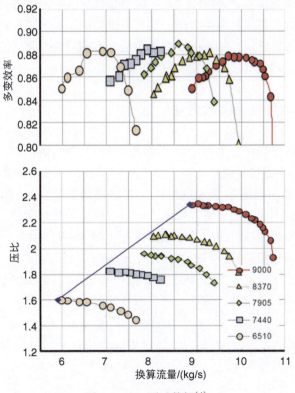

图 1.2-51　测试数据[4]

第3篇　非设计点性能

Smooth C 程序是一种可以从测量或计算的数据中快速生成高质量压气机特性图的工具。看一下图 1.2-2、图 1.2-8、图 1.2-10、图 1.2-12、图 1.2-15、图 1.2-16 和图 1.2-18，可以看到 Smooth C 可以从图 1.2-51 所示的信息中输出一些内容。

压气机特性图不仅可用于整体系统性能模拟。对两个或多个特性图采用相同的 β 线网格允许以一致的方式评估压气机之间的差异。此外，可以用这种方法评估级间引气、雷诺数、叶尖间隙、叶片和静子叶片安装及畸变等的影响。

压气机特性图表达的准确性对于精确的循环计算非常重要。根据发动机类型的不同，应该记住，压气机效率误差 1% 可能意味着特定燃油消耗误差高达 1%！通过使用低质量的压气机特性图很容易将这种错误引入循环计算中。如果数据是分散的或者特性图中存在不充分的等转速线，则数据插值容易出错。

但是，Smooth C 不仅仅是处理测量数据的有用工具，它还可用于检查作为输入提供的任何压气机特性图的质量。通过各种交叉图，你能够判断特性图是否是压气机物理规律的合理描述。既可以纠正不足，也可以进行物理上有意义的内插和外推。

在工业和研究设备之外很少有真正的测量数据，人们也可以从文献中公布的数据中获取数据来代替测量数据，甚至可以使用相关的压气机特性图数据。

对于所有等转速线，Smooth C 输出表格具有相同的点数。该格式适合用作模拟燃气轮机或涡轮增压活塞发动机性能的程序输入。

1.2.8　简单的特性图缩放方法

如果压气机在几何上进行缩放（即所有尺寸，包括叶尖间隙，都用相同的值计算），那么流场也将在几何上进行缩放。在特性图中的给定点，所有马赫数和所有流动角与原始压气机相同（忽略雷诺数效应）。换算单位功、效率、压比将保持不变。通过将常数因子应用于原始特性图的 W_c 和 N_c，可以直接导出缩放压气机的特性图。当使用 $W_c/W_{c,\text{ref}}$ 和 $N_c/N_{c,\text{ref}}$ 绘制特性图时，原始特性图和缩放压气机的特性图之间没有差异（图 1.2-52）。

以压比和效率来缩放特性图意味着流场的变化，因为单位功与气流角有关。如果压比的变化有限，则以下简单的特性图缩放程序适用。

1) 压比缩放

压比缩放定义为 $f_{\text{PR}} = (\text{PR}_{\text{Design}} - 1)/(\text{PR}_{\text{Map}} - 1)$。在特性图缩放时，压比图表中的所有值都替换为 $\text{PR}_{\text{new}} = 1 + f_{\text{PR}}(\text{PR}_{\text{old}} - 1)$。

2) 效率缩放

以下 3 个效率各自在效率缩放中发挥作用：

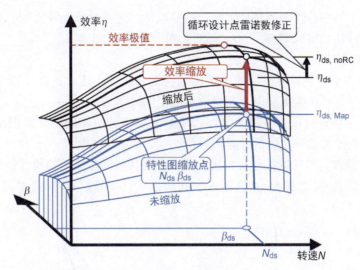

图 1.2-52 效率缩放

① 循环设计点效率 η_{ds};
② 特性图缩放点处的非标缩放特性图的效率 $\eta_{ds,Map}$;
③ 雷诺修正设计点效率 $\eta_{ds,RC}$。

循环设计点处的雷诺数指数 RNI 确定是否需要应用效率修正。当从循环设计点效率 η_{ds} 中去除雷诺数修正时,效率变为 $\eta_{ds,noRC}$,高于本例中的 η_{ds}。

通过将未缩放特性图的效率表中的所有值乘以系数 $f_\eta = \eta_{ds,noRC}/\eta_{ds,Map}$,来完成效率缩放。在模拟非设计的特性图缩放点处,如果雷诺数与循环设计点处的相同,则产生精确的循环设计点效率。效率峰值是缩放特性图中的最高值。

需注意,特性图缩放点(表示循环设计点)通常不在效率峰值的位置。

3) 流量缩放

流量缩放就像效率缩放一样。从循环设计点 $W_{Rstd,ds}$ 获得标准换算流量的值,并且在缩放点处从未缩放的特性图获得另一个值 $W_{Rstd,ds,Map}$。此外,我们知道雷诺修正后的换算流量。通过因子 $f_w = W_{Rstd,ds,RC}/W_{Rstd,ds,Map}$ 将未缩放特性图流量表中的所有值相乘。

1.2.9 高级的特性图缩放方法

压气机图的形状随马赫数水平(亚声速或跨声速)和设计压比变化而变化(如比较图 1.2-24 与图 1.2-3)。如果采用前文的简单压比缩放,则忽略特性图形状变化。

参考文献 [10] 从许多压气机特性图的统计分析中得出更复杂的缩放程

序。它基于一些特性图的特征属性，这些属性描述了效率线峰值与参考循环的位置，并且从喘振到堵塞，质量流量增加以获得恒定速度。

缩放步骤如下：

（1）调整每条等转速线的质量流量范围。设计点压比越高，图中的等转速线越陡，并且从喘振到阻塞质量流量的范围减小。

（2）分别针对每个等转速线缩放质量流量值，使峰值效率线根据原始参考循环和新参考循环之间的差异而移位。

（3）修改与等转速线相关的速度值，使压比和转速之间的相关性正确。

该特性图缩放方法在程序 Smooth C[11] 中实现，作为自动缩放选项（图 1.2-53）。

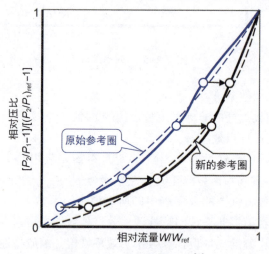

图 1.2-53　缩放的第二步[6]

图 1.2-54 以一个例子突出显示了两个特性图缩放程序引起的变化。基准图的压气机设计压比为 4，缩放图压比为 1。为了进行比较，使用压比为 1 的压气机测试的 80% 转速线。测试和参考文献 [12] 中建议的缩放程序的结果有很好的一致性。

需注意，简单的 P_2/P_{1-1} 缩放结果与更复杂的缩放过程之间存在显著的流量差异。

1.2.10　非设计点的特性图缩放

有时需要在非设计模拟期间改变特性图的形状。可能需要将压气机模型与测量数据或其他可信源匹配。

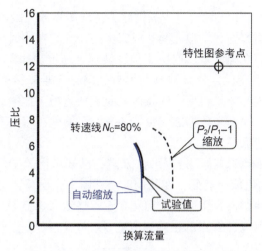

图 1.2-54　缩放图比较[10]

在下文中,假设循环设计点的详细结果与给定数据非常吻合。在相同操作点的非设计模式下运行模型会产生完全相同的结果。在其他操作条件下,模拟通常与可用数据不一致,那么可以纠正模型中的这种缺陷吗?

在节流工况条件下读取的效率值取决于特性图的形状。也许,沿着实际工作线,效率比计算预测的更陡峭地下降。例如,在图 1.2-55 中,点 A 和 B 的给定效率低于从原始图(虚线)读取的效率。为了使模拟与 A 点和 B 点的数据相匹配,可以将速度线 0.7 和 0.8 的列表效率值向下缩放。然后,当调整速度线 0.9 和 0.95 向上的列表效率值时,也达到了 C、D、E 和 F 点的一致性。点 G 不需要调整,因为已经将循环设计点与数据匹配。两个相对换算转速值大于 1.0 的效率需要向下缩放以对齐点 H。

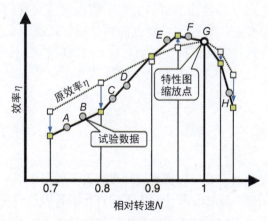

图 1.2-55　沿工作线的效率缩放

GasTurb 在"工作线"窗口中提供此类特性图缩放。沿着工作线，可以通过这种方法在可用数据和模拟之间达成完美的一致。当数据不是全部在一条工作线上时，模型的准确性不仅取决于换算转速，还取决于效率如何在 $\beta=0$ 到 $\beta=1$ 的恒定速度下变化。如果数据与模型之间存在难以接受的偏差，那么必须修改沿等转速线的效率斜率。Smooth C 是完成这项工作的完美工具。

在特性图中，模型和数据之间可能还有两个偏差，即换算流量和压比。通过缩放速度值来消除差异。

利用图 1.2-56 解释这个过程。在 B 点，已知压比 P/P_B、质量流量 W_B 和换算转速 N_{B2} 的测量值。然而，在我们的特性图中，换算转速值 N_{B1} 显著不同。如果将前两个特性图换算转速值分别从 0.6 调整到 0.69、从 0.7 调整到 0.79，则修正后的特性图包含 B 点的正确速度值。

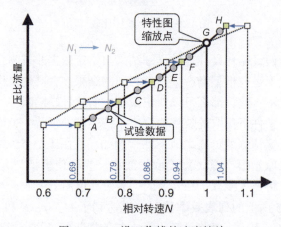

图 1.2-56　沿工作线的速度缩放

除了循环参考点（特性图缩放点）外，可以对所有其他换算转速线采用类似的换算转速值校正。特性图缩放点的相对换算转速定义为 1。GasTurb 的工作线窗口提供了这种速度校准。应彻底检查修改后的特性图，以确保其符合压气机物理规律，此时 Smooth C 是完美的工具。

1.3　涡轮性能

涡轮的气动设计通常是要保证在设计点状态下的损失最小。虽然燃气发生器涡轮大部分时间都在设计膨胀比状态下运行，但是当航空发动机低压涡轮处在慢车状态、起飞状态和不同的巡航状态时，涡轮并不在设计点上工作。此时的涡轮效率和换算流量是随着膨胀比和换算转速变化的。此外，叶尖间隙和雷

第1章 部件性能

诺数的变化也会影响到涡轮的性能。

涡轮特性是以特性图为基础进行描述的。特性图是二维图标，横坐标一般是经过无量纲化的换算转速，与之对应的纵坐标可以是膨胀比、无量纲的等熵功、换算轴功、换算扭矩、效率或者等熵轴功参数 $\Delta H/U^2$。在选取其中哪些参数作为纵坐标来描述涡轮性能方面，并没有明确的标准。这里仅阐述并论证 1.3.2 节中 GasTurb 所使用的方法，其他方法各有优势，没有谁对谁错之分。

首先，讨论涡轮性能的一些物理细节，然后解释涡轮特性图表中的数据列。所有的解释都假设了对象为无冷却轴流式涡轮。涡轮冷却的建模在第4篇第5章和第6章中进行描述。本章中对变几何涡轮和对转涡轮的建模进行一些讨论。

1.3.1 工作特性

图 1.3-1 和图 1.3-2 分别针对同一涡轮特性图展示了两种主流的表达方法[13]。第一种方式与压气机特性图类似，区别仅在于横坐标上的参数。图 1.3-1 中的横坐标是相对换算转速 $N_L/\sqrt{\theta_{45}}$ 与换算流量 $W_{45}\sqrt{\theta_{45}}/\delta_{45}$ 的乘积。采用这种方式的主要原因是，如果像压气机特性图一样使用换算流量作为 x 轴参数，则整个特性图将折叠成非常狭窄的区域，那么就很难对效率等值线加以区分。显然，这样是无法直观表示涡轮工作线的。

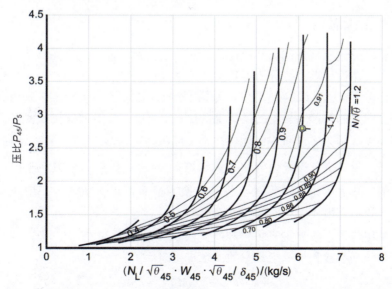

图 1.3-1　换算转速和换算流量的乘积为横坐标和压比构成像斧子一样的涡轮特性图

图 1.3-2 则采用第二种方式来表示涡轮特性，以相对换算转速为 x 轴，图中给出效率和换算流量等值线，特性图中将最大质量流量标定为 100%，用质量流量占最大流量的百分比表示其他流量线。y 轴参数为换算单位功，但是 y 轴参数并不是强制性的，如前图，也可以使用压比作为 y 轴参数。

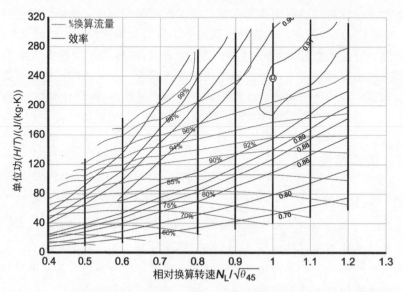

图 1.3-2　x 轴为换算转速条件下不同换算流量等值线对应的涡轮特性图

1.3.1.1　换算流量

涡轮换算流量是任何循环设计计算的结果之一。根据涡轮在特性图上的工作点，通过非设计点计算分析得到换算流量。在涡扇发动机中，高压涡轮的换算流量确定了 T_4/T_{25} 线的位置，且低压涡轮换算流量控制共同工作线在高压压气机特性图上的位置。涡轮的换算流量在一定程度上比其效率更重要。

图 1.3-3 显示了根据涡轮膨胀比定义的折合流量 $W\sqrt{T}/P$。在转速线 $N/\sqrt{\theta}$ 为 1.0 时，最高折合流量值为 $390 \text{kg}\sqrt{K}/(s \cdot \text{bar})$。虽然这个数值难以用一种可量化的方式表示出来，但是当将其转换为换算流量 $W\sqrt{\theta}/\delta = 23.28 \text{kg/s}$ 时，就可以大致估计出该涡轮的尺寸了。

如果用气体常数 R 的平方根和通流面积 A 来扩展 $W\sqrt{T}/P$，可以得到以下折合流量与马赫数和等熵指数 γ 的关系式，即

$$\frac{W\sqrt{RT}}{AP} = \frac{M\sqrt{\gamma}}{\left(1+\frac{\gamma-1}{2}M^2\right)^{\frac{\gamma+1}{2(\gamma-1)}}} \quad (1.3\text{-}1)$$

第1章 部件性能

在涡轮导向器叶片（NGV）的出口处，马赫数是高亚声速甚至可达声速的。马赫数在 0.9~1 的范围内，单位面积的折合流量变化小于 1%；马赫数在 0.8~1 的范围内，单位面积的折合流量变化也仅仅为 3.7%。当马赫数带来的影响可以被忽略时，就可以计算出涡轮喉道面积 A。反过来说，涡轮导向器叶片喉部面积 A 决定了 $W\sqrt{T}/P$ 的值，也就是所谓的涡轮流通能力。

涡轮特性图中，最大换算流量 $W\sqrt{\theta}/\delta$ 是否是折合转速 $N/\sqrt{\theta}$ 的函数取决于气动设计。高负荷单级涡轮通常在设计膨胀比条件下即达到了最大流量（壅塞条件），导向器临界。在这种情况下，换算流量在特性图中的很大范围内基本保持不变。如果涡轮导向器未临界，则最大换算流量是换算转速的弱函数。$W\sqrt{\theta}/\delta$ 随着 $N/\sqrt{\theta}$ 的减小而略有增加，具体如图 1.3-3 所示。

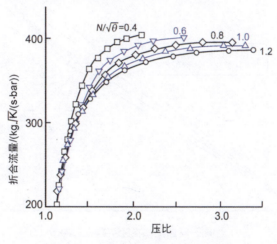

图 1.3-3　某低压涡轮的换算流量

式（1.3-1）中出现了两种气体性质参数，即气体常数 R 和等熵指数 γ。燃烧碳氢燃料，如煤油，可导致燃气与干空气具有相同的气体常数。然而，空气中的湿度是会影响气体常数的。这就是为什么 GasTurb 将涡轮特性图中的换算流量定义为 $W\sqrt{R\theta}/\delta$ 的原因。

那么，等熵指数 γ 的变化将产生何种影响呢？如果 γ 在涡轮工作过程中发生显著变化，如 γ 从 1.3（较高 T_4）增加到 1.35（较低 T_4），则换算流量 $W\sqrt{\theta}/\delta$ 增加 1.3%。这种换算流量的增加会通过涡轮金属构件的热膨胀来得到一定补偿，并且 T_4 温度从高到低也会导致涡轮导向器叶片喉部面积减小，这也在一定程度上抵消了换算流量的增加。γ 变化对涡轮流量的影响从理论上是无法解决的，但是忽略 γ 对涡轮流量的影响是一种工程适用的解决方案。

高功率条件下，恒定换算流量区域中，涡轮特性图本身并不是决定模型精度的重要元素。但当考虑低功率条件下的排气温度时,涡轮特性图则变成了影响模型精度的关键元素。图1.3-4说明了低压涡轮换算流量是如何影响涡扇发动机中燃气发生器压气机工作线位置的。虽然两条工作线之间的差异看似无关紧要,但是如果看一下图1.3-5中工作线的另一种表达方式,就可以看到在低功率状态低压涡轮入口温度差异将超过100K。如果希望性能模型的预测结果在低功率状态到中等功率状态的条件下能够与实测的排气温度结果对应更加准确,那么低压涡轮特性图中的换算流量随压比的降低则变得非常重要。

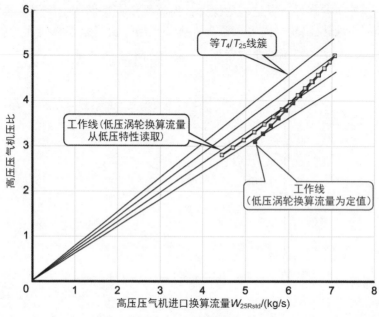

图1.3-4 压气机工作线和T_4/T_{25}线

1.3.1.2 单位功

循环分析计算的顺序是:压气机和燃烧室计算在前,涡轮计算在后。在计算程序的特定位置,可知涡轮功率的需求是多少,此时可以在换算单位功率$H/R\theta$与换算转速$N/\sqrt{R\theta}$构成的坐标系下读取涡轮特性。这种方法在多数情况下有效,但也有例外。涡轮特性图中可能存在无法达到预期单位功的特定区域。图1.3-6以参见文献[14]中的测量数据作为示例。

当单位功不再随压比的增加而增加时,该如何解释涡轮内部会发生什么?可以通过一个在恒定转速和恒定进口压力下工作的单级轴流式涡轮来说明这个问题。在特性图的正常范围内,涡轮出口压力降低导致涡轮内部流场变化,并导致功率输出的提高。

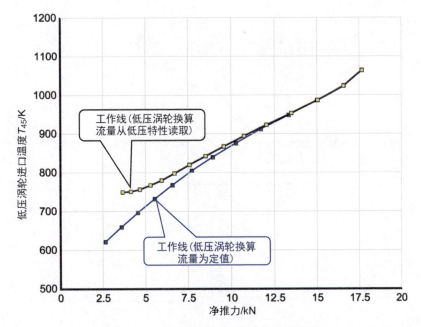

图1.3-5　低压涡轮换算流量对T_{45}的影响

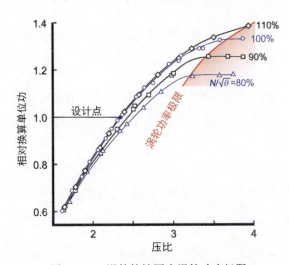

图1.3-6　涡轮特性图中涡轮功率极限

转子叶片的相对坐标系中，叶型出口马赫数在一定压比条件下达到声速。如果进一步降低出口压力，转子叶片进口绝对速度的周向分量保持不变。虽然涡轮内部没有任何变化，但是涡轮出口速度会一直增加直到出口阻塞。这是绝对速度的圆周分量达到其最大值并达到涡轮功率极限的状态（图1.3-7）。

结论：不要使用目前的换算单位功值来读取涡轮特性图。先假设一个压比

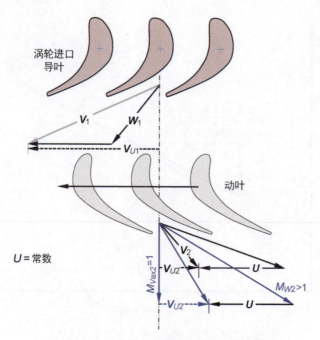

图 1.3-7 涡轮功率极限的速度三角形

数值，然后对其进行迭代，直到压气机与涡轮间的功率达到平衡为止。

1.3.1.3 效率

如图 1.3-8 所示，从低到高绘制不同换算转速条件下的效率与压比之间的关系图，可以得到一簇曲率差异较大的曲线。但是，这种涡轮特性图并不适合呈现涡轮的工作点。

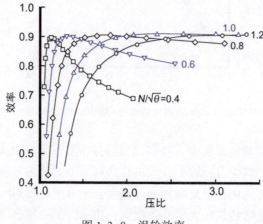

图 1.3-8 涡轮效率

利用压比与换算转速的函数关系可以更清楚地（更有用地）呈现涡轮的工作特性，如图 1.3-9 所示，特性图中补充了等转速与射流速度比（ν）线，其通用格式与等效率线非常接近。

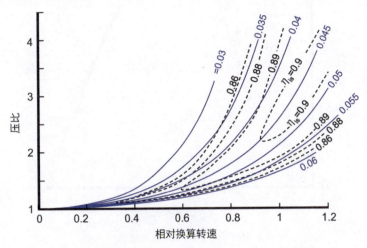

图 1.3-9　定转速与射流速度比条件下的效率等值线

那么，什么是 ν，它与效率又有什么关系？ν 可以将转子叶片圆周速度 U 与气体速度 V_{jet} 关联起来。V_{jet} 是从涡轮进口总压到出口静压条件下完成理想膨胀过程所能达到的气体速度[14]。通过计算从等熵条件下进口到出口总焓变化可获得射流速度，以这样的方式可以将上述关系简化，即

$$V_{\text{jet}} = \sqrt{2(h(T_1)-h(T_{2,\text{is}}))} = \sqrt{2H_{\text{is}}} = \sqrt{2\frac{H}{\eta_{\text{is}}}} \tag{1.3-2}$$

引入载荷系数 $\Psi = \Delta H/U^2$，可以获得转速与射流速度比的公式，即

$$\nu = \frac{U}{V_{\text{jet}}} = \sqrt{\frac{\eta_{\text{is}}}{2\Psi}} \tag{1.3-3}$$

得出结论：假设效率恒定的条件下，涡轮特性图中转速与射流速度比的等值线等同于涡轮载荷等值线。不要被图 1.3-9 中的等 ν 线所迷惑，此处用相对叶片速度 U/U_{ref} 替换未知速度 U。

在图 1.3-8 中，效率线的曲率随着换算转速的变化而急剧变化。然而，如果根据转速与射流速度比 ν 绘制图 1.3-10 所示的效率线，这些曲率差就消失了。除了低 ν 值外，效率等值线基本重合，并且在定转速与射流速度比为 0.045 时达到它们的最大值。

可以通过涡轮速度三角形来解释效率线的基本形状。图 1.3-11 说明了在单位功恒定条件下速度持续增加引起的变化。根据图 1.3-2，在涡轮试验结果

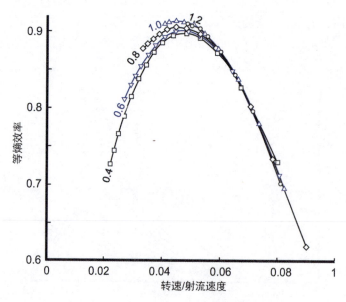

图 1.3-10 效率与转速/射流速度的关系

中,换算流量仅变化了几个百分点。涡轮导向器出口速度 V_1 和圆周速度分量 V_{U1} 保持基本恒定。

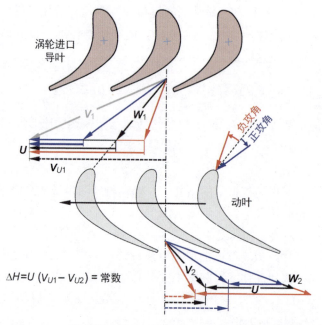

图 1.3-11 等单位功条件下转速变化对速度三角形的影响

在低速情况下（图 1.3-11 中的蓝色三角形），涡轮载荷系数 $\Psi = \Delta H/U^2$ 和动叶攻角很大，效率较低。在涡轮转速不断提高的过程中，载荷系数和攻角都减小。在某一特定转速下，攻角为零，叶型损失最小，效率达到最大值（黑色三角形）。在此之后，转速进一步提高则会导致负攻角的出现，随之而来的损失增加会导致效率再次下降（红色三角形）。

涡轮最大效率对应的载荷系数与涡轮几何形状直接相关。其中 Ψ 是零攻角条件下的载荷系数。通过涡轮优化设计给出最小损失载荷系数 $\Psi_{\min\,loss}$，在非设计点情况 $\Psi_{\min\,loss}$ 不发生变化。图 1.3-10 中每个换算转速下的效率最大值均出现在相同转速与射流速度比条件下，这是因为 $\nu_{\min\,loss}$ 和 $\Psi_{\min\,loss}$ 之间存在函数关系式（1.3-3）。

1.3.1.4 出口气流角

涡轮出口气流角决定了涡轮下游的部件损失，是涡轮性能程序中的关键参数。例如，直升机发动机中发生在动力涡轮下游的支板损失，就是由于出口气流角可以在很宽的范围内变化，进而对下游支板损失产生直接影响。

涡轮出口气流角可以根据已知的叶片加工角度、轴向速度分量和圆周速度，利用相应的表格或程序计算。

1.3.2 Smooth T 中特性图准备程序

Smooth T 是一种将涡轮数据转换为适合性能程序使用的数据格式的工具，与压气机特性图生成程序 Smooth C 类似。程序的输入包含测试或计算数据，可以是表格或图片的形式。该程序给出通过给定点的恒转速线。由用户确认这些线是否具有实际意义，并可在必要时进行修正。最后，所有涡轮性能参数的相关性应该是平顺的。Smooth T 程序由此得名。

程序的输出是由多个规则表格组成，其中所有转速线的样本点数目相同。这些表可以作为模拟燃气轮机或涡轮增压活塞发动机性能分析程序的输入。Smooth T 也可用于检查涡轮特性图的质量。该程序提供了多种数据视图；很容易检查出特性图对涡轮的物理学描述是否合理。

如果特性图中包含极端工作条件（如涡轮膨胀比小于 1 或换算转速极低），则 Smooth T 是非常有优势的分析程序。再来看图 1.3-10：在不同转速与射流速度比条件下，所有效率曲线所对应的变化趋势是一致的。至少从表面上来看，所有效率显示问题都得到了解决。

然而，实际情况并非如此，如果涡轮膨胀比为 1.0，即 $P_2/P_1 = 1$，则射流速度 V_{jet} 为零，将无法计算转速与射流速度比。图 1.3-12 中展示了上述情况下的效率变化：当膨胀比为 1.0 时，等熵单位功 $\Delta H_{is}=0$，效率从 $+\infty$ 变化为 $-\infty$。

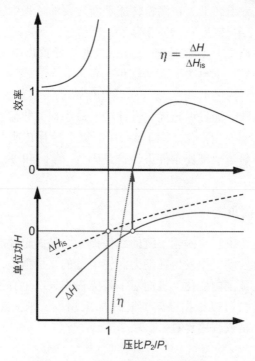

图 1.3-12　膨胀比 1 附近的效率变化

那么是否真的需要一个包括极端情况（涵盖膨胀比小于 1 的情况）的涡轮特性图？通常情况是不需要的，除非需要模拟飞机发动机的风车工况。如果将涡轮特性图表限制在 $P_2/P_1>1$ 的区域，可以避免很多数值上的不合理性。

涡轮特性图中的低转速区域同样存在问题。通常在这个区域既不存在测量数据，也不存在计算数据，该区域的特性需要人为推断得出。其中一个特例是零转速线，假设知道它的形状，就可以将外推问题转换为插值问题。幸运的是，我们对零转速线有足够的了解！

想象一下，在转子"冻结"的特殊涡轮试验中，起始条件是 $P_2/P_1=1$ 并且 $W\sqrt{T_1}/P_1=0$，一旦施加膨胀比 $P_1/P_2>1$，气体将开始流过静止涡轮（涡轮冻结，不旋转）。只要涡轮中的任何位置的马赫数低于 0.6，那么静子和动叶产生的压力损失与动压头 q 成比例关系。由于 q/P_1 与 $(W\sqrt{T_1}/P_1)^2$ 成比例关系，可以得到

$$\frac{P_1}{P_2}=1+k_P\left(\frac{W\sqrt{T_1}}{P_1}\right)^2 \qquad (1.3\text{-}4)$$

首先发现的是，对于中等马赫数（中等折合流量），零转速线是通过点

第1章 部件性能

$P_1/P_2=1$ 的抛物线。增加压比会增加涡轮进口马赫数,直到最后,在涡轮的某个位置,当地马赫数达到声速,继续增加压比将不再影响换算流量;如果将特性图表示为换算流量与膨胀比的关系($W\sqrt{T_1}/P_1)=f(P_1/P_2)$,那么在特性图的相应区域中零转速线应该是水平的。

应该怎样描述抑制转子旋转所需的作用力?考虑一个单翼型,其升力与动压头成比例。因此,扭矩(力和特征长度的乘积)除以 P_1 与折合流量的平方是成比例的。

$$\frac{T_{rq}}{P_1}=k_{T_{rq}}\left(\frac{W\sqrt{T_1}}{P_1}\right)^2 \quad (1.3-5)$$

该等式两边同时除以折合流量,可获得折合扭矩 $T_{rq}/(W\sqrt{T_1})$ 和折合流量 $W\sqrt{T_1}/P_1$ 之间的线性关系,即

$$\frac{T_{rq}}{W\sqrt{T_1}}=k_{T_{rq}}\frac{W\sqrt{T_1}}{P_1} \quad (1.3-6)$$

能够有根据地推测零转速线的形状,对于将涡轮特性图扩展到低转速区域是有很大帮助的。图 1.3-13 显示,$N/\sqrt{\theta}$ 为 0.4、0.6 和 0.8 转速线的下部分基本上是等间距的直线。预估零转速线很容易,因为它必须与其他转速线平行并穿过原点。$N/\sqrt{\theta}=0.2$ 是通过对 $N/\sqrt{\theta}=0$ 和 $N/\sqrt{\theta}=0.4$ 两条转速线进行向内插值获得的。

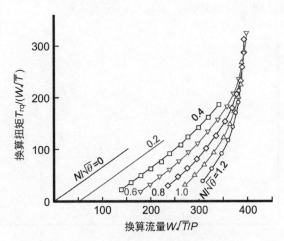

图 1.3-13 零转速线辅助拓展特性图

结合所学知识,可从折合扭矩 $T_{rq}/(W\sqrt{T_1})$ 得到什么结果呢?已知扭矩 T_{rq} 和转速 N 的乘积(即涡轮功)等于质量流量 W 和焓降 ΔH 的乘积,因此可得

· 453 ·

第3篇 非设计点性能

$$\frac{T_{rq}}{W\sqrt{T_1}} \frac{N}{\sqrt{T_1}} = \frac{\Delta H}{T_1} \qquad (1.3-7)$$

然后，根据 $\Delta H/T_1$ 和压比（$P_1/P_2 = 1$ 除外）可以计算任何换算转速下的涡轮效率。

Smooth T 提供多种平滑转速线的选项。在正常工作区域，调整效率使其成为膨胀比或单位功的函数，在低转速区域则采用扭矩线。特性图计算结果的质量一定程度上取决于用户对涡轮基础知识的了解以及技术水平。如果缺乏这方面的知识，无论如何在理解燃气轮机性能方面都会遇到一些问题。

1.3.3 涡轮特性图格式

Smooth T 能够生成不同格式的性能表。以 GasTurb 所需的格式生成特性图是输出选项之一。那么，为什么 GasTurb 涡轮特性图如此特殊呢？

在膨胀比-转速图中，效率等值线在高速条件下定义了较宽的顶部区域。在中速范围内，该效率区域逐渐变小；在低速范围内，效率区域则变得极窄（图 1.3-14）。在低速区域，膨胀比的微小变化都将导致效率的巨变。因此，在低速区准确捕捉等效率线需要大量均匀分布的膨胀比样点。使用图 1.3-14 中标有灰色圆圈的矩形样本点会导致在低速区域出现严重的精度问题。此外，在高膨胀比和低速区域却存在大量的数据点，这对于模拟标况下的燃机性能是毫无用处的，该区域的涡轮特性并不是我们所关心的。

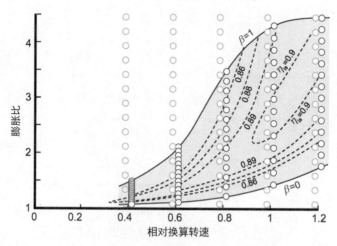

图 1.3-14 特性图边界 $\beta=0$ 和 $\beta=1$

如果将注意力放在感兴趣的最高效率区域，就可以用最少的网格点实现高精度的数据调用。如图 1.3-14 中的深灰色圆圈所示，通过这样的分布方式，可以在图中任何关键点获取有足够精度的数据。

1.3.3.1 β线

在涡轮特性图中添加两个膨胀比边界。将低膨胀比边界称为 $\beta=0$ 线,高膨胀比边界称为 $\beta=1$ 线。那么,应保证所有值得关注的涡轮工作点都应该在两条 β 线之间。

特性图边界线（$\beta=0$ 和 $\beta=1$）在两个表中定义为最小和最大压比之间的换算转速的函数,另外两个表格包含质量流量和效率,格式与压气机特性图相同。换算转速是参数,β 是修正参数。

β 是非设计循环计算中的标准迭代变量之一,其值在涡轮计算开始前即已知。边界膨胀比的数据表可以通过换算转速 $N/\sqrt{\theta}$ 在特性图中读取,因此也可以认为是已知的。通过两个膨胀比边界（$\beta=0$ 和 $\beta=1$）之间的线性插值可获得涡轮膨胀比。通过读取换算质量流量和效率数据表可以得到涡轮的另外两个性能参数。

1.3.3.2 涡轮特性图缩放

除了设计者外,很少有人能够接触到某型涡轮实际的特性图。因此需要使用其他与之相类似的涡轮的特性图来进行缩放。将缩放点放置在特性图中的哪个状态点上是关键所在,这需要提前了解循环设计点和特性图中的哪个点能够完全匹配,这通常取决于工作线的预期位置。

多轴发动机的燃气发生器涡轮大部分以恒定膨胀比运行,涡轮特性图中的工作线很短。当在高效区域中间某处设置特性图缩放点时,是不会有大问题的。燃气发生器涡轮效率的改变主要来自叶尖间隙的变化,而与特性图中工作点定位准确与否没有太大关系。

在多轴发动机中,低压涡轮特性图中的工作线（图1.3-15）比燃气发生器涡轮特性图中的工作线要长得多。它们的形状和方向取决于燃气轮机的应用领域。如果是用来驱动直升机旋翼、螺旋桨或发电机的涡轴发动机动力涡轮,则其以恒定的转速运行。当功率降低时,涡轮进口温度 T_{45} 降低,换算转速 $N_L/\sqrt{\theta_{45}}$ 增大。特性图的缩放点应选定在一个略高于峰值效率区域的膨胀比位置。这种选择有利于节流工况下的燃油消耗率。

涡扇发动机中低压涡轮的工作线在一定程度上与图中的峰值效率脊线相平行。通常,效率会向节流工况方向下沉。这种影响至少有一部分是由于工作过程中叶尖间隙变化导致的,同时雷诺数效应也有一定的影响。

对于涡扇发动机中的低压涡轮,给出的建议是在峰值效率区域中设置特性图缩放点,如果选择缩放点后未达到预期的效率衰减,应调整叶尖间隙模型或

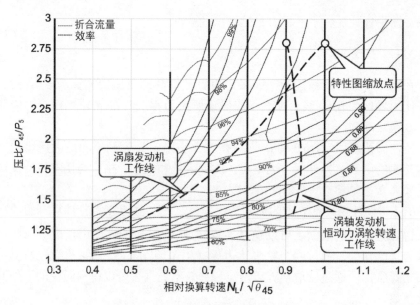

图 1.3-15 涡轮特性图缩放点的确定

进行雷诺数修正。

特性图缩放点的位置不仅影响效率,还影响节流工况的换算流量,其反过来决定了低输出轴功率、低推力下的排气温度。这一点在针对图 1.3-4 和图 1.3-5 的讨论中已经解释过了。如果将特性图缩放点设置在较高压比的位置,则换算流量基本保持不变或仅略微减小。如果在特性图中选择较低压比的位置设置特性图缩放点,则会导致换算流量的急剧下降,进而导致低推力(低功率)区域中的排气温度更高。

1.3.4 叶尖间隙

并非所有对效率和换算流量的影响都是由涡轮特性图中的工作点位置变化引起的。精准的航空发动机性能模拟是采用特性图中的换算参数来表示涡轮工作过程中叶尖间隙和雷诺数差异的。雷诺数的差异将在本篇第 4 章中讨论。

较高的温度导致部件热膨胀加剧,因此涡轮中的叶尖间隙变化比压气机中要大。对比叶尖带冠与不带冠的情况,其叶尖间隙对效率的影响也是不同的。

参考文献 [15] 给出了无叶冠涡轮的数据:相对叶尖间隙每增加 1%,则效率损失增加 2%,具体见图 1.3-16。参考文献 [16] 中比较了叶尖间隙对带冠和不带冠涡轮的影响,图 1.3-17 中的部分结果与图 1.3-16 中相同。无叶冠涡轮的数据在两项研究中基本一致。得出结论:带叶冠涡轮对叶尖间隙变化的敏感性大约是无叶冠涡轮的一半。

第 1 章 部件性能

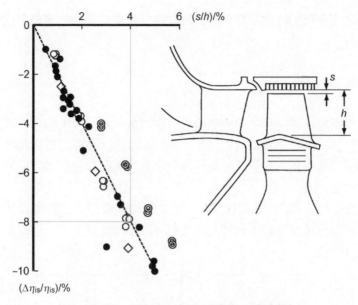

图 1.3-16 叶尖间隙对无叶冠涡轮的影响[15]

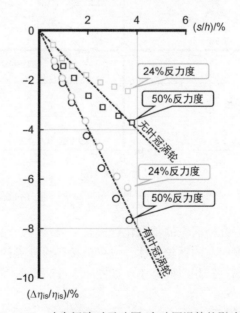

图 1.3-17 叶尖间隙对无叶冠/有叶冠涡轮的影响[16]

如果发现燃气发生器涡轮（高压涡轮）效率在我们模型中的计算结果与试验结果存在显著差异，就需要对叶尖间隙与转速和温度的函数关系进行研究了。涡轮特性图中的工作线非常短，且从特性图中读取的效率值几乎是恒定

· 457 ·

的。效率的变化仅由叶尖间隙引起,而与特性图中陡峭的效率斜率或雷诺数效应无关。

1.3.5 可变几何涡轮

变几何涡轮通常应用于间冷回热循环燃气轮机中。在节流状态下关闭涡轮导向叶片使压气机工作线朝向更高的 T_4/T_2 值移动。这可以提高换热器的进口温度,从而导致更多的热量从热侧传递到冷侧,可使节流状态下的燃油消耗率得到显著改善。

图 1.3-18 显示了参考文献 [17-18] 中的试验结果,根据设计点条件进行归一化。换算流量随静子折转角呈近似线性增加,效率在设计点的两侧都会下降。

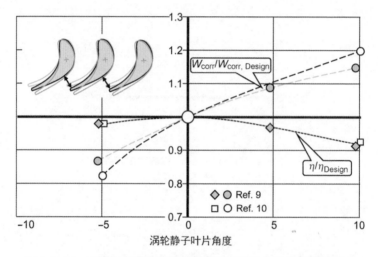

图 1.3-18　可变几何涡轮静子叶片角度对流通能力和效率的影响

严格来说,可变几何涡轮的精细化建模是需要一组涡轮特性图的。如果缺少不同静子叶片角度对应的涡轮特性,也可以按照设计点的静叶安装角进行缩放,并对流量和效率进行相应的修正,如图 1.3-18 所示。

1.3.6　无导叶对转涡轮

术语"无导叶对转涡轮"一词从字面意思上来理解是存在一些误导的,因为单个涡轮的反向旋转本身就是矛盾的。实际上,对转涡轮应该是前后依次排列的两个涡轮,其中一个是由涡轮导向叶片和第一级转子组成的普通涡轮,而另一个则仅有一个反向旋转的转子。

可以按照常规方式利用特性图描述第一个涡轮的性能。关键问题是第二个反转涡轮转子的特性表征方法，这个无导叶涡轮特性随第 1 级转子下游的气流角变化而变化。该气流角与第 1 个涡轮的工作点密切相关；可以将第 1 级转子出口气流角对应范围内的角度等值线叠加到第一个涡轮特性图上，见图 1.3-19。

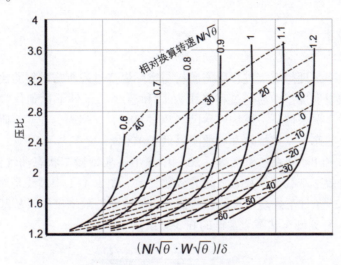

图 1.3-19　涡轮出口气流角度在涡轮特性图上的表示

为了对反转涡轮转子的性能进行准确建模，需要另一组特性图作支撑。如果根据试验台测量结果绘制特性图，那么该试验台的进口气流角度应该是可调的。还可以通过假设具有无损进口导叶的可变几何涡轮来计算该组特性图。

最后一个想法是使用单个名义性能模型以及换算流量和效率的缩放因子来表示第 2 个涡轮转子的特性。前端涡轮出口气流角与图 1.3-18 中所做的修正之间的相互关系或许能够对前后两个对转涡轮中依次发生的情况进行有效判断。

研究人员有时更倾向于将对转涡轮作为单个研究对象进行建模编程。文献 [19] 就提出了一种采用单组涡轮特性图进行编程的方法。换算转速比是该组涡轮性能表中的关键参数。

1.4　燃烧室

燃烧过程中的两个主要特征参数影响发动机性能循环模型，即燃烧效率和压力损失。燃烧效率是指燃料化学能转化为发动机气路中热能的效率,压力损失是指燃烧过程中产生的压力的损失。燃烧过程中所涉及的化学反应过程由燃烧专家进行研究,此处将讨论一些应用于发动机初步设计的燃烧相关基础知识和典型设计方法。下文描述用于传统单级燃烧室的设计方法。对于燃烧技术的最新发展趋势,如分级和贫油燃烧室,由于这些新型技术并不会显著影响发动机整机性能,因此不做讨论。

1.4.1 效率

燃烧效率是理想燃烧过程所需燃料与实际燃烧过程所需燃料的比值。理想情况下,假设燃烧室中燃烧过程在压力 P_3 和温度 T_4 条件下达到化学平衡。现如今,在大工况条件下,燃烧效率已经超过 99.9%。然而,在慢车附近的节流状态和高空状态下,燃烧效率可能明显低于 100%。

Lefevre 和 Ballal 在参考文献 [20] 中给出了典型慢车状态油气比 0.01 条件下,燃烧效率与载荷系数 θ 之间的函数关系。图 1.4-1 中虚线是对起飞状态油气比 0.025 条件下燃烧效率的预测值。该燃烧室的效率工作线从起飞状态的 0.99 开始一直到慢车状态非常低的 0.3 结束。

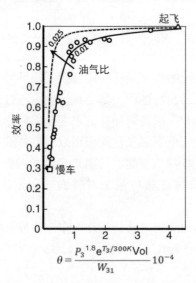

图 1.4-1 燃烧效率的相关关系[20](修正后的)

按照当前标准,这种燃烧室的效率水平是非常差的。低燃烧效率是不完全燃烧的表现,由此会带来很多大气污染物,主要包括产生的一氧化碳和未燃烧的碳氢化合物。因此,低排放燃烧室需要更高的燃烧效率值。

第1章 部件性能

设计先进的燃烧室的燃烧效率与载荷系数 θ 的关系数据如图 1.4-2 所示[21]。注意：图中载荷系数 θ 与图 1.4-1 中的定义略有不同，即

$$\theta = \frac{P_3^{1.8} e^{T_3/300K} \text{Vol}}{W_{31}} \tag{1.4-1}$$

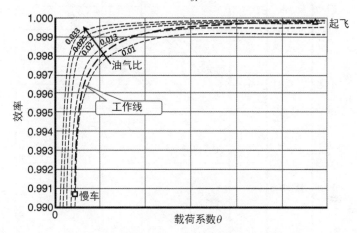

图 1.4-2 燃烧效率与载荷系数 θ 的关系[21]

图中燃烧效率不仅仅与载荷系数 θ 相关，还取决于油气比。沿着工作线，从起飞状态到慢车状态，载荷系数 θ 和油气比都降低。商用涡扇发动机在升限高度飞行，载荷系数 θ 通常是起飞状态的一半，但是油气比基本相同。由于高载荷系数 θ 值条件下，燃烧效率斜率十分平坦，高空与海平面的工作线几乎相同，因此，为了简化性能模型，可忽略高度对燃烧效率的影响，下面的描述中燃烧效率仅与载荷系数 θ 相关。

在图 1.4-1 和图 1.4-2 中，效率在高载荷系数区域内变化不大，但是在慢车区域燃烧效率变化迅速。这里虽然能够列出这样特征，但是可以有一个更好的解决方法。参考文献 [22] 中给出了燃烧效率沿工作线上的相关关系，利用载荷系数的倒数代替载荷系数作为特征参数，即燃烧室载荷 $\Omega = 1/\theta$，有

$$\Omega = \frac{W_{31}}{P_3^{1.8} e^{T_3/300K} \text{Vol}} \tag{1.4-2}$$

参考文献 [7] 也提到燃烧室载荷，但定义略有不同，即

$$\Omega = \frac{W_{31}}{P_3^{1.8} 10^{0.00145(T_3 - 400)} \text{Vol}} \tag{1.4-3}$$

使用 Ω 的优势在于，当以 $\log \Omega$ 为 x 轴、$\log(1-\eta)$ 为 y 轴绘制图时，各种燃烧室的试验数据会在图中呈线性关系，如图 1.4-3 所示。其中实线来自参考文献 [22] 中数据，虚线表示图 1.4-1 和图 1.4-2 中的数据。

第3篇 非设计点性能

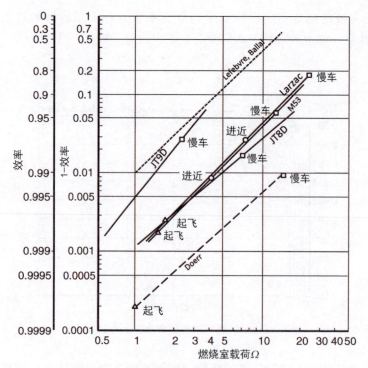

图 1.4-3 燃烧效率与燃烧室载荷 Ω 的关系

可以用线性公式来描述燃烧器效率，即

$$\log(1-\eta) = A + B \cdot \log\Omega \tag{1.4-4}$$

载荷-效率线的斜率定义了非设计点工作区域燃烧室效率随载荷 Ω 的变化关系。因此称 B 为燃烧室节流常数，在图 1.4-3 中其值的变化范围为 1.34~1.94。在缺少燃烧室详细设计信息的情况下，以平均值 1.6 作为默认燃烧室节流常数是合适的。

那么如何获得 A 的数值？可以很容易将循环设计点的燃烧室载荷与燃烧室实际载荷关联，即

$$\frac{\Omega}{\Omega_{ds}} = \frac{W_{31} P_{3,ds}^{1.8} e^{\frac{T_{3,ds}}{300K}}}{W_{31,ds} P_3^{1.8} e^{\frac{T_3}{300K}}} \tag{1.4-5}$$

将该比值定义为相对载荷，则在节流工况燃烧器效率的等式变为

$$\log(1-\eta) = A + B\log(\Omega/\Omega_{ds}) \tag{1.4-6}$$

由于循环设计点的 $\log(\Omega/\Omega_{ds}) = 0$，那么常数 A 等于 $\log(1-\eta_{ds})$，因此可以根据发动机工作状态计算燃烧室平均效率为

$$\log(1-\eta) = \log(1-\eta_{ds}) + B\log(\Omega/\Omega_{ds}) \tag{1.4-7}$$

节流特性的形状，作为载荷系数 θ 的函数被描绘在图 1.4-4 中，其主要取

决于循环设计点处的效率。图1.4-5展现了节流常数B对燃烧室效率的影响，其中燃烧室设计点效率为0.999。

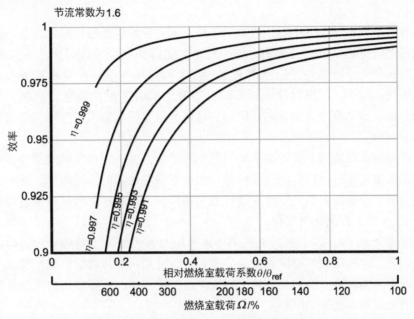

图1.4-4　节流常数$B=1.6$条件下的燃烧效率

这种简单的燃烧效率模型足以进行准确的性能模拟。

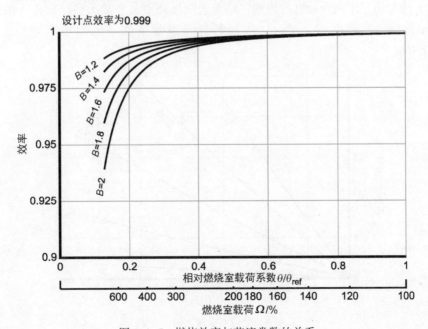

图1.4-5　燃烧效率与节流常数的关系

1.4.2 压力损失

首先,列出燃烧室中总压损失的来源。通过使用扩压器出口截面总压测量把获得燃烧室进口压力精确值。如果将该数值作为燃烧室进口压力 P_3,那么由于扩压器内摩擦和边界层分离造成的损失将对压气机效率评价造成不利影响。因此,对于压气机设计人员来说是不希望采用这种方法定义 P_3 的。但实际上,由于发动机内流测试限制问题,这些扩压器的流道损失与压气机损失是无法分割的。

扩压器出口截面下游的突扩损失是燃烧室压力损失的首要组成部分,其他压力损失主要来自火焰筒内气流冷却和燃烧室掺混区内的湍流掺混,这些损失共同构成了冷态压力损失。在非设计点工作区域,冷态损失与燃烧室进口换算流量 W_{3Rstd} 的平方成比例变化。

参考文献 [7,20] 以及有关书籍涉及压力损失的其他组成成分,即加热压力损失。这种损失与摩擦和流动分离无关,它是一种热力学的基本特征。在等截面无摩擦管道中,加热会使进口亚声速气流加速,能够增加的极限热量受到管道出口临界流量的限制。

在管道进口处的高马赫数以及最大加热量的综合作用下,可以导致 15% ~ 20% 量级的压力损失,但是一般情况下,燃烧室中的马赫数较低。参考文献 [23] 中给出了不同发动机的数据,结果表明燃烧室参考截面马赫数在 0.012 ~ 0.04 范围内。根据图 1.4-6,在这种低马赫数条件下的加热压力损失小于 0.15%。

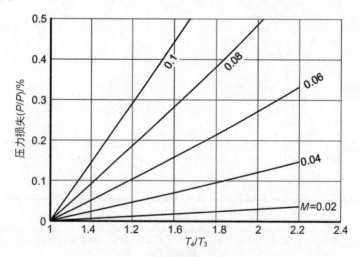

图 1.4-6 燃烧室中的加热压力损失

在非设计点工作区域，温比 T_4/T_3 不会发生很大变化。因此，对于给定的发动机，从慢车到最大状态下的加热压力损失变化小于 0.02%。由于冷态压力损失的不确定性，初步设计阶段，考虑燃烧室内的加热压力损失没有很大意义。

必须注意的是，加力燃烧室与主燃烧室存在明显不同，因为加力燃烧室进口马赫数约为 0.2，比主燃烧室参考截面马赫数大接近百倍。

1.4.3 燃烧室出口温度分布

在燃烧室出口处，温度分布存在径向和轴向不均匀性。每个燃油喷嘴后都存在热斑，而火焰筒冷却导致叶根和叶尖的温度低于平均温度，见图 1.4-7。

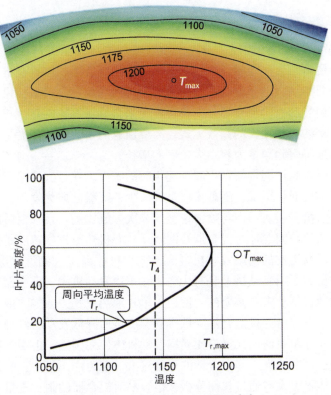

图 1.4-7　燃烧室出口温度分布[46]

涡轮进口导向器必须承受燃烧室出口热斑最大温度 T_{max}。受以下两种原因影响，涡轮转子叶片承受相对较低一些的温度。首先，通过涡轮导向器使周向温度不均匀度降低；其次，旋转系统相对总温比转子进口绝对温度低约 10%。

通过两个参数描述燃烧室出口处温度分布品质。总温度分布因子 OTDF 和径向温度分布因子 RTDF。它们分别定义为

$$\mathrm{OTDF} = \frac{T_{\max} - T_4}{T_4 - T_3} \quad (1.4\text{-}8)$$

和

$$\mathrm{RTDF} = \frac{T_{r,\max} - T_4}{T_4 - T_3} \quad (1.4\text{-}9)$$

OTDF 也称为分布因子，RTDF 称为形状因子[20]。

1.5 混合器

可以通过多种方式的涡扇发动机的冷、热排气气流掺混提高排气系统性能，进而提高发动机的性能。首先，如果核心机与外涵出口处的总压近似相等，那么掺混将不会产生明显的压力损失，那么混合器能够提高推力。涡扇发动机循环需要特别合适于混合器，因为混合排气涡扇发动机最佳风扇压比低于分别排气涡扇发动机。混合器是一种可避免来自低压涡轮的热流与来自风扇的冷流掺混带来的能量损失的高效方式。需要注意的是，巡航速度下，总推力较小的增长幅度将引起净推力相当大比例的增长。

其次，气流经过混合器可以减少起飞时的噪声。在过去的二三十年里，由于城市机场的交通量增加，随着排放量的减少，降噪已成为发动机设计师的一项重要任务。由于喷射噪声与喷射速度的 8 次方成比例，且掺混后的速度明显低于核心机热流，因此通过混合器掺混降低核心机热流排气速度是降噪的有效方式之一。低涵道比的涡扇发动机混合器效率可能高于大涵道比涡扇发动机，因此在公务机和军用发动机上具有优势。在军用发动机中，混合器对于带加力燃烧室的发动机是非常有必要的，使通过单一加热系统完成加力成为现实。此外，军用发动机中可通过混合器降低排气温度进而降低发动机红外特征。

混合器在远距离商用大涵道比涡扇发动机中使用频繁，但混合器除具有各种优点之外也存在缺点，即混合器的重量过大。在跨洋飞行中，燃油消耗量巨大且飞机机体重量大，通过权衡分析，很容易对混合器的附加重量和成本进行调整，以节省燃油，如空客 A340 上使用的 CFM56-5C2。

1.5.1 如何通过掺混提高推力

在讨论实际混合器-喷管组合性能之前，先看一个简化的图形示例来说明

混合器如何增推。假设涵道比为 1 且内外涵道出口压力相同,即

$$W = W_{hot} = W_{cold} \tag{1.5-1}$$

和

$$P_{hot} = P_{cold} \tag{1.5-2}$$

内涵热流的温度显著高于外涵气流的温度,因此它们的焓值也相应不同。

如果热流和冷流各自完全膨胀到环境压力,使 $P_{s9} = P_{amb}$,则焓的变化将等于动能的相应变化。总推力将由下式给出,即

$$F_{unmixed} = F_{hot} + F_{cold} = W\sqrt{2}(\sqrt{\Delta H_{hot}} + \sqrt{\Delta H_{cold}}) \tag{1.5-3}$$

如果热流和冷流完全掺混,即

$$H_{mixed} = \frac{H_{hot} + H_{cold}}{2} \tag{1.5-4}$$

则总推力为

$$F_{mixed} = 2W\sqrt{2\Delta H_{mixed}} \tag{1.5-5}$$

图 1.5-1 分别给出了单独热流、冷流以及对应情况下混合流的焓-熵图。可以看出,混合流比焓是热流和冷流值的平均值,但是随着焓增等压线逐渐分散,混合流动能(ΔH_{mixed})更接近热流的动能,且混合流焓值的 2 倍总是大于冷流和热流焓值的总和。则有

$$F_{mixed} = 2W\sqrt{2\Delta H_{mixed}} > W\sqrt{2}(\sqrt{\Delta H_{hot}} + \sqrt{\Delta H_{cold}}) = F_{unmixed} \tag{1.5-6}$$

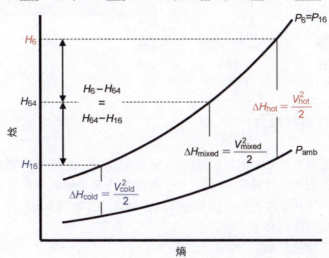

图 1.5-1　不掺混/掺混喷管的焓-熵图

这种推导可以很容易地应用于更多热流和冷流不相等的实际情况。

下面将讨论用于商务喷气机和商用客机的混合器-喷管组合性能。

1.5.2 混合器几何结构

为了模拟涡扇发动机的混合器,需要一种类似于图 1.5-2 所示的简单几何模型。混合器进口条件是内涵出口(6 截面)和外涵出口(16 截面)条件。由波瓣掺混引起的压力损失被记录在热流计算 6 截面到 63 截面的热流压力损失以及冷流计算 16 截面到 163 截面的冷流压力损失中,以便计算混合器性能。

混合器算法的本质是假设混合发生在具有恒定横截面的无摩擦管道中。图 1.5-2 给出混合器进口 63 截面和 163 截面一直到混合器出口 64 截面整个混合过程的变化。喷管喉部位于混合器下游的 8 截面。

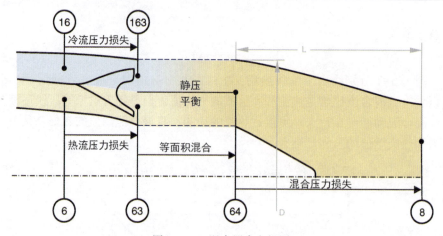

图 1.5-2 混合器命名规则

1.5.3 混合排气推力

理想的混合器从 6 截面到 63 截面、16 截面至 163 截面和 64 截面至 8 截面均不产生压力损失,在计算 64 截面处,两股气流完全掺混并作为单一流动进入喷管膨胀,不产生任何损失。在计算 163 截面中,冷流压力、温度与 16 截面相同,热流对应参数也是类似的。

应用以下物理定律。

由质量守恒,有

$$W_{64} = W_{63} + W_{163} \tag{1.5-7}$$

由能量守恒,有

$$W_{64}H_{64} = W_{63}H_{63} + W_{163}H_{163} \tag{1.5-8}$$

由动量守恒，有

$$W_{64}V_{64}+P_{s64}A_{64}=W_{63}V_{63}+P_{s63}A_{63}+W_{163}V_{163}+P_{s163}A_{163} \quad (1.5-9)$$

冷流、热流面积的和等于混合流流动面积，且两股流动的静压相等，即

$$A_{64}=A_{63}+A_{163} \quad (1.5-10)$$

$$P_{s63}=P_{s163} \quad (1.5-11)$$

理想气体方程适用于这3种流动，即

$$W=A\rho V=A\frac{P_s}{RT_s}V \quad (1.5-12)$$

这个方程组只能通过迭代求解，在电子表格中计算这个方程组是很麻烦的事情。

可以通过两种形式定义气流完全掺混条件下的总推力。参考文献 [24] 中采用气流从64截面理想膨胀到环境压力下获得的推力计算总推力，即 $F_{G64} = W_8 \cdot V_9$。这种情况意味着需要一个完全匹配的收扩喷管面积比 A_9/A_8。在实际情况下，对于高喷管压比条件下 A_9/A_8，以及喷管长度、重量都变得过大，因此除了2元喷管设计外，理想推力是不可能实现的。

使用收敛喷管作为理想推力的参考案例，因为收敛喷管在实际混合器中广泛应用。因此，由下式给出完全掺混条件下的推力：

$$F_{G64}=W_8V_8+A_8(P_{s8}-P_{amb}) \quad (1.5-13)$$

1.5.4 分开排气推力

将来自6截面的热流通过理想收敛喷管完全膨胀到环境压力产生的推力称为总热推力 $F_{G,hot}$。同样地，将来自16截面的冷流通过理想收敛喷管完全膨胀到环境压力产生的推力称为总冷推力 $F_{G,cold}$。未掺混推力也就是热推力与冷推力的总和。

1.5.5 掺混效率和掺混速度系数

混合器效率定义为总推力增益与完全掺混的总推力增益之比，即

$$\eta_{mix}=\frac{F_G-F_{G,unmixed}}{F_{G,fullymixed}-F_{G,unmixed}} \quad (1.5-14)$$

通常用推力系数代替混合器效率，其是实际推力与理想推力的比值。理想推力可能是理想的收敛喷管或理想的收敛-发散喷管膨胀到环境压力所产生的推力。

$$C_{FG} = \frac{F_{G,measured}}{F_{G,fullymixed,ideal}} \tag{1.5-15}$$

在参考文献［24］中，理想情况下的推力定义为等熵膨胀到环境压力下可获得的推力。当喷管压比是超临界时，该推力高于无损失收敛喷管推力，损失由速度系数 C_V 表示，即

$$C_V = \frac{\dfrac{F_{G,measured}}{W_8}}{V_{ideal}} \tag{1.5-16}$$

该推力系数的定义对于选择喷管类型时是适用的，但不适用于衡量混合器性能。如果喷管压比高于临界值，那么即使混合器-喷管组合完全没有损失，推力系数也将小于1。

通过式（1.5-14）中定义关系来衡量混合器-喷管组合的性能质量，理想总推力是无损失收敛喷管的推力。

1.5.6 推力增益潜力

现在将以更一般的方式研究理论上可实现的气流掺混引起的推力增益。

图1.5-3显示了商用客机涡扇发动机中无摩擦混合器的巡航推力增益潜力。x 轴上的总推力增益值看起来并不令人印象深刻。但是，如果将推力效益表示为净推力的百分比，那么得到更具吸引力的数字，因为

$$\frac{\Delta F_G}{F_N} = \frac{\Delta F_G}{F_G - W_2 V_0} > \frac{\Delta F_G}{F_G} \tag{1.5-17}$$

通过这个方程可以看出，混合器对于起飞时的推力增益（$V_0 = 0$）远小于巡航时的推力增益。SFC在起飞时的改善百分比也远低于巡航状态的改善百分比。

混合器收益的主要驱动因素是温度比 T_6/T_{16}。当内涵气流和外涵气流的温度相等时，混合不会带来任何好处。

大涵道比条件下，两股气流的掺混变得不那么有吸引力。总推力增益潜力随着涵道比的增加而减小，且用于大涵道比的混合器本身就很重。

如图1.5-4所示，混合截面的马赫数 M_{64} 起次要作用。低马赫数掺混产生最大的推力增益。然而，它们也意味着更大的混合器面积 A_{64}，这导致更大的机舱直径和更高的发动机和安装重量。

在给定的 $P_{16}/P_6 > 1$ 时，最佳混合速度比 $V_{163}/V_{63} = 1$。相反，当 $P_{16}/P_6 < 1$ 时，$V_{163}/V_{63} = 0.3$ 是一个不错的选择。

第 1 章 部件性能

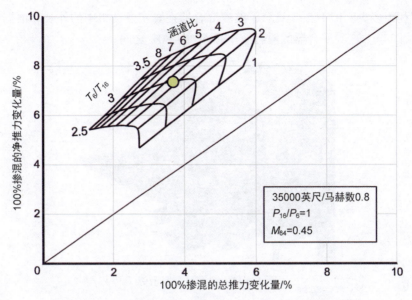

图 1.5-3 完全掺混、无摩擦压力损失条件下的推力增益

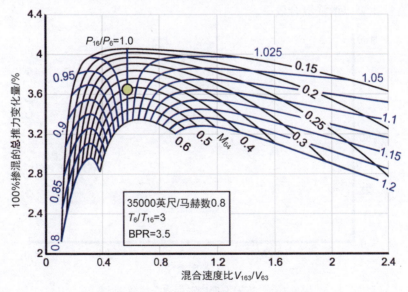

图 1.5-4 混合器马赫数和 P_{16}/P_6 的影响

1.5.7 实际掺混

涡扇发动机两股流动带来的理论推力增益看起来很有吸引力。那这种增益

可以利用多少？图 1.5-5 显示了波瓣混合器在真实发动机中的外观。根据参考文献［24］，这种混合器的混合效率在 60%～80% 之间。

图 1.5-5　波瓣混合器示例

如图 1.5-6 所示，没有波瓣的混合器混合效率达到 20%～30%，较高的长度与直径比可以增强混合效率。

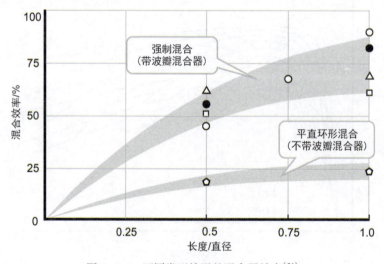

图 1.5-6　不同类型掺混的混合器效率[24]

1.5.8　混合器设计案例

混合器通常与小型发动机一起用于公务喷气机。例如，针对小型公务飞机发动机循环优化分析获得的混合器进口条件如表 1.5-1 所列。

表 1.5-1　混合器进口条件为 40000ft、$M=0.8$

截面	质量流量/(kg/s)	总温/K	总压/kPa
16	11.2	294	46.9
6	3.14	801	43.1

这个循环的最佳混合器几何形状是什么？在循环的边界条件下可以使用的变量是掺混截面 M_{64} 中的马赫数和混合器效率。最简单的混合器设计包括风扇和主流之间的锥形分流器，图 1.5-6 显示的其混合器效率最高达 25%。

为获得更高的混合器效率，需要在混合截面下游设计斜槽和足够的尾管长度，但应该记住，增加湿表面积会导致更多的摩擦损失，即更多的总压损失。

对于公务机发动机，选择一个带有波瓣的强制掺混混合器，如图 1.5-5 所示。混合器的设计目标效率值是 65%，波瓣下游的总压损失为 1%。如果参考图 1.5-6，从波瓣出口到喷管喉部测量的混合器长度约为外涵出口直径的 80%。

根据图 1.5-7 中的相关关系，选择混合器马赫数 $M_{64}=0.45$，并使用表 1.5-1 中的混合器进口温度和压力。这是性能和重量之间的折中：较低的马赫数会产生更大的总推力增益，但也会增加混合面积，从而增加发动机和机舱的直径。与此同时，成本、重量和阻力也会增加。

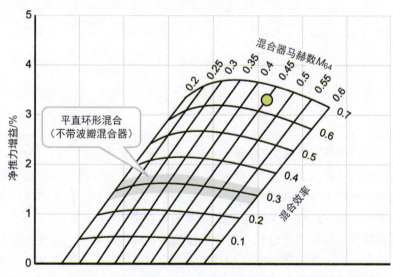

图 1.5-7　混合器马赫数对掺混获得净推力增益的影响

表 1.5-2 列出了所选混合器设计点的气动热力学详细信息。混合器进口条件，混合后的马赫数和喷管背压被加粗显示。

第3篇 非设计点性能

表 1.5-2 效率值 65%、马赫数 0.45、1% 压力损失条件下的混合器特性详细信息

截面	质量流量 $W/(kg/s)$	总温/K	总压/kPa	静压/kPa	马赫数	速度/(m/s)	面积/m²
16	11.2	294	46.9				
163	11.2	294	46.43	39.43	0.489	164.2	0.1333
6	3.14	801	43.1				
63	3.14	801	42.67	39.43	0.345	190.0	0.0914
BPR	3.567						
64	14.34	410.9	44.63	38.87	0.450	178.9	0.2340
常温				18.75			
8, 冷流	11.2	294	46.9	24.77	1	313.8	0.1013
8, 热流	3.14	801	43.1	23.09	1	515.0	0.0517
8, 混合流	14.34	410.9	44.6	23.61	1	370.8	0.1613
	P_{63}/P_6	P_{163}/P_{16}	P_{64}/P_{63}	P_{64}/P_{163}	P_8/P_{64}	P_8/P_{amb}	
	0.99	0.99	1.046	0.957	1	2.38	
		P_{16}/P_6			V_{163}/V_{63}		
		1.088			0.8342		
	F_N	F_G	$F_{G,ideal}$	$F_{G,unmixed}$	效率	$F_{G,gain}$	$F_{N,gain}$
	kN	kN	kN	kN		%	%
	2.668	6.054	6.102	5.965	0.65	1.47	3.33

接下来检查所选设计点周围的设计空间。图 1.5-8 显示了混合器效率和射流管道中摩擦引起的总压损失对净推力增益的影响。使用掺混混合器,推力增益方面可以获得 1.7% 的改善,由于在进行混合器分析中,混合器进口条件和燃油流量并未发生改变,因此与之对应的 SFC 改善 1.7%。

强制掺混型混合器肯定更昂贵并且增加了发动机的重量。但是,它对发动机的性能有很大贡献。净推力和 SFC 改善超过 3% 是很有吸引力的,因此需要进行更广泛的分析研究!

图 1.5-8 展示了摩擦压力损失的影响。当混合器效率高时,1% 的总压损失将使混合器的净推力增益降低相同的百分比。

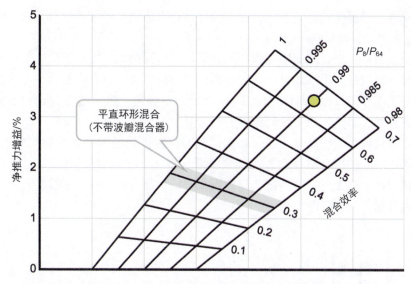

图 1.5-8 压力损失对掺混获得净推力增益的影响

1.5.9 混合器非设计点工况

在混合器非设计点分析中,采用与混合器设计中基本相同的方法。然而,两者存在一个重要的区别:在非设计点模拟中,截面 A_{63}、A_{163} 和 A_{64} 的几何尺寸是已知的。这些热力学截面的速度取决于内涵核心流和外涵气流的出口条件,并且这些条件在飞行包线内和推力方面有很大差异。我们对这些速度中的每一个都有"目标值"。

那么,当涉及混合排气涡扇发动机和分开排气涡扇发动机非设计点分析时有何差别?如前文中所述,任何非设计点计算都是迭代的,对所选变量进行了许多猜测(转速、燃烧室出口温度和每个组件在特性图中工作点的坐标)。

非设计点迭代开始于为迭代变量设置初始猜测值,这通常意味着不满足任何目标值。对于每个条件,通过计算误差来量化差异的大小。牛顿-拉普森(Newton-Raphson)算法以最终满足所有条件,即所有误差都为零,这种方式修改迭代变量的值。

在任何燃气轮机模拟中,每个排气喷管施加一个条件,即上游部件出口处的总压必须使质量流量在主流背压条件下通过给定的喷管区域。"误差"是上游总压和所需总压之间的差值。

混合排气涡扇发动机和分开排气涡扇发动机迭代变量的数量相同,然而由于混排涡扇仅存在一个而不是两个排气喷管,因此缺少一个条件。需要另一个

第3篇 非设计点性能

条件来替代外涵喷管流量条件。混合器气动热力学模型提供了这样条件，即静压 P_{s63} 和 P_{s163} 必须保持一致。

经验表明，混合截面中等静压的假设在任何混排涡扇发动机的性能模拟中都能很好地发挥作用。非设计点混合器模型的程序实现具有挑战性，因为迭代误差必须起作用以便 Newton-Raphson 算法计算收敛，进而实现内涵和外涵出口质量流量、温度和压力任何组合的收敛解。

在非设计点工作区域，当拉回油门杆时，混排涡扇发动机性能如何变化？混合器入口处的所有温度和压力都会降低（图 1.5-9）。当温度比 T_{16}/T_6 减小时，压比 P_{16}/P_6 上升，两者都会导致混合器的性能变差。在功率非常低的情况下，混合器甚至会降低推力！

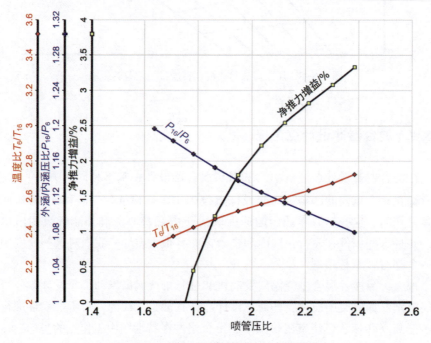

图 1.5-9 节流工况条件下的混合器性能

图 1.5-9 中的趋势是通用的，只是在确切的数字上存在偏差。在任何喷管中，流量和速度系数随喷管压比变化；经验值 C_D 和 C_V 用于协调理论值和测量值。

通过稍微调整混合器面积 A_{63} 和 A_{163}，可以解决发动机匹配的模拟精度（涵道比如何随发动机状态变化）问题。如果可能，两者面积之和应保持为常数，即 $A_{63}+A_{163}=A_{64}$（设计值）。

1.6 加力燃烧室

加力燃烧室是一种简单的装置，它仅由几个基本部件组成，即扩压器部分、燃油喷嘴、火焰稳定器、带有控制冷却空气隔热屏的加力筒体和喉部面积可调喷管。

为了使扩压器中的压力损失最小，通过涡轮出口导向叶片消除或至少减少低压涡轮转子下游的气流余旋。出于相同的目的，且为了增加气流在燃烧区域的驻留时间，马赫数需从大约 0.4 减小到 0.2。燃油喷嘴以一种能够满足燃油分配需要的方式放置在该区域中。

火焰稳定器在相对高速的气流环境中稳定火焰，加力筒体作为燃烧室，为燃烧提供化学反应时间。啸叫阻尼器（防振屏）是抑制破坏性高能声学频率所必需的。啸叫阻尼器（防振屏）是衬套（隔热屏）的一部分，可以保护燃烧室机匣免受高温影响。在加力燃烧室的下游，需要可变面积喷管来控制涡轮的工作条件。

工作状态中加力燃烧室的流动特性非常复杂，并且在纯理论基础上不可能完全精确地模拟其性能。加力燃烧室的设计仍然是一项经验性任务，最主要的还是老式的试凑方法。加力燃烧室性能的精确模拟将始终包括从发动机测试数据分析中得出的相关经验关系。

加力燃烧室必须在较宽的工作边界内运行。为了获得最大推力，应该以完全消耗主流可用氧气的方式喷射燃料，这意味着喷嘴入口处的油气比必须非常均匀。当燃料不均匀地分布时，存在富油区域和贫油区域，其油气比高于和低于化学当量油气比，在这两种情况下，热释放都小于最大值。

在最小加力条件下，燃料应该分布在较小燃烧区域并保证燃油量满足稳定燃烧的化学计量区域以防止火焰被吹熄。与最大加力情况相反，这种情况下需要不均匀的燃料分配。

加力燃烧室的模拟需要以下模型：
① 非加力/加力工作条件下的压力损失；
② 给定量燃料中释放的热量；
③ 可变喷管几何形状对叶轮机械工作条件的影响；
④ 加力燃油泵的功率要求。

以下章节涉及混排涡扇发动机中加力燃烧室稳态运行的建模分析。下面所描述的方法也适用于涡喷发动机的加力燃烧室。实用的加力燃烧室模型都是半经验的。

1.6.1 加力燃烧室精确模拟需求

混排涡扇发动机的加力燃油流量的控制非常复杂。对于给定的喷管面积，过多加力燃油流量燃烧会导致风扇节流，从而使其喘振；相反，不充分的热释放导致风扇压比降低并导致射流管道中的燃气流速增加，从而导致火焰熄灭。理想情况下，风扇的工作点不应受加力燃烧室工作的影响。

使用两种不同的方法来实现（至少近似实现）这一点。在一些发动机中，闭环控制加力燃油流量，从而保持给定的风扇压比。但是这种方法的问题在于，如果加力燃烧室点火延迟的情况下，喷管将收缩以保证风扇压比保持在目标水平。但如果随后加力燃烧室点火成功，而喷管无法及时地打开以避免加力燃烧室压力急剧上升，这又会导致风扇喘振。

原则上，通过开环加力燃油控制方式可以避免这个问题。在这样的系统中，飞行员操作决定了喷管面积，并且根据测量得到的喷管位置（面积）通过控制系统计算加力燃油流量。注入加力燃烧室的燃油与涡轮出口气流继续燃烧，进而达到所需的风扇压比。此时由于没有压力信号反馈到加力燃烧室燃油流量控制系统，点火延迟不会导致喷管收缩，并且当燃料最终点燃时风扇喘振的危险被消除。

实际上，使用开环加力燃油控制系统需要一种精确方法通过自动控制系统输入参数来计算所需加力燃油流量。一方面，当注入燃料的热量释放过高时（燃油过多），风扇喘振裕度将小于预期；另一方面，当放热低于期望时，无法达到相应推力。燃油控制规律或燃油监测中的任何不准确性都会直接影响推力、耗油率和风扇喘振裕度。

从海平面和高空发动机试验中推算出加力燃烧室控制规律既不实际也不经济。因此，必须从模型中导出喷管面积和燃油流量的控制计划。此模型中的任何缺陷意味着，在某些飞行条件下，出于安全考虑必须保证更大的风扇喘振裕度；而在其他飞行条件下，必须保证更大的涡轮进口温度余量以补偿潜在的推力损失。

控制系统的主要功能是确保发动机的安全运行，因此，模型必须尽可能精确地预测风扇工作点。

建立良好的模拟需要的不仅仅是加力燃烧室燃烧效率的准确表示，实际上，模型的所有元素都会对计算出的风扇喘振裕度产生直接或间接的影响。

1.6.2 几何构型与截面编号

涡扇发动机加力燃烧室硬件差异很大。它的设计有两种基本方法：一种是先掺混再燃烧；另一种同时进行混合/燃烧。参考文献［25］中讨论了每种方法的优、缺点。对于性能模拟，通常计算先混合然后再燃烧的情况。

首先解决内涵 6 截面和 63 截面之间以及外涵 16 截面和 163 截面之间的压力损失。如图 1.6-1 所示，给出加力燃烧室基本结构及计算截面。注意，外涵流量大部分进入隔热屏后部的环形空间，一部分通过多孔啸叫阻尼器（防振屏）重新进入主流。

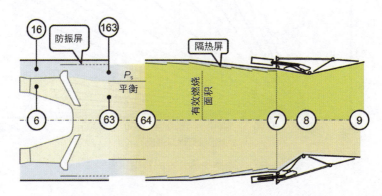

图 1.6-1　加力燃烧室截面编号（上半部分为加力状态，下半部分为非加力状态）

通过模型计算内涵与外涵气流掺混进而得到截面 64 的参数。该模型假设两股气流在无摩擦等截面面积的无限长管道中进行完全掺混。气流的质量流量、能量和动量守恒。循环匹配计算确保静压 P_{s63} 和 P_{s163} 处于平衡状态。更多细节参见本章 1.5 节。

当加力燃烧室点火时，隔热屏内主流侧静压低于加力不工作时的静压，因此加力燃烧室工作时，通过防振屏和隔热屏的冷却流量增加。

从气动热力学方面分析，燃烧过程从 64 截面开始到喷管进口 7 截面结束，无摩擦恒定面积管道中的基本压力损失取决于马赫数 M_{64} 和温比 T_7/T_{64}。如果射流管道（64 截面和 7 截面之间）不是圆柱形，那么 64 截面的马赫数可以用一个假想有效燃烧区域的马赫数代替（图 1.6-2）。

1.6.3　加力工作情况

当加力燃烧室不工作时的特性类似于混合器，其计算方法详见本章 1.5 节中的描述。

第 3 篇 非设计点性能

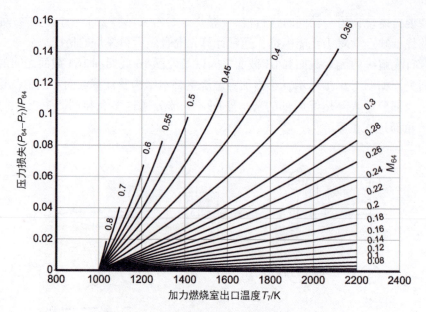

图 1.6-2 无摩擦加热管道的基础压力损失

1.6.3.1 压力损失

通过火焰稳定器结构产生低速、空气回流区域以保证火焰稳定燃烧和传播。这种系统本质上会产生显著的压力损失。额外的压力损失来源于布置在火焰稳定器上游的燃油喷嘴(喷油环或喷油杆)和涡轮出口扩压器。建模过程通常将所有损失集中在一起。由于发动机该部分的流动速度总是亚声速的,因此主流的压力损失与涡轮出口处换算流量的平方成正比。

模拟外涵流动的压力损失可能更加困难,尤其是涵道比很低的发动机。然而,通过一些努力,外涵火焰稳定器下游的压力通常可以借助经验关系由外涵出口压力得到。

与由火焰稳定器引起的损失相比,射流管道中的壁摩擦引起的损失较小。在射流管道中隔热屏冷流与主流掺混会引起一些压力损失。通常这 3 种压力损失不单独计算,而是将它们与外涵火焰稳定器损失特性相结合。

1.6.3.2 流场

在没有加力燃烧室的大涵道比发动机中,整个外涵气流在混合器的后缘处连接主流。当在混合器汇合时,两股气流基本上平行流动并且它们各自的静压相等。然而,强制掺混的混合器形状非常复杂,并且严重影响这两个气流相遇区域中的流场。不过,在匹配这种发动机中叶轮机械工作条件时,从固定的有效流动区域计算平均静压就足以确保它们相等。

通常，加力燃烧室入口处的几何形状非常复杂。火焰稳定器创造出一个显著尺寸的再循环区域，并通过一个静压平衡的简单混合器模型进行模拟。这样就会出现两个问题：什么是有效的混合器面积？它们是否随发动机工作条件而变化？在对真实发动机进行建模时，对简单静压平衡假设的一些经验修正是不可避免的。

典型的喷管和隔热屏需要总发动机气流的 8%~13% 用于冷却。采用低涵道比发动机，这意味着高达 50% 的外涵气流流入隔热屏外部，且不参与燃烧过程。当它与主流混合时，它的动量通常被忽略。此外，总冷却空气被分为两部分：在加力计算之前混合一部分；在 7 截面之后混合其余部分。

当喷射的燃油流量从最小值增加到最大值时，加力燃烧室出口处马赫数上升，因此射流管道中的静压下降。隔热屏冷却空气驱动压比上升，导致更多外涵空气进入隔热屏，留下更少的空气用于燃烧。

1.6.4 加力效率

燃料分布较为明显地影响加力燃烧室效率。重要的是燃料应该蒸发并与火焰稳定器上游的燃气充分混合。通常，燃料通过位于供油圈上的直射式雾化器（即直孔）注入。较为理想地，它在上游方向注入，以通过增加燃料和空气之间的相对速度来改善雾化。火焰稳定器平面内的油气比的分布随燃料流量而变化。在主流中，高温确保了燃料的完全蒸发。在外涵流动中，低温导致的低蒸发速率使良好雾化变得至关重要。

1.6.4.1 定义

加力燃烧室的效率定义为实际温升与理想温升的比率，即

$$\eta_{T_1} = \frac{T_7 - T_{64}}{T_{7,\text{id}} - T_{64}} \tag{1.6-1}$$

当确定理想的加力燃烧室出口温度 $T_{7,\text{id}}$ 后，随之确定效率值。这可能是碳氢化合物完全燃烧条件下的温度，除二氧化碳和水之外不产生任何其他物质。然而，这种化学过程仅在理论上发生，即使在空气中存在足够的氧气以完全氧化燃料中的碳和氢气时，也会形成一氧化碳（CO）。在化学平衡状态的气体混合物中也存在 NO_x 和未完全燃烧的烃。平衡温度 $T_{7,\text{equi}}$ 低于理想温度 $T_{7,\text{id}}$，两者差异是由解离引起的——一种燃烧产物达到混合物的最小吉布斯函数的平衡过程。图 1.6-3 显示离解显著降低了可实现的加力燃烧室出口温度。

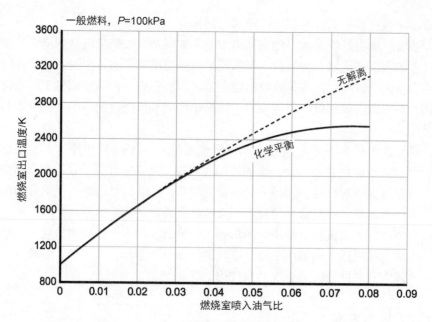

图 1.6-3　100kPa 条件下碳氢燃料裂解的影响

加力燃烧室的任何局部区域的出口温度都不可能高于化学平衡值。在加力燃烧室效率的定义中使用 $T_{7,\mathrm{id}}$ 是存在误导性的，因为这表明即使在具有大直径（即燃烧过程的长停留时间）的长加力燃烧室中的完全燃烧燃油分配也将具有很大的改进空间。因此，基于温度的加力燃烧室效率应定义为

$$\eta_{T_2} = \frac{T_7 - T_{64}}{T_{7,\mathrm{equi}} - T_{64}} \tag{1.6-2}$$

但是，这种效率定义仍存在问题。如果将非常多的燃料喷射到设计不良的加力燃烧室中，那么 7 截面处的油气比可远远超过化学当量，这种混合物的平衡温度可能低于实际温度 T_7。那么根据式（1.6-2），对于性能极差的设备，效率将大于 100%！

当将加力燃烧室效率定义为燃油质量流量的比值时，这个问题就消失了，即

$$\eta_{W_2} = \frac{W_{\mathrm{F,RH,euqi}}}{W_{\mathrm{F,RH}}} = \frac{\mathrm{far}_{7,\mathrm{equi}} - \mathrm{far}_{64}}{\mathrm{far}_7 - \mathrm{far}_{64}} \tag{1.6-3}$$

式中：$W_{\mathrm{F,RH,equi}}$ 为理想情况下加力燃烧室达到化学平衡温度 $T_{7,\mathrm{equi}}$ 所需的燃料质量流量。

图 1.6-4 显示了对于相同的加力燃烧室，如何获得 0.864~0.953 之间的效率值。优选定义得到 $\eta_{\mathrm{RH}} = \eta_{W_2} = 0.926$。

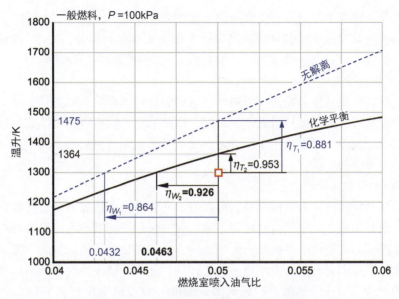

图 1.6-4　不同加力效率定义的评估结果

显然，了解加力燃烧室效率如何定义非常重要。然而，并非所有出版物都明确地解释了他们认为理想的加力燃烧室出口温度。文献中的效率值低于 0.9 可能是合理的，因为它们是基于理想燃烧（即没有解离）而不是实际燃烧。

我们所见的参考资料均未包含加力燃烧室效率的明确定义。各文献中的效率差异很大：参考文献 [26] 中的效率介于 0.8~0.9 之间，而参考文献 [27] 中在良好工作条件下的效率范围在 0.85~0.9 之间。参考文献 [7] 提供 0.93 作为典型值。可很自然地假设文献中较低的值是基于没有解离的理想燃烧定义的效率。

1.6.4.2　确定效率的方法

1）加力燃烧室试验

特殊试验台有时是为加力燃烧室的开发而设计的。提供适当温度和压力的外涵流动是很容易实现的，但是模拟内涵气流进口温度必须将空气加热至涡轮出口温度，并需要比发动机中相同位置处更小的油气比。因此，当没有采取修正措施时（如通过注入蒸汽或氮气），试验台上可用氧气比发动机中的氧气多。

加力燃烧室试验台架测试分析中，喷管进口的质量流量能够准确获得，且该位置的总压可以通过隔热屏出口处静压测量后计算得到。静压测量结果可以借助如 CFD 计算进行校准。当已知有效喷管喉部面积时，可以计算喷管喉部温度，然后计算燃烧效率。需要注意的是，此测试分析方法需要精确测量喷管几何面积，这对于可变面积喷管来说非常困难！

当使用试验测试数据获得的燃烧效率用于发动机总体分析时应特别小心。用于计算效率的数据关键取决于试验台测试分析中的隔热屏冷却模型。

2) 燃气分析

燃气分析是一种可提供有关局部油气比和局部效率信息的工具。由于不考虑冷却空气的影响，测量值通常非常高，因此它们不能直接用于性能模拟，因此，建议燃气分析更多地用于检查燃料分布和优化燃油喷嘴系统而不是估算加力燃烧室效率的工具。

3) 发动机试验

根据发动机试验的测量结果，可以通过两种方法评估加力燃烧室效率。第一种方法与加力燃烧室试验台相同。第二种方法通过测量推力推导喷管进口温度，不需要测量喷管喉道面积。采用这种方法需要喷管性能高精度模拟，因为任何模拟误差都会改变加力燃烧室性能评估，并产生错误的性能结果。过高估计喷管性能伴随着低估加力燃烧室出口温度（以及由温度得到的加力燃烧室效率）；反之亦然。

由此可以得到加力燃烧室效率 $\eta_{RH,F}$。在发动机总体性能分析中利用 $\eta_{RH,F}$ 通过方程推导，能够获得正确的喷管流量以及正确的总推力。

1.6.4.3 部分加力效率

仅仅从理论上考虑是无法精确计算加力燃烧室效率的。因此，只能使用经验关系。

参考文献 [7, 28] 建议了一种基于燃烧载荷的关联方法，它通常用于主燃烧室计算。在本章 1.4 节介绍了通过简单关联性确定主燃烧室节流状态效率。此处重复定义式 (1.6-4)。

$$\log(1-\eta) = \log(1-\eta_{ds}) + B\log\left(\frac{\Omega}{\Omega_{ds}}\right) \tag{1.6-4}$$

即效率是节流常数 B 和燃烧室载荷系数 Ω 的函数，有

$$\Omega = \frac{W_{31}}{P_3^{1.8} e^{T_3/300K} \text{Vol}} \tag{1.6-5}$$

对于加力燃烧室，将载荷系数 Ω_{RH} 定义为

$$\Omega_{RH} = \frac{W_{64}}{P_{64}^{1.8} e^{T_{64}/300K} \text{Vol}_{RH}} \tag{1.6-6}$$

式中：Ω_{RH} 表征了压力 P_{64}、温度 T_{64} 和质量流量 W_{64} 的综合影响。由于加力燃烧室体积是面积 A_{64} 和喷射管长度的乘积，因此 W_{64}/A_{64} 是气体速度的度量。

式 (1.6-4) 中定义节流常数 B 为 1.6 来描述典型主燃烧室部分负荷工作

第1章 部件性能

条件下的性能。该值考虑了随着载荷系数增加而降低的油气比。对于恒定油气比条件下的效率下降较小，此时 B 值较低是合适的。

1.6.5 示例 EJ200 发动机

EJ200 是欧洲战斗机"台风"飞机使用的发动机。它是 20 世纪最后 10 年在欧洲发展起来的，表 1.6-1 列出了该战斗机发动机的主要设计参数。

表 1.6-1 EJ200 发动机性能参数（无加载，ISA，SLS）参考 MTU 产品说明书

EJ200 发动机性能参数（无加载，ISA，SLS）		
加力状态最大推力	90kN	20000lbf
不开加力状态最大推力	60kN	13500lbf
总压比	26∶1	26∶1
风扇压比	4.2∶1	4.2∶1
涵道比	0.4∶1	0.4∶1
加力状态耗油率	47~49g/(kN·s)	1.66~1.73lb/(lbf·h)
不开加力状态耗油率	21~23g/(kN·s)	0.74~0.81lb/(lbf·h)
空气流量	75~77kg/s	165~170lb/s
长度（近似）	4000mm	157 英寸
进口最大直径	740mm	29 英寸

1.6.5.1 高空模拟试验建模结果

参考文献 [29] 给出了安装在高空模拟试验设备中的 EJ200 发动机的综合结果，文献中数据图中没有加力燃烧室效率和涵道比的标尺，对于喜欢逆向工程的人来说虽然不难确定效率值，但是涵道比的确切值仍然是个秘密！

为了分析测试数据，需要知道加力燃烧室每个测试点的使用条件，因此，基于表 1.6-1 中来自公开资料中的数据创建发动机通用性能模型。

用于建模分析的加力燃烧室进口条件是来自图 1.6-5 中的 64 截面。虽然无法评估掺混截面（64 截面）的气体特性，但是能够测量评估隔热屏壁面静压 $P_{s,wall}$，并通过修正得到 P_{s64}。文献 [29] 中进行了这项工作，通过对加力燃烧室壁面静压测量数据的处理，获得了静压比 P_{s64}/P_s 与温度比 T_7/T_{64} 之间的关系，如图 1.6-6 所示，静压比随温度比线性增加。造成这种现象的主要原因是：在壁面压力传感器上游开始出现加热效应。由于燃烧气体的密度较低，此

处的局部马赫数高于 M_{64}，因此 $P_{s,wall}$ 低于放热前静压 P_{s64}。

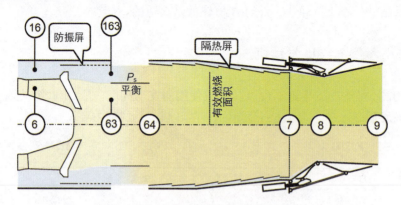

图 1.6-5　EJ200 加力燃烧室截面编号

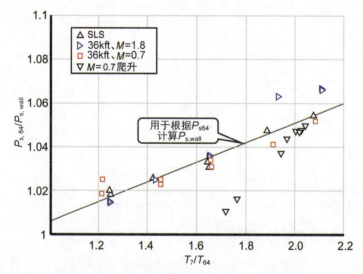

图 1.6-6　计算的 P_{s64} 与测量静压 $P_{s,wall}$ 之间的关系

如图 1.6-7 所示，给出 4 种不同系列试验条件下测试获得的加力燃烧室效率数据。第一系列是海平面条件下发动机加力推力从最小到最大状态下的试验结果。第二和第三系列是高度为 36000ft、马赫数为 1.8 和 0.7 条件下的试验结果。最后一系列测试模拟马赫数 0.7、海拔从 36000ft 开始垂直爬升过程最大加力效率变化结果。

我们的目标是在性能模拟中重现这些结果。我们的模型基于加力燃烧室载荷系数 Ω_{RH} 与效率的关联关系，即

第 1 章 部件性能

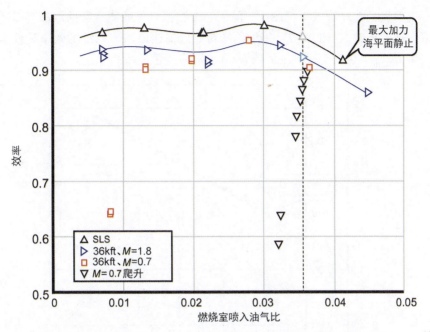

图 1.6-7 所有试验点的加力燃烧室效率[29]（效率标尺是推测加上的）

$$\log(1-\eta_{RH}) = \log(1-\eta_{RH,ref}) + B_{RH}\log\left(\frac{\Omega_{RH}}{\Omega_{RH,ref}}\right) \quad (1.6\text{-}7)$$

该等式中有 3 个常数，即参考效率 $\eta_{RH,ref}$、参考加力燃烧室载荷 $\Omega_{RH,ref}$、加力燃烧节流常数 B_{RH}。对于式（1.6-7）中的参考值，可以通过模型中标准日海平面无加载条件最大加力性能数据中获得。

从模拟加力燃烧室进口条件开始试验分析。首先只考虑燃料油气比约为 0.036 的试验结果。通过图 1.6-7 中曲线插值获得海平面和 36000ft、马赫数 1.8 的加力燃烧室效率，其他点直接采用试验测量结果 $far_{RH,inj}$ 对应的效率值。通过计算壁面静压 $P_{s,wall}$ 与效率相应测量结果匹配的方式运行加力燃烧室效率模型。对于海平面和 36000ft、马赫数 1.8 两个案例，通过调整进口（压力）恢复系数、燃烧室出口温度与喷管面积来达到目标。目的是调和每个试验点的涵道比与温比 T_7/T_{64} 的既定差异。对于垂直爬升的试验案例，假设发动机以恒定的低压换算转速工作、喷管喉道面积随高度升高而增加。在低雷诺数飞行条件下增大喷管喉道面积会提高风扇喘振裕度。

对于每一个试验点，通过该初步性能模型导出加力燃烧室燃烧载荷相对值 $\Omega_{RH}/\Omega_{RH,ref}$。由此，可以在本章 1.4 节图片中补充一条主燃烧室效率与载荷的关系曲线。图 1.6-8 中的蓝色圆圈对应高空台中加力燃烧室效率与载荷关系的试验结果。

第3篇 非设计点性能

很明显,在双对数坐标图中,除了一个数据点外的所有数据点都遵循线性关系。这意味着式(1.6-7)能够给非常好地描述该加力系统的效率特性。参考效率 $\eta_{RH,Ref}=0.975$ 和节流常数 $B=0.9$ 对应蓝色曲线。

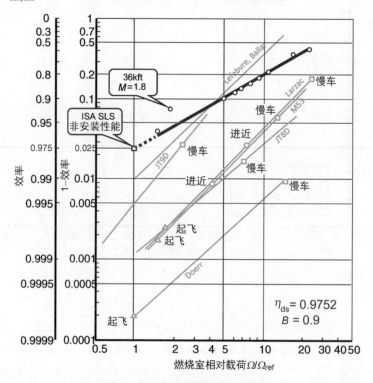

图1.6-8 加力燃烧室效率特性

该数据线上的唯一异常值出现在飞行条件36000ft、马赫数1.8下。这一点在喷管压比方面存在显著差异,对于超声速飞行情况而言,喷管压比大约为12,而所有其他情况对应喷管压比在3~4内变化。

值得注意的是,参考文献[29]中提供的所有加力燃烧室效率值都是根据测量的推力计算出来的。因此,该计算的准确性取决于喷管性能模拟。喷管模型的任何不足和真实喷管面积比 A_9/A_8 的不确定性都会导致 T_7 的不确定性,进而影响加力燃烧室效率。

通常认为马赫数为1.8试验状态下喷管压比高得多是加力燃烧室效率不符合大趋势的主要原因。最有可能的是,海平面静止与36000ft、马赫数1.8两种试验状态下呈现的燃烧室效率差异是不真实的,导致差异的原因是喷管性能分析的不确定性。

图1.6-8中加力燃烧室效率线的斜率比所有其他线都小,它们描述了传统燃烧室的特性。效率斜率差异是不同油气比变化导致的:油气比不同的情况

下,加力燃烧室效率恒定,但主燃烧室效率随着载荷升高而降低。

在图1.6-7中已经看到,加力燃烧室效率随油气比变化而变化。让我们更加深入研究燃油喷射过程,并探讨为什么会发生这种情况。在图1.6-9所示的EJ200加力燃烧室中,有3个供油区。在最小加力到最大加力工作过程中,首先点燃主供油区(图1.6-9中径向火焰稳定器的外部),燃料通过中心的燃油蒸发管供给。然后,通过每个火焰稳定器上游的15个喷杆将加力燃油供给到内涵气流中;燃油流量增加但限制在一定水平。最后,外涵燃油喷嘴开始工作,并将越来越多的燃料供应到外涵气流中。

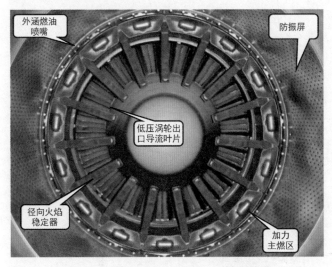

图1.6-9 EJ200加力燃烧室的燃油喷射

图1.6-10中的试验结果表明,参考文献[29]中燃油供给顺序导致效率修正项与油气比的关系呈波状曲线。对于任何加力燃烧室,效率修正线在高油气比末端的效率急剧下降是典型现象,主要由于不均匀燃油分布导致:平均油气比越高,存在局部富油区(高于化学当量)缺少氧气的可能性越大。

图1.6-8中的蓝线满足下式关系,即

$$\log(1-\eta_{RH}) = \log(1-0.9752) + 0.9\log\left(\frac{\Omega_{RH}}{\Omega_{RH,ref}}\right) \qquad (1.6-8)$$

其试验数据中,油气比$far_{inj}=0.036$。利用图1.6-10中的油气比修正项补充完善加力燃烧室模型。图1.6-11至图1.6-13显示了这个非常简单的模型如何执行,圆圈是模拟的结果,其他符号表示来自参考文献[29]的试验数据。通常来说,模拟结果与测量数据一致,该模型模拟的36000ft、马赫数1.8飞行条件下的预期结果与试验结果差异较大。

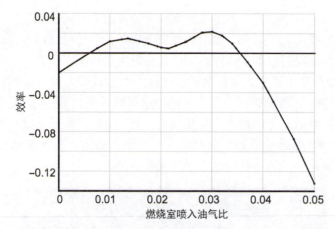

图 1.6-10　油气比修正项

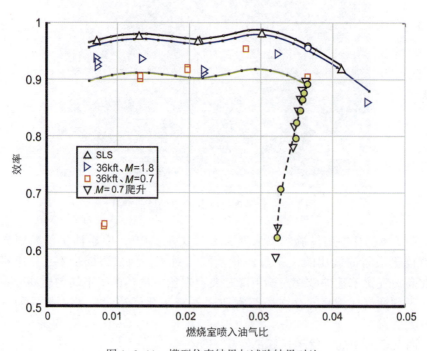

图 1.6-11　模型仿真结果与试验结果对比

参考文献 [5] 以不同的方式解释数据，没有将效率与燃烧室载荷关联起来。36000ft、马赫数 1.8 飞行条件的试验结果并未出现异常。其提出涵道比修正项使模型预测结果与测量结果相协调，但文献并未详细解释涵道比如何影响加力效率。

加力燃烧室效率随涵道比的增加而降低的原因是值得讨论的，普遍认为该现象是外涵冷流中燃料雾化和蒸发不良导致的。然而，即使没有燃料喷射到外

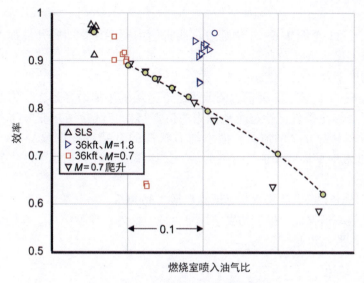

图 1.6-12　涵道比与效率的关联关系

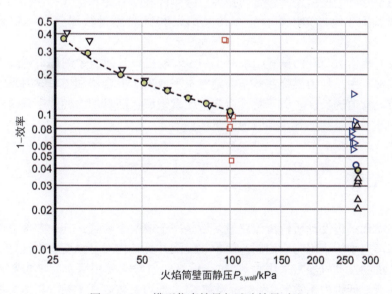

图 1.6-13　模型仿真结果与试验结果对比

涵中，当加力燃烧室油气比小于 0.02 时，也存在加力燃烧室效率降低的现象。海平面试验和 36000ft、马赫数 1.8 高空模拟试验的效率-油气比曲线在整个油气比范围内是平行的。

涵道比增加的唯一影响就是导致射流管道中的速度增高。这会反映在加力燃烧室载荷的增加。因此，在简单加力燃烧室效率模型中考虑了涵道比的影响。

图1.6-11至图1.6-13中通过虚线将使用模型计算的爬升过程加力燃烧室效率点连接起来（黄色符号）。除了图1.6-13中压力最低的两个点外，其他结果的模型预测值与试验数据一致性很好。

图1.6-11比较了3种推力调节状态下，从最小加力到最大加力的测试数据。海平面静止条件试验整个范围内的仿真结果与试验结果非常吻合。对于36000ft、马赫数0.7的情况，最小加力状态的试验数据明显异常，油气比$far_{inj}=0.028$时的高效率值是可疑的。不过该模型很好地描述了油气比的总效率趋势。

已经阐述了超声速飞行状态试验数据（36000ft、马赫数1.8）不一致的原因。试验效率值偏低，模型仿真结果更合理。此外，模型仿真效率随加力状态的变化与试验结果是一致的。

1.6.5.2 结论

用于分析的模型没有包含防振屏、隔热屏和喷管冷却空气等许多细节，鉴于此，以及其他未知因素，模型仿真结果和试验测量数据完全一致是不可能的。

我们相信EJ200的试验结果对于初步发动机设计研究中的加力燃烧室性能模拟非常有用。加力燃烧室效率的绝对水平取决于混合器和燃料喷射系统设计以及射流管道的长度。节流特性由两个元素组成：随着加力燃烧室载荷变化而变化的基本效率和油气比函数的修正项。

1.7 喷管

涡喷和涡扇发动机内流流路最下游是一个或两个喷管。其中大部分喷管是锥形亚声速喷管，因为它们制造简单、经济并且结构本身强度和刚性好。超声速战斗机的发动机经常采用收敛-扩张喷管。通常需要用两个特征参数来描述喷管性能，即推力系数C_{FG}和流量系数C_D，推力系数表征了喷管将压力能转换为速度的效能。

1.7.1 收敛喷管

1.7.1.1 喷管流量系数

流量系数是喷管实际质量流量与理论流量的比值，理论流量由喷管几何喉

道面积 A_8、喷管进口处的总压和总温以及气流出口处的外界环境压力计算得出（图 1.7-1）。

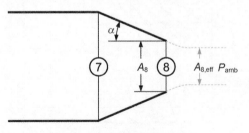

图 1.7-1　锥形喷管截面定义

参考文献 [30] 中指出，在一定范围锥角 α 内，锥形喷管的流量系数与出口与入口面积比 A_8/A_7 和压比 P_7/P_{amb} 有关。作为一个典型示例，图 1.7-2 显示了 $A_8/A_7=0.828$（直径比 $D_8/D_7=0.91$）条件下的喷管流量系数。

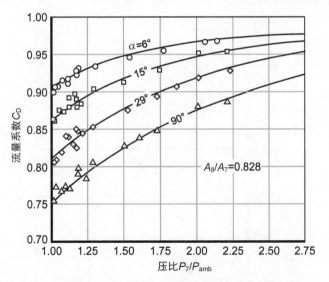

图 1.7-2　锥形喷管的流量系数[30]

发动机外部流动可以通过发动机排气流和外部自由流之间的相互作用影响喷管流动系数。可通过流量系数修正 ΔC_D 表征这种（使流量减小的）抑制效应，流量系数修正量是自由流马赫数和喷管压比的函数（图 1.7-3）。参考文献 [31] 提到这种抑制效应在很大程度上取决于飞机的构型。

对于分开排气的排气系统，需要两个流量系数关系：一个用于核心流；另一个用于外流。其中核心流的流量系数是在风洞试验中，风扇流量为 0 的条件下得到的，对应图 1.7-4 中核心喷管流量系数图中最上面的线。随着风扇和核

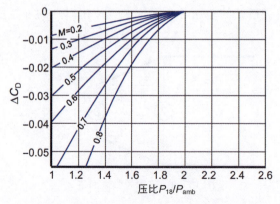

图 1.7-3　隔离式机舱的抑制效应产生的喷管流量系数修正量[31]

心流同时流动，得到了 C_{D8} 随 P_{18}/P_8 的变化关系。C_{D8} 的变化是由于在核心喷管出口平面附近的内外涵流动之间的相互作用造成的。

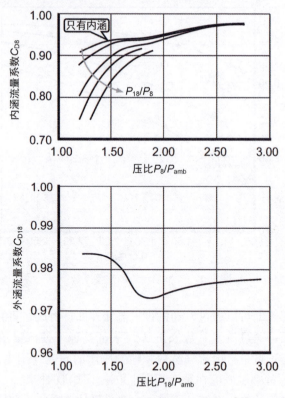

图 1.7-4　典型分开排气喷管流量系数[31]

1.7.1.2 推力系数

喷管性能的第二个指标是推力系数,即实际推力与理想推力之比。定义理想推力有两种方式。一种是无损失地膨胀到给定实际几何条件下时产生的推力,另一种是完全膨胀到环境压力下而产生的推力。因此,得到两个版本的推力系数,即C_{FG}和$C_{FG,id}$。

只要8截面的速度是亚声速,C_{FG}和$C_{FG,id}$之间就没有区别。但是,如果喷管压比高于临界值$P_8/P_{amb}=1.86$,考虑实际喷管几何形状,那么将在无损失膨胀的推力方程中得到一个压力项,即

$$F_8 = W_8 V_8 + A_8 (P_{s8} - P_{amb}) \tag{1.7-1}$$

如果用推力系数C_{FG}表征损失,那么得到真正的总推力

$$F_{G8} = W_8 V_8 C_{FG} + A_8 (P_{s8} - P_{amb}) \tag{1.7-2}$$

推力系数C_{FG},一方面表征了喷管出口上游的总压损失,另一方面表征了喷管出口平面上温度、压力、速度和流动角在径向上分布不均匀性的影响。在具有摩擦的管道中,可以将损失的一部分描述为总压的降低。将来自7截面到8截面的总压损失与流动的不均匀分布的影响分开,简化了8截面中静压和速度的计算。如果这样做的话,在我们的计算中不需要使用不等于1的喷管效率值。

理想推力系数$C_{FG,id}$将实际推力与理想膨胀到环境压力的推力进行比较。完全膨胀到环境压力产生理想的速度V_{id}。

$$C_{FG,id} = \frac{F_{G8}}{W_8 V_{id}} \tag{1.7-3}$$

我们更喜欢使用推力系数C_{FG},它描述了压力能转换为速度的效能。喷管几何形状与理想膨胀所对应的值存在偏差是另外一个话题,应单独讨论。

除了流量系数外,参考文献[30]中还给出了速度系数C_V的模型试验结果。该系数与我们定义的推力系数C_{FG}相当。图1.7-5是复制参考文献[30]中的图9。图中不同符号代表不同喷管几何形状,几何形状是由锥角α和进出口面积比A_8/A_7来参数化的。在测量精度范围内,将真实推力与无损失收敛喷管的推力相关联的推力系数C_{FG}在所有压比下都是恒定的。

分开排气的涡扇发动机的推力系数也基本上是恒定的。图1.7-4中确定流量系数的相同模型试验也确定了内涵喷管和外涵喷管的推力系数。在整个压比范围内,C_{FG8}和C_{FG18}的变化小于1%。

1.7.2 收敛-扩张喷管

如果压比高于临界值,要达到理想的完全膨胀到环境压力,则需要收敛-

第3篇 非设计点性能

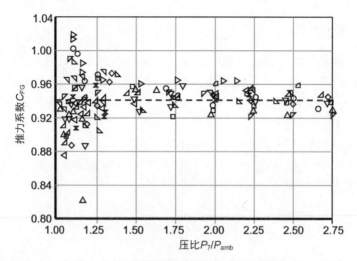

图1.7-5 喷管模型试验推力系数结果[30]

扩张喷管。喷管扩张部分A_9/A_8的理想面积比取决于喷管压比。

1.7.2.1 理论

收敛喷管中的等熵膨胀流动是一个简单的过程。从喷管入口（7截面）到出口（8截面），速度和马赫数增加。在出口马赫数小于1的前提下，压比P_7/P_{amb}的值越高，喷管出口处的喷射速度越高。喷管出口处能达到的最大速度是声速，即$M_8=1.0$。

收敛-扩张喷管的扩张部分位于喉部的下游。那里发生的事情取决于压比P_7/P_{amb}的值。图1.7-6显示了从喷管入口到出口的静压演变的几种不同状况。喷管出口（9截面）下游的静压值决定了静压不同的沿程变化。

最简单的情况是环境压力对应于图中的B点。静压从A点到S点（声速）再到B点连续减小。气流是等熵的。此时，压比是喷管几何形状的理想值。推力就是$F_9=W_9V_9$。

如果环境压力更低，则喷管内部的静压保持与之前相同。然而，推力方程必须辅以压力项，即

$$F_9 = W_9V_9 + A_9(P_{s9} - P_{amb}) \qquad (1.7-4)$$

当环境压力略高于P_{s9}时，仅仅是推力方程中的压力项变为负值，而不会造成显著的变化。但是，如果环境压力上升到与C点相对应的环境压力值，则在喷管出口处突然出现正激波。这种激波使气流速度减速到亚声速，因此推力比以前低很多。增加环境压力则进一步将正激波移向喷管喉部。当环境压力比D点的值高很小一点点（ε）时，则气流在整个喷管中都是亚声速的。换句话说，在A-S-D线上方的区域中，流动表现和文丘里喷管内的流动一样。

第 1 章 部件性能

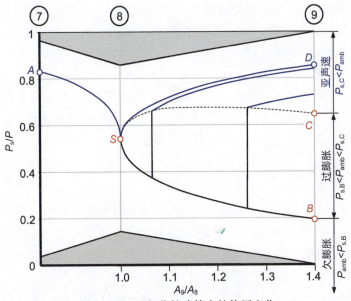

图 1.7-6 理想收扩喷管中的静压变化

收敛-扩张喷管的性能可以通过适当的推力系数来表征。无论实际喷管面积比如何，理想推力系数 $C_{FG,id}$ 为实际推力与膨胀到环境压力产生的理想推力之比。$C_{FG,id}$ 仅在没有损失且喷管面积比"匹配"压比时等于 1。这种推力系数的定义非常适合喷管设计研究。

图 1.7-7 显示了理想推力系数与喷管面积比和压比的关系。具有恒定 A_9/A_8

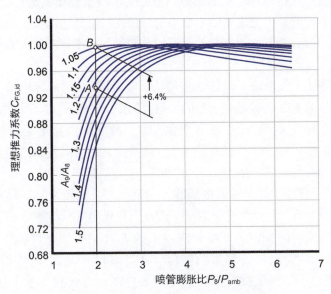

图 1.7-7 理想收扩喷管的理想推力系数

· 497 ·

的每条曲线在压比的不同值处达到 $C_{\mathrm{FG,id}} = 1$。当压比较高时，气流处于欠膨胀状态并且 $C_{\mathrm{FG,id}}$ 适度下降。然而，在最佳压比的左侧，$C_{\mathrm{FG,id}}$ 下降得更快，特别是喷管面积比远高于压比对应的最佳值时。此时喷管处于过膨胀状态，喷管出口流动为亚声速。

为高喷管压比设计的收敛-扩张喷管工作在低压比区域是非常低效的。比较图 1.7-7 中的两点 A 和 B，在压比为 2 时，具有面积比 $A_9/A_8 = 1.28$ 的喷管产生的推力比具有 $A_9/A_8 = 1.05$ 的喷管约少 6.4%。

1.7.2.2 真实情况

到目前为止，只讨论了收敛-扩张喷管的理论性能，不考虑摩擦、泄漏和其他损失。现在来讨论带加力燃烧室的战斗机发动机喷管的真实性能，其要求喉道面积连续可调：因为加力时燃气体积流量大大增加，因此要求不加力工作时的喉道面积比加力工作小得多。

现有发动机的绝大多数收敛-扩张喷管都是轴对称设计。通过作动器、拉杆和作动环的运动实现喉道面积和出口面积调节。图 1.7-8 所示为 GE F101 和 EJ200 喷管的典型结构设计示例。带有滚轮的作动环控制调节片的位置，从而调节喉道面积 A_8。当作动环处于后部位置时喷管完全打开，当液压作动器向前拉作动环时，喷管喉道面积收小。喷管扩张段调节片直接铰接在收敛段的调节片上，并由与筒体相连的大拉杆支撑。

密封片密封了调节片之间的间隙，当喷管出口直径增大时，调节片打开，密封片和调节片的最大宽度受限于最小机械位置时喷管的周长，调节片与密封片互相碰触。所有调节片和密封片宽度的总和限制了喷管在最大机械位置时的周长。

实际面积比不仅取决于滚轮轨道形状、喷管调节片/密封片和拉杆的几何尺寸，调节片的温度也对此有一定的影响。如图 1.7-9 所示，即使调节片小的热膨胀，也会导致 A_9/A_8 发生显著变化。加力和非加力状态会有所不同！然而，可以用简单的喷管面积表来描述喷管调节片运动、滚轮轨道形状和拉杆位置之间复杂的几何关系，如图 1.7-10 所示。

现在来分析收敛-扩张喷管内部的流动情况，并将理论与实际的流动情况进行对比。该分析的测试数据来自于 EJ200 涡轮风扇发动机的数据[32]。3 处压力是理解喷管流动的关键，即喷管进口总压 P_8（从喷管进口静压 P_{s7} 推导而来）、内部靠近喷管出口处测量的静压（P_{s9}）和流体膨胀的环境压力 P_{amb}。图 1.7-11 给出了这些数据，这些数据均来自不加力状态（加力燃烧室未点燃），并补充了具有恒定面积比喷管的理论数据线。

第 1 章 部件性能

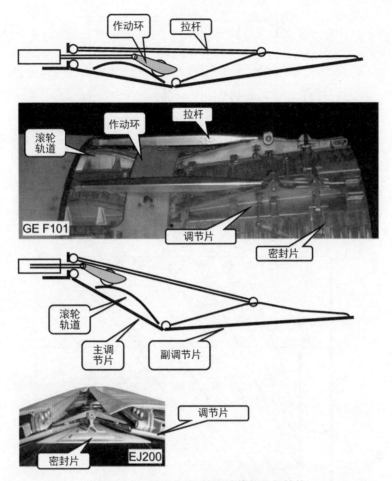

图 1.7-8 圆形收敛-扩张喷管的几何结构

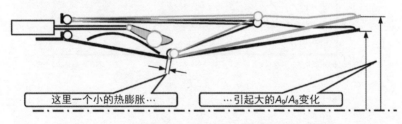

图 1.7-9 喷管调节片温度变化对喷管面积比的影响

从 U 点开始研究 $A_9/A_8 = 1.05$ 的流动情况。由于喷管压比高，流体未完全膨胀，因此该点的静压 P_{s9} 高于环境压力 P_{amb}。在 M 点处 P_{s9} 与 P_{amb} 相等，在该点可以得到面积比 $A_9/A_8 = 1.05$ 时的最佳膨胀比 P_8/P_{amb}。将膨胀比降低至低于 M 点时，会导致过膨胀的流动，$P_{s9} < P_{amb}$。喷管出口静压降低至 S 点将出现垂

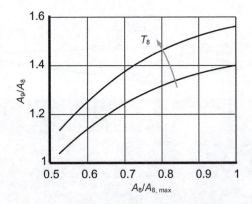

图 1.7-10 喷管面积比与相对喷管喉道面积和温度的关系

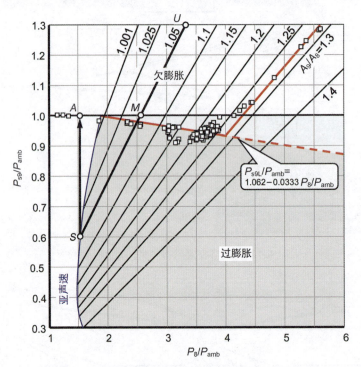

图 1.7-11 喷管出口静压 P_{s9}/P_{amb} 与喷管压比的关系

直或正激波,激波后将压力增加到 P_{amb}(点 A)。

很容易注意到,没有一个数据点位于过膨胀区域的下部。喷管出口压力从不会低于环境压力的 90%。这是为什么?

滚轮的型面决定了面积比 A_9/A_8 如何从喷管关闭位置变化到打开位置。在亚声速巡航期间,由于喷管压比很小,这时小面积比是合适的,喷管处于关闭状态。要实现高超声速，只能借助加力燃烧室。在高超声速阶段，喷管压比和最佳面积比都很高。因此，选择合适的滚轮型面和铰点位置可以使喷管在关闭状态具有低面积比 A_9/A_8，同时在打开状态喷管具有高的面积比。

这种情况的解释很简单。当喷管外部的压力高于扩张段内部的压力时，喷管密封片与调节片分离并形成外部环境空气的流路。这部分流路减小了喷管有效出口面积 A_9，有效面积比 A_9/A_8 变得小于几何面积比。图 1.7-12 清楚地显示了发动机在最大加力状态试验过程中的这一特征。密封片和调节片之间的空隙也可以在图 1.7-8 的下半部分中看到。

图 1.7-12　海平面试验条件下发动机最大加力状态（© EUROJET Turbo GmbH）

如果 P_{s9} 大于环境压力，则密封片与调节片贴合。气流完全贴合喷管的几何流道；压比高于 4.5 的数据点均在图 1.7-11 中的 $A_9/A_8 = 1.28$ 线上。

图 1.7-11 给出了过膨胀极限的经验关系。对于每个喷管压比，可以从极限线上读取喷管的有效面积比。例如，可以在几何面积比为 $A_9/A_8 = 1.4$（图 1.7-13）的喷管结构图中找到该面积比。作为对复杂情况的简化，可以将过膨胀极限的轴向位置解释为流动分离的那个位置。

图 1.7-14 给出了考虑分离和不考虑分离两种流动模拟中喷管排气速度的差异。在不考虑过膨胀的情况下，在整个压比范围内（黑线）喷管的排气速度几乎恒定不变。在压比低于 1.5 时，喷管内产生正激波，排气速度显著降低。

蓝线表示限制过膨胀的模拟。从压比 3.9 开始到压比 2.1 结束，喷管面积比从 1.28 减小到 1。随着面积比的减小，排气速度也逐渐减小，并且喷管排气速度从超声速到亚声速平滑过渡。

比排气速度更有趣的是推力发生的变化。虽然在限制过膨胀时排气速度较低，但推力却更大（图 1.7-15）。两者之间的差异随着压比的降低而增加。

第3篇 非设计点性能

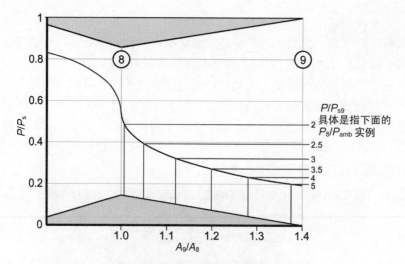

图 1.7-13 流动分离位置的示意图

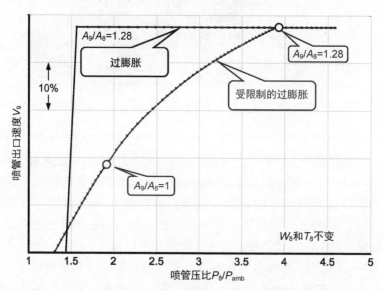

图 1.7-14 考虑流动分离和不分离条件下的喷管出口速度模拟

参考参考文献［32］中图 7 的测试数据为我们在模拟和测量之间进行比较提供了数据参考。与喷管几何出口面积 A_9 对应的理想膨胀的流动条件是评价喷管性能的标准。

总推力为

$$F_9 = W_9 V_9 C_A C_f C_{V9} + A_9 (P_{s9} - P_{amb}) \tag{1.7-5}$$

式中：C_A 为角度系数，其来自参考文献［33］中图 5.12，角度系数考虑了由于喷管的非轴向排气而引起的损失；系数 C_f 为喷管中边界层动量损失的影响，

第1章 部件性能

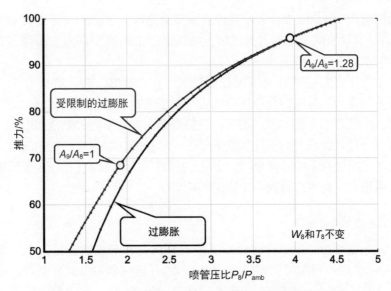

图 1.7-15 考虑流动分离和不分离条件下的喷管推力模拟

该系数来自参考文献 [33] 的图 5.13。这两个系数都取决于喷管面积比和喷管调节片的收敛角。速度系数 C_{V9} 用于使测量推力与理论推力相吻合。

注意参考文献 [32] 的速度系数 C_{V9} 的定义与推力系数 C_{FG} 相同。

图 1.7-16 给出了通过发动机测试得到的喷管速度系数 C_{V9} 在很宽的推力、高度和马赫数范围内呈现出基本一致的分布。原始 C_{V9} 数据点来源于参考文献 [32]，其中压比低于 3 的用黄色符号标记。随着喷管压比逐渐降低至 1，C_{V9} 的

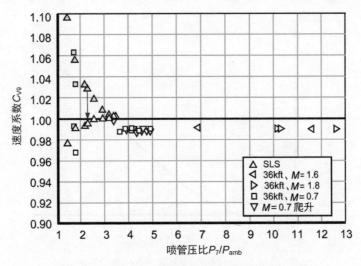

图 1.7-16 不同高空模拟试验结果的 C_{V9} 系数分布

值增加到远大于1，因为参考条件包括了完全的理论过膨胀（使计算的理论推力太低）。当计算的理论推力太低时，需要高于1的速度系数来协调这种不切实际的模型，使之与测量值保持一致。

如果采用有限过膨胀的模拟作为计算 C_{V9} 的基础，会得到更有意义的结果。与黄色符号相对应的白色符号代表了基于更真实的理论测试分析结果。在所有测试的喷管压比范围内，所有白色符号都在非常窄的公差范围内。

这种一致且合理的测试分析结果是唯一可行的，因为我们使用的推力系数定义是基于喷管真实的几何形状。如果使用的推力系数 $C_{FG,id}$ 是基于理想的膨胀到环境压力，就不会得到一个恒定的值。

1.7.2.3 实现

为了计算喷管的流量，需要知道喷管几何面积和有效流通面积之间的关系。收敛-扩张喷管的喷管喉道流量系数 C_{D8} 仅随喷管调节片收敛角变化，参见参考文献［33］中图 5.7。如果气流未充分膨胀，C_{D9} 在我们的模型中是常数并且等于 0.995。

图 1.7-17 给出了喷管面积比沿图 1.7-11 中的限制线变化。这是在真实喷管中（与不同压比对应的）最有效的面积比。在我们开始计算收敛-扩张喷管流量之前，将喷管几何面积比与图中的面积比进行比较。如果几何面积比大于最大有效面积比，那么在计算中使用图 1.7-17 中的值。通过这个程序，可以得到喷管出口处的静压值，这些值绝不会低于图 1.7-11 中限制曲线上的静压值。

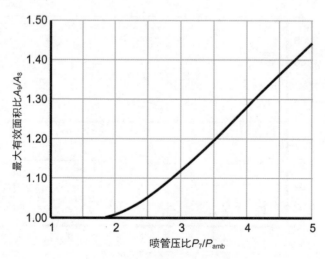

图 1.7-17　沿过膨胀限制线变化的喷口面积比

第1章 部件性能

我们认为这种喷管性能模型不仅适用于 EJ200。过膨胀存在极限的原因是当喷管周围的静压高于内部压力时,喷管的扩张段中的调节片和密封片之间的间隙打开。这种现象肯定存在于许多具有轴对称收敛-扩张喷管的发动机设计上。

参考文献

[1] Fluid Dynamics Panel Working Group 13 Air intakes for high speed vehicles AGARD Advisory Report AR 270 (1991)

[2] Kurzke, J.: Correlations Hidden in Compressor Maps ASME GT2011-45519 (2011)

[3] Michael, C. J. Halle, J. E.: Energy Efficient Engine Low-Pressure Compressor Component Test Hardware Detailed Design Report NASA CR-165354 (1981)

[4] Lippett, D., Woollatt, G., Ivey, P. C., Timmis, P., Charnley, B. A.: The Design, Development and Evaluation of 3D Aerofoils for High Speed Axial Compressors: Part 1—Test Facility, Instrumentation and Probe Traverse Mechanism ASME GT2005-68792 (2005)

[5] Freeman, C.: Method for the prediction of supersonic compressor blade performance. J. Propul. 8 (1) (1992)

[6] Cumpsty, N., Heynes, A.: Jet Propulsion—A Simple Guide to the Aerodynamic and Thermodynamic Design and Performance of Jet Engines, 3rd edn. Cambridge University Press, Cambridge (2015)

[7] Walsh, P. P., Fletcher, P.: Gas Turbine Performance, 2nd edn. Co-published by Blackwell Science Ltd. and ASME Press (2004)

[8] Mårtensson, H., Edin, N.: Performance Test and Analysis of the Highly Loaded $1\frac{1}{2}$ Stage Transonic Test Compressor HULDA AIAA Paper 2013-1127, ISABE (2013)

[9] RTO Applied Vehicle Technology Panel Task Group AVT-018 Performance Prediction and Simulation of Gas Turbine Engine Operation RTO Technical Report RTO-TR-044 (2002)

[10] Kurzke, J., Riegler, C.: A New Compressor Map Scaling Procedure for Preliminary Conceptional Design of Gas Turbines Aircraft Engine Committee Best Paper Award ASME 2000-GT-0006 (2000)

[11] Kurzke, J.: Calculation of installation effects within performance computer programs. In: AGARD Lecture Series 183 (1992)

[12] Kurzke, J.: Preparing Compressor Maps for Gas Turbine Performance Modeling Manual to Smooth C 8.3 (2013)

[13] Broichhausen, K.: Aerodynamic Design of Turbomachinery Components—CFD in Complex Systems AGARD Lecture Series 195 (1994)

[14] Stabe, R. G., Whitney, W. J., Moffit, T. P.: Performance of a High-Work Low Aspect Ratio Turbine with a Realistic Inlet Radial Temperature Profile AIAA-84-1161 (1984)

[15] Hourmouziadis, J., Albrecht, G.: An Integrated Aero/Mechanical Performance Approach to High Technology Turbine Design AGARD CP 421 (1987)

[16] Yoon, S., Curtis, E., Denton, J., Longley, J.: The effect of clearance on shrouded and unshrouded turbines at two levels of reaction. J. Turbomach. 136 (2) (2013)

第3篇 非设计点性能

[17] McLallin, K. L., Kofskey, M. G., Wong, R. Y.: Cold-Air Performance of a 15.41-cm-Tip Diameter Axial-Flow Power Turbine with Variable-Area Stator Designed for a 75 kW Automotive Gas Turbine Engine NASA TM-82644 (1982)

[18] Razinsky, E. H., Kuziak, Jr., W. R.: Aerodynamic performance of a variable nozzle power turbine stage for an automotive gas turbine. J. Eng. Power, Page 587ff (1977)

[19] Alexiou, A., Roumeliotis, I., Aretakis, N., Tsalavoutas, A., Mathioudakis, K.: Modeling contra-rotating turbomachinery components for engine performance simulations: the geared turbofan with contra-rotating core case. J. Eng. Gas Turbines Power 134 (2012)

[20] Lefevre, A. H., Ballal, D. R.: Gas Turbine Combustion, 3rd edn. CRC Press (2010)

[21] Doerr, T.: Rolls Royce Deutschland introduction to aero-engine gas turbine combustion. In: Aero-Engine Design: From State of the Art Turbofans Towards Innovative Architecture Von Karman Institute for Fluid Dynamics Lecture Series 9 – 12 Apr 2013

[22] Münzberg, H. G., Kurzke, J.: Gasturbinen—Betriebsverhalten und Optimierung. Springer Verlag Berlin Heidelberg New York (1977)

[23] Grieb, H.: Projektierung von Flugtriebwerken Birkhäuser Verlag (2004)

[24] Kozlowski, H., Larkin, M.: Energy Efficient Engine Exhaust Mixer Model Technology Report NASA-CR-165459 (1982)

[25] Sotheran, A.: High Performance Turbofan Afterburner Systems AIAA-87-1830 (1987)

[26] Flack, R. D.: Fundamentals of Jet Propulsion with Applications. Cambridge University Press, Cambridge (2005)

[27] Grieb, H.: Projektierung von Turboflugtriebwerken Birkhäuser Verlag (2004)

[28] Farokhi, S.: Aircraft Propulsion, 2nd edn. Wiley, New York (2014)

[29] Kurzke, J., Riegler, C. L: A Mixed Flow Turbofan Afterburner Simulation for the Definition of Reheat Fuel Control Laws Presented at the RTO AVT Symposium "Design Principles and Methods for Aircraft Gas Turbine Engines" RTO MP-8 (1998)

[30] Grey, R. E., Wilsted, H. D.: Performance of Conical Jet Nozzles in Terms of Flow and Velocity Coefficients NACA TN 1757 (1948)

[31] E-33 In Flight Propulsion Measurement Committee In-Flight Thrust Determination AIR1703A, SAE International (2012)

[32] Kurzke, J., Riegler, C.: A mixed flow turbofan afterburner simulation for the definition of reheat fuel control laws. Paper presented at the RTO AVT Symposium on "Design Principles and Methods for Aircraft Gas Turbine Engines", Toulouse, France 1998 Published in RTO MP-8

[33] Aircraft Propulsion Systems Technology and Design Edited by Gordon C. Oates AIAA Education Series (1989)

[34] Uchida, H., et alii.: Development of Centrifugal Compressor for 100 kW Automotive Ceramic Gas Turbine. ASME 94-GT-73 (1994)

[35] Hobbs, D. E., Weingold, H. D.: Development of controlled diffusion airfoils for multistage compressor application. J. Eng. Gas Turbines and Power 106, p. 271. (ASME Paper 83-GT-211) (1984)

[36] Creason, T. L., Baghdadi, S.: Design and Test of a Low Aspect Ratio Fan Stage AIAA-88-2816 (1988)

[37] Bernini, E., Toffolo, A.: Axial-Flow Compressor Model Based on a Cascade Stacking Technique and Neural Networks ASME GT2002-30443 (2002)

[38] Cline, S. J., Fesler, W., Liu, H. S., Lovell, R. C., Shaffer, S. J.: Energy Efficient Engine High Pres-

sure Compressor Component Performance Report NASA CR-168245 (1983)

[39] Savic, S. M., Micheli, M. A.: Redesign of a Multistage Axial Compressor for a Heavy Duty Industrial Gas Turbine (GT11NMC) ASME GT2005-68315 (2005)

[40] Kazawa, J., Nishizawa, T., Masaki, D.: Numerical Analyses of Flutter Characteristics of Titanium and Composite Fan Rotor Blade AIAA Paper 2011-1247, ISABE (2011)

[41] Hobbs, D. E., Weingold, H. D.: Development of controlled diffusion airfoils for multistage compressor application. J. Eng. Gas Turbines Power 106, p. 271. (ASME Paper 83-GT-211) (1984)

[42] Song, B., Ng, W. F.: Performance and Flow Characteristics of an Optimized Supercritical Compressor Stator Cascade ASME Turbo Expo. GT2005-68569 (2005)

[43] Schnell, R., Giebmanns, A., Nicke, E., Dabrock, T.: Aerodynamic Analysis of a Fan for Future Ultra-High-Bypass-Ratio Aero Engines AIAA Paper 2009-1149, ISABE (2009)

[44] Jerez Fidalgo, V., Hall, C. A., Colin, Y.: A Study of Fan-Distortion Interaction within the NASA Rotor 67 Transonic Stage ASME Turbo Expo, 2010-GT-22914 (2010)

[45] Schmücker, J., Schäffler, A.: Performance deterioration of axial compressors due to blade defects. In: AGARD Conference Proceedings 558 (1994)

[46] Amrish babu, D., Arun, K. K., Anandanarayanan, R.: Optimization of pattern factor of the annular gas turbine combustor for better turbine life IOSR. J. Mech. Civil Eng. (IOSR-JMCE) (2015)

[47] Kurzke, J.: Effects of Inlet Flow Distortion on the Performance of Aircraft Gas Turbines ASME GT-2006-90419 (2006)

[48] Loud, R. L., Slaterpryce, A. A.: Gas Turbine Air Treatment GE Company, Schenectady, Report GER-3419A

[49] Melissa, W., Kurz, R., Brun, K.: Technology review of modern gas turbine inlet filtration systems. Int. J. Rotating Mach. 2012 (2012)

[50] Kurzke, J.: An Enhanced Off-Design Performance Model for Single Stage Fans ASME Turbo Expo, GT2014-26449 (2014)

[51] Glassman, A. J.: Turbine Design and Application, Vol. 1 NASA SP-290 (1972)

[52] McAulay, J. E., Abdelwahab, M.: Experimental Evaluation of a TF30-P-3 Turbofan Engine in an Altitude Facility: Afterburner Performance and Engine-Afterburner Operating Limits NASA TN D-6839 (1972)

[53] Report of the RTO AVT Task Group AVT-018 Performance Prediction and Simulation of Gas Turbine Engine Operation RTO-TR-044 (2002)

第2章　理解非设计点行为

手动完成燃气涡轮发动机循环计算的能力（至少在设计点）是所有年轻工程师都应该具备的。完成理论热力学过程计算（使用简单的 C_p 和 γ 的表格，用于各种油气比的空气和燃烧产物）可以为工程师们提供对流量和能量平衡、理想和实际温度和压力如何通过效率相关联，以及必须采取的整体迭代方法的宝贵理解。事实上，这些练习里面就包含了所有性能计算程序的最基本构成。然而，迭代计算非常麻烦且非常耗时，当转向非设计点示例和复杂的发动机循环时更是如此。因此，一旦基础知识建立起来后，下一步大多数推进工程的学生就会很快采用在电子表格中进行以上计算。幸运的是，如果我们认真对待这一点，现在可以使用许多相当复杂的计算程序，使我们能够快速了解相关设计参数和变量对发动机性能的影响，而无需关注具体的理论细节。至关重要的是，燃气轮机设计师或性能专家所要做的不仅仅是给程序输入数据并且相信输出这么简单！当前的商业设计软件可以在几秒钟内给出答案，使我们能够在可接受的时间范围内探索适当的设计空间和不同设计决策的所带来的后果。

在运行任何计算程序之前，有想法的设计师或性能分析师应首先考虑我想要完成什么？例如，如果核心压气机的喘振裕度很小，那么造成裕度小的原因是什么以及可以采取哪些措施来改善这种情况？如果对发动机的派生改型感兴趣，那么所能开放的设计选项是什么？如果在试验台上进行的试验表明发动机性能下降，那么压气机或涡轮哪个是最可能的原因？只是玩弄输入数据并希望解决方案以某种方式表现出来通常是徒劳的。现在你们应该想到众所周知的那句短语，输入的是垃圾、输出自然就是垃圾！如果你修改程序的输入，应该知道会发生什么，但这些想法只能基于知识，我们希望在这里加快学习体验。

本章介绍燃气涡轮发动机非设计点性能的原理。了解这些原则是有效和专业地使用任何燃气轮机性能计算程序的先决条件。当你了解燃气涡轮发动机的工作原理时，就可以对性能计算程序提出合理的问题。

第 2 章 理解非设计点行为

首先看一些喷气发动机部件的非设计特性，然后描述它们如何协同工作。

2.1 涡喷发动机

涡喷发动机是最简单的燃气轮机，它由4个主要部件组成，即压气机、燃烧室、涡轮和喷管，如图2.1-1所示。了解涡喷发动机的性能和部件匹配是了解任何多轴发动机中燃气发生器行为的关键。

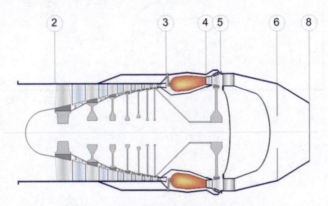

图 2.1-1　涡喷发动机热力学截面定义

2.1.1 部件的非设计点特性

2.1.1.1 压气机

图2.1-2显示了压气机的特性，它描述了总压比和效率如何随转速和质量流量而变化。

首先来讨论 x 轴的参数。x 轴参数是压气机在标准日吸入的质量流量，即标准日换算质量流量 W_{2Rstd}，定义为

$$W_{2RStd} = \frac{W_2 \sqrt{\theta_2}}{\delta_2} = W_2 \sqrt{\frac{T_2}{T_{Std}}} \frac{P_{Std}}{P_2} \qquad (2.1\text{-}1)$$

使用 $\theta_2 = T_2/T_{std}$ 和 $\delta_2 = P_2/P_{std}$ 而不是 T_2 和 P_2 本身是合理的，因为换算流量的单位与真实流量的单位相同。标准日换算质量流量的单位为国际单位制 kg/s。在 ISA（国际标准大气）条件下，真实质量流量等于标准日换算流量值 W_{2RStd}。那么换算质量流量的意义是什么？为什么使用它？它是压气机进口面积 A 上马赫数的间接量度，因此作为空气动力学的相似参数是合理的。马赫数是真实流

第 3 篇　非设计点性能

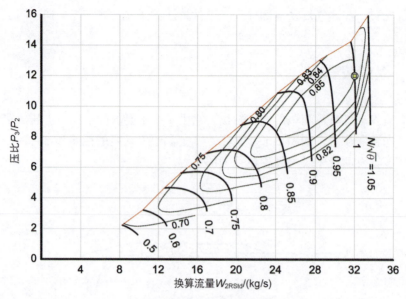

图 2.1-2　压气机特性

速 $V=W/(A\rho)$ 与声速 $V_{\text{sonic}}=\sqrt{(\gamma R T_s)}$ 的比值为

$$M=\frac{V}{V_{\text{sonic}}}=\frac{W}{A\rho\sqrt{\gamma R T_s}}=\frac{WRT_s}{AP_s\sqrt{\gamma R T_s}}=\frac{W\sqrt{\frac{R}{\gamma}}T\sqrt{\frac{T_s}{T}}}{AP\frac{P_s}{P}} \quad (2.1\text{-}2)$$

从该等式中的最后一个表达式中（因为总/静比 P/P_s 和 T/T_s 仅取决于等熵指数 γ 和马赫数）可知

$$\frac{W\sqrt{RT}}{AP}=f(M,\gamma) \quad (2.1\text{-}3)$$

如果忽略气体常数 R 的可能变化（如由于湿度），那么可以说折合质量流量参数 $W\cdot\sqrt{T}/P$ 和换算的质量流量 $W\sqrt{\theta}/\delta$ 都是压气机入口的马赫数度量。

虽然换算质量流量是轴向马赫数的指示，但换算转速却与圆周方向上的转子叶片马赫数有关，即

$$M_U=\frac{U}{V_{\text{sonic}}}=c\frac{N}{\sqrt{\gamma R T_s}}=c\frac{N}{\sqrt{\gamma R T}}\sqrt{\frac{T}{T_s}} \quad (2.1\text{-}4)$$

如果忽略了气体常数 R 的影响，可得

$$\frac{N}{\sqrt{T}}=f(M,\gamma) \quad (2.1\text{-}5)$$

压气机特性图坐标上的换算质量流量和图中的换算转速，共同决定了来流

第 2 章　理解非设计点行为

马赫数和相对于第 1 级转子的气流角；反过来，马赫数和气流角决定了压气机的损失，从而确定了其效率。

压气机性能也会因雷诺数、叶尖间隙、级间引气等因素的变化而变化。目前，暂时忽略了这些次要影响因素。

2.1.1.2　燃烧室

除了对燃烧产物在燃烧室中的停留时间的影响以及燃烧过程的成功完成外，速度参数在其设计和工作中不起太大作用。燃料和空气之间的化学反应主导了这一过程。当然，该过程的质量或有效性非常重要，这在很大程度上取决于燃料和氧气混合及接触的程度。

我们愿意接受总压力的重大损失（通常约为 4%）以确保这一点。如果燃烧室出口温度高于 1600K，则燃烧室中的温度升高主要取决于油气比，其次取决于燃烧室中的压力。在 2000kPa 压力下，飞机发动机中使用的烃燃料能够产生图 2.1-3 所示的温升。

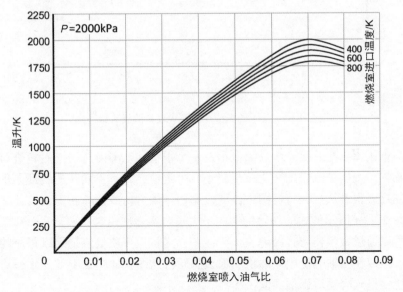

图 2.1-3　烃燃料在 2000kPa 压力下的温升能力

2.1.1.3　涡轮

当使用压气机特性图中相同坐标绘制涡轮的性能时，它看起来如图 2.1-4 所示。涡轮位于涡喷发动机的热力截面 4 和截面 5 之间；因此涡轮压比为 P_4/P_5。涡轮的换算流量由转子入口处（中间 41 截面）的质量流量、温度和压力决定。从截面 4 到截面 41，气流没有做功，但是由于向涡轮导向器（NGV）引

第3篇　非设计点性能

入冷却空气，气流总温降低。T_{41} 和 W_{41} 是涡轮向外传递功的相关参数。因此，将换算的涡轮质量流量计算为 $W_{41}\sqrt{\Theta_{41}}/\delta_4$，其中 $\Theta_{41} = T_{41}/T_{std}$ 且 $\delta_4 = P_{41}/P_{std}$。涡轮设计点处的换算质量流量称为涡轮流通能力。截面 41 对于涡轮设计者尤其重要，因为那里是高温燃气最先遇到旋转部件的位置。

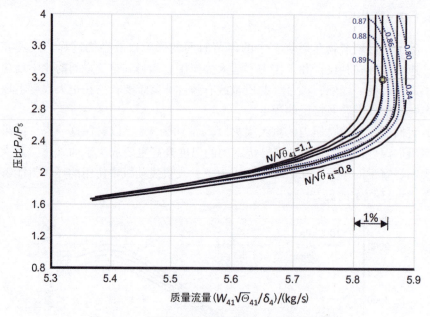

图 2.1-4　以压气机特性图形式表示的涡轮特性图

高于压比 2.8 的换算质量流量都在一个很窄的范围内。如果涡轮进口导向叶片临界，则换算流量的变化范围趋于一个定值，并且不同转速线都聚集在一起。这样就很难从这种特性图中读取效率值，因为所有换算转速线彼此非常接近。图 2.1-4 所示形式的涡轮特性图不太适合实际使用。

可以通过数学技巧轻松解决该问题：只需将换算质量流量乘以相应的换算转速，然后在 x 轴上使用该乘积。那么涡轮特性图就如图 2.1-5 所示，可以根据该特性格式容易地评估共同工作线。

2.1.1.4　尾喷管

通过喷管的每单位面积的换算流量在流速为声速条件下达到最大值，也就是马赫数等于 1。注意，对于给定面积，当马赫数仅为 0.68 时，换算流量达到其最大值的 90%，如图 2.1-6 所示。基于声速流动假设的理论对于高亚声速马赫数条件也是成立的。

第 2 章　理解非设计点行为

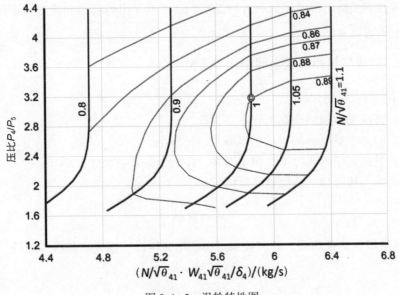

图 2.1-5　涡轮特性图

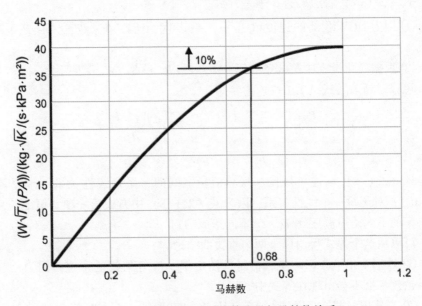

图 2.1-6　喷管单位面积换算流量与马赫数关系

2.1.2　部件间的共同工作

涡喷发动机部件间存在一些简单的关联关系，它们是了解航空发动机非设计点特性的关键。稍后将对其进行说明,这些推导出的结论同样适用于任何多轴发动机的核心机。

2.1.2.1 压气机和涡轮之间的流量守恒

首先做一些简化。
① 将注意力限制在高工作状态上。
② 与总质量流量相比,燃料质量流量较小。
③ 燃烧室中的压力损失很小,并且压力损失系数恒定。
④ 排气和冷却空气流量系数恒定。

$$\frac{W_{41}}{W_2} = 常量 \tag{2.1-6}$$

可以推导这种关系,使其仅包括面积比、压比、温度比和换算流量,即

$$\frac{W_2\sqrt{T_2}}{A_2 P_2} = \frac{W_{41}\sqrt{T_{41}}}{A_{41} P_4} \frac{A_{41}}{A_2} \frac{P_4}{P_3} \frac{W_2}{W_{41}} \frac{P_3}{P_2} \sqrt{\frac{T_2}{T_{41}}} \tag{2.1-7}$$

式(2.1-7)右边的有3项是常数。
① 因为 NGV 喉部的速度(几乎)是声速,所以 $W_{41}\sqrt{T_{41}}/(A_{41}P_4)$ 是恒定的。
② 根据简化设定中第③条和第④条,P_4/P_3 和 W_2/W_{41} 保持不变。
可以重新改写式(2.1-7)为

$$\frac{P_3}{P_2} = \frac{1}{\dfrac{W_{41}\sqrt{T_{41}}}{A_{41}P_4}\dfrac{A_{41}}{A_2}\dfrac{P_4}{P_3}\dfrac{W_2}{W_{41}}} \sqrt{\frac{T_{41}}{T_2}} \frac{W_2\sqrt{T_2}}{P_2} \tag{2.1-8}$$

式(2.1-8)描述了压比和换算流量之间的一系列线性关系(通过原点{0,0});对于每一个线性关系,因为式(2.1-8)中右边第一项是恒定的,所以斜率的不同是由温度比 T_{41}/T_2 不同造成的。

可以从这个等式得出以下两个重要的结论。
① 效率变化不会影响压气机特性图中 T_{41}/T_2 等值线的位置,因为压气机和涡轮效率都不会出现在等式中。
② 当从压气机中引气时,流量比 W_2/W_{41} 增加,T_{41}/T_2 等值线的斜率会减小。

需要注意的是,$W_{41}\sqrt{T_{41}}/(A_{41}P_4)$ 为常数的假设在整个推力范围内不成立。根据图 2.1-7,在低功率区域,随着 P_3/P_2 的增加,$W_{41}\sqrt{T_{41}}/(A_{41}P_4)$ 将减小。因此,实际上,T_{41}/T_2 等值线簇并不通过原点而是通过点 {0, 1}。

第 2 章 理解非设计点行为

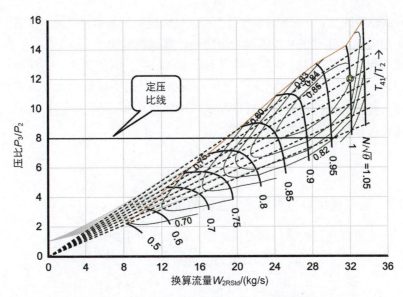

图 2.1-7 压气机特性图中的 T_{41}/T_2 等值线

2.1.2.2 涡轮和喷管之间的流量连续

现在评估涡轮和喷管之间的质量流量连续性，以获得对涡喷发动机非设计点特性的另一个重要见解。以与上述方法类似的方式扩展和重写等式 W_8 = 常量·W_{41}，得到另一个仅包括压力、温度、质量流量和面积比以及换算流量项的等式，即

$$\frac{W_{41}\sqrt{T_{41}}}{A_{41}P_4} = \frac{W_8\sqrt{T_8}}{A_8P_8}\frac{W_{41}}{W_8}\frac{A_8}{A_{41}}\frac{P_8}{P_5}\sqrt{\frac{T_5}{T_8}}\frac{P_5}{P_4}\sqrt{\frac{T_{41}}{T_5}} \tag{2.1-9}$$

之前已经提到，我们将理论考虑限制在高功率范围内。但是，并没有给出高功率状态的含义。现在将尾喷管喉部达到声速定义为高功率状态。单位面积的换算流量 $W_8\sqrt{T_8}/(A_8P_8)$ 是恒定的，并且等于 $W_{41}\sqrt{T_{41}}/(A_{41}P_4)$，因为气流在 NGV 喉部达到声速。

进一步做一些假设，这些假设不会影响最终结论：涡轮 NGV 喉部区域 A_{41} 是恒定的；涡轮出口和喷管喉部之间的总压力损失 P_5/P_8 通常很小，因此 P_5/P_8 接近 1.0。因为气流在涡轮出口和喷管入口之间和外界没有能量交换，温比 $T_5/T_8 = 1$。

式（2.1-9）中的最后两项是涡轮压比和温比。它们通过涡轮效率 η_{4-5} 关联，即

$$\frac{T_5}{T_{41}} = 1 - \eta_{4-5}\left(1 - \left(\frac{P_5}{P_4}\right)^{\frac{\gamma-1}{\gamma}}\right) \tag{2.1-10}$$

第3篇 非设计点性能

在涡轮特性图上，靠近涡轮设计点的区域内效率是基本恒定的，见图2.1-5。可以使用涡轮设计效率并根据涡轮压比来计算涡轮温比。

现在知道了式（2.1-9）中除涡轮压比 P_5/P_4、面积比 A_8/A_{41} 外所有项的值。但 A_8/A_{41} 和 P_5/P_4 的乘积是不变的。减小面积比不可避免地导致涡轮压比的降低。换句话说，只要在喷管喉部达到声速并且 $W_{41}\sqrt{T_{41}}/(A_{41}P_4)$ 是恒定的，涡轮压比仅是喷管面积的函数，即

$$\frac{P_4}{P_5}=f\left(\frac{A_8}{A_{41}}\right) \tag{2.1-11}$$

2.1.2.3 压气机出口与涡轮进口之间的流量连续

压气机出口和涡轮进口间流量连续，即燃烧室中的流量连续，有

$$\frac{W_3\sqrt{T_3}}{P_3}=\frac{W_{41}\sqrt{T_{41}}}{P_4}\frac{P_4}{P_3}\frac{W_3}{W_3+W_F}\sqrt{\frac{T_3}{T_{41}}} \tag{2.1-12}$$

假设换算流量 $W_{41}\sqrt{T_{41}}/P_4$ 和压比 P_4/P_3 恒定，并且燃料流量 W_F 与空气质量流量 W_3 相比较小。因此，压气机出口处的换算流量与温比 T_{41}/T_3 的平方根的乘积也是恒定的，有

$$\frac{W_3\sqrt{T_3}}{P_3}\sqrt{\frac{T_{41}}{T_3}}=常量 \tag{2.1-13}$$

可以明确地计算压气机特性图中的每个点上的 $W_3\sqrt{T_3}/P_3$，即

$$\frac{W_3\sqrt{T_3}}{P_3}=\frac{W_2\sqrt{T_2}}{P_2}\frac{W_3}{W_2}\frac{P_2}{P_3}\sqrt{\frac{T_3}{T_2}} \tag{2.1-14}$$

温比 T_3/T_2 是压比和效率的函数。从式（2.1-13）可以得出，它遵循 $W_3\sqrt{T_3}/P_3$ 的等值线，同时也是温比 T_{41}/T_3 的等值线。

2.1.2.4 压气机与涡轮的能量守恒

涡轮为压气机提供功率，并驱动燃油泵和滑油泵等附件。同时飞机还需要额外的电力和（或）液压动力 PW_X。

$$PW_T=PW_C+PW_X \tag{2.1-15}$$

压气机和涡轮的轴功率等于质量流量 W 和焓差 ΔH 的乘积。可将能量守恒重写为

$$W_2\Delta H_C=W_{41}\Delta H_T-PW_X \tag{2.1-16}$$

通过压气机和涡轮的等熵效率，有

$$\frac{W_2\Delta H_{is,C}}{\eta_C}=W_{41}\Delta H_{is,T}\eta_T-PW_X \tag{2.1-17}$$

第 2 章 理解非设计点行为

因此，压气机的等熵功和压比满足以下关系，即

$$\frac{\Delta H_{\text{is,C}}}{T_2} = C_{\text{P,C}} \left[\left(\frac{P_3}{P_2}\right)^{R/C_{\text{P,C}}} - 1 \right] \quad (2.1-18)$$

式中：$C_{\text{P,C}}$ 为压气机中的平均比热容。等熵涡轮功与其压比的关系类似，有

$$\frac{\Delta H_{\text{is,T}}}{T_{41}} = C_{\text{P,T}} \left[1 - \left(\frac{P_5}{P_4}\right)^{R/C_{\text{P,T}}} \right] \quad (2.1-19)$$

将式 (2.1-18) 和式 (2.1-19) 代入式 (2.1-17)，得到

$$C_{\text{P,C}} \left[\left(\frac{P_3}{P_2}\right)^{R/C_{\text{P,C}}} - 1 \right] = \frac{T_{41}}{T_2} \eta_{\text{C}} \eta_{\text{T}} \frac{W_{41}}{W_2} C_{\text{P,T}} \left[1 - \left(\frac{P_5}{P_4}\right)^{R/C_{\text{P,T}}} \right] - \frac{\eta_{\text{C}} \text{PW}_{\text{X}}}{T_2 W_2}$$

$$(2.1-20)$$

在上一节中，了解到涡轮压比 P_4/P_5 是由喷管喉部面积决定的。式 (2.1-20) 将压气机压比 P_3/P_2 与温比 T_{41}/T_2 相关联。正是这个等式以及式 (2.1-8)，它们定义了压气机特性图中共同工作线的位置。

2.1.2.5 压气机和涡轮共同工作线

现在可以得出一些结论。如果看一下压气机特性图中的等压比线和图 2.1-7 中嵌入的 T_{41}/T_2 等值线，可以推断出：

① 当压气机和涡轮效率下降时，T_{41}/T_2 会增加。压气机工作点向左移动；
② 如果涡轮压比 P_4/P_5 增加，则 T_{41}/T_2 减小。当喷管喉部面积增加时会发生这种情况；
③ 当功率提取 PW_{X} 增加时，T_{41}/T_2 必须增加。压气机工作点向左移动；
④ 当引气时（W_{41}/W_2 变小），压气机工作点也向左移动（T_{41}/T_2 增加）。

当向上移动压气机工作线时，压比 P_3/P_2 和温比 T_{41}/T_2 都增加。这意味着压气机工作线必须比 T_{41}/T_2 等值线更陡。

沿着具有温比 T_{41}/T_2 等值线，根据式 (2.1-8)，压比线性增加。压气机特性图中的 $W_3\sqrt{T_3}/P_3$ 等值线（图 2.1-8）也是（几乎）直线穿过原点，这一点与 T_{41}/T_2 等值线类似。两簇等值线之间的显著差异在于：在等换算流量下，随着压比的增加，T_{41}/T_2 线参数增加，而 $W_3\sqrt{T_3}/P_3$ 线参数减小。

如图 2.1-8 所示，沿着从低状态到高状态的共同工作线 $W_3\sqrt{T_3}/P_3$ 减小。压气机工作线不仅比 T_{41}/T_2 线更陡，而且比 $W_3\sqrt{T_3}/P_3$ 线更陡。由式 (2.1-13)，有 $W_3\sqrt{T_3}/P_3$ 值随沿共同工作线的温度比 T_{41}/T_2 的增加而减小的关系。

只要喷管临界，涡轮特性图中的共同工作线就是具有恒定涡轮压比的线。注意，对于图 2.1-8 至图 2.1-10 中的 5 个白色圆圈，不满足该条件。

第 3 篇　非设计点性能

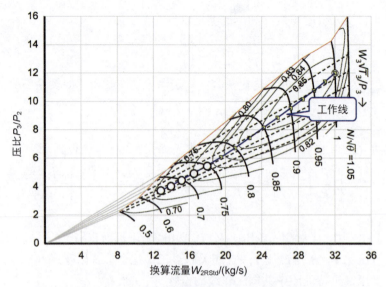

图 2.1-8　GasTurb 软件计算的压气机共同工作线

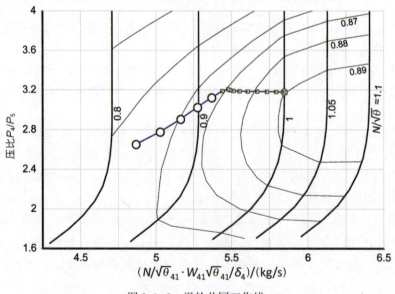

图 2.1-9　涡轮共同工作线

2.1.2.6　这些公式的精确程度如何

在推导出式（2.1-6）至式（2.1-20）的过程中，做了很多假设。使用恒定比热容值而不是与温度相关的气体特性，忽略了管道和燃烧室中压力损失的变化。另外，例如，忽略了燃油流量，甚至没有提到喷管流量系数。那么从

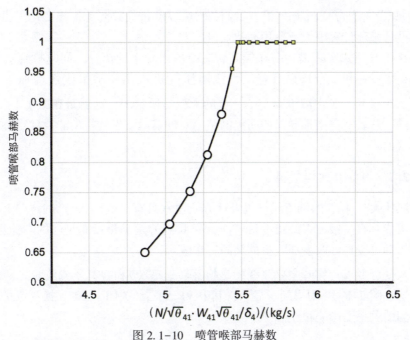

图 2.1-10 喷管喉部马赫数

简化方程得出的结论是否足够准确有用?下面进一步探讨。

图 2.1-11 补充了图 2.1-8 至图 2.1-10 中的信息。显示了温度比 T_{41}/T_2 和

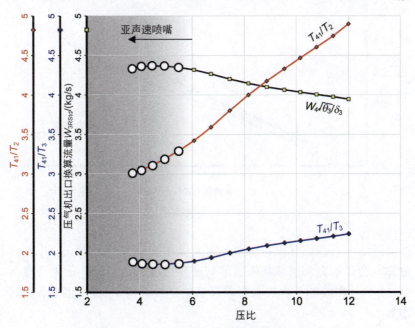

图 2.1-11 压气机出口的温比和换算流量

T_{41}/T_3 以及 $W_3\sqrt{T_3}/P_3$ 如何沿着我们的涡喷发动机的共同工作线变化。图中这些非设计循环计算中没有使用简化假设。

这些方程式实际描述了在较高状态范围内发生的情况，同时喷管喉部被阻塞。T_{41}/T_2 和 T_{41}/T_3 都沿着工作线随压气机压比几乎呈线性增加。根据式（2.1-13），T_{41}/T_3 和 $W_3\sqrt{T_3}/P_3$ 的乘积是恒定的。这就是在图 2.1-11 中看到的。这表明前文推导出的简单的结论对理解涡喷发动机的非设计点特性非常有益的。

2.1.2.7 可变几何压气机

压比大于 4~5 的轴流压气机设计方案通常具有可变的入口导叶（VIGV），并且可能具有一级或多级可变静子。如果我们的发动机没有足够的喘振裕度，能否借助可变导叶改变压气机的共同工作线？

改变可变入口导叶主要改变的是换算转速 $N/\sqrt{\theta}$ 和换算质量流量之间的关系。这在图 2.1-12 中得到了显示，其中 VIGV 已经关闭了 10°，换算流量和效率之间的关系受影响很小。

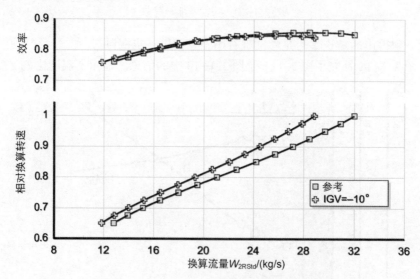

图 2.1-12　可变导叶对换算转速和效率的影响

如果回忆一下在压气机特性图中定义工作线位置的方程式，则在任何相关性中都不会显示真实的或换算过的转速。可以得出结论：调整可变导叶对图 2.1-13 中工作线的位置没有影响。涡轮进口温度 T_{41} 保持不变，但转子转速会增加。

当关闭压气机导叶时，涡轮特性图中会发生什么？涡轮的转速与压气机的

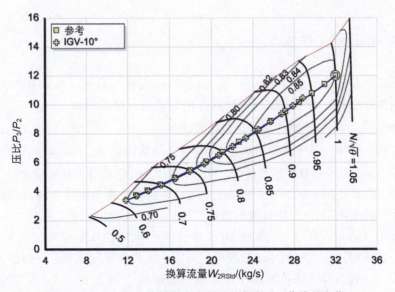

图 2.1-13 压气机特性图中变更导叶角度后工作线的变化

速度相同,同样也会增加。因此涡轮换算转速 $N/\sqrt{T_{41}}$ 也将增加。图 2.1-14 中的涡轮工作线向右移动,涡轮压比不受影响。

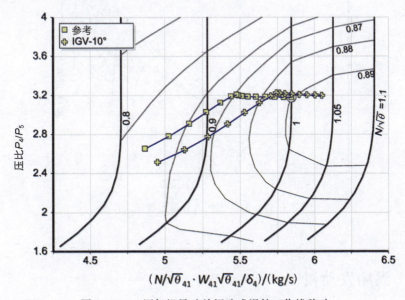

图 2.1-14 压气机导叶关闭造成涡轮工作线移动

2.1.3 增压级工作线

增压级是核心机上游的压气机。核心机压气机（高压压气机 HPC）的工作线对增压级特性图中工作线的位置有主要影响。这是因为 HPC 的进口换算流量 $W_{25}\sqrt{T_{25}}/P_{25}$ 等于增压级的出口换算流量。

在同一张特性图中比较增压级和 HPC 工作线的斜率。由之前的讨论可知，当降低发动机功率和核心机流量 $W_{25}\sqrt{T_{25}}/P_{25}$ 时，HPC 出口换算流量 $W_3\sqrt{T_3}/P_3$ 会沿着工作线增加（图 2.1-8 和图 2.1-11）。因此，来自增压级的出口换算流量减小，而 HPC 的出口换算流量增加。

HPC 工作线比图 2.1-15 中 HPC 特性图中出口换算流量等值线更陡峭。然而，增压级工作线的斜率恰恰相反。与图中出口换算流量等值线相比，其斜率要小，并且在低转速范围内往往会触碰喘振线（图 2.1-15）。低状态（转速）时增压级喘振裕度不足通常是一个问题，只能通过使用压气机和增压级之间的放气阀来解决。

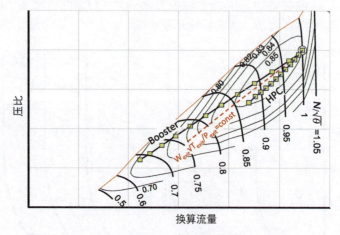

图 2.1-15　高压压气机和增压级的工作线

2.2　涡扇发动机

涡喷发动机现在很少用于飞机推进，那么为什么还要如此详细地研究其非设计点特性？我们的兴趣源于这样一个事实，即涡扇发动机的核心机（燃气发生器）的非设计点特性非常接近于完整的涡喷发动机（图 2.2-1）。其原因

第2章 理解非设计点行为

在于涡扇发动机低压涡轮的流动特性与涡喷发动机喷管的流动特性非常相似（图2.2-2）。可以轻松地将涡喷发动机方程转换为涡扇发动机核心机的方程式。将来自发动机进气截面（截面2）的参数替换为来自截面25（核心机进口截面）的参数。式（2.1-8）变为式（2.2-1），该式描述了在 $W_{25}\sqrt{T_{25}}/P_{25}$ 范围内的一簇 P_3/P_{25} 直线，其中变量为温比 T_{41}/T_{25}。

$$\frac{P_3}{P_{25}} = \frac{1}{\dfrac{W_{41}\sqrt{T_{41}}}{A_{41}P_4}\dfrac{A_{41}}{A_{25}}\dfrac{P_4}{P_3}\dfrac{W_{25}}{W_{41}}}\sqrt{\frac{T_{41}}{T_{25}}}\frac{W_{25}\sqrt{T_{25}}}{P_{25}} \quad (2.2\text{-}1)$$

根据核心压气机和涡轮之间的功率平衡获得了描述两者共同工作线的等式，即

$$C_{P,C}\left[\left(\frac{P_3}{P_{25}}\right)^{R/C_{P,C}}-1\right] = \frac{T_{41}}{T_{25}}\eta_{HPC}\eta_{HPT}\frac{W_{41}}{W_{25}}C_{P,T}\left[1-\left(\frac{P_{45}}{P_4}\right)^{R/C_{P,T}}\right] - \frac{\eta_{HPC}PW_X}{T_{25}W_{25}} \quad (2.2\text{-}2)$$

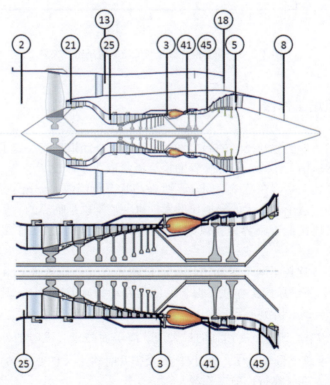

图2.2-1 涡扇发动机截面定义

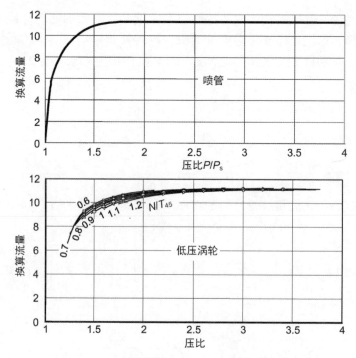

图 2.2-2 喷管换算流量与低压涡轮压比的关系

2.2.1 风扇工作线

对于内、外涵分开排气的涡扇发动机而言，外涵道喷管决定了大涵道比涡扇发动机的风扇工作线。外涵喷管的换算流量取决于压比 P_{18}/P_{amb}，并且与涵道比具有反比关系。在巡航期间（至少在高状态范围内），外涵喷管压比高于临界值，即使对于非常大的涵道比的发动机，喷管也是临界的。但是在起飞条件下，喷管压比低于临界值，风扇出口换算流量变小，且工作线朝向喘振线移动。

图 2.2-3 比较了两个大涵道比发动机在高空（巡航条件）和海平面静止（起飞条件）下的风扇工作线。偏上的图的发动机涵道比为 6，其风扇设计压比为 $P_{13}/P_2=2$。外涵喷管压比 P_{18}/P_{amb} 在最大爬升时为 2.94，喷管为临界，且 $W_{18}\sqrt{T_{18}}/P_{18}$ 达到它所能达到的最大值。海平面静止起飞时的外涵喷管马赫数是 0.9，换算流量 $W_{18}\sqrt{T_{18}}/P_{18}$ 仅比最大爬升时略小（图 2.1-6）。风扇特性图中的起飞点非常靠近巡航工作线。

在图 2.2-3 中，靠下的是涵道比为 12 的发动机，其最大爬升状态风扇压比仅为 1.48。外涵喷管压比 $P_{18}/P_{amb}=2.19$ 并没有比临界值高太多。海平面静态起飞时的外涵喷管马赫数仅为 $M_{18}=0.64$，$W_{18}\sqrt{T_{18}}/P_{18}$ 比最大爬升时小约 12%。起飞状态的风扇工作点位于较低的风扇出口换算流量 $W_{13}\sqrt{T_{13}}/P_{13}$ 的工作线上，而不是最大爬升状态（再次回顾图 2.1-8 中 $W_{13}\sqrt{T_{13}}/P_{13}$ 线的趋势）。在图中，较低风扇出口换算流量 $W_{13}\sqrt{T_{13}}/P_{13}$ 的工作线高于较高的换算流量 $W_{13}\sqrt{T_{13}}/P_{13}$ 的工作线。大涵道比发动机的风扇特性图中的海平面工作线比巡航工作线更接近喘振线。

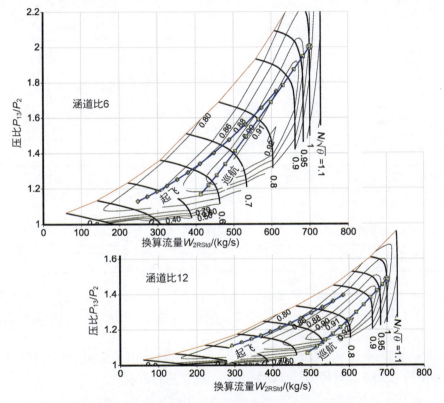

图 2.2-3　不同涵道比涡扇发动机的风扇工作线对比

如有必要，有两种选择可以避免超大涵道比涡扇发动机的风扇低转速喘振裕度较小问题。一是使用可变面积外涵喷管，它在海平面条件下打开并将工作线向右移动；二是调整风扇转子叶片角度并将喘振线向左移动。

2.2.2　涡扇增压级工作线

涡扇发动机中的增压级（或中压压气机 IPC）的工作线不仅由下游压气机确定，而且由上游的风扇确定。这是因为风扇和增压级以相同的转子转速旋转。在带有齿轮箱的涡轮风扇的情况下，风扇和增压级的转速比是恒定的。

下面以大涵道比涡扇发动机为例，研究增压级的节流工况特性。循环设计点是 35000ft、$M = 0.8$ 的爬升最高点。主要的循环设计点参数列于表 2.2-1 中。

表 2.2-1 某涡扇发动机的主要参数

参　　数	单　　位	设计点参数值
推力	kN	38.4
耗油率 SFC	g/(kN·s)	14.7
空气流量	kg/s	332
涵道比		10
燃烧室出口温度 T_4	K	1600
总增压比 P_3/P_2		53
风扇外涵压比 P_{13}/P_2		1.525
风扇内涵压比 P_{21}/P_2		1.5
增压级压比 P_{24}/P_{21}		3
高压压气机压比 P_3/P_{25}		12

在非设计点研究中，将 GasTurb 标准特性图用于除增压级之外的所有部件。为了模拟增压级性能，使用了 4 个不同的特性图，所有特性图都缩放到相同的循环设计点压比 3。

① GasTurb 标准增压级特性图，由 GasTurb 按比例缩放到循环设计压比，比例因子采用常数对原始特性图的 $P/(P-1)$ 值进行调整[1]。

② 相同的特性图，按照参考文献［4］中描述的方法进行缩放。

③ 亚声速压气机的通用特性图（通常用于传统涡扇发动机的增压级），按照参考文献［4］的步骤进行缩放。

④ 一个跨声速压气机[3]的特性图（典型的带有齿轮箱的涡扇发动机的增压级），按照参考文献［4］的步骤进行缩放。

参考文献［4］的特性图缩放流程，在压气机特性图准备程序 Smooth C[5] 中进行了自动实现。

图 2.2-4 显示了 4 条增压级工作线，从 35000ft、$M = 0.8$ 的巡航状态循环设计点，逐渐减小到约 50% 推力。风扇和增压级转子转速约为设计点值的 80%。

第 2 章 理解非设计点行为

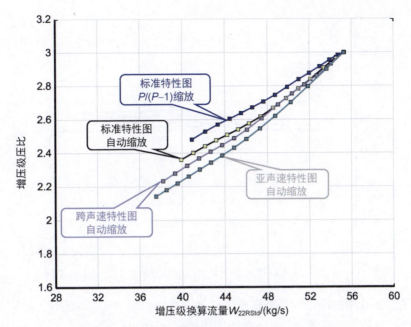

图 2.2-4 由 4 张不同特性图计算得到的增压级工作线

2.2.2.1 工作线的形状

4 条工作线在节流状态差异越来越大。原因是什么？哪些因素影响增压级工作线的斜率？

考虑风扇转速为 80% 的工作点，并检查风扇和增压级效率变化对增压级压比的影响是否为 ±2%。由于外涵喷管直接影响风扇压比，因此在本小节中风扇外部压比保持恒定。

由图 2.2-4 可知，风扇外涵效率会影响增压级压比，但增压级效率却不对增压级压比产生影响。

在第 2 个参数研究中，检查了风扇和增压级流通能力的影响。需要注意的是，风扇流通能力不会影响风扇压比，因为压比是由外涵道喷管决定的。风扇流通能力增加的主要影响是增压级压比的增加。如果风扇流通能力从 −2% 变为 +2%，增压级流量仅变化 1.7%；增加相同量的增压级流通能力会降低增压级压比，并使增压级流量增加 4.5%。

现在集中讨论增压级，并假设风扇特性图能正确描述风扇流量和效率。正如图 2.2-5 所示，增压级效率的变化不会影响增压级压比。因此，决定等换算转速下的增压级压比的参数是其流量。增压级工作线的形状仅取决于增压级特性图中换算流量与换算速度的关系。这种关系因特性图而异，因此在图 2.2-4 中得到了 4 条不同的增压级工作线。

第3篇 非设计点性能

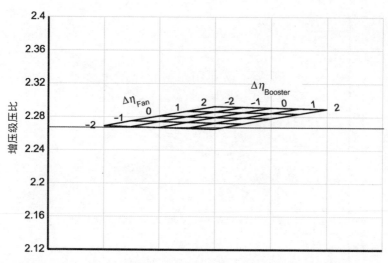

图 2.2-5 风扇和增压级效率变化对增压级压比的影响（风扇转速恒定）

图 2.2-6 中的等值线是高压压气机进口换算流量 W_{25Rstd} 等值线，等于增压级出口换算流量。降低 W_{25Rstd}，高压压气机压比随之降低。

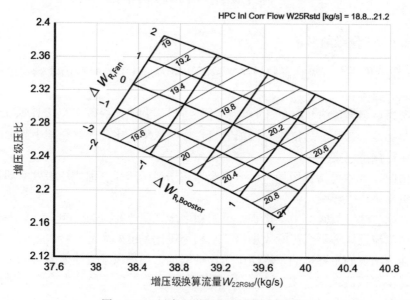

图 2.2-6 风扇和增压级流通能力的影响

2.2.2.2 特性图选取及缩放

比例缩放使特性图中的一个点（特性图缩放点）与循环参考点完全吻合。

第 2 章 理解非设计点行为

那么这 4 张特性图有什么区别？第 1 张和第 2 张特性图的原点是相同的[1]，它们之间的唯一区别是缩放方法，详见第 3 篇 1.2.9 节。

如果使用比例缩放 $P_2/(P_1-1)$ 方法而不是自动缩放来生成增压级特性图，那么 80% 换算转速线的换算流量将不同。换算流量的差异相当于增压级流量的变化，这反过来导致增压级压比的差异（图 2.2-6）。因此，从同一个未缩放的特性图中获得两条不同的增压级工作线，见图 2.2-4。

图 2.2-4 中还有两条增压级工作线：其中一条是由传统涡扇发动机的增压级特性图的缩放得到的[2]。这种增压级的切线速度很低，并且流场通常是亚声速的。另一个特性图[3]是由高切向速度的压气机的特性图缩放而来的，其流场是跨声速的。

亚声速压气机特性图中的等转速线是平坦的，从喘点到堵点的质量流量范围很大。这与跨声速压气机的特性图中陡峭的等转速线形成鲜明的对比，后者从喘点到堵点的质量流量增加较少。参考文献 [1] 中的特性图（GasTurb 标准增压级特性图）和参考文献 [3] 中的特性图有一些相似之处。两张特性图显然都来自跨声速压气机，因此图 2.2-4 中相应的工作线彼此靠近就不足为奇了。

在图 2.2-4 中，使用亚声速压气机特性图计算的工作线最低。这表明传统涡扇发动机的增压级工作线比带有齿轮箱的涡扇发动机更陡峭且更不易于进入喘振。

现在来研究第 2 条工作线，即图 2.2-7 中的 SLS（海平面静止状态）。再

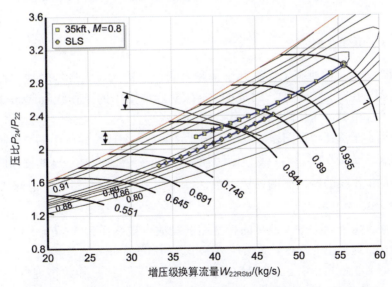

图 2.2-7 亚声速增压级特性图上巡航和海平面静止状态的工作线对比

第3篇 非设计点性能

将传统涡扇发动机的低转速增压级（亚声速流）与带齿轮箱的涡扇发动机的高转速增压级（跨声速流）进行比较。比较图 2.2-7 和图 2.2-8 可知，在跨声速特性图中，SLS 工作线与巡航工作线相距更远：$W_{22Rstd} = 40 \text{kg/s}$ 时的压比差异远大于亚声速增压级特性。不同特性的等转速线的斜率不同，这些斜率影响工作线上的质量流量-转速关系。

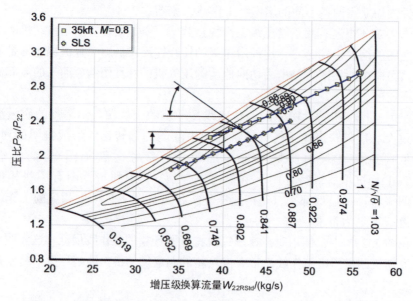

图 2.2-8　跨声速增压级特性图上巡航和海平面静止状态的工作线对比

2.2.2.3　可变几何

图 2.2-4 中的所有工作线几乎都是直线，压比随着流量的增加而稳定增加。然而，在图 2.2-9 中，缩放的 GasTurb 标准图中的工作线看起来非常不同：在高流量时，压比降低！是什么原因呢？

原因在于选择特性图缩放点。需记住：这是未缩放特性图中的点，通过特性图缩放过程成为循环设计点。用于计算图 2.2-4 中标记为"标准特性图自动缩放"的工作线的特性图的缩放点被选择为在未缩放特性图中标记为 $N/\sqrt{\theta} = 0.998$ 的速度线上。

然而，用于创建图 2.2-9 的特性图的缩放点被选择为 $N/\sqrt{\theta} = 1.05$。令人惊讶的是，这种小的变化导致增压级工作线的形状如此大的差异。

从图 2.2-6 可以看出，流量-转速关系的差异可能是导致该现象的原因。图 2.2-10 中蓝线是特性图的 β 线，它们定义为功系数 $\Delta H/U^2$ 等值线。

第 2 章 理解非设计点行为

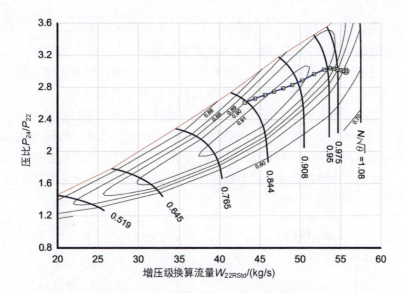

图 2.2-9 换算转速为 1.05 的特性图缩放点

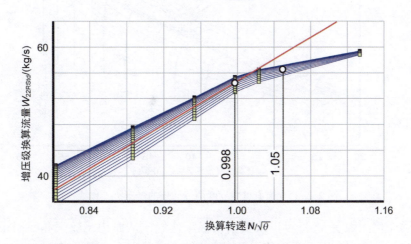

图 2.2-10 未缩放特性图对应的流量-转速关系

等 β 线下的换算流量与换算转速关系的斜率在 $N/\sqrt{\theta}=0.998$ 时突然变化。对于具有可变导向叶片的压气机，这种突然变化是非常典型的。流量与转速相关性的突变是导叶角度控制计划中的 $\alpha_{IGV}=f(N/\sqrt{\theta})$ 突变的结果。

参考文献 [1]（GasTurb 中标准增压级特性图的来源）并不讨论压气机的可变几何结构。我们不知道这张特性图的流量-转速关系突变的原因。我们的结论和强烈建议是：在使用它来模拟涡扇发动机中增压级的性能之前要先检查特性图！

第3篇 非设计点性能

为了检查特性图中的流量-转速相关性,需要定义两条抛物线,并在两条抛物线之间划分 β 线网格,两个抛物线都通过原点。然后绘制 W_R 和 $N/\sqrt{\theta}$ 的关系,以及 $\Delta H/\theta$ 和 N^2/θ 的关系。如果这些线都是直的,那么压气机的几何形状是不可变的。如果不是,那么特性图来自具有可变几何的压气机。

使用具有可变几何形状压气机的特性图来模拟没有可变导向叶片的增压级的性能是一个错误。相反,可以使用没有可变导叶(VGV)的压气机的特性图,并通过添加 VGV 调节计划来模拟具有可变导叶的增压级的性能。这样做是为了生成图 2.2-11 中的蓝色工作线。图 2.2-11 中的虚线是图 2.2-8 中工作线的复制,用于进行比较。

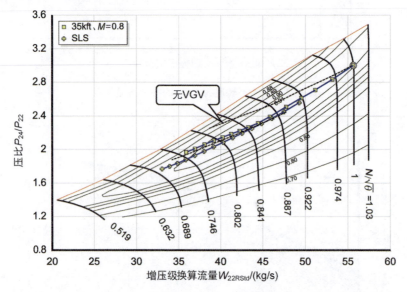

图 2.2-11 带有可变导叶调节计划的增压级工作线

这个例子表明 VGV 可以改变增压级工作线,从而优化效率和喘振裕度。如果带齿轮的涡扇发动机中的增压级工作线在高状态下出现稳定性问题,则可以通过适当调整 VGV 控制计划来解决(图 2.2-12)。在增压级下游进行放气常用于解决在较低转速和远高于慢车时的稳定性问题。

2.2.2.4 总结

在涡扇发动机的增压级特性图中工作线的位置主要由增压级的流量-转速关系确定。确定工作线位置的第 2 个重要的因素是风扇的流量-转速关系。采用具有代表性的增压级特性图非常重要。对于传统的涡扇发动机,可以使用来自低转速亚声速流场的压气机特性图。对于齿轮涡扇发动机,可以使用高转速跨声速流场的压气机特性图。

第 2 章 理解非设计点行为

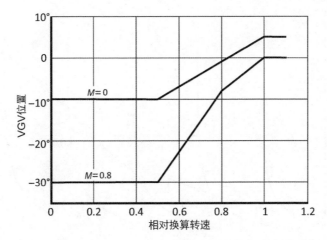

图 2.2-12 来自图 13.26 中工作线对应的可变导叶调节计划

2.2.3 低压涡轮

低压涡轮的压比可以通过其进口和出口处的换算质量流量的比来表征。忽略涡轮出口到内涵喷管喉部之间的任何压力损失和质量流量变化，可得

$$\frac{\dfrac{P_{45}}{P_8}}{\sqrt{\dfrac{T_{45}}{T_8}}} = \frac{\dfrac{W_8\sqrt{T_8}}{P_8}}{\dfrac{W_{45}\sqrt{T_{45}}}{P_{45}}} \tag{2.2-3}$$

只要内涵喷管临界，低压涡轮压比就不会改变，因为方程中的换算质量流量都是恒定的。在小涵道比涡扇发动机的大状态工作区域内就是这种情况。

涵道比越高，风扇的设计压比越低，外涵道气流的速度也就越低。内涵气流速度与外涵气流速度相协调，在精心设计的发动机中它们的最佳气流速度比近似恒定。

那么低压涡轮工作线会发生什么？低压涡轮进口换算流量在大状态区间内保持恒定。内涵喷管换算流量 $W_8\sqrt{T_8}/P_8$ 随内涵喷射马赫数减小，低压涡轮的落压比也减小。

无法仅通过压比就在低压涡轮特性图中定位工作线，还需要知道换算转速 $N_L/\sqrt{T_{45}}$ 如何随压比变化。不幸的是，没有简单的方法来计算 $N_L/\sqrt{T_{45}}$，因为转子转速 N_L 取决于风扇特性图中等转速线的形状以及风扇工作线的位置。

图 2.2-13 显示了低压涡轮典型的起飞和巡航状态的工作线——它们通过特性图中的效率峰值区域。

第3篇 非设计点性能

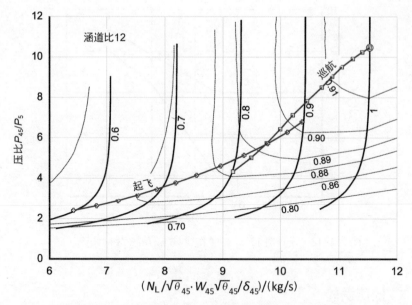

图 2.2-13 涡扇发动机的低压涡轮特性图中的工作线位置

2.3 多转子涡轴发动机

双转子涡轴发动机由燃气发生器和其后的动力涡轮组成。燃气发生器的非设计点特性基本上与涡喷发动机的一致,因为动力涡轮的流动特性类似于涡喷发动机喷管的流动特性(图 2.2-2)。所有涡喷发动机方程式也适用于双轴涡轴发动机。

但是,我们可以选择动力涡轮的转速。当将涡轴发动机推进用于陆地或海上运载平台时,将动力涡轮转速调整为最适合的转速。如果涡轮驱动螺旋桨、直升机旋翼或发电机,则动力涡轮以恒定的转速运行。

在动力涡轮进口处的质量流量 W_{45}、温度 T_{45} 和压力 P_{45} 随着燃气发生器的涡轮转子进口温度 T_{41} 而变化。动力涡轮压比 P_{45}/P_5 略小于 P_{45}/P_{amb},同时动力涡轮换算转速为 $N_{PT}/\sqrt{T_{45}}$。这两个参数一起决定了动力涡轮特性图中的工作点,因此可以获取效率,然后计算输出的轴功率(图 2.3-1)。

如果在保持 N_{PT} 不变的同时降低功率,则转子换算转速 $N_{PT}/\sqrt{T_{45}}$ 将增加,因为燃气发生器出口温度 T_{45} 下降。恒定转速 N_{PT} 的涡轮工作线穿过峰值效率区域,并且垂直于涡扇发动机的低压涡轮工作线(图 2.2-13)。

第 2 章 理解非设计点行为

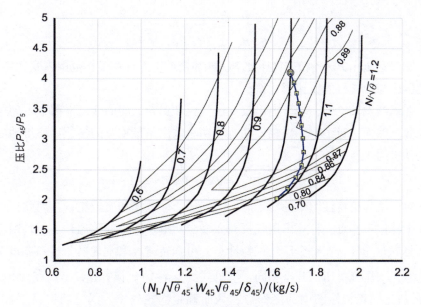

图 2.3-1 动力涡轮特性图的工作线（N_{PT} = 常数）

三转子涡轴发动机具有双轴燃气发生器。第 1 压气机即增压级由位于燃气发生器和动力涡轮之间的中间涡轮驱动。增压级的工作线由高压压气机控制，如涡扇发动机部分所述。中间涡轮的压比是恒定的，因为高压涡轮和动力涡轮的流量都是不变的。

2.4 单轴涡轴发动机

某些（但不是全部）涡喷发动机方程也适用于单轴涡轴发动机。可以绘制一系列过原点的压比与换算流量直线（式（2.1-8））；每一条直线上温比 T_{41}/T_2 对应的值不一样。这些直线的基础是压气机和涡轮之间的质量流量连续性以及 $W_{41}\sqrt{T_{41}}/P_4$ 在高状态范围内恒定。

由压气机出口和涡轮进口之间的质量流量连续可得到涡喷发动机的另一个共性：压气机出口处的换算流量 $W_3\sqrt{T_3}/P_3$ 与温比 T_{41}/T_3 的平方根的乘积是不变的。

现在来说涡喷发动机和涡轴发动机之间的差异。因为排气喷管堵塞，涡喷发动机 P_4/P_5 的涡轮压比在高状态范围内保持恒定。与此不同的是，涡轴发动机排气马赫数非常低。涡轮压比与压气机压比直接相关，有

第3篇 非设计点性能

$$\frac{P_4}{P_5} = \frac{P_3}{P_2}\frac{P_4}{P_3}\frac{P_2}{P_5} \tag{2.4-1}$$

燃烧室压比 P_4/P_3 和排气压比 P_5/P_2 都接近 1 并且在工作范围内变化不大。涡轮压比与压气机的压比成比例。

在涡喷发动机中，功率输出仅在压气机和涡轮之间的能量平衡中占到很少一部分。然而，对于单轴涡轴发动机，功率输出是最重要的参数：输出轴功率是发动机的主要目的，有

$$PW_X = PW_T - PW_C \tag{2.4-2}$$

对于压气机特性图中的每个点，可知压比、效率和质量流量。因此，可以在图中任何工作点上计算出压气机需要多少功率。图中的等温比 T_{41}/T_2 线将压气机与涡轮连接。在每个压气机特性点，可知转速 N 和涡轮转子进口温度 T_{41}。涡轮压比与压气机压比几乎相同，参见式（2.4-1）。换算速度 $N/\sqrt{T_{41}}$ 和压比 P_4/P_5 决定涡轮特性图中的工作点，从而确定涡轮效率。涡轮功率易于计算，其与压气机功率之间的差异是输出的轴功率。

许多单轴涡轴发动机用于发电，它们以恒定转速 N 运行。这是发电机的要求。环境温度决定了转子换算转速 $N/\sqrt{T_2}$。负载变化使工作点沿着压气机特性图中的等换算转速 $N/\sqrt{T_2}$ 线向上或向下移动。

涡喷发动机的涡轮特性图中的工作线是非常短的等压比线，涡轮效率基本上是恒定的。相比之下，单轴涡轴发动机的涡轮工作线要长得多，因为压比和换算转速 $N/\sqrt{T_{41}}$ 随负载而变化。当然，涡轮效率取决于特性图中工作点的位置。

可变压气机进口导向叶片——无论如何都是高压比压气机所需，允许我们修改换算转速和换算流量之间的关系。可以通过关闭进口导叶（IGV）来移动 $N/\sqrt{T_2}$ 线，以获得较低的压比和质量流量。这使我们能够以较低的 T_{41} 和较大质量流量 W_{2Rstd} 或者较高 T_{41} 和较低质量流量 W_{2Rstd} 产生相同的功率输出，见图 2.4-1。将压气机特性图中的单个工作线扩展为地毯图，图 2.4-2 中的涡轮特性图也是如此。

但和降低涡轮进口温度相比，关闭 IGV 的好处是什么？使发动机运转产生更多热量，增加排气温度，这在联合循环发电中是一个优势。可变 IGV 也可以用于控制排放，因为燃烧室中的油气比、速度和压力都随着 IGV 角度而变化。此外，可以使用 IGV 来实现热效率最大化。

第 2 章 理解非设计点行为

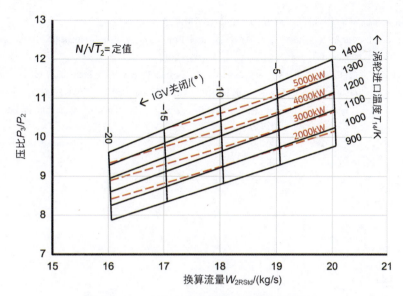

图 2.4-1 压气机特性图中等轴功率输出线

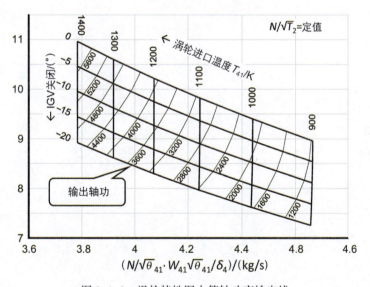

图 2.4-2 涡轮特性图中等轴功率输出线

参 考 文 献

[1] Converse, G. L.: Extended Parametric Representation of Compressor, Fan and Turbines vol. III, pp. 24-26, NASA CR-174647, 1984 also in: Map Collection 3, J. Kurzke (2012)

第3篇 非设计点性能

[2] Generic map of a subsonic booster in: GasTurb 13 (2017)
[3] Suzuki, M., Kuno, N.: Research & Development of Two-stage Fan Component in HYPR Project AIAA 95-2344, 1995 also in: Map Collection 3, J. Kurzke (2012)
[4] Kurzke, J., C. Riegler, A.: A New Compressor Map Scaling Procedure for Preliminary Conceptional Design of Gas Turbines, Aircraft Engine Committee Best Paper Award, ASME 2000-GT-0006, (2000)
[5] Kurzke, J.: Preparing Compressor Maps for Gas Turbine Performance Modeling Manual to Smooth C 8.3, (2013)

第4篇 基础

第1章 气体性质与标准大气

任何精确的循环计算程序都必须利用对气体性质的良好描述。GasTurb 使用 NASA 计算机程序 CEA（Chemical Equilibrium with Applications）创建的数据，该程序可以计算任何一组反应物的化学平衡组成，并确定产物混合物的热力学和传递性质。CEA 代表了 NASA 刘易斯（现在的格林）研究中心数十年来开发的许多计算机程序中的最新成果。公开程序是由 Bonnie J. McBride 和 Sanford Gordon 按 ANSI 标准采用 FORTRAN 语言编写，并且已被空气动力学和热力学界广泛使用，发行量超过 2000 份。

1.1 半理想气体

在 GasTurb 中，假设工质流体的行为类似于半理想气体。这种气体的定义可以从以下的基本热力学推导得出。

热力学系统的状态由两个状态变量完全描述。例如，焓 h 可以写成温度 T 和压力 P 的函数，即

$$h = f(T, P) \tag{1.1-1}$$

这种关系的全微分为

$$dh = \left(\frac{\partial h}{\partial T}\right)_{P=常量} dT + \left(\frac{\partial h}{\partial P}\right)_{T=常量} dP \tag{1.1-2}$$

比定压热容定义为

$$C_P = \left(\frac{\partial h}{\partial T}\right)_{P=常量} \tag{1.1-3}$$

实际气体的比定压热容 C_P 取决于温度和压力。并且

$$\left(\frac{\partial h}{\partial P}\right)_{T=\text{常量}} \neq 0 \tag{1.1-4}$$

理想气体 C_P 是常数,且

$$\left(\frac{\partial h}{\partial P}\right)_{T=\text{常量}} = 0 \tag{1.1-5}$$

半理想气体具有以下性质,即

$$C_P = f(T), \quad C_P \neq f(P), \quad \left(\frac{\partial h}{\partial P}\right)_{T=\text{常量}} = 0 \tag{1.1-6}$$

在温度高于约200K时空气的性质非常像半理想气体。气体燃烧产物表现相似;它们的性质取决于燃料的化学成分、油气比及温度。

1.1.1 焓

半理想气体的焓是 $C_P \mathrm{d}T$ 的积分,其中 C_P 是恒定压力下的比热容,T 是温度。积分从参考温度开始,以关注的温度结束,即

$$h(T) = \int_{T_{\text{ref}}}^{T} C_P(T) \mathrm{d}T \tag{1.1-7}$$

参考温度 T_{ref} 可以任意选择,但使用时,热平衡必须与其他参数的参考温度一致,如燃料热值(FHV),见本章1.2.3节。参考温度的大小对于等熵压缩和膨胀计算并不重要,因为它们只涉及焓差。

由于比热容是温度和油气比的函数,因此焓也取决于温度和油气比。

1.1.2 熵函数

对于半理想气体的等熵过程为

$$\frac{\mathrm{d}P}{P} = \frac{C_P(T)}{R} \frac{\mathrm{d}T}{T} \tag{1.1-8}$$

其积分形式为

$$\int_{P_1}^{P_2} \frac{\mathrm{d}P}{P} = \frac{1}{R} \int_{T_1}^{T_2} \frac{C_P(T)}{T} \mathrm{d}T \tag{1.1-9}$$

将熵函数 Ψ 定义为

$$\Psi(T) = \frac{1}{R} \int_{T_{\text{ref}}}^{T} \frac{C_P(T)}{T} \mathrm{d}T \tag{1.1-10}$$

同样,参考温度可以任意选择。正如焓一样,等熵压缩和膨胀过程的计算仅使用熵函数相对值,而不是绝对值。

使用熵函数,可编写以下等熵状态变化的简单公式,即

$$\ln\left(\frac{P_2}{P_1}\right) = \Psi_2 - \Psi_1 \qquad (1.1-11)$$

由于比热容是温度和油气比的函数，因此熵函数也取决于它们。

1.2 数值

1.2.1 比热容、焓、熵函数

CEA 从任何一组反应物中计算化学平衡组成，并确定产物混合物的比热容、焓和熵。当创建具有比热容、焓、熵和气体常数的数据表时，必须运行 CEA 以获得代表性压力，因为在半理想气体中这些特性必须与压力无关。

半理想气体的另一个特点是其化学成分不变。因此，当计算任何液态或气态烃燃料燃烧产物的 C_P、h、Ψ 和 R 时，强制在 CEA 只考虑主要燃烧产物 H_2O 和 CO_2，在这些情况下，气体的成分是油气比的线性函数，因此仅以两个油气比运行 CEA 并对其他值进行插值就足够了。

空气湿度、进口雾化和注水会影响工质流体的化学构成。比热容、焓、熵和气体常数都会因水气比发生变化；需要额外的气体特性表来模拟空气和燃气中的水含量。

1.2.2 燃烧引起的温升

为了计算燃烧引起的温升，必须考虑各种燃烧产物以及压力的影响。主要参数是进口温度、油气比和压力。此外，必须区分水和蒸汽注入燃烧室，还要考虑空气湿度。因此，包含由于燃烧引起温度升高的数字表格内容非常广泛。

1.2.3 燃料

在燃气轮机中，大多数碳氢化合物用作燃料。具有 86.08% 质量的碳和 13.92% 质量的氢的碳氢化合物与空气一起燃烧，使分子量和燃烧产物的气体常数恰好是干燥空气的气体常数（$R = 287.05 \text{J}/(\text{kg} \cdot \text{K})$）。在 $T = 25$℃时，该通用燃料的较低热值为 43.124MJ/kg。

煤油、JP-4 和其他用于航空和固定式燃气轮机的燃料具有接近通用燃料的成分。

应该注意的是,许多飞机制造商使用特定值来实现燃料较低的热值。有些人喜欢使用平均值,有些人喜欢使用最小值。在向飞机客户提供性能数据时,应明确低热值。

1.3 标准大气

标准日的环境压力和温度由国际标准大气 ISA 规定。寒冷或炎热天气的极端条件在美国军用标准 210(MIL 210)中定义。

考虑到飞行高度,使用国际标准大气(ISA)计算静温和静压。低于 11000m 的标准日环境温度为

$$T_{amb,ISA} = 288.15K - 6.5\frac{altitude[m]}{1000m} \quad (1.3-1)$$

此高度范围内的环境压力为

$$P_{amb} = 101.325kPa\left(1 - 0.0225577\frac{altitude[m]}{1000m}\right)^{5.25588} \quad (1.3-2)$$

在 11000~25000m 之间,温度恒定,等于 216.65K。
相应的环境压力为

$$P_{amb} = 22.632kPa \times e^{\frac{11000m - altitude[m]}{6341.62m}} \quad (1.3-3)$$

超过 25000m,温度再次升高,即

$$T_{anb,ISA} = 216.65K + 3\frac{altitude[m] - 25000m}{1000m} \quad (1.3-4)$$

环境压力为

$$P_{amb} = 2.4886kPa\left(\frac{216.15K}{T_{amb,ISA}}\right)^{11.8} \quad (1.3-5)$$

ISA 定义了"标准日"的高度、环境压力和环境温度之间的关系。应当注意,当温度为 ISA 时,真实或几何高度仅具有与压力高度相同的值。航空器噪声的认证程序是针对测试条件使用几何高度的 ISA 为+10℃条件定义的。在生成噪声评估的周期数据时,性能工程师必须考虑到这一点。关于海拔高度定义的更多信息可以在参考文献 [1] 中找到。

引用空速时必须小心谨慎。飞机速度有几个常用的术语:指示空速("IAS")、校准空速("CAS")、当量空速("EAS")和真空速("TAS")。发动机性能数据应始终对应正在使用的定义。

除了环境温度与海拔高度的 ISA 相关性外,还有其他多种温度标准(图 1.3-1)。

第 1 章 气体性质与标准大气

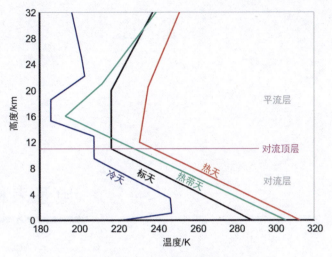

图 1.3-1 环境温度标准

参 考 文 献

[1] Brown, F. S.: Subsonic Relationships Between Pressure Altitude, Calibrated Airspeed, and Mach number. Air Force Flight Test Center, Edwards AFB. Report AFFTC-TIH-10-01 (2012)

第2章 电子表格计算

2.1 常用方程

2.1.1 一些简单计算公式

质量流量为
$$W = A\rho V \tag{2.1-1}$$

密度为
$$\rho = \frac{P_s}{RT_s} \tag{2.1-2}$$

马赫数为
$$M = \sqrt{\gamma RT_s} \tag{2.1-3}$$

总静温比为
$$\frac{T}{T_s} = 1 + \frac{\gamma-1}{2}M^2 \tag{2.1-4}$$

总静压比为
$$\frac{P}{P_s} = \left(1 + \frac{\gamma-1}{2}M^2\right)^{\frac{\gamma}{\gamma-1}} \tag{2.1-5}$$

单位面积的换算流量为
$$\frac{W\sqrt{T}}{AP}\sqrt{\frac{R}{\gamma}} = \frac{M}{\left(1 + \frac{\gamma-1}{2}M^2\right)^{\frac{\gamma+1}{2(\gamma-1)}}} \tag{2.1-6}$$

比定压热容为

$$C_P = \frac{\gamma}{\gamma-1}R \qquad (2.1\text{-}7)$$

2.1.2 压气机

任务：计算给定压气机进口温度 T_1，压比 P_2/P_1 和等熵或多变效率的单位功 H_{1-2} 和出口温度 T_2。

2.1.2.1 采用等熵指数 γ 和比定压热容 C_P 计算的方法

这是简单燃气轮机性能计算的首选方法。考虑到比热容的温度依赖性需要迭代。

$$H_{1-2,\text{is}} = \frac{\gamma}{\gamma-1}RT_1\left[\left(\frac{P_2}{P_1}\right)^{\frac{\gamma-1}{\gamma}}-1\right] \qquad (2.1\text{-}8)$$

单位功的等熵效率小于 1，有

$$H_{1-2} = \frac{H_{1-2,\text{is}}}{\eta_{\text{is}}} \qquad (2.1\text{-}9)$$

出口温度为

$$T_2 = T_1 + \frac{H_{1-2}}{C_P} \qquad (2.1\text{-}10)$$

计算出口温度的略有不同的方法是基于

$$\eta_{\text{is}} = \frac{C_P(T_{2,\text{is}}-T_1)}{C_P(T_2-T_1)} = \frac{\dfrac{T_{2,\text{is}}}{T_1}-1}{\dfrac{T_2}{T_1}-1} \qquad (2.1\text{-}11)$$

可以写为

$$T_2 = T_1\left\{\frac{\left(\dfrac{P_2}{P_1}\right)^{\frac{\gamma-1}{\gamma}}-1}{\eta_{\text{is}}}+1\right\} \qquad (2.1\text{-}12)$$

等熵-多变效率的关系为

$$\eta_{is} = \frac{\left(\dfrac{P_2}{P_1}\right)^{\frac{\gamma-1}{\gamma}}-1}{\left(\dfrac{P_2}{P_1}\right)^{\frac{\gamma-1}{\gamma\eta_{pal}}}-1} \qquad (2.1\text{-}13)$$

2.1.2.2 采用熵函数 Ψ 计算

这是专业燃气轮机性能计算的首选方法。精确考虑了比热容的温度依赖性。

T_1 和 $T_{2,is}$ 的熵函数值的差值等于压比的对数，有

$$\Psi(T_{2,is}) = \Psi(T_1) + \ln\left(\frac{P_2}{P_1}\right) \qquad (2.1\text{-}14)$$

当等熵效率由下式给出，即

$$H_{1-2} = \frac{h(T_{2,is}) - h(T_1)}{\eta_{is}} \qquad (2.1\text{-}15)$$

出口温度来自 $h(T_2)$，即

$$h(T_2) = h(T_1) + H_{1-2} \qquad (2.1\text{-}16)$$

多变效率由下式计算，即

$$\eta_{pol} = \frac{\ln\left(\dfrac{P_2}{P_1}\right)}{\Psi(T_2) - \Psi(T_1)} \qquad (2.1\text{-}17)$$

当多变效率给定时，有

$$\Psi(T_2) = \Psi(T_1) + \frac{\ln\left(\dfrac{P_2}{P_1}\right)}{\eta_{pol}} \qquad (2.1\text{-}18)$$

单位功为

$$H_{1-2} = h(T_2) - h(T_1) \qquad (2.1\text{-}19)$$

等熵效率为

$$\eta_{is} = \frac{h(T_{2,is}) - h(T_1)}{H_{1-2}} \qquad (2.1\text{-}20)$$

2.1.2.3 不同压比的压气机对比

多变效率是比较不同压比压气机的一种方法。然而，它没有考虑级数 N 的数量。考虑级数的最简单方法是比较平均单级压比，其定义为

$$\left(\frac{P_2}{P_1}\right)_{avg} = \text{OPR}^{1/N} \qquad (2.1\text{-}21)$$

另一种方法是假设气动载荷、$\Delta H/U^2$ 和多变效率对于每级压气机保持恒定。由于平均直径在压气机的进口到出口之间变化不大，因此圆周速度 U 是恒定的。从前到后的温升导致 $\Delta H/T$ 的下降或压气机后部分的级压比降低。图 2.1-1 和图 2.1-2 显示了总增压比为 20 和多变效率为 0.90 的压气机的单级压比如何从第 1 级的 1.59 变化到第 10 级的 1.22。

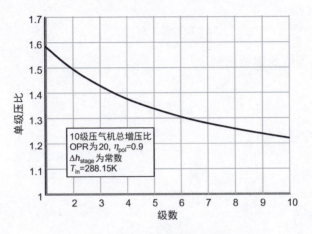

图 2.1-1　压气机单级压比与级数的关系

第 1 级的压比称为压比参数。对于第 5 级和第 10 级压气机在总增压比范围内的单级压比参数与平均单级压比之间的差异如图 2.1-2 所示。

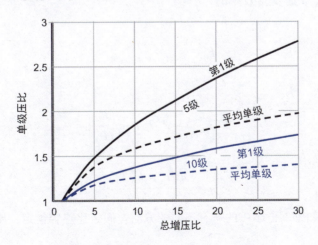

图 2.1-2　压比参数与平均单级压比的关系

2.1.3 涡轮

任务:由给定的涡轮进口温度 T_1、单位功 H_{1-2} 和效率,获得压比 P_1/P_2 和出口温度 T_2。

膨胀后的焓为

$$h(T_2) = h(T_1) - H_{1-2} \tag{2.1-22}$$

2.1.3.1 当等熵效率给定时

$$h(T_{2,\text{is}}) = h(T_1) - \frac{H_{1-2}}{\eta_{\text{is}}} \tag{2.1-23}$$

采用熵函数 Ψ
压比为

$$\frac{P_1}{P_2} = e^{\Psi(T_1) - \Psi(T_{2,\text{is}})} \tag{2.1-24}$$

多变效率为

$$\eta_{\text{pol}} = \frac{\Psi(T_1) - \Psi(T_2)}{\ln\left(\dfrac{P_1}{P_2}\right)} \tag{2.1-25}$$

2.1.3.2 当给定多变效率时

压比为

$$\frac{P_1}{P_2} = e^{(\Psi(T_1) - \Psi(T_{2\text{is}}))/\eta_{\text{pd}}} \tag{2.1-26}$$

熵函数 $T_{2,\text{is}}$ 为

$$\Psi(T_{2,\text{is}}) = \Psi(T_1) - \ln\left(\frac{P_1}{P_2}\right) \tag{2.1-27}$$

等熵效率为

$$\eta_{\text{is}} = \frac{h(T_1) - h(T_2)}{h(T_1) - h(T_{2,\text{is}})} \tag{2.1-28}$$

一种计算出口压力 P_2 的略有不同的方法:假定比热容恒定,则

$$\eta_{\text{is}} = \frac{C_P(T_1 - T_2)}{C_P(T_1 - T_{2,\text{is}})} = \frac{1 - \dfrac{T_2}{T_1}}{1 - \dfrac{T_{2,\text{js}}}{T_1}} = \frac{1 - \dfrac{T_2}{T_1}}{1 - \left(\dfrac{P_2}{P_1}\right)^{\frac{\gamma-1}{\gamma}}} \tag{2.1-29}$$

可写为

$$P_2 = P_1\left[1 - \frac{1}{\eta_{is}}\left(1 - \frac{T_2}{T_1}\right)\right]^{\frac{\gamma}{\gamma-1}} \qquad (2.1\text{-}30)$$

2.1.4 等熵效率和多变效率

将多变效率定义为压缩中无穷小步长的等熵效率，使它的大小在整个范围内是恒定的。它解释了压气机后级的进口温度更高的事实，因此为了得到同样的压力上升需要更多的输入功。

多变效率使不同压比压气机和涡轮机能够在"苹果与苹果"（具有可比性）的基础上进行比较。无论压比如何，在相同技术水平上，平均单级负荷和几何设计自由度将具有相同的多变效率。

图 2.1-3 让人们可以理解为什么压气机设计者更喜欢引用多变效率而涡轮设计者则更喜欢提出等熵效率。

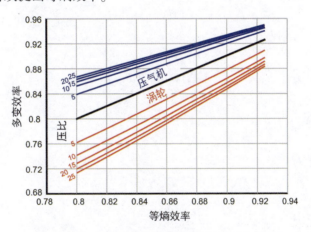

图 2.1-3　多变效率和等熵效率（$T_{entry}=288K$）

2.1.5 燃烧室

在燃烧室中加入多少热量取决于液体或气体燃料的化学组成。更高的燃料热值是弹式量热计中实验确定的。在 25℃ 的钢容器中燃烧化学当量的燃油和氧化剂混合物，点火装置引燃并完全反应。当氢和氧在燃烧过程中发生反应时，会产生水蒸气。然后将容器及其内的容物冷却至最初的 25℃，并将较高的热值 HHV 定义为在相同的初始温度和最终温度之间释放的热量（参考维基百科）。

在将量热计冷却至 25℃ 后，在测试期间产生的任何水将呈液体形式。较低的燃料热值 FHV 是从蒸汽形式的水的较高热值计算的。FHV 是燃气轮机的关键参数。

如果弹式量热计测试是在不同的温度下进行的，即不是在 25℃，将得到不同的 FHV 值。

通过燃烧室的热平衡有

$$W_A[h_A(T_1)-h_A(T_{ref})]+W_F[h_F(T_F)-h_F(T_{ref})]+W_F \mathrm{FHV}_{Tref}$$
$$=(W_A+W_F)[h_G(T_2)-h_G(T_{ref})] \quad (2.1-31)$$

式中：A 表示空气；F 表示燃料；G 表示燃气。参考温度是燃料热值有效的温度。

可以使用比热容的平均值重写这个等式，即

$$W_A C_{P,A}(T_1-T_{ref})+W_F C_F(T_F-T_{ref})+W_F \mathrm{FHV}_{Tref}$$
$$=(W_A+W_F)C_{P,G}(T_2-T_{ref}) \quad (2.1-32)$$

假设燃料温度是 $T_F=T_{ref}$，引入油气比，$\mathrm{far}=W_F/W_A$。等式变为

$$C_{P,A}(T_1-T_{ref})+\mathrm{far} \cdot \mathrm{FHV}_{Tref}=(1+\mathrm{far})C_{P,G}(T_2-T_{ref}) \quad (2.1-33)$$

可求解出 far：

$$\mathrm{far}=\frac{C_{P,G}(T_2-T_{ref})-C_{P,A}(T_1-T_{ref})}{\mathrm{FHV}-C_{P,G}(T_2-T_{ref})} \quad (2.1-34)$$

2.1.6 喷管

临界温比为

$$\frac{T}{T_s}=\frac{\gamma+1}{2} \quad (2.1-35)$$

临界压比为

$$\frac{P}{P_s}=\left(\frac{\gamma+1}{2}\right)^{\frac{\gamma}{\gamma-1}} \quad (2.1-36)$$

2.2 涡喷发动机的热力循环计算

2.2.1 要求

计算一台涡轮喷气发动机在 8000m、$M=0.7$ 标准日飞行条件下的推力和单位耗油率。

2.2.1.1 可用数据

① 发动机空气流量：30kg/s。
② 总增压比：20.0。
③ 压气机等熵效率：0.85。
④ 燃烧室效率：0.99。
⑤ 涡轮进口最大允许温度（T_4）：1700K。
⑥ 涡轮等熵效率：0.89。
⑦ 无飞机引气和功率分出。

2.2.1.2 假设

① 进气道等熵效率：0.965。
② 燃烧室压力损失：4%。
③ 燃油热值：在25℃时，高热值 FHV=43.124MJ/kg。
④ 涡轮无冷却。
⑤ 收敛喷管的膨胀过程是等熵的。
⑥ 机械效率 η_m：0.99。

2.2.2 求解

2.2.2.1 发动机的示意图和计算截面定义

热力学截面如图 2.2-1 所示。

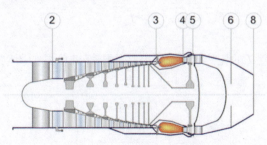

图 2.2-1 热力学截面（计算截面）

2.2.2.2 根据"美国标准大气"表计算环境条件

8000m 高度的大气环境条件为：$T_{atm}=236.15K$，$P_{atm}=35.6kPa$。注意：这些值可能存在的误差（如舍入误差）会传递到后面的计算中。

2.2.2.3 计算压气机进口条件

进气道本质上是一个等熵管道,没有做功和热交换。在主要的温度范围内,空气的比热比为 $\gamma = C_P/C_V = 1.4$。总温 T_2、飞行马赫数 M_0 可由以下方程获得,即

$$T_2 = T_{\text{amb}}\left(1+\frac{\gamma-1}{2}M_0^2\right) = 236.15(1+0.2\times 0.7^2) = 259.35(\text{K}) \quad (2.2\text{-}1)$$

这个例子中,压气机进口总压由等熵效率定义,有

$$P_2 = 35.60(1+0.965\times 0.2\times 0.7^2)^{3.5} = 48.84(\text{kPa}) \quad (2.2\text{-}2)$$

2.2.2.4 计算压气机出口条件

压气机总压比 OPR 为

$$\text{OPR} = \frac{P_3}{P_2} = 20 \quad (2.2\text{-}3)$$

压气机出口处的总压变为

$$P_3 = 48.84\times 20 = 976.80(\text{kPa}) \quad (2.2\text{-}4)$$

没有涡轮冷却引气和飞机引气,压气机出口空气流量与进口空气流量相同,所以 $W_3 = W_2$。

压气机等熵效率 $\eta_{\text{is},2\text{-}3}$ 可通过理想温比与实际压比的等熵关系得到出口总温。

$$\eta_{\text{is},2\text{-}3} = \frac{\text{理想温比}}{\text{实际压比}} = \frac{T_{3\text{is}}-T_2}{T_3-T_2} = \frac{\dfrac{T_{3,\text{is}}}{T_2}-1}{\dfrac{T_3}{T_2}-1} = \frac{\left(\dfrac{P_3}{P_2}\right)^{\frac{\gamma-1}{\gamma}}-1}{\dfrac{T_3}{T_2}-1} \quad (2.2\text{-}5)$$

为了得到有意义的比热比 γ,需要平均压气机总温,所以开始时估计 γ 为 1.4,获得初值 T_3,参考式 (2.1-12) 有

$$T_3 = T_2\left\{\frac{\left(\dfrac{P_3}{P_2}\right)^{\frac{\gamma-1}{\gamma}}-1}{\eta_{\text{is},2\text{-}3}}+1\right\} \quad (2.2\text{-}6)$$

将已知值代入式 (2.1-12) 后,可得

$$T_3 = 259.35\left\{\frac{(20)^{\frac{1.4-1}{1.4}}-1}{0.85}+1\right\} = 672.31(\text{K}) \quad (2.2\text{-}7)$$

考虑进、出口温度可以获得更精确的 γ 值,有

$$\overline{T_{2\text{-}3}} = \frac{259.35+672.31}{2} = 465.83(\text{K}) \tag{2.2-8}$$

从图 2.2-2 中查得油气比 far=0 的比热比为

$$\overline{\gamma_{2\text{-}3}} = 1.39 \tag{2.2-9}$$

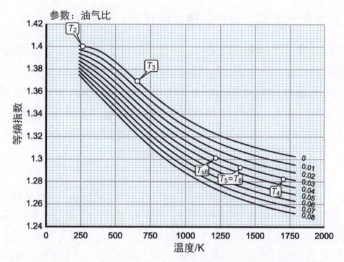

图 2.2-2　普通碳氢燃料的空气和燃烧产物等熵指数

从图 2.2-3，有

$$\overline{C_{P2\text{-}3}} = 1024 \text{J}/(\text{kg}\cdot\text{K}) \tag{2.2-10}$$

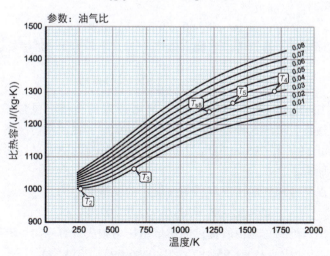

图 2.2-3　普通碳氢燃料空气和燃烧产物的比热容

应用在压气机效率式（2.2-6）中，计算得压气机出口温度值为

$$T_3 = 661.37\text{K} \tag{2.2-11}$$

第4篇 基础

温度值只变化了 1.6%，因此无需进一步迭代。顺便说一下，GasTurb 使用熵函数得到的准确结果 $T_3 = 662K$。为了以后的使用，计算了压气机的总温升为

$$T_{3-2} = 661.37 - 259.35 = 402.02K \tag{2.2-12}$$

2.2.2.5 计算燃烧室出口条件和燃油流量

燃烧室的计算可能会推迟，但现在恰好是计算燃油流量的时候，因为它将包含在涡轮流量中，用于随后的能量平衡计算。

获得压气机输出总温（$T_3 = 661.37K$ 以上），在输入中给出了最大涡轮进口总温（$T_4 = 1700K$）。燃料热值 $FHV = 43.124MJ/kg$ 对参考温度 $T_{\text{ref}} = 25℃$ 有效。

$$\text{far} = \frac{C_{P,G}(T_4 - T_{\text{ref}}) - C_{P,A}(T_3 - T_{\text{ref}})}{FHV - C_{P,G}(T_4 - T_{\text{ref}})} \tag{2.2-13}$$

首先，假设油气比为 0.05，然后再进行调整。对于这个油气比（0.05），燃气在参考温度 1700K 时的比热容 $C_{P,G} = 1347J/(kg \cdot K)$ 和 298K 时的比热容 $C_{P,G} = 1045J/(kg \cdot K)$。燃气的平均 $C_{P,G}$ 为 $1196J/(kg \cdot K)$。空气相应的比热容值分别为 661K 时 $C_{P,A} = 1066J/(kg \cdot K)$ 和 298K 时 $C_{P,A} = 1005J/(kg \cdot K)$，得到 $C_{P,A}$ 平均值为 $1035.5J/(kg \cdot K)$。将这些值代入上述方程得出 far = 0.03137。

利用新的油气比，得到了 $C_{P,G}$ 的改进值，通过重新评估方程，得到了油气比 far = 0.03034。燃油流量为

$$W_{F,\text{ideal}} = \text{far} \cdot W_3 = 0.03034 \times 30 = 0.91(kg/s) \tag{2.2-14}$$

但这是理想值。通过考虑燃烧室效率 η_{3-4}，计算实际燃油燃烧，有

$$W_F = \frac{W_{F\text{ideal}}}{\eta_{3-4}} = \frac{0.91}{0.99} = 0.92(kg/s) \tag{2.2-15}$$

该值比 GasTurb 计算的值低 2.4%，后者读取的表格中包含了 NASA CEA 项目生成的数据。造成这种差异的一个原因是离解，在通常情况下，离解会使平衡温度降低 5K。在 298~1700K 之间的大温度范围内使用平均比热容是造成差异的主要原因。

在没有涡轮冷却气的情况下，通过涡轮的质量流量为

$$W_4 = W_3 + W_F = 30 + 0.92 = 30.92(kg/s) \tag{2.2-16}$$

燃烧室出口处的总压由所提供的燃烧室压力损失计算获得。有

$$P_4 = P_3 \times 0.96 = 976.80 \times 0.96 = 937.73(kPa) \tag{2.2-17}$$

2.2.2.6 对转子进行能量守恒计算获得涡轮出口处条件

一般来说，发动机轴上的功平衡可以表示为涡轮功乘以机械效率，等于压

气机功与动力输出功之和。机械效率低是由发动机附件（燃油泵和机油泵）的动力抽取以及轴承和盘腔损失造成的。在本例中，功率提取为零。更具体地说，能量守恒变为

$$W_{\text{turbine}} \times \overline{C_{\text{P4-5}}} \times T_{4-5} \times \eta_{\text{mech}} = W_{\text{compressor}} \times \overline{C_{\text{P2-3}}} \times T_{2-3} \qquad (2.2\text{-}18)$$

那么，涡轮的温降可以表示为

$$T_{4-5} = \frac{1}{\eta_{\text{mech}}} \times \frac{W_2}{W_4} \times \frac{\overline{C_{\text{P2-3}}}}{\overline{C_{\text{P4-5}}}} \times T_{2-3} \qquad (2.2\text{-}19)$$

准确地说，通过涡轮的质量流量必须包括添加到气流中的燃油流量，这就是为什么已经计入了它。对于压气机，需要涡轮的平均温度值来评估相应的 C_P 平均值。猜测涡轮出口温度（T_5）的值为 1400K，并且由于已知 $T_4 = 1700$K，因此通过涡轮的初始平均温度变为了 1550K。根据图 2.2-3，在油气比 far=0.03034 时，得出

$$\overline{C_{\text{P4-5}}} = 1284.4 \text{J/kgK} \qquad (2.2\text{-}20)$$

然后，代入式（2.2-19），得到

$$T_{4\text{-}5} = \frac{1}{0.99} \times \frac{30.00}{30.92} \times \frac{1024}{1284.4} \times 402.02 = 314.22(\text{K}) \qquad (2.2\text{-}21)$$

这提供了更好的涡轮出口温度值（$T_5 = 1700 - 314.22 = 1385.8(\text{K})$），更好的涡轮平均温度值（1542.9K）和改进的涡轮平均比热值。由图 2.2-3 可知，油气比 far=0.03034

$$\overline{C_{\text{P4-5}}} = 1283.4 \text{J/(kg} \cdot \text{K)} \qquad (2.2\text{-}22)$$

将 $C_{\text{P4-5}}$ 的值代入功率平衡式（2.2-19）中，会导致通过涡轮的温度降低

$$T_{4\text{-}5} = \frac{1}{0.99} \times \frac{30.00}{30.92} \times \frac{1024}{1283.4} \times 402.02 = 314.36(\text{K}) \qquad (2.2\text{-}23)$$

与先前的估计相比，温降值的变化仅为 0.14K，由此可以认为求解已经收敛。涡轮出口温度为

$$T_5 = 1700 - 314.36 = 1385.64(\text{K}) \qquad (2.2\text{-}24)$$

该值与 GasTurb 计算结果的偏差小于 1K，即 $T_5 = 1384.73$K。

现在使用涡轮等熵效率的表达式，它结合了理想温比和实际压比之间的等熵关系来计算出口总压，有

$$\eta_{4\text{-}5} = \frac{\text{实际功}}{\text{理想功}} = \frac{T_4 - T_5}{T_4 - T_{5,\text{is}}} = \frac{1 - \dfrac{T_5}{T_4}}{1 - \dfrac{T_{5,\text{is}}}{T_4}} = \frac{1 - \dfrac{T_5}{T_4}}{1 - \left(\dfrac{P_5}{P_4}\right)^{\frac{\gamma-1}{\gamma}}} \qquad (2.2\text{-}25)$$

平均涡轮温度下的等熵指数为 1.289（图 2.2-2）。

$$P_5 = P_4\left[1-\frac{1}{\eta_{4-5}}\left(1-\frac{T_5}{T_4}\right)\right]^{\frac{\gamma-1}{\gamma}} \qquad (2.2-26)$$

$$P_5 = 937.73\left[1-\frac{1}{0.89}\left(1-\frac{1385.64}{1700}\right)\right]^{\frac{1.289}{10.289}} \qquad (2.2-27)$$

可得

$$P_5 = 331.84\text{kPa} \qquad (2.2-28)$$

该值仅与的 GasTurb 的结果 329.55kPa 相差 0.7%。

2.2.2.7　计算喷管的推力

净推力由发动机进口（冲压阻力）和喷管出口之间的动量变化以及作用于喷管出口区域的任何多余（静态）压力的影响决定。可表示为

$$F_N = W_8(V_8-V_0)+A_8(P_{s8}-P_{amb}) \qquad (2.2-29)$$

式中：W_8 为排气质量流量；A_8 为喷管喉部面积（对于简单的收敛喷管，喷管出口和喉部是一致的）。

压力项仅在喷管堵塞时出现；否则当气流在出口处膨胀到环境压力，式（2.2-29）中的压力项消失。必须计算通过喷管的压比，以确定是否发生堵塞。

喷管为等熵的，涡轮出口和喷管出口之间无压力损失，即 $P_8 = P_5$。喷管进口的温度和压力分别为 $T_8 = T_5 = 1385.64$K 和 $P_8 = 331.84$kPa。

喷管压比为

$$\frac{P_8}{P_{amb}} = \frac{331.84}{35.6} = 9.32 \qquad (2.2-30)$$

堵塞条件下的喷管压比表示为

$$\frac{P_8}{P_{s8}} = \left(\frac{\gamma+1}{2}\right)^{\frac{\gamma}{\gamma-1}} \qquad (2.2-31)$$

式中：P_{s8} 为堵塞喷管喉部平面内的静压；γ 为对应于该位置的气体温度。

喷管喉部静温为

$$T_{s8} = T_{s,sonic} = \left(\frac{2}{\gamma+1}\right)T_8 \qquad (2.2-32)$$

可知 $far_8 = 0.03034$，所以从图 2.2-2 可以得到

$$\gamma_{T8} = 1.295 \qquad (2.2-33)$$

使用该值估算喷管喉部的静温，式（2.2-32）为

$$T_{s8} = 0.87 \times T_8 = 0.87 \times 1385.64\text{K} = 1205\text{K} \qquad (2.2-34)$$

从图 2.2-2 可以得到等熵指数的优化估计值。

第 2 章 电子表格计算

$$\gamma_{Ts8} = 1.304 \tag{2.2-35}$$

喷管节流的临界压比由下式得出,即

$$\left(\frac{P_8}{P_{s8}}\right)_{sonic} = \left(\frac{1.304+1}{2}\right)^{1.304/0.304} = 1.835 \tag{2.2-36}$$

因此

$$\frac{P_8}{P_{amb}} \gg \frac{P_8}{P_{s8}} \tag{2.2-37}$$

喷管严重堵塞。

现在计算喷管喉部面积 A_8。对于堵塞的喷管,其出口处的静温由下式得出,即

$$T_{s8} = T_{critical} = \left(\frac{2}{\gamma+1}\right) T_8 \tag{2.2-38}$$

则

$$T_{s8} = \left(\frac{2}{2.304}\right) 1385.64 = 1202.8(K) \tag{2.2-39}$$

对应的静压为

$$P_{s8} = \frac{P_8}{\left(\frac{P_8}{P_{s8}}\right)_{sonic}} = \frac{331.84}{1.835} = 180.84(kPa) \tag{2.2-40}$$

需注意,我们对静温和静态密度感兴趣,因为静温决定了气体中的声速,而在连续性方程中使用静态密度来确定质量流量和其通过孔或管道的速度。这两个参数都是通过气体运动来评估的。

根据已知的静压和静温值,气体密度由状态方程计算得出。

$$\rho_{s8} = \frac{P_{s8}}{RT_{s8}} = \frac{180.84 \times 1000}{287.05 \times 1202.8} = 0.5238(kg/m^3) \tag{2.2-41}$$

由于喷管堵塞,出口排气的速度与声速相同,有

$$V_8 = \sqrt{\gamma R T_{s8}} = \sqrt{1.304 \times 287.05 \times 1202.8} = 671.0(m/s) \tag{2.2-42}$$

受热喷管的出口面积由连续性方程得出,即

$$A_8 = \frac{W_8}{\rho_8 V_8} = \frac{30.92}{0.5238 \times 671.0} = 0.0880(m^2) \tag{2.2-43}$$

在 $M=0.7$ 的飞行速度和 8000m 的高度,通过美国标准大气表可得声速是 308.15m/s,所以飞机的飞行速度是 $V_0 = 215.70$m/s。现在将这个值代入式 (2.2-29),得到

$$F_N = \frac{30.92 \times 671.0 - 30.00 \times 215.70}{1000} + 0.088 \times (180.84 - 35.6) \tag{2.2-44}$$

第4篇 基础

即

$$F_N = 14.276 + 12.78 = 27.06(\text{kN}) \tag{2.2-45}$$

该值与 GasTurb 计算结果完全一致。

2.2.2.8 计算耗油率

耗油率定义为

$$\text{SFC} = \frac{W_F}{F_N} \tag{2.2-46}$$

所以

$$\text{SFC} = \frac{0.92 \times 1000}{27.06} = 34.0(\text{g/kN} \cdot \text{s}) \tag{2.2-47}$$

该值与 GasTurb 计算结果相差 2.3%，其原因是燃油流量不同。

2.2.2.9 输出

图 2.2-4 显示了 GasTurb 的循环计算输出，图 2.2-5 显示了热力截面的详细情况。将这些计算结果与手工计算结果进行比较，以分析差异。到目前为止，手工计算和 GasTurb 之间最大的偏差是燃油流量。GasTurb 不计算燃烧室的油气比，而是从 NASA CEA 程序创建的表格中读取。这种方法实际上描述了理想燃烧室的化学平衡。用比热容的平均值来准确描述燃烧室内的加热量是不可行的。在 GasTurb 中，半理想气体模型不能表征空气中压力和含水量对化学平衡的影响。

```
         W        T        P        WRstd
Station  kg/s     K        kPa      kg/s           FN        =     27.08 kN
 amb              236.15   35.600                  TSFC      =     34.7713 g/(kN·s)
  1      30.000   259.34   49.389                  FN/W2     =     902.69 m/s
  2      30.000   259.34   48.840   59.046
  3      30.000   662.06   976.798   4.717         Prop Eff  =     0.3318
 31      30.000   662.06   976.798                 eta core  =     0.5081
  4      30.942  1700.00   937.727   8.121
 41      30.942  1700.00   937.727   8.121         WF        =     0.94163 kg/s
 49      30.942  1384.73   329.549                 s NOx     =     0.31021
  5      30.942  1384.73   329.549  20.855         XM8       =     1.0000
  6      30.942  1384.73   329.549                 A8        =     0.0888 m²
  8      30.942  1384.73   329.549  20.855         P8/Pamb   =     9.2570
 Bleed    0.000   662.06   976.802                 WBld/W2   =     0.00000
                                                   Ang8      =     0.00 °
 P2/P1 = 0.9889  P4/P3 = 0.9600  P6/P5  1.0000     CD8       =     1.0000
 Efficiencies:   isentr   polytr    RNI    P/P     WClN/W2   =     0.00000
  Compressor     0.8500   0.8976   0.546 20.000    WClR/W2   =     0.00000
  Burner         0.9900                   0.960    Loading   =     100.00 %
  Turbine        0.8900   0.8778   1.163  2.845    e45 th    =     0.89000
                                                   far7      =     0.03139
 Spool mech Eff  0.9900   Nom Spd        9292 rpm  PWX       =     0.00 kW

 hum [%]   war0     FHV     Fuel
   0.0    0.00000  43.124   Generic
```

图 2.2-4　GasTurb 循环计算结果

· 560 ·

第 2 章　电子表格计算

	Units	St 2	St 3	St 4	St 5	St 6	St 8
Mass Flow	kg/s	30	30	30.9416	30.9416	30.9416	30.9416
Total Temperature	K	259.339	662.064	1700	1384.73	1384.73	1384.73
Static Temperature	K	245.022	654.499	1690.4	1352.79	1376.61	1204.85
Total Pressure	kPa	48.8399	976.798	937.727	329.549	329.549	329.549
Static Pressure	kPa	40.0474	936.118	914.008	297.448	321.147	179.622
Velocity	m/s	169.49	126.81	157.88	283.762	143.067	671.228
Area	m²	0.310862	0.047479	0.104041	0.142351	0.26611	0.088756
Mach Number		0.54	0.25	0.2	0.4	0.2	0.999836
Density	kg/m³	0.569391	4.98268	1.8837	0.766002	0.812721	0.519368
Spec Heat @ T	J/(kg*K)	1003.82	1065.83	1302.81	1265.61	1265.61	1265.61
Spec Heat @ Ts	J/(kg*K)	1003.48	1064.03	1301.81	1260.96	1264.43	1237.6
Enthalpy @ T	J/kg	-38936.4	374760	1.65841E6	1.25326E6	1.25326E6	1.25326E6
Enthalpy @ Ts	J/kg	-53299.8	366720	1.64595E6	1.213E6	1.24302E6	1.02798E6
Entropy Function @ T		-0.487439	2.85002	6.91866	6.00077	6.00077	6.00077
Entropy Function @ Ts		-0.685924	2.80749	6.89304	5.89828	5.97494	5.39389
Exergy	J/kg	22506.1	413038	1.41817E6	1.00435E6	1.00435E6	1.00435E6
Gas Constant	J/(kg*K)	287.05	287.05	287.045	287.045	287.045	287.045
Fuel-Air-Ratio		0	0	0.031388	0.031388	0.031388	0.031388

图 2.2-5　各截面特性

2.2.3　小结

① 首先绘出发动机草图，标记出计算截面编号。
② 查阅"美国标准大气"表获得环境条件。
③ 计算压气机进气截面参数。
④ 计算压气机出口条件，该计算是迭代的。
- 从 OPR（总压比）中得到 P_3。
- 通过效率计算出口温度。

⑤ 依据能量守恒和压气机出口参数计算燃油流量。
- 燃油流量汇入到涡轮流量。
- 燃烧效率很重要。
- 需要涡轮进口参数 P_4。

⑥ 对转子进行能量守恒计算，确定涡轮出口条件。
- 注意机械效率。
- 使用换算的空气流量。
- 结合涡轮效率方程，假设一个平均涡轮温度，然后迭代。

⑦ 用喷管计算推力。
- 首先进行堵塞检查，以确定推力方程中的压力项。
- 计算耗油率。

第 3 章 无量纲性能

大家使用无量纲参数描述叶轮力学性能的背景是什么？这些参数从何而来？能使用一般如 Buckingham 定理解释怎样建立无量纲参数，以至于能使用测量参数描述所有工程问题。通常不那样做——喜欢抽象理论的可翻阅其他参考书，从下面 3 个对燃气涡轮发动机叶轮机械流体动力学十分重要的无量纲参数的说明开始。

① 马赫数 M——流动速度与当地声速的比值。
② 雷诺数 Re——惯性力与黏性力的比值。
③ 绝热指数（比热比）γ——比定压热容与比定容热容的比值。

3.1 无量纲压气机性能

此处的无量纲是什么意思？想使用没有物理量纲的参数描述压气机流动现象，如速度比、温比、压比和效率。

速度三角形是描述叶轮机械工作过程十分好的方法（图 3.1-1）。相似的不规则三角形有相同的夹角。速度比在相似速度图中是一样的。

另一个速度比参数是马赫数。为了解释叶轮机械中流场之间的联系，下面来比较同一台压气机的两次试验。

试验 A 在 ISA 标准大气条件下进行（干空气，T_{amb} = 288.15K，P_{amb} = 101.325kPa）。试验 B 中，进气条件由天气和试验台所在地理位置决定。

如果以相同的转速（相同的切向速度 U）进行两个试验，会发生什么？在试验 B 中，通过调整排气节流阀，使压气机入口流速 V 与 ISA 标准进气条件下的试验相等（试验 A）。那么两次试验中压气机进口的速度三角形是相同的。

第 3 章 无量纲性能

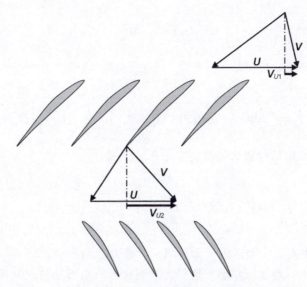

图 3.1-1 压气机级的速度三角形

假设在两次试验中，出口速度三角形也相同。欧拉定律将产生相同的单位功 $H_C = U(V_{U2} - V_{U1})$，根据能量守恒，则有 $H_C = \gamma/(\gamma-1)R(T_2 - T_1)$。

由于速度三角形是相同的，所以这两个试验在无量纲尺寸上似乎是相同的。然而，虽然温度差 $T_2 - T_1$ 相同，温比 T_2/T_1 却不相同，因为两次试验的 T_1 不同。因此，即使速度三角形在两个试验中相同，无量纲量 T_2/T_1 也不相同；或者反过来，如果在两个试验中通过调节节流阀将温比设置为相同的值，那么速度三角形一定不一致。以相同的转速开展试验显然不会产生一致的结果。要么温比不同，要么速度三角形的形状不同。

能以保持温比不变的方式进行两次台架试验吗？答案是：可以！将单位功方程的两边同时除以 T_1 和气体常数 R，有

$$\frac{H_C}{RT_1} = \frac{\gamma}{\gamma-1}\left(\frac{T_2}{T_1} - 1\right) = \frac{U}{\sqrt{RT_1}}\left(\frac{V_{U2}}{\sqrt{RT_1}} - \frac{V_{U1}}{\sqrt{RT_1}}\right) \tag{3.1-1}$$

这个方程意味着，如果使用相同的 $U/\sqrt{RT_1}$ 进行两次试验，并通过调整节流阀使两次试验中 $V_{U2}/\sqrt{RT_1} - V_{U1}/\sqrt{RT_1}$ 一致，将得到相同的温比 T_2/T_1。

$U/\sqrt{RT_1}$ 看起来类似于马赫数，但它不是周向速度 U 的真实马赫数，即

$$M_U = \frac{U}{\sqrt{\gamma RT_s}} \tag{3.1-2}$$

$U/\sqrt{RT_1}$ 与真实周向马赫数 M_U 和绝对速度的马赫数 M_{V1} 有关。压气机进口处的静温 T_s 与总温 T_1 之比为

$$\frac{T_1}{T_s} = 1 + \frac{\gamma-1}{2}M_{V_1}^2 \qquad (3.1\text{-}3)$$

利用这个关系,可以得到

$$\frac{U}{\sqrt{RT_1}} = \frac{U\sqrt{\gamma}}{\sqrt{\gamma RT_{s1}\frac{T_1}{T_{s1}}}} = \frac{U}{\frac{1}{\sqrt{\gamma}}\sqrt{\gamma RT_{s1}\left(1+\frac{\gamma-1}{2}M_{V_1}^2\right)}} = \frac{M_U}{\frac{1}{\sqrt{\gamma}}\sqrt{1+\frac{\gamma-1}{2}M_{V_1}^2}} \qquad (3.1\text{-}4)$$

同样,可以用马赫数表示周向速度分量,即

$$\frac{V_{U1}}{\sqrt{RT_1}} = \frac{M_{VU1}}{\frac{1}{\sqrt{\gamma}}\sqrt{1+\frac{\gamma-1}{2}M_{V_1}^2}} \qquad (3.1\text{-}5)$$

M_U、M_{V1} 和 M_{VU1} 完全描述了无量纲入口速度三角形,M_U、M_{V2} 和 M_{VU2} 完全描述了无量纲出口速度三角形。这些无量纲速度三角形通过式(3.1-1)与温比 T_2/T_1 建立不可分离的关系,换句话说,相等的马赫数导致相同的总温比 T_2/T_1。

那么压比又如何呢?压比和温比通过效率 η 进行关联,即

$$\frac{P_2}{P_1} = \left[1+\eta\left(\frac{T_2}{T_1}-1\right)\right]^{\frac{\gamma}{\gamma-1}} \qquad (3.1\text{-}6)$$

那么哪些参数影响效率呢?图 3.1-3 显示了各种叶片设计的叶栅压力损失系数。它们取决于入射角 i 和马赫数(图 3.1-2)。

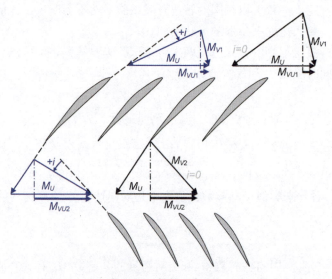

图 3.1-2 压气机级马赫数三角形、攻角 i 的定义

第3章 无量纲性能

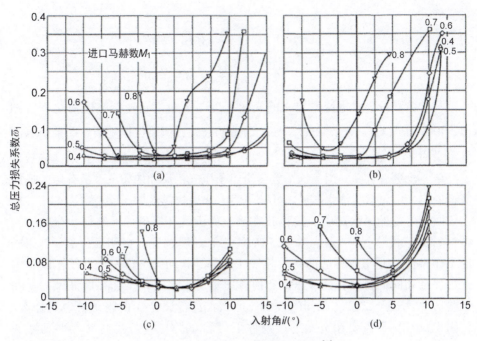

图 3.1-3 叶栅叶片截面损失特征[2]
(a) 圆弧；(b) 抛物线；(c) 双圆弧；(d) 尖头叶片。

如果已有相同无量纲速度三角形，则无论对于哪一级转子和静子，入射角和进口马赫数都是一样的。同样地，压力损失系数也相同。这意味着不仅是温比 T_2/T_1 可以被无量纲马赫数三角形定义，效率和总压比 P_2/P_1 也可以被定义。这些正是马赫数相似的起源，这些准则在燃气轮机的性能分析中起到很重要的作用。

实际应用中，并没有用 $U/\sqrt{RT_1}$，$V_{U1}/\sqrt{RT_1}$ 和 $V_{U2}/\sqrt{RT_1}$ 来描述压气机的无量纲工作点。使用折合转速和折合流量来表述无量纲压气机入口速度三角形。

通常情况下，用以每分钟转数为单位的转速 N 替换周向速度 U，即

$$\frac{N}{\sqrt{RT_1}} = k \frac{U}{\sqrt{RT_1}} \tag{3.1-7}$$

通常，通过将气体常数 R 视为不变量，进一步简化了这一关系。折合转速就可以简化为 $N/\sqrt{T}(\text{r/min}\sqrt{K})$，换算转速就可以简化为 $N/\sqrt{\theta}(\text{r/min})$，其中 $\theta = T/288.15K$。但是，需注意的是，空气的气体常数随湿度变化。如果想模拟湿度对性能的影响，那么 R 应该保留在折合转速和换算转速的定义中。

换算流量与压气机进口（面积为 A）的马赫数有关，进口通常定义为进口导叶（IGV）的上游截面，或者在没有 IGV 的情况下，定义在第一个转子进

口，即

$$W_{\text{red}} = \frac{W\sqrt{RT}}{P} = A \frac{M\sqrt{\gamma}}{\left(1 + \frac{\gamma-1}{2}M^2\right)^{\frac{\gamma+1}{2(\gamma-1)}}} \qquad (3.1-8)$$

马赫数和折合质量流量定义的简化程度与无量纲转速定义的简化程度相似。$W\sqrt{T}/P((\text{kg/s})\sqrt{\text{K}}/\text{kPa})$ 是一个简短的公式，但单位很复杂。如果换算流量定义为 $W\sqrt{\theta}/\delta(\text{kg/s})$，其中 $\theta = T/288.15\text{K}$，$\delta = P/101.325\text{kPa}$，则这些数据更简单，也更有意义，因为这个数字给出了压气机尺寸的印象。最有用的换算流量的定义中包括气体常数 R，可以利用 R 来考虑湿度的影响。

回到之前的两次试验。试验 B 在当天的大气环境条件下进行。存在的问题是：对于同一个工况，如果在 ISA 条件下开展试验，会测量什么？"相同的工作条件"是指所有的马赫数和气流角都是相同的。这一点可以在试验中通过保证相同的换算转速、压比和换算质量流量来实现。如果这样做，将在试验 A 中测得与试验 B 相同的效率。那么，进行试验 A 的附加价值是什么？什么也没有！不需要在 ISA 进口条件下进行试验，因为我们没有得到新的信息。

压气机特性图以换算流量为 x 轴、压比为 y 轴，图形中包含了等换算转速和等效率线。特性图只包含无量纲信息。在图中选择参考点相当于选择压气机中各点的马赫数和气流角。

还有更多的无量纲参数值得关注，如折合轴功率。通过折合流量乘以折合单位功得到

$$\text{PW}_{\text{red}} = \frac{W\sqrt{RT}}{P} \frac{H_{\text{C}}}{RT} = \frac{\text{PW}}{P\sqrt{RT}} \qquad (3.1-9)$$

3.2 无量纲发动机性能

对压气机的详细解释原则上适用于一般的旋转机械。在部件特性图中选择一个工作点，就可以确定进口和压气机各点的马赫数和气流角，同样的说法也适用于涡轮。换算转速、换算流量、压比和温比也可以由部件特性图的工作点选择确定。

压气机或涡轮下游流道进口的马赫数和流向仅取决于相关部件特性图中的马赫数相似点。因此，流道中的压力损失是上游部件特性图中工作点位置的函数。注意，流道出口的马赫数等于下游部件的进口马赫数。

第3章 无量纲性能

那燃烧室呢？考虑从进口到出口的流量守恒，用马赫数换算值表示为

$$\frac{W_2\sqrt{T_2}}{P_2} = \frac{W_4\sqrt{T_4}}{P_4} \frac{W_2}{W_4} \frac{P_4}{P_3} \frac{P_3}{P_2} \sqrt{\frac{T_2}{T_3} \frac{T_3}{T_4}} \tag{3.2-1}$$

式（3.2-1）右边的前3项基本上是常数。可以求解方程得到温比 T_4/T_3，即

$$\frac{T_4}{T_3} = \left(k \frac{\dfrac{P_3}{P_2}\sqrt{\dfrac{T_2}{T_3}}}{\dfrac{W_2\sqrt{T_2}}{P_2}} \right)^2 \tag{3.2-2}$$

在式（3.2-1）的右边，只有燃气发生器压气机的马赫数相似参数。因此，可以将温比 T_4/T_3 也视为马赫数相似参数。

在燃烧室中，通过燃烧燃料来增加热量。那能否把 T_4/T_3 和燃油流量 W_F 联系起来？让我们尝试使用简化的能量守恒方程，其使用燃烧室内比定压热容 C_P 的平均值，即

$$W_F \eta \text{FHV} = C_P \left[(W_3 + W_F) T_4 - W_3 T_3 \right] \tag{3.2-3}$$

引入油气比 $\text{far} = W_f/W_3$ 并重新推导此公式，得出温比 T_4/T_3 的表达式为

$$\frac{T_4}{T_3} = \frac{1 + \dfrac{\text{far} \eta \text{FHV}}{C_P T_3}}{1 + \text{far}} \tag{3.2-4}$$

现在遇到一个问题：温比 T_4/T_3 是 T_3 绝对值的函数。因此，对燃烧室而言，能量守恒定律与马赫数相似准则是相悖的。

但是，有一个解决这个问题的方法：机械能和热量是相等的。如果将燃料质量流量视为能量流而不是质量流，可以将其与等式（3.1-9）中确定的换算轴功率进行类比。以下是折合燃油流量的表达式，即

$$W_{F,\text{red3}} = \frac{W_F}{P_3\sqrt{RT_3}} = \frac{P_2}{P_3}\sqrt{\frac{T_2}{T_3}} \frac{W_F}{P_2\sqrt{RT_2}} \tag{3.2-5}$$

P_3/P_2 和 T_3/T_2 都是马赫数相似参数，因此折合至发动机进口的燃油流量 $W_{f,\text{red2}}$ 也是马赫数相似参数。

$$W_{F,\text{red2}} = \frac{W_F}{P_2\sqrt{RT_2}} \propto W_{F,\text{corr2}} = \frac{W_F}{\delta_2 \sqrt{\dfrac{R}{R_{\text{dryair}}} \theta_2}} \tag{3.2-6}$$

根据该换算燃油流量的定义，假设供给燃烧室的热量与燃料质量流量成正比。实际上，化学反应释放的热量也取决于燃烧室进口温度和压力的绝对值。还应注意燃料热值 FHV 的差异。

到此，还遗漏了一个重要的无量纲参数，即折合推力。它的推导很容易：折合推力是折合空气流量和一个代表排气马赫数项的乘积，即

$$F_{G,\text{red}} = \frac{W_9 V_{9\text{eq}}}{P_9} = \frac{W_9 \sqrt{RT_9}}{P_9} \frac{V_{9\text{eq}}}{\sqrt{RT_9}} \quad (3.2\text{-}7)$$

等效排气速度 $V_{9\text{eq}}$ 等于单位推力 F_9/W_9。在实际应用中，更喜欢使用折算到进气条件 P_2 和 T_2 的无量纲推力。这是可行的，因为可以将 F_G/P_2 表示为马赫数相似参数的组合，即

$$F_{G,\text{red2}} = \frac{F_G}{P_2} = \frac{W_2 \sqrt{RT_2}}{P_2} \frac{W_9}{W_2} \frac{P_2}{P_9} \sqrt{\frac{T_9}{T_2}} \frac{V_{9\text{id}}}{\sqrt{RT_9}} \propto \frac{F_G}{\delta_2} \quad (3.2\text{-}8)$$

折合净推力是 $F_{g,\text{red2}}$ 和折合进口动量 $F_{0,\text{red2}}$ 之间的差值。

将换算燃油流量与换算推力相除，得到换算耗油率 $\text{SFC}_{\text{corr2}}$：

$$\text{SFC}_{\text{corr2}} = \frac{W_{F,\text{corr2}}}{F_{N,\text{corr2}}} = \frac{W_F}{\frac{F_N}{\delta_2}\sqrt{\frac{R}{R_{\text{dryair}}}\theta_2}} = \frac{\text{SFC}}{\sqrt{\frac{R}{R_{\text{dryair}}}\theta_2}} \quad (3.2\text{-}9)$$

针对叶轮机械所有讨论到的换算参数直接或间接与马赫数相关。这解释了为什么要称这些参数是无量纲的，尽管它们的数值通常不是无量纲的。

表 3.2-1 总结了最常用到的换算参数计算公式，它们遵循以下通用数学表达式，即

$$\text{Par}_{\text{corr}} = \frac{\text{Par}}{(X\theta)^a \delta^b} \quad (3.2\text{-}10)$$

表 3.2-1　换算参数通用数学表达式中的参数值

参数	换算	湿度修正	a (θ 的指数)	b (δ 的指数)
压力	$P_{\text{corr}} = \dfrac{P}{\delta}$	$P_{\text{corr}} = \dfrac{P}{\delta}$	0	1
温度	$T_{\text{corr}} = \dfrac{T}{\theta}$	$T_{\text{corr}} = \dfrac{T}{X\theta}$	1	0
转速	$N_{\text{corr}} = \dfrac{N}{\sqrt{\theta}}$	$N_{\text{corr}} = \dfrac{N}{\sqrt{X\theta}}$	0.5	0
空气流量	$W_{\text{corr}} = \dfrac{W\sqrt{\theta}}{\delta}$	$W_{\text{corr}} = \dfrac{W\sqrt{X\theta}}{\delta}$	-0.5	1
轴功率	$\text{PW}_{\text{corr}} = \dfrac{\text{PW}}{\sqrt{\theta}\delta}$	$\text{PW}_{\text{corr}} = \dfrac{\text{PW}}{\sqrt{X\theta}\delta}$	0.5	1
燃油流量	$W_{F,\text{corr}} = \dfrac{W_F}{\sqrt{\theta}\delta}$	$W_{F,\text{corr}} = \dfrac{W_F}{\sqrt{X\theta}\delta}$	0.5	1

续表

参数	换算	湿度修正	a (θ 的指数)	b (δ 的指数)
推力	$F_{\text{corr}} = \dfrac{F}{\delta}$	$F_{\text{corr}} = \dfrac{F}{\delta}$	0	1
耗油率	$\text{SFC}_{\text{corr}} = \dfrac{\text{SFC}}{\sqrt{\theta}}$	$\text{SFC}_{\text{corr}} = \dfrac{\text{SFC}}{\sqrt{X\theta}}$		

在该表达式中 θ 代表温比 T/T_{ISA}，δ 代表压比 P/P_{ISA}，其中 $T_{\text{ISA}} = 288.15\text{K}$，$P_{\text{ISA}} = 101.325\text{kPa}$。考虑湿度因素修正情况下，$X$ 代表湿度修正项 R/R_{dryair}，其中 $R_{\text{dryair}} = 287.04(\text{J/kg} \cdot \text{K})$。

3.2.1 实际使用条件换算至标准日

对于无量纲参数的推导，做了一些相似的假设。许多小的影响导致纯理论和现实之间的差异。首先，等熵指数不是常数。由于等熵指数本身是一个相似参数，因此它的变化会影响叶轮机械内部流场的结构，见参考文献 [1]。

可以使用表 3.2-1 所列的马赫数相似参数的更严格公式来考虑由于进气绝对湿度不同而引起的气体常数的变化。

流场可能改变的另一个原因是雷诺数，即影响边界层的流体中惯性力与黏性力之比，见本篇第 4 章。雷诺数取决于压力和温度；它对流场的影响取决于表面粗糙度和雷诺数本身的大小。

由于应力和热膨胀引起的机械变形改变了发动机的几何结构。特别是叶尖间隙的变化可以显著改变流场、效率和换算流量。

在燃烧室中，化学过程占主导地位，它们不是马赫数的函数。由于燃烧室内马赫数很低，气流混合和摩擦带来的压力损失不受压缩性影响。

在换算燃油流量的定义中，假定释放的热量与燃油流量成正比。这是对燃烧室中化学过程的粗略描述，尤其是对于较高的油气比的情况。

所有这些原因使在进行参数换算时，不可能在任何地方都严格保持燃气轮机的马赫数和流动角恒定。纯理论并没有得到令人满意的结果，然而，也有一个解决这个问题的方法。如果所使用的马赫数相似参数中的指数值，与表 3.2-1 最后两列中列出的指数值 θ 和 δ 稍有不同的话，则得到可接受的结果。这种简单的经验方法非常流行，并且在发动机维修车间经常使用，使用这种方法将试验的原始数据换算到海平面标准日（ISA）条件。

3.2.2 如何确定指数

从发动机试验中评估指数需要一个大且一致的数据库,而这类数据库却非常稀有。因此,δ 和 θ 的指数是通过在进口温度和压力一定区间范围内运行具有恒定换算推力或轴功率的发动机的热力学模型来确定的。

下面解释如何找到燃油流量换算过程中 θ 的指数。从以下内容开始,即

$$\frac{W_F}{\theta^a \delta^b} = \frac{W_{F,ISA}}{\theta_{ISA}^a \delta_{ISA}^b} = W_{F,ISA} \tag{3.2-11}$$

可得

$$\theta^a = \frac{W_F}{W_{F,ISA} \delta^b} \tag{3.2-12}$$

燃油流量的 θ 指数的最终公式为

$$a_{W_F} = \frac{\ln\left[\dfrac{W_F}{W_{F,ISA} \delta^b}\right]}{\ln \theta} \tag{3.2-13}$$

如何处理未知项 δ^b?这很简单:在海平面条件下进行计算,然后 $\delta=1$,因此 δ^b 也等于 1。为了计算 δ 的指数 b_{W_F},可以改变高度,但保持发动机进口温度不变,即

$$b_{W_F} = \frac{\ln\left[\dfrac{W_F}{W_{F,ISA} \theta^{a_{W_F}}}\right]}{\ln \delta} \tag{3.2-14}$$

其他参数的指数,如质量流量、转速、推力、轴功率等,可以类似地找到。大多数指数都与理论密切相关,如图 3.2-1 中风扇转速的 θ 指数。该图还表明,燃油流量的 θ 指数表现出不同的行为;它远远高于 0.5 的理论值,并随着油气比的增加而增加。为什么?

x 轴的值与燃烧室中的温差成比例。然而,马赫数相似性要求恒定的 T_4/T_3。这种不协调导致非恒定的 θ 指数。

3.2.3 带加力燃烧室的发动机

加力燃烧室是一种特殊的燃烧室。在全加力时,系统通常在几乎相同的喷管喉部温度 T_8 下工作,而与发动机进口温度 T_2 无关。例如,在对寒冷天气下

进行的测试数据进行换算时，保持温度比 T_8/T_2 不变会导致换算后的 T_8 值异常高。此外，加力燃烧室效率主要是油气比的函数，而油气比又是温差的函数，而不是温比的函数。因此，在恒温比的参数换算过程中，加力燃烧效率不会保持恒定。结论：用换算指数法修正带加力燃烧室的飞机发动机的推力和燃油流量是不可能的。

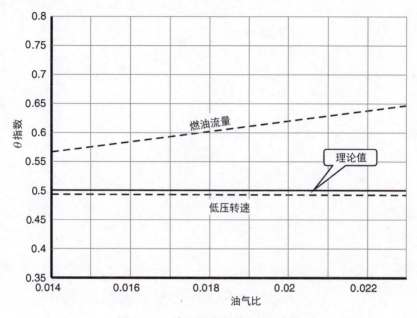

图 3.2-1　商用涡扇发动机的 θ 指数

3.2.4　带换热器的燃气轮机

如果没有可变的涡轮几何结构，可以用换算指数法将带换热器燃气轮机的试验数据换算到标准日条件。该装置需要在节流工况下保持换热器入口温度高，从而最大限度地增加传给燃烧室的热量，降低耗油率。在这种情况下，几何的可变性阻碍了基于马赫数相似的参数换算方法的成功应用。

还要注意，换热器是一个部件，其效率不依赖于马赫数，而是取决于努塞尔数和雷诺数。因此，基于马赫数相似的参数换算方法是无效的。

参 考 文 献

[1] Roberts, S. K.: Effectsof Fluid Propertiesonthe Aerodynamic Performance of Turbomachinery for Semi-

第4篇 基础

Closed Cycle Gas Turbine Engines Using O_2/CO_2 Combustion. Master Thesis 2001 Ottawa – Carleton Institute for Mechanical and Aerospace Engineering (2001)

[2] Lieblein, S.: Experimental flow in two-dimensional cascades chapter VI in aerodynamic design of axial flow compressors NASA SP-36 (1965)

[3] Volponi A. J.: Gas Turbine Parameter Corrections. ASME Paper 98-GT-947 (1998)

[4] Kurzke, J.: Model Based Gas Turbine Parameter Corrections ASME GT2003-38234 (2003)

第4章　雷诺数修正

压气机和涡轮特性图通过无量纲参数描述了与马赫数相关的叶轮力学性能。这种方法考虑了工质的可压缩性。雷诺数（惯性力与黏性力的比值）变化对叶轮机的影响属于二次效应。雷诺数在以发电为目的的燃气轮机模拟中不考虑影响，因为进口压力和温度相对于标准日没有太大的变化。

在飞机发动机的飞行包线内，雷诺数的变化十分明显。图4.1-1显示了一型军用战斗机发动机飞行包线与发动机进口雷诺数指数（RNI）的关系。从飞行包线右边界到左边界，RNI指数变化从1.4降到0.25。

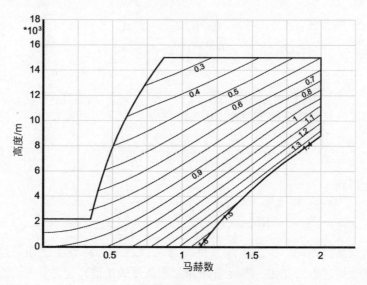

图4.1-1　飞行包线内的雷诺数指数

4.1 雷诺数指数

轴流式叶轮机械的雷诺数定义一般为

$$Re = \frac{LV}{\nu} = \frac{\rho LV}{\mu} \qquad (4.1-1)$$

式中：L 为叶片弦长；V 为叶片相对速度；ν 为运动黏度；μ 为动力黏度。在参考文献[1]中可以找到关于运动黏度和动力黏度的更多描述，以及如何在空气和燃气中确定它们的值。

在离心压气机中，压气机的轴向速度接近叶尖切向速度 U_2 的一半，水力直径是转子出口叶尖宽度 b_2 的 2 倍。所以，离心压气机的雷诺数为

$$Re = \frac{U_2 b_2}{\nu} = \frac{U_2 b_2 \rho}{\mu} \qquad (4.1-2)$$

在性能模拟中，常常采用相同马赫数条件下，实际雷诺数与参考点的雷诺数比值来替代雷诺数数值，这个比值定义为雷诺数指数 RNI。

$$\text{RNI} = \frac{\rho LV}{\rho_{\text{ref}} L_{\text{ref}} V_{\text{ref}}} \frac{\mu_{\text{ref}}}{\mu} \qquad (4.1-3)$$

因为实际状态尺寸与参考状态的尺寸一致，即 $L = L_{\text{ref}}$。并用 $P_s/(RT_s)$ 替换密度 ρ，得

$$\text{RNI} = \frac{P_s}{RT_s} \frac{R_{\text{ref}} T_{s,\text{ref}}}{P_{s,\text{ref}}} \frac{V}{V_{\text{ref}}} \frac{\mu_{\text{ref}}}{\mu} \qquad (4.1-4)$$

$$\text{RNI} = \frac{P_s}{P_{s,\text{ref}}} \frac{V}{\sqrt{\gamma RT_s}} \frac{\sqrt{\gamma}}{\sqrt{RT_s}} \frac{\sqrt{\gamma_{\text{ref}} R_{\text{ref}} T_{s,\text{ref}}}}{V_{\text{ref}}} \frac{\sqrt{R_{\text{ref}} T_{s,\text{ref}}}}{\sqrt{\gamma_{\text{ref}}}} \frac{\mu_{\text{ref}}}{\mu} \qquad (4.1-5)$$

在相同的马赫数条件下对比 RIN 值，有

$$M = \frac{V}{\sqrt{\gamma RT_s}} = \frac{V_{\text{ref}}}{\sqrt{\gamma_{\text{ref}} R_{\text{ref}} T_{s,\text{ref}}}} \qquad (4.1-6)$$

由此得到

$$\text{RNI} = \frac{P_s}{P_{s,\text{ref}}} \sqrt{\frac{T_{s,\text{ref}}}{T_s}} \sqrt{\frac{R_{\text{ref}}}{R} \frac{\gamma}{\gamma_{\text{ref}}}} \frac{\mu_{\text{ref}}}{\mu} \qquad (4.1-7)$$

因为马赫数相同，所以实际条件和参考条件下，总静压比和总静温比相同。忽略等熵过程的变化，实际条件和参考条件的比值转化为

$$\text{RNI} = \frac{P}{P_{\text{ref}}} \sqrt{\frac{R_{\text{ref}} T_{\text{ref}}}{RT}} \frac{\mu_{\text{ref}}}{\mu} \qquad (4.1-8)$$

参考条件为 $P_{ref} = 101.325 \text{kPa}$，$T_{ref} = 288.15\text{K}$，而 $R_{ref} = 287 \text{J}/(\text{kg}\cdot\text{K})$，因此在标准日海平面静止条件下，RNI=1。

4.2 叶轮机械损失与雷诺数的关系

从一个高度简化的叶轮机械模型开始讨论，把它看作一个管道阵列，叶片的弦长为特征尺寸。Moody 图中对管道损失有说明，可表示为与雷诺数和粗糙度的函数关系。

图 4.2-1 显示了 Moody 图的一小部分，其中加了 3 条明显的直线。下面研究斜率为 $n = -0.2$ 的中间线。

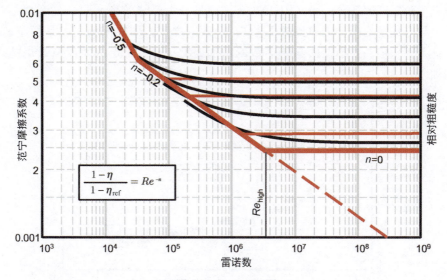

图 4.2-1 Moody 图

这个数也可以在文献 [2] 中找到，叶轮机效率和雷诺数的修正关系十分常用，有

$$\frac{1-\eta}{1-\eta_{ref}} = \left(\frac{Re_{ref}}{Re}\right)^{-0.2} \tag{4.2-1}$$

Moody 图显示在叶轮机械管道内，随马赫数变化的损失与压力损失相似。将使用管流推导相似的方法，描述雷诺数对叶轮机械的影响。

在式 (4.2-1) 中存在一些限制。在给定的相对粗糙度条件下，由于附着的叶片壁面是粗糙的，边界层是湍流，在此基础上存在一个雷诺数，使其损失保持恒定。因为不知道更合适的值，根据 Moody 图的相对粗糙度来估计这个雷诺数。对给定的相对粗糙度，如果式（4.2-1）是有效的，则 $n=0$ 上的水平线定义了上临界雷诺数极限。

斜率为 $n=-0.5$ 的粗线，线的左边明显比中间的陡。这是因为，在临界雷诺数约为 5×10^4，由于层流分离的开始，损失急剧增加。

4.2.1 压气机

在亚临界雷诺数下，$n=-0.5$ 的斜率在许多文献中都有提到。图 4.4-2 显示了从参考文献 [3] 中找到的一例示例。其他很多文献也公布了同一斜率下的值，不同文献的主要区别是临界雷诺数的幅值不同。

注意：图 4.2-1 和图 4.2-2 中标题和坐标的不同。在 Moody 图中，y 轴的标题为范宁摩擦系数，而在图 4.2-2 中则是最大绝热效率。两个刻度都是对数，只有数字不同。范宁摩擦系数与 1-效率之比，即效率损失，是恒定的。在这个例子中，效率损失随雷诺数的增加而增加，而管道的摩擦系数也随之增加。

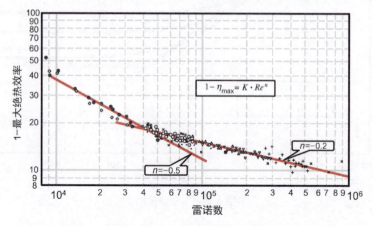

图 4.2-2　最大效率的变化规律（参考文献 [3] 图 22）

4.2.2 涡轮

对于航空发动机，雷诺数首先影响低压涡轮。主要对部件效率和流量影响最为明显，特别对于巡航高度在 35000ft 以上的商用飞机发动机。对于许多总压比小，巡航高度在 50000ft 以上的小型商用飞机发动机，这种影响更明显。

与雷诺数有关的最主要的损失影响是叶型损失。在低雷诺数条件下，叶栅的吸力面更难避免气流分离。由于附面层加厚以及更大的黏性力影响,涡轮的效率和流通能力都会下降。

参考文献 [4] 介绍了一个巡航高度 35000ft 的商用涡扇发动机 5 级低压涡轮的试验数据。基于第 1 级静子的出口流速和导叶弦长,参考点的雷诺数为 210000。雷诺数在 270000~120000 范围内,效率降低因子为 0.987(见参考文献 [4] 中的图 8)。如果参考点效率估值为 $\eta_{ref} = 0.93$,这意味着损失增长了 17.6%,即

$$\frac{1-0.987\times0.93}{1-0.93} = 1.176 \approx \left(\frac{120,000}{270,000}\right)^{-0.2} \qquad (4.2\text{-}2)$$

17.6% 的损失增长与雷诺数比值的 -0.2 次方相当。对于不同的 η_{ref} 假设,计算的结果会有略微的差异。

损失增长的数据结果与参考文献 [5] 中的一个 3 级涡轮的试验结果类似。雷诺数主要基于出口速度和实际的平均弦长。比起参考文献 [4] 的数据,雷诺数的范围大很多,而且延伸至了层流区域。

对大于 100000 的雷诺数而言,两个试验结果都发现,损失增长比例为雷诺数比的 -0.2 次方关系。指数为 -0.5 的关系曲线显示了雷诺数小于 100000 时的损失增长情况(图 4.2-3)。

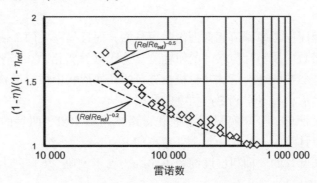

图 4.2-3 雷诺数对低压涡轮效率的影响(引自参考文献 [5] 图 14)

这两个报告中,对于换算流量的测试结果本质上也差不多。从参考文献 [4] 中的图 8 和图 9 可以看出,换算流量和效率变化之间的比值为 5/6.5,而参考文献 [5] 的比值为 5/6。

对于燃气涡轮,雷诺数比上文说的低压涡轮要高 2~3 倍。因此,雷诺数效应对效率和换算流量的影响比起上文中低压涡轮要小得多。此外,气膜冷却叶片的冷气孔使叶片表面粗糙,粗糙度不仅增加了损失,也使效率对雷诺数的敏感性降低。因此,对于具有冷却的燃气涡轮发动机而言,雷诺数的修正通常不适用。

4.2.3 一些附加说明

上文用来分析对比的斜率为 $n=-0.2$ 和 $n=-0.5$ 的曲线通常是具有争议的。参考文献 [2] 回顾了 1967 年之前出版的关于轴流压气机雷诺数效应的相关著作。试验得出普遍的结论是，不同压气机的指数值可能有很大的差异。因此，参考文献 [6]（在参考文献 [2] 发表 37 年后出版）建议使用介于 -0.05~-0.25 之间的 n 值并不令人惊讶，而参考文献 [7] 则建议压气机的 n 值范围为 -0.1~-0.14，涡轮的 n 值范围为 -0.18。指数值的差异可能有几个潜在的原因。

① 数据结果是在 Moody 图中过渡区测试得出的，该过渡区曲线斜率从 -0.2 逐渐变为零。

② 式 (4.2-2) 表明，所有损失取决于摩擦。这不一定是绝对的。事实上，与高马赫数和激波影响有关的损失在很大程度上对雷诺数不敏感。

③ 大多数作者在式 (4.2-2) 中使用多变效率，有些人使用等熵效率。

4.3 管流相似理论在性能程序中的应用

在性能程序中考虑管流相似理论是容易的，而且只需要两个输入，即设计点的实际雷诺数以及动叶与导叶的粗糙度。为了计算雷诺数，需要特征长度 L 和速度。这些参数的近似值从叶轮机械进口的几何形状中很容易获得。经过初步设计计算之后，可以得到更高精度的数据。

在循环设计点，可知实际雷诺数和雷诺数指数 RNI。两者的比值是个常数，所以可以计算 Moody 图 x 轴上任意点的 RNI。

新的金属叶片的表面粗糙度约为 $1.5\mu m$，参考文献 [6] 列出了典型的粗糙度值（表 4.3-1）。

表 4.3-1 典型的粗糙度值

精铸表面	$2~3\mu m$
典型的抛光表面	$0.75~1\mu m$
深度抛光	$0.25~0.5\mu m$

带冷却的涡轮叶片表面粗糙度更高。冷却薄层阻碍了附面层，光滑管壁的附面层相似性可能是个问题。

将绝对粗糙度值除以特征长度 L，通过 Moody 图得出所需的相对粗糙度。图 4.3-1 中的 A 点是平滑流的线与相对粗糙度的水平线的交点。A 点的雷诺数指数定义为RNI_{high}。

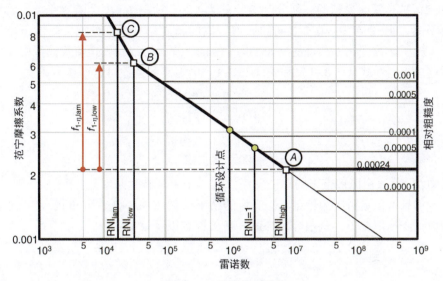

图 4.3-1　雷诺修正系数

B 点表示临界雷诺数 $0.5×10^5$，低于此临界雷诺数时，由于层流分离开始，损失急剧增加。C 点位于雷诺数 $0.25×10^5$ 处，与 B 点一起描述了层流区的斜率。这两点的雷诺数指数为 RNI_{low} 和 RNI_{lam}。光滑区域和层状区域的斜率分别为 $n=-0.2$ 和 $n=-0.5$。

在性能程序中，叶轮机械特性图的缩放方式是，如果 RNI 大于 A 点 RNI，则不用雷诺数修正。换句话说，如果 $RNI_{design}>RNI_{high}$，则损失修正因子 $f_{1-\eta}$ 为 1.0。B 点和 C 点的效率修正系数为

$$f_{1-\eta,low} = \frac{B \text{ 点损失因子}}{A \text{ 点损失因子}} \tag{4.3-1}$$

$$f_{1-\eta,lam} = \frac{C \text{ 点损失因子}}{A \text{ 点损失因子}} \tag{4.3-2}$$

在非设计点计算时，效率修正系数 $f_{1-\eta}$ 则根据 RNI 值对数插值。从特性图上读取的效率根据下式修正，即

$$\eta = \eta_{map}(1-f_{1-\eta}(1-\eta)) \tag{4.3-3}$$

4.4　管流模拟的变化

管流模拟的优点是它只需要很少的输入数据就可以进行雷诺修正。

第4篇 基础

如前所述,与雷诺数(式(4.2-1))相关的效率的指数 n 可能偏离 $n=-0.2$,这是管流模拟的一部分。参考文献[2]说明敏感度会随着级数的增加而降低。使用 $-0.2\sim-0.1$ 之间的 n 值可以解释为只有一部分损失是由于摩擦损失随雷诺数变化而获得的。如果这是真的,那么可以在管道流量模拟中考虑到这一点,在式(4.3-1)和式(4.3-2)中定义的系数可以计算为

$$f_{1-\eta,\text{low}} = 1 + \frac{a}{100}\left(\frac{B \text{ 点摩擦因子}}{A \text{ 点摩擦因子}} - 1\right) \quad (4.4-1)$$

$$f_{1-\eta,\text{lam}} = 1 + \frac{a}{100}\left(\frac{C \text{ 点摩擦因子}}{A \text{ 点摩擦因子}} - 1\right) \quad (4.4-2)$$

式中:a 代表由摩擦带来的总损失百分比,$a=70\%$ 看起来十分合理。

如果可以通过附表给出相似管流的结果(如图4.3-2左上角),在有足够的数据支撑情况下,就很容易修正 RNI 关键点以及效率系数。

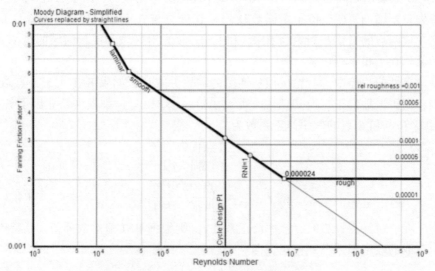

图4.3-2 GasTurb 中的雷诺数修正选项

许多人更倾向于使用效率而不使用叶轮机械损失。为了方便,我们把 $f_{1-\eta}$ 换成效率 η。有的观点认为这样并不是十分准确,但这样比较好理解。

第 4 章 雷诺数修正

4.5 流量修正

参考文献 [6] 包含了雷诺数对流量和效率的影响修正。对于压气机，流量修正指数是通过复杂的方法由效率损失和压力损失推导获得。涡轮的流量修正是效率修正的一小部分。当然，根据参考文献 [8]，如果采用相同的方法，涡轮和压气机没有显著的误差，f_w/f_η 比值都在 0.4~0.6 之间。例如，如果 f_w/f_η 比值为 0.5，当效率修正系数为 0.96，则流量修正系数为 0.98。

参 考 文 献

[1] Viscosity: https://en.wikipedia.org/wiki/Viscosity, Wikipedia 2017
[2] Wassell, A. B.: Reynolds number effects in axial compressors. ASME Paper 67-WA/GT-2. Journal of Engineering for Power (1967)
[3] Carter, A. D. S., Moss, C. E., Green, G. R., Annear, G. G.: The effect of reynolds number on the performance of a single-stage compressor. ARC Technical Report R. & M. No. 3184 (1960)
[4] Gier, J., Hübner, N.: Design and analysis of a high stage loading five-stage LP turbine rig employing improved transition modeling. ASME GT2005-68971 (2005)
[5] Hura, H. S., Joseph, J., Halstead, D. E.: Reynolds number effects in a low pressure turbine. ASME GT2012-68501 (2012)
[6] Walsh, P. P., Fletcher, P.: Gas Turbine Performance, 2nd edn. Blackwell Science Ltd., (2004)
[7] Grieb, H.: Projektierung von Flugtriebwerken. Birkhäuser Verlag (2004)
[8] ICAAMC WorkingGroup: Influence of the reynolds number on the performance of centrifugal compressors. ASME Paper 87-GT-10 (1987)

第5章 冷却涡轮效率

在航空发动机业界，对涡轮效率的定义有很多不同的方式，对涡轮的输出功与总压损失也有不同的描述方法。如果不了解效率的精确定义，那么任何性能数据都是没有意义的。特别是对于冷却涡轮，对在相同的条件下（相同的几何、温度、压力、主流、二次流条件）涡轮的效率计算值之间都有可能相差好几个百分点。在现代发动机中，通常采用空气冷却以确保涡轮部件在极端恶劣环境下的工作寿命，但冷却气的使用量不宜过多；否则损耗还是很大的。为了使冷气达到所需的压力，以便能够穿过高压涡轮叶片表面气膜孔进入主流，通常需要从压气机后端引气，而这部分冷气已经消耗了大量的压缩功。大量冷却空气的使用对发动机循环来说代价是很高的，通常表现在较高的燃油消耗上。此外，还要考虑旋转的工作叶片在冷却过程中的能量损耗。冷气在动叶内部产生沿程的换热和流动损失，一旦冷气从叶片表面喷射到主流中，又会产生一部分与主流掺混的压力耗散以及对附面层的干扰。不过，对于经由燃烧室流出的主流来说，这种损失通常可以接受的，因为这不仅可以保证较高的燃烧效率，同时也意味着冷气的压力足以超过高温涡轮导叶进口的主流燃气总压，以确保冷却系统的正常工作。值得注意的是，一些冷气喷射元件具有切向动量，这对于提高涡轮输出功是有一定贡献的。

通过对涡轮背景的大致了解可以看出，想要综合考虑并计算二次流和主流掺混过程，进而详细研究冷却对涡轮效率的影响，是需要各个原型设备供应商（OEM）同时开展大量研究工作的，耗费比较巨大。在这种情况下，就比较容易理解为何他们给出的冷却效率评估方法往往在细节上处理的不够好了。此外，冷却效率的计算差异也会受到一些非专有性的影响，通常是由于从别处"移植"来的程序或者采用传统处理方法的原因。即使不考虑上述原因，准确理解不同的定义也是非常重要的，这是因为现代的发动机通常会涉及一个、两个或多个单位的联合研发。如果各个合作方不在同一体系或者对一些专业术语采用不同的定义,是有可能在工作中产生误解的。在没有对冷却涡轮的定义方法和多研究的控制体进行明确限定的前提下,涡轮设计人员及性能分析专家对数据的引用都是没有意义的。在这样的环境下,合作方应该对冷却效率进行统一的定义,以便来自各方的结果都可以进行转换和对比。

在一个共同研制发动机项目中,合作方必须首先在控制体和涡轮效率定义上达成一致。可能有人认为一旦模糊之处消除后,使用哪种定义并不重要。但是当提到一个效率的定义时,其中就隐含了一些需要被考虑的现实问题。当一个公司采用之前的项目中没有使用过的定义时就会发现,难以将过去的经验转换用于当前的设计目标中。同样选择与发动机整机模拟相匹配的效率的定义也是很重要的。对于发动机发展过程中,将涡轮效率转换为对发动机总体参数的影响比例,如推力和耗油率,也必须具有合理的指导意义。

首先提出一个问题,这里所说的效率到底是什么意思?在普遍接受的概念里,效率是描述机械技术水平的一个数值。对于涡轮而言,将效率定义为输出实际轴功 PW_{SD} 与理想轴功 $PW_{SD,id}$ 的比值,理想轴功的意思是当没有损失时涡轮的输出功。

但这样的定义是含糊不清的。因为 PW_{SD} 项和 $PW_{SD,id}$ 都可以表示不同的参数。对于输出功来说,是否考虑涡轮盘腔和轴承损失,以及在理想轴功中,有没有考虑冷气的做功潜力,其结果都是不一样的。使用有明确定义的控制体去判定可用于产生功率的燃气流量是非常有必要的。在性能计算中,主流燃气从涡轮进口截面进入控制体,从涡轮出口截面离开控制体,冷气和密封气则从其他位于内壁或外壁的特定位置进入控制体。

可以先从简单的情况入手——如无冷却涡轮。无冷却结构的涡轮控制体只有一个进口和一个出口。轴功等于燃气流量和总焓变化量的乘积。这里不考虑换热,定义涡轮等熵效率为有效的比焓降 ΔH 与等熵焓降 ΔH_{is} 的比值,即

$$\eta_{is} = \frac{\Delta H}{\Delta H_{is}} = \frac{\dfrac{\gamma}{\gamma-1}R(T_{in}-T_{ex})}{\dfrac{\gamma}{\gamma-1}RT_{in}\left[1-\left(\dfrac{P_{ex}}{P_{in}}\right)^{\frac{\gamma-1}{\gamma}}\right]} \tag{5-1}$$

式(5-1)看起来定义清晰,但其实则不然。比如,可以使用一个固定的比热比(如 $\gamma=1.3$),或者采用涡轮进、出口等熵膨胀过程的平均比热容($\gamma_{in}+\gamma_{ex}$)/2 作为涡轮燃气效率的等熵指数。该公式适用于电子计算表格,但却没有在任何专业的循环分析程序中得到应用。在程序中,通常利用熵函数来建立气体特性的温度依赖性,使压比与等熵单位功 ΔH_{is} 相关。更专业的计算程序还会考虑燃烧室下游的化学反应的影响。因此,根据所采用的燃气模型,可以马上引用无冷却涡轮的3个不同的效率值。

第 4 篇　基础

带冷却结构的涡轮跟上面相比就要复杂得多了，对冷却涡轮进行建模也会面临更多的问题。冷气和封严气进入控制体，并与主流燃气掺混。对于效率定义，就有两种基本的方法，要么考虑膨胀过程的细节，要么也可以将涡轮视为一个"黑匣子"来处理。在本部内容中，将从最常用的"精细化"方法开始，以单级冷却涡轮为例进行阐述。

5.1　单级涡轮

5.1.1　模拟原则

对于性能计算而言，涡轮进口条件到底应如何给定？大家可能会觉得这个问题很简单，完全可以直接采用燃烧室出口截面 4 的条件（如式（5.1-1）），其中 T_4 为涡轮进口温度。其实并不然。

首先来看图 5.1-1。图中给出了燃烧室和涡轮静子中的冷气流动。涡轮的静子叶片也被称为导向器叶片（NGV），因为在导向器中，燃气被施加预旋并加速。燃烧室中存在多路冷却气流，它们负责冷却火焰筒，并与主流燃气掺混，增加燃气流量并降低温度。对导向器叶片进行冷却会进一步降低燃气温度

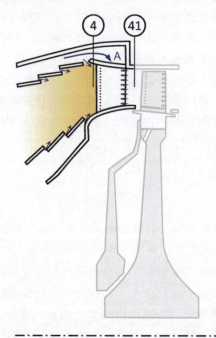

图 5.1-1　燃烧室出口截面 4 和转子进口截面 41

第 5 章 冷却涡轮效率

并提高质量流量,从而使涡轮转子进口温度 RIT 明显低于燃烧室出口温度。在循环计算中,通常将涡轮转子进口温度 RIT 更名为 T_{41}。

根据热力学第一定律可以计算转子进口截面的焓 $h(T_{41})$,其中假设用于冷却导向器叶片的冷气 W_A 的温度与压气机出口温度 T_3 相同,即

$$h(T_{41}) = \frac{W_4 h(T_4) + W_A h(T_3)}{W_4 + W_A} \tag{5.1-1}$$

在导向器叶片中,并没有任何功率输出,燃气中功率的提取开始于截面 41。既然 T_4 与 T_{41} 之间的温差丝毫不会影响到轴功率提取过程,那么为什么不将截面 41 定义为涡轮的进口截面呢?原因就出在截面 41 的压力 P_{41},没有办法直接获取它。

现在将图 5.1-2 中截面 4 和截面 45 之间的区域定义为控制体的轴向范围。径向的边界由轮毂和机匣间的环壁组成,冷却和封严的气流穿过该边界进入控制体。

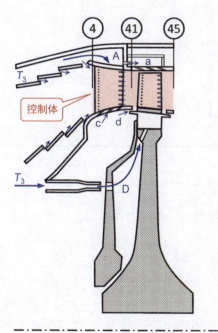

图 5.1-2 单级涡轮的二次空气流动

为了定义效率,必须明确每一股二次流对轴功产生的影响,其为流量和焓降乘积的简单关系。在上述 T_{41} 的计算中,可以分析出图 5.1-2 中导向器叶片的冷气流 A 是可以做功的。因此,在我们的冷气系统中并未罗列。但是图 5.1-2 中的其他二次流呢,它们是否能够参与做功呢?

导向器叶片冷气 W_c 和涡轮盘轮缘封严气 W_d 对功率产生并没有太大影响，因此在计算 T_{41} 时可以忽略，在计算求解时，它们绕过做功过程，在涡轮转子后与主流进行掺混。转子的冷却气 W_D 和机匣的冷却气 W_a 在涡轮中也不做功，因此计算时也将其计入涡轮转子后进行掺混。

图 5.1-3 所示为热力学膨胀过程的焓-熵图。在截面 4 至截面 41 之间，导向器叶片的冷气与主流进行掺混。功率转换发生在截面 41 至假设的截面 42 之间。然后紧接着是转子出口燃气与不做功冷气的掺混，对于单轴燃气发生器，最后一步定义为涡轮的出口点，即截面 45。

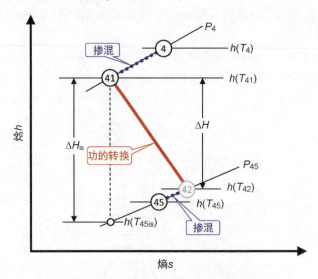

图 5.1-3　单级涡轮过程的焓-熵图

转子中的实际膨胀过程与无冷却涡轮相同，因此式（5.1-1）可以写为

$$\eta_{is}=\frac{\Delta H}{\Delta H_{is}}=\frac{\dfrac{\gamma}{\gamma-1}R(T_{41}-T_{42})}{\dfrac{\gamma}{\gamma-1}RT_{41}\left[1-\left(\dfrac{P_{45}}{P_4}\right)^{\frac{\gamma-1}{\gamma}}\right]} \quad (5.1-2)$$

因为需要额外的功率使转子的冷却气 W_D 加速至叶片的旋转切向速度 U，所以在控制体中产生的功率必须大于所需的净轴功。这对应于以下的冷气焓升，即

$$h(T_D)=h(T_3)+\frac{U^2}{2} \quad (5.1-3)$$

通常，抽吸转子冷却空气所需的功和由此产生的焓的变化都被忽略。然而，在忽略相应的焓增加的情况下，只考虑抽吸耗功是不正确的。

5.1.2 关于 NGV 冷却气

热力学上,导向器叶片(NGV)的冷却气与燃烧室火焰筒的稀释区的空气类似。

① 如果燃烧室出口的温度 T_4 相同,那么燃烧室的稀释气和冷却气之间的分流与循环计算无关。

② 如果导向器叶片(NGV)出口温度 T_{41} 相同,那么燃烧室的稀释气和导向器叶片(NGV)的冷却气的分流与循环计算无关。

欧拉方程对轴流涡轮中的功率转换描述为

$$\Delta H = U(V_{U42} - V_{U41}) \tag{5.1-4}$$

导向器叶片使气流加速和折转,出口处气流具有绝对速度 V_{41} 和周向速度分量 V_{U41}。因为导向器叶片的周向速度 U 为零,所以该过程并没有产生涡轮功。因此,功率的转换过程仅在涡轮转子中发生,对应的燃气温度为 T_{41}。截面 41 上游出现的任何情况都不会影响功率转换。在相同的 T_{41} 条件下,改变导向器叶片的冷却气流量不会对涡轮的功率输出、出口温度、出口压力等产生任何影响。

在研究循环的过程中需注意,涡轮导叶的冷气量是可变的。保持 T_4 不变,增加导叶冷气量也会导致 T_{41} 降低。这种方式同时影响了涡轮导叶和涡轮转子的设计。由于 T_{41} 降低,则涡轮出口温度降低,最终导致图 5.1-4 中的推力降低。

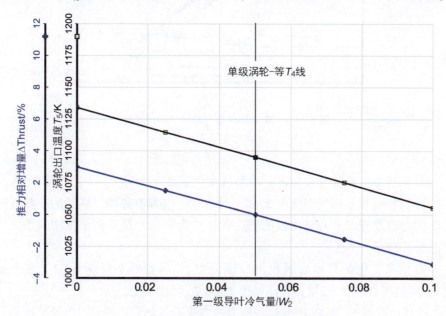

图 5.1-4 涡喷发动机的单级涡轮 T_4 等值线

如果设计问题仅受限于涡轮导叶，那么循环分析就必须在保持 T_{41} 不变的情况下开展。这样将产生截然不同的结果。当涡轮导叶的冷气量改变时，推力和 T_5 均不会发生变化。这一结果与常用的假定是一致的，即涡轮导叶冷却空气对涡轮工作并无负面影响。

5.1.3 转换率

该涡轮模型中的各种因素是如何影响性能模拟结果的？让我们保持 T_{41} 不变进行循环计算来检验这一点（图 5.1-5）。同样的 0.02 的数值差异，仅因应用的对象不同，结果就大相径庭。

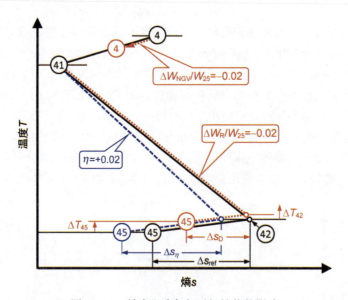

图 5.1-5　效率和冷却气对级性能的影响
（轴功率不变）

① 涡轮导向器叶片（NGV）冷却气变化量 ΔNGV 对 P_{45} 和 T_{45} 没有影响。

② 转子叶片冷却气变化量 ΔRotor 对 P_{45} 和 T_{45} 都有影响。转子的冷却气降低 0.02（红色虚线）导致出口的温度和压力都更高，这是由于做功的燃气流量增加了 2%。

③ 效率变化量只影响涡轮出口压力 P_{45}。涡轮效率提高 0.02（蓝色虚线），导致出口压力 P_{45} 增加，而温度 T_{42} 和 T_{45} 保持不变。

循环计算将 P_{45} 和 T_{45} 的变化与推力的变化联系起来，并表明当转子冷却气减少 2%，推力增加 2 倍，而效率增加 2%。

5.2 两级涡轮

图 5.2-1 给出一个带多股二次流冷却系统的两级冷却涡轮的控制体。可以使用之前的方法对其进行逐级计算。二次流在适当的位置进入主流。涡轮导叶冷却气流由第 1 级转子上游引入，第 1 级转子的冷却气流和第 1 级叶栅的其余非做功冷却气流在截面 415 和截面 42 之间引入（图 5.2-1 和图 5.2-2）。第 2 级静子冷却气流的引入，产生了进入第 2 级转子的 W_{421} 和 T_{421} 改变。其他的冷却气流在第 2 级转子出口进入主流，在截面 45 处进行掺混。

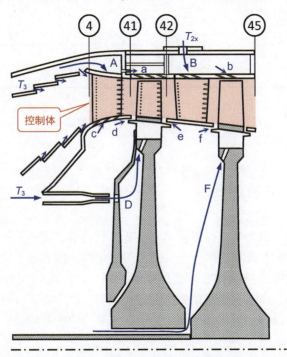

图 5.2-1　两级气冷涡轮示意图

可以用这个模型详细地研究冷却气的影响，但同时也是有一定代价的。需要知道两级涡轮的每一级的效率，同时还需要区分两级转子的功。此外，为了进行非设计点的模拟，可能要用到两级涡轮各自的特性。再者，第 1 级转子下游涡流角的改变会影响第 2 级的特性。想要实现精确模拟，就需要用到第 2 级涡轮在不同进口涡流角下的特性图。由此得出的一个合理结论是，在性能模拟程序中逐级建模多级冷却涡轮是不实用的！

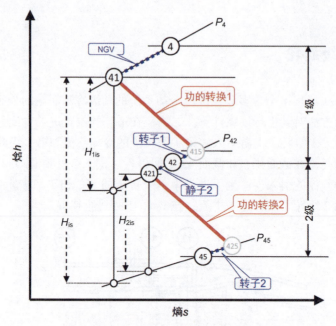

图 5.2-2 两级气冷涡轮工作过程的焓-熵图

5.3 等效的单级涡轮

与逐级模拟不同的是，可以将多级涡轮等效成单级涡轮，并且给每一股冷却气分配适当的潜在做功比例。在一个两级涡轮中，因为第 1 级转子的冷气可以在第 2 级中做功（对应在实际的单级涡轮中，这一比例应为 0%），因此可以设定做功比例，如可以将做功比例设定为 50%。注意：50% 的比例只是简单地假设每一级的做功分配都是相同的。第 2 级静子的冷却气会在第 2 级转子中做功，做功比例也是 50%。

在一个前两级带冷却气的 3 级涡轮中，第 1 级转子和第 2 级静子的冷却气做功比例是 66%，对于第 2 级转子，其冷却气可以在第 3 级中做功，因此在功分配均匀的 3 级涡轮中，其做功比例应是 33%。有功率输出的冷却气称为做功气流（non-chargeable），没有做功的冷却气称为不做功气流（chargeable）。

下面仅针对常应用于涡扇发动机的燃气发生器的两级冷却高压涡轮进行探讨。共考虑了 4 股二次流：两股涡轮导叶冷却气流以及两股动叶冷却气流。第 1 级导叶的冷却气在所有转子中都做功，第 1 级转子和第 2 级导叶的冷却气仅在第 2 级转子中做功。第 2 级转子的冷却气对涡轮不做功。循环计算给出 4 个热力学计算点，如图 5.2-1 中的 4、41、42、45。

第 5 章 冷却涡轮效率

在等效的单级涡轮模型中,将两级涡轮的 4 股冷却气合并成两股虚拟的冷却气 $W_{\text{NGV virtual}}$ 和 $W_{\text{R virtual}}$。这两股冷却气的做功量计算见表 5.3-1 和图 5.3-1。

表 5.3-1 虚拟冷却气流的计算

冷却气类型	参数	等效单级涡轮冷却气	做功量	不做功量
虚拟 NGV 冷却气	$W_{\text{NGV virtual}}$	$W_{\text{NGV1}}+0.5W_{\text{R1}}+0.5W_{\text{NGV2}}$	100%	0%
虚拟转子冷却气	$W_{\text{R virtual}}$	$W_{\text{R2}}+0.5W_{\text{R1}}+0.5W_{\text{NGV2}}$	0	100%

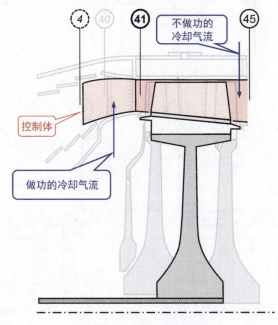

图 5.3-1 等效单级涡轮

图 5.3-2 和图 5.3-3 展示了如何将一个两级涡轮转换成一个等效的单级涡轮。在虚拟的涡轮导叶中温降比 NGV1 更大,因为虚拟的 $W_{\text{NGV virtual}}$ 比 W_{NGV1} 更大。当尝试确定温度 T_4 和 T_{41} 对应截面时,这就带来了一个问题:

① 如果将 T_4 作为涡轮进口(燃烧室出口)温度,那么 T_{41} 就不是实际的一级导叶出口温度;

② 如果把 T_{41} 作为一级导叶出口温度,那么 T_4 就不再是燃烧室出口温度。

为解决该问题,需对这一假设出来的导叶内部构造作进一步的研究。基于此,可将用于导叶的冷却空气 W_{NGV} 人为地分成两部分:一级导叶的冷气量 W_{NGV1} 和冷却气流的可做功部分之和 $W_{\text{CL}}=0.5W_{\text{R1}}+0.5W_{\text{NGV2}}$。这样就可以在截面 4 和截面 41 引入一个中间截面。对于这个中间截面的位置,数学上可以有两种等效方式:

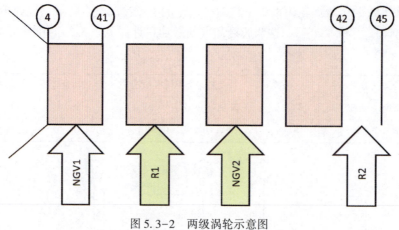

图 5.3-2　两级涡轮示意图

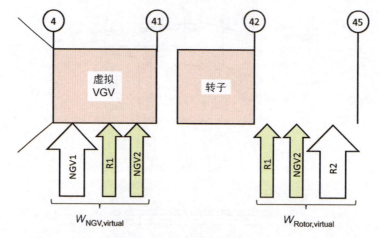

图 5.3-3　等效单级涡轮示意图

① 首先增加 W_{NGV1}，然后增加 W_{CL}；
② 先增加 W_{CL}，再增加 W_{NGV1}。

第 1 种思路似乎更符合逻辑，其实两种方法都是可行的，各有优势。

5.3.1　虚拟转子进口温度方法

如果首先增加 W_{NGV1}（图 5.3-4），由于 $W_{CL} = 0.5W_{R1} + 0.5W_{NGV2}$ 从截面 41 和转子进口截面之间进入主流，那么静子出口温度 T_{41} 就会比转子进口温度（RIT）还高。而实际上，这只是计算过程中的一步，这一过程并没有真实发生，因此计算获得的转子进口温度（RIT）就不是真实的转子进口温度，而是假设的（在参考文献［1］中该温度被称为伪转子进口温度）。

第 5 章 冷却涡轮效率

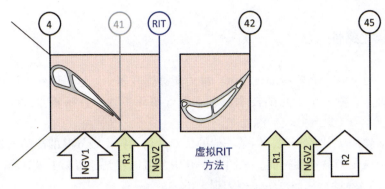

图 5.3-4 等效单级涡轮的示意图 A

因此,功率的计算提取过程是从一个低于真实静子出口 T_{41} 的温度开始的。这个矛盾可能给非从事总体性能的研究人员带来困惑。特别是涡轮气动和涡轮冷却设计方面的专家,他们一般更难以接受总体性能部门发布的数据与他们通过气动、传热和应力计算程序得到的结果之间有如此大的差异。

5.3.2 虚拟 T_4 的方法

在第 1 级转子冷却气中可做功部分和第 2 级导叶(NGV2)的冷却气加入主流之后,再加入第 1 级导叶(NGV1)的冷却气(图 5.3-5)。这种方式看似怪异,但是这样做有助于与涡轮设计人员的对接。因为这样,静子出口温度 T_{41} 和第 1 级转子的进口温度就一致了。

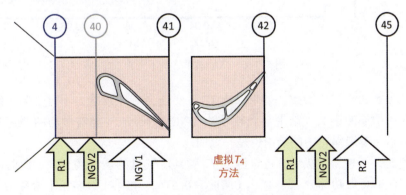

图 5.3-5 等效单级涡轮的示意图 B

由此引发的问题是,引入了一个与第 1 级导叶进口温度 T_{40} 不同的虚拟温度 T_4。当使用这种方法时,这两个温度之间的差异就会使非总体性能专业的人感到困惑了,就如同前面章节提到的虚拟 RIT 和 T_{41} 之间的差异一样。

5.3.3 敏感性分析

如果可以减少涡轮冷却气用量，推力能够提升多少？这个问题可以用性能程序来回答。在一个给定的技术水平下进行循环参数的分析研究，可以保持 T_4 不变或者第 1 级导叶出口温度 T_{41} 不变。

虽然使用 T_4 比较直观，但是一般的认知是认为第 1 级导叶的冷却气是参与做功的，这是与其不相符的。在图 5.3-6 中，可以看到随着第 1 级导叶冷气量的增加，T_{41} 降低，从而产生了推力损失。

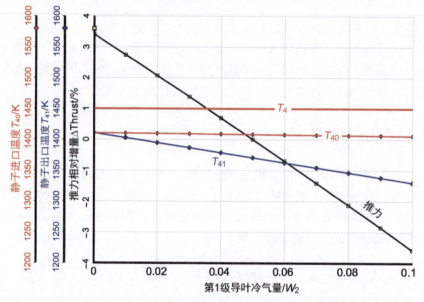

图 5.3-6 双级涡轮（T_4 不变）

从图 5.3-7 可以看出，如果保持 T_{41} 不变则会有导致推力不再受第 1 级导叶冷气量增加的影响。结果与涡轮导叶（NGV）冷却气能够做功的假定是相符的，这与单级涡轮中的结论也是一致的。

图 5.3-7 中第 1 级导叶进口温度 T_{40} 随其冷气量的增加而升高。此时由于冷却气流的可做功部分之和 $W_{CL}=0.5W_{R1}+0.5W_{NGV2}$ 在第 1 级转子上游和第 1 级导叶冷却气流一起汇入主流，导致虚拟的 T_4 比 T_{40} 更高。此外，如果保持 T_{41} 或者虚拟的 RIT 不变，那么结果与第 1 级导叶冷却气变化的效果是相同的。

第 1 级转子和第 2 级静子冷却气变化的敏感性，取决于所选用的模拟方法。若能保持采用虚拟 T_4 方法中的 T_{41} 不变，则 T_4 与 T_{40} 之间的差值与 W_{CL} 的增量成正比。做功过程起始阶段的温度是不受影响的。

第 5 章 冷却涡轮效率

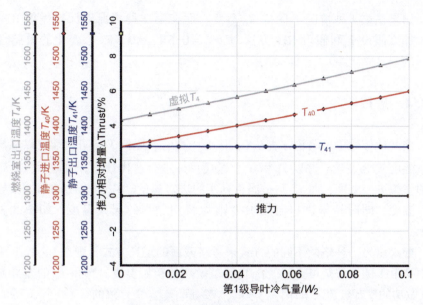

图 5.3-7 双级涡轮（T_{41} 不变）

保持虚拟 RIT 方法中的 T_{41} 不变，计算获得的推力变化比虚拟 T_4 方法中的更大，如图 5.3-8 所示。这是因为恒定的静子出口温度 T_{41} 与假设的转子进口温度 RIT 之差随第 1 级转子和第 2 级导叶冷气却增加而增加。做功过程的起始温度随冷却气流的可做功部分之和 W_{CL} 的增加而降低，从而导致额外的推力损失。

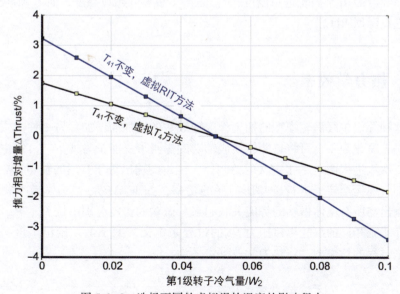

图 5.3-8 选择不同的虚拟涡轮温度的影响很大

如果在第 1 种情况下保持 T_{41} 不变,而在第 2 种情况下保持虚拟 RIT 不变,那么假设 T_4 和假设 RIT 方法对 $W_{CL}=0.5W_{R1}+0.5W_{NGV2}$ 变化的敏感性是相同的。

5.3.4 应用

这两种等效单级涡轮方法在 GasTurb 中都有。虚拟 T_4 的方法需要以燃烧室出口温度 T_4 为变量,并以 T_{41} 恒定为迭代目标进行迭代计算。收敛后,T_4 是涡轮的虚拟进口温度,而 T_{40} 则是涡轮真实的进口温度。T_{41} 是真实的第 1 级导叶出口温度,同时转子进口温度 RIT 则为做功过程的起始温度,如图 5.3-5 所示。

如果以另一种略微不同的方式来考察截面的定义方式,则在 GasTurb 中进行虚拟 RIT 的方法是可行的。T_{41} 仍然是做功的初始温度。T_4 和 T_{41} 的差异是由 3 股做功的冷却气流之和 $W_{CLNGV1}+W_{CLR1}/2+W_{CLNGV2}/2$ 导致的。

那么就让我们引入一个新的虚拟截面 405,其位于截面 4 和截面 41 之间。假设温度在截面 4 和截面 41 之间的变化与增加的冷却气量成正比,就可以按下式计算截面温度 T_{405},即

$$\frac{T_{405}-T_{41}}{T_4-T_{41}}=\frac{W_{CLR1}/2+W_{CLNGV2}/2}{W_{CLNGV1}/2+W_{CLR1}/2+W_{CLNGV2}/2} \tag{5.3-1}$$

虚拟 RIT 方法的使用需保持 T_{405} 不变,而改变燃烧室出口温度 T_4 进行迭代计算。收敛后 T_4 是涡轮进口温度,T_{405} 是第 1 级导叶出口温度,而 T_{41} 则是虚拟转子进口温度 RIT。

5.4 热力学效率

这种等效单级涡轮模型的抽象程度随级数的增加而增加。另一种方式,可以将涡轮简化为一个可将热能转换成轴功的黑匣子。能量为 $W_4 h(T_4)$ 的主流和多股二次流进入图 5.2-1 定义的控制体。能量的输出等于有用的轴功 PW 加上将冷却气输运至转子进行冷却所消耗的功率,如 $W_D \Delta H_P$。热力学效率将这一功率输出与所有流体做功的势能关联起来。做功的势能分别由从 P_3、P_{2X} 和 P_D 等熵膨胀到相同的涡轮出口压力 P_{45} 的过程来定义。图 5.4-1 给出了该两级涡轮膨胀过程的焓熵图。将热力学效率定义为

$$\eta_{th}=\frac{PW+W_D \Delta H_P}{W_4 \Delta H_{is}+\Sigma W_m \Delta H_{is,m}+\Sigma W_n \Delta H_{is,n}+\Sigma W_D \Delta H_{is,D}} \tag{5.4-1}$$

第 5 章 冷却涡轮效率

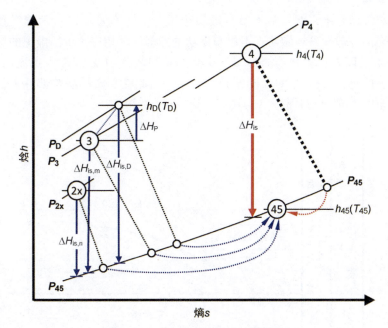

图 5.4-1 焓-熵图中的热力学效率

膨胀过程从截面 4 开始,并且不需要计算转子进口温度;导向器叶片(NGV)的冷却气是从压气机出口(出口温度 T_3)进入黑盒中的多股二次流中的一股。

这种涡轮效率定义的优点是,无需再假定任何一股二次流的功率分配。每一股冷却气的做功能力通过其自身的压力和温度来定义,因此这些参数从理论上讲都是可测的。并且涡轮的热力学效率考虑了二次流的压力,其与单级等效的方法相比,省去了假设的环节。

5.4.1 涡轮效率评估的对比

上文已经给出冷却气和效率如何影响单级涡轮的出口条件。在采用单级等效方法对多级冷却涡轮的模拟中,引入了二次流冷却气做功或者不做功的问题。引入一个简单的准则:所有冷却气在导叶和动叶中做功都为有用功。

下文的例子假设第 1 级导叶和转子的冷气量为 5%,第 2 级导叶和转子的冷气量都为 2.5%,第 3 级以后均不采用冷却。涡轮进口温度 T_{40}、导叶出口温度 T_{41} 和轴功均为恒定值,涡轮等效效率恒为 0.87。

图 5.4.2 给出了涡轮级数对热力学效率、参与和不参与做功冷气的比例、虚拟 T_4 的影响。热力学效率一直都低于等效的单级效率值 0.87,且两者的差异随级数的增加而增加。

在单级涡轮中，参与和不参与做功冷却气比例均为 0.05。随着级数的增加，更多的冷却气参与做功，不参与做功的冷却气就相应减少。虚拟的燃烧室出口温度 T_4 随着更多做功的冷却气从截面 4 和截面 41 之间汇入主流而升高。值得注意的是，T_4 和 T_{41} 的温度差异很大——因此在真实的涡轮部件上，不能使用恒定的 T_4 值进行计算。

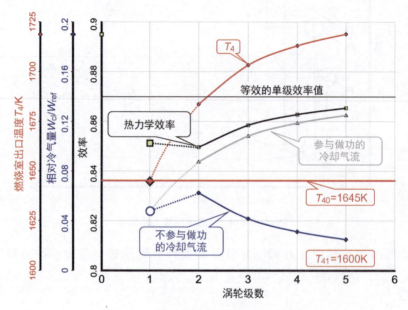

图 5.4-2　等效单级方法应用到多级涡轮

单级和双级涡轮的热力学效率和级效率的差异接近 2%。这一显著差异进一步说明了效率的定义在性能工程师和涡轮设计人员进行合作沟通过程中的重要性。

如图 5.4-3 所示，当涡轮为无冷却涡轮时，等效的单级效率和热力学效率之间一致；等效的单级效率和热力学效率之间的差值仅随冷却气流量的增加而增加。其中第 1 级导叶和第 1 级转子冷气量相等；第 2 级导叶和第 2 级转子的冷气量为第 1 级导叶的一半，如 x 轴所示。

这两种效率值的差异不仅取决于冷气量和级数，还取决于涡轮的压比，如图 5.4-4 所示。困难的是，无法实现两者之间的简单转换。

5.4.2　效率定义对循环研究结果的影响

通过对比不同效率定义方式的结果，可以看到明显的差异。因此，效率的定义方式对发动机性能计算有明显的影响就不足为奇了。图 5.4-5 给出了针对

第 5 章 冷却涡轮效率

涡喷发动机两组参数研究的结果。蓝色线框是在给定的涡轮热力学效率条件下得到,黑色则对应恒定的等熵等效单级效率。计算中特别调整右侧边界点位置重合,以突出两者间的差异。本例中,冷却气的比例是不变的,但是涡轮的压比以及冷却气的温度在不同情况下是变化的,两者的差异随推力的增加和耗油率的降低而增加。将两个框图在其他位置点重合并不会改变两者间的差异随重合点距离的增加而增加的规律。

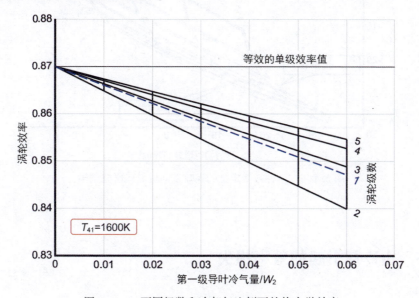

图 5.4-3 不同级数和冷却气比例下的热力学效率

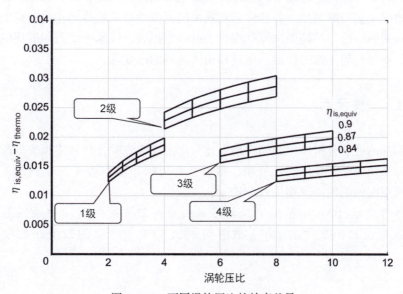

图 5.4-4 不同涡轮压比的效率差异

· 599 ·

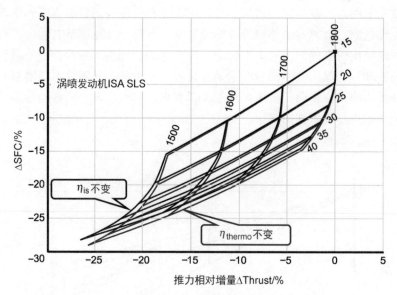

图 5.4-5　两种效率定义的涡喷发动机循环研究结果

5.5　由冷却引起的效率损失

到目前为止，只讨论了涡轮冷却气的记录系统。然而，所有的冷却技术都会导致气动损失的增加，并且伴随着效率的降低。与涡轮冷却相关的损失包括为了布局内部冷却结构而加厚叶型带来的叶型损失、气膜冷气与附面层的相互作用、冷却气与主流的掺混、尾迹和角区流场的改变等。

5.5.1　一些示例

实际的性能分析模型必须考虑上述列出的损失，并且将效率损失分配至涡轮冷却系统的一些具体的设计中。根据参考文献 [1]，表 5.5-1 列出了每股冷却气引起的涡轮效率损失百分比 $\Delta\eta_{stage}$。

参考文献 [2] 中给出了涡轮冷却气量与效率损失对应关系的另一种表述。在表 5.5-2 中的 $\Delta\eta_{stage}$ 数值与表 5.5-1 中对应的数值在数量级上相当。

第 5 章 冷却涡轮效率

表 5.5-1 效率损失 1% 对应的冷气比例[1]

类 型	$\Delta\eta_{stage}$	
	静子	转子
吸力面冷却	0.0075	0.015
从上游引气到转子气膜冷却	0.0025	0.005
尾缘冷却	0.0025	0.005
前缘冷却或压力面冷却	0.00125	0.0025

表 5.5-2 效率损失 1% 对应的冷气比例[2]

气 流	类 型	尾缘排气/%	相对冷却气流	$\Delta\eta_{stage}$	
				静子	转子
	先进对流	100	1.5	0.001	0.002
	气膜+对流冷却	75	1.4	0.0012	0.0024
	气膜+对流冷却	50	1.3	0.0015	0.003
	气膜+对流冷却	25	1	0.0018	0.0036
	蒸发+对流冷却	25	0.8	0.005	0.01

5.5.2 一个真实的示例

图 5.5-1 中的涡轮截面图给出了冷却气和密封气的走向，这种图通常被形象地称为"虫图"。箭头附近的数值即为相对于压气机进口流量的引气百分比。这种图可以增强总体性能工程师和二次空气系统专家之间的沟通。如果从事的是发动机的设计及制造工作，那么应该掌握主流和每股二次流、封严气流的压力和温度。没有这些数据就无法进行热力学效率的计算。但是，可以将图上的信息转化为等效单级涡轮模型的输入参数，因为用这种方法就无须知道每股冷却气的温度和压力。

首先，需要确定图中所示涡轮的控制体，然后给每股冷却气分配一个做功比例。该方法对于流经导叶和动叶的冷却气来说，较为直接。而对于其他通过控制体边界上的轮缘和叶尖进入控制体的小股冷却气来说，则显得有些模糊。

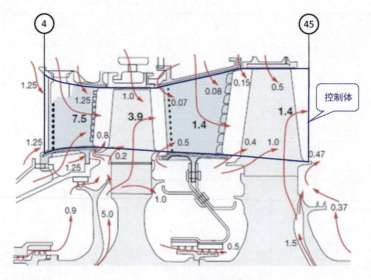

图 5.5-1　一个真实的涡轮冷却示例

主流燃气从燃烧室出口截面 4 进入涡轮控制体。从上游进入控制体的两股二次流（每股 1.25%）是 W_4 的组成部分，它们与等效单级涡轮无关。表 5.5-3 中显示了我们选择的做功潜力分布和冷却导致的效率损失。从控制体的内环和外环壁面进入主流的封严气和冷却气是不同的，根据它们的位置及流向很容易对其进行区分，并可与表 5.5-3 和图 5.5-1 关联起来。该定义方式并非是万能的，特别是关于表 5.5-1 和表 5.5-2 中的效率损失的应用而言。在实际工作过程中，性能工程师、涡轮设计人员和冷却系统的专家应该根据实际情况进行协商并达成共识，这样才能实现明确、统一的定义。

7.5% 的导叶冷却气在两级转子中都做功，所有具有 50% 做功潜力的二次流之和为 10.37%，不做功二次流的总和为 3.53%。整个涡轮需要核心压气机提供占其质量流量 21.4% 的冷气用于冷却和封严。

在等效单级涡轮模型中，将具有 50% 做功潜力的二次流中的一半加入导叶冷却气中。另一半则作为不做功的转子冷却气。性能程序的输入为 $W_{clNGV}/W_{25}=0.075+0.1037/2=0.12658$ 和 $W_{clrotor}/W_{25}=0.0353+0.1037/2=0.08715$。

表 5.5-2 中的数据可以用于量化计算由于主流冷却而造成的效率损失。假设导叶的气膜和对流冷气采用 25% 尾缘冷气喷射，第 1 级转子和第 2 级导叶采用相对简单的冷却结构（50% 尾缘冷气喷射），第 2 级转子采用先进的对流冷却，可得沿平均流径的效率损失为 0.0301。

第 5 章 冷却涡轮效率

表 5.5-3 冷却气的做功能力与效率损失

部 位	(W/W_{25})/%	功/%	$\Delta\eta_{stage}$	说 明
叶尖	1.25	50		NGV 缘板冷却
	1	50		第 1 级转子气膜冷却
	0.07	50		第 2 级叶片密封
	0.08	0		第 2 级叶片缘板冷却
	0.15	0		第 2 级转子密封
	0.5	0		第 2 级转子气膜冷却
叶中	7.5	100	0.0135	NGV 冷却
	3.9	50	0.0117	第 1 级转子冷却
	1.4	50	0.0021	第 2 级叶片冷却
	1.4	0	0.0028	第 2 级转子冷却
叶根	1.25	50		NGV 缘板冷却
	0.8	50		第 1 级转子前密封
	0.2	50		第 1 级转子缘板冷却
	0.5	50		第 1 级转子后密封
	0.4	0		第 2 级转子前密封
	1	0		第 2 级转子缘板冷却

所有通过截面 4 和截面 45 的轮缘和叶尖进入控制体的二次流流量为 0.072。如果如表 5.5-1 中假设的那样,每 1% 的冷却气引起的效率损失为 0.0025,就可以得到另一个 $\Delta\eta$ 为 0.018。如果无冷却涡轮的等熵效率为 0.92,那么在发动机中对应的冷却涡轮效率仅为 0.872。

参 考 文 献

[1] Walsh, P. P., Fletcher, P.: Gas Turbine Performance, 2nd edn. Blackwell Science Ltd, (2004)

[2] Gauntner, J. W.: Algorithm for calculating turbine cooling flflow and the resulting decrease in effificiency, NASA TM 81453, (1980)

[3] Van den Braembussche R. A.: Turbomachinery blade design systems, Von Karman Institute for Fluid Dynamics, VKI Lecture Series LS 1999-02

[4] Kurzke J.: Performance modeling methodology: effifciency defifinitions for cooled single and multistage turbines, ASME GT-2002-30497, (2002)

第6章 二次空气系统

基本热力循环是以主流（一次空气系统）为基准来描述燃气轮机内部流动的。然而，除了主流之外，还有一个二次空气系统，它为涡轮提供冷却气、封严气（阻止高温燃气进入涡轮盘腔和轴承腔），并平衡轴承上的轴向载荷（图6.1-1）。就其本质而言，二次空气系统（SAS）是非常复杂的，由于气流在主流路的多个位置流入或流出，它涉及诸多伴随着流动折返的空气来源。基于二次空气系统的复杂性，本节主要介绍如何使二次空气系统在性能评估模型中得到极大的简化，使其在能够应用于整体性能和部件特性模拟的同时保证较高的精度。

二次空气系统由大量相对较小的元件以及一些专用于涡轮冷却的较大的气流组成。二次空气系统分为两个子系统，即内部系统和外部系统。第1个子系统，即内部空气系统负责处理发动机安全运行所需的空气流动，包括涡轮冷却气、轴承和轮缘密封气、轴承推力控制、主动叶尖间隙控制和防喘放气。这些引气量通常按照所对应的压气机进口质量流量的百分比进行量化。除了计算冷却涡轮的热力学效率外，单个流量的压力无关紧要。

第2个子系统，即外部空气系统，提供飞机所需的空气（机舱通风、机舱和飞机部件的除冰、发动机的交叉起动）。这些气流的流量大多是以kg/s为单位来定义的绝对值。飞机制造企业跟采购商都会关注发动机各部件界面处的压力与温度。

6.1 性能模型中的二次空气系统

在性能模型中考虑二次空气系统的常规做法是通过有限的辅助气路代替众

第6章 二次空气系统

多复杂气路。如此操作可以保证该模型的"目标适用性",这是因为不仅在关键热力学位置处保证了真实的流量、压力及温度的能量守恒,而且可以较为充分地表述整个流动过程。

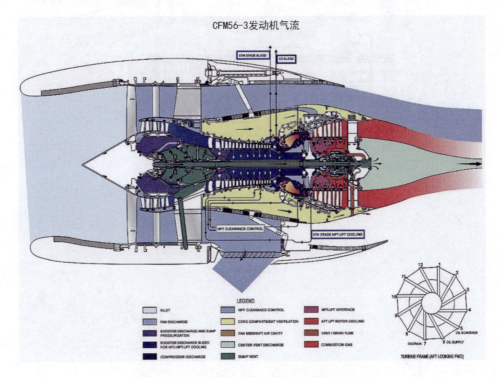

图6.1-1 简化的发动机二次空气系统示意图

图6.1-2显示了涡扇发动机性能评估模型中最重要的二次空气气路。实线表示内部空气系统中不变的部分:对于任何非设计工况,所抽取的二次空气质量流量占高压压气机进口流量的比例是恒定的。虚线表示内部和外部空气系统中引气(抽气)流量的可变部分。

行业中所采用的性能评估程序经常需要对二次空气系统进行精细化建模。可能会考虑使用比图6.1-2所示更多的二次气路,以便获得更加精确的模拟结果。那么简化的二次空气系统模型对整体性能模拟质量会产生什么样的影响呢?

先来看一下两种SAS模型的建模方式对涡扇发动机性能特征的影响。第1个SAS模型在建模时一定程度上考虑了涡轮冷却系统,而第2个SAS模型建模时,对所有的涡轮冷却气路均不作考虑。图6.1-3给出了设计点下两组循环的焓-熵图。

· 605 ·

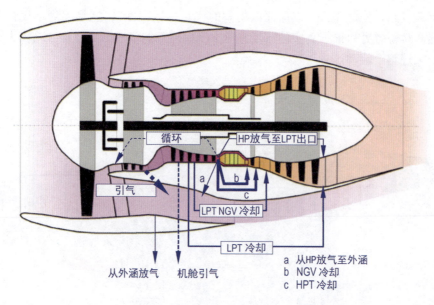

图 6.1-2 双轴涡轮风扇发动机的二次空气系统示意图

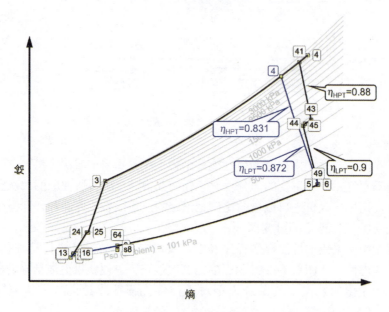

图 6.1-3 带和不带涡轮冷却气的混排涡扇发动机焓-熵图

通过对不含二次空气系统（SAS）的涡轮温度和循环效率进行调整，以保证两个模型对比时具有相同的高压涡轮压比、推力和燃油消耗率。两个模型之间的主要差异体现在涡轮：不考虑冷却的涡轮模型明显具有更低的涡轮进口温度,其涡轮效率也较低。此外,设计点条件下两个循环之间的差异很小。

图 6.1-4 显示了两种建模方式在非设计点模拟中的表现:虽然涡轮温度不同,但它们从最大到节流工况的趋势是相同的。值得注意的是,作为热效率的衡量标准,燃油消耗率是没有差别的。

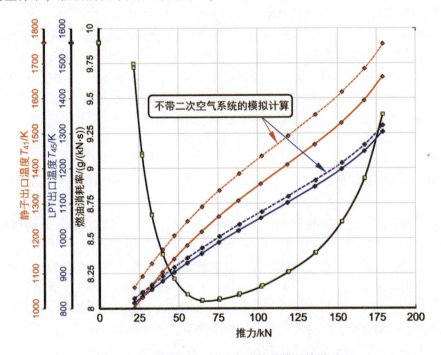

图 6.1-4 带和不带二次空气系统的模型结果对比

本小节的结论:简化的二次空气系统模型并不会显著影响整体性能模拟的质量。但是,如果你对真实的气体温度或涡轮效率感兴趣,则必须充分了解 SAS 的工作方式。

6.2 二次空气系统的计算

下面将注意力集中在与图 6.1-2 中对应的 SAS,当气流源位于热力学截面时,温度是已知的,因此很容易推导出能量平衡。但是,用于机舱引气和低压涡轮气流的级间引气口不在此列。同样在多级涡轮上,存在一些 SAS 气流将返回中压涡轮的现象。现在展示如何在简化的 SAS 模型中表述这些问题。

第 4 篇　基础

消耗在级间引气（图 6.3-1 中的点 $2x$ 位置）上的单位压缩功是 $H_{2x}-H_2$。将这种焓差与高压压气机的总单位功关联起来，有

$$\Delta H_{2x,\mathrm{rel}} = \frac{H_{2x}-H_{25}}{H_3-H_{25}} \tag{6.2-1}$$

相对单位功 $\Delta H_{2x,\mathrm{rel}}$ 很容易估算。如果引气口位于 10 级压气机的第 7 级出口处，那么对该引气做的相对单位功为 $\Delta H_{2x,\mathrm{rel}}=0.7$。

通常，是不需要计算引气压力的，除非是飞机所需的机舱引气（客舱引气）。对于这种特殊情况，可以使用可变高压压气机效率来计算引气口处的主流总压。引气口和飞机发动机接口管道中的压力损失取决于大量的几何细节和引气量。如果需要准确的引气压力值，通常使用性能评估程序的公式编辑器来计算它，但应注意，这些损失并不会影响发动机整体性能。

6.3　涡轮冷却气

大多数二次空气系统气流与主流将重新进行汇合与掺混，质量流量相加，混合流的温度通过能量平衡得出。在掺混过程中不考虑引气压力。

在性能计算中，多级涡轮被等效成单级涡轮。涡轮冷却气在涡轮转子的上游或下游汇入主流。

涡轮冷却气必须具有足够的压力以允许其汇入主流。对于单级高压涡轮来说，这很容易建模，因为性能评估模型中的全部高压涡轮冷却气流（图 6.1-2 中的 b 和 c）都来自压气机。

在两级涡轮中，第 2 级是通过中间级压气机的引气进行冷却的。在第 2 级导叶处汇入主流的冷却气有助于提高涡轮功率。如何使用图 6.1-2 中的 SAS 方案对该股气流进行建模呢？

在图 6.3-1 中，没有从压气机级间位置 $2x$ 到假想的涡轮级间位置 $4x$ 的路径；性能评估模型中不存在这样的位置。用两个等效的流量替换冷却流量 W_{cl}：一个参与增加涡轮功率 $(z \cdot W_{\mathrm{cl}})$，另一个则绕过涡轮 $(1-z) \cdot W_{\mathrm{cl}}$。$z$ 的值代表引气进入主流通道后所产出的涡轮功率的占比，即

$$z = \Delta H_{T4x,\mathrm{rel}} = \frac{H_{4x}-H_{44}}{H_{41}-H_{44}} \tag{6.3-1}$$

希望将压气机功耗保持在冷气流中。从位置 3 获取的冷却流相比位置 $2x$ 耗功更多，作为补偿，将引气位置从点 $2x$ 移动到 $2y$ 来减少不做功的冷却气体所消耗的压缩功。

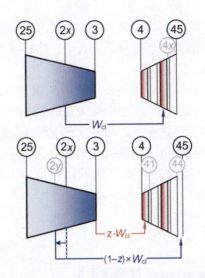

图 6.3-1 从压气机级间引气的 HPT 冷却

冷却气流满足以下能量平衡,即

$$W_{cl}(H_{2x}-H_{25}) = zW_{cl}(H_3-H_{25}) + (1-z)W_{cl}(H_{2y}-H_{25}) \quad (6.3\text{-}2)$$

其中,相对单位功可重新定义为

$$\Delta H_{2y,rel} = \frac{\Delta H_{2x,rel}-z}{1-z} \quad (6.3\text{-}3)$$

做功气流 $W_{cl,3y}$ 被添加到高压涡轮导向叶片的流动中,而不做功气流 $W_{cl,2y}$ 被添加到图 6.3-1 中的低压涡轮导向叶片的流动中。

接下来看看这种方法的实际应用。如果引气口位于 10 级压气机的第 7 级之后,则 $\Delta H_{2x,rel}=0.7$。从第 2 级导叶冷气喷射点到涡轮出口的相对焓降是 $\Delta H_{T,rel}=z=0.5$。第 1 个假想流的相对功是 1.0,第 2 个假想流(不做功气流)的相对功是 $\Delta H_{2y,rel}=(0.7-0.5)/(1-0.5)=0.4$。可以通过将其添加到进口边界条件来考虑这一股不做功冷却气流,其本质上可以替代图 6.3-1 中的低压涡轮导叶冷却气 $W_{C\,LPT\,NGV}/W_{25}$。在性能计算中,可以将做功的级间引气添加到高压涡轮导叶冷却气中;或者完全可以将其忽略,因为这股气流与主流的流通过程是完全相同的。

因为涡轮压比(几乎)与压气机压比相同,所以燃气轮机的单转子燃气涡轮往往设计成多级的形式。例如,西门子 SGT8000H 重型燃气轮机采用 4 级涡轮,并且全部采用空气冷却。

第 1 级涡轮利用来自压气机第 13 级(压气机出口)的空气进行冷却,其他 3 级涡轮依次通过压气机第 11 级、第 8 级和第 5 级进行引气冷却。性能评估程序中一定要包括一个与之对应的涡轮,并且由于涡轮特性图是唯一的,所以必须将其等效为单级的模型。这样在仿真中,冷却空气可以在单个涡轮转子的上游或下游汇入主流。

图 6.3-2 显示了 GasTurb 中单轴发动机的二次空气系统 (SAS)。空气系统中包含两路冷却空气来源:一个是来自压气机的中间级;另一个是来自压气机的出口。级间引气只能在涡轮下游与主流重新汇合,因为它的压力不够而不足以用于冷却第 1 级涡轮。由于主流流经燃烧室后多少会有一定的压力损失,因此保持着压气机出口压力的冷却气体可以经由第 1 级涡轮转子进入主流上游。

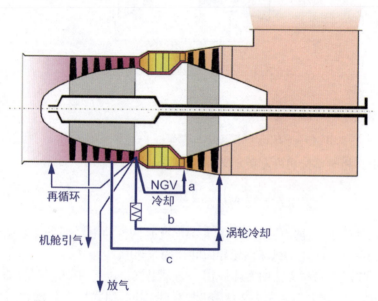

图 6.3-2　GasTurb 中单轴涡轴发动机的二次空气系统 (SAS)

实际的冷却方案要比在性能评估模型中复杂得多。可将图 6.3-3 所示的二次空气系统 (SAS) 示意图作为一个数值示例来考虑,它与实际的 SGT-8000H 冷却结构是类似的。此处使用的数值均来自参考文献 [2] 中类似的发动机。

可以将精细的二次空气系统 (SAS) 转换为图 6.3-2 所示的简单模型。定子 1 的冷却气路是很容易完成建模的,因为它是从压气机出口引出并分别进入图 6.3-2 所示的导向器叶片中。根据表 6.3-1 中的第 5 行和第 7 行,将进入转子 1 的气流按照做功和不做功流进行区分,并分别引入图 6.3-2 中的气路 a 和 b。

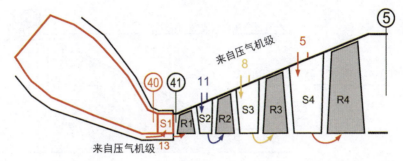

图 6.3-3 单转子燃气轮机的二次空气系统

表 6.3-1 压气机级间引气的能量平衡

1	引气源级数	13		11		8		5		
2	做功的部分 $\Delta H_{cl2x-4x}$	1		0.846		0.615		0.385		
3	汇(sink)	S1	R1	S2	R2	S3	R3	S4	R4	合计 S2-S4
4	相对质量流量 $W_{cl2x-4x}/W_2$	6.3	5.8	4.4	3.4	1.8	1.3	0.7	0.3	11.9
5	涡轮功部分 z	1	0.75	0.75	0.5	0.5	0.25	0.25	0	
6	W_2 中参与做功的部分	6.3	4.35	3.3	1.7	0.9	0.325	0.175	0	0.64
7	涡轮外涵 $1-z$	0	0.25	0.25	0.5	0.5	0.75	0.75	1	
8	W_2 中不做功的部分	0	1.45	1.1	1.7	0.9	0.975	0.525	0.3	5.5
9	不做功气流:等效压气机功部分 $\Delta H_{cly,rel}$	1	1	0.384	0.692	0.23	0.487	0.18	0.385	质量加权平均数 0.453

定子和第 2~4 级转子采用级间空气冷却,所引气体被分成做功和不做功流。做功流取自压气机出口,并被包含在图 6.3-2 中的气路 a 中,非做功流包含在图 6.3-2 中的气路 c 中。对于每个级间气流,高压压气机的等效单位功可根据本章 6.3 节中的式 (6.3-3) 计算。总流路 c 的平均单位功来自于表 6.3-1 中第 8 行和第 9 行的质量加权平均值。

等效单级涡轮二次空气系统(SAS)如图 6.3-4 所示。

应该注意的是,定子 1 也可以被认为是燃烧室的一部分。这并不会改变整个循环,因为通过涡轮转子的流量和温度都不会受到影响。然而,当在模型中的定子上游添加冷却气流时,T_4 的值会减小。

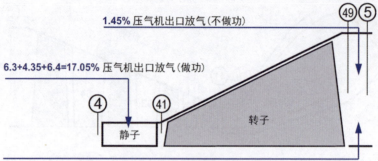

图 6.3-4 等效单级涡轮的 SAS

参 考 文 献

[1] Kurzke, J.: About simplifications in gas turbine performance calculations. Paper presented at Turbo Expo 2007, Montreal, Canada ASME GT2007-27620, 2007
[2] H2IGCC Low Emission Gas Turbine Technology for Hydrogen Rich Syngas Project under the European Union's Seventh Framework Programme for Research and Technological Development SP4—Description of the models adapted or developed ad hoc for the IGCC-CCS plants D4.2.2—final—long version http://www.h2-igcc.eu/Pdf

第7章 数学方法

简单热力循环的设计点计算很直接，它是通过对一系列的方程按顺序逐个求解得到的。然而，在循环计算中，当计算两股气流的混合时，因为需要保证混合器入口处两股气流的静压必须相等或者至少接近，此处需进行迭代。此外，具有热交换器的热力循环也需要迭代：在燃烧室的入口处需要提供热交换器的出口温度，但是该温度只有等到整个循环的计算几乎完成才能获得。

非设计点性能计算涉及许多组件的匹配。对于每个压气机和涡轮，需要在相应的性能特性图中找到工况点的坐标。此外，必须满足部件之间的质量流量连续性、转子之间的功率平衡、喷口的质量流量限制以及混合器中的压力平衡等约束。很明显，在计算时需要进行许多迭代。

本节首先介绍一种直升机发动机的非设计点性能计算，为了得到结果需要4个嵌套和相互耦合的迭代循环。

接下来介绍一些基本的迭代算法，并且讨论对于特定目标哪种算法是最合适的。整个系统模拟选择的方法是 Newton-Raphson 算法。当然，这种非设计点性能模拟的首选方法有一些特殊性和缺陷。收敛问题将在本章的 7.5 节中讨论。

7.1 非设计点模拟任务

先从一个简单的非设计点性能问题开始。我们想知道给定压气机转速 XNH 和动力涡轮转速 XNPT 的条件下，具有自由动力涡轮的涡轴发动机所提供的功率。计算流程如图 7.1-1 所示。

第 4 篇 基础

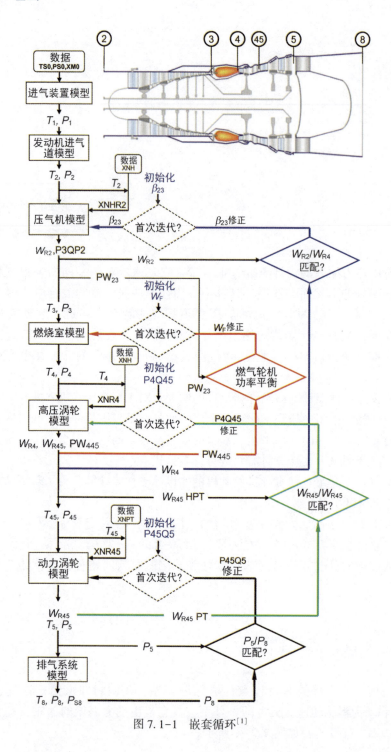

图 7.1-1 嵌套循环[1]

第 7 章 数学方法

定义飞行条件 TS0、PS0 和飞行马赫数 XM0。作为直升机的一部分的进气装置性能模型描述了进气性能——由此模型可计算得到 T_1 和 P_1。发动机的进气道部分可能会发生进一步的压力损失和总温变化。因此，实际进入压气机的空气总温为 T_2、总压为 P_2。

由于在该示例中给出了压气机转速 XNH，可以很容易地计算出换算转速 XNHR2。要读取压气机特性，除了 XNHR2 外，还需要特性图辅助坐标 β_{23}，但是其是未知的。我们从 β_{23} 的初始估计值开始，通过迭代校正得到 β_{23} 的值。

通过压气机特性图获取换算流量 W_{R2}、压比 P3Q2 和效率。这使我们能够计算压气机出口温度 T_3、出口压力 P_3 以及压气机所需的功率 PW_{23}。

燃烧室模型的输入参数是空气流量和燃油流量。由于后者未知，首先给出一个 W_F 的初始估计值。然后，通过该模型得到燃烧室出口的流量 W_4、温度 T_4 和压力 P_4。

高压涡轮模型的输入是换算转速 XNHR4，以及用于定位涡轮特性图中工况点的另一个估算值。这个估算值为高压涡轮压比 P4Q45，由此可通过高压涡轮模型得到高压涡轮进口换算流量（W_{R4}）、出口换算流量（W_{R45}）、出口温度 T_{45}、出口总压 P_{45} 及功率 PW_{445}。

计算流程进行到这一步，如果涡轮功率小于压气机所需的功率，那么说明对燃油流量 W_F 的估计值偏低。需要增大流量并重新回到燃烧室模型进行计算。通过对 W_F 的不断迭代修正，实现压气机功率和涡轮功率之间的平衡。

然而，即使满足功率平衡，涡轮进口换算流量 W_{R4} 仍然存在潜在问题。换算流量 W_{R4} 可以通过两种方式确定：从涡轮特性图中读取或根据 W_{R2}、W_F、T_4 和 P_4 计算。通过修正压气机特性图坐标 β_{23}，可以消除这两种方式计算结果之间的差异。因此，有两个嵌套的迭代循环，W_F 循环位于 β_{23} 循环内。

在这两个循环收敛之后，继续计算涡轮模型。同样，这次需要压比 P45Q5 的一个预估初始值。换算转速很容易计算，因为转速 XNPT 已知，而 T_{45} 可以通过高压涡轮模型计算得到。

通过动力涡轮模型计算后，有两个动力涡轮（PT）进口换算流量值，分别是从涡轮特性图读取的值和高压涡轮出口处的值。为了使这两个值一致，必须修正高压涡轮压比 P4Q45 的估计值，然后用高压涡轮模型迭代计算。这会影响压气机和涡轮之间的功率平衡以及 W_{R2}/W_{R4} 的相容性。必须重复前面描述的两次迭代，直到所有不相容性消失为止。

一旦实现上述要求，可以进行最后的迭代。计算排气流动所需的压比 P_8/P_{S8}。其一定与动力涡轮出口总压 P_5 相匹配。P45Q5 的初始估计值不一定正确，需要进一步修正它。这导致高压涡轮压比 P4Q45、燃油流量 W_F 和压气机特性图坐标 β_{23} 值的相关变化。这部分工作在解决所有 4 个相容性问题后完成。

当应用于简单的发动机构型时,这种计算流程很容易理解。然而,其复杂性随着压气机、涡轮和喷口的数量增加而增加。而且,很难适应特定的仿真任务。如果你想知道给定燃油流量的轴功率,或给定 T_4 下的压气机转速,或者更多……这种性能计算将产生即使是程序员也难以理解的"意大利面条式代码"。因此,可以理解这种方法已经被几十年前的工业所抛弃。让我们看看更好的方法吧!

7.2 基本算法

非设计点性能模拟需要迭代:变量的估计值,检测计算中的不一致性,改进估计值直到消除不一致性或降低到可接受的残差 ε 值之下。首先来简单回顾几个基本算法。

7.2.1 牛顿法

牛顿法非常适合简单的问题。给定初始估计值 x_n,并计算该点上的函数值 f 及函数 f 关于 x_n 的导数 f'。代入式(7.2-1)得到修正的估计值 x_{n+1},即

$$x_{n+1} = x_n - \frac{f(x_n)}{f'(x_n)} \tag{7.2-1}$$

由给定的焓值计算温度是典型的应用实例。需要等于零的函数是给定的焓值 h_0 和估计的温度的焓值 $h(T_n)$ 之间的差值。焓是温度的单调递增函数,$C_P(T)$ 是焓值 $h(T_n)$ 的导数。因此,在给定焓值 h_0 时温度的迭代修正值为

$$T_{n+1} = T_n - \frac{h_0 - h(T_n)}{C_P(T_n)} \tag{7.2-2}$$

7.2.2 试位法

对于上述焓值的示例,事先知道它的数学性质。对性能程序中出现的其他函数而言,这一点并不明确。如果对一维迭代的收敛性存在疑问,则优选试位法(Regula Falsi 算法)更好。图 7.2-1 说明了它的工作原理。粗灰线表示误差 E 为变量 x 的函数。

先从迭代变量的初始估计值 V_0 开始,此时误差是 E_0。为了找到 $E=f(x)$ 的局部梯度,选一个测试步长从 V_0 到 V_1,并计算 V_1 处的误差 E_1。修正的估计值 V_2 是过点 $\{V_0; E_0\}$ 和 $\{V_1; E_1\}$ 的直线与线 $E=0$(x 轴)的交点。

第 7 章 数学方法

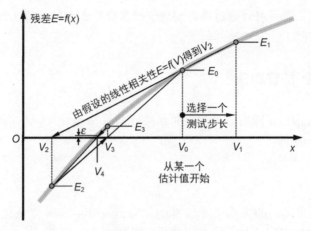

图 7.2-1 试位法

修正估计值的点的选择取决于 $E=f(x)$ 的形状。在我们的例子中，连接 $\{V_0;E_0\}$ 和 $\{V_2;E_2\}$ 是确定 V_3 的最佳选择。如此，连接 $\{V_2;E_2\}$ 和 $\{V_3;E_3\}$ 得到 V_4。误差 $E_4<e$；迭代收敛。

对于变量存在上限或下限的迭代，试位法（Regula Falsi 算法）是一个很好的选择。在性能程序中，这些限制包括不能为负的流量值或寻求亚声速解时马赫数必须介于 0~1 之间。如果寻求超声速解，禁止使用低于 1 的马赫数。在性能计算中不允许出现负压和负温，负速度或负质量流量可能不是有效结果。

如图 7.2-2 所示，在该示例中，误差函数 $E(x)$ 的类型为 $E=a+b/x$。这意味着，当变量值从 $x+\varepsilon$ 变为 $x-\varepsilon$ 时，误差 E 从 $-\infty$ 跳到 $+\infty$。无论是迭代值序列 $\{V_0;E_0\},\{V_1;E_1\}\{V_2;E_2\}\{V_0;E_0\}$ 还是 $\{V_0;E_0\},\{V_1;E_1\}\{V_2;E_2\}\{V_1;E_1\}$ 都无法得到令人满意的收敛行为。

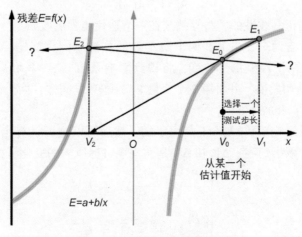

图 7.2-2 一种不收敛情形

幸运的是，通常可以通过考虑物理定律来排除无效的 x 值。设置变量值的步长限制也有助于控制算法的行为。

7.2.3 牛顿-拉普森法

Newton-Raphson 算法是用类似的办法处理 n 个变量 V：在迭代结束时，n 个误差 E 都收敛到 0。

$$E_i(V_j) = 0 \quad \begin{matrix} i=1,\cdots,n \\ j=1,\cdots,n \end{matrix} \quad (7.2\text{-}3)$$

误差和变量之间的关系是非线性的。Newton-Raphson 方法假设 E 的变化量与 V 的变化量之间满足一阶有限差分方程，即

$$\Delta E = M \Delta V \quad (7.2\text{-}4)$$

这里 n 维向量 ΔV 和 ΔE 表示特定条件下 V 和 E 的变化量，M 表示 E 相对于 V 的 $n \times n$ 阶偏导矩阵：

$$M_{i,j} = \frac{\partial E_i}{\partial V_j} \quad (7.2\text{-}5)$$

矩阵 M（可以称为雅可比矩阵）是通过一个参考情况和 n 个独立的扰动获得的，其在第 j 个扰动情形下仅扰动第 j 个变量的参考值，则对于第 j 个扰动情形，有

$$M_{i,j} = \frac{\Delta E_i}{\Delta V_j} \quad i=1,\cdots,n \quad (7.2\text{-}6)$$

一旦获得雅可比矩阵，变量可以修正为

$$V = V_r - M^{-1} E_r \quad (7.2\text{-}7)$$

如果方程组是线性的，将导致其在一个迭代步骤后收敛。

下面是包含两个变量 V_j 和两个误差 E_i 的算法示例。首先，当变量 V_1 改变 ∂V_1，E_1 和 E_2 两个误差都会改变，将得到影响系数 $\partial E_1/\partial V_1$ 和 $\partial E_2/\partial V_1$。然后将 V_1 重置为其初始值，并将第 2 个变量 V_2 改变 ∂V_2。同样，两个误差都会改变，将获得 $\partial E_1/\partial V_2$ 和 $\partial E_2/\partial V_2$。

暂时假设影响系数 $\partial E_i/\partial V_j$ 是恒定的，然后可以立即计算出如何修正变量 V_j 以将误差 E_i 减小到零。ΔV_1 和 ΔV_2 是实现该目标所需的变化量，即

$$\begin{cases} \dfrac{\partial E_1}{\partial V_1} \Delta V_1 + \dfrac{\partial E_1}{\partial V_2} \Delta V_2 = -E_1 \\ \dfrac{\partial E_2}{\partial V_1} \Delta V_1 + \dfrac{\partial E_2}{\partial V_2} \Delta V_2 = -E_2 \end{cases} \quad (7.2\text{-}8)$$

第7章 数学方法

通过一个简单的数值例子展示 Newton-Raphson 迭代如何进行。假设误差和变量之间服从线性关系，即

$$\begin{cases} E_1 = 5V_1 + 3V_2 + 4 \\ E_2 = -3V_1 + 7V_2 + 24 \end{cases} \quad (7.2\text{-}9)$$

一个任意的估计值 $V_1 = 9$ 和 $V_2 = 2$ 使 $E_1 = 55$ 和 $E_2 = 11$。误差和变量之间的这种相关性的偏导数为

$$\begin{cases} \dfrac{\partial E_1}{\partial V_1} = 5, & \dfrac{\partial E_1}{\partial V_2} = 3 \\ \dfrac{\partial E_2}{\partial V_1} = -3, & \dfrac{\partial E_2}{\partial V_2} = 7 \end{cases} \quad (7.2\text{-}10)$$

必须求解以下线性方程组，以确定变量估计值所需的变化，即

$$\begin{cases} 5\Delta V_1 + 3\Delta V_2 = -55 \\ -3\Delta V_1 + 7\Delta V_2 = -11 \end{cases} \quad (7.2\text{-}11)$$

高斯算法可求解这种线性方程组，得到解 $\Delta V_1 = -8$ 和 $\Delta V_2 = -5$。因此，对变量的估计值的修正是 $V_1 = 9 - 8 = 1$ 和 $V_2 = 2 - 5 = -3$。将这些变量值代入式（7.2-9）进行验证，其使得两个误差都为零。

7.3 在性能计算中的应用

每个非设计点的计算都需要迭代。正如在图 7.1-1 所示的直升机发动机示例中看到的那样，必须估计需要修正的 4 个变量值，以使最终循环计算是一致的。虽然可以使用嵌套循环方法，但使用 Newton-Raphson 算法可以使计算流程更加简单。在图 7.3-1 中，有与图 7.1-1 中需要估算的相同的变量，其误差也是一样的。不同之处在于我们在进行物理计算时不会尝试消除误差。

我们将描述物理现象的方程和数学迭代求解的方程分开。图 7.3-2 说明了这一点，并且还清楚地表明 Newton-Raphson 算法可以很容易地适应任意数量的变量。

在燃气轮机性能问题的实际应用中，影响系数不是恒定的，并且在第 1 次校正之后 V_j 的变化不会直接导致 $E_i = 0$。只要在每个步骤中得到合理的误差缩减，就可以使用相同的雅可比矩阵从新的 E_i 中计算新的 ΔV_i 值。当该雅可比矩阵无法进一步缩减误差时，重新计算雅可比矩阵。

第 4 篇 基础

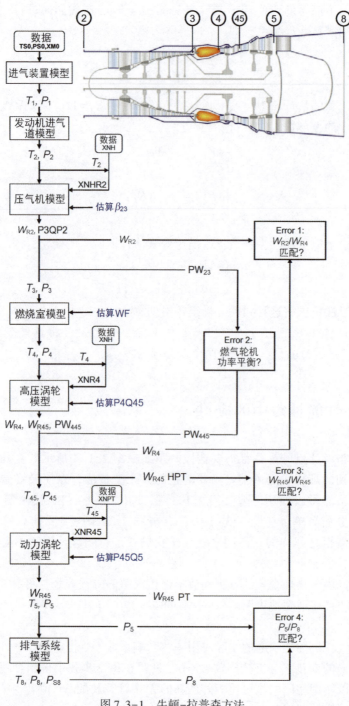

图 7.3-1 牛顿-拉普森方法

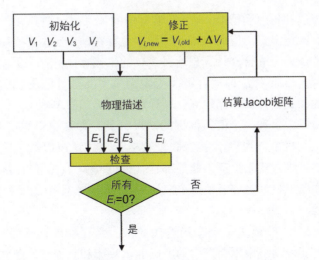

图 7.3-2 Newton-Raphson 迭代方法

7.4 更多的分析方法介绍

一个数学算法用来进行实际问题求解时，决定其成败的往往是一些小的细节。性能模型中的任何微小差异是否都需要通过向 Newton-Raphson 迭代添加变量来加以解决呢？比如，在代码中很多位置，都需要从已知的焓值中推导出温度，如果每一处都需要引入一个迭代变量的话，迭代变量的数目会非常多，且需要对所有变量给定初始估计值。这不是一种实用的方法。

7.4.1 分层迭代

如果在程序中将变量赋初值推迟到该变量首次需要赋值的地方，则更容易获得关于该迭代变量的更好的估计值。然后，可获得一些在整个系统模拟初始化期间不存在的信息，称之为局部迭代，而不是像 Newton-Raphson 算法那样进行全局迭代。

所有一维迭代，如与气体特性和等熵过程的计算相关的迭代，用牛顿迭代法求解就已经足够好了。使用等熵指数的近似值估计的相应迭代变量。设置变量上、下限以确保迭代变量的最终值在物理方面是有效的，即使迭代没有收敛。此过程可确保不会出现负温或负压。如果 $T<150K$（气体特性模型的下限）或 $P<0$，则不可能继续进行性能模型评估。

当事情变得更复杂时，使用 Regula Falsi 算法是合适的。当问题存在两个解时，如亚声速和超声速情形。收-扩喷管中的流动是这种情形的一个很好的例子。在具有给定出口温度的燃烧室计算中也存在两个解情形，即贫油燃烧和富油燃烧。类似地，混合器计算想通过简单的牛顿算法计算是无法处理的。

Newton-Raphson 算法最适合解决与发动机主要部件匹配相关的问题。如果全局变量的初始估计值相互独立，则程序逻辑仍然简单明了。

在热交换器中出现一个值得商榷的情况，其冷却端出口温度 T_{35} 实际上必须始终高于压气机出口温度 T_3；否则没有热传递。这可以通过嵌入在程序中的物理部分的一维迭代来保证。此局部迭代的变量是 T_{35}，它必须高于 T_3。然而，后者仅在压气机计算完成后才知道。可以通过局部 Regula Falsi 迭代来处理热交换问题。

或者，可以使 T_{35} 成为一个全局迭代变量，并在物理计算时允许 $T_{35}<T_3$。这意味着在真实发动机中不会发生的虚假的负热流和其他数值条件。

一旦全局 Newton-Raphson 迭代收敛，所有误差都小于 ε。所有物理定律都是被满足，结果中没有任何不一致之处。事实上，在第一遍走通整个计算模型及计算 Jacobian 矩阵时可能达不到这种状态。需要一个鲁棒的性能模型，即使全局变量的初始估计值远离最终解，也会生成所有必需的全局误差值。在编写发动机性能程序时，这对软件开发人员来说是一个挑战。

7.4.2 稳态性能

图 7.3-1 在直升机发动机稳态性能模拟中采用了 4 个全局迭代变量和误差项。这是一个相对简单的发动机架构；对于更复杂的发动机，需要更多的全局变量。例如，表 7.4-1 显示了带有增压级的双轴涡扇发动机的 GasTurb 稳态计算中，在给定高压转速情况下出现的 8 个变量和误差项。

表 7.4-1 带有增压级的双轴涡扇发动机的全局迭代变量（参考 GasTurb）

变 量	相容性检查
高压压气机特性图中的 β 值	高压涡轮流量
燃烧室出口温度 T_4	高压涡轮轴功（高压转子功平衡）
低压压气机特性图中的 β 值	内涵喷管压比 P_8/P_{amb}
低压转子转速	低压涡轮流量
涵道比	外涵喷管压比 P_{18}/P_{amb}
增压级特性图的 β 值	低压压气机内涵和增压级压气机流量连续
高压涡轮特性图中的 β 值	增压级压气机和高压压气机流量连续
低压涡轮特性图中的 β 值	低压涡轮压比（低压转子功率平衡）

如果代替高压转速 XNHPC，给定另一个参数值，那么使用高压转速 XNHPC 作为附加变量，并将与目标值的偏差作为附加误差。即使这样，程序中的物理描述部分也不会有任何改变。这是图 7.3-2 中简述的 Newton-Raphson 算法的最重要优势。

可以轻松地将全局迭代变量添加到系统中。因此，可以使涡喷发动机的喷口喉部面积换算为转速的函数，燃烧室出口温度 T_4 等参数作为发动机进口温度 T_2 和飞行马赫数的函数，外部齿轮箱损耗作为高度的函数。任何事情都是可行的，只要它在物理方面有意义。

GasTurb 依据发动机配置选择全局变量和误差。可以向默认匹配方案添加更多变量。对于每个附加变量，需要下限值和上限值。应使用限制来排除物理上无意义的变量值，并为程序提供正确数值的数量级。例如，匹配方案中，变量可以是在 0~0.2 之间变化的相对冷却空气量，或者可以是输送到发电机的功率，其可以是几千千瓦。给定窄的变量范围可以更容易找到准确解；但是，对于特定问题，过窄的变量范围可能导致找不到合理的解。

为避免图 7.2-2 所示的情况，不应使用 $x = 0$ 作为迭代目标。如果想让 x 为零，那么将 $E = 1$ 作为迭代的目标，并将 E 定义为

$$E = \frac{1000 + x}{1000} \tag{7.4-1}$$

7.4.3 限制条件

发动机的控制系统必须确保发动机在安全范围内运行。通常，最大限制设置如下：

① 温度：压气机出口（T_3）、涡轮转子入口（T_{41}）、涡轮间或排气。

② 压力：燃烧室。

③ 转速：转子受应力极限约束，限制物理转速和换算转速（$N/\sqrt{T}$），以保护压气机不受颤振影响。

对于每个单独的限制，确定迭代误差，使超出限制的情况都会产生正误差值。从所有这些限制误差中，选择最高的值并在 Newton-Raphson 算法中使用它。由于只添加了一个误差（变量），因此只需要向系统添加一个全局迭代变量，而不是实际的限制条件数量。

在 Newton-Raphson 迭代收敛后，独立的限制条件误差中的一个等于零（小于 ε），且所有其他误差都更低。这确保不会超过限制条件。

上面提到的所有限制条件都可以防止超过临界值。然而，在慢车状态，某些变量不得低于最小值。如果相关量低于其最小值，则通过计算每个偏离最小

值的绝对值来处理这个问题。从所有不满足限制条件的偏离值中，选择一个最大的用于 Newton-Raphson 迭代。

因此，如果限制条件是性能模拟任务的一部分，则有 3 种选择。

① 搜索最大解（最大额定值）。

② 搜索最小解（慢车）。

③ 寻找这些边界之间的解。

第 3 种选择需要最多 3 个收敛的全局迭代解。首先尝试没有限制条件，看看结果是否在所有限制范围内。如果是的话，那么完成求解。如果解违反了最小限制条件，则使用激活的最小限制条件重新进行模拟，同时忽略最大限制条件。检查新的收敛解是否违反了一个或多个最大限制条件。如果是这种情况，应重新进行迭代并仅考虑最大限制因素。

7.4.4 动态发动机模拟

得到发动机稳态解之后，可进一步建立发动机动态共同工作方程并求得动态解。这需要求解系统建模的微分方程组。本节将讨论在 DYNGEN[2] 以及 GasTurb 中求解微分方程组的流程。该方法在参考文献 [3] 的附录 A 中有更详细的描述。

首先考虑微分方程，即

$$\frac{dy}{dt}=f(y,t) \tag{7.4-2}$$

为了得到数值解，用离散方程组代替这个微分方程，即

$$y_{j+1}=y_j+\Delta t[\varepsilon f(y_j,t_j)+(1-\varepsilon)f(y_{j+1},t_{j+1})] \tag{7.4-3}$$

式中：y_j 为时间 $t_0+j\Delta t$ 处的 y 值；ε 的值在 $0\sim1$ 之间。

式（7.4-3）中括号内的量表示导数 $f(y,t)$ 在积分区间 $[t_j,t_{j+1}]$ 上的加权平均值。对于 $\varepsilon=1$，式（7.4-3）可写为

$$y_{j+1}=y_j+\Delta t f(y_j,t_j) \tag{7.4-4}$$

式（7.4-4）被称为欧拉方法，其允许 y_{j+1} 作为前一个值 y_j 和 t_j 的函数进行显式计算。另外，对于 $\varepsilon\neq1$，式（7.4-3）是改进的欧拉方法，通常不能显式地求解 y_{j+1}，因为函数 f 依赖于 y_{j+1}，它出现在等式的右边。在这种情况下，必须在每个积分步骤中使用某种形式的迭代来求解 y_{j+1}。

从公式的简单性角度来看，式（7.4-4）明显优于式（7.4-3）。但是，还有另外两个需要考虑的重要因素，即准确性和稳定性。如文献 [2] 中所述，使用式（7.4-3）可以提高积分精度，但对于发动机动态模拟而言稳定性比准确性更重要。

第7章 数学方法

文献［2］详细阐述了这些内容，并指出发动机动态模拟通常包含高频和低频的混合。高频率来自各个部件动力学的集总体积表现，其中包括质量和能量的累积。低频是由转子动力学、金属部件的热传递以及尾喷管和引气阀的慢速运动引起的。通常，用户对低频效应感兴趣，如整机加减速时间，而根本不关心高频效应。

即使用户对高频信息不感兴趣，如果模拟中使用欧拉方法，时间步长将受系统中最高频率的限制。在这种情况下，经常需要 10^{-4} s 或更小的步长。如果使用隐式或者改进的欧拉方法（$\varepsilon<1/2$），则步长不受限制。可以选择适应输出所需的频率成分，这通常允许 0.1s 或更大的步长。

DYNGEN（和 GasTurb）中使用的差分方程中 $\varepsilon=0$，因此式（7.4-3）成为

$$y_{j+1}=y_j+\Delta t f(y_{j+1},t_{j+1}) \tag{7.4-5}$$

使用这种方法需要进行迭代，这不是负担，因为无论如何都需要迭代。我们修正稳态连续性、能量和功率方程以得到动态方程。得到的动态方程既可以作为误差方程，也可以用于计算整个发动机各个状态的动态功率平衡、动态流量和动态焓值。

7.5 收敛问题

墨菲定律：会出错的事总会出错。同理，如果你使用迭代模拟发动机性能，情况也是如此。大家都会遇到收敛问题！你可以责怪你的软件不够健壮，但这不一定能解决你的问题。

7.5.1 解存在但无法计算得到

7.5.1.1 很差的变量初值

当要计算新的性能点时，内存中的变量值是 Newton-Raphson 迭代的初始估计值。这些初始估计值一般是合适的，但并非总是如此。如果在起飞最大性能之后直接计算慢车，则之前计算的起飞最大性能的变量值对于慢车工况点通常不合适。

如果慢车工况点没有收敛，以收敛的工况点的变量值重新开始迭代，并在收敛问题区域采用小步长。因此，你可以获得每个工况点接近后续步骤的解的迭代变量的估计值。通过这种方法，一个好的性能程序将始终能找到解，当然只要它存在。

一个不成功的迭代通常让全局变量变成极值，这些极值不适合作为下一次 Newton-Raphson 迭代的起始条件。在这种情况下，返回上一个迭代收敛解或手动输入变量初始估计值。

7.5.1.2 合理的变量估计

即使估计值看起来合理，也可能会遇到收敛问题。那能做什么？也许是因为调用性能模型的次数超过了规定的限制次数，Newton-Raphson 迭代过早停止。在这种情况下，增加允许的调用次数！也可以挑战雅可比矩阵的计算方法。用于计算偏导数的可变步长的大小会影响矩阵的质量；太大的步长会由于问题的非线性而引入误差，而太小的步长也会引入数值误差。也许收敛条件过于严格——全局误差的较大残差可能是可以接受的，这取决于精度要求。

建议：不要花费太多时间研究求解算法本身，因为大多数收敛问题都有不同的原因。

7.5.1.3 问题形成

性能计算收敛与否取决于问题的定义方式。先看一下涡喷发动机节流工况曲线。你想求解某种燃烧室出口温度 T_4 对应的推力大小。图 7.5-1 显示这是一个多解问题。如果 $T_4>700K$，则有两个解。程序计算得到其中的哪一个，取决于 Newton-Raphson 迭代变量初始估计值。如果 T_4 输入 650K，则迭代将不会收敛。

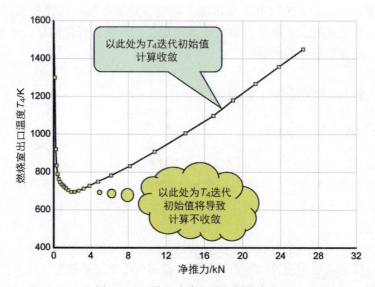

图 7.5-1 关于迭代收敛问题的产生

可以通过求解给定燃油流量的推力来避开多解的问题。曲线 $W_f=f(F_N)$ 中没有最小值，不存在多解。将具有特殊目标的变量添加到标准的非设计迭代方案可能会产生收敛问题。考虑用于控制喘振裕度的可变面积喷口，需要为变量 A_8 定义下限和上限。如果这些限制条件过于严格，可能会无法让解包含在这个界限，迭代也自然不会收敛。

收敛问题的另一个解决方法如下。涡扇发动机的核心机气流首先由风扇内部压缩，再由增压级压气机（IPC）压缩。希望将这两台压气机模拟为单个设备，因为各自的压比未知。因此，可以将风扇根部压比设置为 1.0，并将增压级压气机压比设置为循环设计点处风扇根部和增压级压气机的组合压比。如果风扇根部性能是由风扇外涵部分性能推导而来，那么模型这么处理就没有问题。

但是，如果选择增压级压气机设计压比为 1.0，风扇根部压比为组合压比，在非设计点模式下则会遇到问题。这是因为增压级压气机的性能由一个特性图描述，该特性图坐标 β 是标准迭代流程中的变量。在这种情况下，修改 β 对全局迭代误差没有影响——将不会收敛。该计算仅适用于循环设计点。

7.5.1.4　有问题的部件特性图

这里用部件特性图描述压气机和涡轮的性能。如果特性图是平滑的并且工况点在坐标范围内，则从部件特性图中读取值不会产生任何问题。但是，如果特性图不符合物理定律，那么不能指望整个系统模拟正常工作。

如果性能特性图中包含效率，则在压气机压比为 1.0 的区域内实现收敛是困难甚至不可能的。这是因为在压比接近 $1+\varepsilon$ 时效率降低到负无穷且在压比接近 $1-\varepsilon$ 时跳跃到正无穷。不直接以效率值作为表述的特性图可以解决这个问题。

7.5.2　无解

7.5.2.1　工况点在一个或多个部件特性图外

特性图外推是有问题的且是有限制条件的。特性图外推限制会导致不收敛。这不是一个真正的缺点，因为广泛的外推常常会导致不准确的结果。

7.5.2.2　循环不可行

通过稳步增加涡喷发动机的提取功率，可以产生明显的收敛问题。如果超过一定的功率提取并限制 T_4，则喷口压比降至小于 1 并且不可能再稳态工作。

我们尝试在基于模型的测试分析（AnSyn）中通过迭代将性能模型与试验数据进行协调。如果其中某个测量数据有严重误差（如 $P_3 = P_{amb}$），那么将模型与此无意义值匹配是不可能的，因为迭代无法收敛。

7.5.2.3 无用输入-无用输出

作为一名性能工程师，经常会对性能提出非常特殊的问题。添加所需的工况点应该满足的一个或多个条件。如果强加的要求是矛盾的，那么该程序将不收敛。

示例如下：

① 尝试通过修改可变导叶角度表来改变燃气发生器压气机工作线，这是不可行的。

② 要求一定的功率提取同时保持转速和燃油流量恒定，这也是不可行的。

工程判断很快将这两个例子视为无意义的要求。但有时无用数据不易被识别。如果你正在寻找一个不存在的解，那么尽量不要因为不收敛过早地责怪你的软件。

参 考 文 献

[1] Report of the RTO Applied Vehicle Technology Panel (AVT) Task group AVT-018 Performance prediction and simulation of gas turbine engine operation NATO research and technology organisation technical report RTO-TR-044, 2002

[2] Sellers, J. F., Daniele, C. J.: DYNGEN: a program for calculating steady-state and transient performance of turbojet and turbofan engines NASA-TN-D-7901, 1975

[3] Sellers, J. F., Teren, F.: Generalized dynamic engine simulation techniques for the digital computer NASA TM X-71552, 197

… 第 8 章 **优化**

传统上，性能工程师使用大量的参数研究为新的燃气轮机设计寻求最佳的热力学循环。此任务需要很长时间，尤其是在包含许多设计变量的发动机设计中。

通过系统参数变化筛选大范围设计变量的替代方案，是使用数值优化算法自动搜索最佳发动机设计参数。

8.1 参数研究

参数研究的结果通常以图形方式呈现。单个图可以显示至少两个参数的结果。让我们将压气机压比和燃烧室出口温度作为单轴涡喷发动机的设计参数。主要输出是地毯图，x 轴为单位推力，y 轴为燃油消耗率。可以添加其他感兴趣的计算参数的等值线图，如涡轮压比和涡轮出口温度，如图 8.1-1 所示。

假设设计目标是高单位推力涡喷发动机。有以下两个约束条件：

① 出于成本原因，只能使用单级涡轮。这将涡轮压比限制为 4；

② 涡轮后排气结构不带冷却。因此，允许的最高涡轮出口温度为 1200K。

图 8.1-1 显示满足两个约束条件的具有最高单位推力的发动机的燃烧室出口温度为 1640K，压气机压比约为 21。

大多数燃气轮机循环比简单的涡喷发动机复杂得多。新增一个设计变量需要如上一系列图以显示所有结果。当给每个变量 7 个值时，可以得到 3 个变量的 7 个图形、4 个变量的 49 个图形，当问题有 5 个设计变量时有 343 个图形。数值优化算法为耗时的参数研究方法提供了替代方案。

第 4 篇 基础

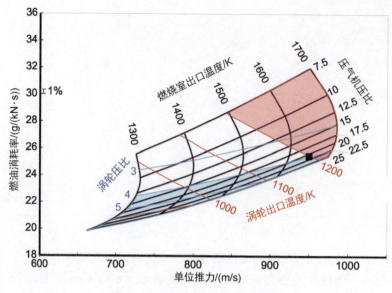

图 8.1-1 涡喷发动机参数化研究

8.2 数值优化

参数研究探索了设计空间。我们不需要先验地确定"最佳"发动机设计的属性。之后,可以在所有各种不同的且往往相互冲突的约束条件下找到最佳的折中方案。

相反,数值优化算法需要在计算开始之前定义一个品质指标。品质指标可能是涡扇发动机巡航状态时的燃油消耗率,其应该最小化。对于战斗机发动机,也可能会使单位推力最大化。也可以考虑这两个量的加权组合。

数值优化算法可以分为两类,即基于梯度的方法和其他方法。

8.2.1 梯度法

以下是优化问题的一个很好的例子:登山者打算爬上某个区域的最高峰。他没有地图且天气有雾。他唯一的工具是高度计。他应该怎么做?他肯定会首先检查周围的环境,然后朝最陡的方向前进。最后,他将来到山顶——那里再多走一步都会高度下降。

沿着最陡的路线可能会通向该区域的边界(设计变量的下限或上限)。然后登山者将沿着边界行走,直到他到达局部最高点或者可行域的边界。

第 8 章 优化

这是故事的结尾吗？不一定。该区域可能会有几个山峰。登山者偶然发现了最高峰，但他无法确定。他必须检查该区域的其他部分。用数学语言描述就是，除了"全局"最优之外，还可能存在"局部"最优。

现在转向数学算法。首先在多个方向上进行测试步骤的登山者使用"梯度策略"作为搜索方法。通过测试步骤，他正在寻找偏导数 $\partial Z/\partial V_i$。对于每个优化变量，他必须先进行一个测试步骤才能开始向"正确"方向移动。

在第一步上坡后，局部梯度会有所不同。现在可以重复测试步骤以找到新的方向。然而，测试步骤需要时间，因此只要高度还在增加，就继续沿着原来的方向前进。

GasTurb 中的梯度搜索算法源自参考文献 [2]。原理如图 8.2-1 所示。从标记为"开始 1"的点开始，寻找最陡梯度的方向（"方向 1"）。按照这个方向，走到最高点。然后将方向改变 90°（正交），这可以在不计算最高点处梯度的情况下进行。沿着正交方向再次走向最高点。为了确定第 3 个方向，使用了前两个方向的经验。将点"开始 1"与沿"方向 2"找到的最佳点连接起来，这就定义了"方向 3"。只要高度增加，就可这样做。

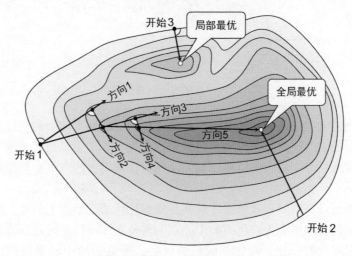

图 8.2-1　一种梯度方法

可以重复此过程，直到搜索步长或"品质指标"的变化变得非常小。对优化步骤的数量也有最大限制。在图中的示例中，最终沿着方向 5 找到最优值。

搜索的成功和效率取决于算法的起始位置。从第 2 点开始可快速得到全局最优，但是当从开始 3 开始时，将以局部最优结束。

8.2.2 自适应随机搜索策略

GasTurb 基于参考文献［2］提供了第 2 种优化策略。在这个算法中，采用集中在上一步最优解周围的随机数作为优化变量的值。图 8.2-2 展示了该方法。

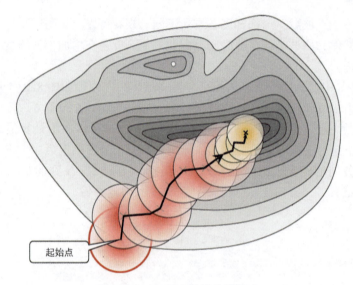

图 8.2-2 自适应随机搜索策略

最初的搜索区域是以初始值为圆心的红色圆形区域。该圆的直径是待搜索的变量范围的 10%。将该区域随机选取的点的坐标作为发动机优化模型的输入参数进行搜索，和中心点的值相比偏差小的点比偏差大的点更有可能是该区域的最优点。

如果模型计算得到有效解，并且其品质指标优于起始点上的值，则移动搜索的范围，使新的解成为红色圆的中心点。重复该随机搜索的过程直到达到事先设定的最大次数停止。在这个阶段的最后，搜索圆的中心比最初点更接近最优。

到此，搜索圆的直径减小了。此外，随机数的分布比以前更集中在橙色圆的中心点附近。这两种变化都会减少随机数之间的距离，并增加找到最优值点的概率。

如果一开始就在橙色圆内选择随机点代入发动机模型进行搜索，橙色的搜索圆会逐步向最优值点移动，但是移动步长会比较小。

多次重复减小搜索半径而增加围绕搜索区域的圆心的搜索点密度的搜索过

程。该过程最终结果非常接近于优化问题的数值解。

如果你对该方法的数学公式感兴趣，其为

$$V_i = V_i^* + \frac{R_i}{k_R}(2\theta-1)^{k_V} \tag{8.2-1}$$

式（8.2-1）中涉及的变量在表 8.2-1 中进行了详细说明。

表 8.2-1　优化符号说明

变量	含义
V_i	对变量的新猜测。如果品质指标得到改善，将成为搜索区域的新中心
V_i^*	在找到最优品质指标之前产生的 V_i 的值（即搜索区域的中心）
R_i	变量 V_i 的搜索范围
k_R	缩小范围系数（正整数）
k_V	分布系数（正奇数）
θ	0~1 之间的随机数
n	变量的个数（$i=1,\cdots,n$）

从 $k_R=10$ 和 $k_V=1$ 开始搜索最优值。在一个搜索序列中，程序进行 $40n$ 次随机发动机模型评估。在检查了所有这些发动机设计值之后，k_R 被成倍增加且 k_V 增加 2。这使下一个 $40n$ 次发动机模型评估的搜索区域更小。然后再次翻倍 k_R 并且 k_V 进一步增加 2。重复该过程直到遍历了 $k_R=80$ 的所有循环。忽略模型评估中设计变量的相关性导致的误差或约束。

仔细选择设计变量的范围。如果变量范围很宽，则结果将变得不准确。另外，太小的变量范围可能无意地排除了真正的最优值。

8.2.3　约束条件

回到登山示例。到目前为止，还没有对约束条件进行讨论。它们就像是景观中的栅栏，使整个区域的一部分无法进入。这些栅栏通常排除峰顶（每一步都向下）作为一个可接受的解。它们创造了没有栅栏就不会存在的最优解。约束使优化任务变得困难。

登山者在某个区域找到的最高点取决于他的起点。如果他从图 8.2-3 中的 A 点开始，那么他将沿着最陡的梯度开始攀爬，直到他到达栅栏。然后，当他沿着栅栏走，他可以迅速找到全局最优。然而，如果他从 C 点开始——仅在点 A 的右侧一点距离，他最终找到局部最优点 2，这与全局最优点相距很远。

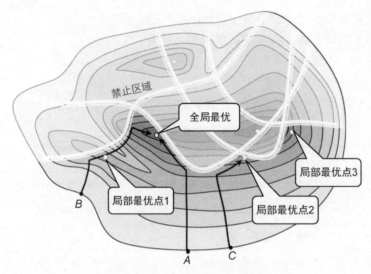

图 8.2-3　约束导致局部最优

从 B 点开始,在开阔的区域进行初步攀登后,登山者再次进入栅栏。在这里修改了搜索策略并沿着栅栏走到最高点(局部最优点 1)。这将是一个简单的梯度搜索的结束,因为从那里开始每步都向下。

与简单的梯度搜索相比,自适应随机搜索可以跳出局部最优解并最终达到全局最优。

8.2.4　应用

新型或派生的燃气轮机的循环选择始终是一项有许多约束条件的任务。设计空间内经常存在局部最优。怎样才能确保以高概率发现全局最优?

这很简单:从各个起点进行优化。GasTurb 为此提供了无穷无尽的随机搜索策略。每次找到最优解时,搜索都会从新的起点开始。可以暂时寻找一个糟糕的发动机设计,以满足所有约束条件。这是一个简短的搜索,因为新起点不需要准确的结果。从新的起点开始,再次开始寻找最佳的发动机设计。

在优化和搜索新起点之间的这种切换一直持续到按下停止按钮。在所有搜索中找到的最优解是无限随机搜索的最终结果。尝试的重新搜索次数越多,该策略发现全局最优的概率就越高。

如果在性能不高的计算机上运行的复杂优化问题中存在许多优化变量和约束,则无限随机搜索是最佳选择。例如,你可以执行其他工作并保留优化程序独自运行。稍后再回来,按停止按钮,将看到计算机在过去一小时内找到的最优解。

第8章 优化

对该解进行验证：这是一个现实的结果吗？不一定，因为算法仅找到模型的数学最优。当你得到一个奇怪结果时，这个结果往往是对整个模型存在的缺陷提示。品质指标的定义是否合理？也许缺少约束？

改进模型、添加更多细节、仔细检查约束条件并调整品质指标的定义。重新运行优化算法，直到获得满意的解。

检查最优解的邻域。在感兴趣区域的参数研究，可得到哪些设计变量和约束对结果具有最大影响。这种检查可能会再次导致对品质指标和优化条件的修改。

通常定义适当的品质指标并不容易。可以从不同的标准定义一个所谓"好发动机"，如热效率、重量、噪声、排放、制造成本等。这些完全不同的标准如何整合成一个优化目标？

一种解决方法是可以采用相关参数的加权和。问题是：加权因子如何设定？

还有另一种方法来处理多目标优化问题。例如，如果有两个优化目标，那么可以重新定义问题，并将其中一个目标作为品质指标（图 8.2-4 中的目标1），另一个目标（目标2）作为约束条件。基于不同的约束条件取值进行多次优化。每次优化将会得到一个点，这些点位于优化空间的边界上，即帕累托（Pareto）前沿线，可行域就在这条边界线的一侧。

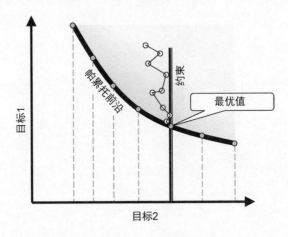

图 8.2-4　多目标优化

在模型中检查其他重要参数在帕累托前沿的变化情况。在最终选择发动机设计任务的目标和约束之间的最佳折中方案时，将观察结果考虑在内。

参 考 文 献

[1] Heinrich, G. : Jacob, 1982. Fachberichte Messen - Steuern - Regeln, Springer Verlag, Rechnergestützte Optimierung statischer und dynamischer Systeme (1982)
[2] Kelahan, R. C. , Gaddy, J. L. : Application of the adaptive random search to discrete and mixed integer optimization. Int. J. Numer. Meth. Eng. 12, 289-298 (1978)

第9章 蒙特卡洛模拟

蒙特卡洛（Monte Carlo）方法是一种强大且易用的统计信息生成工具。该方法得名于蒙特卡洛的赌场（在那儿，赌徒们进行了大量"统计试验"）。蒙特卡洛试验通过运行具有随机分布特征的输入数据的计算机模型取代了轮盘赌的物理试验。模拟得到的输出数据同样具有随机分布特性。输出数据的分布规律可以用均值、标准差、置信水平等刻画。

在发动机设计和性能分析中，应用蒙特卡洛模拟的典型案例包括测量不确定度分析和产品公差估计。

首先回顾一下统计学的基础知识，然后再来讨论蒙特卡洛模拟在燃气涡轮发动机性能分析中的几个应用案例。无论是循环设计还是非设计点应用，在 GasTurb 软件中蒙特卡洛模拟都易于实现：首先指定输入量的概率分布，然后多次运行，最后检查计算结果的统计分布。

9.1 统计学背景

9.1.1 正态分布和标准偏差

众所周知，"标准正态分布（高斯分布）"的概率密度曲线呈现为喇叭形。该分布具有以下特性：大约 68.2% 的值落在均值的 1 倍标准差的区间内。类似地，95.4% 落在 2 倍标准差的区间内，99.7% 落在 3 倍标准差的区间内，如图 9.1-1 所示。

接下来的例子没有确切的物理学意义，它只是为统计检验而设计的。考虑涡扇发动机循环设计计算的结果。表 9.1-1 的第 2 列为 6 个任意选取的循环输入参数的基数值。如果将第 3 列的基数值变化量分别添加到第 2 列相应的基数值上，那么可以得到第 4 列的百分数表示的燃油消耗率变化。

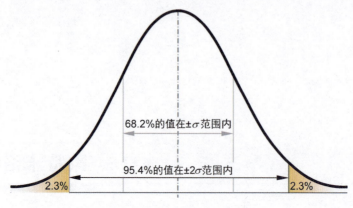

图 9.1-1　正态分布

表 9.1-1　均方根方法与蒙特卡洛方法的比较

序　号	2	3	4	5	6
	基数值	基数值变化量	ΔSFC/%	$\sigma_{\Delta\mathrm{SFC}}$ 均方根方法	σ_{output} 蒙特卡洛方法
风扇效率	0.9	-0.015	0.64	0.64	0.566
HPC 压比	12	0.2	-0.24	0.24	0.214
HPC 效率	0.87	-0.013	0.36	0.36	0.302
燃烧室出口温度	1700	10	0.45	0.45	0.403
HPT 效率	0.89	-0.019	1.13	1.13	0.975
LPT 效率	0.881	-0.01	0.7	0.7	0.611

假定这 6 个随机变量服从正态分布，其标准差 $\sigma_i = |\Delta\mathrm{Base}|$。需要回答的问题是：SFC 的标准差将是多少？回答这个问题，需要利用下面的统计学规律——关于正态分布的加法定理：如果存在 n 个相互独立且服从高斯分布的随机变量，其标准差分别为 σ_i。那么由这 n 个随机变量线性组合得到的任意随机变量也服从高斯分布，该高斯分布的标准差由下式计算，即

$$\sigma = \sqrt{\sum_{i=1}^{n} \sigma_i^2} \qquad (9.1-1)$$

由所有基数值的变化量共同形成的总的 SFC 变化量，可以根据各个 ΔSFC 值的线性组合来计算。所有 ΔSFC 值的和就是这样的线性组合，结果为 $\Delta\mathrm{SFC}_{\mathrm{total}} = 3.04\%$。该结果与完整的循环计算结果（同时组合所有的部件变化量，结果为 SFC 增加 3.13%）非常接近。这样就完成了对正态分布加法定理的验证，并且根据上述公式可计算 SFC 的标准差 $\sigma_{\mathrm{SFC}} = 1.6\%$。

上面所采用的方法被称为均方根法。采用该方法应满足以下前提条件：
① 随机变量服从高斯分布；
② 各随机变量相互独立；
③ 各随机变量对应变量的影响可线性组合。

如果上述条件中有一个或多个不能满足，则不能采用均方根法。

回到例子中，表9.1-1中的最后一列为通过运行只包含一个随机变量的蒙特卡洛模拟得到的标准差。作为输入的6个变量的标准差 $\sigma_i = |\Delta \text{Base}|$。

显然，第6列的蒙特卡洛模拟结果比第5列采用均方根法的标准差小10%以上。一开始会觉得这个结果很奇怪——原以为第5列和第6列的结果应该非常接近。不一致的原因是程序没有严格采用正态分布输入变量进行模拟。事实上，GasTurb程序的第一步是根据给定标准差生成服从正态分布的随机数，然后在第二步中剔除了所有超出均值±2σ以外的值。这样做避免了对燃气涡轮性能分析没有意义的异常输入值。

程序进行模拟时采用的是截断正态分布（truncated normal distribution），$\sigma_{\text{trunc}} = \sigma_{\text{Gauss}}$。因此出现因变量（如 ΔSFC）的标准差要比不对输入数据进行限制的结果小，就不足为奇了。

可以通过两种方法得到总的SFC偏差：计算第6列的均方根值，或者运行蒙特卡洛模拟。在蒙特卡洛模拟中，6个变量的输入数据均服从随机分布，其（截断）标准差为 $\sigma_i = |\Delta \text{Base}|$。两种方法得到的结果是一致的，即 $\sigma_{\Delta \text{SFC}_{\text{total}}} = 1.40\%$。没有必要先计算各个 ΔSFC_i 的值，只运行一次蒙特卡洛模拟就足够了，在此过程中所有随机变量都在同时变化。

蒙特卡洛模拟的结果总是比均方根法计算的标准差稍小，原因是采用了截断正态分布。

9.1.2 概率分布和置信度

至此，只讨论了高斯正态分布。而更加普遍的情况是图9.1-2所示的概率密度函数 $p(x)$ 为非对称概率分布。如图中左图所示，灰色区域表示的是性能水平低于 x 的概率 $P(x)$。

假如给定随机事件为某部件效率值达到 η_0，那么无法达到该效率值的概率 $P(\eta_0)$ 可由概率密度 $P(\eta)$ 表示，即

$$P(\eta_0) = \int_0^{\eta_0} P(\eta) \mathrm{d}\eta \tag{9.1-2}$$

通常讨论置信度，而不是概率本身。置信度表示达到某个性能水平的概率。在图9.1-2所示的例子中，达到最低性能的置信度为1，达到最高性能的

置信度为 0。注意，由于图 9.1-2 的概率分布是非对称的，所以达到最可能的性能水平的置信度是小于 0.5 的。

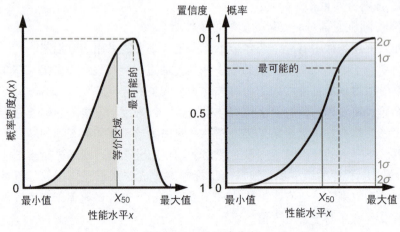

图 9.1-2 非对称分布

9.2 测量不确定度

进行发动机试验不只是为了评估推力、耗油率等总体特性。性能试验的主要目的是确定发动机各个部件的效率，尤其在新的发动机研发阶段更是如此。随机误差和系统误差都会影响分析结果的精度。

除了测量环节带来的误差外，发动机的几何和工作条件也存在一些小的随机差异。由于进气条件变化、几何特征变化、外壳和内盘的热膨胀等因素的影响，发动机的工作条件不可能完全稳定。在背靠背试验中，发动机重装配过程中的非预期（和无法检测的）变化，也会造成试验的不确定度。

9.2.1 系统误差

即使是在精心控制的发动机性能试验中，随机误差仍是不可忽略的。但比系统误差小，系统误差主要归因于测点数量和传感器位置的限制，在发动机的不同部件的交接面处几乎没有多余空间来放置足够多的压力传感器和温度传感器。即使尽一切努力修正所有的已知影响，但仍然存在一些不确定度。

测量值（进行所有已知修正后的）与真实均值的差值称为偏倚。不可能精确地计算出偏倚的量值，因为它常常是一个估计值。应用蒙特卡洛方法，可以将偏倚误差模拟为服从正态分布的测量误差。

9.2.2 传统试验分析步骤

在发动机性能试验中，通常在发动机的冷端（如图 9.2-1 的截面 2、截面 12、截面 25、截面 3）测量所有的温度和压力。此外，在试验分析中，风扇质量流量、燃油流量以及低压涡轮进出口的总压都是可以获取的。分析时不使用在低压涡轮附近测得的温度，因为其均值的准确性受到周向/径向大梯度变化的影响。

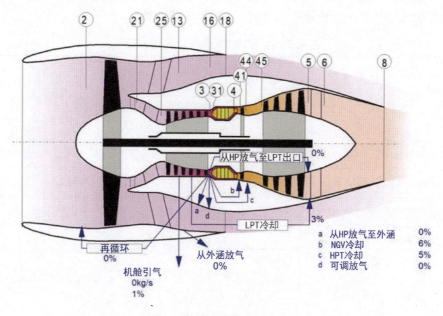

图 9.2-1　涡扇发动机截面定义

根据发动机冷端的压力和温度，可以推算出所有压气机的效率。要计算涡轮效率，需要知道涡轮轴功率。如果核心机流量或涵道比已知，那么该信息可以根据与压气机功率的平衡规律得到。

9.2.3 核心机流量分析

在试验分析过程中，有几种方法可得到涵道比。例如，可以通过满足外涵喷管出口的质量流量连续条件来计算涵道比。这种方法需要知道准确的外涵喷管面积 A_{18} 和喷管流量系数 C_{D18}。

第4篇 基础

另一种方法，可以利用高压涡轮喷管导叶的喉道面积作为主流流量分析的基础。这种"HPT 通流能力"方法，需要准确掌握第二空气系统的知识，因为通过涡轮喉道面积的空气流量会影响主流流量的计算。

模拟两台涵道比分别为 6 和 10 的发动机的试验分析。两台发动机的增压级和高压压气机的压比相同（$P_{21}/P_2 = 3.5$，$P_3/P_{25} = 12$），但风扇压比不同（涵道比 6：$P_{13}/P_2 = 1.87$，涵道比 10：$P_{13}/P_2 = 1.516$）。假定两台发动机的所有其他参数（如燃烧室出口温度、部件效率）和现代典型的大涵道比发动机的参数相同。

除均值（基准发动机循环的数据）外，蒙特卡洛模拟的输入还需要各个测量值的标准差 σ。本例采用表 9.2-1 的标准差 σ 值。

表 9.2-1 测试数据的假定标准差

参　　数	符　　号	$\sigma/\%$
进口压力	P_2	0.1
进口温度	T_2	0.1
风扇出口压力（内涵）	P_{21}	0.2
风扇出口温度（内涵）	T_{21}	0.2
风扇出口压力（外涵）	P_{13}	0.15
风扇出口温度（外涵）	T_{13}	0.15
高压压气机出口压力	P_3	0.2
高压压气机出口温度	T_3	0.2
风扇流量	W_2	0.4
燃油流量	W_F	0.7
高压涡轮出口压力	P_{45}	0.2
低压涡轮出口压力	P_5	0.2

测量数据的随机误差服从正态分布且相互独立。满足均方根法所需的全部前提条件。因此，可以采用该方法来确定试验分析结果的标准差。但是，对于各个输出量，不得不计算输出量对于各个测量值的灵敏度——这样做起来比较麻烦。

运行蒙特卡洛模拟要容易得多，因为它可以一次性传递所有试验结果的统计分布。在 GasTurb 软件中，表示测试数据的随机数服从预设标准差为 σ 的正态分布。不考虑±2σ范围以外的数值。这样，试验分析过程中用作输入的随机数，服从截断正态分布。各参数的所有随机变量均相互独立。

在上例中，运行了1000次蒙特卡洛试验分析（图9.2-2）。表9.2-2列出了部件效率的标准差。可以看出，当涵道比较大时，表9.2-1的测量误差会引起更大的风扇和低压涡轮效率的不确定度。

表 9.2-2 试验分析结果的标准差

部　件	涵道比 6/%	涵道比 10/%
风扇	0.93	1.37
增压级	0.65	0.64
高压压气机	0.33	0.32
高压涡轮	0.42	0.44
低压涡轮	0.84	1.11

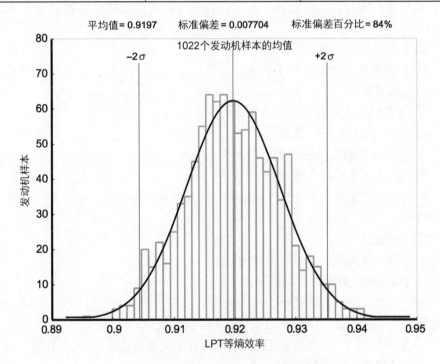

图 9.2-2　BPR=6 时的试验分析结果

9.3 发动机设计不确定性

当设计新型发动机时，部件能达到的性能存在不确定性，这也使发动机的整机性能存在不确定性。例如，某项目的燃油消耗率设计目标达到了，但置信水平不足，必须进行改进。

在发动机研发中投入更多的时间和资金，可以将达到研发目标的置信概率提升到某个特定的程度。在此问题中应用蒙特卡洛方法，可以预估出置信概率和研发工作之间的"兑换率"。

这类问题的输入数据可通过咨询部件专家得到。首先向他们询问可以假定效率的最大值，可以将该值理解为正态分布的 2σ 极限。也就是说，所有实例中只有 2.5% 会超出这个最大值。此外，还需询问的问题包括最可能达到的值以及每个部件性能设计达到效率 2/3 的值。通过下面的方法检查一致性：最可能的值与最佳值之间差值应该为最可能的值与估计最低值的差值的大约 2 倍。

关于效率水平问题也可以这样问：

① 最有可能的效率水平是多少？

答：最有可能。

② 不太可能达不到的效率水平是多少？

答：不太可能比……更差。

③ 不太可能超出的效率水平是多少？

答：不太可能比……更好。

一种进一步收集关于变化性数据的方法是询问部件设计专家以下 3 个简单的问题。

① 预期值是多少？

答：假定预期值也是最有可能的值。

② 1‰概率最好和最坏的值是多少？

答：虽然大多数人将其称为不太可能的概率，但仍然是可能发生的概率。为建模需要，这些值可以分别用作 0 或 100 概率值。

③ 如果你做了 10 次此类设计，它们中有多少会落在宽度为 x 的区间内？

答：提供更多的置信信息。

利用上述问题的答案来确定一个描述概率密度函数的梯形，其中最可能的值对应于三角形的最高点（图 9.3-1）。如图 9.3-2 所示，通过与三角形的顶点相切来生成梯形。图中的实线为具有相同均值的正态分布。

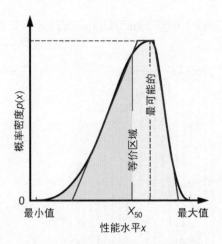

图 9.3-1 近似于梯形的非对称分布

在图 9.3-3 所示的例子中,低压涡轮效率超过最有可能值 0.92 的置信概率为 17%。或者换一种方式表达,$\eta_{LPT}<0.92$ 的概率为 83%。

根据涡扇发动机在 35000ft、$M=0.8$ 飞行条件下的循环设计计算值和图 9.3-2 所示的低压涡轮效率输入,可以得到图 9.3-4 所示的 SFC 概率分布。并不奇怪的是,该图看起来像是低压涡轮效率的概率分布图的镜像反射图。

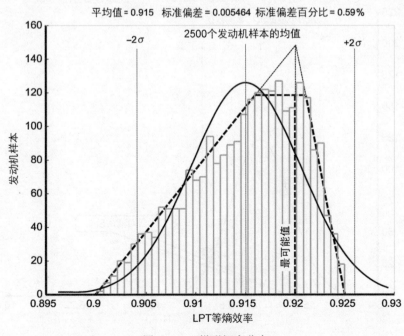

图 9.3-2 梯形概率分布

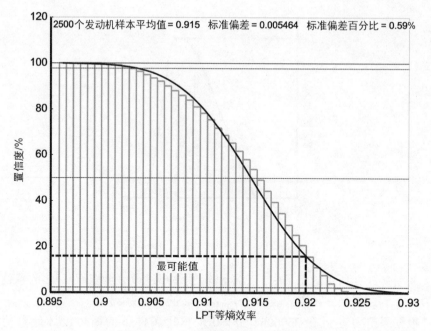

图 9.3-3 LPT 效率超过……的概率

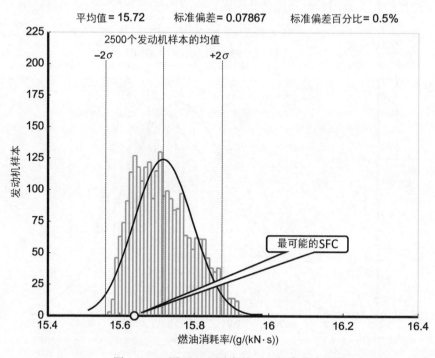

图 9.3-4 图 9.3-2 对应的 SFC 概率分布

第9章 蒙特卡洛模拟

接下来的研究中,不仅仅假定低压涡轮效率值为非对称分布,而且风扇、增压级、高压压气机、高压涡轮的效率值也都为非对称分布。对于各个部件的效率,最小值比最有可能值低2%,最大值比最有可能值高0.5%。

在35000ft、$M=0.8$飞行条件下,最可能的部件效率的发动机耗油率为15.64g/(kN·s)。2500次蒙特卡洛模拟得到的耗油率概率密度分布如图9.3-5所示。

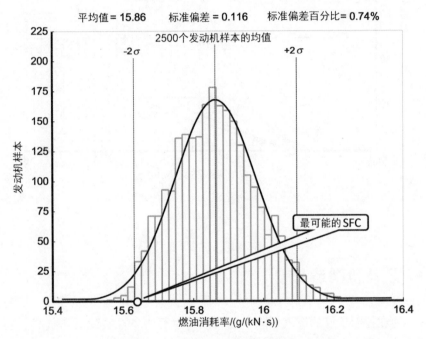

图9.3-5 燃油消耗率非对称分布

该概率分布比图9.3-4中的分布要对称得多,实际上已经基本服从高斯分布。这是统计学基本规律之中心极限定理的结果:当独立随机变量影响叠加时,即使各变量本身不服从正态分布,但它们的和趋向于服从正态分布。

耗油率的均值为15.86,比图9.3-4中的结果高0.9%;由于增加了4个额外的随机输入变量η_{Fan}、$\eta_{Booster}$、η_{HPC}、η_{HPT},标准差从0.5%增大到0.74%。

图9.3-6显示了达到某个特定耗油率值的概率。当发动机的所有部件都工作在最可能的效率时,达到较低的耗油率是不太可能的。尽管如此,最可能的耗油率值仍可以作为设计目标。如果要保证较高的成功概率,那么向客户许诺的耗油率不应低于16。

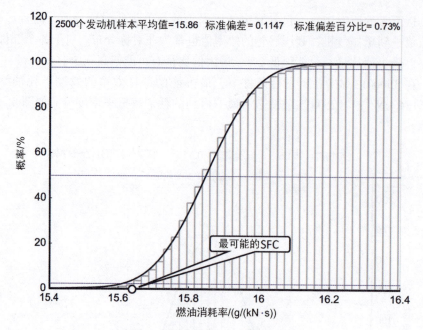

图 9.3-6 达到某 SFC 目标的概率

9.4 发动机制造公差

即使在控制良好的燃气涡轮发动机制造过程中,在装配时压气机、涡轮、通道和喷管都会存在一些微小的几何差异。发动机出厂时的控制系统设置会造成更多的差异。因此,任何批量生产的燃气涡轮发动机都会存在 1%~2% 量级的性能差异。

通过蒙特卡洛方法,可以模拟一批具有随机分布特性的发动机。发动机制造公差相关的推力(或轴功率)、燃油消耗率可以根据部件的公差(效率、通流能力)和第二空气系统差异得到。

在前文的蒙特卡洛案例中,在循环设计模式下运行了性能程序,而现在需要运行非设计循环计算程序。考虑由于通流能力差异造成的高压压气机工作线偏移(如它会影响喘振裕度)。对控制系统与压气机、涡轮相互作用的模拟,也需要一个完全的非设计性能模型。

接下来将讨论制造公差对于燃气涡轮发动机空气-热力特性的影响。涡轮机械的叶片和叶尖间隙、内部空气的密封、喷管的面积等制造公差,都是我们特别感兴趣的。

9.4.1 随机偏差

对于同一批次发动机的蒙特卡洛模拟，可以假定各个参数在其名义值附近呈正态分布，根据以前的经验估计标准差。例如，涡轮能力偏差的值可以根据喉道面积测量或冷流试验来得到；涡轮机械的叶尖间隙常常在发动机装配时测量，其偏差可以转化为效率和质量流量的偏差。

通常，我们无法从制造过程可靠地得到所有的标准差，必须做一些合理的假设。通过比较蒙特卡洛模拟结果与发动机出厂时观测得到的推力和燃油消耗率偏差，可以对估计值进行全面检查。

9.4.2 相关性

大多数的制造差异是完全随机的，并且相互独立。然而，也存在例外：在给定速度下，低效率的压气机通常比一般的压气机质量流量更小。1%的效率损失（如原因是叶尖间隙大于平均值），会伴随着大约1%的通流能力损失。在蒙特卡洛模拟中，可以利用这种相关性，用相同的随机数据来依比例确定压气机特性图中的通流能力和效率。如果假定换算单位功保持不变，那么可以根据效率修正推导压比修正。

9.4.3 控制系统容差

发动机产生的真实推力或功率不仅取决于发动机本身的质量，而且依赖于控制系统和传感器误差。例如，一个涡轮喷气发动机由低于平均质量的部件装配而成，当它运行到预设的转速时，却可能产生比标称值更大的推力。这是由于需要较高的燃烧室出口温度使转速保持在预设的转速，导致喷管进口温度增加，最终使喷气速度增加。

9.4.4 一个涡轴发动机的示例

我们来检验一个批次的双转子涡轴发动机（燃气发生器和自由动力涡轮），并评估出厂试验的期望散度。好的压气机和不好的涡轮组合在一起可以得到一个一般的发动机。低性能的发动机由低性能的部件组成。最好的发动机由优秀的部件组成，它们相互之间也匹配得很好，而控制系统可能工作在公差带的极限位置。由于效率、通流能力和控制系统运转的变化，所有的重新匹配

第4篇　基础

效应自动考虑性能的综合。

表9.4-1列出了待检验批次制造公差的蒙特卡洛模拟输入量。压气机流量和效率的分散度是相关的，所有其他特性相互独立。传递的轴功率受限于燃气发生器转速 N_H 或动力涡轮进口温度。

表9.4-1　估计量和控制容差

估计量	σ
压气机效率和流通能力	0.25%
高压涡轮效率 高压涡轮流通能力	0.3% 0.3%
低压涡轮效率 低压涡轮流通能力	0.2% 0.1%
转速 N_H 限制值	0.1%
动力涡轮进口温度 T_{45} 限制值	5K

图9.4-1显示了2500台发动机试验出厂燃气发动机转速与轴功率的散点图。数据明显地分为两组。大部分点位于 N_H 极限公差带内，其余点低于公差带。后面的发动机在性能上受限于动力涡轮进口温度 T_{45}。低性能发动机同时受限于转速 N_H 或温度 T_{45}，而高于平均水平的发动机总是受限于转速 N_H。

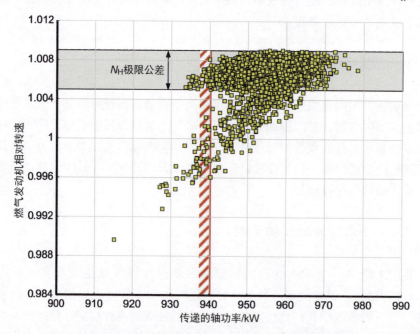

图9.4-1　燃气发动机转速与低压涡轮进口温度的分布

第 9 章 蒙特卡洛模拟

可以明显看到在 940kW 线上有两簇点：一簇点位于 $N_H = 0.998$ 附近，另一簇点位于 N_H 极限公差带内。采用均方根法，只能得到平均值和每个服从高斯分布的变量的标准差。平均值可能在 N_H 极限公差带的中间（$N_{H,\text{mean}} = 1.007$），也可能在第二簇点的中间（$N_{H,\text{mean}} = 0.998$）。以涡轮盘的寿命为例，会导致截然不同的差异。

显然，均方根法（RSS）不适用于这个例子。原因是各个随机变量不是独立的。非设计点模拟以一种难以看透的方式将它们联系在一起，尤其是考虑到与控制系统的相互作用。

而蒙特卡洛方法不需要以随机变量间相互独立作为前提。蒙特卡洛模拟易于使用，并且可以在短时间内得到可靠的结果。

参 考 文 献

[1] 1Kurzke, J.: Some Applications of the Monte Carlo Method to Gas Turbine PerformanceSimulations ASME 97-GT-48（1997）

[2] Younghans, J. L., Johnson, J. E., Csonka, S. J.: A Methodology to Asses Uncertainty in Selecting Affordable Gas Turbine Technology ASME 94-GT-419（1994）

附录

术语表

总压和总温是气动热力学循环计算中最重要的物理量,个别场合才需要用到静压和静温。我们使用字母 P 和 T 来代表总压和总温,使用数字下标来区分总压和总温属于哪个热力学截面。

如果静压和静温出现在公式中,我们通过在总压总温字符(P 和 T)插入下标 s 来代表静压和静温。

参数命名

符号	国际标准单位	含义	中文含义	备注,举例
a	m/s	velocity of sound	声速	
A	m²	area	面积	
alt	m, km	altitude	海拔高度	也可以使用 ft 或 kft 为单位
b	m	width	宽度	如离心压气机转子出口
B		burner part-load constant	燃烧室节流常数	
BPR		bypass ratio	涵道比	
cs	kg/s	core size	核心机尺寸	
C		coefficient	系数	
C_D		discharge coefficient	流量系数	

续表

符号	国际标准单位	含 义	中文含义	备注,举例
C_{FG}		thrust coefficient	推力系数	
C_P	J/(kg·K)	specific heat @ constant pressure	比定压热容	
D	m	diameter	直径	
e	—	efficiency	效率	e_{2-3}=压气机效率 截面2和截面3之间的效率
EAS	knot	equivalent air speed	等效空速	
EGT	K	exhaust gas temperature	燃气排气温度	经常以摄氏度(℃)为单位使用
f		a factor	因素	
h	J/kg	enthalpy	焓	
F	N, kN	force, thrust	推力	
FHV	MJ/kg	(lower) fuel heating value	燃油低热值	25℃下典型值
far	—	fuel-air-ratio	油气比	质量流量的比值
h	m	blade height	叶片高度	
$h(T)$	J/kg	enthalpy at a temperature	温度T对应的焓值	$H_4=h(T_4)$
H	J/kg、m²/s²	specific work	单位功	H_C=压气机中的焓变 $H_{2-3}=h(T_3)-h(T_2)$
i	(°)	incidence	攻角(入射角)	
I	kg·m²	polar moment of inertia	转动惯量(极惯性矩)	
IGV	—	inlet guide vane	进气导流叶片	
ISA		international standard atmosphere	国际标准大气	
k		a constant value	常量系数	
L	m	length	长度	
M	—	mach number	马赫数	
n	—	exponent in loss correlations with Reynolds number	雷诺数-损失关系的指数项	
N	r/min	absolute spool speed	物理转速	机械物理转速
N	—	relative spool speed	相对转速	相对参考转速的相对机械转速
OPR	—	overall pressure ratio P_3/P_2	总压比	
P	kPa	total pressure	总压	
P_s	kPa	static pressure	静压	静压=真实压力

续表

符号	国际标准单位	含义	中文含义	备注，举例
PR	—	pressure ratio	压比	
PSFC	kg/(kW·s)	power specific fuel consumption	单位功耗油率	
PW	kW	shaft power	轴功率	
PWX	kW	shaft power extracted	轴功提取	用户提取
q	kPa	dynamic head	动压头	
Q	kW	heat flow	热流量	
r	m	radius	半径	
rr	—	radius ratio rhub/rtip	轮毂比	
R	J/(kg·K)	gas constant	气体常数	
Re	—	reynolds number	雷诺数	
RH	%	relative humidity	相对湿度	
RNI	—	Reynolds number index	雷诺数指数	雷诺数与标准天雷诺数之比
s	J/(kg·K)	specific entropy	单位（质量）熵变	
SFC	kg/(kN·s)	specific fuel consumption	单位（推力）耗油率	
SLS		sea level static	海平面静止状态	
t	s	time	时间	
T	K	total temperature	总温	
T_s	K	static temperature	静温	静温=真实温度
T_{rq}	N·m	torque	扭矩	
TSFC	kg/(kN·s)	thrust specific fuel consumption	单位（推力）耗油率	
U	m/s	circumferential velocity	周向速度	
V	m/s	velocity	速度	速度三角形中的绝对速度
VGV	—	variable guide vane	可变进口导叶	
Vol	m³	volume	容积	
W	m/s	relative velocity	相对速度	速度三角形中的相对速度
W	kg/s	mass flow rate	质量流量	
war	—	water-air-ratio	水气比	质量流量的比值
Y		$\Delta P/q$	叶珊压力损失	描述叶栅损失
α	(°)	absolute flow angle	绝对气流角	

续表

符号	国际标准单位	含 义	中文含义	备注，举例
α	(°)	nozzle cone angle	喷管收缩锥角	
β	(°)	relative flow angle	绝对气流角	速度三角形中使用
β	—	auxiliary coordinate	辅助坐标	部件特性图中使用
δ	—	$P/101.325\mathrm{kPa}$	$P/101.325\mathrm{kPa}$	
Δ	—	a difference	差分	$\Delta H=$焓差
ε	—	a very small value	非常小的量	
K	—	stage reaction	级反力度	
Φ	—	flow coefficient V_{ax}/U	流量系数 V_{ax}/U	
Φ	—	burner loading parameter	燃烧室载荷系数	
γ	—	isentropic exponent	等熵指数，比热比	
η	—	efficiency	效率	
μ	kg/(m·s)	dynamic viscosity	动力学黏度	
ν	—	blade-jet speed ratio	转速与射流速度比	
ν	$\mathrm{m^2/s}$	kinematic viscosity	运动黏度	
ρ	$\mathrm{kg/m^3}$	density	密度	
σ	—	standard deviation	标准偏差	
σ	—	solidity	稠度	弦长/间距
$\Psi(T)$	—	entropy function @ a temp.	熵函数	
Ψ	—	power coefficient $\Delta H/U^2$	负荷系数	也被称为功系数、级载荷系数、气动载荷
θ	—	$T/288.15\mathrm{K}$	$T/288.15\mathrm{K}$	
Ω	—	burner loading	燃烧室载荷	

下标指示符号

下 标	英文含义	中文含义
a	air	空气
ad	adiabatic	绝热的
amb	ambient	大气条件
ax	axial	轴流的
B	burner (main combustion chamber)	燃烧室（主燃烧）
corr	corrected	换算的

续表

下标	英文含义	中文含义
C	compressor	压气机
cl	cooling	冷却
ds	design	设计
D	discharge	流量系数
eff	effective	有效
eq	equivalent	等效
equi	(chemical) equilibrium	(化学)平衡
ex	exit	出口
F	fuel	燃油
FG	gross thrust	总推力
FN	net thrust	净推力
g	gas	燃气
G	gross	总
h	hub	轮毂
H	high pressure spool	高压转子
HPC	high pressure compressor	高压压气机
HPT	high pressure turbine	高压涡轮
i	inner annulus	内环面
id	ideal	理想的
in	inlet	进气道/进口
inj	injected	注入
is	isentropic	等熵
IPC	intermediate pressure compressor	中压压气机
IPT	intermediate pressure turbine	中压涡轮
L	low pressure spool	低压转子
LPC	low pressure compressor	低压压气机
LPT	low pressure turbine	低压涡轮
m	mean	平均的
mea	measured	测量的
mech	mechanical	机械的
mix	mixing	混合
N	net	净

续表

下标	英文含义	中文含义
o	outer annulus	外环面
P	pressure	压力
pol	polytropic	多变的
prop	propulsive	推进的
PT	power turbine	动力涡轮
R	reduced（=corrected）	折合的（换算的）
Re	reynolds	雷诺数
ref	reference	参考
rel	relative	相对
RH	reheat（=afterburner, augmentor）	再加热（=加力燃烧室，增强器）
sat	saturation	饱和的
SD	shaft (power) delivered	轴功传输
std	standard day conditions	标准日条件
Stg	stage	级
t	tip	叶尖
T	turbine	涡轮
therm	thermal	热力的
thermo	thermodynamical	热力学的
u	in circumferential direction	圆周方向
V	volume	容积
x	in axial direction	轴向

截面编号

0	自由流条件
1	发动机制造商第一个感兴趣的截面，如推进系统进口、飞行器与发动机的接口
2 $2x$	压气机前进口（first compressor front face） 压气机中间截面（intermediate compressor stations）
3 $3x$	压气机后出口或燃烧室进口（last compressor discharge or burner entrance） 燃烧室中间截面（intermediate burner stations）
4 $4x$	燃烧室出口或涡轮前进口（burner discharge or first turbine entrance） 涡轮中间截面（intermediate turbine stations）
5	涡轮后出口（last turbine discharge）
6	对于带混合器、加力燃烧室的情形可用（available for mixer, afterburner etc）

续表

7	发动机排气喷管进口（engine/exhaust nozzle interface）
8	排气喷管喉部（exhaust nozzle throat）
9	排气喷管出口（exhaust nozzle discharge）

其他名词

AEDC	阿诺德工程发展中心
脊背线	在压气机和涡轮特性图中各等转速线上效率最高点的连线
换算流量 换算转速	$W\sqrt{\theta}/\delta = W\sqrt{(T/288.15\mathrm{K})}/(P/101.325\mathrm{kPa})$ $N/\sqrt{\theta} = N/\sqrt{(T/288.15\mathrm{K})}$
GasTurb	Windows下公开可用的一种发动机性能计算程序
循环设计点	通过循环设计计算定义发动机几何的工况
攻角（入射角）	相对于最小损失气流角测量的气流角
ISA	国际标准大气
MBTO	平均大修间隔时间
OEM	原始设备制造商 燃气涡轮发动机制造商
极效率线	与脊背线相同
平均半径	平均半径，基于等面积 $r_\mathrm{m} = \sqrt{(r_\mathrm{t}^2 - r_\mathrm{h}^2)/2}$
折合流量	$W\sqrt{T}/P$
折合转速	$N/\sqrt{T}$
Smooth C	一个用于根据测量结果或计算数据生成压气机特性图的程序
Smooth T	一个用于根据测量结果或计算数据生成涡轮特性图的程序
无加载	没有用于飞机的动力提取或引气 亚声速飞行：无进气压力损失 超声速飞行：MIL-E-5007中定义的进气压力损失